CAD/CAM und Vollkeramik

Ästhetische Restaurationen in der zahnärztlichen Praxis

CAD/CAM UND VOLLKERAMIK

Ästhetische Restaurationen in der zahnärztlichen Praxis

Dr. Andres Baltzer, ZTLM Vanik Kaufmann-Jinoian,
Dr. Andreas Kurbad, ZTM Kurt Reichel

Quintessenz Verlags-GmbH
Berlin, Chicago, Tokio, Barcelona, Istanbul, London, Mailand, Moskau,
Mumbai, Paris, Peking, Prag, São Paulo, Seoul und Warschau

Bibliografische Informationen Der Deutschen Bibliothek
Die Deutsche Bibliothek verzeichnet diese Publikation in der deutschen Nationalbibliografie; detaillierte bibliografische Daten sind im Internet über <http://dnb.ddb.de> abrufbar.
ISBN-10: 3-87652-689-2
ISBN-13: 978-3-87652-689-8

Lektorat: Kerstin Ploch, Quintessenz Verlags-GmbH, Berlin
Herstellung: Ina Steinbrück, Quintessenz Verlags-GmbH, Berlin
Druck: freiburger graphische betriebe, Freiburg

ISBN-10: 3-87652-689-2
ISBN-13: 978-3-87652-689-8
Printed in Germany

Geleitwort

Die CEREC-Idee entstand zu Beginn des Jahres 1980, vor 26 Jahren, auf der Basis von In-vitro- und In-vivo-Experimenten mit Kompositinlays als Alternative für direkte Kompositfüllungen im Seitenzahnbereich. Die Entwicklungszeit des CEREC 1 Gerätes dauerte von 1980 bis zum 19. September 1985. An diesem Tag wurde das CEREC 1 Gerät zum ersten Mal chairside angewandt, der erste opto-elektronische „Abdruck" einer Inlaykavität am Patienten ausgeführt, das erste CEREC-Inlay chairside konstruiert, formgeschliffen und gleich adhäsiv eingesetzt. – Ein denkwürdiges Datum!

Das vorliegende hervorragende Werk zeigt, dass die CEREC CAD/CAM-Technologie nach der schwierigen Pionierzeit auf dem besten Weg in den zahnärztlich/zahntechnischen Alltag ist. Das Autorenteam bestehend aus den Zahnärzten A. Baltzer und A. Kurbad sowie den Zahntechnikermeistern V. Kaufmann-Jinonian und K. Reichel kenne und schätze ich aufgrund ihrer fundierten Beiträge seit vielen Jahren. Es ist ein Glück für unser Fach, dass sich diese Experten zu einer vorbildlichen Zusammenarbeit in diesem Werk gefunden haben. Die Autoren beschreiben den aktuellen Anwendungsbereich der CEREC-Methode mit höchster Kompetenz. Die CAD/CAM-Technologie ist harmonisch in die Lösung der klinischen Problemstellung eingebettet und macht die Vorteile der CAD/CAM-Fertigung in Klinik und Technik verständlich, ohne Hardware- oder Software-lastig zu sein. Gleichzeitig vermitteln sich die Freude und der Stolz, den alle empfinden, die CEREC mit Erfolg klinisch anwenden.

Mein verehrter, leider schon verstorbener Lehrer, Prof. H. R. Mühlemann, ein Forscher und Neuerer in der Zahnmedizin par excellence, der mich in der Begeisterung für die Erschließung neuen Wissens und in den ersten Jahren der CEREC-Entwicklung extrem förderte, stellte einst fest: „Hüte dich davor zu denken, dass die Anforderungen, die durch zukünftige Technologien an uns gestellt werden, geringer sein werden. Dafür jedoch wird der wahre Erfolg für den Patienten, den Zahnarzt und den Zahntechniker umso befriedigender sein." Der wahre Erfolg hängt sicher mit der Reife der Technik, zum größten Teil aber immer noch vom kompetenten Einsatz der Technik durch den Benutzer ab. Das vorliegende Werk ist in bester Art dazu geeignet, dem Interessierten und dem Lernenden die Anwendung von CEREC zu erklären und dabei zum Erfolg zu verhelfen. Ich bin deshalb überzeugt, dass das Buch einen großen Anklang unter den praktischen Zahnärzten, den Lehrern an den Hochschulen und den Studenten finden wird. Den Autoren gilt mein größter Respekt und meine Anerkennung für das ausgezeichnete Werk.

Prof. Dr. med. dent.
Werner H. Mörmann

Was zusammen gehört

Andreas Kurbad

Als vor vielen Jahren die CEREC-Methode vorgestellt wurde, löste dies nicht überall Begeisterung aus. Vor allem in den Reihen der Zahntechniker regte sich die Sorge, dass die Zahnärzte nun zumindest teilweise ihre Arbeiten selber durch automatisierte Fertigung herstellen könnten. Bei näherer Betrachtung ergab sich aber doch die Meinung, dass dies im Fall von CEREC 1 keine ernst zu nehmende Bedrohung war. Der Spruch von der Keramikinsel, schwimmend in einem Meer aus Komposit, ist uns noch allen gut in Erinnerung.

Natürlich war und ist bis heute nur den Dummköpfen nicht klar, dass dies erst der Anfang einer Entwicklung war und auf diesem Gebiet noch eine stürmische Weiterentwicklung stattfinden würde. So wurde spätestens mit dem Erscheinen des inLab-Gerätes für die Dentallabore der große Krieg zwischen beiden Lagern immer wieder heraufbeschworen. Jobkiller für Zahntechniker oder Qualitätseinbuße seien beispielsweise als Schlagwörter in diesem Szenario genannt.

Zu dem großen Desaster kam es aber nicht. Es gibt tatsächlich auf dieser Welt noch Prozesse, bei denen letztlich der gesunde Menschenverstand siegt. Das ist in diesem Fall auch geschehen. Die Zahnärzte schauten interessiert zu den Zahntechnikern, um von deren Erfahrungsschatz im Bereich der Bearbeitung und Veredelung der Dentalkeramik zu profitieren. Hohe Qualitätsstandards brachten den Anspruch, diese auch im Chairside-Bereich zu erfüllen. Die Zahntechniker waren daran interessiert, für die CAD/CAM-Technik im Dentallabor die besten Vorlagen zu bekommen. Sie hegten auf einmal Interesse an der Adhäsivtechnik, um den an Vollkeramik interessierten Kunden fachkundig Auskunft geben zu können. Die meisten Erfahrungen auf diesem Gebiet hatten die langjährigen CEREC-Anwender im zahnärztlichen Bereich. So entstanden nach und nach Teams aus Zahnärzten und Zahntechnikern, vereint durch den Glauben an die gleiche Sache. Völlig unabhängig zum Beispiel in Deutschland die Gruppe Kurbad/Reichel und in der Schweiz die von Baltzer und Kaufmann-Jinoian. Als man sich später kennen lernte, war es logisch, dass eine gemeinsame Zusammenarbeit ein Muss war.

Diese gemeinsame Arbeit hat letztlich nicht nur gute Ergebnisse hervorgebracht, was unter anderem die vielen Publikationen der beiden Teams beweisen, sondern auch zu einer neuen Qualität geführt. Nur im gemeinsamen Bemühen und oftmals auch durch die gegenseitige Kritik ist es gelungen, die Methodik der CAD/CAM-gestützt hergestellten, vollkeramischen Restaurationen zu verbessern und sogar neue Indikationsbereiche hinzuzufügen. Diese doch am Anfang eher belächelte Technik konnte weitgehend hoffähig gemacht werden. Sie gelangte zu internationaler Anerkennung. So gesehen ist dieses Buch einmalig, weil es das Denken in Schubladen überwindet und das zahnärztliche Bemühen mit zahntechnischem Können vereint. Grundlegende Darstellungen und Überlegungen werden immer wieder mit der Lösung praktischer Fälle kombiniert. Durch eine detaillierte Darstellung der Abläufe kann die notwendige Nachvollziehbarkeit und damit der höchstmögliche Nutzen für den Leser erreicht werden.

Viele Problembereiche konnten innovativ gelöst werden. Immer neue Indikationsbereiche bis hin zu Suprakonstruktionen in der Implantologie wurden erschlossen. Das ist eine gewaltige Entwicklung, die mit großer Geschwindigkeit fortschreitet und deren Ende noch lange nicht erreicht ist. Fast alle Bereiche prothetischer Versorgungen werden heute durch CAD/CAM-Prozesse zumindest unterstützt. Einige Anwendungen sind ohne diese Technologie überhaupt nicht mehr vorstellbar. In zehn Jahren werden selbst die kühnsten Erwartungen übertroffen und Dinge möglich sein, die sich heute noch jenseits unseres Vorstellungsbereiches befinden. So ist es höchste Zeit, einmal den Stand der Entwicklung zum jetzigen Zeitpunkt festzuschreiben. Umso mehr kann man später die Strecke bestimmen, die seitdem zurückgelegt worden ist. Auch in diesem Zusammenhang erfüllt das Buch einen Sinn.

Dieses Buch wird eine Momentaufnahme darstellen. Natürlich möchte man gerade wegen dieser stürmischen Entwicklung immer noch einen Augenblick warten, um diese oder jene Sache abzuwarten und sie mit aufzunehmen und am Ende ein umfassendes Werk dieses Fachgebietes abliefern. Auf der anderen Seite muss irgendwann Schluss sein und einiges bleibt außen vor. Trotzdem gibt es genügend Dinge zu zeigen, die in der täglichen Praxis helfen, die Arbeit leichter und vor allem besser zu machen. Der Anspruch an Qualität und Perfektion kann denen Mut machen, welche immer schon den Sprung zu Vollkeramik wagen wollten und sich doch bis jetzt nicht getraut haben. Dieses Buch soll die Faszination und die Freude der Autoren bei der Arbeit mit CAD/CAM-gestützter Vollkeramik auf den Leser übertragen. Dafür ist die Zeit mit Sicherheit jetzt reif.

INHALT

TEIL 2 – Wissenschaftliche Grundlagen

Einleitung

Aufbruchstimmung

Andres Baltzer

Vor sieben Jahren wurden Vanik Kaufmann-Jinoian und ich von der Firma Sirona angefragt, als Erprober an der Entwicklung eines CAD/CAM-Systems für das zahntechnische Labor mitzuarbeiten. CEREC 3 sollte ein „Brüderchen" für den labortechnischen Einsatz erhalten; den Namen CEREC inLab bekam es erst zwei Jahre danach. Eigenartigerweise war Vanik Kaufmann-Jinoian vorerst weniger begeistert als ich; er erinnerte sich wohl an alte Geschichten rund um die sehr „großzügige" Bewertung der Passgenauigkeit CEREC-geschliffener Produkte. Als Computerfreak jedoch war er gespannt, was da kommen sollte; deshalb schenkte ich meinem Freund und Zahntechniker blindes Vertrauen, war ich doch vom Glauben des Laien beseelt, jene mit dem Computer würden es dann schon richten.

So pilgerten wir nach Bensheim zu Sirona und wurden Erprober für CEREC inLab. Es sollte ein CAD/CAM-Produkt entstehen, mit dem sich vollkeramische Kronen- und Brückengerüste herstellen ließen, die bezüglich Passung und Form den herkömmlichen Produkten mindestens ebenbürtig zu sein hatten. Allerdings waren uns EDV-gesteuerte Schleifprozesse und die Interpretation der Schleifprodukte so wenig vertraut wie Sironas Fachleuten die zahntechnische Arbeitsweise oder der distobukkale Höcker eines Molaren. Trotzdem kam Begeisterung auf: Zeit für einen Aufbruch!

Wir zeichneten und schliffen Kronenkappen und Brückengerüste so viele wir nur konnten, schrieben ausführliche Berichte und trugen in den Erprober-Sitzungen, an welchen nebst Sironas Entwicklerteam sechs weitere Praktiker teilnahmen, selbstbewusst die Resultate vor. Über die zahntechnischen Wissenslücken der Leute von Sirona darf heute ohne Geringschätzung geschmunzelt werden. Dank hochgradiger Motivation waren sie innerhalb weniger Wochen mit der Fachsprache der Zahntechnik vertraut. In stundenlangen Diskussionen besprachen wir x-, y- und z-Achsen, Randschlüsse, Innenpassungen, Konnektoren und Pontics. Es ging um eine neue und visionäre Zahntechnik und wir waren überzeugt, dass ein großartiges Endprodukt entstehen würde; zweifelhafte Zwischenprodukte wie das unten dargestellte entmutigten uns dabei in keiner Weise.

In der nächsten Phase folgte die Einführung des Gerätes CEREC inLab. Auch diese Zeit war

Abb. 0.1 CEREC inLab; dreigliedriges Brückengerüst aus dem Jahre 2001. Das Zwischenglied ging unter dem Namen „Wurst" in die Geschichte ein.

spannend und äußerst lehrreich. Rund um die Welt durften wir die CEREC-Produkte und VITA-Keramiken mittels Referaten und Workshops vorführen. Wir haben dabei Freunde gewonnen, mit denen wir noch heute in regelmäßigem Kontakt stehen, jede Neuerung mit ungebrochenem Enthusiasmus erörternd.

Bei den Veranstaltungen und Kursen sind wir auf ein großes, fachliches Interesse gestoßen, das sich nicht auf die Handhabung von CEREC beschränkte. Das Spektrum der Gespräche erreichte bald die mannigfaltigsten Fragestellungen rund um CAD/CAM. Wir gingen näher auf die Eigenschaften der zum Einsatz kommenden Materialien ein und stellten hierzu die entsprechenden Untersuchungen an. Wir prüften die Belastbarkeiten der Keramiken, gingen den Fragen der im Munde vorkommenden Kaulasten nach und hinterfragten die Farbgebung der keramischen Rekonstruktionen mittels digitaler Farbmessung. Auf alle diese Aspekte rund um das CAD/CAM sind wir als Praktiker eingegangen, um Praktikern den Weg zur digitalen Dentaltechnologie zu ebnen.

Wenn wir heute von unseren Erfahrungen berichten dürfen, so soll dies auf zwei Ebenen geschehen: einerseits möchten wir dem Praktiker Fallstudien vorlegen, die als Bildsequenzen genommen Anregung zur Erweiterung des individuellen Anwendungsspektrums sein können. Bezüglich der Anwendungsmöglichkeiten sind unsere Ausführungen selbstverständlich nicht endgültig, steht doch die ganze Technologie noch im Stadium der rasanten Entwicklung und Erschließung immer neuer Anwendungsfelder. Andererseits liegt uns daran, dem Praktiker die materialtechnischen und physikalischen Grundlagen in leicht verständlichen Beiträgen näher zu bringen. Das Verständnis für solche Fragen möge ihn für den Aufbruch in die digitale Welt der Zahntechnik sensibilisieren. Also auch hier: Aufbruchstimmung!

Einleitung

Vom Handguss zu CAD/CAM

Vanik Kaufmann-Jinoian

Als vor über 30 Jahren meine Ausbildung zum Zahntechniker begann, war ich erstaunt, wie umfangreich und vielseitig dieser Beruf sein sollte. Die Möglichkeit, einen Zahn aus Wachs zu modellieren, in Gold zu gießen und anschließend mit Schleif- und Polierinstrumenten, die von lärmigen Hängemotoren angetrieben wurden, zu bearbeiten, faszinierte mich. Mit jedem Guss war Hektik verbunden. Die richtige Einstellung der Gussflamme und die Handhabung der Handschleuder beruhten auf schmerzlich zu erwerbender Erfahrung unter dem gestrengen Auge des Lehrmeisters. Überstunden und Enttäuschungen säumten den Ausbildungsweg zum Zahntechniker.

Die ersten Erfahrungen mit Dentalkeramiken waren eigenartig: überdimensionierte Zahnformen mussten freihändig gestaltet und in einen wassergekühlten Ofen geschoben werden. Die Metamorphose vom weißlichen Gebilde zur natürlich und farbecht anmutenden Zahnkrone war jedes Mal ein ganz besonderes Erlebnis.

Persönlich möchte ich sie nicht missen, jene Jahre der Einweihung in technische Vorgänge, die mehr mit Sammeln von Erfahrungen als mit Drücken auf Knöpfe vollautomatisch gesteuerter Geräte und Maschinen zu tun hatte. Dennoch begeisterte mich in den folgenden Jahren jede neue Maschine, die kontrolliert steuerbar und mit weniger Zufallsparametern als die frühere Handschleuder für Gusskronen verbunden war.

Als vor 20 Jahren von Prof. W. Mörmann und Dr. M. Brandestini das CEREC-System vorgestellt wurde, kamen in der Zahntechnik unbegreifliche Existenzängste auf: die Zahnärzteschaft würde sich in eine Zukunft ohne Zahntechniker entwickeln! Das Standardwerk der beiden Entwickler, ‚Die CEREC Computer Reconstruction' (Quintessenz Verlag Berlin 1989), brachte es auf den Punkt. Dem Vorwort von Prof. F. Lutz ist zu entnehmen „(...) Bestechend dabei sind nicht nur Problemlösungen als solche, sondern deren perfekte Integration in ein einziges, in sich geschlossenes restauratives System, das dem Zahnarzt bereits heute erlaubt, ohne jede zahntechnische Hilfe direkt am Patientenstuhl zahnfarbene Inlays aus Keramik oder Kunststoff zu fertigen und einzusetzen (...)". In Zahntechnikerkreisen wurde dies manchenorts als „Kriegserklärung" verstanden, die zu unnötigen Animositäten und Polemiken führte.

Ich habe solches nie ganz verstehen können, denn für mich war klar, dass sich früher oder später aus zahnärztlich guten Technologien auch in der Zahntechnik gut einsetzbare Technologien ergeben würden. Mit der Entwicklung von CEREC-inLab ist es auch so gekommen und ich bin stolz darauf, dass ich von Anfang an als Erprober dabei sein durfte. Es hat sich bewahrheitet, dass inLab im zahntechnischen Arbeitsalltag einen sehr großen Anteil bestens abdeckt und dass die einsetzbare Programm- und Materialvielfalt das zahnärztliche CEREC bei weitem überflügelt hat. Alle Zukunftsängste waren unnötige Unkenrufe. Es hat sich bestätigt, dass es "CEREC-Laboratorien" wesentlich leichter fällt, bei „CEREC-Zahnärzten"

Umsätze zu generieren. CEREC und inLab ergänzen sich heute Gewinn bringend für alle und mit großen Entwicklungsschritten ist in nächster Zukunft gewiss zu rechnen.

Aus dem oben zitierten Vorwort von Prof. F. Lutz ist eine andere Passage zu entnehmen, die visionär war und die die CAD/CAM-Angelegenheit besser auf den Punkt bringt: „(...) Die Möglichkeit, aus Werkstoffen Füllungen herauszuschleifen, läßt im Bereich Keramik und Kunststoff Möglichkeiten zu, die entwicklungsmäßig noch gar nicht absehbar sind (...)".

In der Zahntechnik bewegt sich inLab auf diesem Weg. Das Einsatzgebiet ist groß und wird stets größer. Denken Sie an die kronen- und brückenprothetische Voll- und Metallkeramik, an Implantatsuprastrukturen und an Konstruktionen für die Hybridprothetik und schließlich an alle Möglichkeiten, die sich aus der virtuellen Modelltechnik ergeben werden.

DER TRAUM VOM METALLFREIEN DENTALLABOR

Kurt Reichel

Als die Autoren beschlossen zu diesem Thema zu schreiben, dachte ich, es sei spannend, nach dem Ursprung dieses Gedankens bei mir zu suchen. Ich machte mich auf die Suche und war überrascht, dass ich so weit zurückgehen musste, nämlich in eine Zeit, als ich noch nichts von meinem späteren Beruf wusste.

Es war 1965 und wir gingen in die vierte Klasse der damaligen Volksschule eines kleinen Moselortes. Am Nachmittag trafen wir Jungs uns immer auf dem Schulhof, um Fußball zu spielen. Einer von uns, Manni, löste an jenem Tag die Sensation bei uns aus: sein dunkler seitlicher Schneidezahn, der uns immer mit einer hässlichen und dunklen Karies bekannt war, strahlte uns, zum Erstaunen aller, mit einer blinkenden hochglänzenden Goldkrone an. Sie glänzte schöner und heller, als die weit über das Tal hin sichtbaren Zeiger der Kirchturmuhr. Von nun an hieß er „Goldzahnmanni".

Wir waren damals so erzogen, dass wir Respekt vor unserem Lehrer, Pastor, Arzt und natürlich auch Zahnarzt hatten. Man begab sich zu ihm, wurde behandelt, und alles war gut. So war es, dass auch ich einen Schein vom Schulzahnarzt hatte, der mich zur Behandlung in den Nachbarort Piesport führte, dessen bekannteste Weinlage bezeichnenderweise auch noch „Goldtröpfchen" heißt. Ich merkte, dass an meinem Frontzahn etwas geschliffen wurde und später wurde mein Zahn mit Folien umwickelt. Schon während der Behandlung versuchte ich, im Chrom der Behandlungsleuchte meinen Zahn zu sehen. Ich betete „Lieber Gott lass es keinen Goldzahn sein!" Als ich das Behandlungszimmer verließ, führte mich mein erster Weg zum Spiegel auf der Toilette. Mit zusammengepressten Lippen stand ich vor dem Spiegel und wollte mich nun mit der sicheren Wahrheit konfrontieren, indem ich die Lippen auf einmal öffnete. Nein, ich hatte noch einmal Glück gehabt: ich hatte keinen Goldzahn. Ich versprach meinem Unterbewusstsein, meine Zähne zu pflegen, um diesem Schicksal für immer zu entgehen. Ich glaube damals in dieser Zeit entstand mein Wunsch nach Zähnen ohne Metalle.

Nun sind vierzig Jahre vergangen, ich habe ein Dentallabor und stelle selber künstliche Zähne für Menschen her. Ich kenne die Wünsche der Menschen, die in einer Zeit der ständigen Veränderungen leben. Wir geben dem Menschen einen Zahn, keine Krone. Er soll schön, funktionsgerecht, haltbar, einzigartig und oft noch magisch sein. Er soll uns jugendlich, erfolgreich und sexy machen.

Ich kenne aber auch Zusammenhänge und Zwangsläufigkeiten, die gewisse Behandlungsmethoden mit sich bringen; so sind nicht alle Metalle aus unserem Labor verschwunden und es ist auch nicht alles schlecht, was mit Metallen hergestellt werden kann.

Der Traum jedoch lebt weiter und wird jeden Tag realer. Mit dem Einsatz der Vollkeramik und der CAD/CAM-Technologie ist sozusagen eine „New Economy" im Dentallabor entstanden: alte Arbeitsschritte werden überflüssig, neue halten

Einzug in unseren Arbeitsalltag. Mitarbeiter müssen geschult und eingewiesen werden, neue Materialien werden in die zahnärztliche Therapie einbezogen. Man wird sich diesen Entwicklungen auf Dauer nicht entziehen können, denn nur durch sie ist eine kalkulierbare rationelle und somit auch wirtschaftliche Fertigung in Zukunft möglich. Vielleicht hilft uns die CAD/CAM-Technologie zukünftig, besonders mit Blick auf ausländische Mitbewerber, unseren technologischen Vorteil auszunutzen und durch höhere Produktivität sowie standardisierte Qualität letztlich wieder eine solide Wirtschaftlichkeit zu erzielen.

Wir möchten Ihnen mit diesem Werk mehr geben als eine Anleitung oder Beschreibung. Wir möchten Ihnen unsere Erfahrungen und Beobachtungen mitteilen, unsere Ängste und Sehnsüchte schildern und Ihnen letztendlich auch den Mut geben, dass dieses bereits seit mehr als 15 Jahren bei uns funktioniert.

Bei allem jedoch sollten wir nicht vergessen: der wichtigste Bestandteil aller Entwicklung sind wir selbst.

Keine noch so einzigartige Maschine oder Material kann leisten, was wir durch Einfühlungsvermögen, Fähigkeiten und Erfahrung – eben durch uns selbst – können.

Diese Pflanze soll wachsen und gedeihen, sie soll sich entwickeln und resistent werden, zum Wohle derer, die sie brauchen.

Die Zahnheilkunde, die Computer und ich

Andreas Kurbad

Als Student kreuzte ein erster Computer meinen Weg. Es war ein kleines schwarzes Ding mit einer scheußlichen Rubbeltastatur, welches an den Fernseher angeschlossen wurde. Nicht viel später begann die Ära Commodore 64. Was für eine tolle Maschine! Programme konnten mithilfe der Datasette auf Tonbandkassetten gespeichert werden, was nicht immer gelang. Dann kamen kleine quadratische Scheiben, die Floppys. Damit ging das Datenspeichern und Laden schon deutlich besser.

Zu diesem Zeitpunkt war ich bereits Assistenzzahnarzt an einer Uniklinik. Nicht scheu und auf den Fortschritt bedacht, drängte ich meinen Chef: ‚Wir brauchen unbedingt einen Computer!' Ein halbes Jahr später stand dann da so ein Ding. Das funktionierte nicht wie ein Commodore. Total unromantisch stand eine Weile nach dem Einschalten auf dem Bildschirm ‚C', sonst nichts. MS-DOS hieß dieses tolle Programm. Aber was konnte so ein Computer? Einen Text erfassen, speichern und drucken. Das konnte die Chefsekretärin schneller. Verzweifelt durchsuchte ich die Klinik nach Aufgaben für meinen Computer und wurde fündig. Da standen mehrere Pappkartons mit epidemiologischen Erfassungsbögen. Sie warteten darauf, dass jemand mittels einer Strichliste sich ihres Inhaltes annahm. So erfasste ich zusammen mit einem Kollegen viele, viele solcher epidemiologischer Bögen. Als es getan war, fragte ich meinen Chef, was er denn nun gern wissen möchte. Sechs armselige, kleine Tabellen waren es, DMF und CPITN. Das war nach einem Vormittag berechnet, sogar nach unterschiedlichen Altersgruppen. Ich fragte ‚Was wollen Sie jetzt noch wissen?' Die Antwort war: ‚Was geht denn noch?' ‚Man könnte zum Beispiel eine patientenspezifische Analyse machen.' Wir fanden schnell heraus, dass sich tiefe parodontale Taschen nicht einfach so nach einem Verteilungsprinzip über die Menschen verteilten, sondern einige wenige viele Taschen hatten und der gesamte große Rest gar keine. Das war aufregend. Es gab offensichtlich Risikogruppen. Heute ist das alles Schnee von gestern, aber der Computer hat es uns gesagt, damals.

Dann kam die Ära der grafischen Darstellungen, Säulen, Torten, schwarz-weiß und in Farbe! Eigentlich hasste ich Mathematik und Statistik im Besonderen. Dann bekam ich SPSS, 'Statistical Package for Social Sciences' und ich begann die Statistik zu begreifen. Meine Kollegen liebten mich, weil sie dem Statistiker ihr Problem nicht mehr am Beispiel von Schmetterlingen erklären mussten. Ich war der Computerzahnarzt.

Dann war meine Zeit an der Uni um. Als ich meinem neuen Chef, einem niedergelassenen Zahnarzt bei dem ich Assistent war, vorschlug einen Computer zu kaufen, wurde mir gesagt, ich hätte ja keine Ahnung, was das alles kostet. Zu jeder Quartalsabrechnung haben wir dann ein paar Tage zu gemacht und endlich wieder Strichlisten geschrieben. Dann ließ ich mich nieder und hatte natürlich sofort einen Computer und auch schon bald ein Netzwerk mit Novell NetWare.

Computer vom Keller bis zum Dach waren miteinander vernetzt.

Nur eines hat mich die ganze Zeit über traurig gemacht: In meinem eigentlichen Job konnte ich den PC nicht brauchen. Als die Professor Duret seine erste Krone auf CAD/CAM-Basis hergestellt hatte, war meine Meinung dazu, dass dies nie zur Praxisreife käme, denn man bräuchte schließlich einen ganzen Raum voller Computer für eine solche Rechenleistung. Wir sind doch nicht die NASA. Ich hatte mich in der Geschwindigkeit des technischen Fortschrittes getäuscht. Als das CEREC 1 Gerät auf den Markt kam, habe ich laut mit den Anderen mitgelacht, Makrofüllkörper. Schließlich bin ich ein seriöser Zahnarzt.

CEREC 2 war Liebe auf den ersten Blick. Das Ding hatte ein schickes Design, die Software zeigte so etwas wie einen Zahn und die Bröckchen, die ausgeschliffen wurden, passten so ungefähr in die dazugehörende Kavität.

Meine Begeisterung war groß und ich begann, öffentlich über das Verfahren zu reden. Irgendwann wurde ich sogar von der Herstellerfirma Siemens angesprochen, ob ich denn mal etwas ganz Neues erproben wolle, Kronen mit CEREC. In diese Sache habe ich mich dann so richtig reingesteigert. In meinem Patientengut gibt es CEREC-Kronen, die zu den ersten der Welt zählen. Manche sehen sicherlich etwas simpel aus, aber die meisten halten.

Aber wir wollten immer mehr. Wir wollten zum Beispiel Brücken. Schon mit CEREC 2 habe ich Gerüste aus zwei Hälften ‚zusammengeklebt'. Das war echt abenteuerlich, ich gebe es zu. Die Leute der Herstellerfirma, die nach einer Umfirmierung nun Sirona heißt, wird das auch richtig genervt haben. Ständig kamen diese ungeduldigen Anwender und Erprober mit etwas anderem. Aber es hat sie auch nach vorn gebracht. Eines Tages kam CEREC 3. Ein wunderbares Gerät mit ungeahnten Möglichkeiten. Ich erkannte schnell, dass hier das Potenzial für die Brücke war. Da ich auch weiterhin ein wenig erproben durfte, bekam ich einen speziellen Patch, der es mir erlaubte, aus modifizierten Blöcken des Celay-Systems das wahrscheinlich erste einteilige CEREC-Brückengerüst der Welt zu schleifen, das auch auf der offiziellen Vorstellung von CEREC 3 im Februar 2000 in Berlin herumgereicht wurde und ein Pressefoto wert war.

Dann ging alles ziemlich schnell: CEREC bekam ein „Brüderchen" für das Dentallabor namens inLab. Unter tatkräftiger Unterstützung meines Freundes Kurt Reichel durfte ich hier meinen Beitrag leisten. Unser Artikel ‚CEREC inLab – State of the Art' wurde so ziemlich auf allen Kontinenten publiziert.

Jetzt haben wir die schöne Welt von CEREC 3D. Wir machen jetzt Okklusion anstelle von ‚Einschleiforgien'. Wir fertigen kappenlose Kronen aus reduzierten Feldspatkeramikblöcken. Diese stellen meines Erachtens das ästhetische Maximum im Bereich der Frontzahnkronen dar.

CEREC hat es für mich ganz persönlich geschafft, meine Faszination für die Zahnheilkunde mit der meiner Faszination für die Computerwelt zu verbinden. Das Resultat ist eine erfolgreiche Tätigkeit zum Wohle meiner Patienten, die dabei auch noch Spaß macht. So macht es auch nichts aus, wenn man die halbe Nacht etwas probiert oder ein freies Wochenende für eine Publikation opfert. Ich bin Teil einer Entwicklung, die so rasch vorangeht, dass man es manchmal selbst nicht glaubt und die noch lange, lange nicht zu Ende ist. Ich bin stolz darauf.

Aus Praxis und Labor

1 Das direkte Inlay

Andreas Kurbad

Die Möglichkeit der direkten Herstellung einer hochwertigen und passgenauen Keramikrestauration in einer Sitzung bringt Vorteile gegenüber der konventionellen Methodik und zwar sowohl für den Behandler als auch für den Patienten. An- und Abreise zur Praxis, Wartezeiten, mehrfache Bereitstellung von Instrumenten und die Anfertigung eines Provisoriums entfallen. Es kann die frische Kavität versorgt werden, was die Möglichkeiten einer bakteriellen Kontamination verringert und sich positiv auf die Adhäsivtechnik auswirkt.

Natürlich stellt das Verfahren hohe Ansprüche an die Fertigkeiten des Behandlers im Umgang mit dem CEREC-System. Es kann mitunter problematisch sein, die Kavität mit der intraoralen Messkamera optisch abzutasten. Die computergestützte Konstruktion sollte konsequent und zügig durchgeführt werden. Letztlich bleibt die Frage, wie mit dem Patienten und dem Behandlungsraum während der durchschnittlich zehn bis zwanzig Minuten betragenden Schleifzeit für die Restauration verfahren wird. Die langjährige Erfahrung mit der Methode zeigt, dass das Verfahren in dieser Form von vielen Patienten gern angenommen wird und sogar als Marktvorteil gegenüber dem konventionellen Vorgehen gewertet werden kann. Außerdem ist in der heute generell angespannten wirtschaftlichen Situation eine preisgünstige Herstellung möglich, welche einerseits einen günstigen Preis zulässt und andererseits auch die Ertragsspanne gegenüber laborgefertigten Arbeiten verbessert.

Indikation

Da die Zeitspanne für eine solche Behandlung insgesamt auf einen zügigen Ablauf ausgelegt ist, sollten vornehmlich die einfachen und unkomplizierten Fälle mit dieser Methode versorgt werden. Arbeiten im extrem pulpanahen Bereich oder tief subgingivale Präparationsgrenzen können zum Abbruch der geplanten Behandlung und damit auch zu einer Störung des Praxisablaufs führen. Solche unangenehmen Überraschungen können vermieden werden, wenn im Zuge der Vorbehandlung die Karies bereits exkaviert und Vorrestaurationen entfernt werden. Währenddessen können auch alle im Bereich des Parodontiums notwendigen Maßnahmen wie Hygienisierung sowie die Gingivektomie zur Erzielung einer optimalen Lage der Kavitätenränder durchgeführt werden. Grundsätzlich muss davon abgeraten werden, Zähne mit Beschwerden direkt zu versorgen. Wegen der absolut notwendigen adhäsiven Befestigung ist ein abwartendes Verhalten im Sinne einer provisorischen Eingliederung der definitiven Restauration nicht möglich. Jegliche Form der Füllungstherapie ist durchführbar, hier gibt es keinerlei Einschränkungen. Auch der Übergang zur Teilkrone mit dem Ersatz eines oder mehrerer Höcker bei nicht vorhersehbarem Verlust von Zahnsubstanz im Rahmen der Präparation ist unkompliziert durchführbar. Allerdings sollte eine klare Abgrenzung zur Vollkrone gezogen werden, da diese letztendlich klinisch und verfahrenstechnisch höhere Anforderungen stellt. Der Einsatz vollkeramischer Restaurationen bei extremem Bruxismus und beim Fehlen größerer Schmelzareale im Bereich geplanter Klebefugen sollte zumindest sorgfältig abgewogen werden, da sich hier zweifelsfrei in höheres Risiko für das spätere Versagen der Therapie ergibt.

Präparation

Die direkte, definitive Versorgung mit einer adhäsiv befestigten, vollkeramischen Restauration setzt die kompromisslose Entfernung des gesamten kariösen Dentins und jeglicher Vorrestauration voraus. Es kann dabei aber sehr defektorientiert und Substanz schonend vorgegangen werden, da eine retentive Verankerung nicht nötig ist. Es empfiehlt sich also zunächst ohne Gedanken an die spätere Gestalt des Inlays durch die oben beschriebenen Maßnahmen den reinen Defekt darzustellen. Ist dies geschehen, sollte im Weiteren darauf geachtet werden, dass die Kleberänder weitestgehend im Schmelz zu liegen kommen.

Abrasionsflächen bis ins Dentin sollten, auch wenn sie kariesfrei sind, mit in die Präparation einbezogen werden. Da bei vollkeramischen Versorgungen ein hoher Grad an Transluzenz vorliegt, sollten auch verfärbte Areale sehr gründlich entfernt werden. Beim unbeabsichtigten Belassen finden sich dann an der fertig eingegliederten Arbeit oftmals Bereiche, die unschön aussehen und oftmals sogar als Sekundärkaries interpretiert werden können. Sie sind nachträglich nicht mehr zu entfernen.

Sind diese Maßnahmen abgeschlossen, kann nun die Kavität für die Aufnahme eines starren Keramikkörpers vorbereitet werden. Wurde bis jetzt vornehmlich mit Hartmetallbohrern und grobkörnigen Präparierdiamanten gearbeitet, empfiehlt sich nun der Übergang zu feinkörnigen Instrumenten im 40-µm-Bereich (roter Ring). Unter sich gehende Areale sind zumindest im Bereich der Präparationsgrenze absolut auszuschließen. Kann im Inneren der Kavität zum Beispiel ein Höcker durch Belassen eines unter sich gehenden Gebietes geschont werden, ist dies sicherlich unkompliziert möglich. Auch ein Auffüllen mit einem Unterfüllungsmaterial ist nicht nötig, da dieser Bereich im Zuge des computergestützten Fertigungsprozesses am Inlay ausgeblockt wird und sich während des Einsetzens dann automatisch mit dem Einsetzmaterial füllt.

Grundsätzlich müssen für vollkeramische Restaurationen stabile Kantenverhältnisse gefordert werden. Deshalb muss abschließend das Augenmerk auf dünn auslaufende Bereiche gerichtet werden. Federränder wie bei Goldrestaurationen sind ausgeschlossen. Da bei der defektorientierten Präparation kein flacher Kavitätenboden notwendig ist, ist die Form eines Rundkopfkegels bis hier hin optimal. Zur Beseitigung dünn auslaufender Ränder im Bereich des Kastens ist schon allein wegen der Schonung der Nachbarzähne ein flammenförmiges Instrument zu empfehlen.

Abschließend muss noch die Problematik einer ausreichenden Schichtstärke der Keramik geklärt werden. Da eine adhäsive Befestigung durchgeführt wird und die Restauration ihre Stabilität durch den Verbund mit der Zahnsubstanz bezieht, kann hier im Sinne einer Substanzschonung sehr restriktiv vorgegangen werden. Allerdings sollten Schichtstärken unter 0,5 mm nur in seltenen Ausnahmen und auch dann nur punktförmig auftreten; 1,0 mm sollte eher die Regel sein. Wie bereits beschrieben, sind aufbauende Unterfüllungen nicht nötig, sie würden im Gegenteil oftmals den adhäsiven Verbund beeinträchtigen. Hinsichtlich der therapeutischen Unterfüllung gibt es getrennte Meinungen: einige Autoren bezweifeln die Notwendigkeit auch dieser Maßnahme, da ein bakteriendichter Abschluss ja in jedem Fall durch die Adhäsivtechnik vorliegt. Auf der anderen Seite ist es vorstellbar, dass extrem pulpanahe Bereiche vor reizenden Noxen, wie z. B. Säure, während des Einsetzens geschützt werden sollten. In diesem Fall empfiehlt sich der Einsatz kalziumhydroxidhaltiger Materialien. Das Material sollte so gut haften, dass es sich biss zum Abschluss der Behandlung nicht löst. Es ist zu beachten, dass Präparate mit einer starken Eigenfarbe oder mit hoher Opazität die optische Wirkung der Restauration beeinträchtigen können.

Das CEREC CAD/CAM-Verfahren

Anstelle eines konventionellen Abdrucks muss für die computergestützte Gestaltung der Restauration ein digitales Abbild der Zahnoberfläche erzeugt werden. Dies geschieht durch einen so genannten optischen Abdruck mittels einer intraoralen 3-D-Messkamera. Wegen der unterschiedlichen und zum Teil reflektierenden Oberflächen muss vorbereitend eine spezielle Beschichtung mit einem Kontrastmittel erfolgen. Hierfür wird entweder ein Puder oder ein Flüssigspray benutzt. Das CEREC-Gerät wird zuvor in Aufnahmebereitschaft gebracht. Die Messkamera ist so gestaltet, dass jeder beliebige Punkt in der Mundhöhle erreicht werden kann. Obwohl ein einziges Bild in den meisten Fällen schon ausreicht, sind mehrere Aufnahmen möglich und sinnvoll; sie dienen sowohl zur Vergrößerung des Aufnahmebereiches als auch zur Verbesserung der Datenqualität.

Zusätzlich zum Präparationsgebiet kann eine zweite Bildserie zur Darstellung der Antagonistenverhältnisse gemacht werden. Dafür werden aber diese Zähne nicht direkt, sondern ihr Negativ in Form des Abdrucks in einem Bissregistrat aufgenommen, das sich auf der präparierten Zahnreihe in Position befinden muss. Um die Situation im Computer korrekt überlagern zu können, müssen beide Bildserien Bereiche enthalten, die identisch sind. Die Registrierung des Antagonisten kann mittels eines Hartsilikons erfolgen, welches üblicherweise auch im konventionellen Bereich für solche Zwecke verwendet wird. Aus funktioneller Sicht ist es sogar sinnvoll, diese Aufnahme direkt zu Beginn der Behandlung, also auch vor der Präparation zu machen.

Ist die optische Abformung abgeschlossen, wird vom CEREC-Programm ein dreidimensionales Modell erzeugt, auf dem die Konstruktion erfolgen kann. Dafür werden zunächst die Einschubachse und dann der Präparationsrand festgelegt. Letzteres erfolgt halbautomatisch. Danach wird von der Software der Restaurationskörper berechnet. Die Kontaktpunktbereiche und die okklusale Einstellung sollten zumindest geprüft und ggf. korrigiert werden. Danach werden die Schleifdaten des Restaurationskörpers berechnet und ein geeigneter Keramikblock vorgeschlagen. In der Hand des geübten Anwenders sollte der Gesamtprozess vom optischen Abdruck bis zur fertigen Konstruktion nicht viel länger als zehn Minuten dauern.

Die Farbe des Keramikblocks wird logischerweise am Patienten ausgesucht. Dazu kann neben der üblichen Zahnfarbskala auch praktischerweise der Block selbst hinzugezogen werden. Das passende Teil wird in die Schleifmaschine eingesetzt und vollautomatisch ausgeschliffen. Ob der Patient während dieser Zeit auf dem Behandlungsstuhl verbleibt oder besser im Wartebereich platziert wird, hängt von der Schleifdauer und dem individuellen Ablauf der jeweiligen Praxis ab.

Einsetzen

Da die Restauration in irgendeiner Weise während des Schleifprozesses in der Schleifkammer gehalten werden muss, resultiert ein kleiner Zapfen, die so genannte Abstichstelle. Da sich diese aus schleifgeometrischen Gesichtspunkten oft im Bereich des späteren Kontaktpunktes befindet, muss das Abschleifen sehr behutsam und unter mehrfachem Einprobieren erfolgen. Ist das Inlay am Platz, kann die Passform bewertet werden. Mit fortschreitender Entwicklung des CEREC-Systems sind hier mittlerweile gute bis sehr gute Ergebnisse zu erwarten. Wenn nötig können und müssen natürlich auch Korrekturen vorgenommen werden. Eine Prüfung der Okklusion sollte nur bei sehr stabilen Elementen zu diesem Zeitpunkt erfolgen. Sollte es möglich sein, können jetzt direkt Korrekturen erfolgen. Im Weiteren empfiehlt sich eine Vorpolitur, um dem Patienten diese Maßnahme im Mund zu ersparen. Die Keramik wird durch Ätzen mit Flusssäure für 60 Sekunden, anschließendes gründliches Abspülen und die Beschichtung mit einem Silan zum Einsetzen vorbereitet.

Der eigentliche Einsetzvorgang wird praktischerweise unter Anlage eines Kofferdams, der sich bei einfachen Inlays auch unkompliziert anlegen lassen sollte, durchgeführt. Werden die Regeln der klassischen Adhäsivtechnik angewendet, erfolgt am Zahn zunächst eine Schmelzätzung mit Phosphorsäure. Nach gründlichem Abspülen und mäßigem Trocknen erfolgt der Auftrag der Dentinadhäsivs entsprechend den Herstellerangaben. Nach dem gleichen Schema wird dann das Bonding aufgebracht.

Vollkeramische Inlayversorgungen werden entweder mit Dualzementen oder rein lichthärtenden Kompositen eingesetzt. Letztere sollten nicht als Paste, sondern in einer fließfähigen Form vorliegen. Problematisch ist in jedem Fall die Überschussentfernung nach dem Aushärten. Je nach Behandler entscheidet sich auch die Verwendung von Matrizen oder matrizenfreies Arbeiten. Sowohl die Kavität als auch das Inlay sollten mit Einsetzmaterial beschickt werden. Dann erfolgt das Einsetzen und vor dem Aushärten die Entfernung zumindest der groben Überschüsse. Eine Lichthärtung ist auch bei dual härtenden Systemen zur Erreichung einer möglichst hohen Polymerisationsrate sinnvoll. Es kommen in den meisten Fällen Halogenlampen und in der letzten Zeit vermehrt LED-Leuchten zum Einsatz. Sie sollten über eine ausreichende Lichtleistung von mindestens 1000 mW/cm^2 verfügen. Nach erfolgter Aushärtung werden die Überschüsse genauestens entfernt. Dies ist besonders im Approximalbereich zum Erhalt gesunder gingivaler Verhältnisse wichtig. Nach der Kontrolle von Okklusion und Artikulation und ggf. Korrekturen mit Feinkorndiamanten wird abschließend poliert. Hierfür kommen Gummipolierer, Sof-lex-Scheiben (Fa. 3M Espe, Seefeld) und Occlubrush-Bürsten (Fa. KerrHawe, Bioggio, Schweiz) zum Einsatz. Zur Erzielung von Hochglanz ist die zusätzliche Verwendung von diamanthaltiger Polierpaste (z. B. Ultra II, Fa. Shofu, Ratingen) sehr hilfreich. Dringend sollte während der gesamten Politur auf die Vermeidung unnötiger Hitzeentwicklung durch den Einsatz der Spraykühlung geachtet werden.

Inlayversorgungen aus Silikatkeramik zeigen meist einen sehr guten Chamäleon-Effekt. Auch ohne weitere Modifikationen von Farbe und Transluzenz sind sehr ästhetische Ergebnisse zu erreichen. Oftmals erfreuen übertriebene Charakterisierungen der Fissuren im Seitenzahnbereich nur Zahnärzte und Zahntechniker und sind vom Patienten unerwünscht.

Klinisches Beispiel

Bei einem 27-jährigen Patienten traten im oberen linken Seitenzahnbereich gelegentlich Beschwerden auf. Die klinische Untersuchung zeigte neben einer defekten Kompositfüllung einen kariösen Defekt im mesialen Bereich (Abb. 1.1).

Zur Vorbereitung der Versorgung mit einem CAD/CAM-gestützt hergestellten Keramikinlay wird zunächst mittels eines Hartsilikons (Metal Bite, Fa. R-Dental, Hamburg) der Gegenbiss registriert. Das Negativ des Antagonisten bleibt auf der zu behandelnden Zahnreihe zurück und wird mithilfe der 3-D-Messkamera optisch erfasst. Diese Maßnahme kann auch im Anschluss an die Präparation durchgeführt werden. Allerdings ist sie wegen der Irritationen durch lange Mundöffnung und die Lokalanästhesie zu diesem frühen Zeitpunkt sehr sinnvoll (Abb. 1.2). Ebenfalls ist die Farbnahme vor der Präparation zu empfehlen, da Austrocknung und die Rötung der Gingiva durch zahnärztliche Maßnahmen den eigentlichen Farbwert verfälschen (Abb. 1.3).

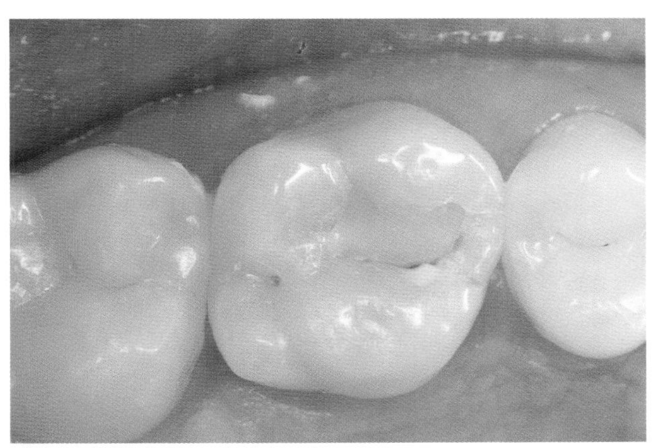

Abb. 1.1 Bei einem ersten Molaren ist eine Sekundärkaries im Randbereich einer Kompositfüllung sowie ein Einbruch im Approximalbereich festzustellen.

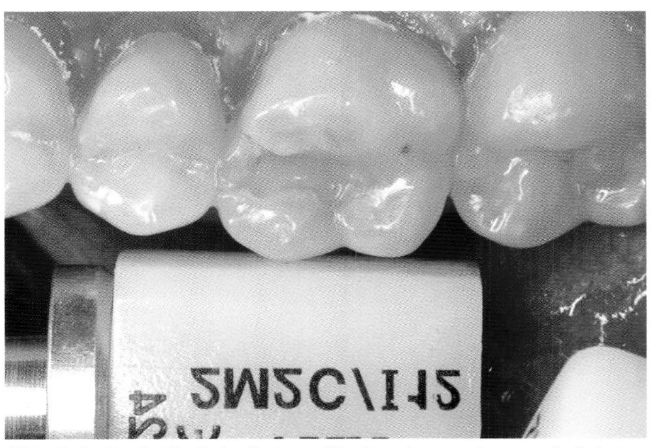

Abb. 1.3 Auch die Zahnfarbe sollte bereits zu einem möglichst frühen Zeitpunkt bestimmt werden, da sie durch alle weiteren Maßnahmen verändert werden kann.

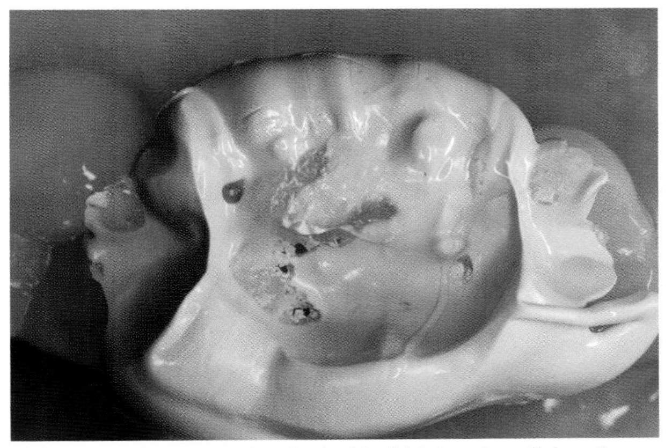

Abb. 1.2 Es ist ratsam, bereits im Vorfeld der eigentlichen Behandlungsmaßnahmen die Bissregistrierung mit einem Hartsilikon (Metal Bite, Fa. R-Dental, Hamburg) durchzuführen.

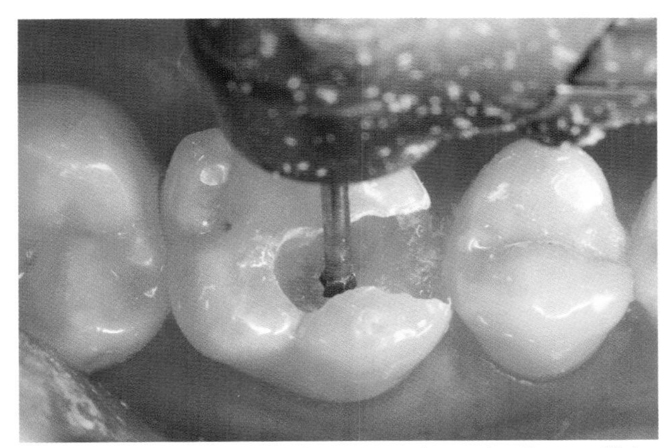

Abb. 1.4 Zu Beginn einer jeden Präparation steht die gründliche Entfernung von kariösen Bereichen sowie sämtlicher Vorrestaurationen.

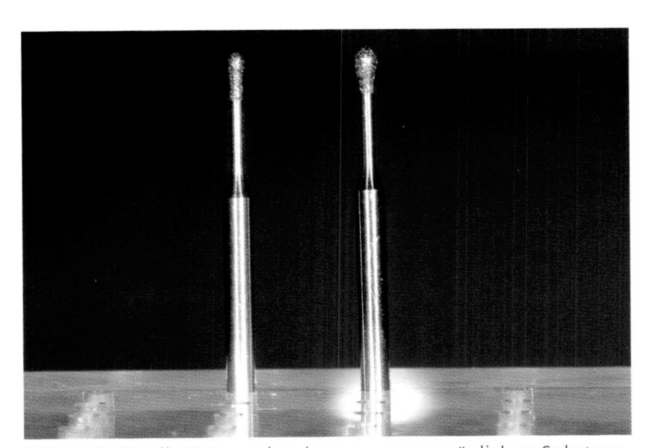

Abb. 1.5 Grazile Präparationsinstrumente ermöglichen Substanz schonendes und streng defektorientiertes Arbeiten.

Die Präparation für adhäsiv befestigte Vollkeramikrestaurationen erfolgt defektorientiert. Deshalb werden zunächst ohne Rücksicht auf die Ausführung der definitiven Kavitätengestaltung sämtliche Vorrestaurationen und das gesamte kariöse Material entfernt (Abb. 1.4). Dafür kommt sinnvollerweise Präparationsinstrumentarium für die minimalinvasive Arbeitsweise zum Einsatz (Abb. 1.5). Nach der Darstellung des Ausmaßes des Defektes (Abb. 1.6) kann über das Design der endgültigen Präparationsform entschieden werden. Im vorliegenden Fall wurde die Form eines klassischen Inlays gewählt. Für die weitere Präparation empfiehlt sich in diesem Fall der so genannte Rundkopfkegel (Fa. Brasseler, Lemgo) (Abb. 1.7, Abb. 1.8). Mit diesem sind eine defektorientierte Arbeitsweise am Kavitätenboden sowie ein entsprechender Öffnungswinkel sichergestellt (Abb. 1.9). Zur klaren Definition der

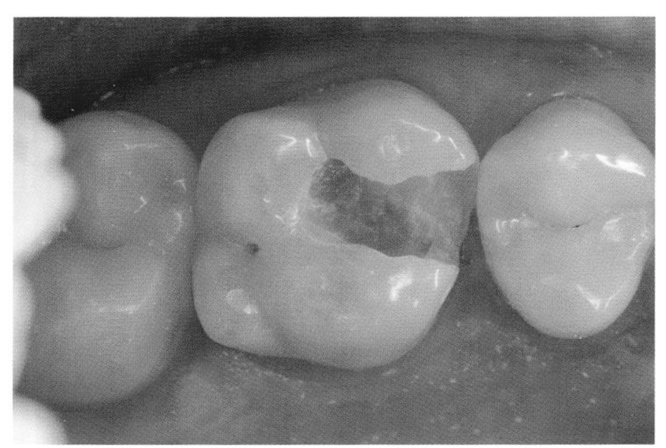

Abb. 1.6 Erst nach Darstellung des tatsächlichen Defektes kann über die Gestaltung der endgültigen Präparationsform entschieden werden.

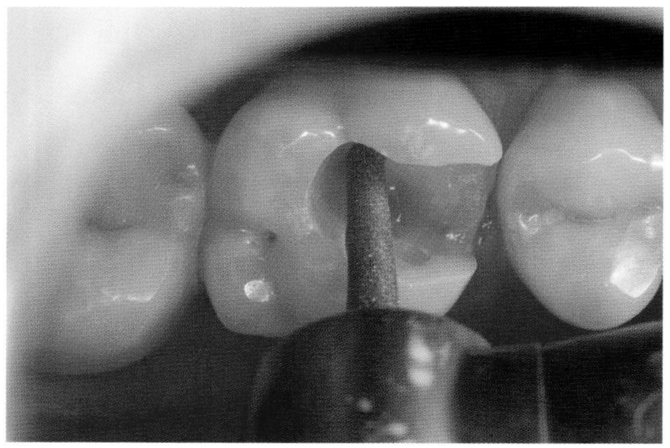

Abb. 1.7 Die typische Kavität für vollkeramische Inlays zeichnet sich durch scharfe, stabile Kanten und eine weich und rund gestaltete Innenform aus.

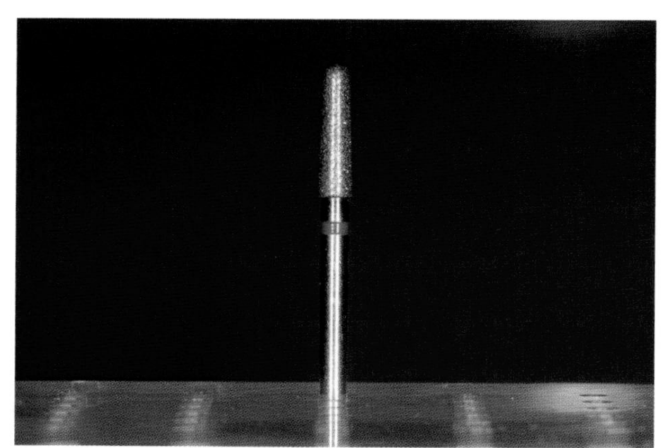

Abb. 1.8 Ein Präparationsinstrument vom Typ Rundkopfkegel dient zur defektorientierten und zügigen Gestaltung der Kavität.

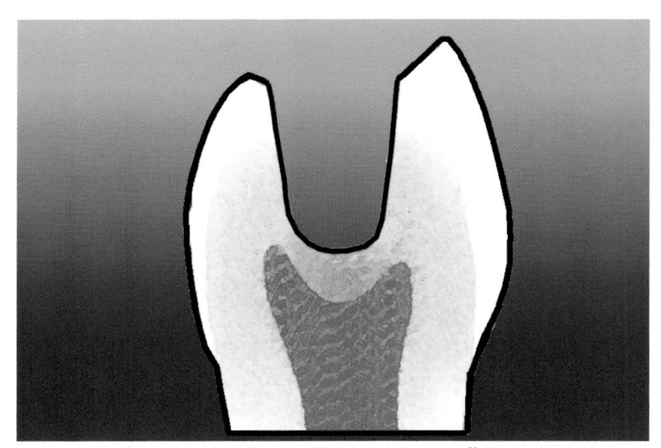

Abb. 1.9 Eine klar definierte Kante sowie ein Öffnungswinkel, der eine spannungsfreie Eingliederung ermöglicht, sind die wichtigsten Merkmale einer Präparation für vollkeramische Versorgungen.

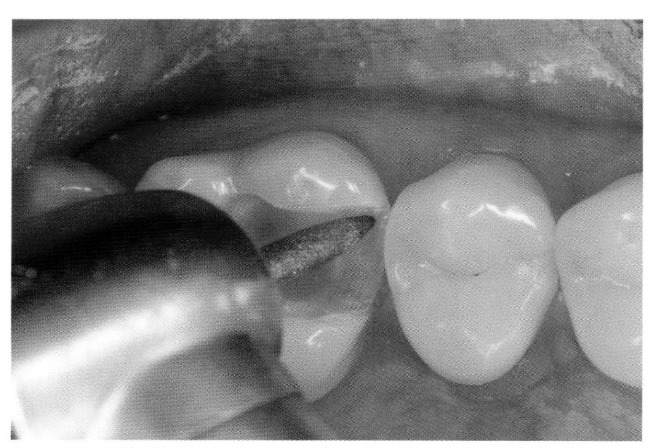

Abb. 1.10 Große Aufmerksamkeit sollte der Präparation der approximalen Bereiche gewidmet werden.

Abb. 1.11 Flammenförmige Finierer eignen sich sehr gut zur präzisen Gestaltung klar definierter Übergänge ohne zu dünn auslaufende Ränder.

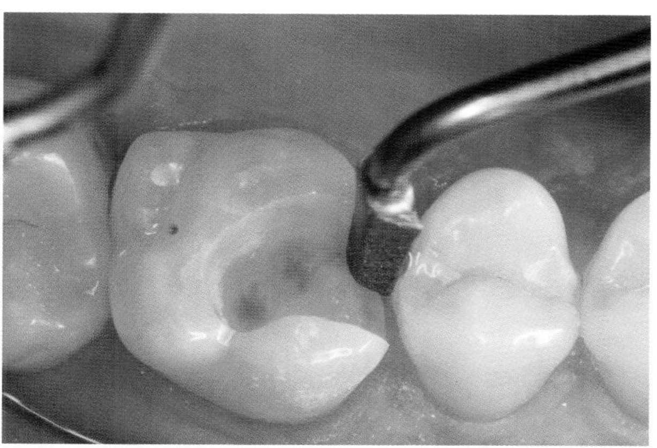
Abb. 1.12 Eine sehr effektive Methode für diesen Bereich ist auch der Einsatz oszillierenden Instrumentariums.

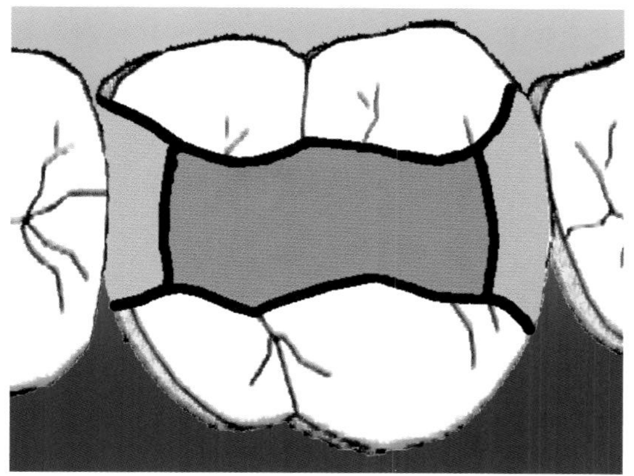
Abb. 1.14 Zu dünn auslaufende Räder (rechte Seite) neigen zum Klemmen sowie zu Frakturen im Randbereich.

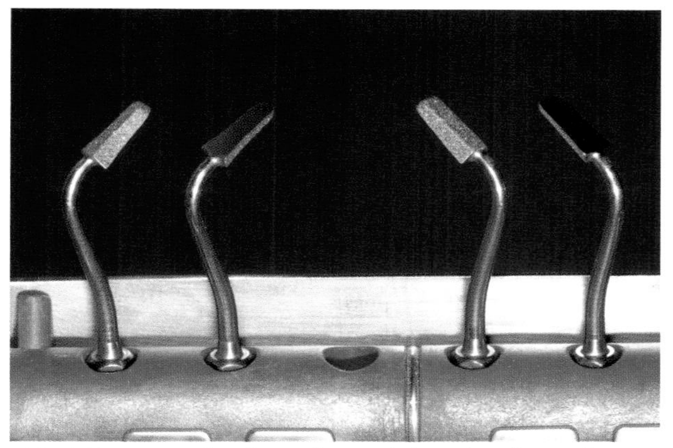
Abb. 1.13 Entsprechend gestaltete Arbeitsenden dienen der geraden und winkelgenauen Ausformung approximaler Bereiche und verhindern gleichzeitig eine Schädigung der Nachbarzähne.

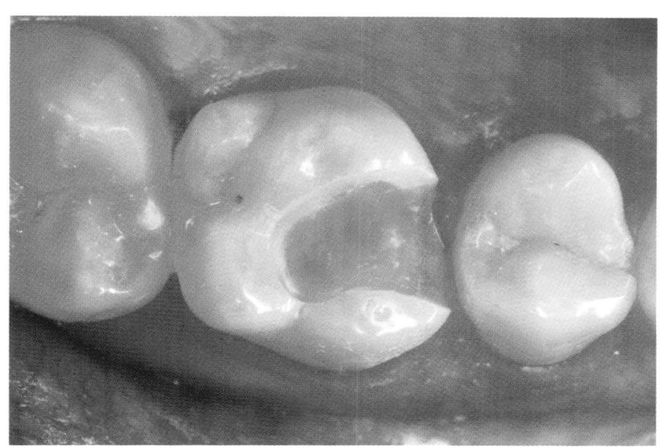
Abb. 1.15 Die Präparation der Inlaykavität ist abgeschlossen.

Wände des approximalen Kastens eignen sich besonders flammenförmige Finierer (Fa. Brasseler, Lemgo) (Abb. 1.10, Abb. 1.11). Ebenfalls sehr gut geeignet für diesen Bereich ist der Einsatz oszillierender Präparationsinstrumente, wie zum Bespiel Sonicflex (Fa. KaVo, Biberach). Durch die Form des Instruments ist die Kavitätenform bereits vorgegeben. Außerdem werden unbeabsichtigte Schäden an den Nachbarzähnen vermieden (Abb. 1.12, Abb. 1.13); so neigen zu dünn auslaufende approximale Räder zum Klemmen sowie zu Frakturen im Randbereich (Abb. 1.14).

Nach Abschluss der Präparation (Abb. 1.15) erfolgt das optische Abtasten der Kavität mit der 3-D-Messkamera. Dazu muss eine Kontrastschicht aufgebracht werden (Abb. 1.16). Unter Sichtkontrolle werden ein oder mehrere Aufnahmen der Kavität und der Nachbarzähne angefertigt (Abb. 1.17). Nachdem diese im Bildkatalog gespeichert wurden (Abb. 1.18), erfolgt im Anschluss die Berechnung eines virtuellen, dreidimensionalen Restaurationskörpers (Abb. 1.19). Durch den Benutzer muss die Lage des Präparationsrandes eingegeben werden, wobei er durch Kantenfindungsautomatismus unterstützt wird (Abb. 1.20). Der Inlaykörper wird automatisch berechnet und unter Berücksichtigung der antagonistischen Kontakte dargestellt (Abb. 1.21). Zu diesem Zeitpunkt können Modifikationen vorgenommen werden. Danach erfolgt die Berechnung des Restaurationskörpers, der in der Schleifvorschau ebenfalls am Bildschirm dargestellt wird (Abb.

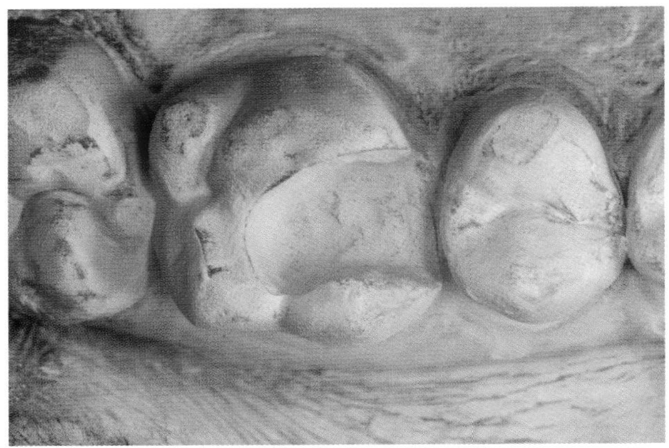

Abb. 1.16 Zur Vorbereitung der optischen Abtastung mit der 3-D-Messkamera muss ein Kontrastmedium (Scan Spray; Fa. Dentaco, Bad Homburg) aufgebracht werden.

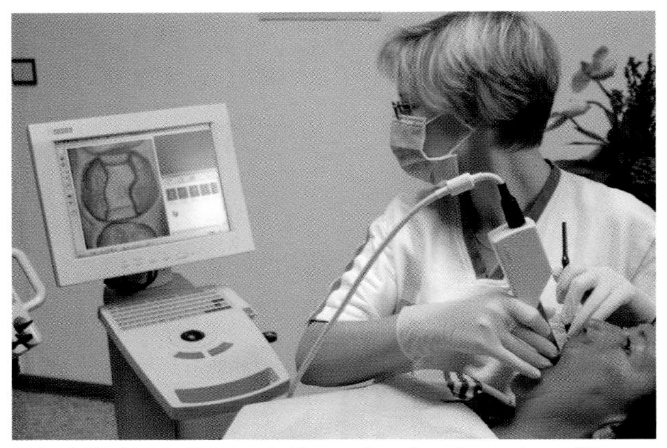

Abb. 1.17 Unter Sichtkontrolle werden ein oder mehrere Messbilder des entsprechenden Zahnes angefertigt.

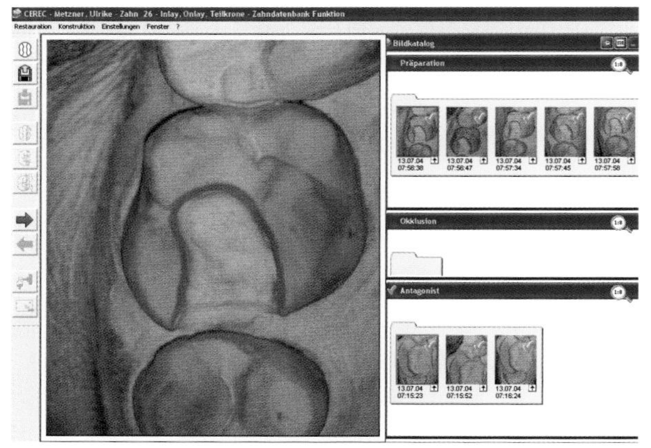

Abb. 1.18 Die Aufnahme ist zunächst als Videobild auf dem Monitor sichtbar.

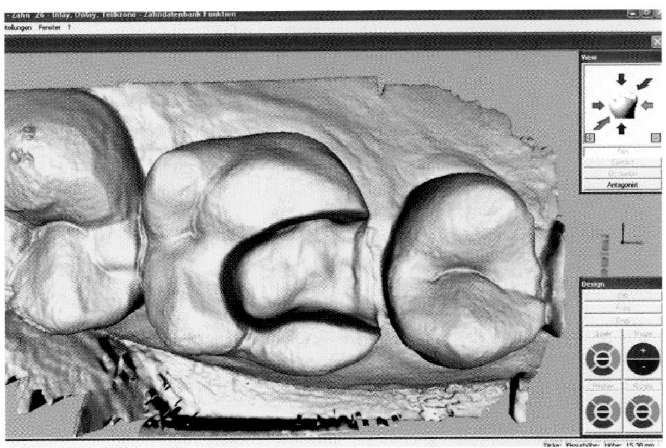

Abb. 1.19 Nach Abschluss der optischen Vermessung wird aus den Daten der einzelnen Bilder eine 3-D-Ansicht berechnet.

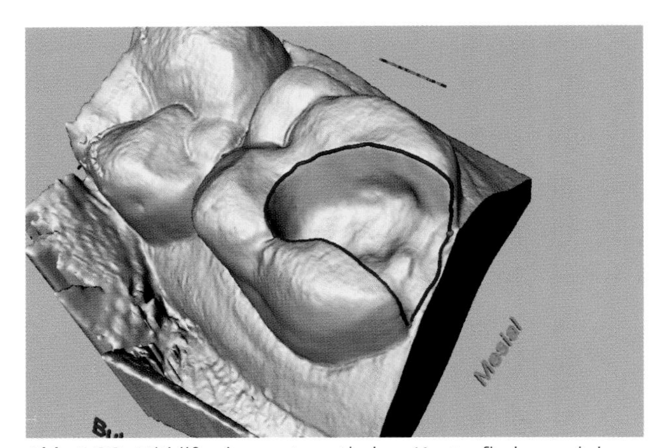

Abb. 1.20 Mithilfe einer automatischen Kantenfindung wird vom Benutzer die Lage des Präparationsrandes eingegeben.

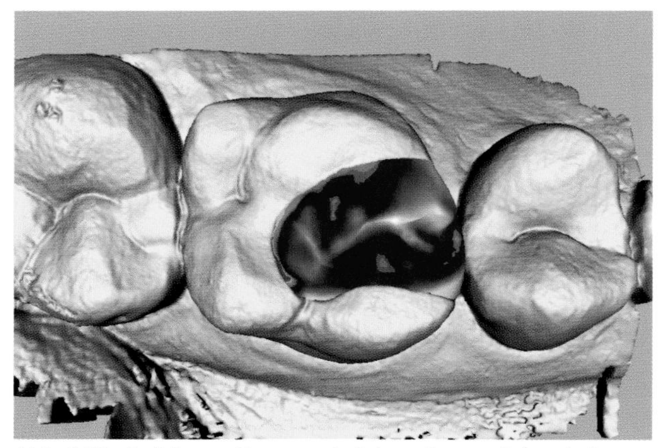

Abb. 1.21 Auf dem vollautomatisch berechneten Inlay sind gleichzeitig die okklusalen Kontakte farblich dargestellt und können modifiziert werden.

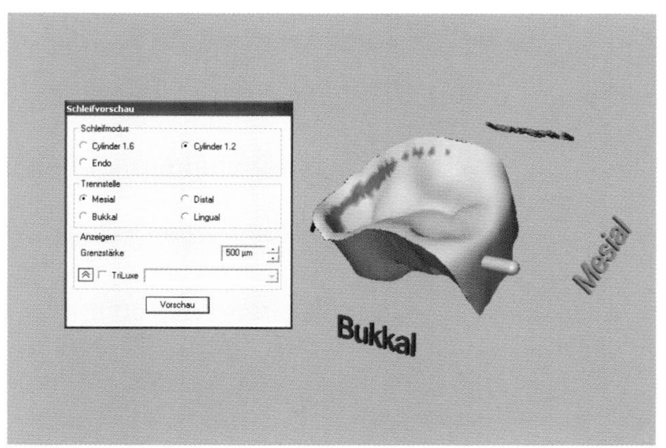

Abb. 1.22 Die Software errechnet eine Schleifvorschau der zuvor gestalteten Restauration. Grenzwertige Schichtstärken können farblich angezeigt werden.

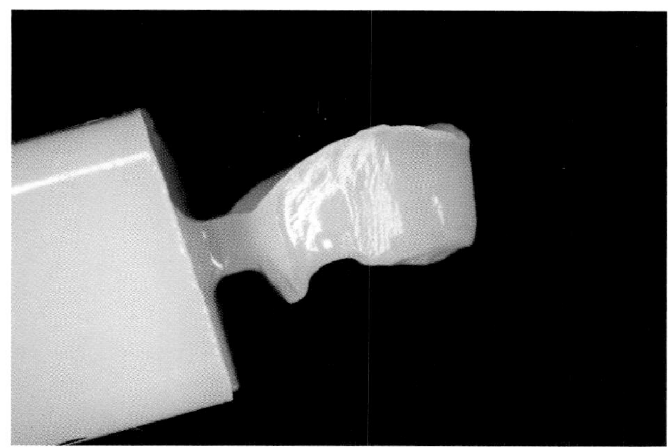

Abb. 1.24 Detailansicht des ausgeschliffenen Inlays.

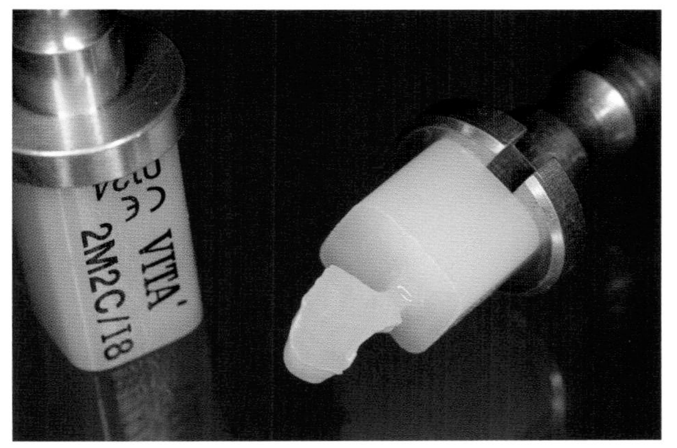

Abb. 1.23 Mithilfe der CEREC-Schleifeinheit wird aus einem Keramikrohling der Restaurationskörper herausgeschliffen.

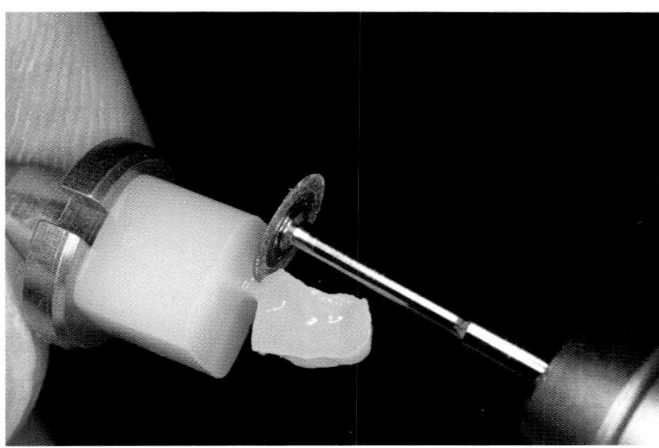

Abb. 1.25 Mit einem geeigneten Schleifkörper wird das Inlay an der so genannten Abstichstelle vom restlichen Keramikrohling getrennt.

1.22). Damit sind die Konstruktionsarbeiten abgeschlossen und die Restauration kann in der CEREC-Schleifmaschine ausgeschliffen werden (Abb. 1.23). Hierfür wird ein Keramikrohling in der anfangs bestimmten Farbe ausgewählt. Nach dem Abschluss des Schleifvorgangs ist das Inlay noch über die so genannte Abstichstelle mit dem Restblock verbunden (Abb. 1.24). Mit einem geeigneten Schleifkörper wird diese Stelle abgetrennt und eingeebnet (Abb. 1.25). Danach kann das Inlay in die Kavität einprobiert und ggf. eingepasst werden (Abb. 1.26). Liegt eine exakte Passung vor, kann die adhäsive Befestigung begonnen werden. Unter Umständen ist eine Vorpolitur des Inlays sinnvoll. Danach wird die Keramik mit Flusssäuregel (VITA CERAMICS ETCH, Fa. VITA Zahnfabrik,

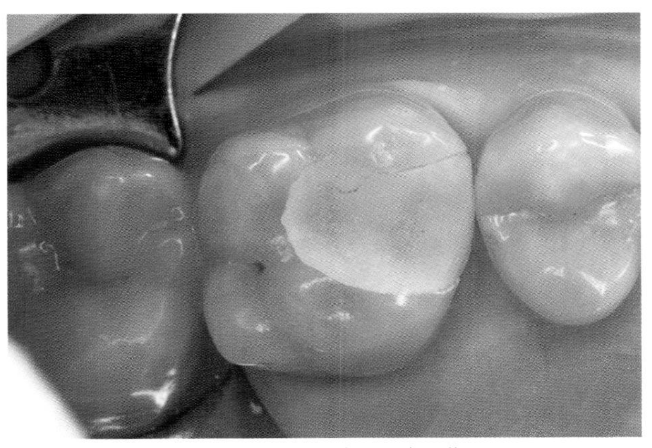

Abb. 1.26 Die Anprobe des Rohinlays zeigt die gute Passgenauigkeit einer CEREC-Restauration.

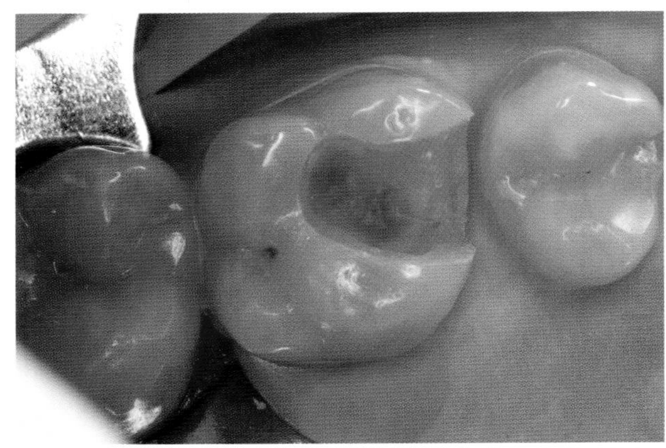

Abb. 1.27 Zur Erreichung eines engen Verbundes zwischen Zahn und Inlay erfolgt eine Ätzung mit Flusssäuregel für 60 Sekunden.

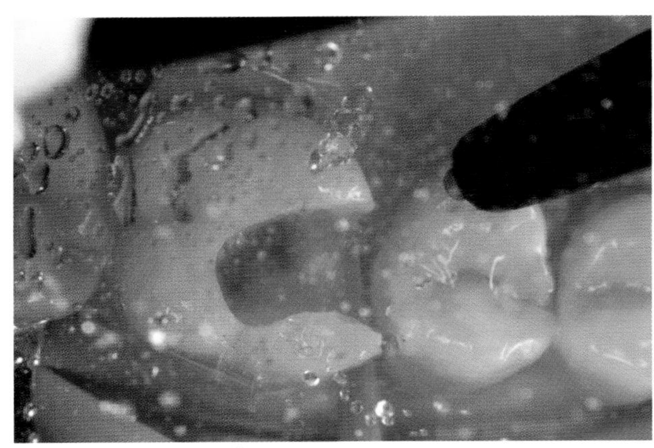

Abb. 1.30 Nach dem Ätzen erfolgt eine gründliche Spülung der Kavität mit Wasser.

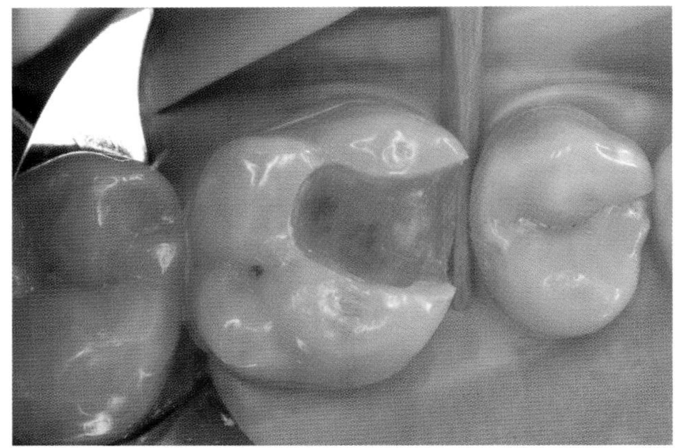

Abb. 1.28 Zur spannungsfreien Eingliederung ist ein Vorverkeilen mit Holzkeilen sinnvoll.

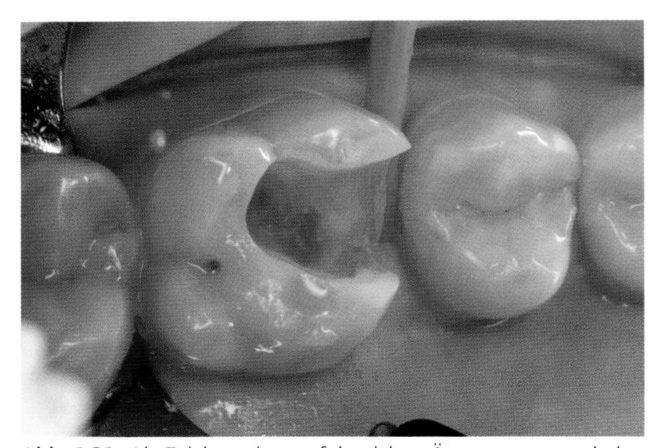

Abb. 1.31 Als Zeichen eines erfolgreichen Ätzprozesses erscheinen die behandelten Areale nach dem Trocknen matt.

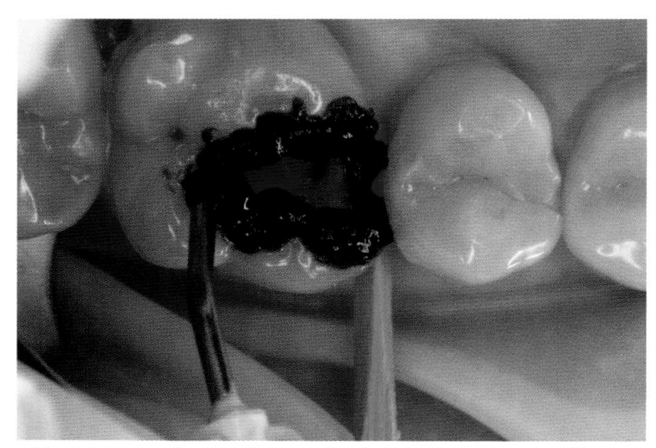

Abb. 1.29 Für die klassische Adhäsivtechnik erfolgt eine Ätzung mit Phosphorsäuregel.

Bad Säckingen) geätzt und silanisiert (Abb. 1.27) und ist somit zum Kleben vorbereitet.

Die Vorbereitung der Kavität richtet sich streng nach den Herstellerangaben des eingesetzten Befestigungsmaterials. Die Mehrflaschensysteme mit getrennter Applikation von Dentinadhäsiv und Bonding haben sich bis jetzt hinsichtlich der Klebekraft als vorteilhaft erwiesen (Abb. 1.28 bis 1.35). Problematisch ist die Entfernung vollständig ausgehärteter Kleberüberschüsse. Eine Lösungsmöglichkeit des Problems besteht in einer Zwischenbelichtung, die das Inlay fixiert und die dem Kleber eine etwas festere Konsistenz verleiht. Für die endgültige Aushärtung vollkeramischer Restaurationen sollten Lichtpolymerisations-

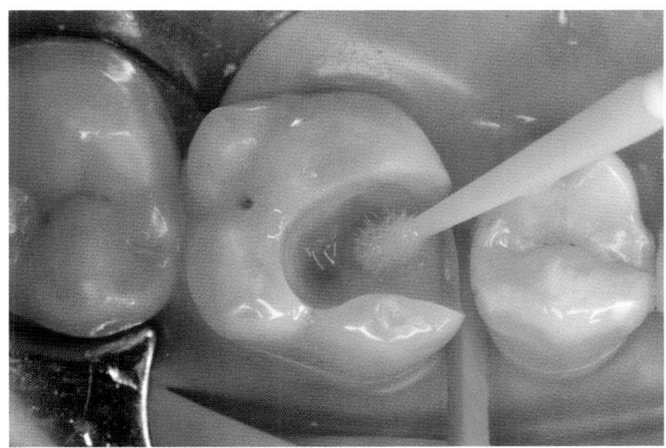

Abb. 1.32 Als nächster Schritt wird ein geeignetes Dentinadhäsiv entsprechend der Anwendungsvorschrift des Herstellers appliziert.

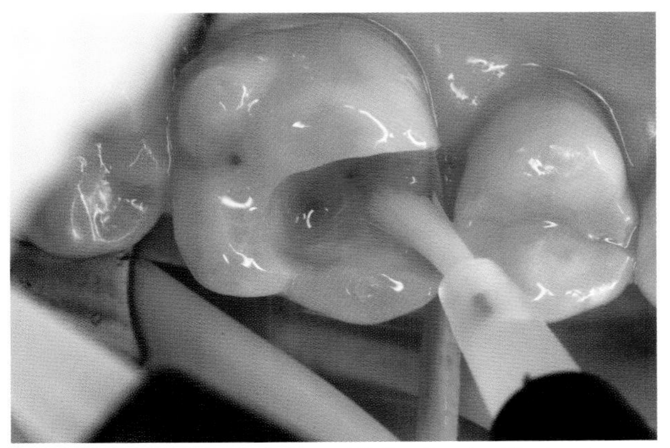

Abb. 1.33 Auch bei der sich anschließenden Applikation des Bondings sind die vorgeschriebenen Einwirkzeiten genau zu beachten.

geräte mit einer Leistung über 1000 mW/cm^2 eingesetzt werden (Abb. 1.36 bis 1.39). Nach der Aushärtung muss eine gründliche Überschussentfernung erfolgen (Abb. 1.40, Abb. 1.41). Erst jetzt wird die Kontrolle und ggf. auch die Korrektur der Okklusion durchgeführt (Abb. 1.42). Im ungeklebten Zustand besteht wegen der relativ geringen Festigkeit der Keramik eine hohe Frakturgefahr, vor allem in dünn auslaufenden Bereichen. Die für die Chairside-Technologie eingesetzten Keramiken können unproblematisch im Mund auf Hochglanz poliert werden. Dafür verwendet man Gummipolierer, Sof-lex-Scheiben (Fa. 3M Espe, Seefeld) und Bürstchen in Kombination mit diamanthaltigen Polierpasten (Abb. 1.43 bis 1.48).

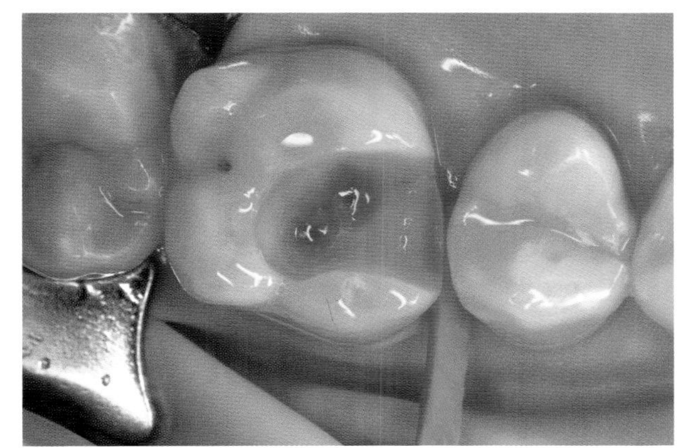

Abb. 1.34 Das Inlay kann nun mit dem Einsetzmaterial beschickt und in die Kavität appliziert werden.

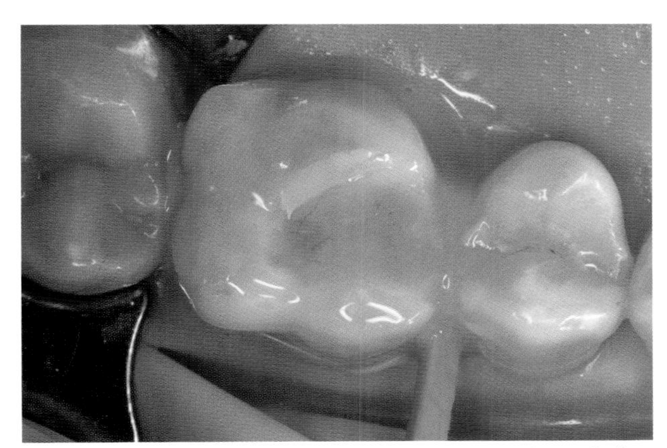

Abb. 1.35 Würde die Aushärtung in diesem Zustand stattfinden, so gestaltet sich die spätere Überschussentfernung äußerst schwierig.

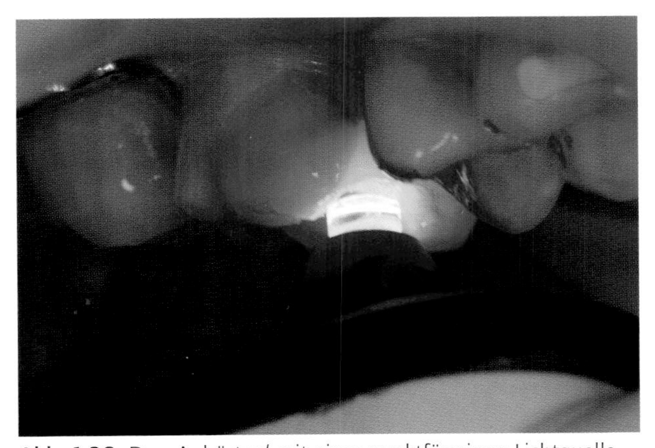

Abb. 1.36 Das ‚Anhärten' mit einer punktförmigen Lichtquelle fixiert die Keramik in der Kavität, führt aber noch nicht zur vollständigen Aushärtung der Befestigungsmaterials.

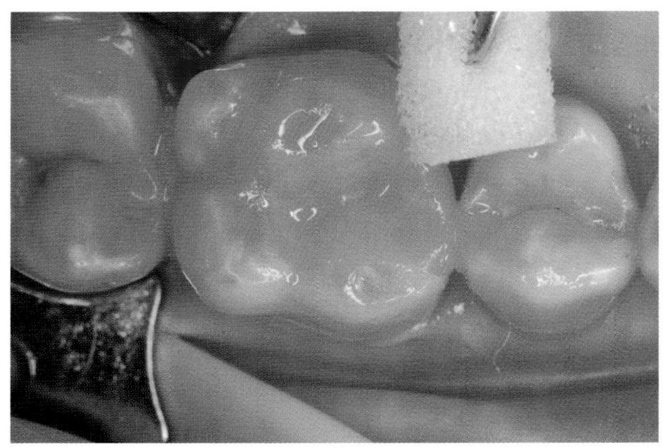

Abb. 1.37 Es ist sinnvoll, grobe Überschüsse vor der endgültigen Aushärtung zu entfernen.

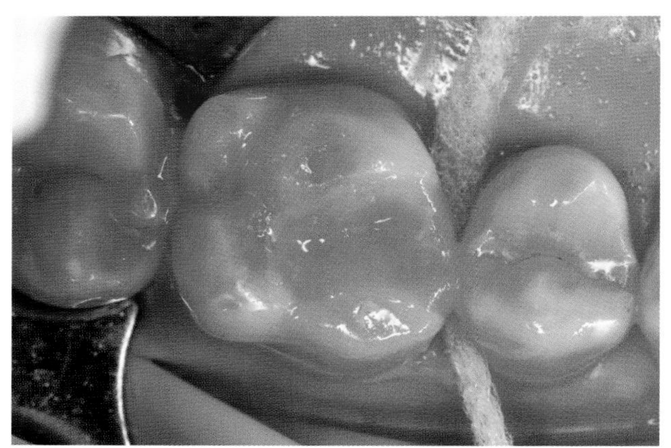

Abb. 1.38 Entsprechend vorsichtig kann auch eine erste Reinigung des Approximalraumes erfolgen.

Abb. 1.39 Bei der definitiven Aushärtung sollte eine leistungsstarke Lichtpolymerisationslampe verwendet werden.

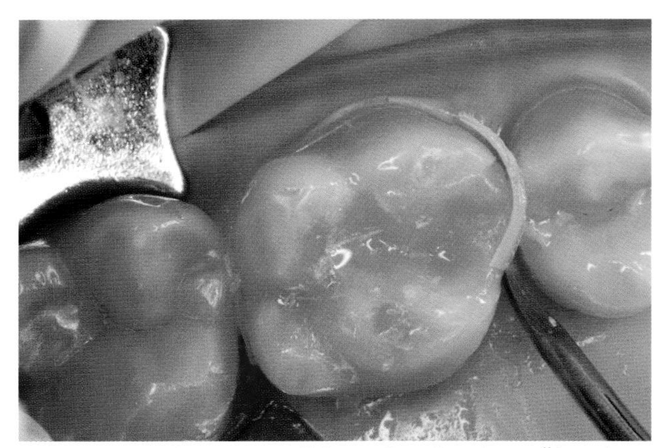

Abb. 1.40 Nun können sämtliche noch vorhandenen Überschüsse genauestens entfernt werden.

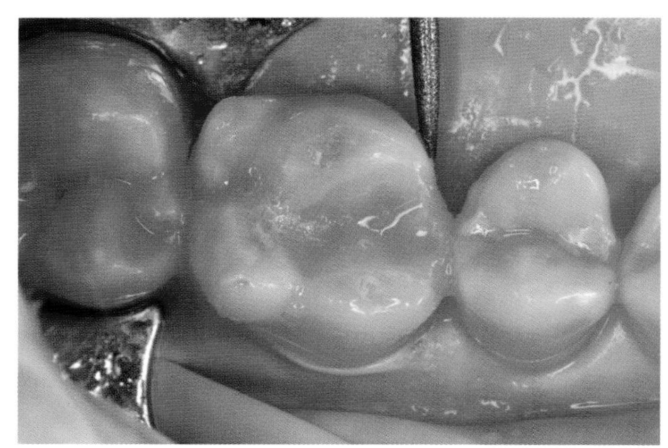

Abb. 1.41 Falls nötig, dienen grazile Feinkorndiamanten zur Glättung im Fügebereich.

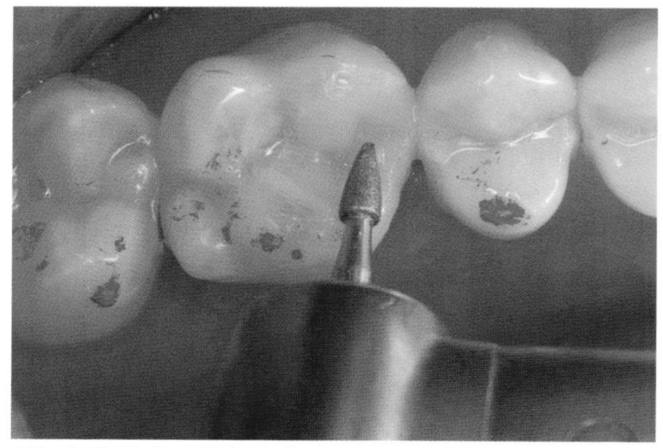

Abb. 1.42 Aufgrund der hohen Frakturgefahr im ungeklebten Zustand kann eine Okklusionskontrolle und -korrektur erst jetzt durchgeführt werden.

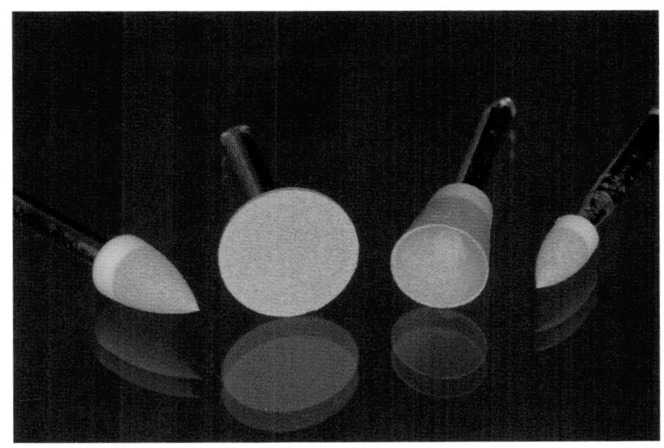

Abb. 1.43 Spezielle Gummipolierersets werden zur Bearbeitung von Keramik angeboten.

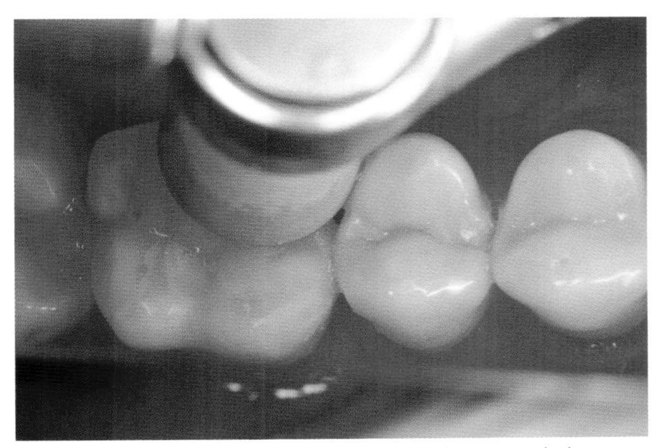

Abb. 1.44 Gummipolierer sind hauptsächlich zur Bearbeitung von Glattflächen geeignet.

Abb. 1.45 Sof-lex-Scheiben (Fa. 3M Espe, Seefeld) werden in ihrer Form modifiziert, um feine Details und Fissuren beim Bearbeiten nicht einzuebnen.

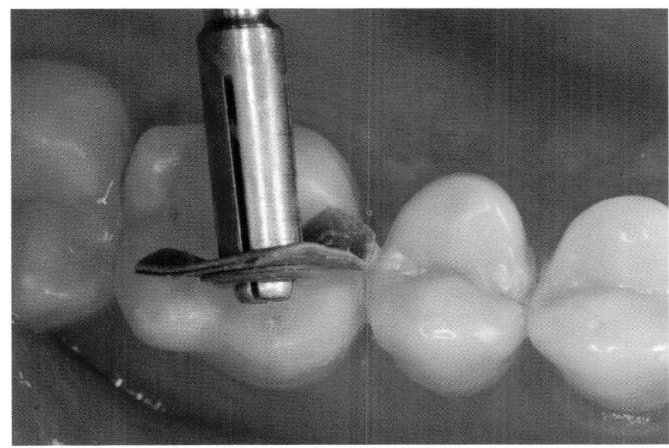

Abb. 1.46 Mit den Sof-lex-Scheiben werden insbesondere Fissuren und approximale Übergänge poliert.

Abb. 1.47 Occlubrush-Bürsten (Fa. KerrHawe, Bioggio, Schweiz) tragen das Poliermittel bereits in den Borsten. Die Wirkung kann durch eine Diamantpolierpaste verstärkt werden.

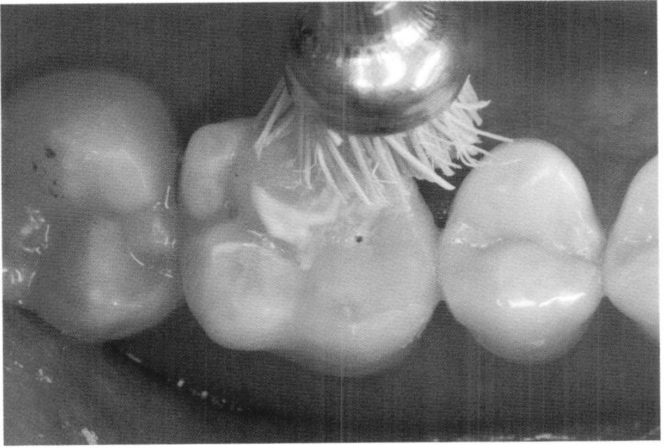

Abb. 1.48 Mit Bürstchen und Polierpaste wird der abschließende Hochglanz erreicht.

Die fertige Versorgung zeigt dank des Chamäleon-Effektes und eines gut eingestellten Glanzgrades auch ohne weiteren Aufwand im Dentallabor eine zufrieden stellende Ästhetik (Abb. 1.49).

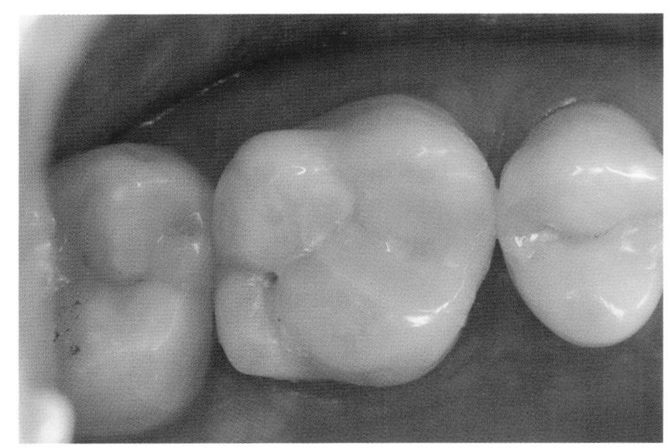

Abb. 1.49 Abschlussbefund der Inlayversorgung des Zahnes 26.

2 Eine komplexe Direktversorgung im Seitenzahnbereich

Andres Baltzer

Der Alltag am zahnärztlichen Patientenstuhl ist - nolens volens - nicht von spektakulären Fällen geprägt, die der fotografischen Dokumentation und des detaillierten Berichts sonderlich würdig wären. Es sind im Gegenteil Kariesschäden und Frakturen, die sich dermaßen häufen, dass trotz Begeisterung für den zahnärztlichen Beruf von Routine die Rede ist - manchmal gar von grauem Alltag (Abb. 2.1).

Ob bei allem Gebeugtsein über solche Fälle stets große Begeisterung aufkommt, darf bezweifelt werden. Man macht sich halt an die Reparatur des vorliegenden Zahnschadens, das ist die tägliche Routine. Der unter AnwenderInnen von CAD/CAM wohl bekannte Slogan „Fun and Dentistry" mutet in diesem Zusammenhang fast provokativ an: sind die Würde und Seriosität des zahnärztlichen Tuns infrage gestellt oder weist das Schlagwort eher auf den Spaß an der Sache hin, der als Vorbedingung jeder gelungenen Arbeit gilt? Möge dieses Kapitel zu Fragen anregen. Das Urteil bleibt gewiss den Lesenden überlassen. Die Erledigung von Routine-Zahnreparaturen kann auch Spaß machen!

Die vorliegende, kurze Fallstudie dokumentiert eine solche Situation. Im Vordergrund steht nicht der ausgesuchte Fall, der sich behandlungstechnisch abhebt und deshalb besondere Beachtung verdiente. Beschrieben wird die Alltagssituation, die den größten Anteil auch der CAD/CAM-Restaurationen ausmacht und deshalb grundsätzlich in die Berichte zu den Einsatzmöglichkeiten von CEREC gehört.

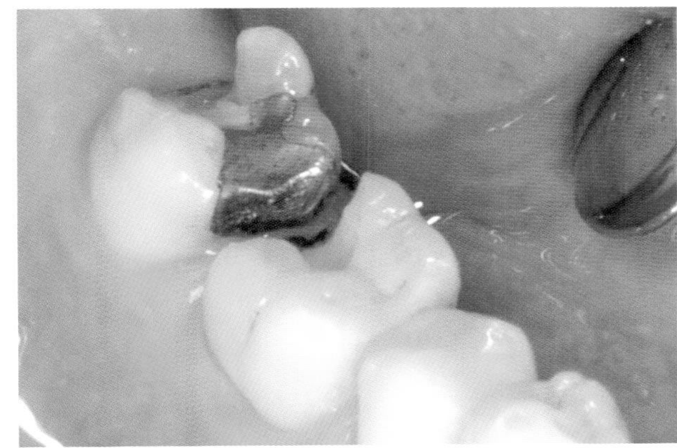

Abb. 2.1 Alltägliche "Einblicke" am Patientenstuhl.

Die Präparation der Kavitäten erfolgt nach allgemeinen Richtlinien, auf die hier nicht näher eingegangen wird. Die besten Voraussetzungen sind da gegeben, wo die Präparationsgrenze rundum oder zumindest größtenteils im Schmelzbereich liegt.

Mit der intraoralen Kamera werden die präparierten Zähne mit drei Einzelbildern aufgenommen und im Bilderkatalog (Ordner <Präparation>) ab-

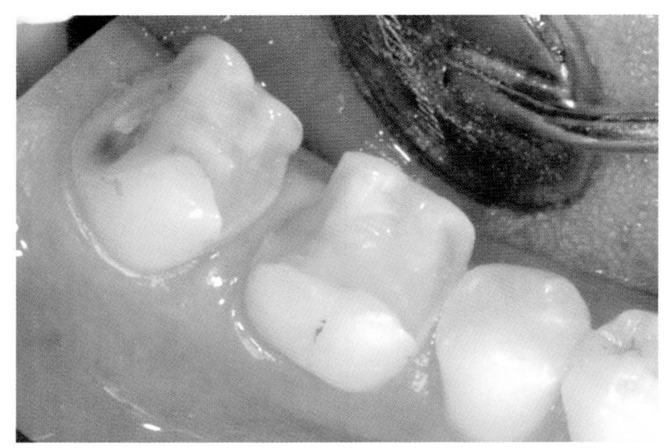

Abb. 2.2 Füllungen der Zähne 46 und 47: Vorbereitung der Kavitäten.

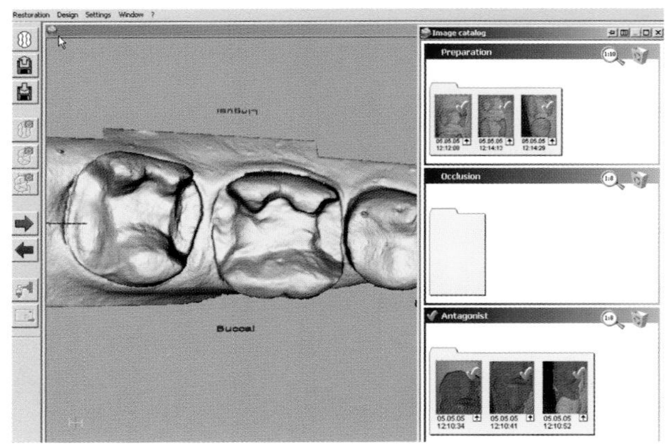

Abb. 2.3 Füllungen der Zähne 46 und 47: Vorbereitung der Kavitäten.

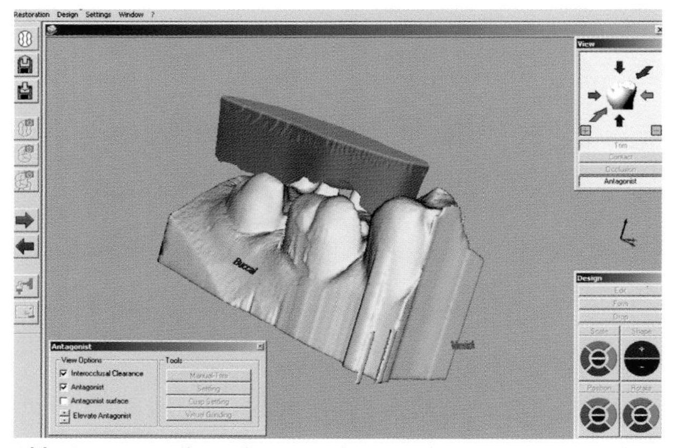

Abb. 2.4 Darstellung der präparierten Zähne 46 und 47 sowie des Gegenbisses.

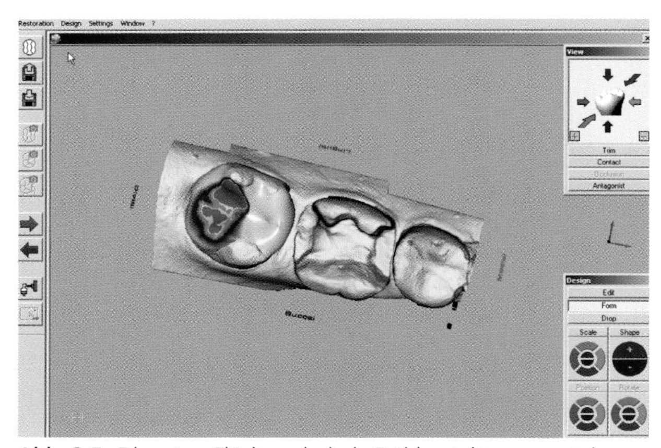

Abb. 2.5 Die roten Flächen sind als Frühkontakte zu verstehen und müssen der Artikulation in situ angepasst werden.

gelegt. Das Relief der Antagonisten wird geformt, indem die Kavitäten der Zähne 46 und 47 mit der Paste „metal-bite" (R-dental, Hamburg) ausgefüllt (Abb. 2.2) und bis zur Aushärtung in der zentralen Okklusion belassen werden. Die Paste härtet innerhalb 15 Sekunden aus und muss nicht gepudert werden. Das so geformte okklusale Relief der Antagonisten wird nun ebenfalls mit drei Bildern intraoral festgehalten und im Bilderkatalog (Ordner <Antagonisten>) abgelegt. Die Präparations- und die Antagonistenaufnahmen werden anschließend zum dreidimensionalen Bild hochgerechnet. Die Korrelation der virtuellen Modelle des Ober- und Unterkiefers bzw. deren Übereinstimmung mit der Situation in situ ist in den Abbildungen 2.3 und 2.4 dargestellt.

Es folgt die Konstruktion des Zahnes 47. Die vom System vorgeschlagene, keramische Füllung zeigt rote Flächen, welche als Frühkontakte in der Okklusion zu verstehen sind. Mit den diversen Konstruktionswerkzeugen wird die Füllung der Situation in situ angepasst. Dabei werden die Frühkontakte durch Abtragen eliminiert und die Form der Füllung optimiert (Abb. 2.5 bis 2.7). Die fertig konstruierte Füllung wird in der Schleifeinheit ausgeschliffen. Abbildung 2.8 zeigt das zu erwartende Werkstück.

Während des Schleifprozesses wird die Füllung des Zahnes 47 am Bildschirm virtuell eingesetzt. Damit ist die Situation in der Approximalzone vorgegeben und die Füllung des Zahnes 46 kann konstruiert werden. Die vom System vorgeschlage-

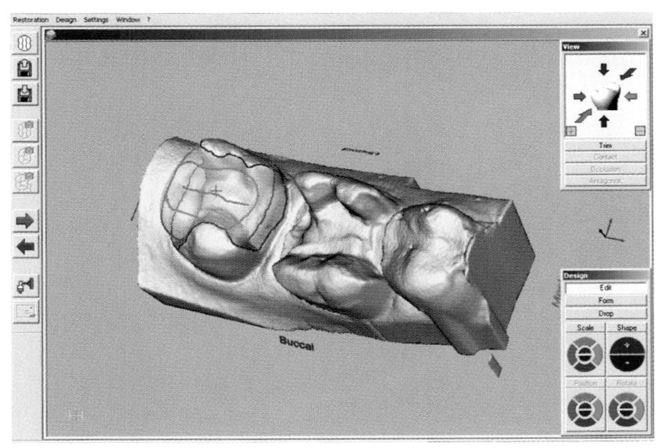

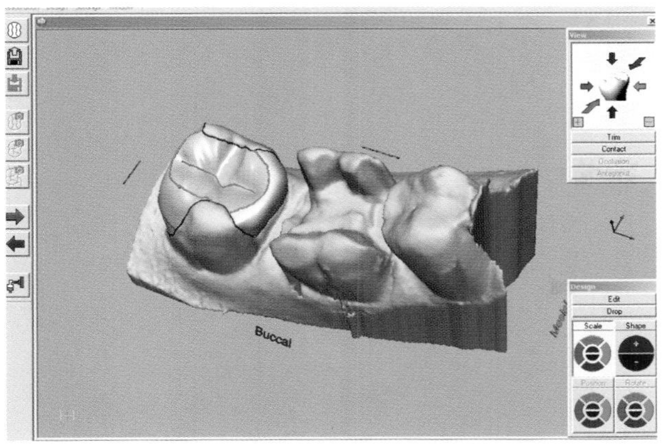

Abb. 2.6 und 2.7 Die Optimierung der Form erfolgt mit diversen Bearbeitungswerkzeugen. Es ist den Anwendern überlassen, ob sie die Verlagerung der Konstruktionslinien oder die Formwerkzeuge bevorzugen. Letztere imitieren die traditionellen Werkzeuge, die zur Formgebung der Füllung eingesetzt werden.

ne Füllung weist wiederum rote Flächen auf, die als so genannte Durchdringungszonen in den Antagonisten resp. als Frühkontakte in situ zu erwarten sind. Solche Zonen werden den Okklusionsverhältnissen angepasst und morphologisch optimiert. Das gleiche Vorgehen gilt selbstverständlich für die Approximalflächen, deren Kontaktzonen angepasst und ausgearbeitet werden (Abb. 2.9, Abb. 2.10). Nach Abschluss des Schleifprozesses der ersten Füllung (Abb. 2.11) erfolgt der Schleifbefehl für die zweite Füllung. Nach Abschluss des zweiten Schleifprozesses wird

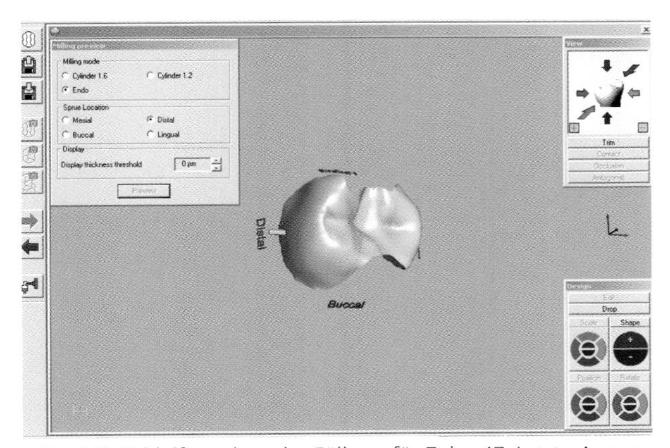

Abb. 2.8 Schleifvorschau der Füllung für Zahn 47. Letzte Anpassungen können hier noch angebracht werden, es folgt der Schleifbefehl.

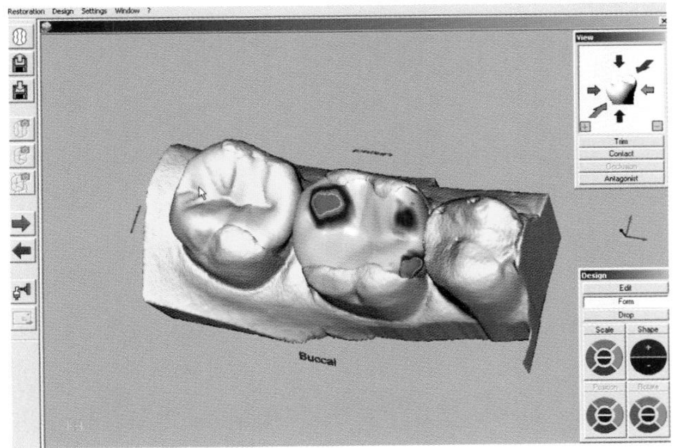

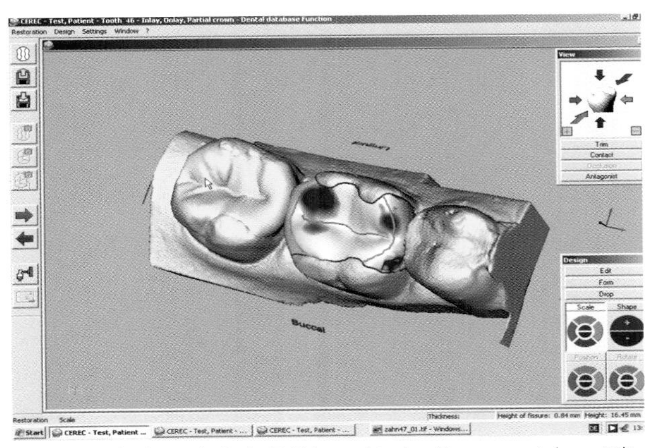

Abb 2.9 und 2.10 Das System schlägt eine Füllung für Zahn 46 vor. Die roten Flächen sind als Frühkontakte in situ zu verstehen. Mit den Formwerkzeugen werden diese angepasst. Die Form ist anschließend zu optimieren.

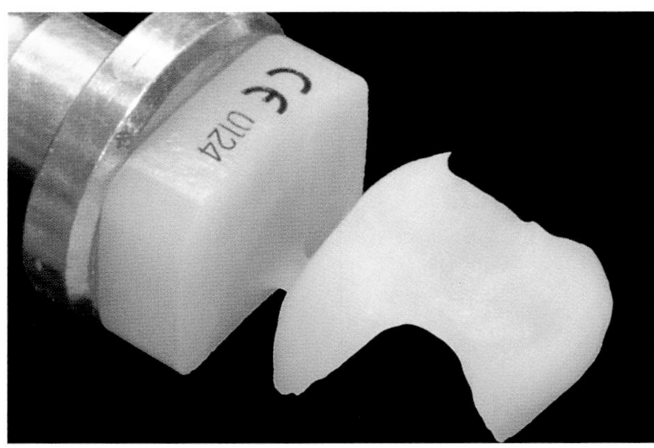

Abb. 2.11 Fertig ausgeschliffene Füllung für Zahn 47. Der verbliebene Ansatz zum Keramikblock wird beschliffen und poliert. Die Füllung ist bereit zur Zementierung in situ.

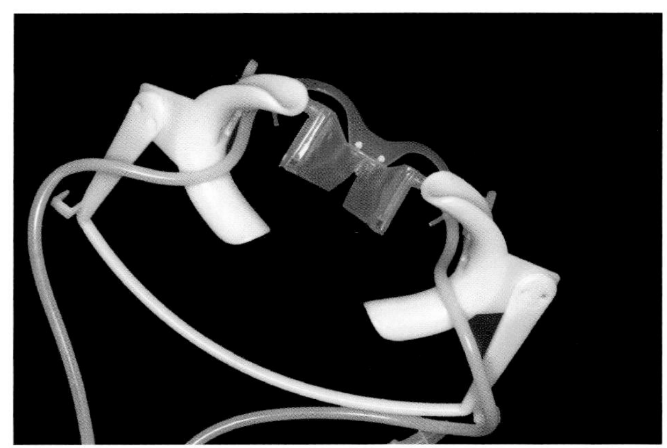

Abb. 2.12 Eine verlässliche Variante zur Trockenlegung des Operationsfeldes mit Kofferdam stellt das „Dry Field System" dar.

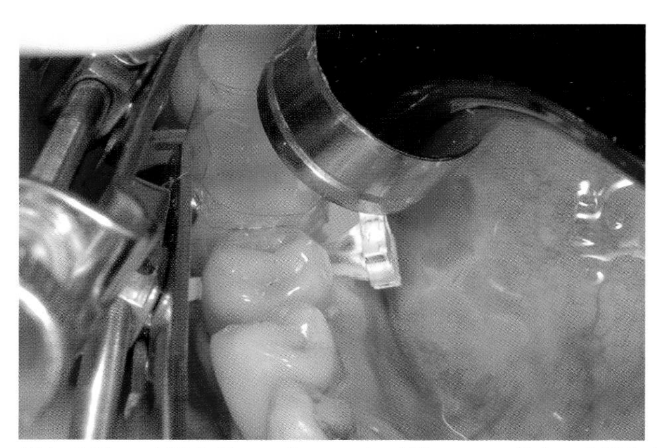

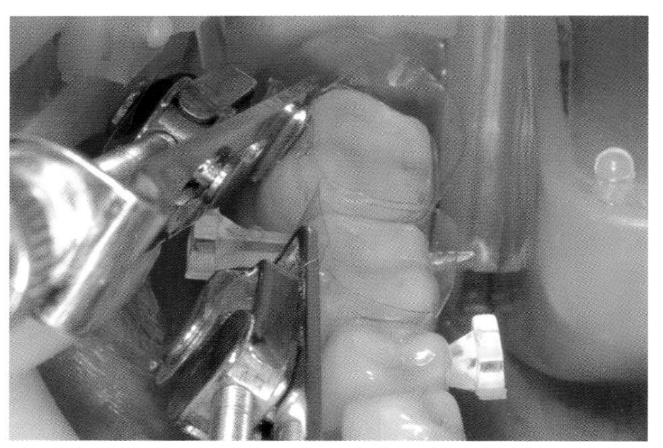

Abb. 2.13 und 2.14 Zementierung der Füllungen mit dem SAT-System Variolink. Die Trockenlegung ist mit dem „Dray Field System" erfolgt. Um die Zähne 46 und 47 sind durchsichtige Matrizen gelegt. Sie werden approximal mit Licht leitenden Keilen eng an die zervikalen Wände der Zähne gepresst.

das Operationsfeld trockengelegt und für die Zementierung vorbereitet. Als Variante zur Trockenlegung mit Kofferdam hat sich das „Dry Field System" (Great Lakes Orthodontics, Ltd. New York) gut bewährt (Abb. 2.12). Es besteht aus Wangenhaltern und einem Hohlraum („Käfig") für die Zunge. Das System ist mit Speichelsaugröhrchen bestückt, die den sublingualen Speichelfluss bereits am Drüsenausgang absaugen. Der Speichelfluss der Parotis wird durch Trockenlegungsplättchen „Dry Tips" (Mölnlycke Health Care, Göteborg) unterbunden. Sie bestehen speicheldrüsenseitig aus einer Speichel absorbierenden, mit Nylonnetz stabilisierten Matte; oralseitig sind sie mit einer undurchlässigen Plastikfolie belegt. Die Trockenlegung ist derart wirksam, dass die Plättchen vor der Entfernung ausgiebig gewässert werden müssen, um Verletzungen der Wangenschleimhaut zu verhindern.

Dieses Trockenlegungssystem ist sehr effizient und wird von den Patienten geschätzt, da keinerlei Anstrengungen für die Mundöffnung aufgebracht werden müssen und unkontrollierte Zungenbewegungen und Schluckreflexe ausbleiben. Die zu versorgenden Zähne werden außerdem mit durchsichtigen Matrizen umspannt, welche mittels Licht leitenden Keilen interdental eng an die Zahnwände gepresst werden. Alle diese Vorkeh-

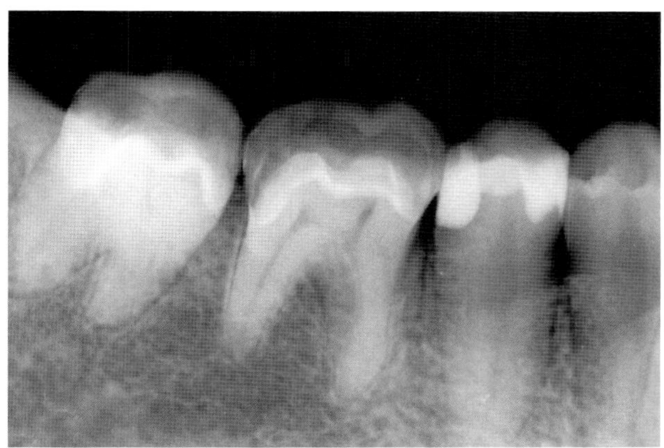

Abb. 2.15 Schlusskontrolle: Das Röntgenbild zeigt keine approximalen Überschüsse und einen harmonischen Füllungsübergang zur Zahnsubstanz.

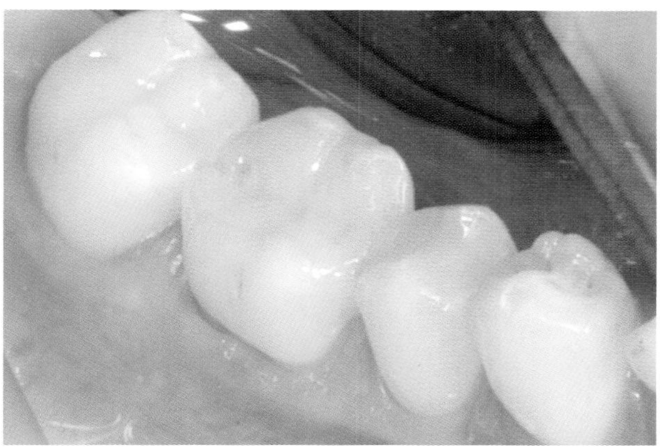

Abb. 2.16 Alltag mit CEREC: Sanierung der Zähne 46 und 47 mit keramischen Füllungen in einer Sitzung.

rungen tragen zur gewünschten Trockenheit im Operationsgebiet bei. Es besteht zudem Gewähr, dass sich während des Klebeprozesses kein Material in die approximale Zone hinein verpresst.

Die Zementierung der Keramikfüllungen kann nun traditionell mit dem SAT-System Variolink erfolgen (Abb. 2.13, Abb. 2.14). Nach Abschluss der Zementierung werden Überschüsse entfernt. Approximal erfolgt das Anpolieren mit einer feinkörnigen Interdentalfeile. Dank der angelegten Matrizen sind hier allerdings keine Überschlüsse zu erwarten. Ein Kontroll-Röntgenbild bestätigt allenfalls diesen Sachverhalt (Abb. 2.15). Nun werden Okklusion und Artikulation mit Artikulationspapier geprüft und optimiert. Nach der traditionellen Politur mit Scheibchen, Gummis und Paste sind die Zähne 46 und 47 restauriert (Abb. 2.16).

Das CAD/CAM-gefertigte Laborinlay

Andreas Kurbad

Computergestütztes Design ist in allen Bereichen der Gestaltung räumlicher Objekte mit Sicherheit ein großer Vorteil gegenüber konventionellen Verfahren. In der Zahnmedizin und Zahntechnik haben sich solche Systeme vor allem zur Herstellung vollkeramischer Restaurationen wie Inlays, Kronen und Brücken etabliert. Nach der Digitalisierung der realen Situation wird die Arbeitsgrundlage virtuell am Monitor dargestellt und mithilfe eines Computerprogramms können die entsprechenden Werkstücke mehr oder weniger komfortabel so weit gestaltet werden, dass sie den Vorstellungen und Wünschen des Anwenders entsprechen. Als letzter Schritt in erfolgt die Umsetzung des virtuellen Objektes in die Realität. Dies geschieht hauptsächlich durch Schleifautomaten (Abb. 3.1).

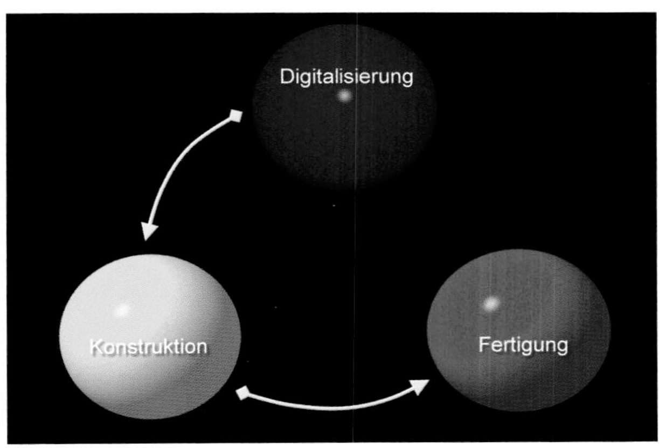

Abb. 3.1 Die drei Kernstücke CAD/CAM-gestützter dentaler Technologie sind die Digitalisierung der Arbeitsgrundlage, die computergestützte Konstruktion und das maschinelle Ausschleifen.

Die aus dem Computerbereich bekannte Devise 'What you see, is what you get' trifft leider nur in den wenigsten Fällen auch tatsächlich zu. Die Tatsache, dass eine solche Maschine keine feineren Details schleifen kann, als die Dimension ihres kleinsten Schleifkörpers, ist unumstößlich. Nicht in jedem Fall kann das Werkstück so verändert werden, dass am Ende eine passfähige Restauration dabei herauskommt. Selbst wenn ein akzeptabler Randschluss erzielt werden kann, resultieren mehr oder minder große Hohlräume im Inneren des Objektes, welche dann am Ende mit Befestigungszement ausgefüllt werden. Zum Zweck der Einsparung von Edelmetall gab und gibt es solche Dinge auch in der konventionellen Zahntechnik im Rahmen einer so genannten Platzhaltermodellation. Trotzdem sind größere Ansammlungen von Befestigungsmaterial unter einer Restauration nicht immer erwünscht, zumal gerade im Bereich der Vollkeramik die Erzielung einer ausreichenden Materialstärke für die Stabilität von großer Bedeutung ist.

In nicht unerheblichem Maß trifft das Dilemma aber auch für die äußere Form des Gebildes zu. Was nützt die filigrane Gestaltung einer Kau-

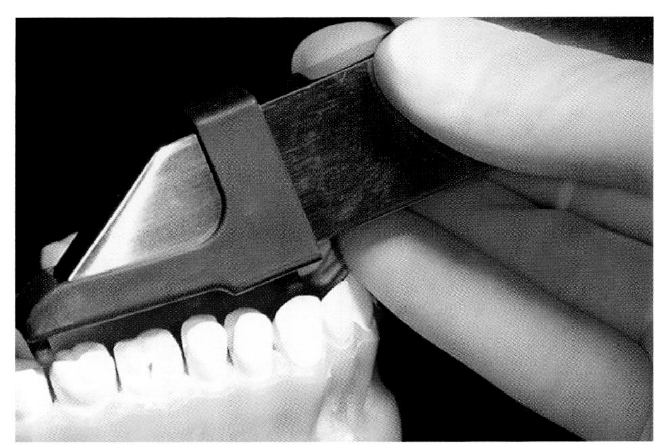

Abb. 3.2 Erfassung der Oberfläche einer Modellsituation mit der CEREC-3-D-Messkamera.

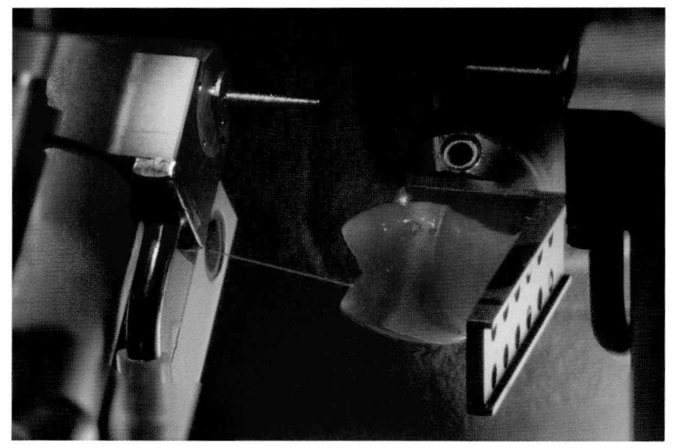

Abb. 3.3 Ein im Sirona inLab integrierter Laserscanner dient ebenfalls zur Digitalisierung von Modelloberflächen.

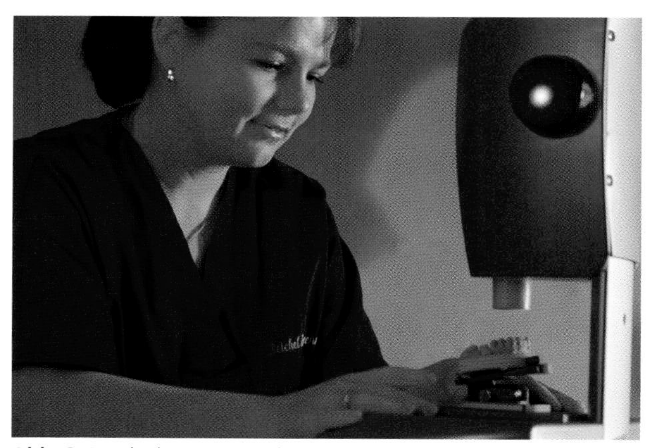

Abb. 3.4 Mit dem extraoralen Scanner inEos (Fa. Sirona, Bensheim) können auch komplexe Modellsituationen erfasst werden.

fläche am Bildschirm, wenn sie am Ende von der Schleifmaschine überhaupt nicht umgesetzt werden kann? Noch schlimmer ist es, wenn die am Bildschirm dargestellten Dinge überhaupt nicht der Realität entsprechen. Bei manchen Systemen wird seit einiger Zeit die Möglichkeit angeboten, die geschliffenen Gerüste anschließend zu überpressen. Zumindest im Bereich Außenform und vor allem bei der marginalen Passung kann dies Vorteile bringen. Grundsätzlich bedeutet es aber einen erhöhten Arbeitsaufwand und gerade der sollte ja durch das CAD/CAM-Verfahren verringert werden. So lange hier nicht Abhilfe durch den technischen Fortschritt geschaffen wird, ist die Berücksichtigung der Unzulänglichkeiten des technischen Fortschritts bereits bei der Präparation Voraussetzung für qualitativ hochwertige, passfähige Restaurationen. Dazu ist es notwendig, dass sich der Behandler darüber im Klaren ist, wo die Probleme liegen. Im Fall des CEREC-Systems (Fa. Sirona, Bensheim) werden kleinere Werkstücke direkt am Patienten gefertigt. Der Anwender des CAD/CAM-Systems liefert seine eigenen Vorlagen und kann somit direkt erfahren, an welchen Stellen es Schwierigkeiten gibt und von ihnen lernen.

Die Digitalisierung der klinischen Situation als Voraussetzung für eine exakte Konstruktionsgrundlage

Für das computergestützte Design am Bildschirm müssen zunächst dem CAD-Programm Informationen über die Arbeitsgrundlage, z. B. über den präparierten Zahn, zugeführt werden. Dies geschieht im Falle des CEREC-Verfahrens (Fa. Sirona, Bensheim) durch den optischen Abdruck mit der 3-D-Messkamera direkt im Mund oder vom Modell anhand eines Laserscanners oder dem InEOS-Gerät (Abb. 3.2 bis 3.4).

Unter sich gehende Bereiche können für den Fall, dass nur aus einer Richtung abgetastet wird, nicht erfasst werden. Schließlich kann niemand um die Ecke sehen. So lange diese unter sich gehenden Bereiche das Innere des Werkstücks betreffen, resultieren lediglich Hohlräume, die sich in der bereits beschriebenen Art mit dem Einsetzmaterial füllen. So kann es aber sein, dass z. B. der Bereich einer Stufe nicht ausreichend erfasst wird und eine deutlich schmalere Abstützung in diesem Gebiet realisiert wird, die unter Umständen sogar die Vorgaben des Herstellers unterschreitet und damit zum Misserfolg führen kann (Abb. 3.5). Dramatisch ist dieser Effekt aber in Fällen, in denen die Präparationsgrenze betroffen ist, was besonders leicht bei den approximalen Kästen der Inlays zutreffen kann, hier entsteht ein echter Randspalt als Prädilektionsstelle für eine spätere Sekundärkaries.

Abhilfe schafft die Abtastung aus mehreren unterschiedlichen Winkeln, wodurch zumindest die zu versorgende Oberfläche korrekt dargestellt wird. Das hat aber noch nicht zur Folge, dass zwangsläufig auch die Restauration passt, denn die CEREC-Schleifmaschine arbeitet mit drei Freiheitsgraden und ist rein technisch nicht in der Lage, den Schleifkörper in eine Position zu bringen, um unter sich gehende Stellen auszuschleifen. Das würde letztlich auch gar keinen Sinn ergeben, denn der gewonnene Körper würde sich nicht einsetzen lassen.

Resultierend daraus muss für CAD/CAM-gestützte Restaurationen eine klare Präparation gefordert werden. Bei Inlays sollten die Wände nach oben geöffnet und klar abgeschrägt sein. Auch die Wandneigung der Kronenstümpfe sollte so beschaffen sein, dass die Präparationsgrenze und die gesamte Stufe klar und deutlich zu erkennen sind. Auch auf triviale Dinge, wie z. B. eine funktionsgerechte und saubere Optik, ist zu achten. Verschmutzungen auf der Linse der Kamera verursachen unweigerlich Störungen auf der virtuellen Modelloberfläche. Gleiches gilt für eine unsachgemäße Beschichtung mit Kontrastmittel bzw. eine verschmutzte Modelloberfläche oder Verunreinigungen im Spezialgips für die optische Abtastung. Der Spezialgips sollte grundsätzlich in separaten Gefäßen angemischt werden. Werden Konstruktionsverfahren verwendet, bei denen mehrere Aufnahmesequenzen überlagert werden, wie z. B. der Korrelations- oder der Funktionsmodus, muss darauf geachtet werden, dass dem Computerprogramm ausreichend Daten zur Berechnung zur Verfügung gestellt werden. Die Überlagerung zweier Aufnahmesequenzen erfordert, dass von der Software Bereiche gefunden werden, die bei beiden identisch sind. Sind diese Areale sehr klein, kann eine Situation simuliert werden, die womöglich nicht mit der Realität übereinstimmt. Ein gedanklicher Vergleich ist die Suche nach der richtigen Okklusion bei einem Modellpaar. Im Fall eines kompletten Zahnbogens wird das mit etwas Geschick, von einigen Ausnahmen abgesehen, fast immer möglich sein. Die Fehlerquote würde sich immens erhöhen, wenn anstelle eines Zahnbogens nur vor und nach dem präparierten Bereich ein halber Zahn zur Verfügung stünde.

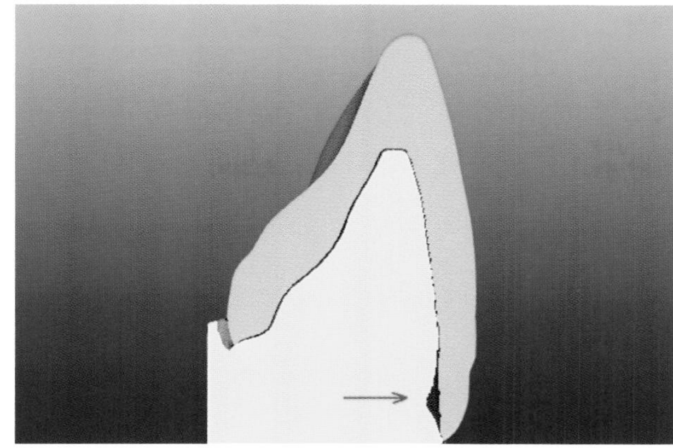

Abb. 3.5 Ausgehend von einem parallelen Strahlenverlauf können unter sich gehende Bereiche mit einer Einzelaufnahme nicht digitalisiert werden, was zwangläufig zu Substanzdefekten führt.

Gerade im Funktionsmodus ist es wichtig, überhaupt zu einer fehlerfreien Vorlage zu kommen. Solche Registrate sollten bereits schon zu Behandlungsbeginn gemacht werden, weil hier der Patient sein Kauorgan noch gut koordinieren kann und nicht durch Anästhesie und stundenlanges Offenhalten des Mundes beeinträchtigt ist. Sollen im Sinne eines FGP (*functionally generated*

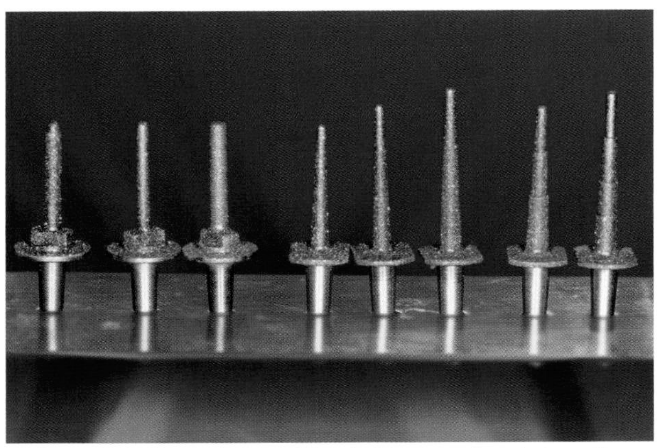

Abb. 3.6 Für das CEREC- und inLab-System steht mittlerweile eine Anzahl unterschiedlicher Schleifkörper zur Verfügung.

path) Funktionsbewegungen aufgezeichnet werden, ist zu beachten, dass die am häufigsten verwendeten Silikonmaterialien ungeeignet sind, weil sie während der Bewegungen diesen lange Zeit gummielastisch folgen und nichts aufgezeichnet wird. Sinnvoll ist hier die Verwendung einer Wachsgrundlage zur Groborientierung, die dann mit einer Zinkoxidpaste verfeinert wird.

Die schleifmaschinengerechte Präparation

Für das CEREC-und inLab-System (Sirona Dental Systems, Bensheim) steht mittlerweile eine Anzahl unterschiedlicher Schleifkörper zur Verfügung (Abb. 3.6). Neben der Auswahl zur Erreichung einer hohen Schleifgeschwindigkeit und einer langen Standfestigkeit der Instrumente sollte auch der Aspekt der Passgenauigkeit Berücksichtigung finden. Ist eine Struktur der Präparation effektiv kleiner als der Durchmesser des eingesetzten Schleifkörpers in der Schleifmaschine, kann diese nicht formgerecht ausgeschliffen werden. Ein Vorsprung am Kavitätenboden von 1,0 mm Durchmesser bedingt in einer passgerechten Restauration das Negativ, also eine Einsenkung mit dem gleichen Durchmesser. Ist aber das Werkzeug, mit dem diese Arbeit getan werden muss, 1,6 mm stark, tritt zwangsläufig ein Problem auf: entweder das Loch wird nicht ausgeschliffen, weil die Vorschrift der Schleifroutine besagt, dass kein Material zusätzlich entfernt werden darf; dann wird das Werkstück nicht passen, weil es keinen adäquaten Hohlraum für diese Struktur gibt. Einziger Ausweg wäre die manuelle Nacharbeit. Oder es wird von der Maschine ein so großer Hohlraum geschliffen, dass sich ausreichend Platz für diesen Vorsprung in der Kavität befindet, mit der Konsequenz, dass für eine reale Struktur von 1,0 mm ein Loch mit 1,6 mm Durchmesser geschaffen wird (Abb. 3.7 bis 3.9). Vorteil ist die primäre Passung, Nachteil der große Materialverlust, der im Extremfall zur Unterschreitung der Mindestmaterialstärke oder gar zu einem Defekt führen kann.

Beide Varianten sind mit dem CEREC-System möglich. Standard ist letztere, bei der zu große Hohlräume entstehen. Das führt zum Beispiel bei der Verwendung von radioopakem Material zu recht eigenartig aussehenden Restaurationen auf dem Röntgenbild. Die klinischen Studien zur Langlebigkeit von CEREC-Versorgungen zeigen jedoch, dass dadurch die Qualität höchstens unwesentlich beeinflusst wird. Wird im Schleifprogramm der so genannte Endo-Modus gewählt, tritt die erstgenannte Variante ein, feine Strukturen bleiben unberücksichtigt, das Material bleibt stehen. In Fällen, bei denen sehr dünne Strukturen geschliffen werden, wie zum Beispiel Veneers, ist dieses Vorgehen sinnvoll. Es muss dann darauf geachtet werden, dass die Präparation so geschaffen ist, dass sie auch ausgeschliffen werden kann, was beim klassischen Veneer nicht allzu schwierig sein sollte.

Zusätzlich muss weiterhin beachtet werden, dass die Wände zwischen dem Inlay und dem Kronenmodus unterschiedlich bearbeitet werden. Der Designtyp Krone geht von sehr senkrechten Wänden aus und verursacht bei schrägen Strukturen zum Teil erhebliche Substanzverluste, die von der Logik her kaum nachzuvollziehen sind.

Noch kritischer muss der Kavitätenrand betrachtet werden: scharfe Innenwinkel können nur von einem absolut scharfkantigen Schleifkörper ausgeschliffen werden. Betrachtet man jedoch den für diese Maßnahme vorgesehenen Zylinderdiamanten, muss man feststellen, dass die Kanten eher abgerundet sind, was bei längerem Gebrauch mit Sicherheit noch zunimmt. An solchen Stellen sitzt die Restauration auf. Ebenfalls kann im Bereich der Präparationsgrenze wegen der unbedingt notwendigen marginalen Passung auf keinen Fall einfach Material weggenommen werden, um das Werkstück für den Schleifkörper ‚passend' zu machen. Ragt zum Beispiel von der Kavitätenwand eines Inlays eine sehr spitze Struktur in den Inlaykörper hinein, wird es dort später zwangsläufig klemmen (Abb. 3.10, Abb. 3.11). Die gleiche Problematik betrifft auch die äußere Form der Restauration, bei der speziell die Kaufläche betroffen ist. Es ergibt keinen Sinn, filigrane Strukturen zu gestalten, wenn diese nicht ausgeschliffen werden können (Abb. 3.12). Aber auch bei waagerecht verlaufender Präparationsgrenze würden spitze Erhabenheiten für prinzipiell kaum lösbare Probleme sorgen. Wichtig ist deshalb eine übersichtliche Präparation. Der Behandler sollte bei seiner Arbeit ein wenig wie die Schleifmaschine denken. Defektgerechte Präparation ist gut und wichtig, zerklüftete, spitzwinklige Strukturen sollten dabei nicht entstehen. Der Kavitätenrand sollte scharfkantig sein und ansonsten in weichen Strukturen verlaufen. Ecken und Kanten verursachen Probleme nicht nur beim Ausschleifen, sondern auch durch Scherwirkungen in der Keramik. Zylindrische oder leicht konische Schleifkörper mit abgerundeten Kanten eignen sich gut. Ihr Durchmesser sollte zwischen 1,0 und 1,8 mm liegen. Die Präparation sollte abschließend finiert werden. Ebenfalls gut geeignet sind oszillierende Präparationsinstrumente (z. B. Sonicflex, Fa. KaVo, Biberach). Speziell geformte Ansätze führen zu genormten Ergebnissen, z. B. im Bereich der approximalen Kästen bei Inlays. Schleifkörper mit einem Führungsdorn (Fa. DDS, Bad Schwabach) sind zur reproduzierbaren Gestaltung im Bereich von Hohlkehlen oder Rechtwinkelstufen bei Kronen und Teilkronen sinnvoll.

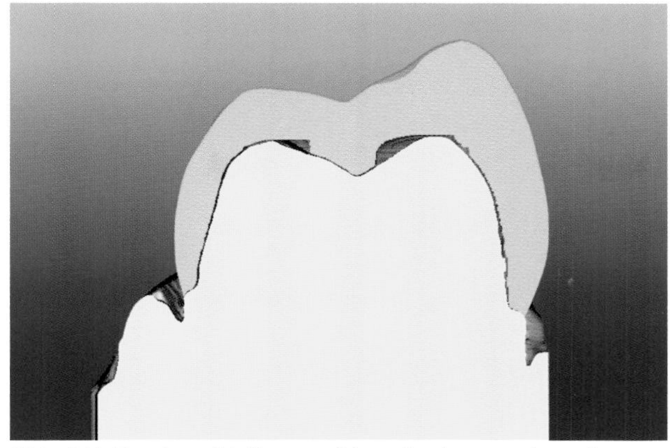

Abb. 3.7 Das Ausschleifen von feinen Strukturen mit großen Schleifkörpern führt zu Hohlräumen im Innenlumen; hier bei ausgewähltem 1,6-mm-Zylinderschleifer im Bereich der Höckerspitzen.

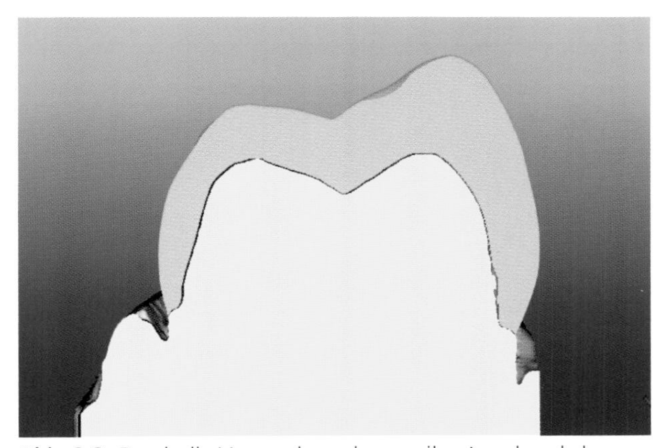

Abb. 3.8 Durch die Verwendung des grazilen Langkegels kann die gleiche Restauration wie in Abb. 3.7 passgenau ausgeschliffen werden.

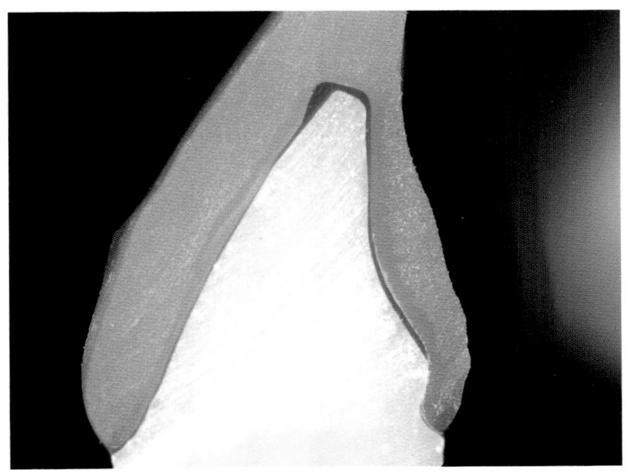

Abb. 3.9 Reales Schliffbild einer Frontzahnkrone bei welcher der zylindrische Schleifkörper ein zylindrisches Innenlumen erzeugt hat.

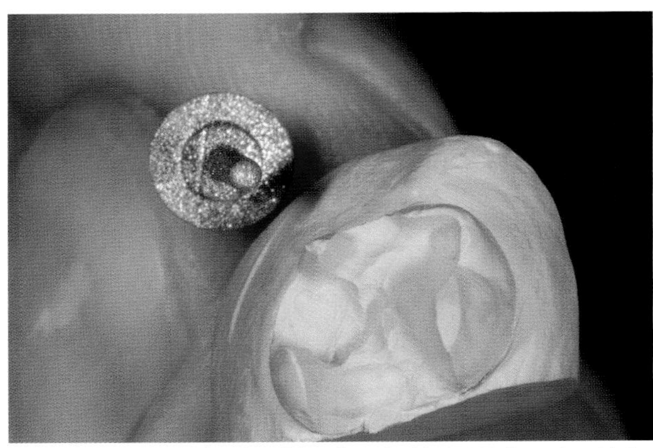

Abb. 3.10 Schon rein visuell ist diese bukkale Höckerspitze kleiner als der Durchmesser des verwendeten Schleifkörpers.

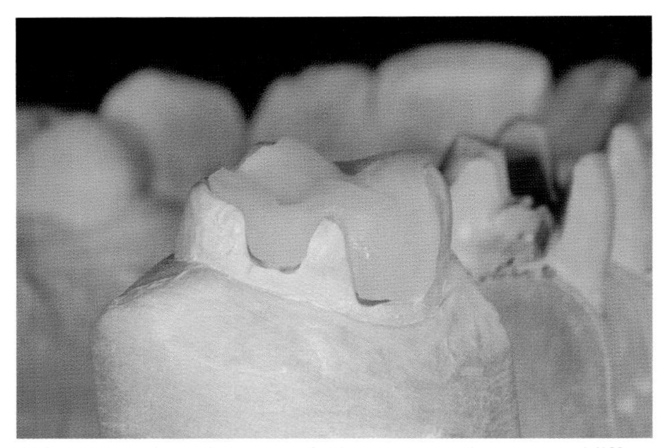

Abb. 3.11 Es kann keine passfähige Restauration ausgeschliffen werden. Nacharbeit ist erforderlich.

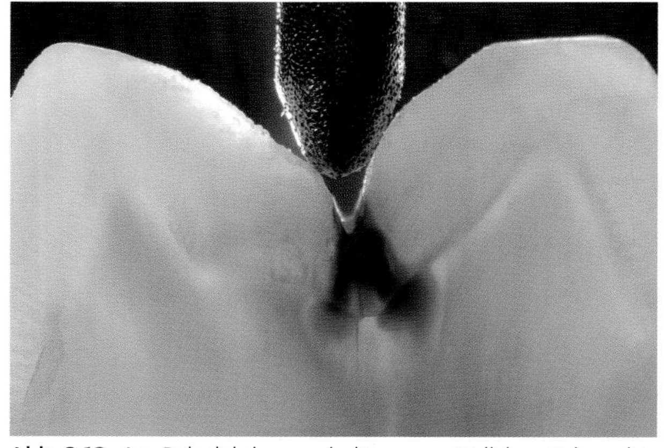

Abb. 3.12 Am Beispiel des geschnittenen natürlichen Zahnes ist ersichtlich, dass mit dem vorgeschriebenen Schleiferbesatz keine naturidentischen Formen herausgearbeitet werden können.

Das Finish CAD/CAM-gestützt geschliffener Keramik

Die Nacharbeit des fertig ausgeschliffenen Rohlings beginnt mit dem Einebnen der so genannten Abstichstelle, einem Rückstand des Schleifprozesses. Hierfür sind kunststoffgebundene, diamanthaltige Schleifkörper geeignet (Diagen Turbo Grinder, Fa. Bredent, Senden) (Abb. 3.13). Für grazile Konturen lassen sich diese Schleifköper mit einem Zurichtstein (Fa. Shofu, Ratingen) individualisieren (Abb. 3.14). Die Glättung der Wände und die Gestaltung grober Konturen der Kaufläche können zügig durchgeführt werden (Abb. 3.15). Feinere Strukturen werden am besten mit diamantierten Schleifköpern angelegt (Fa. Brasseler, Lemgo). Zur Vermeidung lokaler Überhitzung ist der Einsatz einer Wasserkühlung dringend zu empfehlen (Abb. 3.16). Eine Vorpolitur mit Gummipolierern schließt diese Maßnahmen ab (Abb. 3.17).

Die Brillanz und Vielfältigkeit der natürlichen Zähne kann durch einen monochromen Block nicht nachgebildet werden. Zur Erzielung absolut natürlicher, unsichtbarer Restaurationen müssen vor allem Abstufungen in der Farbe und der Transluzenz nachgearbeitet werden. Vor dem Aufbringen von keramischen Massen muss die Restauration gründlich von Rückständen gereinigt werden. Ein Heißdampfstrahler ist hierfür bestens geeignet (Abb. 3.18). Für farbliche Anpassungen stehen Malfarben zur Verfügung (z. B. VITA Shading Paste und VITA Akzent; beides VITA Zahnfabrik, Bad Säckingen) (Abb. 3.19). Weiterhin können natürliche hochchromatische Verblendmassen der unterschiedlichen Keramiksysteme eingesetzt werden. Ganz besonders wichtig und interessant ist dabei auch deren Fluoreszenz , da auch hier oft Bedarf für Verbesserung und Individualisierung besteht. Der Transluzenzgrad kann durch Einlegen des entsprechenden Materials individualisiert werden; hierfür ist logischerweise meistens zunächst eine Reduktion der Basiskeramik mit geeigneten Schleifkörpern notwendig.

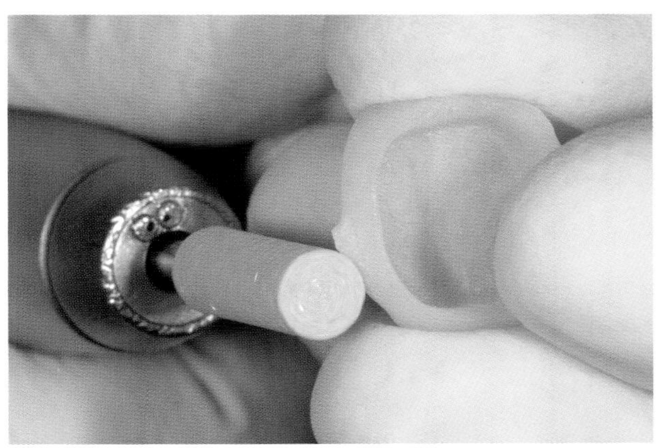
Abb. 3.13 Die prozessbedingte Abstichstelle wird mit geeigneten Schleifkörpern eingeebnet.

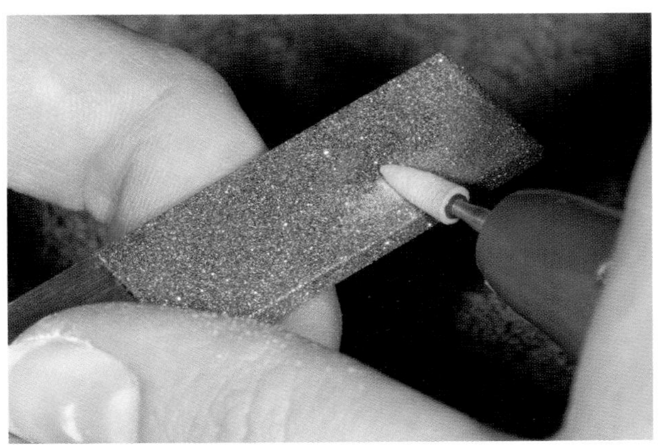
Abb. 3.14 Mithilfe eines Abrichtsteins können die Schleifkörper in ihrer Größe und Form modifiziert werden.

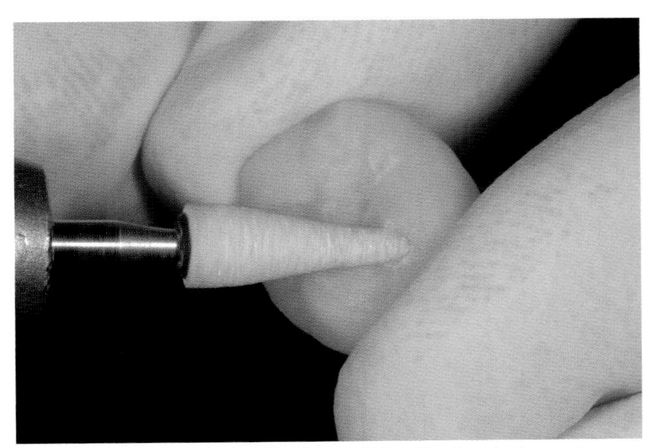
Abb. 3.15 Mit grazilen Steinchen erfolgt die Bearbeitung des Kauflächenreliefs.

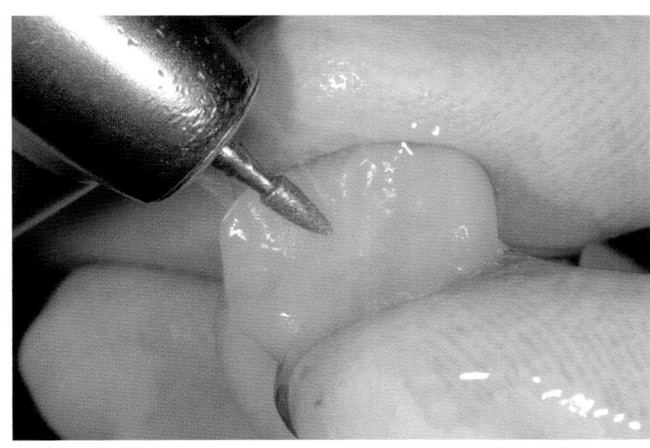
Abb. 3.16 Feine Details werden mit wassergekühlten, diamantierten Schleifkörpern eingearbeitet.

Abb. 3.17 Eine erste Politur kann mit Gummipolierern erfolgen.

Abb. 3.18 Mit einem Heißdampfstrahler wird die Restauration vor der weiteren Bearbeitung gereinigt.

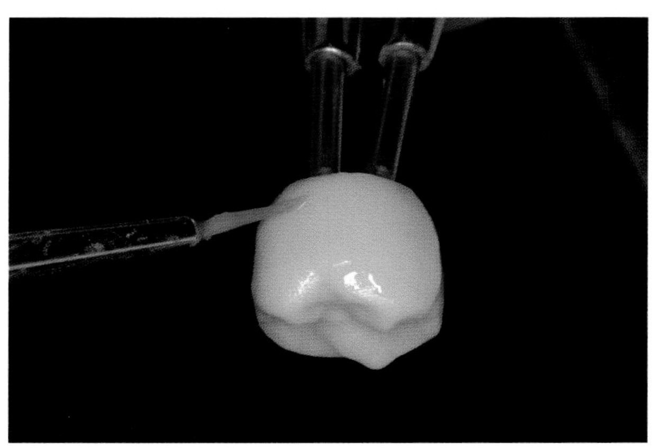

Abb. 3.19 Glasur und Bemalung sind zur individuellen Charakterisierung der Keramik nützlich.

Ein weiteres Einsatzgebiet der Nachschichtung sind Formverbesserungen. Dies betrifft den Bereich der Kontaktpunkte, aus funktioneller Sicht das okklusale Relief sowie z. B. das Anbringen von Leisten im Frontzahnbereich. Hier können falls notwendig vor dem Aufbringen der Keramik noch interne Kolorierungen vorgenommen werden. Ein abschließender Glasurbrand schafft einen zahnähnlichen Glanzgrad, der durch manuelle Politur weiter verbessert werden kann. Außerdem werden durch diese Maßnahmen Risse und Sprünge versiegelt, die durch das maschinelle Beschleifen entstanden sein können. Eine Erhöhung der Festigkeit durch diese Maßnahme ist zumindest für einige Materialien beschrieben worden. Abschließend lässt sich sagen, dass durch geeignete Maßnahmen im Zuge der Herstellung CAD/CAM-gestützter Vollkeramikrestaurationen sowohl eine Passform als auch eine ästhetische Anpassung erzielt werden kann, die mit konventionellen Systemen auf diesem Bereich vergleichbar sind.

Fallbeispiel – Ein aufwändiges Inlay als Amalgamersatz bei einem Molaren

Bei vielen Patienten besteht heute der Wunsch nach zahnfarbenen Restaurationen. Dazu gehört auch der Austausch von Amalgamfüllungen. Neben dem ästhetischen besteht meist noch der gesundheitliche Aspekt. Im dargestellten Fall erfordert die Größe der bestehenden Amalgamfüllung dieses oberen Molaren eine kaustabile Inlayversorgung, zumal im Rahmen der kompletten Entfernung der Vorrestauration weitere Substanzdefekte zu erwarten sind (Abb. 3.20). Zunächst muss schonungsvoll die alte Amalgamfüllung entfernt werden. Geeignete Hartmetallfräsen und die Anlage von Kofferdam verhindern eine unnötige Belastung der Patientin durch das quecksilberhaltige Material (Abb. 3.21, Abb. 3.22). Damit später an der Restauration keine dunklen Ränder zu erkennen sind, müssen alle verfärbten Areale sorgfältig entfernt werden. Erst nach der vollständigen Entfernung der alten Füllung und kariöser Bereiche kann über das Design der Präparation endgültig entschieden werden. Dank der stabilisierenden Wirkung adhäsiv befestigter Restaurationen ist hier trotz des erheblichen Ausmaßes des Defektes der Verzicht auf eine Krone oder Teilkrone möglich. Für die eigentliche Präparation werden zylindrische oder konische Präparierdiamanten mit abgerundeter Kante verwendet. Die Kavitätenränder sollen scharf begrenzt sein und ganz besonders im Bereich des Kastens müssen unter sich gehende Stellen vermieden werden (Abb. 3.23, Abb. 3.24). Zu diesem Zweck sind auch oszillierende Instrumente (Sonicflex, Fa. KaVo, Biberach) sehr gut geeignet. Es gibt spezielle Ansätze, die für die Anforderungen von Vollkeramikrestaurationen optimiert sind. Dieses Instrumentarium erleichtert die Arbeit und verhindert die Schädigung von Nachbarzähnen (Abb. 3.25). Die fertige Inlaykavität zeigt einen deutlichen okklusalen Öffnungswinkel, weiche Innenformen und stabile Ränder (Abb. 3.26, Abb. 3.27).

In diesem Fall war eine aufwändige Gestaltung des Inlays vorgesehen, die den zeitlichen Spielraum einer Chairside-Versorgung deutlich überschritten hätte. Deshalb wurde eine Präzisionsabformung genommen, die Kavität provisorisch verschlossen und ein Sägeschnittmodell hergestellt (Abb. 3.28, Abb. 3.29). Für die optische Abtastung im Laserscanner wird das Modell dupliziert und ein Scan-

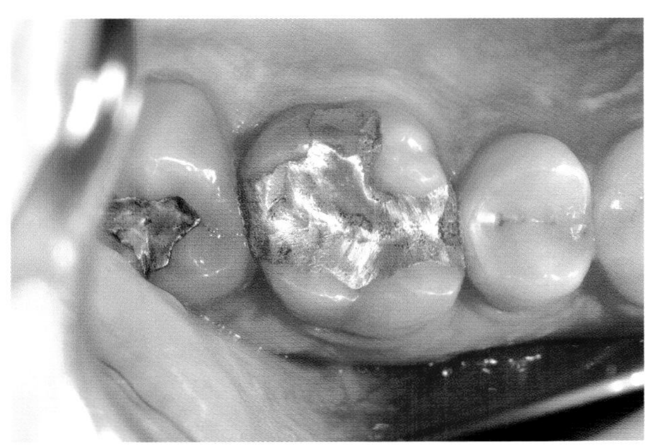

Abb. 3.20 Bei diesem oberen Molaren besteht eine ausgedehnte Amalgamfüllung.

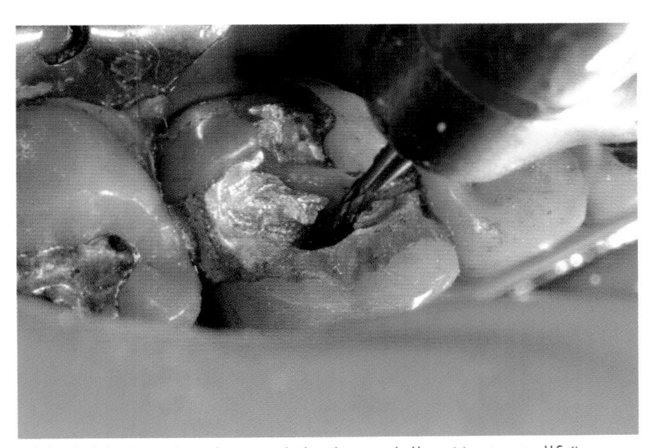

Abb. 3.21 Das Amalgam wird mit speziellen Hartmetallfräsen unter Kofferdam schonungsvoll aus dem Zahn entfernt.

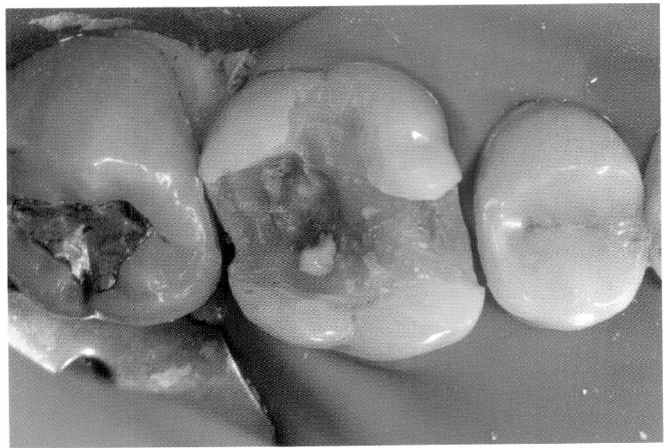

Abb. 3.22 Erst nach der vollständigen Entfernung der alten Füllung und kariöser Bereiche kann über das Design der Präparation endgültig entschieden werden.

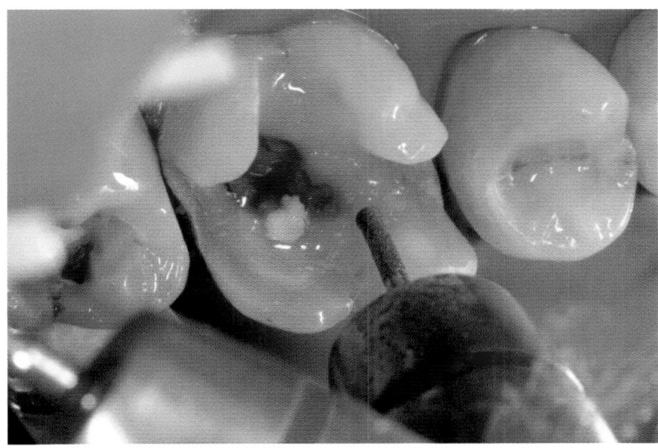

Abb. 3.23 Unter sich gehende Bereiche der Kavitätenwände werden geglättet und leicht erweitert sowie eine klare, scharfkantige Präparationsgrenze geschaffen.

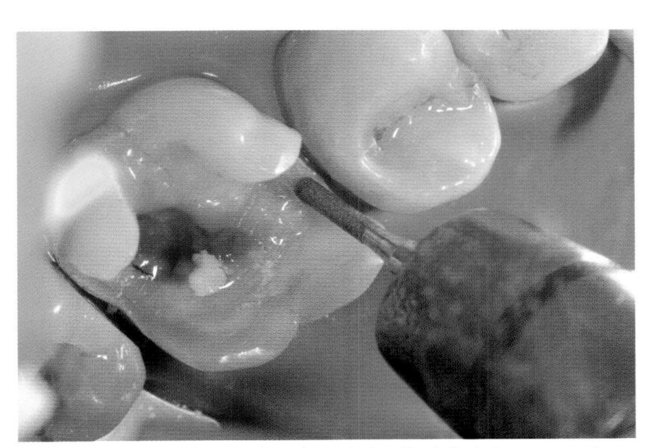

Abb. 3.24 Besondere Aufmerksamkeit gilt dabei den approximalen Kästen. Es wird mit Instrumenten mit abgerundeter Kante gearbeitet.

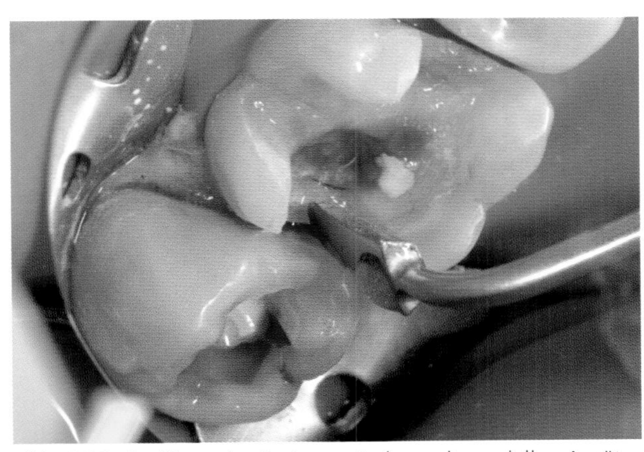

Abb. 3.25 Oszillierendes Instrumentarium mit speziellen Ansätzen für den Approximalbereich erleichtert die Arbeit und verhindert die Schädigung von Nachbarzähnen.

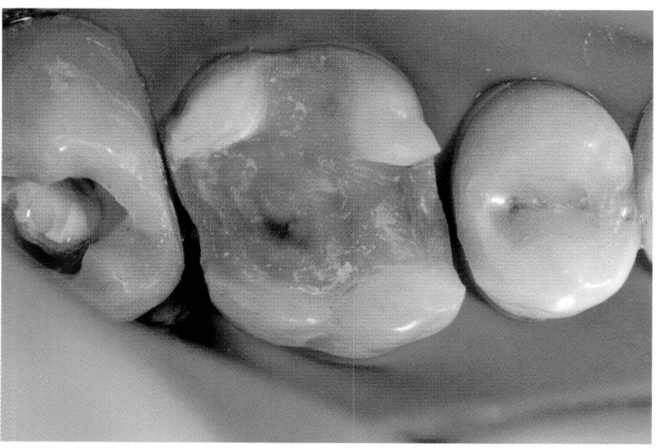

Abb. 3.26 Die Präparation ist abgeschlossen. Die intakten Hartgewebsareale konnten weitgehend erhalten werden.

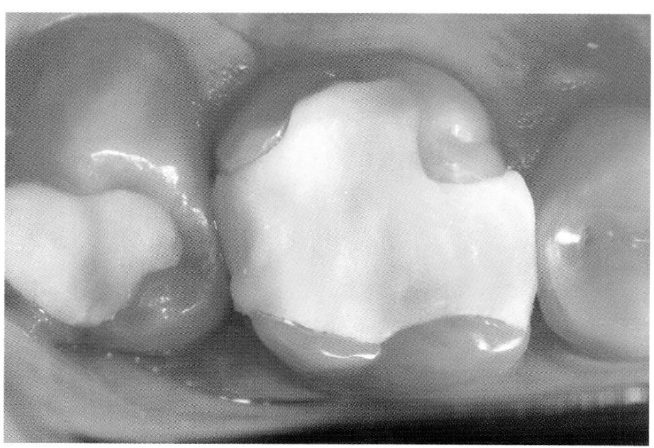

Abb. 3.28 Bis zur Eingliederung der endgültigen Versorgung wird die Kavität provisorisch verschlossen.

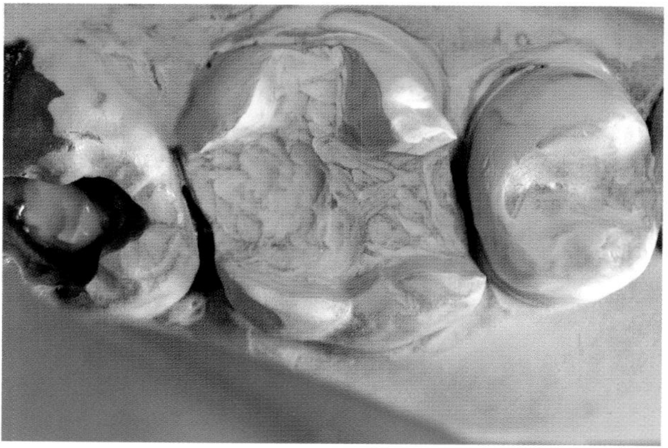

Abb. 3.27 Die Beschichtung des Zahnes mit einem Kontrastspray (Scan Spray; Fa. Dentaco, Bad Homburg) verdeutlicht die Details.

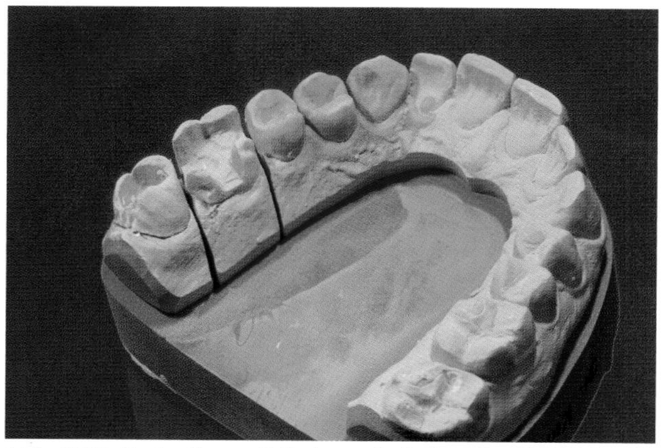

Abb. 3.29 Da in diesem Fall eine aufwändige Gestaltung des Inlays geplant ist, wurde nach Doppelmischabformung ein Sägeschnittmodell hergestellt.

modell aus einem optisch aktiven Spezialgips hergestellt (CAM Base, Fa. Dentona, Dortmund) (Abb. 3.30, Abb. 3.31). Nach der optischen Abtastung des präparierten Zahnes kann im CEREC-3-D-Programm das computergestützte Design des Inlays erfolgen. Dabei ist die dreidimensionale Darstellungsweise hilfreich. Zunächst wird die richtige Einschubachse definiert. Die Präparationsgrenze muss vom Benutzer festgelegt werden, wobei ein halbautomatischer Kantenfinder hilfreich ist. Dank der Registrierung der Antagonisten können beim Kauflächendesign funktionelle Gesichtspunkte berücksichtigt werden (Abb. 3.32 bis 3.35). Nützlich ist auch die Vorschauoption. Hier wird neben der Kontrollmöglichkeit für eine ausreichende Materialstärke auch das möglichst vollformatige Ausschleifen der Keramik geprüft. Die Restauration kann durch vertikales Verschieben in die Schichten eines VITA TriLuxe Blocks (VITA Zahnfabrik, Bad Säckingen) eingeordnet werden (Abb. 3.36, Abb. 3.37). Exakt wie in der Schleifvorschau wird das Inlay aus einem Keramikblock ausgeschliffen (Abb. 3.38). Das Inlay muss nun zunächst durch Abtrennen der so genannten Abstichstelle vom Restblock entfernt werden. Mit geeigneten Hartmetall- und Diamantinstrumenten wird die Schleifoberfläche geglättet und die Fissuren noch ein wenig nachcharakterisiert (Abb. 3.39, Abb. 3.40). Areale bei denen Keramik nachgeschichtet werden soll, müssen in entsprechendem Umfang reduziert werden. Dabei muss darauf geachtet werden, dass die

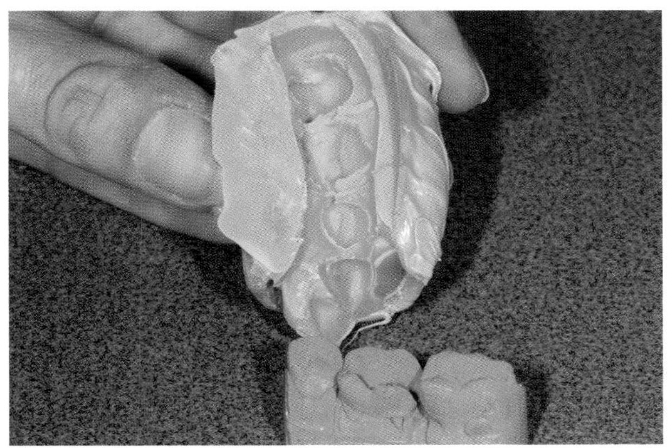

Abb. 3.30 Mittels eines Segmentlöffels und Abformsilikon wird das Sägemodell dubliert.

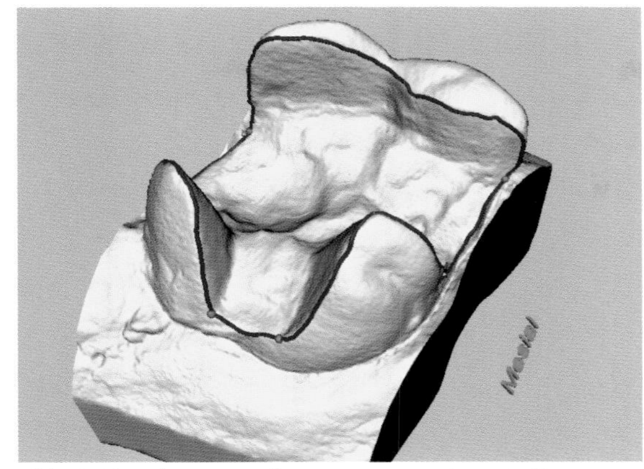

Abb. 3.33 Die Präparationsgrenzen werden mit Unterstützung eines automatischen Kantenfinders durch den Benutzer festgelegt.

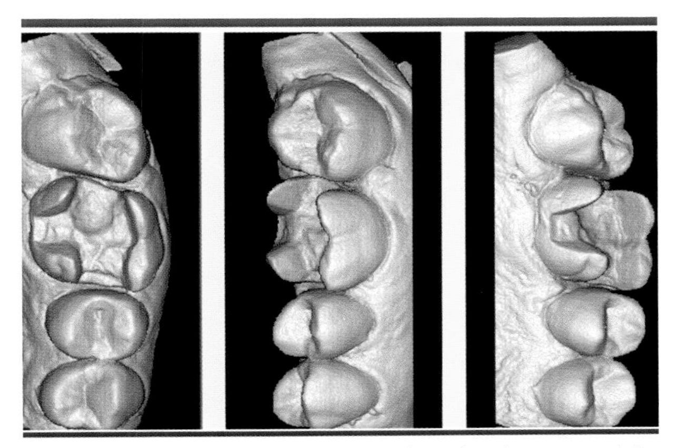

Abb. 3.31 Mit dem Laserscanner des Sirona inLab-Gerätes wird das Modell aus drei unterschiedlichen Winkeln digital erfasst.

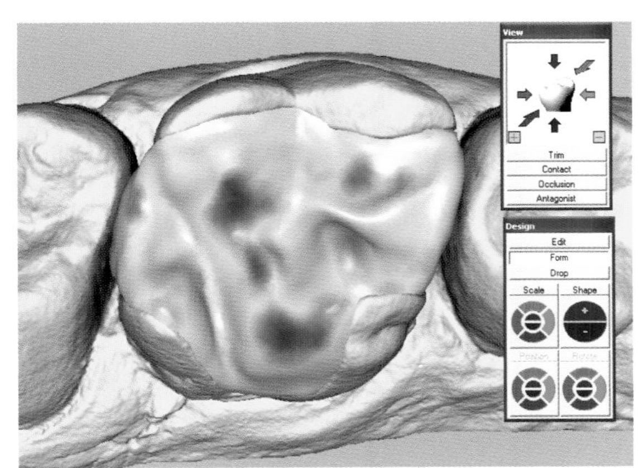

Abb. 3.34 Da auch ein Registrat des Gegenbisses aufgezeichnet wurde, können entsprechende okklusale Kontakte gestaltet werden.

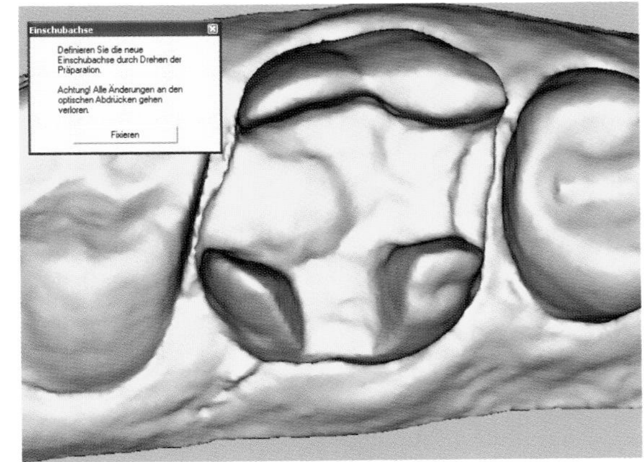

Abb. 3.32 Wichtig für die exakte Passform ist u. a. die exakte Festlegung der Einschubrichtung.

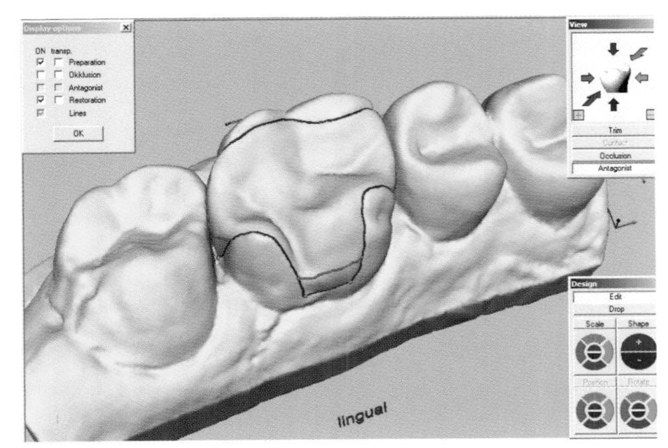

Abb. 3.35 Das virtuelle Design ist abgeschlossen.

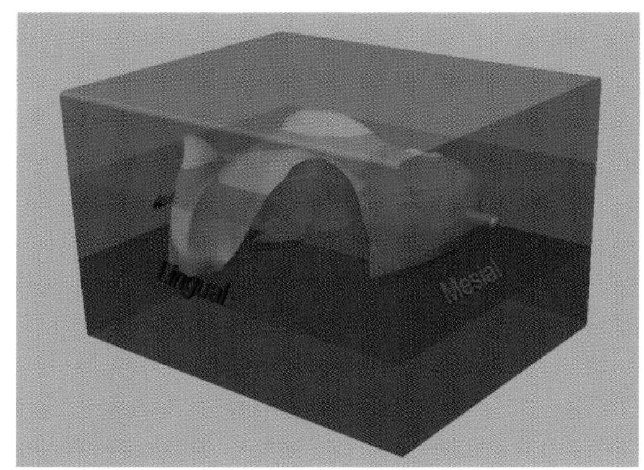

Abb. 3.36 Das Inlay kann mit der Software in die Schichten eines VITA-TriLuxe-Blocks eingeordnet werden.

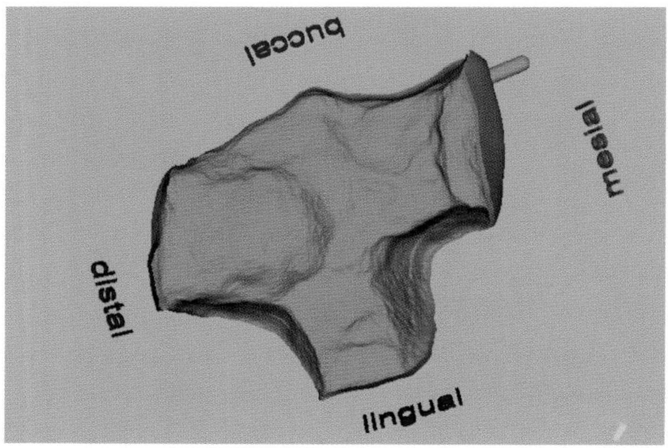

Abb. 3.37 Das zu erwartende Schleifergebnis kann in der Schleifvorschau sichtbar gemacht werden.

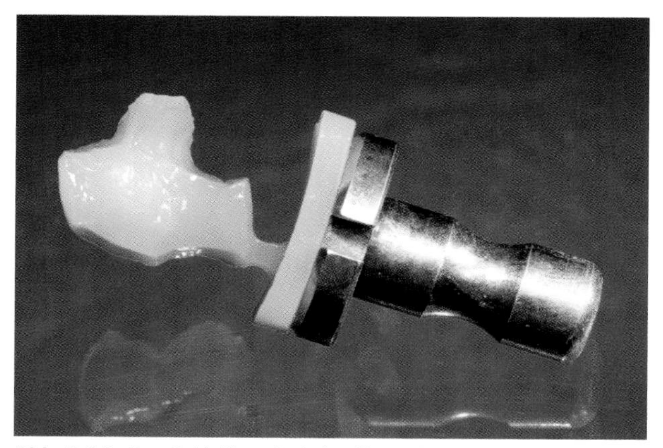

Abb. 3.38 Das Schleifergebnis ist die exakte Umsetzung des zuvor virtuell gestalteten Objekts.

Abb. 3.39 Das ausgeschliffene Inlay wird auf dem Modell eingepasst.

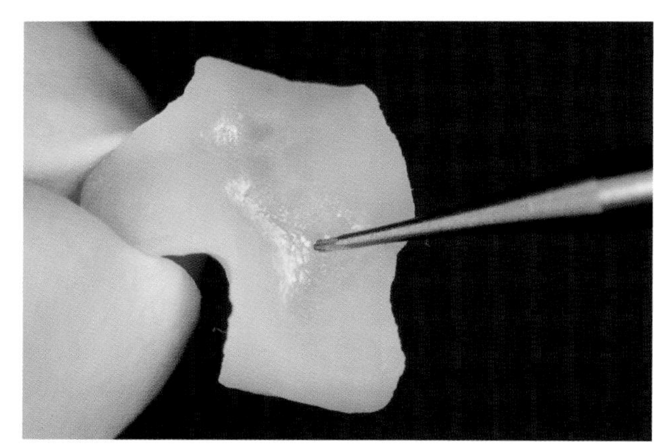

Abb. 3.40 Die Fissuren werden in der Tiefe nachcharakterisiert und Bereiche abgetragen, in denen Keramik nachgeschichtet werden soll.

Materialstärke nicht zu gering wird. Punktförmige Erhitzungen der Keramik durch das Beschleifen sollten vermieden werden. Transparente Gebiete im Bereich der Leisten können dann mit keramischen Massen aufgebaut werden (Abb. 3.41). Zusätzlich zum Aufschichten erfolgt noch eine Charakterisierung mit Keramikmalfarben (Abb. 3.42). Ein Glanzbrand mit abschließender mechanischer Nachpolitur erzeugt ein zahnähnliches Feeling. Aus dem unifarbenen Block kann durch diese zusätzliche Maßnahmen ein perfektes Inlay gestaltet werden (Abb. 3.44, Abb. 3.45). In diesem

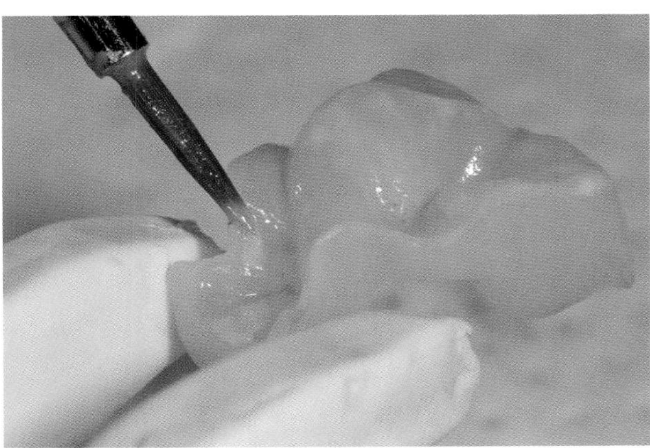

Abb. 3.41 In geringen Mengen wird auf der okklusalen Fläche Verblendkeramik nachgetragen.

Abb. 3.42 Mit fluoreszierenden Keramikmalfarben erhält das Inlay seinen letzten Schliff.

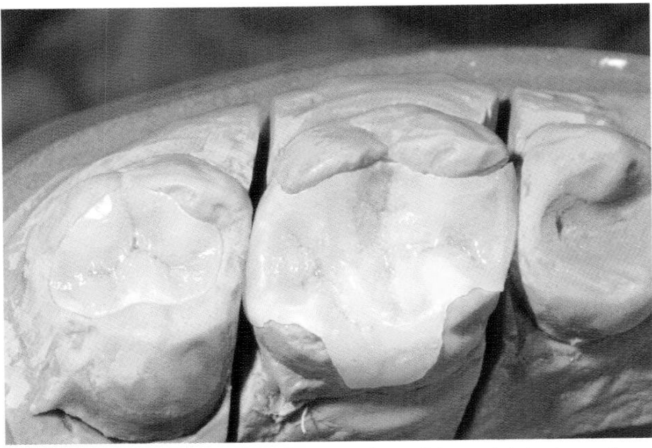

Abb. 3.43 Das Inlay ist fertig gestellt und kann jetzt eingegliedert werden.

Abb. 3.44 Der Vergleich zwischen Roh- und Endprodukt verdeutlicht die Möglichkeiten der labortechnischen Aufbereitung.

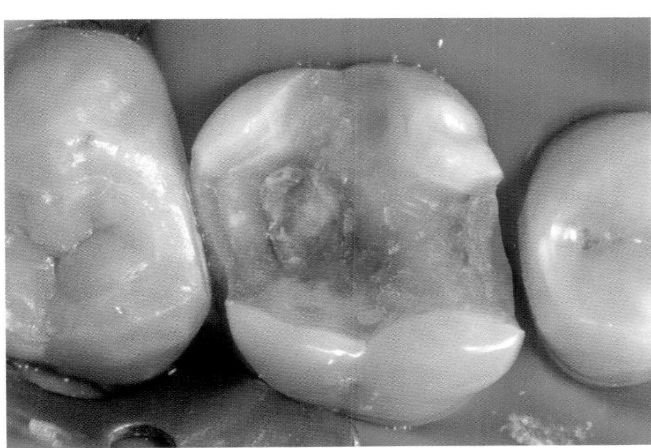

Abb. 3.45 Zur Vorbereitung der adhäsiven Befestigung wird die absolute Trockenlegung durch Kofferdam gewährleistet.

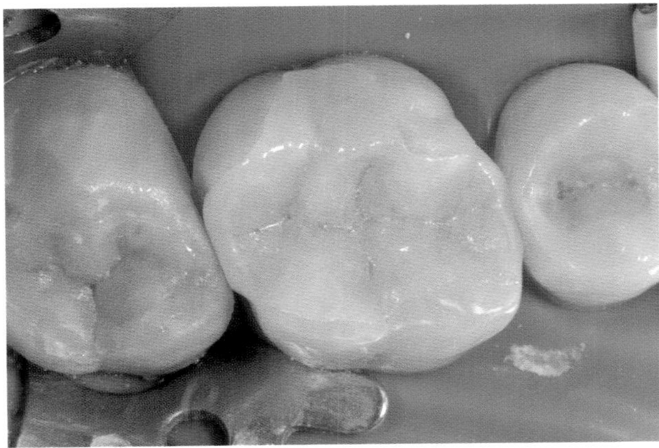

Abb. 3.46 Eine Einprobe dient zur Kontrolle der perfekten Passfähigkeit der Restauration.

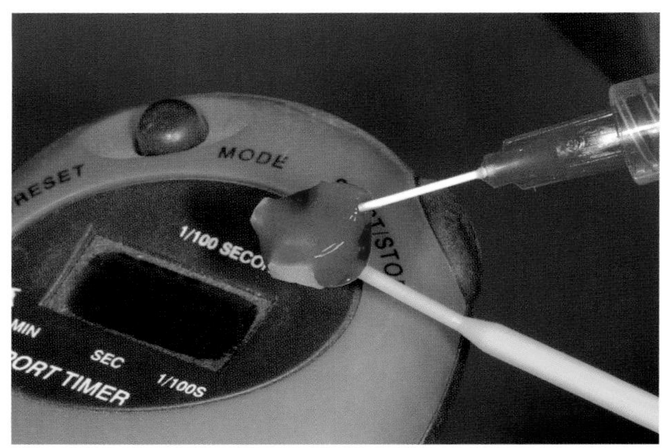

Abb. 3.47 Danach wird die Keramik auf der Klebefläche mit Flusssäure angeätzt.

Abb. 3.48 Zur Entfernung der Säurereste und der Präzipitate empfiehlt sich gründliches Spülen.

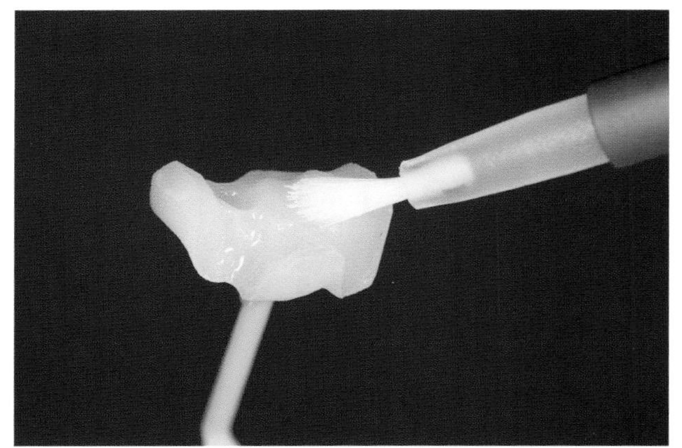

Abb. 3.49 Auf die geätzte, trockene Keramik wird ein Silan aufgetragen.

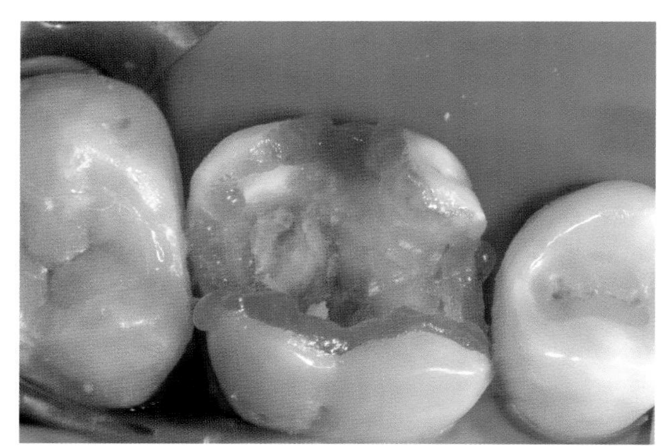

Abb. 3.50 Mit Phosphorsäuregel werden schrittweise Schmelz und Dentin geätzt.

Fall wird zum Einsetzen die klassische Adhäsivtechnik angewendet. Nach der absoluten Trockenlegung mittels Kofferdam erfolgt zunächst eine Einprobe des Inlays (Abb. 3.45, Abb. 3.46). Die Keramik wird durch Ätzung mit Flusssäuregel für 60 Sekunden sowie anschließendes Silanisieren für die adhäsive Befestigung vorbereitet (Abb. 3.47 bis 3.49). Das Dentin- und Schmelzbonding ist die nun folgende Maßnahme: die entsprechenden Agenzien des Mehrflaschensystems werden mit einem Applikationspinsel aufgetragen. Unbedingt ist auf die Einhaltung der vom Hersteller vorgeschriebenen Einwirkzeit zu achten (Abb. 3.50 bis 3.55). Nach der Lichthärtung des Befestigungskomposites müssen dessen Überschüsse gründlich entfernt werden (Abb. 3.56, Abb. 3.57); das gilt ganz besonders für die Approximalbereiche. Nach der Okklusionskontrolle und eventuell notwendigen Korrekturen erfolgt eine abschließende Politur (Abb. 3.58). Der Abschlussbefund beweist, dass mit CEREC-Restaurationen perfekte Ergebnisse erzielt werden können. In diesem Fall ist es eine fast unsichtbare Füllung, die geholfen hat, eine Überkronung zu vermeiden und die durch den adhäsiven Verbund den Zahn dauerhaft stabilisiert (Abb. 3.59).

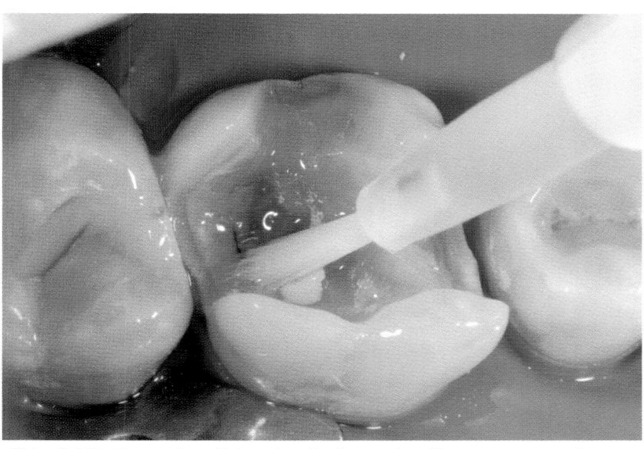

Abb. 3.51 Danach erfolgt der Auftrag der Komponenten des Dentinadhäsivs entsprechend den Herstellerangaben.

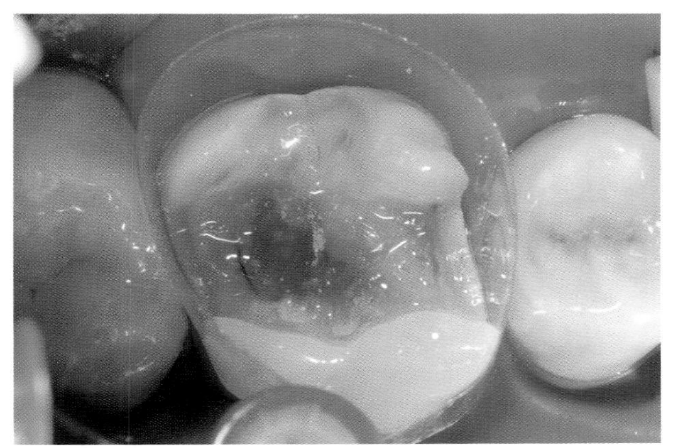

Abb. 3.52 Das Anlegen einer Matrize kann hilfreich bei der Vermeidung von Überschüssen im Approximalbereich sein.

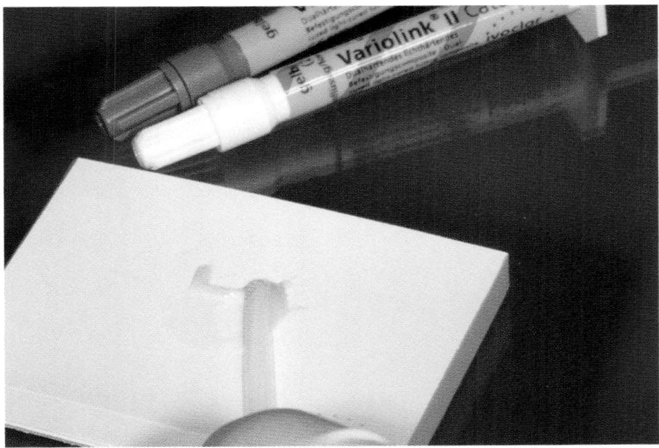

Abb. 3.53 Der Befestigungszement wird gemischt (Variolink II, Fa. Ivoclar, Vivadent, Schaan).

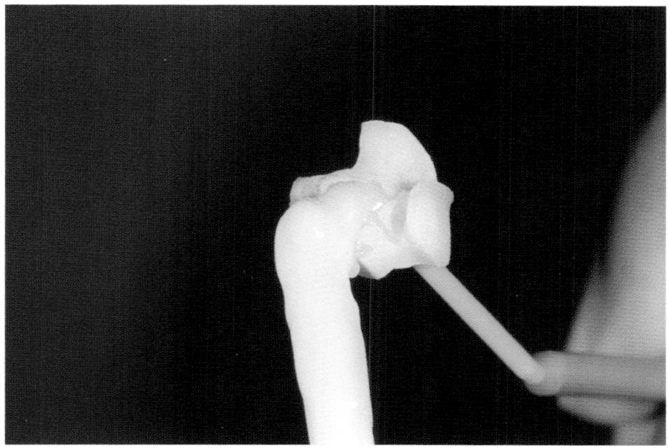

Abb. 3.54 Während der Arbeiten mit dem Kleber ist direkte Lichteinstrahlung unbedingt zu vermeiden.

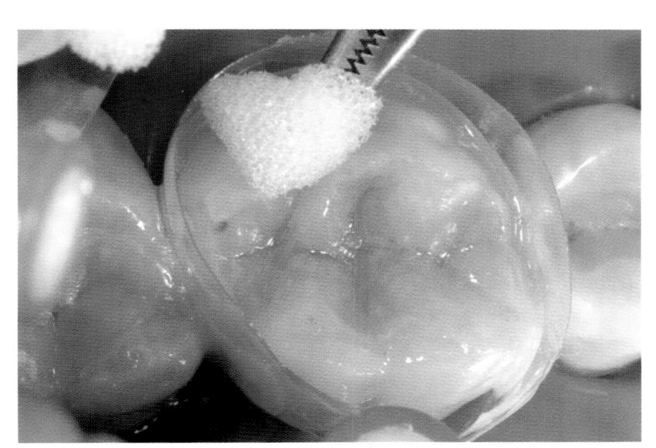

Abb. 3.55 Vorsichtig werden grobe Überschüsse beseitigt, da ihre spätere Entfernung schwierig und zeitaufwändig ist.

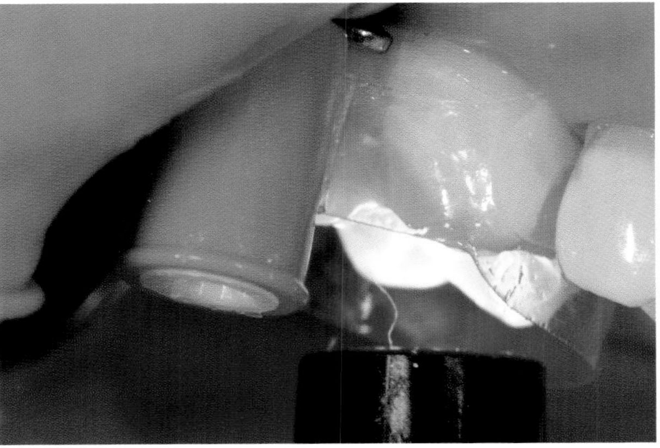

Abb. 3.56 Die Aushärtung erfolgt mit einem Lichtpolymerisationsgerät mit einer Leistung von mindestens 1000 mW/cm^2.

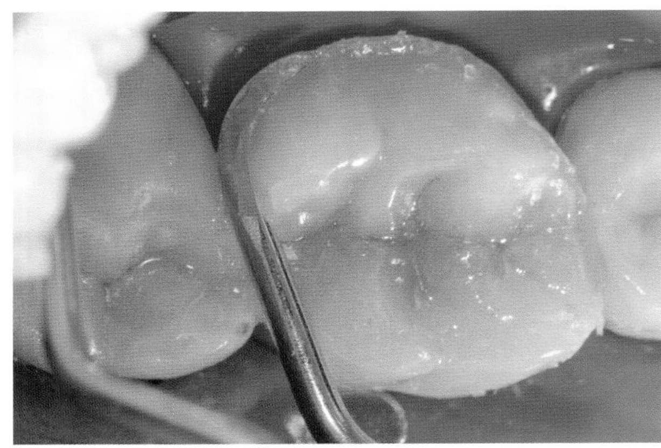

Abb. 3.57 Eine präzise Überschussentfernung ist aufgrund ihrer schweren Erkennbarkeit unbedingt notwendig.

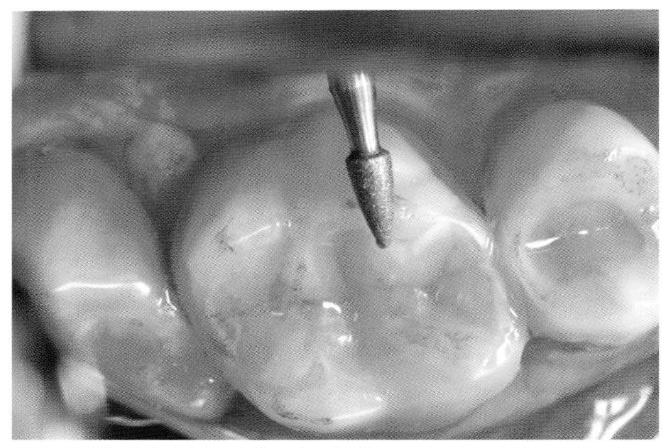

Abb. 3.58 Bei der Funktionskontrolle notwendige Korrekturen werden mit grazilen Feinkorndiamanten durchgeführt.

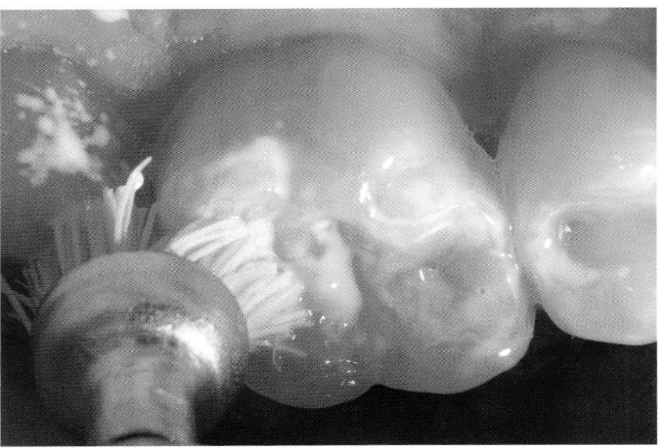

Abb. 3.59 Eine abschließende Politur mit Bürstchen und Polierpaste schließt die Behandlungsmaßnahmen ab.

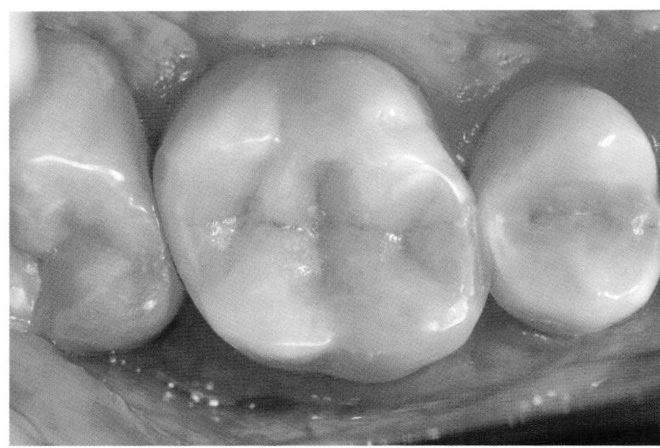

Abb. 3.60 Das Behandlungsergebnis kommt dem Traumziel von der unsichtbaren Füllung schon sehr nahe.

4 Defektorientierter Hartgewebsersatz durch vollkeramische Teilkronen

Andreas Kurbad, Kurt Reichel

Durch die Hinwendung zu einer mehr biologisch orientierten Zahnheilkunde ist die ‚*Extension for Prevention*' einer eher zurückhaltenden Vorgehensweise bei der Entfernung gesunden Zahnhartgewebes im Rahmen der Restauration erkrankter Zähne gewichen. Zu deutlich sind die Schädigungen des Pulpengewebes und zu simpel und teilweise sogar risikobehaftet sind unsere Möglichkeiten, einen geeigneten Ersatz für die entfernte Zahnhartsubstanz zu finden. Eine echte Heilung durch Wiederherstellung der biologischen Strukturen ist selbst in ferner Zukunft im Rahmen der Füllungstherapie kaum vorstellbar. Das Vermeiden der Opferung gesunder Zahnsubstanz zur Retentionsgewinnung oder zum vermeintlichen Schutz vor weiterer Schädigung ist in diesem Zusammenhang ein hohes Ziel, dessen Umsetzung mit den neuen Möglichkeiten adhäsiv befestigter Restaurationen einen realen Hintergrund bekommen hat. Ein weitgehender Verzicht auf mechanische Retention scheint möglich. Eng damit verbunden ist der Einsatz neuer Materialien mit deutlich verbesserter Gewebeverträglichkeit und ästhetischer Wirkung. – Tatsachen, die letztlich zu einem gewaltigen Umdenkprozess in der restaurativen Zahnmedizin geführt haben, der mit fast allen alten Regeln bricht und noch lange nicht abgeschlossen ist. Wie immer bei solchen Umbrüchen bleibt aber auch abzuwarten, welche der vielen neuen Möglichkeiten tatsächlich einen Fortschritt bringen. Die allgemeine Erfahrung lehrt, dass neu nicht zwangsläufig immer gut sein muss.

Beschreibung einer Teilkrone

Logischerweise belegt das Therapiemittel Teilkrone den recht großen Bereich zwischen der großen Füllung und der Vollkrone (Abb. 4.1 bis 4.3). Während sich die Vollkrone relativ leicht durch ihre zirkulär mindestens gingivale Präparationsgrenze beschreiben lässt, ist die Abgrenzung zur Füllungstherapie eher schwierig. Allein kassenrechtlich gab es in Deutschland eine relativ eindeutige Festlegung, die forderte, dass alle kautragenden Elemente – und damit auf jeden Fall sämtliche Höcker – in die Restauration einbezogen sein müssen. Unter dem klassischen Aspekt nicht adhäsiver Versorgungen, welche aus statischen Gründen einen Kaukantenschutz benötigen, war dies eine durchaus logische Ableitung. Bezieht man jedoch die einleitenden Gedanken zu diesem Artikel in die Überlegungen mit ein, kann das Überkuppeln intakter Höckerstrukturen

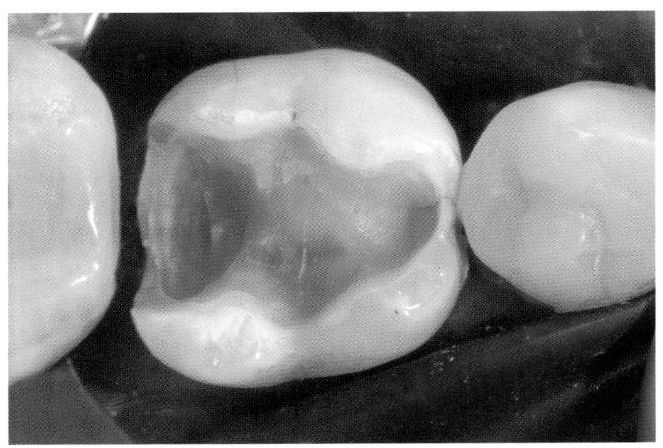

Abb. 4.1 Typische Inlaykavität mit sicherem Erhalt der Höcker.

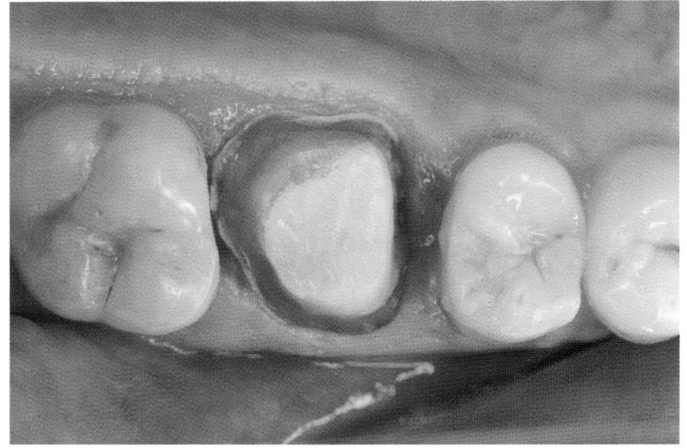

Abb. 4.2 Die Vollkrone ist charakterisiert durch die zirklulär gingival oder subgingival gelegene Präparationsgrenze.

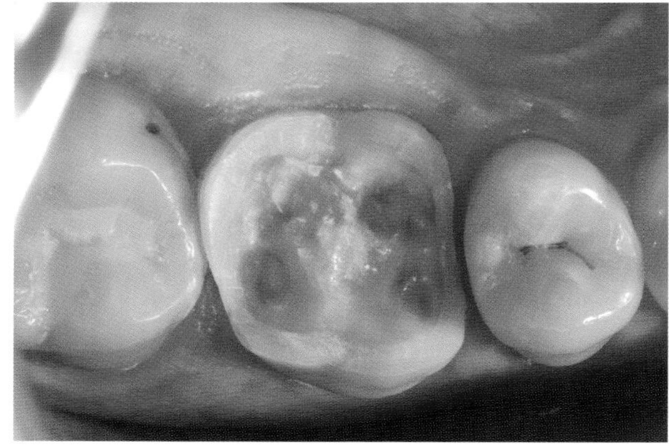

Abb. 4.3 Die Teilkrone belegt den relativ weiten Bereich zwischen dem großen Inlay und der Vollkrone.

als iatrogene Schädigung betrachtet werden. Verständlicherweise fließen solche Gedanken auch in den Wortlaut offizieller Stellungnahmen ein. Folgt man diesen, so kann im medizinisch-wissenschaftlichen Sinne mindestens ab der Einbeziehung eines Höckers von einer Teilkrone gesprochen werden. Der Bereich erstreckt sich dann bis zur kompletten Ummantelung des Zahnes, wobei es allerdings, im Gegensatz zur Vollkrone, noch deutlich supragingival gelegene Bereiche der Präparationsgrenze geben sollte.

Präparationsrichtlinien für adhäsiv befestigte Teilkronen

Kariöses Dentin und vorhandene Vorrestaurationen müssen absolut und vollständig entfernt werden. Dabei soll möglichst schonungsvoll gearbeitet werden. Das defektorientierte Arbeiten bei der vollständigen Entfernung von kariösen sowie stark verfärbten Schmelz- und Dentinarealen wird durch Präparierdiamanten und Rosenbohrer unterstützt, die speziell für die minimalinvasive Arbeitsweise gestaltet wurden. Zur zügigen und sicheren Entfernung alter Füllungen sind insbesondere im hochtourigen Bereich arbeitende Hartmetallfräsen (Kronenentferner) geeignet. Weitere Hilfsstrukturen, wie zum Beispiel parapulpäre Stifte, sind nach Möglichkeit ebenfalls zu entfernen. Dabei kann mitunter auch der Einsatz oszillierender Instrumente (Ultraschall-Zahnsteinentfernungsgerät oder Sonicflex, Fa. KaVo, Biberach) gute Dienste leisten. Mit der Bewertung des realen Defektes beginnt eigentlich erst jetzt die Festlegung der endgültigen Präparationsform. Zunächst sollte darauf geachtet werden, dass keine Kavitätenränder im Dentin liegen. Dies ist ungünstig für die adhäsive Befestigung, die Langzeitprognose und bedingt meist ästhetisch unbefriedigende Ergebnisse. Insgesamt sollte der Tatsache, dass bei allen Fortschritten in diesem Bereich

Schmelzbonding immer die bessere Alternative zum Dentinbonding ist, große Beachtung geschenkt werden. Liegt eine Präparationsgrenze im Bereich des Höckers oder des Zahnäquators, kann dort von einer breiten Schmelzschicht ausgegangen werden. Je weiter gingival diese verlagert wird, umso schmaler wird dieses Areal, bis letztlich nur noch Dentin vorhanden ist. In Kombination mit der dort auftretenden Sulkusflüssigkeit und einer erhöhten Blutungsneigung ist dies für die spätere Versorgung eine ungünstige Situation. Beim klassischen konventionellen Vorgehen muss nach Möglichkeit der Kavitätenrand aus ästhetischen Gründen im Sulcus gingivae ‚versteckt' werden. Da vollkeramische Versorgungen in den meisten Fällen äußerst exakt an die vorhandene Zahnsubstanz angepasst werden können, sind selbst im sichtbaren Bereich Kronen- und Füllungsgrenzen machbar, die nicht nur vom Patienten akzeptiert werden, sondern sogar optisch ein einwandfreies Ergebnis liefern.

Grundsätzlich unterscheiden sich zwei Formen der Teilkrone: die eine geht von einer Inlaypräparation aus, bei der aufgrund der gegebenen Situation die Kavität so weit erweitert werden musste, dass der Großteil der Kaufläche ersetzt ist. Die Außenwände der Zahnkrone wurden dabei weitgehend geschont. Man kann in diesem Zusammenhang von einer Inlay-orientierten Teilkrone sprechen (Abb. 4.4 bis 4.6). Eine möglichst stumpfwinklige Gestaltung des Kavitätenrandes gewährleistet eine ausreichende Schichtstärke der Keramik und damit eine gute Stabilität. Wird aufgrund des Zerstörungsgrades direkt im Bereich der bukkalen und/oder oralen Wände der klinischen Krone eine Stufe angelegt, die demnach nicht bis zur Gingiva reicht, kann von einer Kronen-orientierten Teilkrone gesprochen werden (Abb. 4.7 bis 4.9). Die Stabilität im Randbereich wird durch eine Rechtwinkelpräparation oder eine deutlich ausgeprägte Hohlkehle gewährleistet.

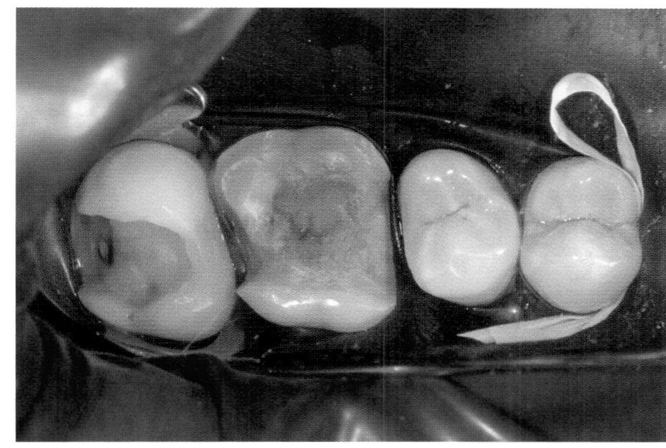

Abb. 4.4 Bei einem mehr Inlay-orientierten Typ der Teilkrone werden die Außenflächen des Zahnes weitgehend geschont.

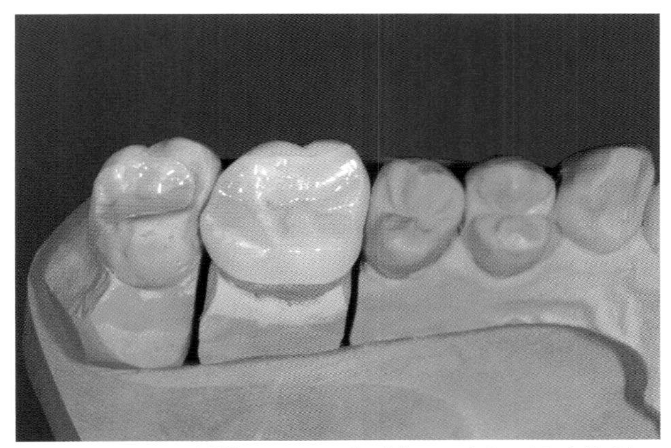

Abb. 4.5 Ausgeschliffener Keramikrohling auf dem Modell. Die kautragenden Bereiche des Zahnes sind größtenteils ersetzt.

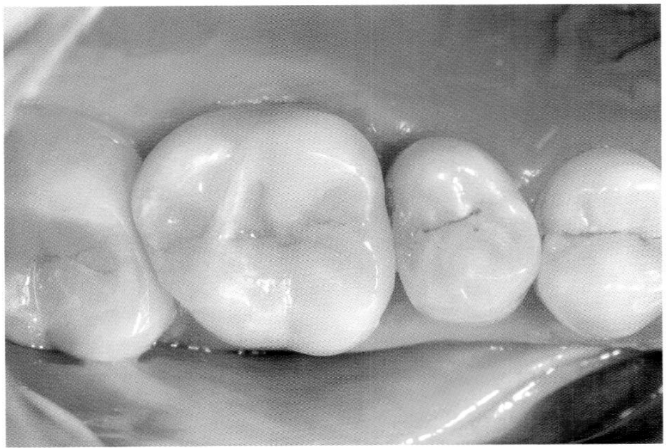

Abb. 4.6 Auch ohne Nachschichtung und Bemalung ist ein ästhetisch akzeptables Ergebnis zu erreichen.

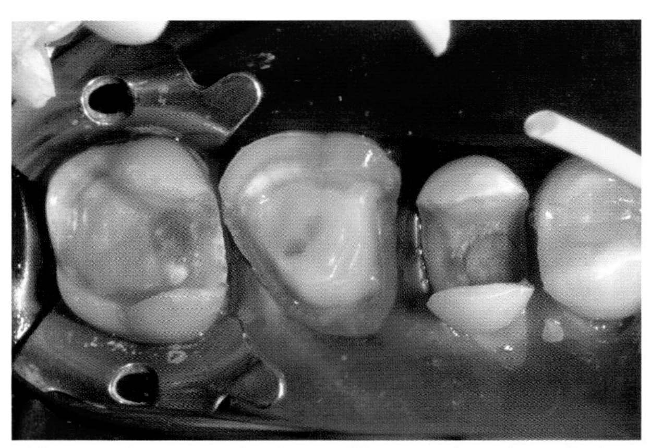

Abb. 4.7 Die Kronen-orientierte Teilkrone umfasst den Zahn körperhaft und ersetzt die Wände teilweise.

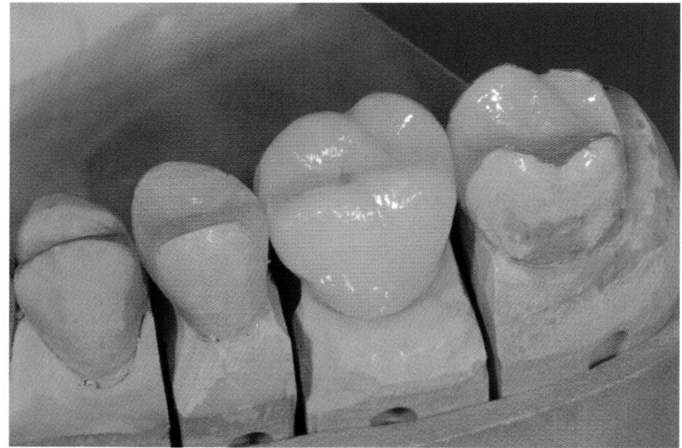

Abb. 4.8 Die gezeigte Teilkrone auf dem Zahn 36 ersetzt zum Teil auch die bukkale und orale Wand dieses Zahnes.

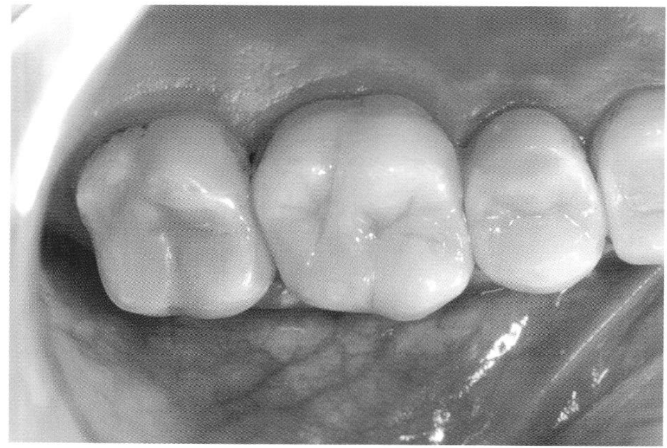

Abb. 4.9 Nach oberflächlicher Bemalung und Glasur wurde diese Teilkrone adhäsiv befestigt.

Klinisches Vorgehen

Es ist sinnvoll, die Farbbestimmung zu einem relativ frühen Zeitpunkt durchzuführen. Austrocknung oder das Einstrahlen durch Behandlungsmaßnahmen geröteter Gingabereiche führen zu einer Verfälschung der Farbe. Ebenfalls sollte die Bissregistrierung zu einem möglichst frühen Zeitpunkt vorgenommen werden, um spätere Irritationen durch Behandlungsmaßnahmen auszuschließen. Verwendung finden meist Hartsilikone, wobei sich Präparate mit speziellen Zusätzen für die kontrastmittelfreie optische Abtastung durch die CEREC-Kamera oder den Laserscanner empfehlen. Mit dem CEREC-Verfahren lassen sich Teilkronen sowohl im direkten Verfahren in einer Sitzung als auch konventionell mittels Abformung herstellen, wobei dann zwei Behandlungstermine benötigt werden. Die Entscheidung wird neben den Arbeitsgewohnheiten des Behandlers sehr stark von der Defektgröße bestimmt.

Einsetzen

Trotz einer stürmischen Entwicklung bei den Einsetzmaterialien in Richtung einer Vereinfachung erfordert die fachgerechte Befestigung vollkeramischer Restaurationen eine gute Kenntnis dieser Materie. Die neuen Hochleistungskeramiken erlauben aufgrund ihrer hohen mechanischen Belastbarkeit eine konventionelle Zementierung. Als Material haben sich hier die Glasionomerzemente etabliert. Voraussetzung ist natürlich eine retentive Präparation.

Da diese im Fall von Teilkonen mit einem zusätzlichen Substanzverlust verbunden wäre, ist und bleibt die adhäsive Befestigung der maßgebliche Standard in diesem Bereich. Mit Kompositen adhäsiv befestigte Vollkeramikrestaurationen zeigen eine sehr gute Randqualität. Letztlich war dies ein entscheidender Erfolgsfaktor des CEREC-Systems, denn anfängliche ‚Kinderkrankheiten' in der Passgenauigkeit konnten durch leistungsfähige Befestigungskunststoffe auch langfristig ausgeglichen werden. Die schmelz- und dentinadhäsive Befestigung hat aber den hauptsächlichen Vorteil nicht im Ausgleich von Randspalten, sondern im kraftschlüssigen Verbund zwischen Zahnsubstanz und Keramik. So können die hauptsächlich für Teilkronen verwendeten Silikatkeramiken, welche zum Teil erheblich unter der für die konventionelle Befestigung geforderten Biegebruchfestigkeit von 400 MPa liegen, auch langfristig überleben.

Eine deutliche Qualitätssteigerung ist durch die Anlage von Kofferdam zu erreichen. Da bei Teilkronen die Präparationsgrenze gegenüber Vollkronen deutlich mehr supragingival gelegen ist, sollte in den meisten Fällen eine schnelle und einfache Applikation möglich sein.

Ganz besonders unter dem Aspekt einer teilweise fehlenden Schmelzbegrenzung der Kavität sind noch immer die klassischen Mehrschrittadhäsivsysteme in Kombination mit der Säure-Ätz-Technik das Mittel der Wahl. Wegen der sehr unterschiedlichen Gebrauchsinformationen für die verschiedenen Systeme kann hier keine Regel aufgestellt werden. Vielmehr ist es ratsam, die Anweisungen des Herstellers genau zu beachten. Das Mischen von Produkten unterschiedlicher Hersteller kann ein fataler Fehler sein. Sofern die Produkte vor dem Aufbringen auf den Zahn nicht gemischt werden, erfolgt zunächst eine Ätzung mit Phosphorsäure, welche hauptsächlich auf den Schmelz orientiert ist. Danach muss in jedem Fall gründlich mit Wasser gespült werden. Anschließend erfolgt die Ätzung des Dentins. Solche Agenzien werden oft Primer genannt. Ohne wiederholte Wasserspülung wird das Dentinadhäsiv aufgetragen. Danach wird die gesamte Fläche mit dem klassischen Bonding Agent abgedeckt. Die Frage, ob dieses vor dem Einsetzen der Restauration polymerisiert werden sollte, wird unterschiedlich bewertet. Fakt ist, dass bereits geringe Mengen verbleibenden Bondings zu Bisserhöhungen führen können.

Die Vorbehandlung der Keramik erfolgt bei Silikatkeramik durch einminütiges Ätzen mit Flusssäure und anschließendem Auftrag von Silan. Oxidkeramiken können nicht geätzt werden. Einige Hersteller empfehlen eine Vorbehandlung durch Sandstrahlen. Auch wird neuerdings ein so genannter ZIRCONIA Primer (Fa. Ivoclar Vivadent, Schaan, Liechtenstein) angeboten, der den Haftverbund durch chemischen Angriff auf die Keramik verbessern soll.

Bei den Klebern selbst unterscheidet man dual härtende und rein lichthärtende Systeme. Wichtig ist eine relativ flüssige, nicht zu zähe Konsistenz, damit das überschüssige Material unter der Restauration herausgepresst werden kann. Im Ästhetikbereich spielt ebenfalls die Fluoreszenz des Klebers eine große Rolle. Es soll ein Ergebnis erzielt werden, welches den ebenfalls fluoreszierenden natürlichen Zähnen ähnlich ist.

Neben den klassischen adhäsiven Befestigungssystemen finden sich in letzter Zeit zunehmend Materialien bei denen die Anwendung deutlich leichter ist. Das bringt auf der einen Seite einen Zeitvorteil und schließt Fehler aus, die sich bei den ansonsten sehr komplizierten Abläufen einschleichen können. Anstelle der klassischen Drei-Schritt-Adhäsive werden zum Beispiel selbstätzende Adhäsive eingesetzt. Als neuesten Schritt in diese Richtung wurden selbstätzende Komposite eingeführt, welche überhaupt keine separate Adhäsivanwendung mehr erfordern. Erster Vertreter dieser Kategorie war RelyX Unicem (3M Espe, Seefeld). Die Untersuchungen zum Verbund und der Langzeitprognose liegen bis jetzt nur in Anfängen vor und zeigen nicht so gute Werte wie bei den klassischen Materialien. Allerdings steht diese Entwicklung auch erst ganz am Anfang. Mit Sicherheit liegt hier ein vielversprechendes klinisches Potenzial.

Fallbeispiel

Bei einer 19-jährigen Patientin bestand am Zahn 46 eine ausgedehnte Sekundärkaries an vorhandenen Komposit-Restaurationen (Abb. 4.10). Die klinische Erfahrung und die Röntgendiagnostik lassen einen ausgedehnten Defekt erwarten. Aus diesem Grund wurde mit dem Ziel hoher The-

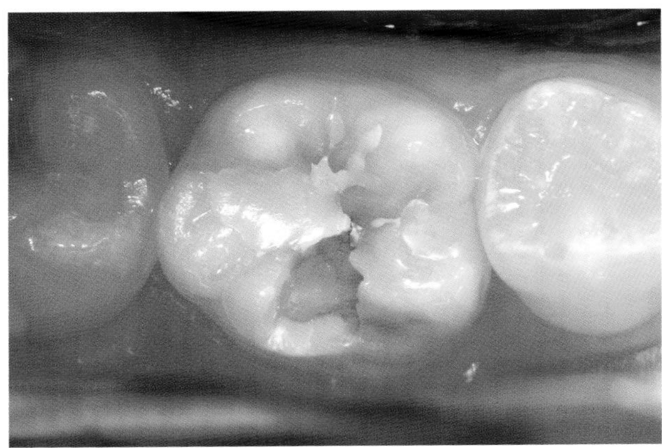

Abb. 4.10 Unter einer okklusalen Kompositfüllung hat sich bei diesem Molaren eine große Sekundärkaries gebildet.

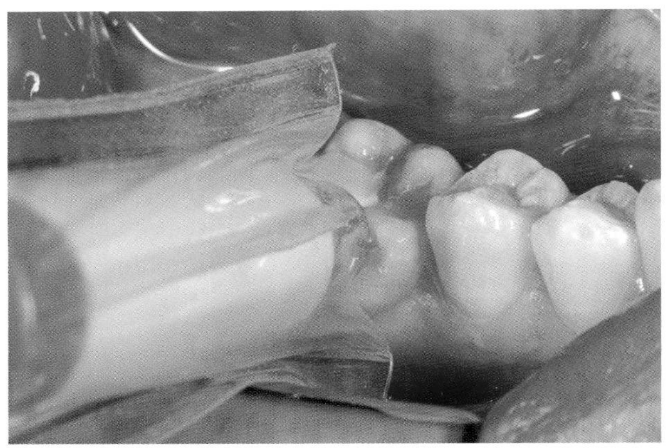

Abb. 4.11 Bevor mit den eigentlichen Behandlungsmaßnahmen begonnen wird, erfolgt die digitale Farbbestimmung mit dem VITA Easyshade-Gerät (VITA Zahnfabrik, Bad Säckingen).

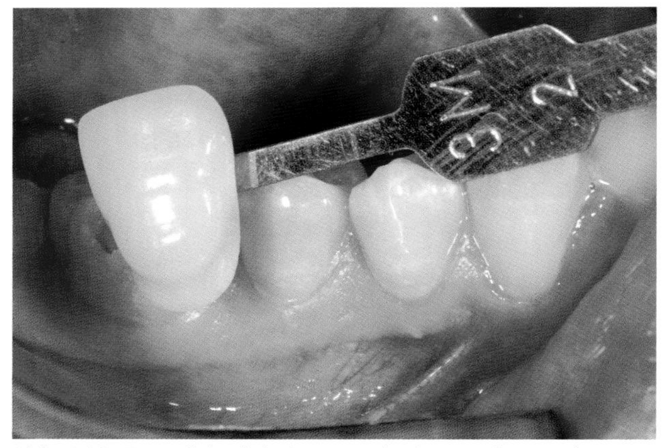

Abb. 4.12 Zusätzlich wird ein Foto mit einem Referenzzahn erstellt, das bei der späteren Farbgestaltung der Restauration verwendet wird.

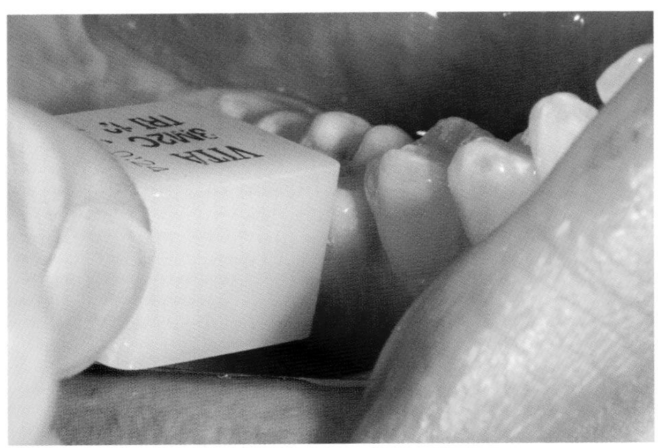

Abb. 4.13 Als Keramikrohling für die Herstellung dieser Restauration soll ein TriLuxe-Block mit Farbverlauf verwendet werden (VITA Zahnfabrik, Bad Säckingen).

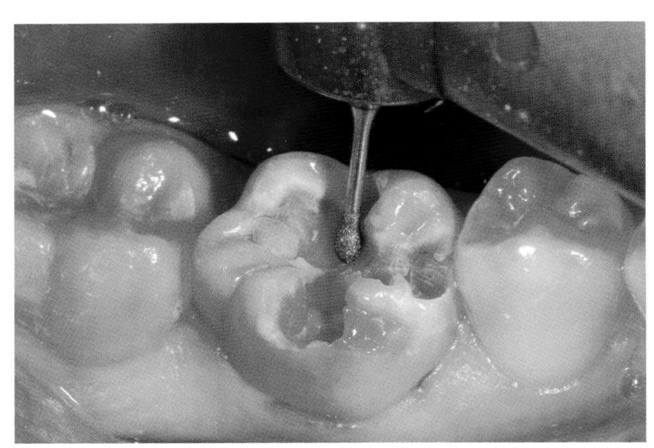

Abb. 4.14 Die kariösen Bereiche werden mit minimalinvasivem Instrumentarium schonungsvoll abgetragen.

rapiesicherheit unter gleichzeitiger weitestgehender Schonung der noch gesunden Zahnhartsubstanz eine Teilkrone geplant. Es bestand der Wunsch nach einer unsichtbaren, ästhetisch perfekten Restauration. Zunächst wird vor Beginn der eigentlichen Arbeiten die Zahnfarbe bestimmt, da dies am Abschluss der Präparation nicht mehr exakt möglich sein wird (Abb. 4.11 bis 4.13). Es wird weitgehend defektorientiert gearbeitet und dafür zunächst sämtliche Vorrestaurationen und natürlich auch das kariöse Dentin entfernt (Abb. 4.14 bis 4.17). Für diese Maßnahmen eignen sich besonders Instrumente vom Typ Rundkopfkegel. Auf eine Kastenform oder gar einen flachen Kavitätenboden wird verzichtet. Die

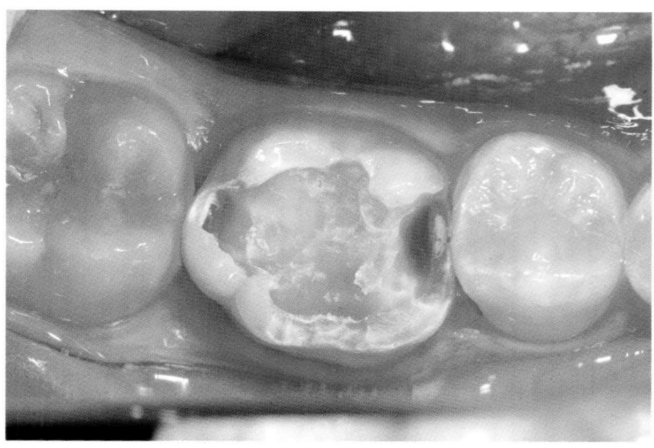

Abb. 4.15 Die eröffnete Kavität zeigt das erhebliche Maß der Schädigung.

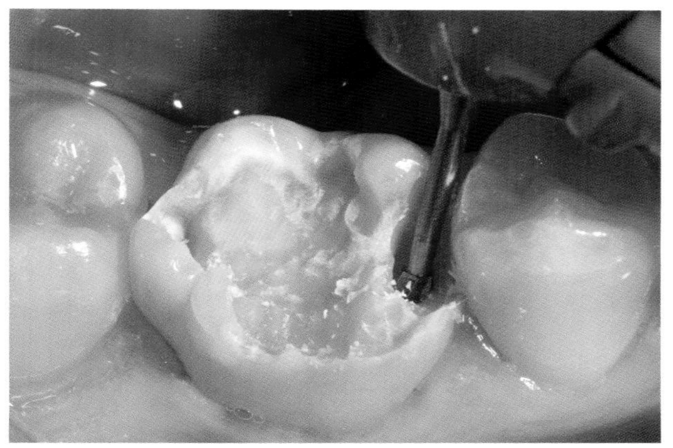

Abb. 4.16 Mit grazilen Rosenbohrern wird auch das restliche kariöse Dentin vollständig entfernt.

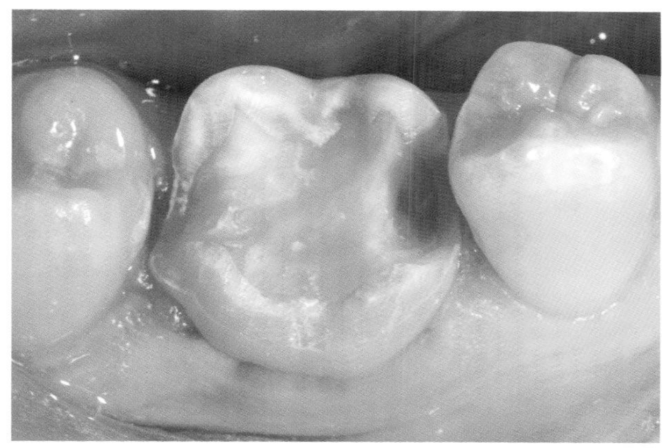

Abb. 4.17 Erst nach der Darstellung des kompletten Defektes wird über die konkrete Gestaltung der Kavitätenpräparation entschieden.

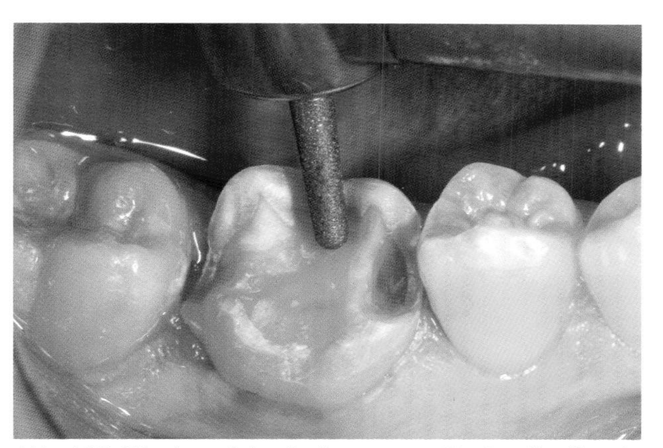

Abb. 4.18 Mit einem Präparierdiamant vom Typ Rundkopfkegel kann übersichtlich und zugleich Substanz schonend gearbeitet werden.

Präparationsgrenze bukkal wird weit subgingival gelegt. Das erhält einerseits die natürliche gingivale Situation und gewährleistet zugleich ein breites Schmelzareal, welches beste Voraussetzungen für die spätere adhäsive Befestigung liefert (Abb. 4.18 bis 4.21).

Abschließend wird aus statischen Gründen ein rechtwinkliger Präparationsrand gestaltet. Hier sind Präparierdiamanten mit Führungsdorn eine gute Hilfe für präzises und schonungsvolles Arbeiten (Abb. 4.21, Abb. 4.22). Die Aufnahme des Antagonisten erfolgt nicht direkt, sondern in Form eines Registrates, das auf dem präparierten Gebiet verbleibt. Durch gleich bleibende Areale im Bereich der mesialen und distalen Nachbarn

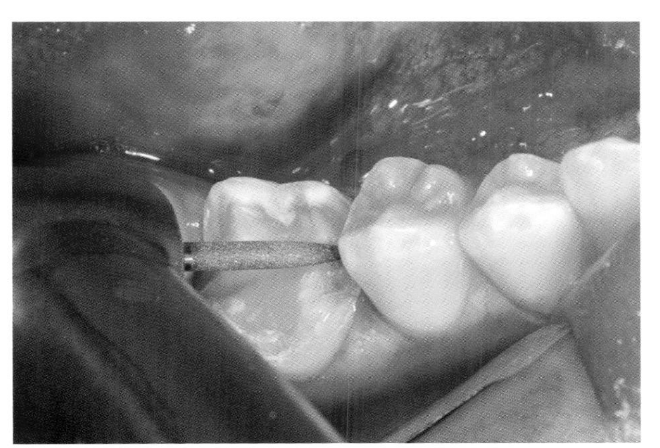

Abb. 4.19 Die approximalen Wände werden mit flammenförmigen Finierern geglättet.

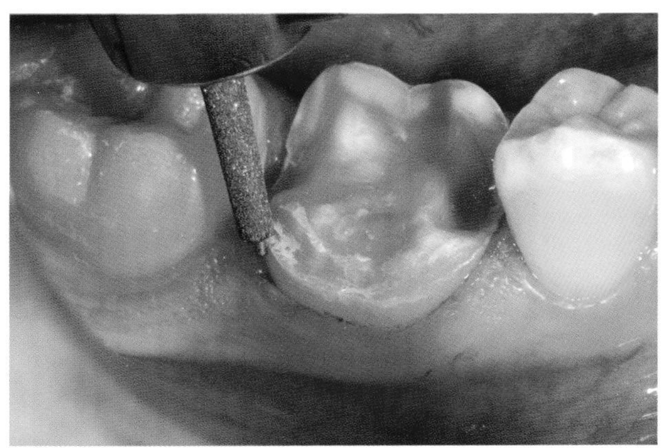

Abb. 4.20 Um eine stabile Randsituation zu erzielen, wird abschließend eine rechtwinklige Stufe gestaltet.

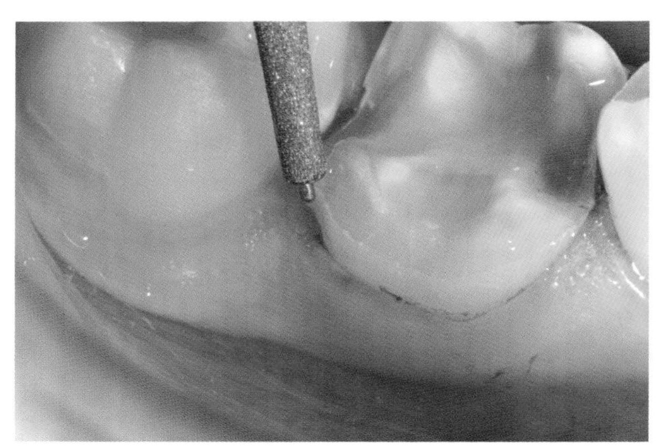

Abb. 4.21 Zur Gestaltung einer rechtwinkligen Stufe ist der Einsatz eines Instrumentes mit Führungsdorn sehr sinnvoll.

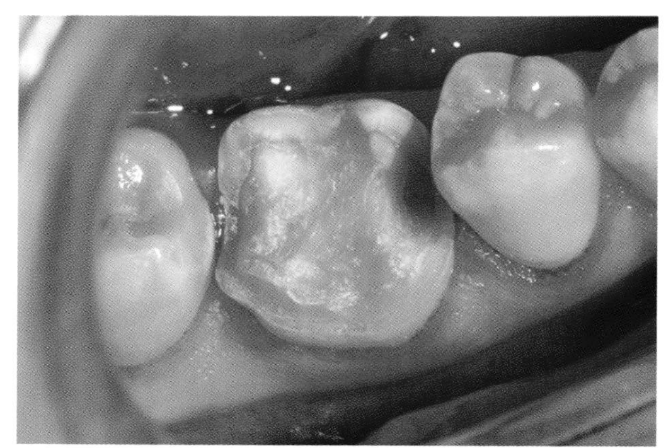

Abb. 4.22 Die Präparation ist abgeschlossen: deutlich ist der breite, im ganzen Zahnumfang vorhandene Schmelzbereich zu erkennen.

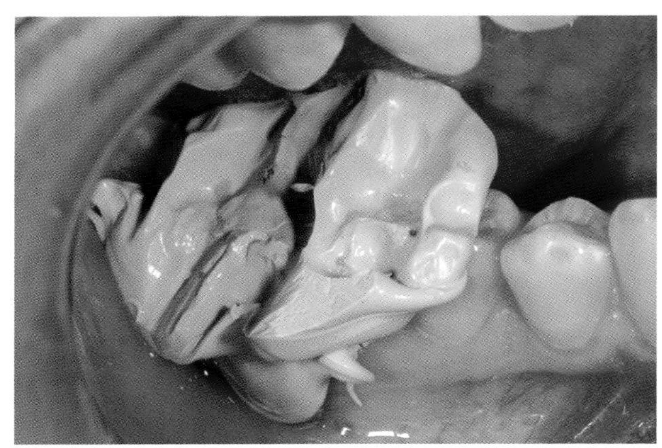

Abb. 4.23 Die Registrierung des Gegenbisses mittels eines Hartsilikons dient der Darstellung und Berücksichtigung des Antagonisten mithilfe der Software.

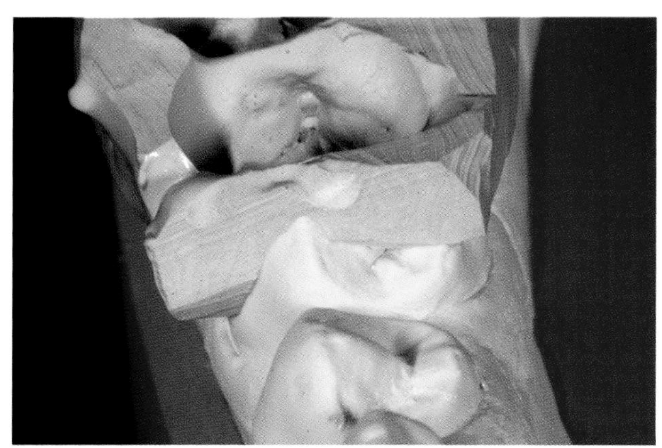

Abb. 4.24 Nach der Abformung und Modellherstellung wird das Registrat reponiert, wobei – wie in der Abbildung gezeigt – auf einen korrekten Sitz zu achten ist.

beider Datensätze kann letztlich eine Beziehung zwischen beiden Kiefern hergestellt werden (Abb. 4.23, Abb. 4.24). Dabei ist es wichtig, überstehendes Material zu entfernen und das exakte Umsetzen auf das Modell zu gewährleisten, da in diesem Fall die indirekte Herstellungsmethode gewählt wurde.

Aus konstruktiven und schleiftechnischen Gründen wurde in diesem Fall – trotz des weitgehenden Ersatzes der Kaufläche – die Option Inlay-/Onlayteilkrone gewählt. Nach der Oberflächenerfassung und der Berechnung des virtuellen 3-D-Modells kann auch der Antagonist dargestellt werden. Mittels einer Abstandsanzeige in der Art einer dreidimensionalen Okklusionsfolie kann nun eine

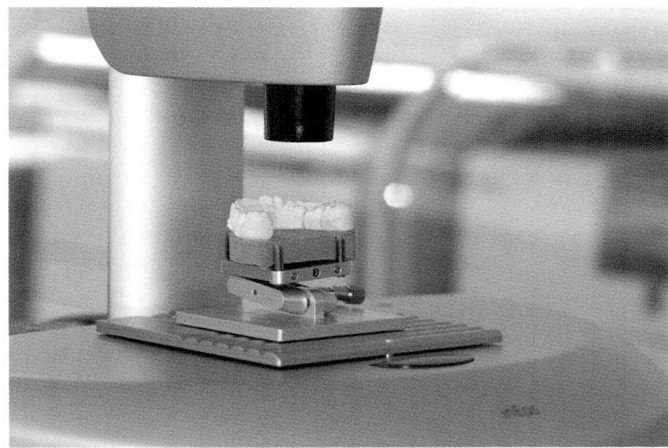
Abb. 4.25 Die Digitalisierung der Modelloberfläche, sowohl der Präparation als auch des Registrates, erfolgt mit dem inEos-Scanner.

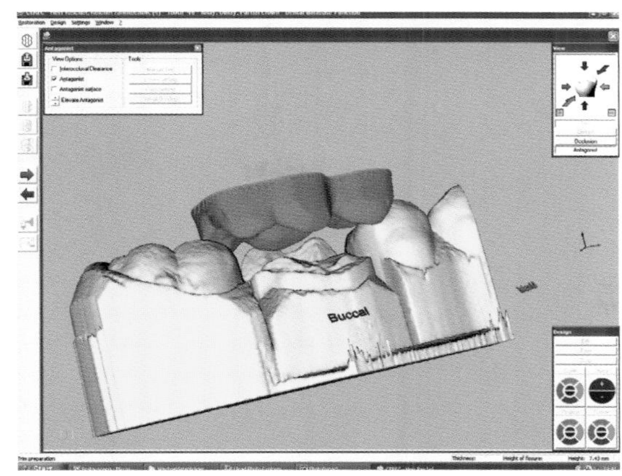

Abb. 4.27 Durch die Registrierung des Gegenbisses ist es nun in der Software möglich, den Antagonisten darzustellen.

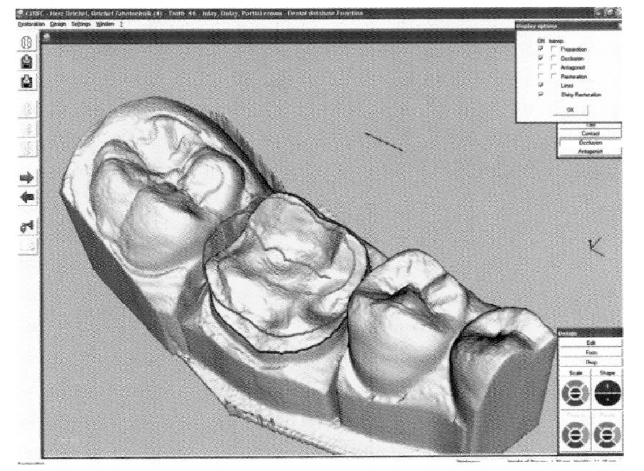
Abb. 4.26 Nach der Berechnung des 3-D-Modells können nun die erforderlichen Konstruktionsschritte vorgenommen werden, wie z. B. die Eingabe des Präparationsrandes.

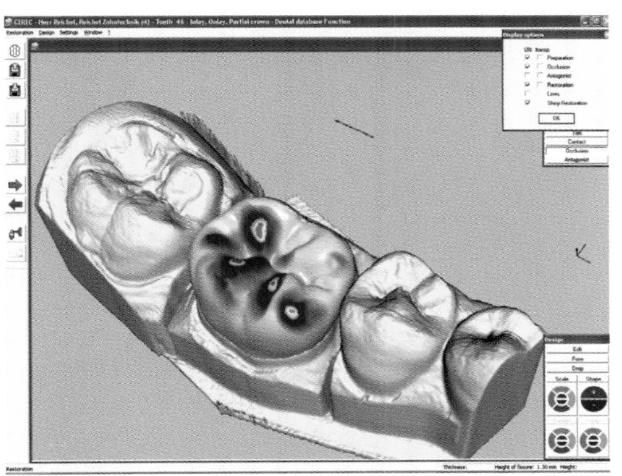
Abb. 4.28 In der Art einer dreidimensionalen Artikulationsfolie werden die okklusalen Stopps angezeigt, wobei rote Areale hier bereits eine Durchdringung signalisieren.

funktionell gestaltete Kaufläche modelliert werden (Abb. 4.26 bis 4.29). Als keramisches Ausgangsmaterial wurde ein bereits dem natürlichen Farbverlauf entsprechend geschichteter Keramikblock VITA TriLuxe (Fa. VITA Zahnfabrik, Bad Säckingen) verwendet (Abb. 4.30). Strebt man nach ästhetischer Perfektion, ist diese Maßnahme in den meisten Fällen nicht ausreichend. Nachdem individuelle Feinheiten und Charakteristika der äußeren Form eingearbeitet wurden (Abb. 4.31 bis 4.36), wird die Rohkrone nun farblich charakterisiert (Abb. 4.36, Abb. 4.37). Dafür werden spezielle Keramikmalfarben aufgebracht. Nach dem Fixations- und Glanzbrand im Keramikofen sowie der Einstellung des individuellen Glanzgrades durch mechanische

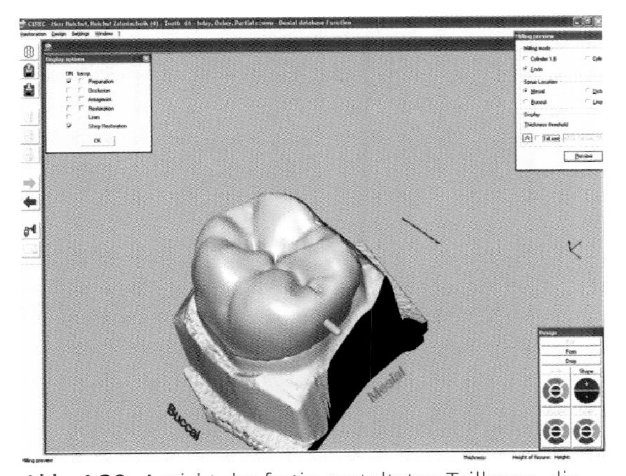

Abb. 4.29 Ansicht der fertig gestalteten Teilkrone, die nun zum Ausschleifen bereit ist.

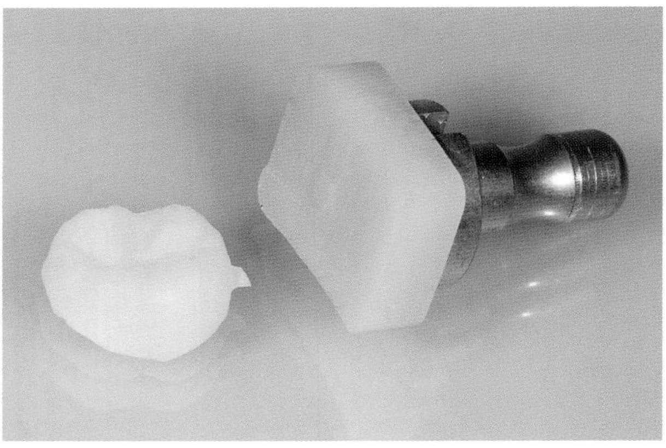
Abb. 4.30 Am Ende des Schleifvorgangs wird die angeschliffene Rohkrone an der so genannten Abstichstelle vom restlichen Keramikblock getrennt.

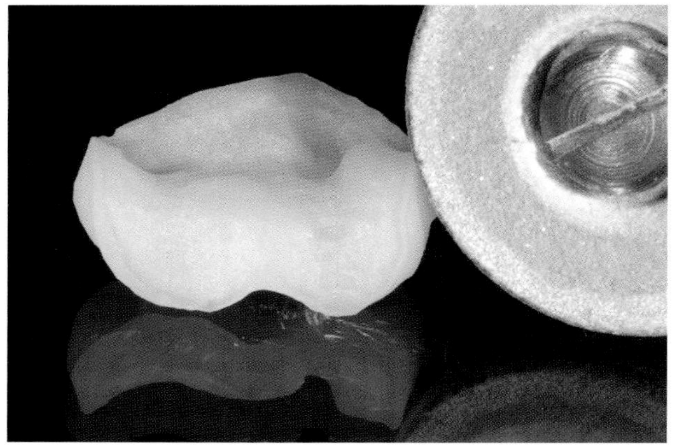
Abb. 4.31 Diese Abstichstelle wird mit einem geeigneten Schleifkörper eingeebnet.

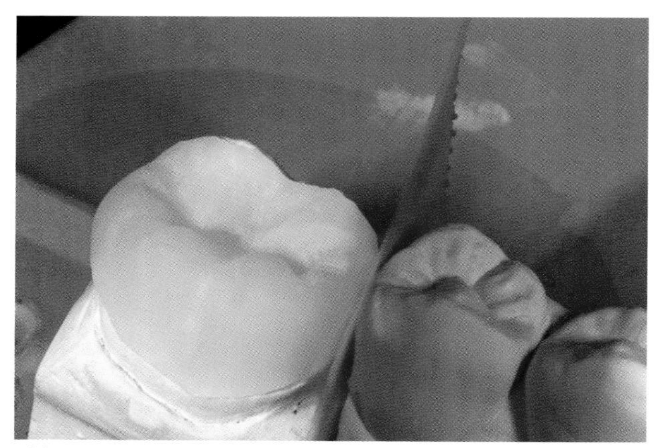
Abb. 4.32 Danach werden die approximalen Kontakte geprüft und ggf. optimiert.

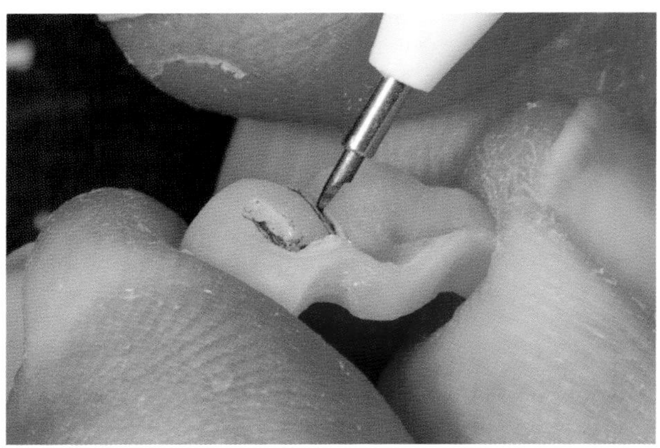
Abb. 4.33 Feine Details der funktionellen Oberflächenmorphologie werden markiert.

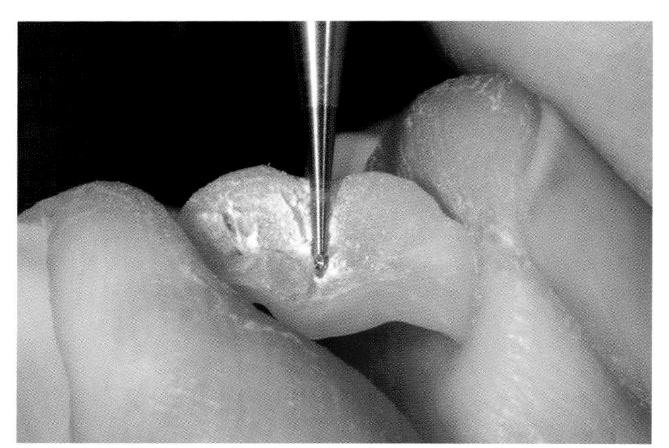
Abb. 4.34 Mit speziellen Hartmetallfräsen ist es möglich, sehr grazile Details zu gestalten.

Politur ist die Teilkrone fertig und bereit zum Einsetzen (Abb. 4.38). Die mechanischen Eigenschaften der verwendeten Feldspatkeramik sowie die äußerst grazile Gestaltung des Restaurationskörpers erfordern eine kompromisslose adhäsive Befestigung. Der Keramikkörper wird mit Flusssäure geätzt und anschließend silanisiert (Abb. 4.39, Abb. 4.40). Durch die supragingival gelegenen Präparationsränder ist ein sehr einfaches Applizieren des Kofferdams möglich. Entsprechend der klassischen Adhäsivtechnik werden die Klebebereiche des Zahnes mit Phosphorsäuregel geätzt und danach mit Adhäsiv und Bonding konditioniert (Abb. 4.41). Es wird ein dünnfließendes

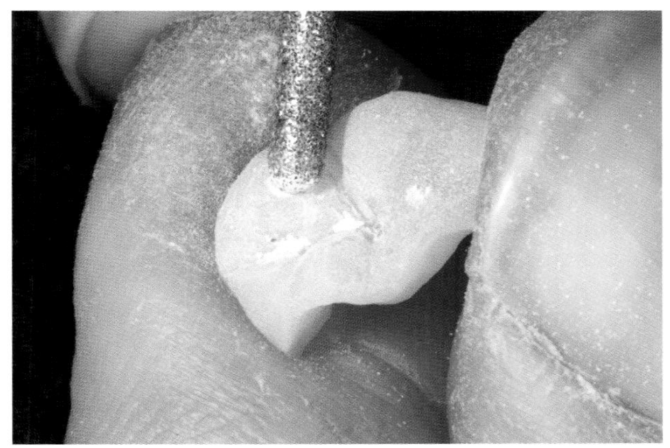

Abb. 4.35 Auch diamantierte Schleifkörper können verwendet werden.

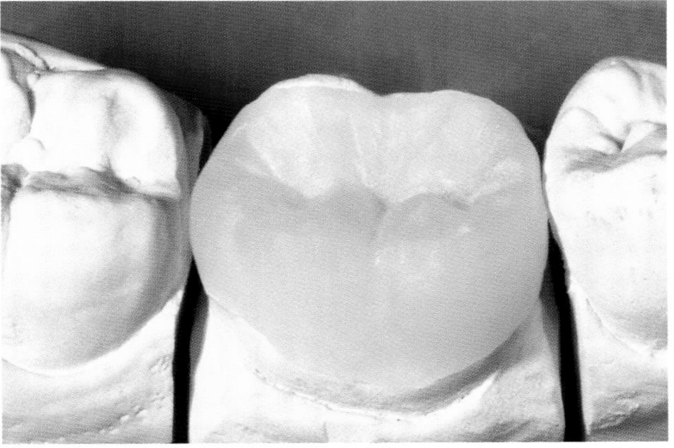

Abb. 4.36 Die Feinarbeiten an der Kronenform sind abgeschlossen und die Keramik ist bereit zur Bemalung und Glasur.

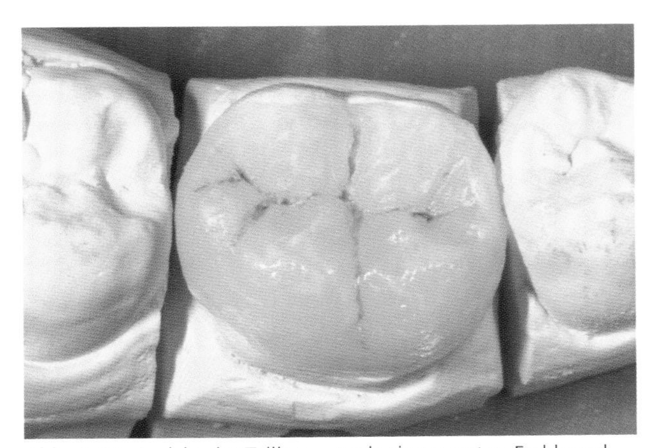

Abb. 4.37 Ansicht der Teilkrone nach einem ersten Farbbrand.

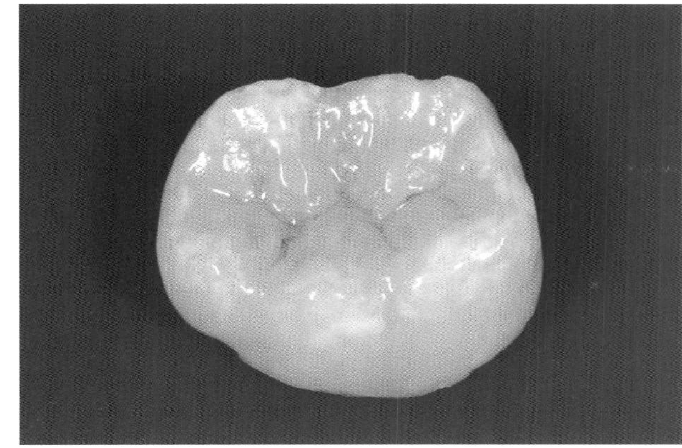

Abb. 4.38 Die fertig bemalte, glasierte und polierte Restauration ist nun bereit zum Einsetzen.

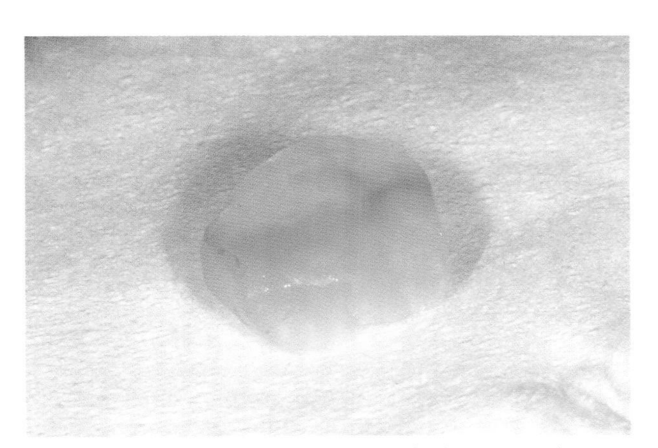

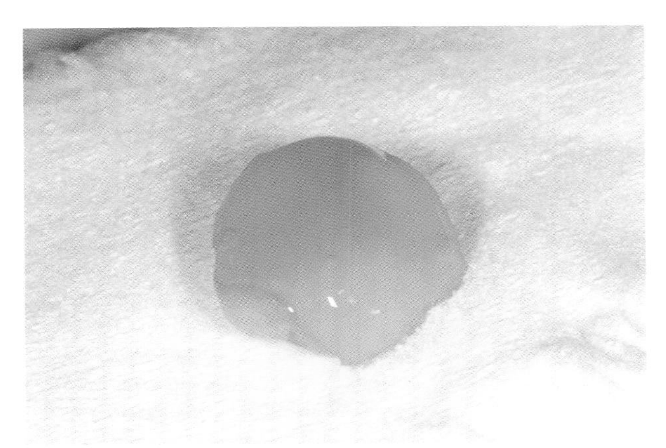

Abb. 4.39 und 4.40 Für die adhäsive Befestigung von Glaskeramik ist es notwendig auf der Klebeseite ein retentives Ätzmuster zu erzeugen. Dies geschieht durch Einwirkung von Flusssäure für eine Zeitraum von einer Minute.

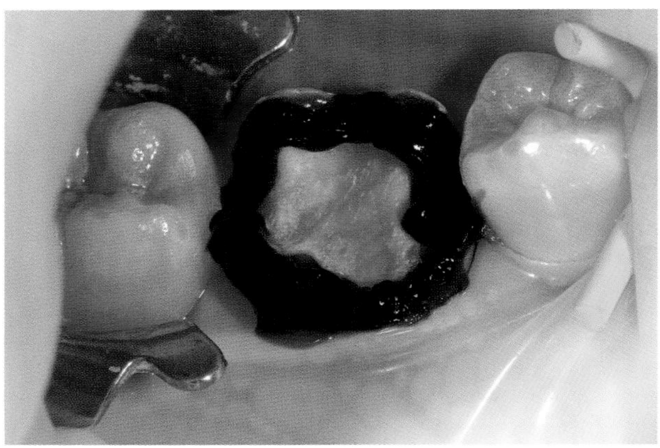

Abb. 4.41 Phosphorsäuregel dient zur Konditionierung der Schmelzareale.

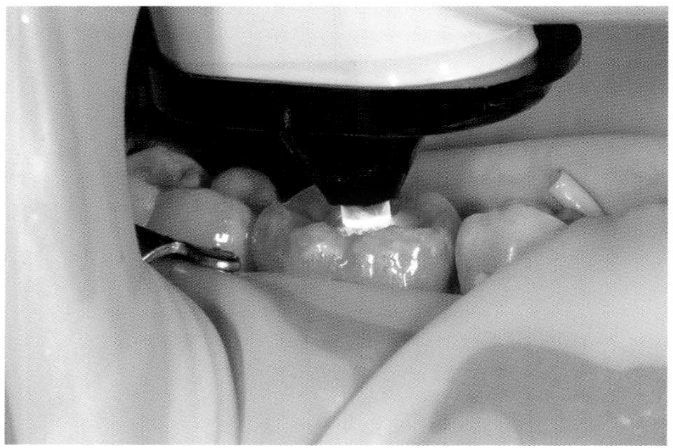

Abb. 4.42 Nach dem Einbringen des Klebers und der Restauration erfolgt eine punktförmige Belichtung, um die Keramik bei noch nicht vollständig ausgehärteten Überschüssen zunächst nur zu fixieren.

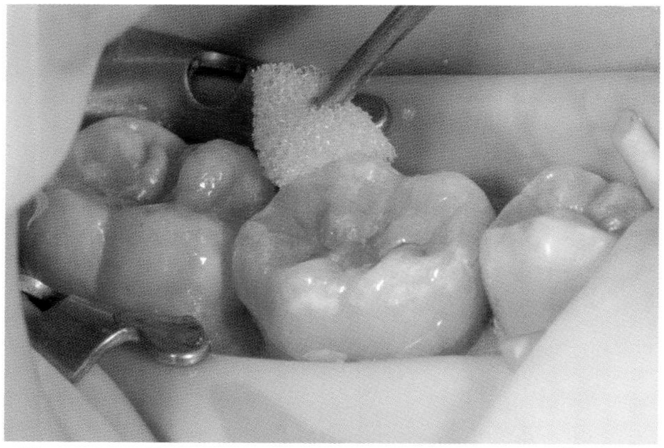

Abb. 4.43 In diesem Zustand ist die Entfernung grober Überschüsse möglich.

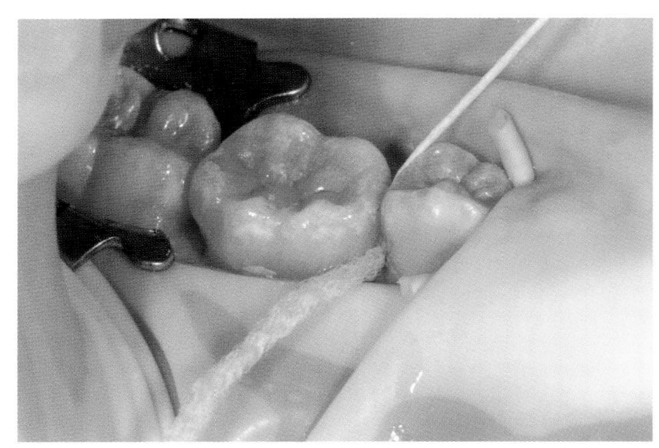

Abb. 4.44 Auch die Approximalräume können bereits schonungsvoll gereinigt werden.

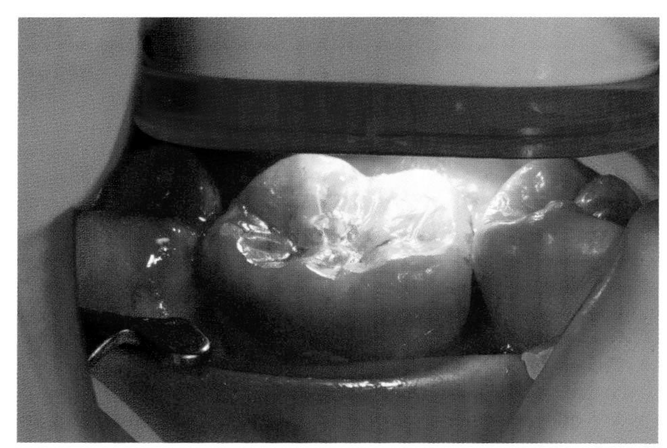

Abb. 4.45 Abschließend erfolgt die definitive Aushärtung des gesamten Befestigungsmaterials.

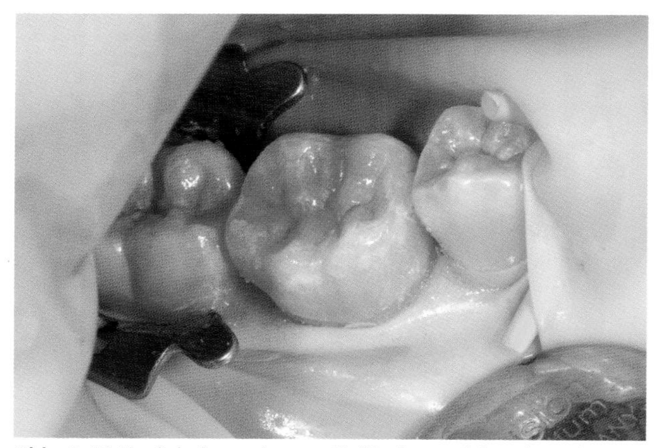

Abb. 4.46 Noch bei angelegtem Kofferdam erfolgt eine sehr sorgsame Entfernung der verbliebenen Kleberüberschüsse.

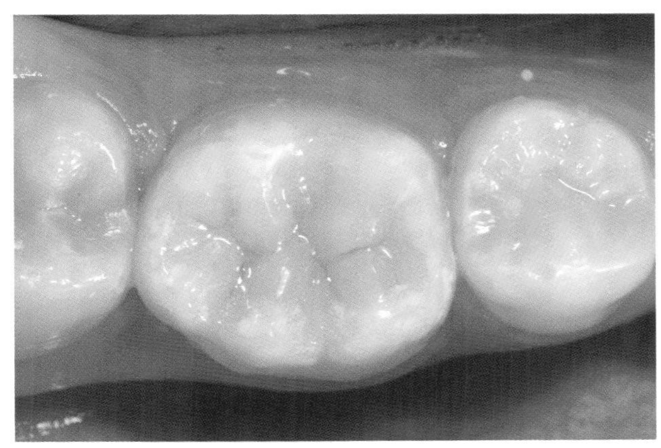
Abb. 4.47 Das Ergebnis fügt sich perfekt in die natürliche Zahnreihe ein.

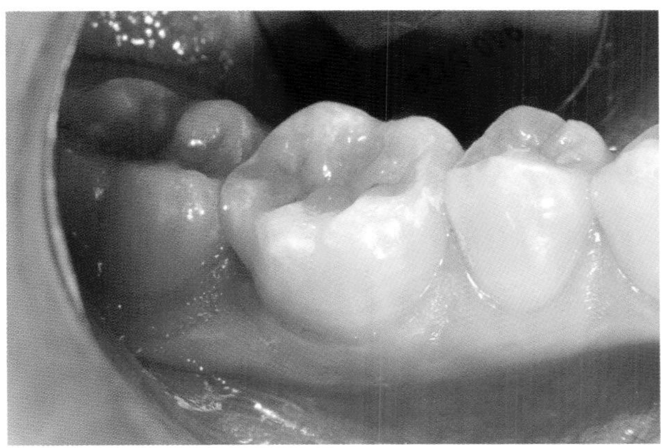
Abb. 4.48 Ein Übergang zwischen der Restauration und den Bereichen des natürlichen Zahnes ist nicht zu erkennen.

Kompositmaterial verwendet. Durch punktförmige Zwischenbelichtung wird ein Zustand erreicht, der eine grobe Entfernung der ausgetretenen Kleberreste erlaubt (Abb. 4.42 bis 4.45). Eine gründliche Überschussentfernung, besonders in den approximalen Bereichen, schließt die Arbeiten ab (Abb. 4.46). Die Restauration wird hinsichtlich Farbe und Form vollkommen harmonisch in die natürliche Zahnreihe integriert und ist damit weitgehend unsichtbar (Abb. 4.47). Die nur in Ansätzen sichtbare Präparationsgrenze im bukkalen Bereich (Abb. 4.48), in welchem sie deutlich supragingival gelegt wurde, belegt die Richtigkeit dieser Vorgehensweise und zeigt eindrucksvoll die Vorteile adhäsiv befestigter, vollkeramischer Restaurationen.

5 CAD/CAM-gefertigte vollkeramische Seitenzahnkronen

Andreas Kurbad, Kurt Reichel

Auch im Seitenzahnbereich werden von den Patienten heute nicht nur funktionelle, sondern auch ästhetisch anspruchsvolle Versorgungen gefordert. Nachdem in verschiedenen Systemen seit über zehn Jahren vollkeramische Einzelzahnkronen sehr erfolgreich eingesetzt werden, gilt diese Therapieform weitgehend als etabliert und wissenschaftlich anerkannt. Durch die Entwicklung der CAD/CAM-Technologie konnte der Bereich der metallfreien Kronenversorgungen erweitert und entscheidend verbessert werden. Zudem ist auch die Herstellung in einigen Fällen dadurch kostengünstiger geworden. Bei den vollkeramischen Versorgungen im Seitenzahnbereich dominiert die Gerüstkrone, bei welcher ähnlich der VMK-(Vita-Metall-Keramik)Krone zunächst eine stabile Kappe hergestellt und dann durch Verblendkeramiken komplettiert wird. Diese Kronen zeigen entsprechend der Natur der verwendeten Oxidkeramiken eine gute bis sehr gute Stabilität. Damit kann den im Seitenzahnbereich auftretenden hohen Kaukräften Rechnung getragen werden. Außerdem ist eine klassische Zementierung möglich, was den nicht immer optimalen parodontalen Verhältnissen entgegenkommt.

Obwohl sie in den Stabilitätswerten geringer sind, haben sich in den letzten Jahren auch die Massiv- und Kompaktkronen aus Silikatkeramik einen festen Platz in diesem Therapiesegment erobert. Eine Ursache dafür kann in der Bereitstellung in der Anwendung deutlich vereinfachter Zementierungssysteme für die adhäsive Befestigung, die bei diesen Kronen unabdingbar ist, gesehen werden. Zusätzlich werden durch neue Softwareentwicklungen des CEREC-3D- und inLab-Systems (Fa. Sirona, Bensheim) bisher ungeahnte Möglichkeiten im Bereich des okklusalen Designs eröffnet.

Möglichkeiten mit CEREC-Gerüstkronen

Zur Herstellung von Gerüstkronen stehen beim CEREC-System gleich mehrere Systeme zur Verfügung. Auf der einen Seite sind dies die seit vielen Jahren bewährten Infiltrationskeramiken, welche unter dem Begriff VITA In-Ceram Classical zusammengefasst werden. Neu sind die Sinterkeramiken VITA YZ auf der Basis des hochfesten Zirkoniumdioxids und VITA AL auf der Basis des ebenfalls beim Procera-System seit vielen Jahren bewährten reinen Aluminiumoxids (alle aufgezählten: VITA Zahnfabrik, Bad Säckingen).

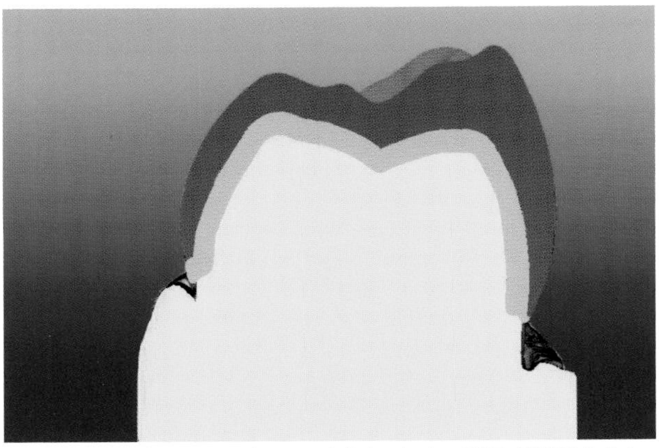

Abb. 5.1 Bei der Kappenkrone wird durch das CAD/CAM-Verfahren lediglich der Stumpf mit einer gleichmäßigen Materialschicht aus stabiler Gerüstkeramik überzogen. Der weitere Aufbau mit Verblendkeramik (dunkelgrau) erfolgt durch konventionelle Schichtung.

Das CAD/CAM-Verfahren ist denkbar einfach. Da die zuvor digitalisierten Oberflächen eigentlich nur mit einer gleichmäßigen Materialschicht ohne Rücksicht auf Okklusion und Kontaktpunktverhältnisse überzogen werden müssen, muss lediglich eine Präparationsgrenze festgelegt werden. Die ausgeschliffenen Kappen werden aufgepasst, in den dünn auslaufenden Randbereichen manuell reduziert und anschließend mit geeigneter Verblendkeramik konventionell geschichtet (Abb. 5.1).

Infiltrationskeramik

Die Infiltrationskeramik VITA In-Ceram Classical beruht auf dem Prinzip, dass in ein relativ weiches und damit gut maschinenbearbeitbares, porös gesintertes Material nach dem Ausschleifen bei sehr hoher Temperatur im Keramikofen Lanthanglas infiltriert wird. Dadurch erhält das Gerüst seine Festigkeit und kann nach dem Entfernen der Glasüberschüsse mit der Verblendkeramik VITA VM7 (VITA Zahnfabrik, Bad Säckingen) verblendet werden. Vorteile dieses Verfahrens sind, da im Herstellungsprozess keine Dimensionsänderungen auftreten, die Keramik noch im weichen Rohzustand aufgepasst und bearbeitet werden kann und dass für den Herstellungsprozess nicht zwingend ein spezieller Ofen benötigt wird. Die Gerüstfarbe ist in vier Stufen durch Wahl des entsprechend eingefärbten Glases einstellbar.

Hinsichtlich der chemischen Struktur werden drei unterschiedliche Sorten angeboten:

- SPINELL; es basiert auf Magnesiumoxid und hat mit ca. 220 MPA Biegebruchfestigkeit eine relativ geringe Stabilität. SPINELL wird wegen seiner hohen Transluzenz sehr gern für Frontzahnkronen verwendet und hat im Seitenzahnbereich keine Bedeutung.
- ALUMINA; entsprechend des Namens gibt es hier eine Aluminiumoxidbasis. Es handelt sich um ein im Front- und Seitenzahnbereich bewährtes Material mit noch ausreichender Transluzenz und entsprechenden Festigkeitsreserven bis 450 MPA. In-Ceram ALUMINA ist das Material der ersten Wahl für Kronen aus Infiltrationskeramik im Seitenzahnbereich.
- ZIRCONIA; der Name verwirrt etwas: es handelt sich nicht um Zirkoniumdioxid, sondern um Aluminiumdioxid, welches mit diesem Material verstärkt wurde. Die mit 750 MPA sehr feste Gerüstkeramik zeigt leider eine nur noch sehr geringe Transluzenz. Da die Stabilität des ALUMINA für Einzelzahnkronen völlig ausreichend ist, wird ZIRCONIA hier kaum verwendet und findet sein Haupteinsatzgebiet im Bereich der Brückenversorgungen.

Sinterkeramik

Im Gegensatz zur Glasinfiltration gewinnt die Sinterkeramik ihre Festigkeit teilweise durch eine Verdichtung der porös vorgesinterten Blöcke, in der Hauptsache aber durch eine Gefügeänderung in der Kristallstruktur. Nachteilig ist dabei die auftretende Veränderung der Dimension. Die Keramik schrumpft um Werte von bis zu 25%. Dieser Volumenschwund wird im CEREC CAD/CAM-Verfahren durch ein vergrößertes Ausschleifen des Rohlings ausgeglichen. Weiterhin werden für den Sinterungsprozess, der für lange Zeit unter sehr hohen Temperaturen stattfindet (1550° C; 6 Std.), spezielle Brennöfen benötigt.

Die Größenänderung hat zur Folge, dass die Rohgerüste nicht aufgepasst und auch nur bedingt bearbeitet werden können. Diese Arbeitsschritte müssen mit einer wassergekühlten Turbine bei Endhärte durchgeführt werden. Für die Verblendung werden wegen des anderen WAK-Wertes auch andere Massen benötigt (VITA VM9, VITA Zahnfabrik Bad Säckingen).

Hier stehen mittlerweile zwei unterschiedliche Materialien zur Verfügung.

- YZ – Yttrium stabilisiertes Zirkoniumdioxid. Zirkoniumdioxid ist mit einer Biegebruchfestigkeit von bis zu 1000 MPa zurzeit das stabilste Material im Bereich der Dentalkeramik. Es besitzt damit für Einzelkronen annähernd unendliche Festigkeitsreserven sowie eine sehr schöne Lichtdynamik. Die normalerweise schneeweißen Gerüste können mit VITA Coloring Liquid entsprechend der fünf Helligkeitsstufen der VITA 3D-Master-Farbskala eingefärbt werden (alles VITA Zahnfabrik, Bad Säckingen).
- AL – Reines Aluminiumoxid. Dieses Material findet seit über zehn Jahren im Procera-Verfahren (Fa. Nobel Biocare, Köln) seine Verwendung und wird auf Stümpfe aufgepresst, die durch ein CAD/CAM-Verfahren hergestellt wurden. Procera-Kronen besitzen weltweit eine sehr hohe Verbreitung. Auch hier tritt ein Volumenschwund auf, der durch das CAD/CAM-Verfahren kompensiert werden muss. Eine angenehme Eigenschaft des Materials besteht neben seiner guten Transluzenz in seiner im Endzustand eierschalenfarbigen Grundfarbe, wodurch sich weitere Maßnahmen in dieser Richtung erübrigen. Auch dieses Material ist mit einer Biegebruchfestigkeit von über 600 MPa für Einzelkronen sehr gut geeignet.

Klinische Konsequenzen

Der komplette Bereich der Oxidkeramiken besitzt sehr gute Festigkeitsreserven. Dadurch können die Gerüste entsprechend sparsam dimensioniert werden. Folglich muss bei der Präparation auch kein übermäßig starker Materialabtrag erfolgen. Mit 1,5 mm im Wand- und 2 mm im okklusalen Bereich liegen die Werte in den Größenordnungen der VMK-Krone. Die Gestaltung der Stufe kann als ausgeprägte Hohlkehle erfolgen.

Bei devitalen Zähnen bestehen hinsichtlich der Stumpfaufbauten keine besonderen Anforderungen, wobei wegen der Transluzenz sämtlicher Materialien den nichtmetallischen Unterbauten in Form von Glasfasermaterial und Vollkeramik der Vorzug zu geben ist. Das Einsetzen kann konventionell oder adhäsiv erfolgen. Somit ist für den Umsteiger von der Metall- auf die Vollkeramik kaum eine Änderung der gewohnten Arbeitsweise erforderlich. Wegen der verschiedenen und zum Teil aufwändigen Arbeitsschritte im Dentallabor entstehen höhere Kosten als bei den herkömmlichen Verfahren. Chairside-Behandlungen mit Herstellung der Restauration in einer Sitzung sind ausgeschlossen. Gerüstkronen können grundsätzlich mit allen CEREC-Maschinen hergestellt werden, sind aber eine Domäne des inLab-Systems.

Der Einsatz von vollkeramischen Massiv- und Kompaktkronen im Seitenzahnbereich

Das CEREC-System macht es möglich, massive Backenzahnkronen aus einer primär zahnfarbigen Keramik auszuschleifen und einzugliedern. Um zu vollformatigen Backenzahnkronen zu gelangen, stehen im CEREC-Programm verschiedene Möglichkeiten zur Verfügung:

- Die Verwendung der Zahndatenbank. Mittlerweile sind für CEREC-Kronen mehrere verschiedene Zahndatenbänke verfügbar, welche sogar verschiedene Alterungs- und Abrasionsstufen der Zähne berücksichtigen. Zusätzlich können mit einem Funktionsmodus die Antagonisten dargestellt werden. Dies ermöglicht eine adäquate Gestaltung der okklusalen Strukturen.
- Der Korrelationsmodus; vorhandene oder im Labor aufgewachste Oberflächenstrukturen können mit den dreidimensional erfassten

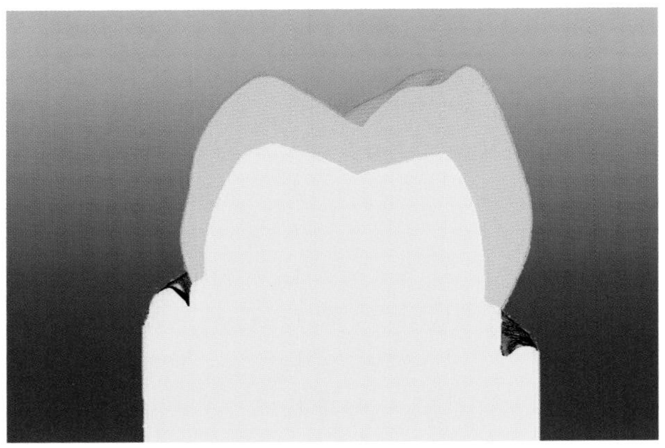

Abb. 5.2 Die Massivkrone besteht komplett aus homogener Silikatkeramik und ist an der Oberfläche poliert oder mit Glasur und Bemalung versehen.

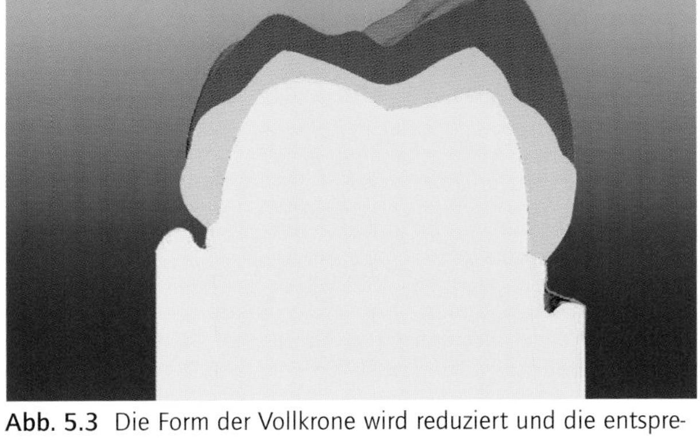

Abb. 5.3 Die Form der Vollkrone wird reduziert und die entsprechenden Areale mit Verblendkeramik nachgeschichtet. Als Resultat entsteht eine Kompaktkrone.

CAD-Modellen der fertigen Präparation überlagert und diese Oberflächen nahtlos in die neue Krone eingefügt werden. Bestes Beispiel ist der Ersatz einer funktionell intakten, alten Krone. Diese wird vor der Präparation digital erfasst und nach dem Beschleifen mit den dann ebenfalls erfassten Daten überlagert. So entsteht letztlich eine Kopie der alten Krone mit der neuen Innenfläche.

- Die Replikation; diese Methode kann am besten mit dem Klonen verglichen werden. Strukturen ohne räumlichen Zusammenhang mit der Restauration können hierhin überlagert und nötigenfalls sogar noch gespiegelt werden. Auch hierfür ein Beispiel: Zahn 16 bekommt eine Krone. 26 ist der perfekt erhaltene, natürliche Zahn. Neben der fertigen Präparation kann in einer zweiten Aufnahmeserie der gesunde 26 aufgenommen werden. Das so gewonnene 3-D-Modell von 26 wird gespiegelt und auf 16 ‚verpflanzt'.

Bei dem in diesem Bereich verwendeten Material handelt es sich um Silikatkeramiken. Sie haben den Vorteil, dass sie im bearbeitbaren Zustand der natürlichen Zahnsubstanz sehr ähnlich sehen und deshalb nicht zwingend verblendet werden müssen. So ergibt sich die Möglichkeit, vollformatige Kronen zu schleifen und als Massivkronen einzusetzen. Basierend auf Formen unterschiedlicher Zahndatenbanken werden diese Kronen an die jeweilige Situation in der Zahnreihe angepasst und mittels eines Registrates der Gegenkieferbezahnung okklusal und funktionell abgestimmt (Abb. 5.2). Diese Arbeitsschritte werden mittlerweile von der Software automatisch ausgeführt. Nach dem Ausschleifen sind nur noch geringe Korrekturen der Form und die Glättung der Oberfläche notwendig. Das Oberflächenfinish wird durch Hochglanzpolitur oder Glasur im Keramikofen erreicht. Natürlich sind diese Restaurationen im ästhetischen Bereich den geschichteten Arbeiten weit unterlegen. Vergleicht man allerdings mit vom Arbeitsaufwand gleichwertigen Vollgusskronen, werden die keramischen Arbeiten vom Patienten eindeutig favorisiert, schon allein deshalb, weil sie zahnfarbig sind.

Die ästhetische Wirkung der Massivkrone lässt sich durch oberflächliche Bemalung mit Keramikmalfarben sehr wirkungsvoll verbessern. Ein weiterer Schritt zu ästhetisch hochwertigen Kronen stellt das teilweise Reduzieren der Massivkeramik und anschließende Komplettieren mit geeigneter Verblendkeramik dar. Wir nennen diese Form Kompaktkrone (Abb. 5.3). Die Reduktion kann mechanisch mittels Schleifkörpern aus einer vollformatig geschliffenen Arbeit erfolgen. Die intelligentere Lösung wäre es, die Modifikationen bereits von der Software vornehmen zu lassen. Leider fehlen im CEREC-System hierfür noch die nötigen Zahndatenbänke. Der Vorteil der Kompaktkrone gegenüber der voll verblendeten Gerüstkrone ist der deutlich geringere Zeitaufwand. Die Herstellung solcher Teile kann als sehr wirtschaftlich angesehen werden. Das ästhetische Ergebnis jedoch ist beeindruckend. Als Nachteil ergeben sich im Gegensatz zur Oxidkeramik sehr geringe Biegebruchfestigkeiten, welche aber zumindest teilweise durch die logischerweise größeren Dimensionen der Keramik ausgeglichen werden können.

Feldspatkeramik

Diese Art der Keramik findet sich in den VITA MKII Blöcken (Fa. VITA Zahnfabrik, Bad Säckingen). Mit einer Biegebruchfestigkeit von 120 MPa ist eine adhäsive Befestigung zwingend vorgeschrieben. Diese Blöcke sind in vielen Zahnfarben erhältlich und können von der CEREC-Schleifmaschine problemlos in der Endhärte beschliffen werden. Sie sind sehr gut polierbar. Modifikationen durch Bemalung mit Keramikmalfarben und/oder das Nachschichten mit keramischem Verblendmaterial ist möglich. Hierfür steht das komplette VITA VM9 Sortiment zur Verfügung (VITA Zahnfabrik, Bad Säckingen). Eine besondere Form dieser Blöcke trägt die Bezeichnung TriLuxe. Hier ist bereits eine zahnähnliche Schichtung vorgegeben und die Krone kann mittels der Software in gewissen Grenzen sogar noch in die Schichtfolge eingeordnet werden.

Glaskeramik

Blöcke aus diesem Material werden unter der Markenbezeichnung ProCAD angeboten (Fa. Ivoclar Vivadent, Ellwangen). Diese Blöcke sind ebenfalls in Anlehnung an die Chromaskop Farbskala der Firma Ivoclar in vielen Farben verfügbar. Sie besitzen eine etwas höhere Biegebruchfestigkeit von 160 MPa. Auch hier können farbliche Charakterisierungen mittels eines systemeigenen Malfarbensets vorgenommen werden. Ein Nachschichten von Keramik ist ebenfalls möglich. Allerdings gibt es dafür nur drei unterschiedliche Massen.

Klinische Konsequenzen

Bestimmend für die Indikationsstellung und Ausführung dieser Kronen sind ihre geringe mechanische Festigkeit und die daraus resultierende Notwendigkeit der adhäsiven Befestigung. Sollte letztere von Anfang an zum Beispiel wegen eines stark subgingival gelegenen Defekts nicht realistisch sein, ist eine solche Versorgung kontraindiziert. Maximal zulässig sind epigingivale Präparationsgrenzen, in geringfügigem Maße sind bei geringer Blutungsneigung auch leicht subgingivale Bezirke möglich.

Es sollte eine Rechtwinkelstufe mit abgewinkelter Innenkante präpariert werden. Dabei ist die Breite dieser Stufe eher unwichtig. Eine Untersuchung belegt für eine Stufenbreite von 0,8 mm die gleiche Festigkeit wie bei 1,0 mm[5]. Die erforderlichen Wandstärken liegen bei minimal 1,5 mm.

Im Rahmen der adhäsiven Befestigung ist sowohl eine Konditionierung der Zahnsubstanz als auch der Keramik erforderlich. Schmelz und Dentin werden geätzt und mit entsprechenden Adhäsiven beschickt, wobei beim Dentin als Besonderheit der feuchte Untergrund berücksichtigt werden muss. Die Ätzung der Keramik erfolgt mit Flusssäure. Ähnlich dem Zahnschmelz wird ein retentives Ätzmuster erzeugt. Eine Silanisierung bringt eine zusätzliche Steigerung der Haftwerte. Die Befestigungszemente basieren auf der chemischen Formulierung der Komposit-Füllungsmaterielien, sind also Kunststoffe. Während bei der klassischen Adhäsivtechnik das Verfahren sehr aufwändig war und eine hohe Fehlerquote hatte, wurden in letzter Zeit so genannte selbstätzende/selbstkonditionierende Befestigungszemente vorgestellt, die eine deutliche Erleichterung darstellen. Die Herstellungszeit einer solchen Krone ist vergleichsweise kurz. Dadurch eröffnen sich die Möglichkeiten, mithilfe des CEREC-Systems solche Restaurationen chairside, also innerhalb einer einzigen Behandlungssitzung herzustellen. Auch für die Fertigung im Dentallabor ist diese Kronenvariante sehr wirtschaftlich und kann bei routinierter Nachbearbeitung durchaus anspruchsvolle ästhetische Resultate liefern.

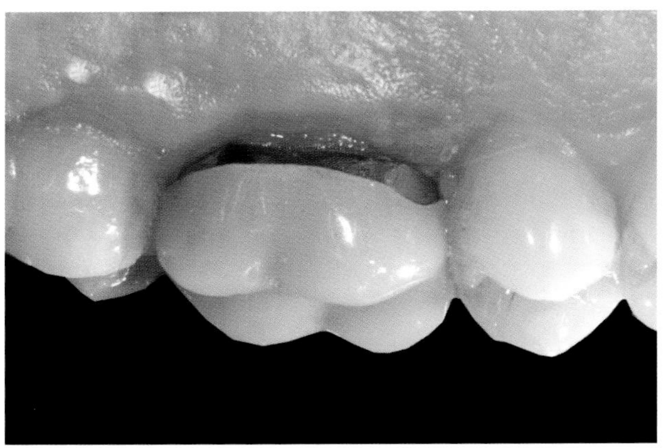

Abb. 5.4 Der mit einer Vita-Metall-Keramik-Krone versorgte Zahn 26 einer 25-jährigen Patientin zeigt im palatinalen Bereich eine Defektbildung.

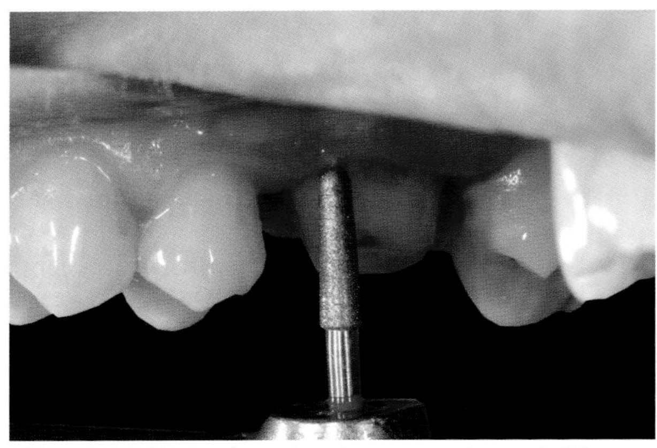

Abb. 5.6 Die Verwendung eines Instrumentariums mit Führungsdorn (Fa. DAI, Schwabach) gestattet eine annähernd standardisierte und reproduzierbare Präparation.

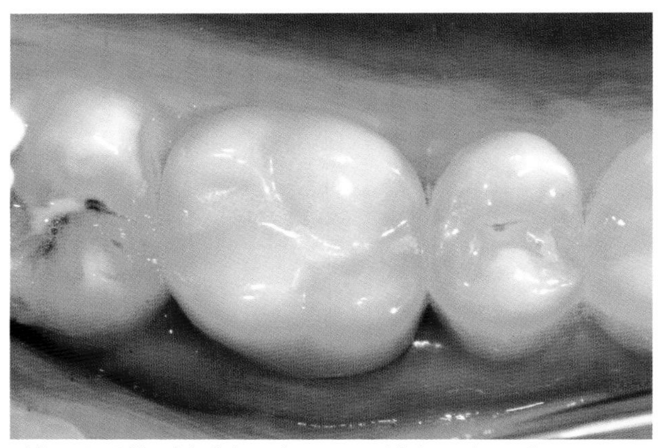

Abb. 5.5 Offensichtlicher Platzmangel führte dazu, dass nur eine funktionell unbefriedigende Kaufläche gestaltet werden konnte.

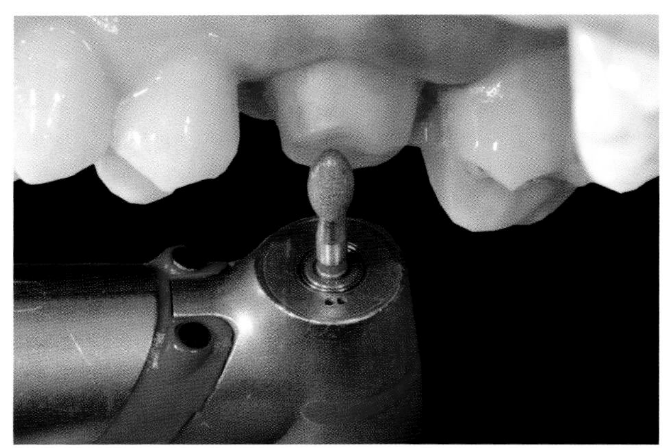

Abb. 5.7 Bei der okklusalen Reduktion sollten anatomisch wichtige Details der Kaufläche erhalten bleiben.

Fallbeispiele

Vollverblendete Gerüstkrone

Bei einer 25-jährigen Patientin wurde im Rahmen einer Routineuntersuchung an einer sieben Jahre alten VMK-Krone eine palatinale Sekundärkaries festgestellt (Abb. 5.4). Offensichtlich infolge nicht ausreichender okklusaler Reduktion des Stumpfes entsprach die Gestaltung der Kaufläche nicht den funktionellen Ansprüchen (Abb. 5.5). Die ansonsten kariesfreie Zahnreihe trug maßgeblich zu der Entscheidung bei, diese Situation metallfrei auf Zirkonoxidbasis zu versorgen.

Nach der schonungsvollen Entfernung der alten Krone wurde eine zirkuläre Hohlkehlpräparation angelegt. Ein gleichmäßiger Materialabtrag vor allem im Bereich der Stufe konnte sehr einfach durch spezielle Schleifkörper mit einem Führungsstift, der im *Sulcus gingivae* auf der unpräparierten Zahnfläche geführt wird, erreicht werden (Diafutur, Fa. DDS, Schwabach). Mit diesen Instrumenten kann eine nahezu standardisierte Stufe geschaffen werden (Abb. 5.6). Ein systematisierter Arbeitsablauf gewährleistet reproduzierbare Ergebnisse auch in schlecht einsehbaren Bereichen und vermindert die Gefahr der Schädigung gingivaler Gewebe. Im okklusalen Bereich musste für die Gestaltung einer adäquaten Kaufläche ebenfalls eine Reduktion durchgeführt werden. Es wurde hierbei darauf geachtet, dass anatomisch wichtige Strukturen erhalten und ein relativ weiter Öf-

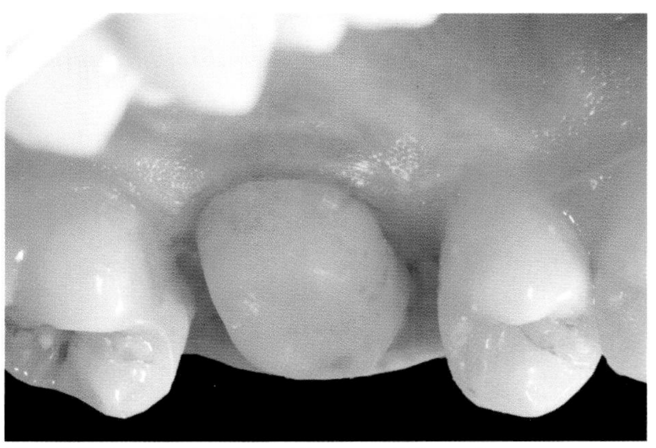

Abb. 5.8 Ansicht der abgeschlossenen Präparation.

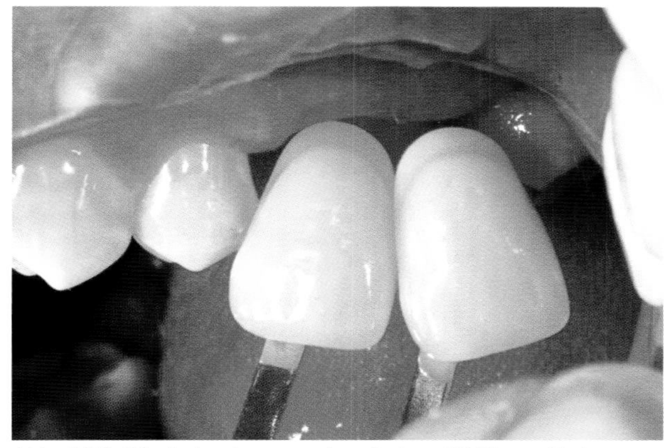

Abb. 5.10 Die Farbnahme wurde mit dem 3D-Master-Farbsystem durchgeführt (Fa. VITA Zahnfabrik, Bad Säckingen).

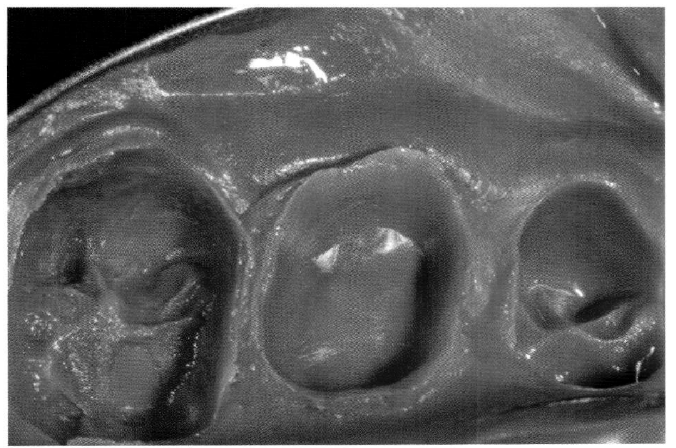

Abb. 5.9 Die Abformung erfolgte in Doppelmischtechnik mit einem Polyethermaterial (Permadyne Garant/Impregum Penta, Fa. 3M Espe, Seefeld).

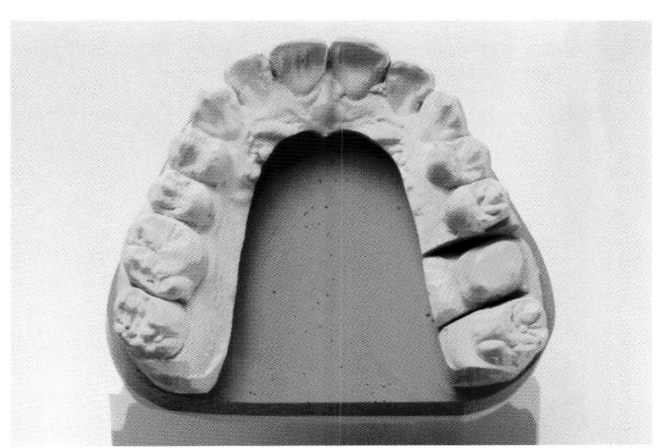

Abb. 5.11 Zunächst wurde im Labor ein konventionelles Sägeschnittmodell angefertigt.

fnungswinkel gewährleistet wurde (Abb. 5.7). Nach Abschluss der Präparation (Abb. 5.8) erfolgte die Abformung in Doppelmischtechnik mit einem Polyethermaterial (Permadyne Garant/Impregum Penta, Fa. 3M Espe, Seefeld) (Abb. 5.9). Die Farbnahme wurde mit dem 3D Master System durchgeführt (Fa. VITA Zahnfabrik, Bad Säckingen) (Abb. 5.10). Nach der Herstellung eines Sägeschnittmodells wurde der Bereich 26 dubliert und die Stumpfoberfläche im Sirona inLab Gerät digitalisiert (Abb. 5.11, Abb. 5.12). Die Konstruktion im CAD-Programm beschränkt sich auf die Einzeichnung der Präparationsgrenze (Abb. 5-13). Die Restauration wird von der Software automatisch berechnet (Abb. 5-14). Eine Vorschaufunktion hilft, Fehler rechtzeitig zu erkennen und Fehlschliffe zu

Abb. 5.12 Vom Zahn 26 wurde ein Duplikatmodell aus CAM-Base (Fa. Dentona, Dortmund) erstellt und auf einem I-förmigen Scanträger montiert.

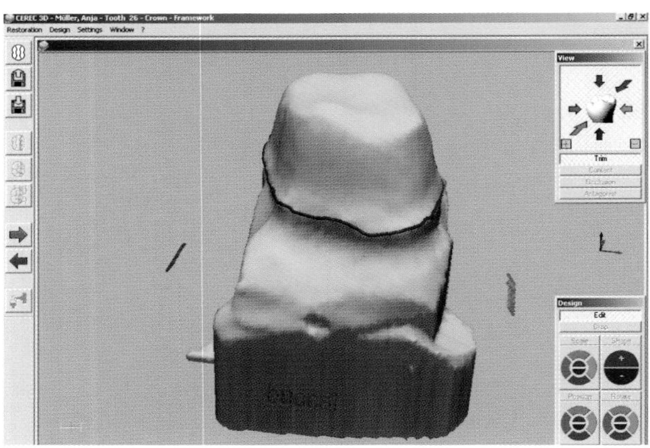

Abb. 5.13 Nach der Digitalisierung der Oberflächendaten erfolgt auf dem 3-D-Modell die Einzeichnung der Präparationsgrenze.

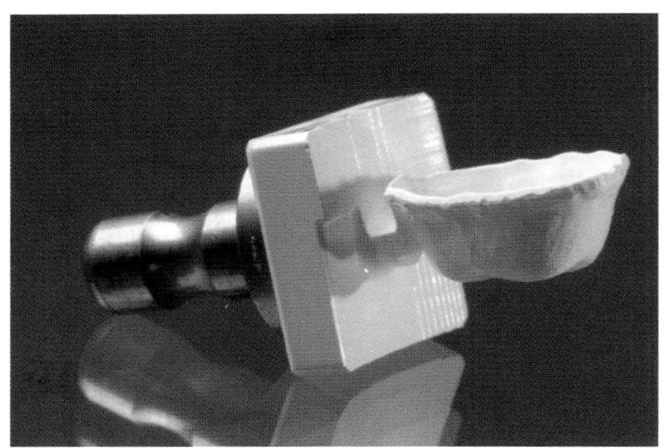

Abb. 5.16 Die Kronenkappe wurde aus einem YZ20 CUBE (Fa. VITA Zahnfabrik, Bad Säckingen) ausgeschliffen.

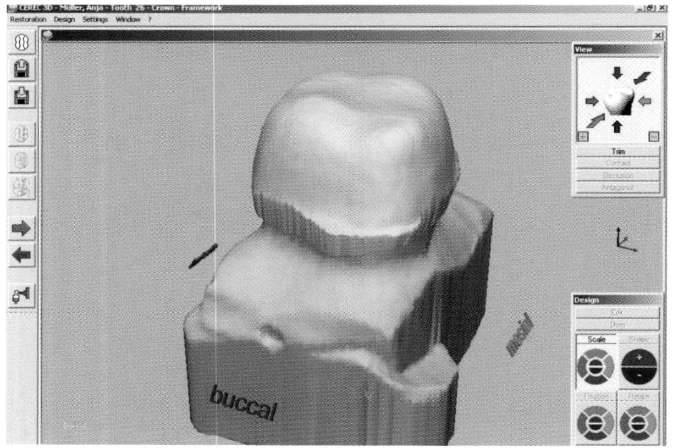

Abb. 5.14 Die Kronenkappe wird von der Software automatisch berechnet.

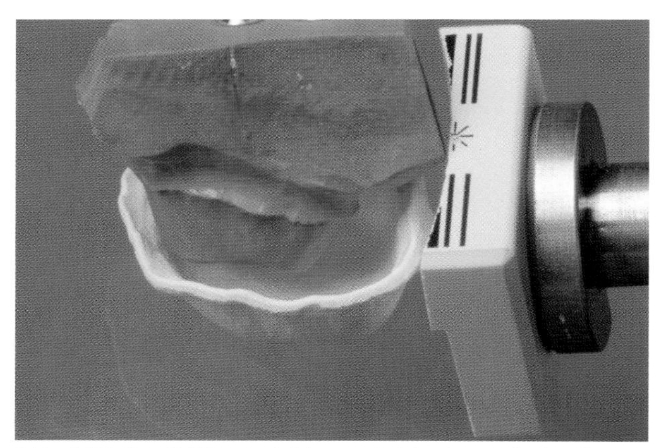

Abb. 5.17 Der Größenvergleich zum Originalstumpf zeigt das Ausmaß der Vergrößerung der Rohkappe.

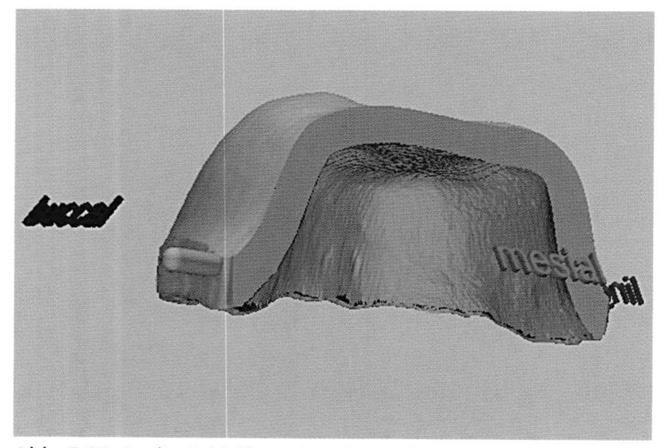

Abb. 5.15 In der Schleifvorschau kann das zu erwartende Werkstück zur Vermeidung von Fehlschliffen vorab bewertet werden.

vermeiden (Abb. 5.15). Die Kronenkappe wurde aus einem YZ20 CUBE (Fa. VITA Zahnfabrik, Bad Säckingen) ausgeschliffen und anschließend gesintert (Abb. 5.16 bis 5.18). Eine klinische Anprobe der Kappe ist wegen der hohen Präzision und Prozesskonformität im klinischen und labortechnischen Bereich nicht zwingend notwendig. Zum Abdecken der hellen Gerüstfarbe wird ein Bonder verwendet. Für die Erreichung einer zahnähnlichen Fluoreszenz werden Effektliner eingesetzt (Abb. 5.19, Abb. 5.20). Die Verblendung erfolgte mit VITA Verblendkeramik VM9 (Fa. VITA Zahnfabrik, Bad Säckingen) (Abb. 5.21 bis 5.25). Nach der Überprüfung der Passgenauigkeit und der okklusalen Adjustierung wurde die Krone mit Panavia F

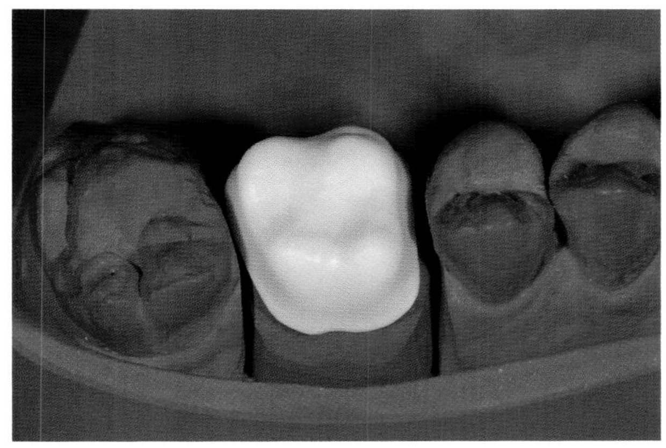

Abb. 5.18 Nach dem Sinterungsprozess wird die Passform der Kappe auf dem Modell kontrolliert.

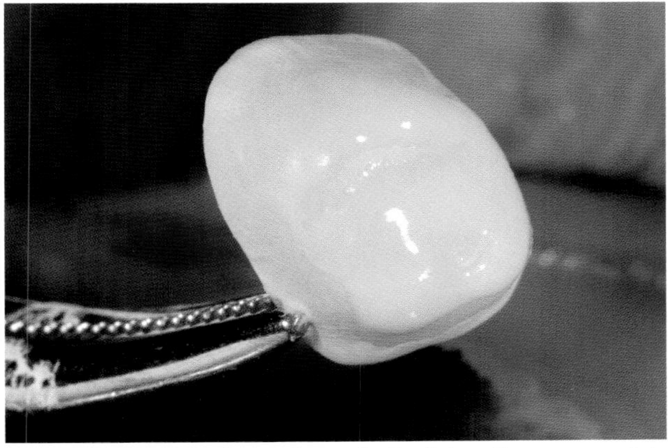

Abb. 5.19 Zur Erreichung einer zahnähnlichen Fluoreszenz wird auf die relevanten Areale der Kappe ein fluoreszierender Effektliner aufgetragen.

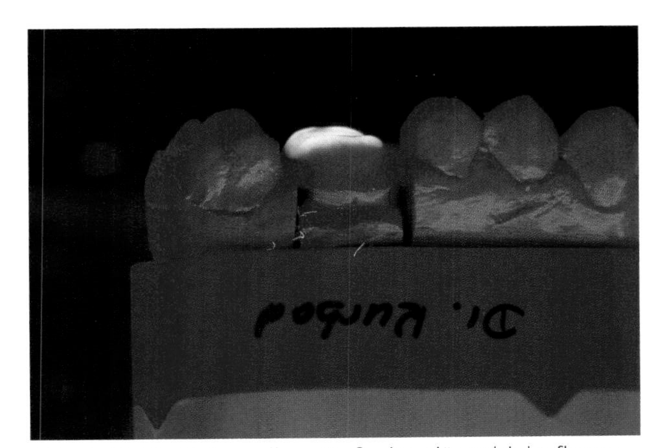

Abb. 5.20 Die Wirkung dieser Maßnahme lässt sich im fluoreszierenden Licht verdeutlichen.

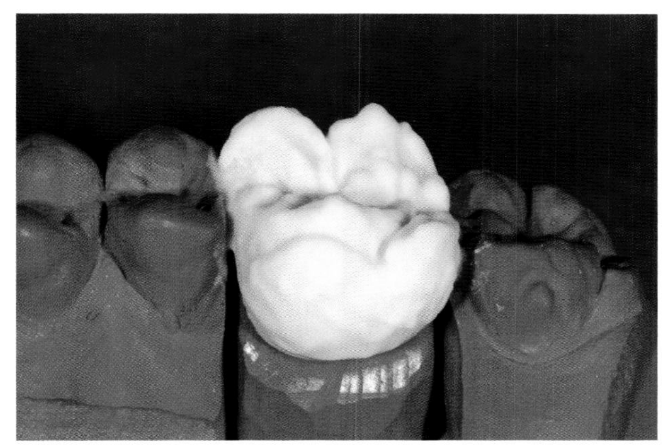

Abb. 5.21 In einem ersten Arbeitsgang werden verschiedene Dentinmassen aufgetragen.

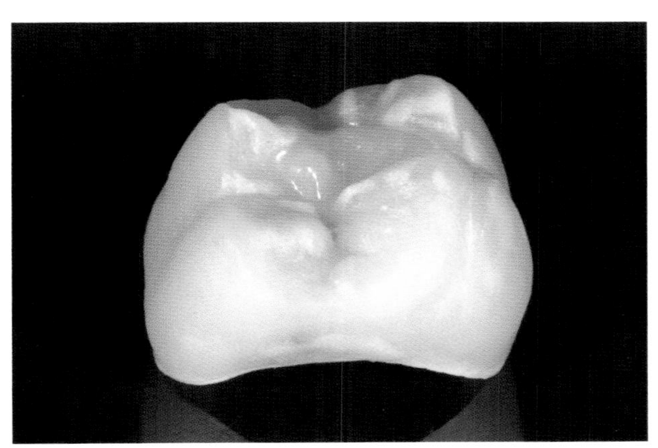

Abb. 5.22 Die Krone nach dem Dentinbrand.

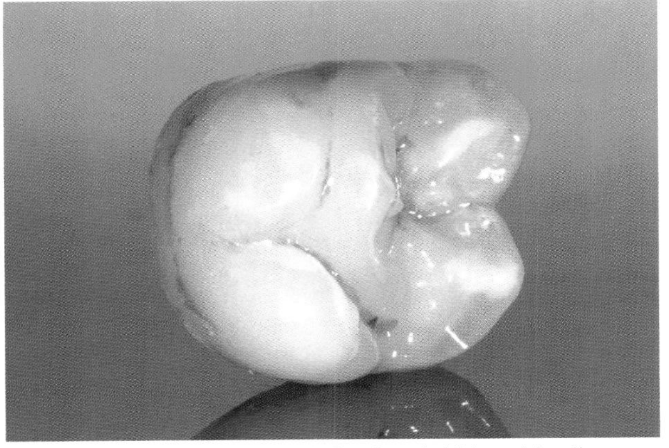

Abb. 5.23 Nach einem abschließenden Finishbrand ist die Krone fertig gestellt.

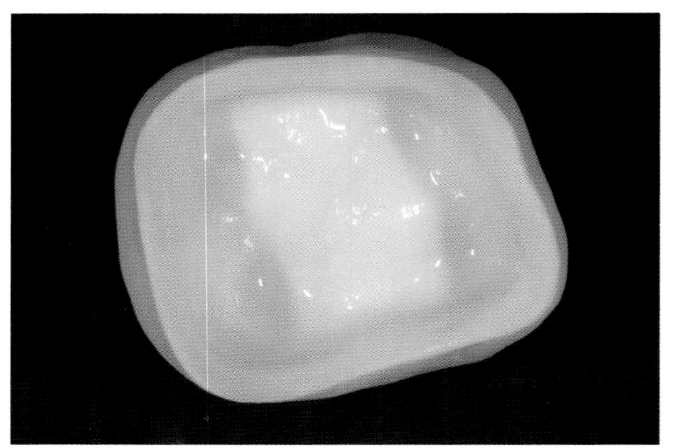

Abb. 5.24 Im Innenlumen der Krone ist die helle Zirkondioxidkappe zu erkennen.

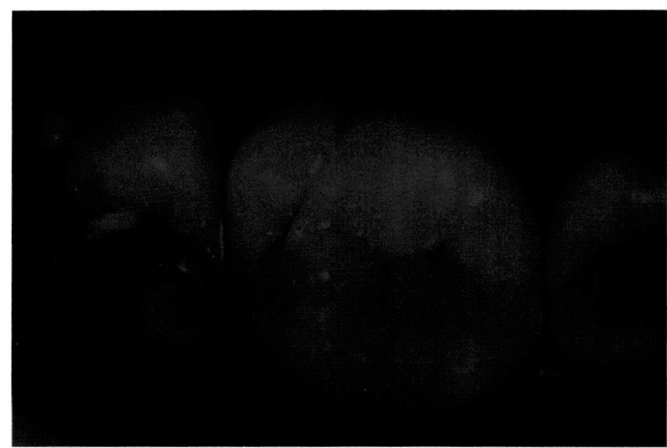

Abb. 5.27 Dieser gute Eindruck bestätigt sich auch bei der Betrachtung unter fluoreszierendem Licht.

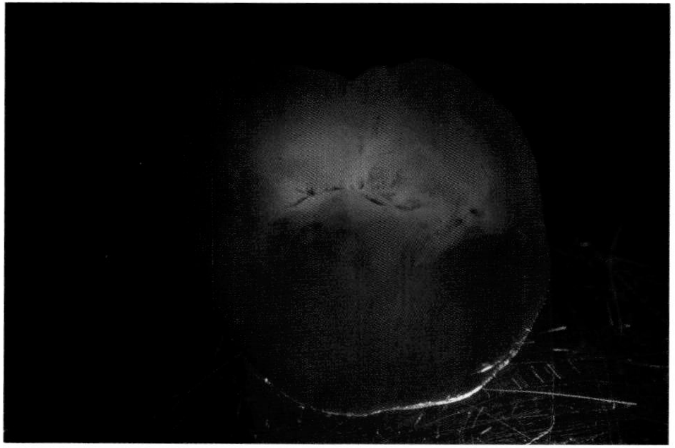

Abb. 5.25 Im Durchlicht ist die gute Transluzenz der Krone zu beurteilen.

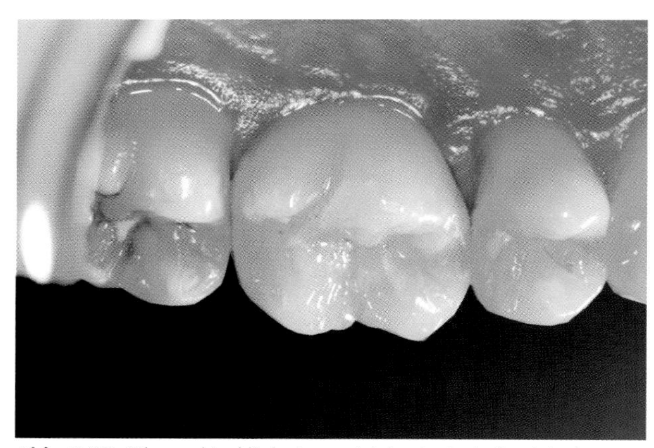

Abb. 5.28 Die exakte klinische und labortechnische Arbeit bestätigt sich in einer entzündungsfreien Adaptation der gingivalen Gewebe.

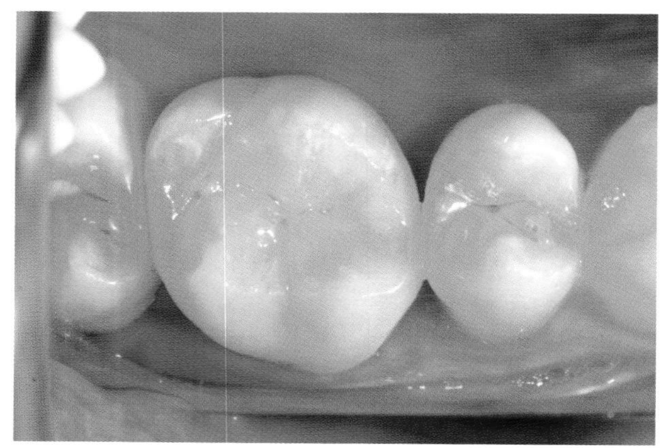

Abb. 5.26 Dank der guten lichtoptischen Eigenschaften der Vollkeramik ist die neue Krone nicht von den natürlichen Zähnen zu unterscheiden.

(Fa. Kuraray, Osaka, Japan) adhäsiv befestigt. Nach der Aushärtung des Befestigungsmaterials erfolgte eine minutiöse Entfernung verbliebener Rückstände des Befestigungskomposites, um eine entzündungsfreie Adaptation der gingivalen Gewebe zu erreichen (Abb. 5.26 bis 5.28).

Die Massivkrone

Als Ergebnis der Fraktur der bukkalen Wand des Zahnes 16 bei einem 55-jährigen Patienten wurde eine Krone geplant (Abb. 5.29). Obwohl der Patient keine hohen Kosten für eine anspruchsvolle ästhetische Versorgung tragen wollte, war ihm das Problem bewusst, dass beim Lachen nach Einglieder-

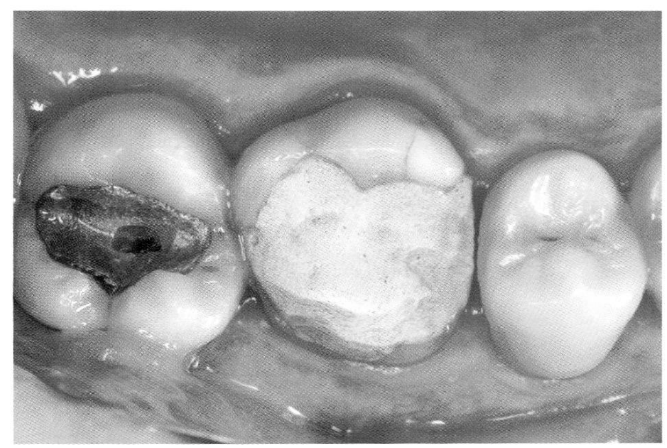

Abb. 5.29 Nach Fraktur der gesamten bukkalen Wand des Zahnes 16 wurde zunächst ein provisorischer Verschluss mit einem Glasionomerzement vorgenommen.

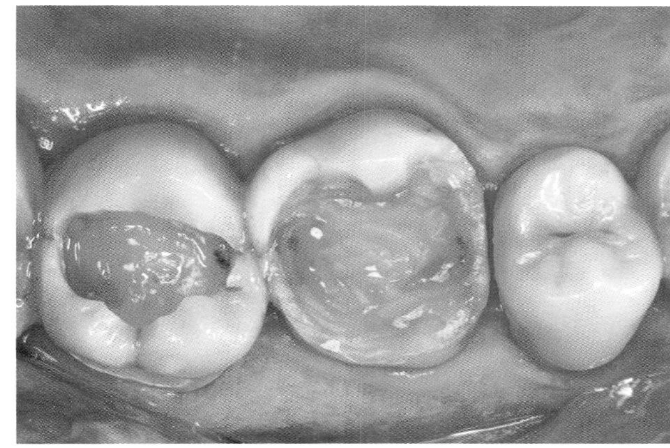

Abb. 5.31 Als erster Schritt wurden zunächst die kariöse Zahnsubstanz sowie altes Füllungsmaterial vollständig und gründlich entfernt.

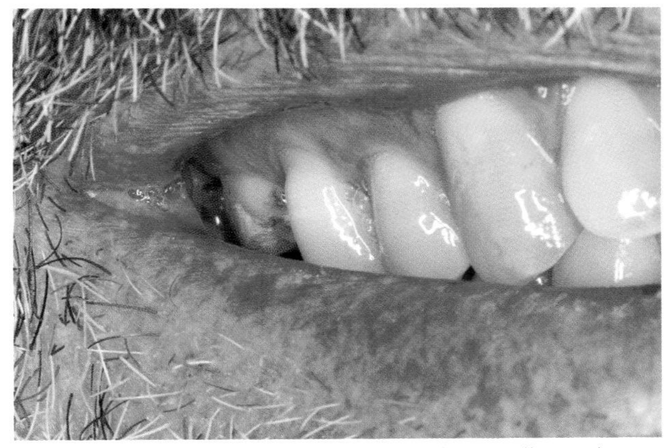

Abb. 5.30 Eine metallische Vollkrone an dieser Stelle würde beim Lachen eine ästhetische Beeinträchtigung darstellen.

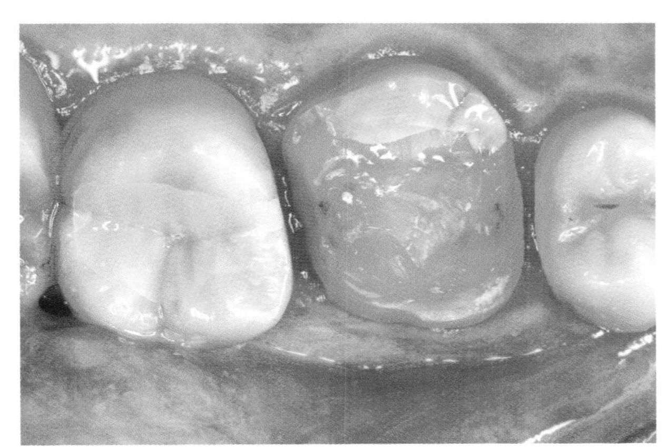

Abb. 5.32 Der Zahn 17 wurde mit einer Kompositfüllung versorgt und 16 bereits okklusal gekürzt.

ung einer Vollgusskrone ein schwarzes Loch entstehen würde (Abb. 5.30). Nach schonungsvoller Entfernung kariösen Materials sowie des vorhandenen Füllungsmaterials bei den Zähnen 16 und 17 (Abb. 5.31) wurde die Füllung bei 17 erneuert und 16 komplett in der Kronenlänge gekürzt (Abb. 5.32). Nach dem Legen einer adhäsiv befestigten Aufbaufüllung wurde unter Verwendung von Schleifkörpern mit Führungsdorn (Fa. Hager und Meisinger, Neuss) eine standardisierte, ausgeprägte Hohlkehle präpariert (Abb. 5.33, Abb. 5.34). Die Abformung erfolgte unter direkter Einbeziehung des Gegenkiefers mit einem speziellen Abdrucklöffel (GC LAF Tray, Fa. GC Europe, Leuven) (Abb. 5.35, Abb. 5.36). So wird aus Kostengründen ein

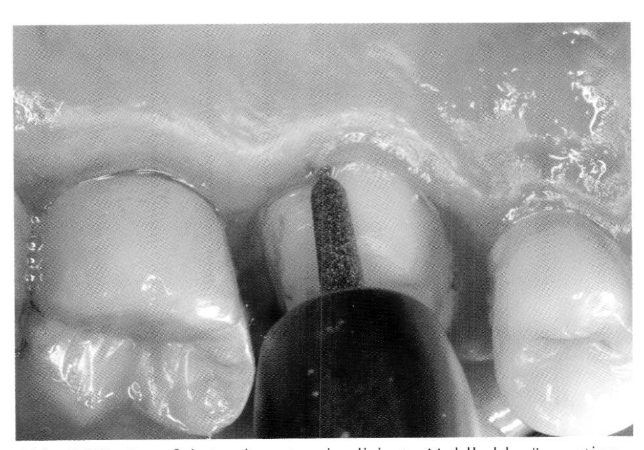

Abb. 5.33 Es erfolgte eine standardisierte Hohlkehlpräparation unter Verwendung von Präparationsinstrumenten mit Führungsstift.

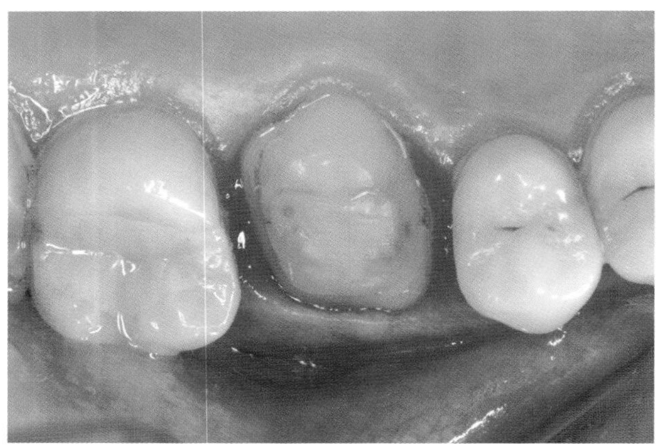

Abb. 5.34 Die Präparation ist abgeschlossen. Der bestehende Hartgewebsdefekt wurde durch eine adhäsiv befestigte Aufbaufüllung aus Kompositmaterial ersetzt.

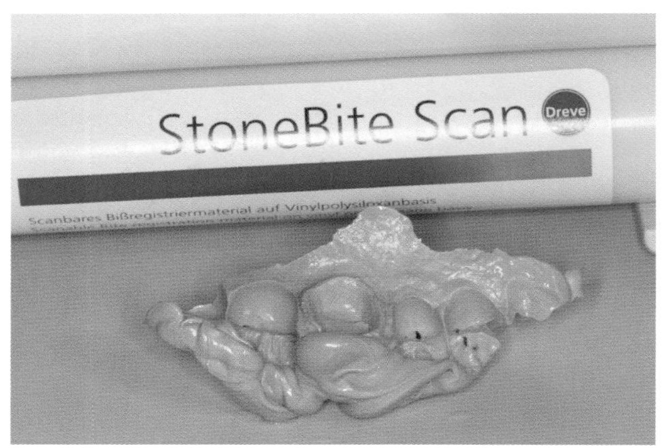

Abb. 5.37 Mittels eines Hartsilikons wurde zusätzlich ein funktionelles Registrat der Gegenbezahnung genommen.

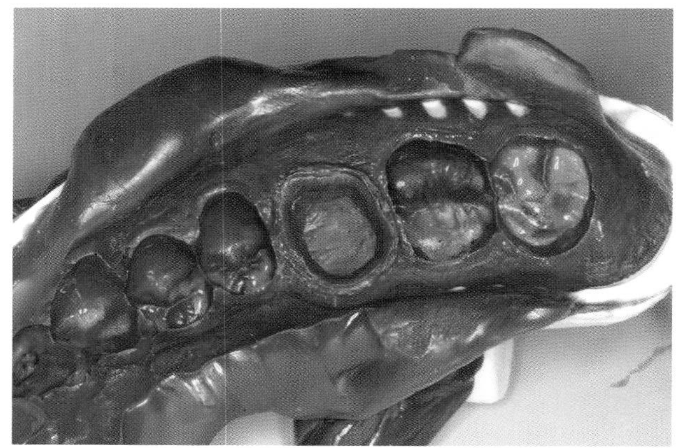

Abb. 5.35 Die Abformung erfolgte in der Doppelmischtechnik mit einem Polyethermaterial.

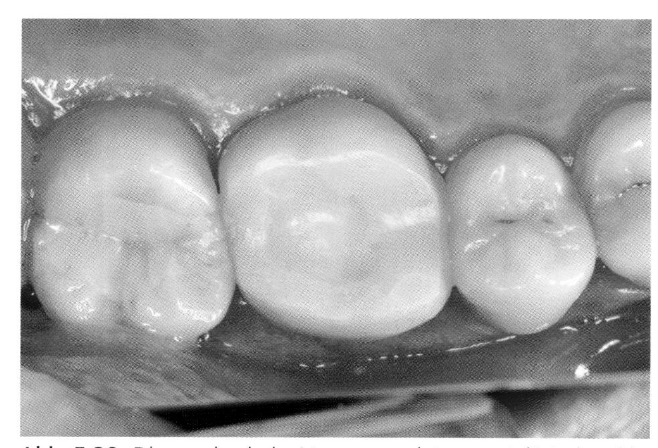

Abb. 5.38 Die provisorische Versorgung ist so gestaltet, dass bis zur Eingliederung die Weichgewebe optimal abheilen können.

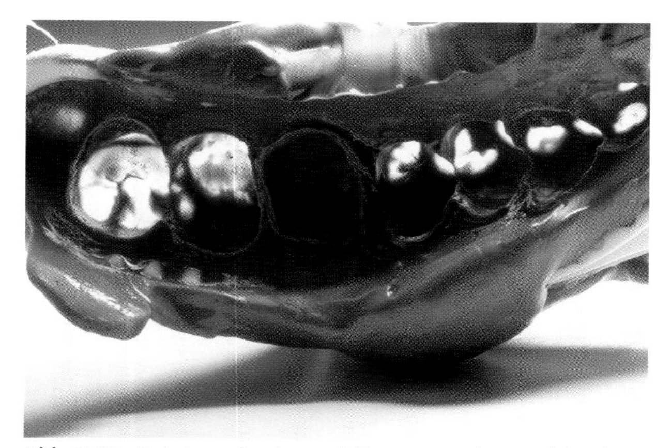

Abb. 5.36 Dabei wurde ein spezieller, segmentierter Abdrucklöffel verwendet, bei dem vor allem aus Gründen der Kostenersparnis der Gegenkiefer gleichzeitig mit abgeformt wird.

Gegenkieferabdruck gespart. Zusätzlich wurden mit einem Hartsilikon (Stone Bite Scan, Fa. Dreve Dentamid, Unna) die Antagonistenbeziehungen registriert (Abb. 5.37). Ein parodontalhygienisch vorteilhaftes Provisorium schafft die Grundlagen für eine stressfreie Eingliederung (Abb. 5.38). Durch die Trimmfunktion der Software erhält man einen gut beurteilbaren Einzelstumpf (Abb. 5.39). Die Form der Krone wird durch die Auswahlmöglichkeit aus verschiedenen Zahndatenbanken automatisch generiert (Abb. 5.40). Dabei werden vom Programm sogar funktionelle Aspekte berücksichtigt (Abb. 5.41). Als keramische Grundlage für diese Krone wurde das IPS e.max CAD Material (Fa. Ivoclar Vivadent, Schaan) benutzt (Abb. 5.42). Die

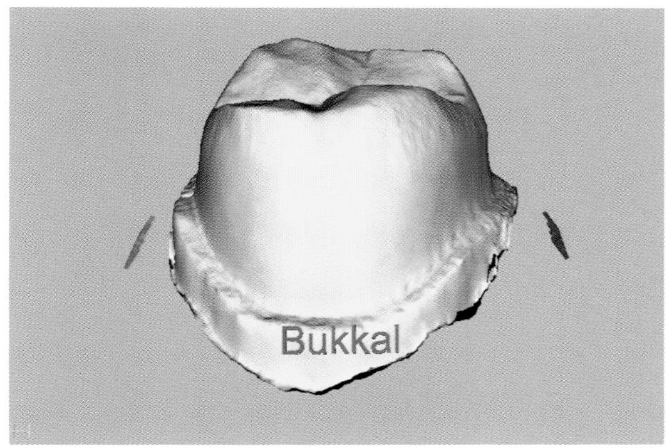

Abb. 5.39 Die Modellsituation wurde im CEREC-Programm digitalisiert und der Stumpf mit der virtuellen Trimmfunktion isoliert.

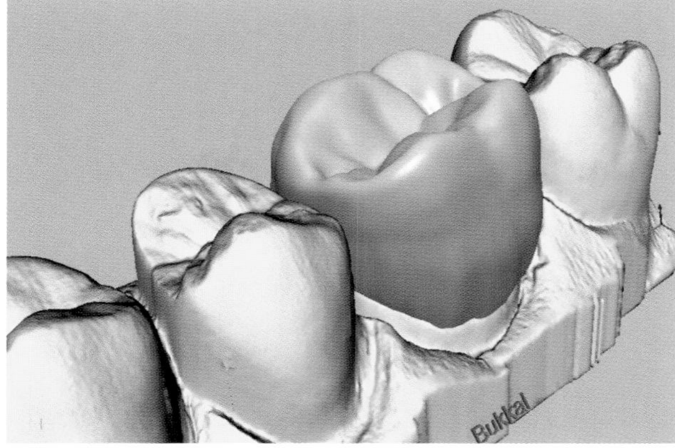

Abb. 5.41 Diese wird anhand des ebenfalls digital erfassten Registrates funktionell gestaltet und in die Zahnreihe integriert.

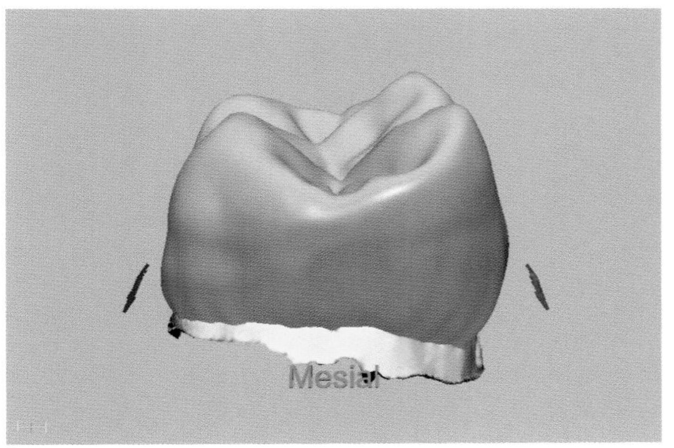

Abb. 5.40 Nach Auswahl eines geeigneten Zahnes aus den angebotenen Zahndatenbanken wird von der Software automatisch eine vollformatige Krone generiert.

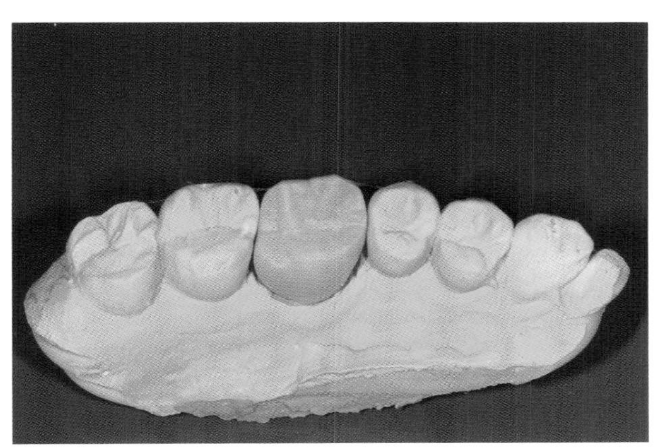

Abb. 5.42 Nach Abschluss des computergestützten Designs wurde die Krone aus dem IPS e.max CAD-Keramikmaterial (Fa. Ivoclar Vivadent, Ellwangen) ausgeschliffen und ihre korrekte Passform kontrolliert.

zunächst blauen Blöcke erhalten durch einen Kristallisationsbrand ihre endgültige Festigkeit und Farbe (Abb. 5.43). Individuelle Besonderheiten werden in begrenztem Umfang durch eine Bemalung aufgebracht (Abb. 5.44). Der Sitz der fertigen Krone wird auf dem Modell kontrolliert (Abb. 5.45, Abb. 5.46). Dank der hohen Festigkeitsreserven dieses speziellen Keramiksystems kann konventionell zementiert werden (Vivaglass Cem, Fa. Ivoclar Vivadent, Ellwangen) (Abb. 5.47). Das abschließende Ergebnis erreicht nicht den Standard einer geschichteten Krone, ist aber gegenüber einer Vollgusskrone deutlich angenehmer (Abb. 5.48). Dies zeigt sich besonders in Bezug auf den Zustand der gingivalen Gewebe (Abb. 5.49).

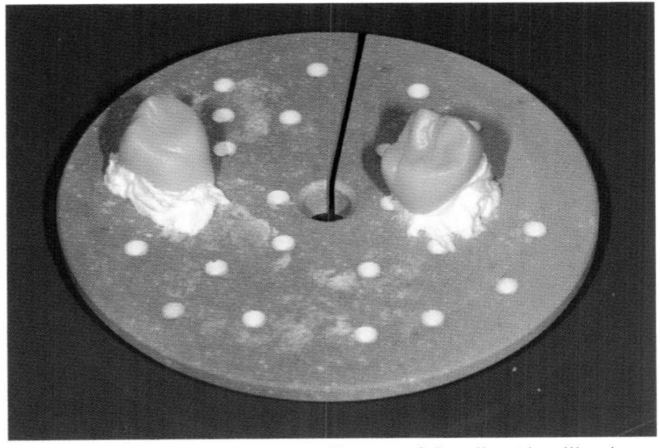

Abb. 5.43 Zur Erzielung der Endhärte erfolgt die Kristallisation des Materials im Keramikofen.

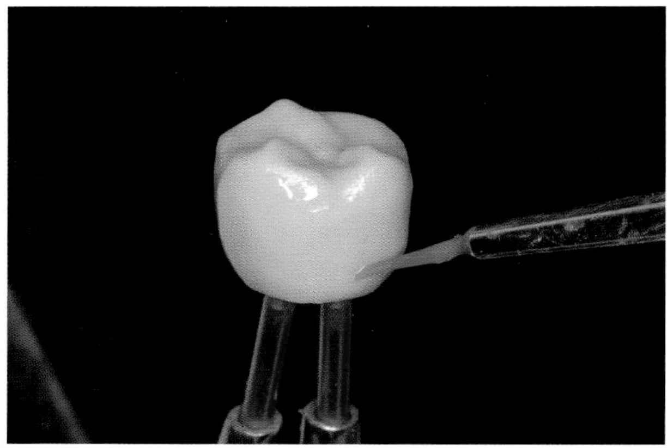

Abb. 5.44 Abschließend erfolgt im Dentallabor lediglich eine Bemalung und Glasur der Krone.

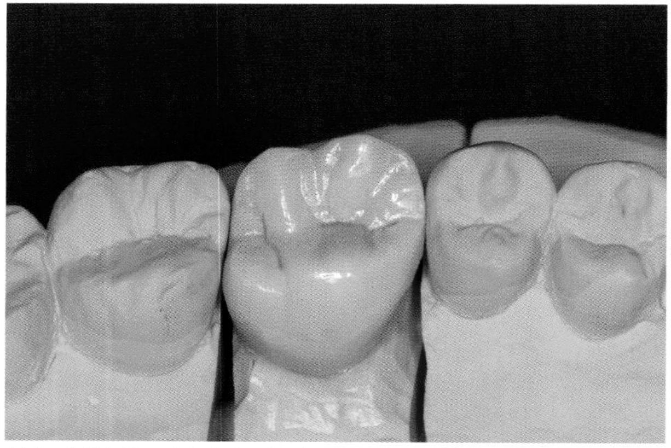

Abb. 5.45 Der Arbeit ist fertig gestellt und kann eingegliedert werden.

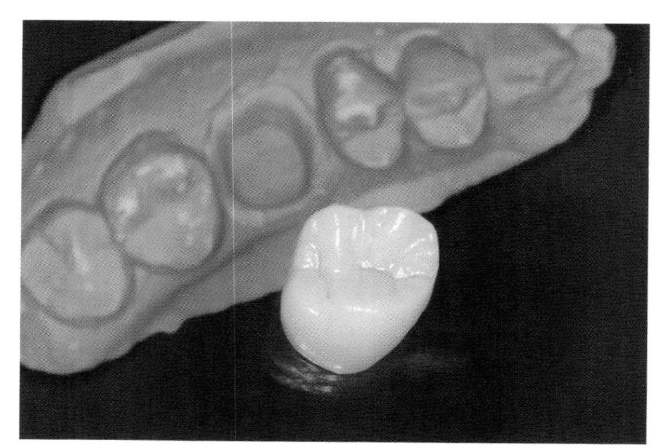

Abb. 5.46 Obwohl diese Krone nicht die Brillanz einer geschichteten Restauration besitzt, ist sie durch ihre Zahnfarbigkeit jeder metallischen Versorgung überlegen.

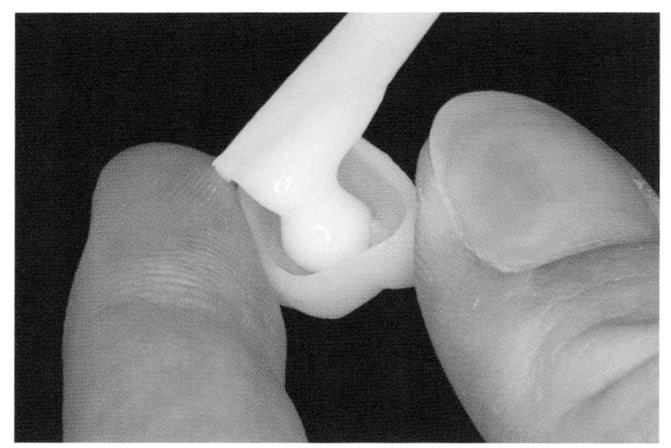

Abb. 5.47 Die Befestigung erfolgt konventionell mit einem Glasionomerzement.

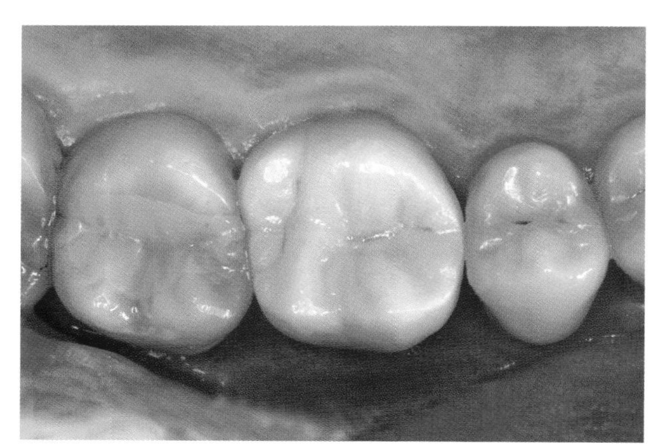

Abb. 5.48 Ansicht der fertig eingegliederten Arbeit.

Die Kompaktkrone als wirtschaftlicher und ästhetischer Kompromiss

Ein 28-jähriger Patient stellte sich mit dem Wunsch der Sanierung des multipel mit Amalgam versorgten Zahnes 16 vor (Abb. 5.50). Neben einer fehlenden Politur zeigte die vorhandene Füllungstherapie auch eindeutige funktionelle Mängel (Abb. 5.51). Vor der endgültigen Therapieentscheidung wurde die Vorrestauration komplett entfernt, um einerseits den Hartgewebsdefekt und andererseits die Lage der späteren Präparationsgrenze beurteilen zu können (Abb. 5.52). Das Ausmaß der Schäden an der Zahn-

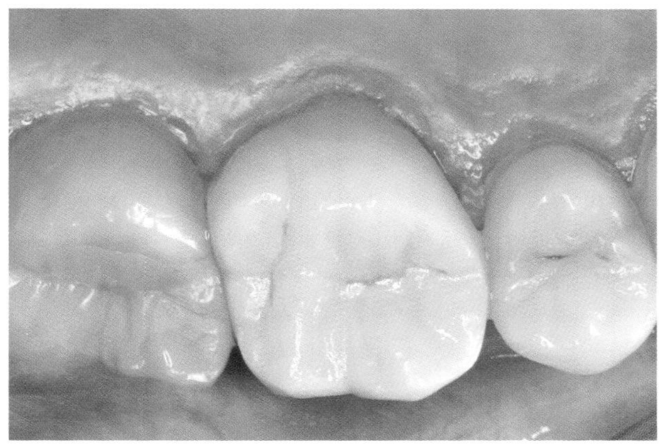

Abb. 5.49 Es imponiert die für vollkeramische Versorgungen typische, entzündungsfreie Adaptation der gingivalen Gewebe.

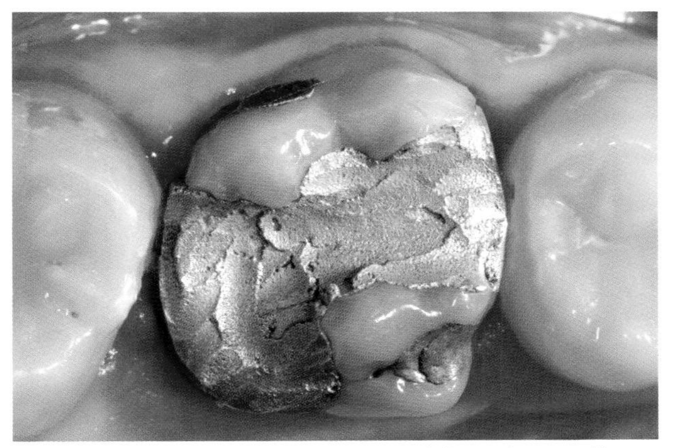

Abb. 5.50 Der multipel mit Amalgam gefüllte Zahn 16 soll neu versorgt werden.

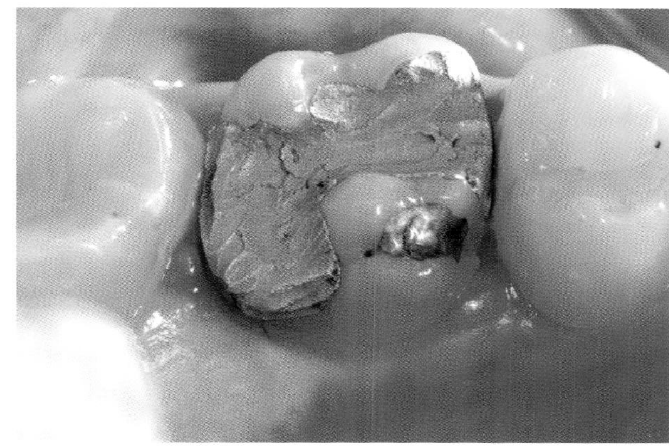

Abb. 5.51 Die Notwendigkeit ergibt sich u. a. aus der fehlenden Funktionalität der Vorrestauration.

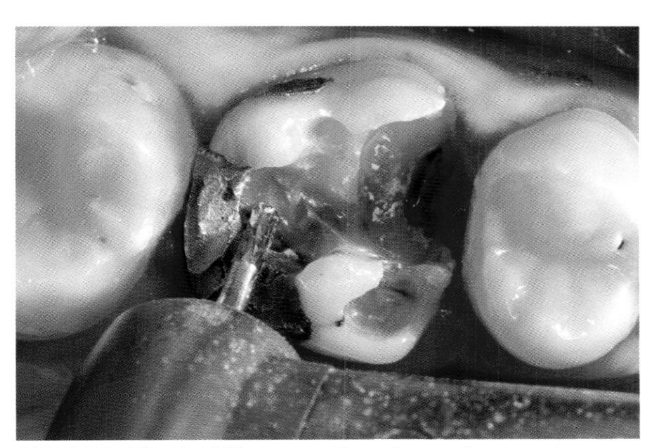

Abb. 5.52 Die alte Füllung muss komplett entfernt werden.

hartsubstanz ließ die Indikationsstellung für eine Vollkrone sinnvoll erscheinen. Mit Ausnahme des mesialen Approximalbereichs konnte von einer epigingivalen Lage der Päparationsgrenze ausgegangen werden, welche großenteils ihren Abschluss noch im Schmelzbereich findet (Abb. 5.53). Hiermit sind die Voraussetzungen für die Anfertigung einer so genannten Kompaktkrone aus Silikatkeramik gegeben. Zur Vorbereitung der Präparation wird der Hartgewebsdefekt mit einem adhäsiv befestigten Kompositmaterial (Tetric flow, Fa. Ivoclar Vivadent, Schaan) gefüllt (Abb. 5.54, Abb. 5.55). Die Präparation beginnt mit dem okklusalen Kürzen, was die Übersicht verbessert und das Führen der weiteren Präpara-

Abb. 5.53 Mit Ausnahme des mesialen Approximalbereichs kann von einer epigingivalen Lage der Päparationsgrenze ausgegangen werden.

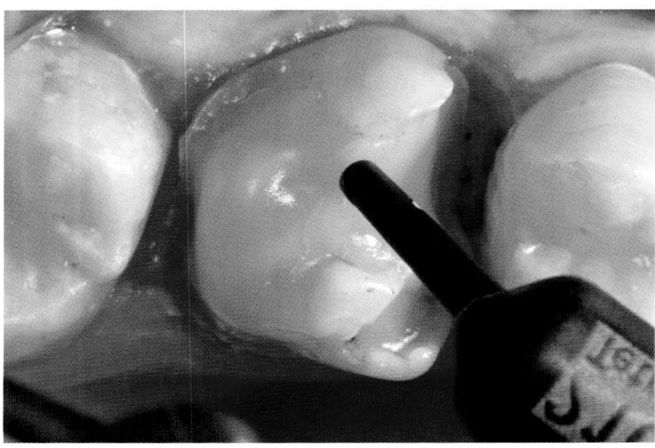

Abb. 5.54 Zur Vorbereitung der Präparation wird der Hartgewebsdefekt mit einem adhäsiv befestigten Kompositmaterial gefüllt.

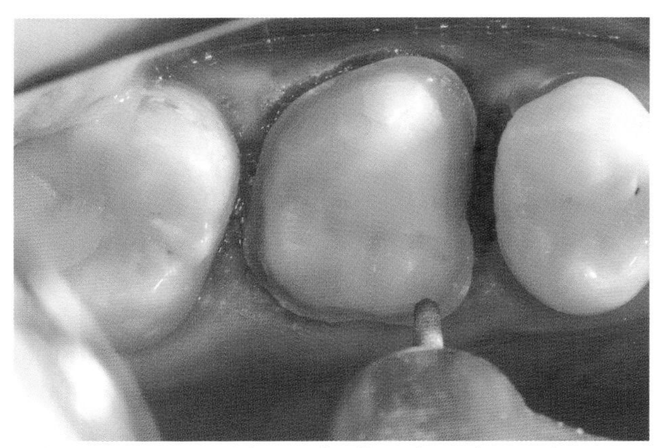

Abb. 5.57 Für Kompaktkronen ist die Anlage einer Rechtwinkelstufe erforderlich, da diese aus Silikatkeramik bestehen.

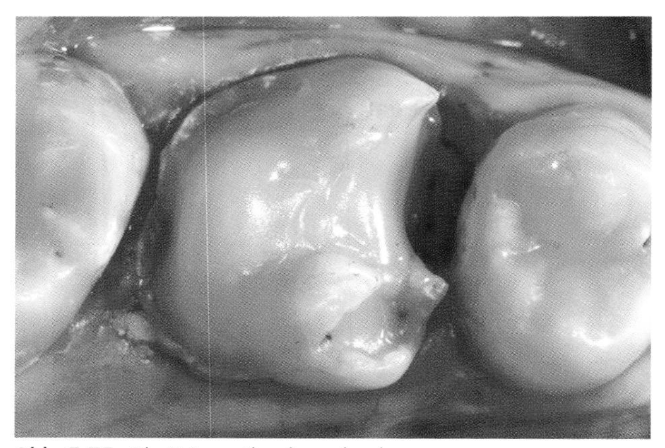

Abb. 5.55 Die Präparation kann beginnen.

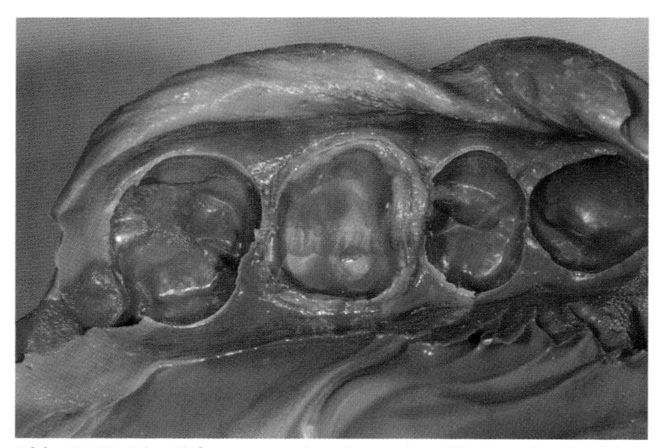

Abb. 5.58 Die Abformung zeigt die exakte Wiedergabe der klinischen Situation, insbesondere der Präparationsgrenze.

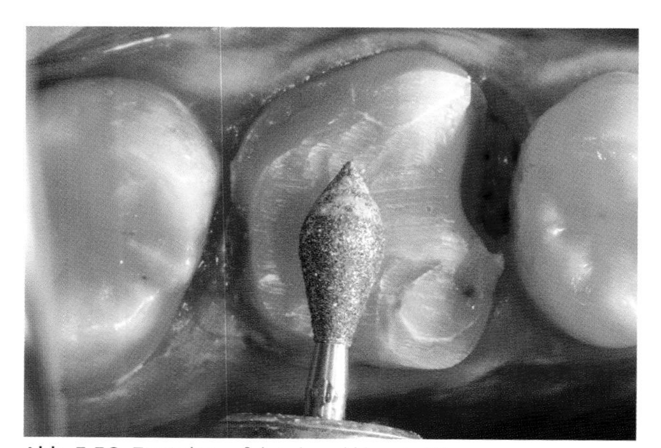

Abb. 5.56 Zunächst erfolgt das okklusale Kürzen.

tionsinstrumente erleichtert (Abb. 5.56). Es wird eine Rechtwinkelstufe von ca. 0,8 bis 1,0 mm Breite angelegt (Abb. 5.57). Die Abformung erfolgte in Doppelmischtechnik mit Polyether-Abdruckmaterial (Permadyne Garant/Impregum Penta, Fa. 3M Espe, Seefeld) (Abb. 5.58). Leider bis jetzt nur in der experimentellen Version existiert die Möglichkeit, die Reduktion der Vollkrone bereits im CEREC-3-D-Konstruktionsprogramm vorzunehmen (Abb. 5.59, Abb. 5.60). Mit der Software können die später durch Verblendkeramik zu ersetzenden Bereiche dargestellt werden (Abb. 5.61). Der ausgeschliffene Rohling aus VITA Triluxe Keramik (VITA Zahnfabirk, Bad

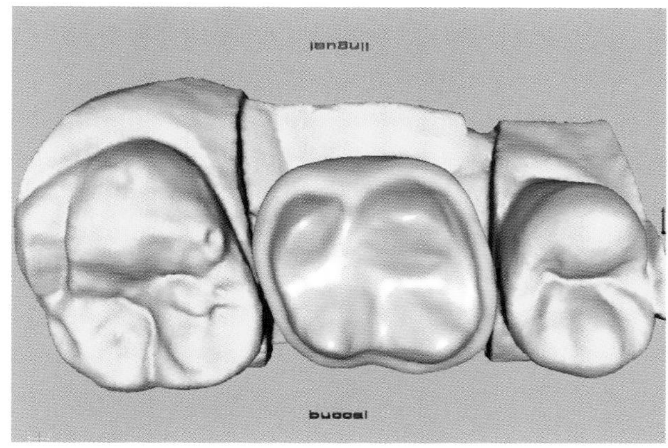

Abb. 5.59 Das von einer experimentellen Software erzeugte 3-D-Modell in okklusaler Ansicht.

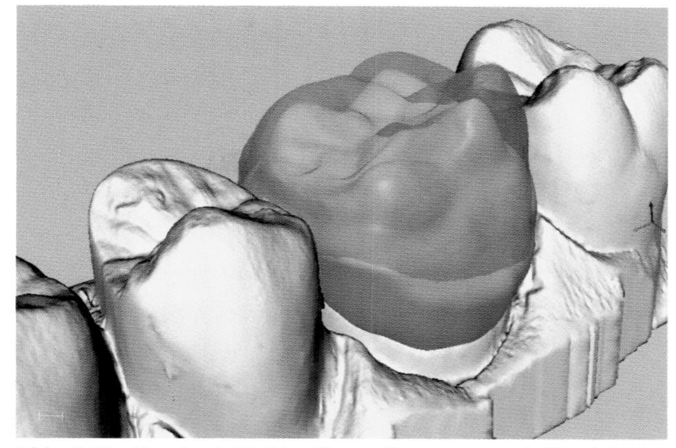

Abb. 5.61 Der durch Verblendkeramik zu ersetzende Bereich wird simuliert.

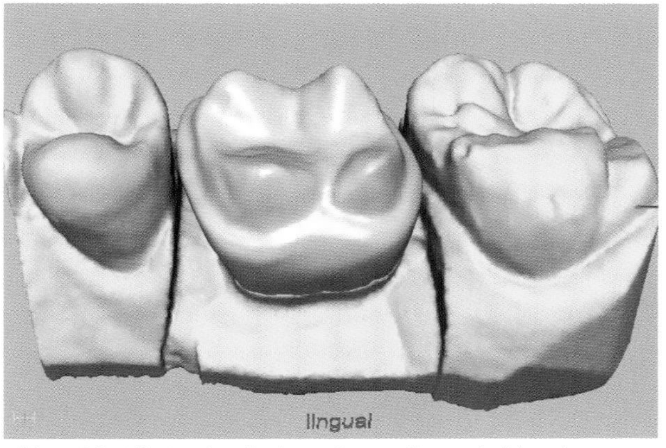

Abb. 5.60 Alle Merkmale der späteren Krone sind bereits vorhanden.

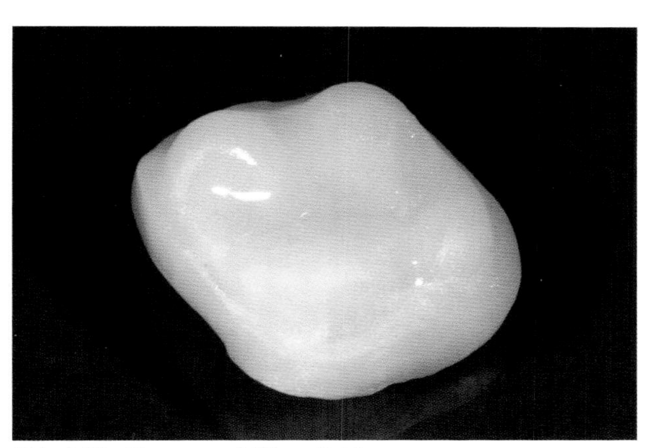

Abb. 5.62 Die ausgeschliffene Rohkrone.

Säckingen) enthält im Gegensatz zur klassischen Kappe bereits alle Merkmale der späteren Krone (Abb. 5.62). Die Passkontrolle zeigt den exakten Sitz und die Dimensionierung der Rohkrone (Abb. 5.63). Die fehlenden Areale werden nun mit der VM9 Verblendkeramik (VITA Zahnfabrik, Bad Säckingen) komplettiert (Abb. 5.64). Da bereits alle anatomischen Merkmale vorhanden und an der richtigen Stelle sind, ist diese Arbeit schnell und unkompliziert erledigt. Nach dem ersten Brand wird die Krone weiter bearbeitet und individualisiert (Abb. 5.65, Abb. 5.66). Nach einem kombinierten Mal- und Glasurbrand erfolgt die manuelle Politur (Abb. 5.67). Die fertig gestellte Krone

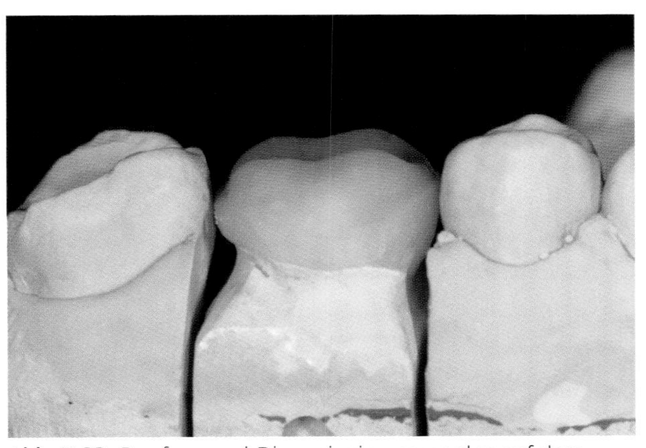

Abb. 5.63 Passform und Dimensionierung werden auf dem Modell geprüft.

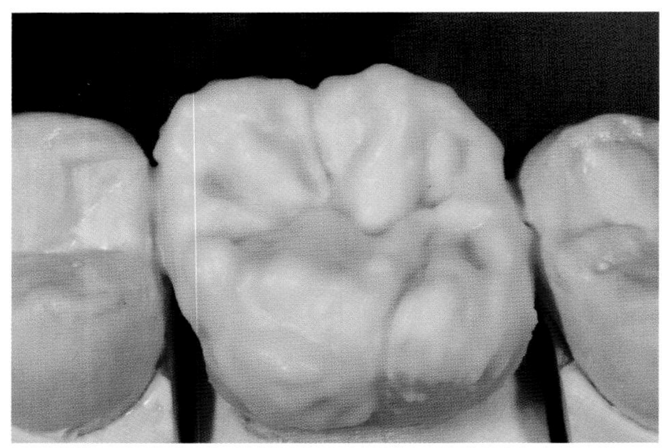

Abb. 5.64 Die fehlenden Areale werden mit Verblendkeramik ersetzt.

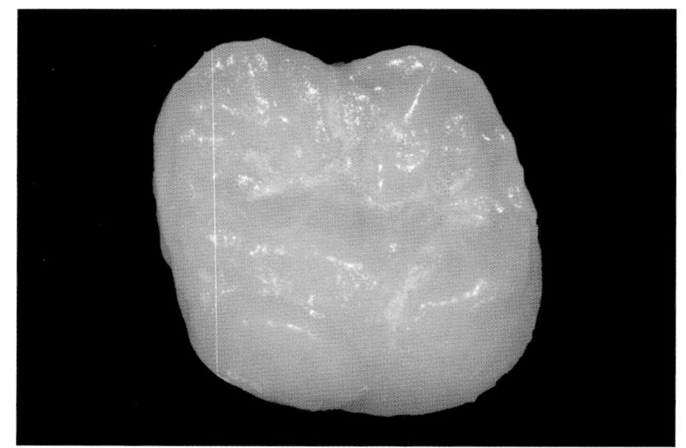

Abb. 5.65 Die Krone nach dem ersten Brand.

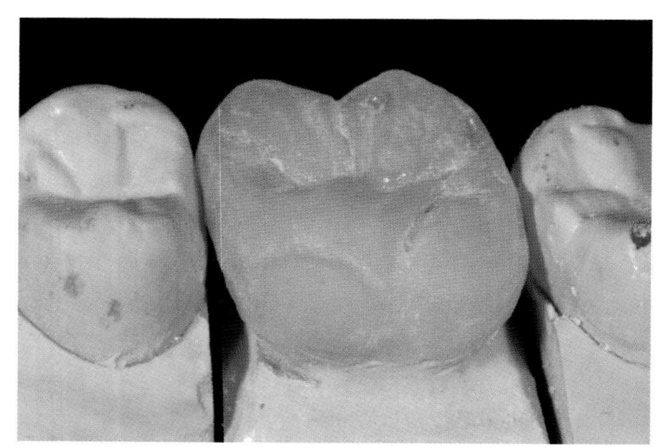

Abb. 5.66 Die Form wird korrigiert und anatomische Feinheiten eingearbeitet.

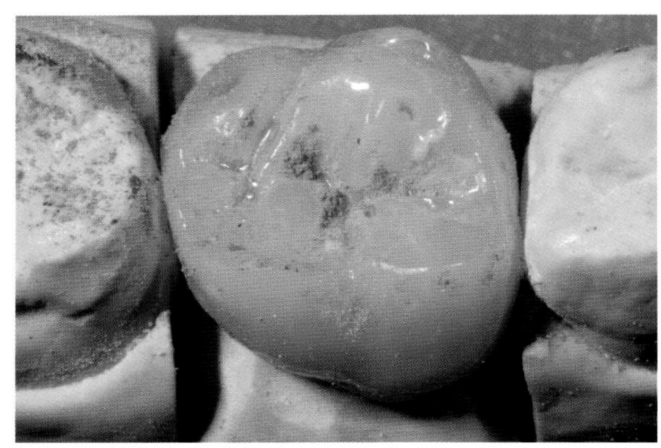

Abb. 5.67 Nach dem Farb- und Glasurbrand erfolgt die abschließende manuelle Politur.

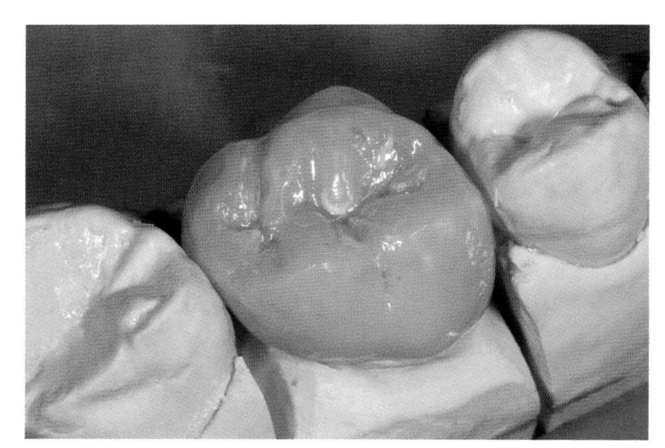

Abb. 5.68 Die fertige Krone auf dem Modell.

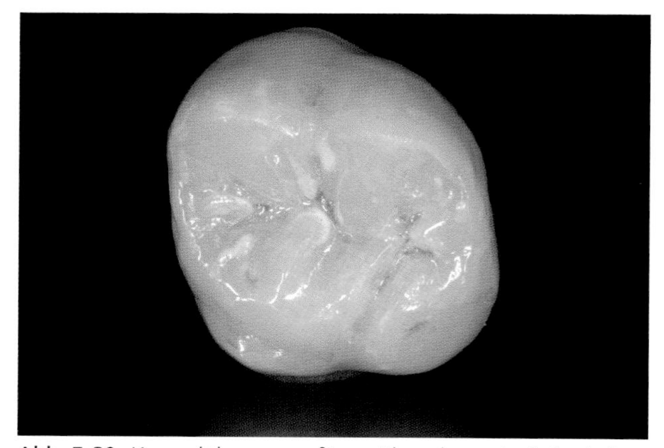

Abb. 5.69 Kompaktkronen verfügen über eine gute ästhetische Wirkung.

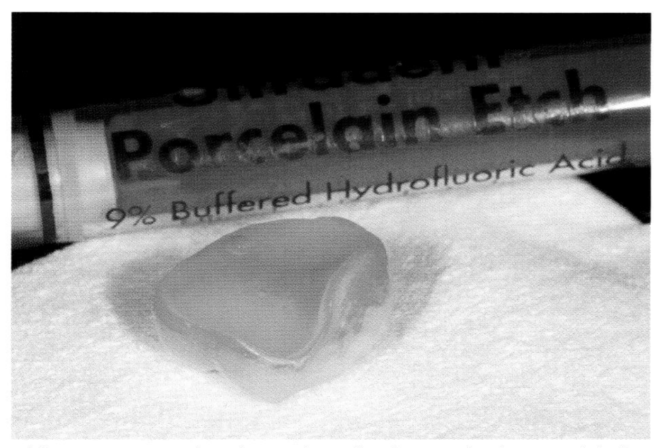

Abb. 5.70 Zur Vorbereitung der adhäsiven Befestigung wird die Keramik mit Flusssäure geätzt.

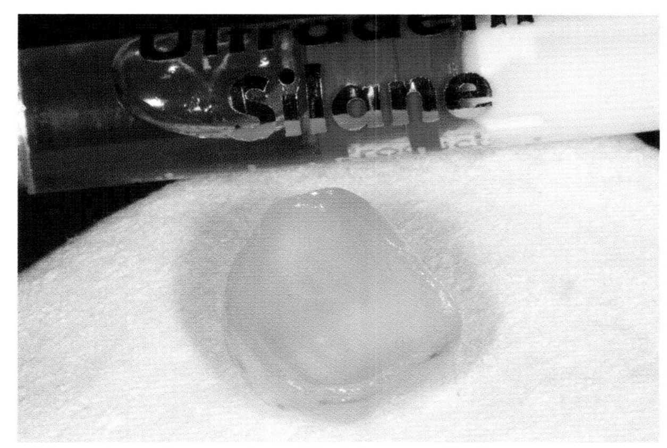

Abb. 5.72 Auftragen eines Silanisierungsmittels.

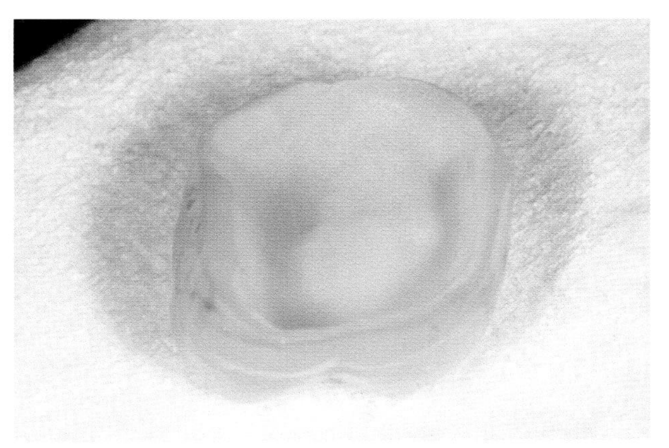

Abb. 5.71 Typisch ist die matte Oberfläche.

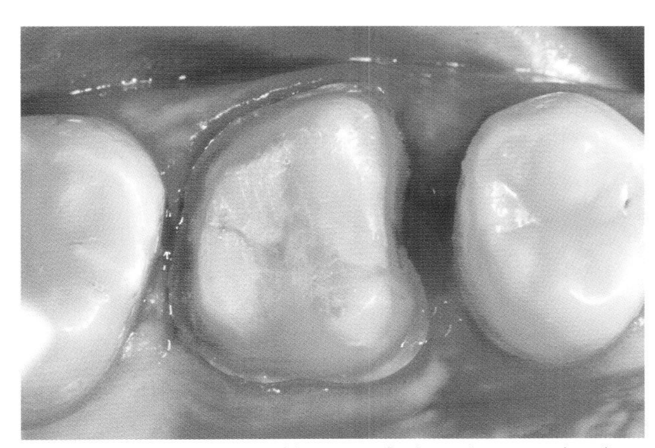

Abb. 5.73 Der Zahnstumpf ist zur Aufnahme der Krone bereit.

zeigt eine gute ästhetische Wirkung (Abb. 5.68, Abb. 5.69). Für die adhäsive Befestigung wird die Glaskeramik mit Flusssäure geätzt (Porcelain Etch, Fa. Ultradent, Köln). Dadurch wird eine mikroskopisch raue Oberfläche erzeugt, was durch deren Mattigkeit zu erkennen ist (Abb. 5.70, Abb. 5.71). Anschließend erfolgt die Silanisierung (Silane, Fa. Ultradent, Köln) (Abb. 5.72). Nach der Entfernung des Provisoriums wird der Stumpf gereinigt und eine absolute Trockenlegung mittels Kofferdam durchgeführt (Abb. 5.73, Abb. 5.74). Die Anlage von Kofferdam ist bei Vollkronen nicht in jedem Fall möglich und wird bei epigingivaler Lage und entzündungsfreiem Parodont auch nicht als unbedingte Voraussetzung gesehen. Die

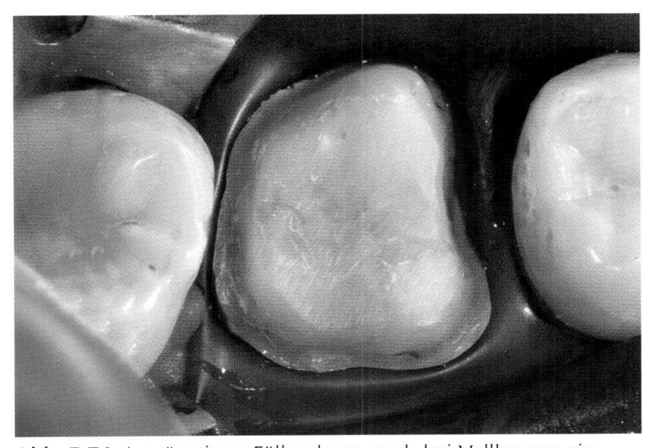

Abb. 5.74 In günstigen Fällen kann auch bei Vollkronen ein Kofferdam angelegt werden.

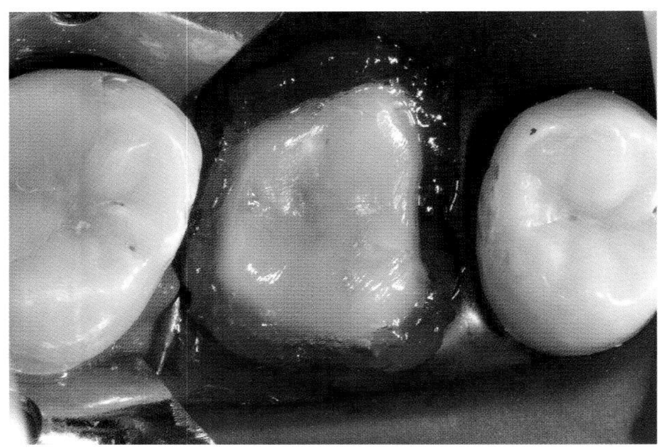
Abb. 5.75 Der Zahnschmelz wird mitgeätzt.

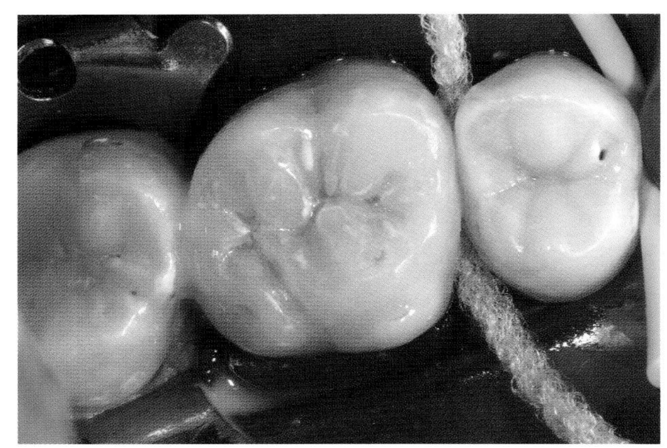
Abb. 5.78 Vor der endgültigen Aushärtung des Befestigungsmaterials können behutsam grobe Überschüsse entfernt werden.

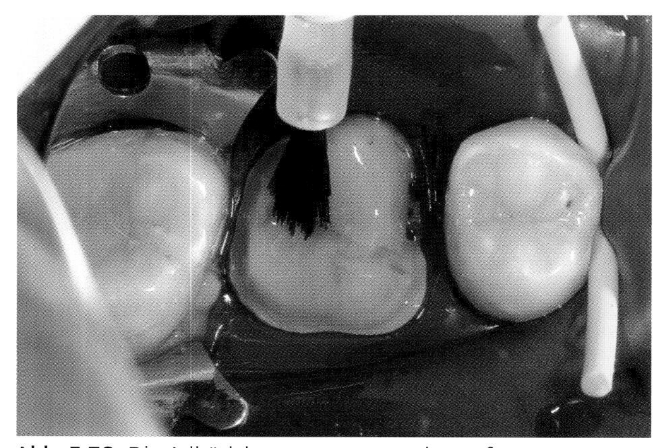
Abb. 5.76 Die Adhäsivkomponenten werden aufgetragen.

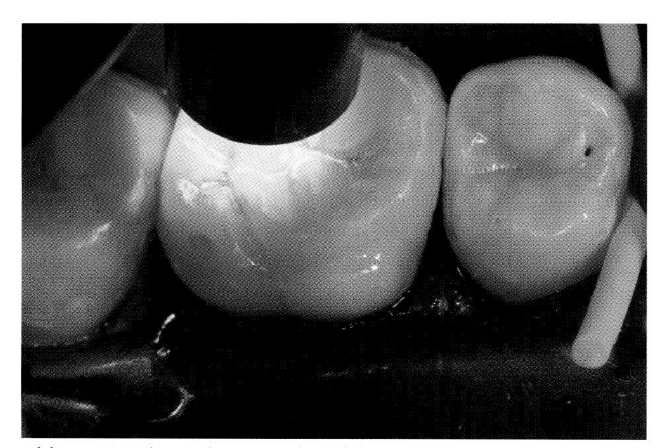
Abb. 5.79 Die Aushärtung des Klebers erfolgt durch Lichtzufuhr.

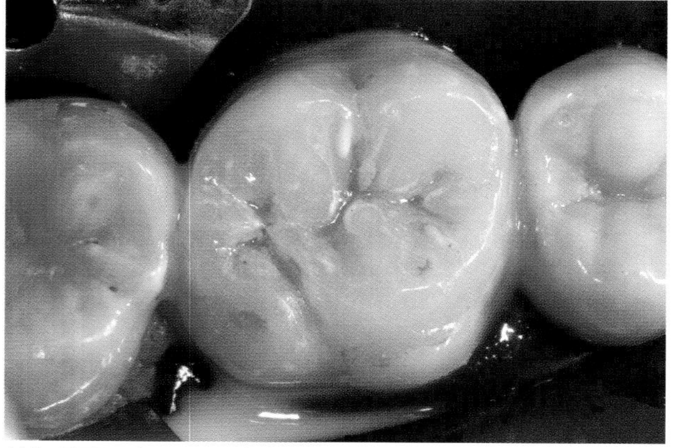
Abb. 5.77 Die Krone wird geklebt.

Schmelzätzung erfolgt mit Phosphorsäuregel für 20 Sekunden (Abb. 5.75). Danach wird das Adhäsiv aufgetragen und die Krone befestigt (Abb. 5.76, Abb. 5.77). Es schließt sich die grobe Überschussentfernung und Lichthärtung an (Abb. 5.78, Abb. 5.79). Die fertige Krone zeigt eine gute Ästhetik. Gravierende Unterschiede zu einer voll geschichteten Versorgung sind nicht zu erkennen (Abb. 5.80, Abb. 5.81).

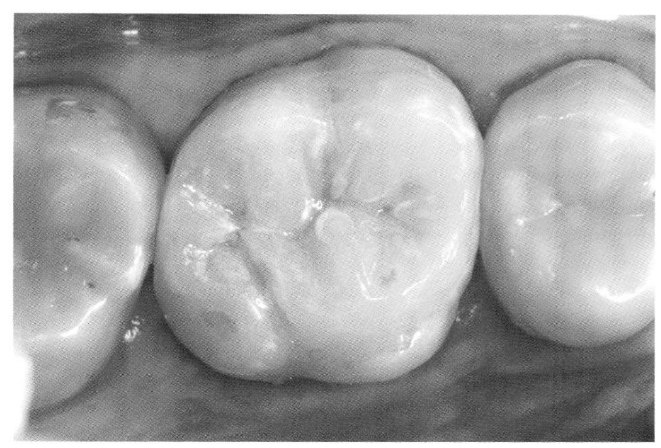

Abb. 5.80 Die fertige Krone wird gut in die Zahnreihe adaptiert.

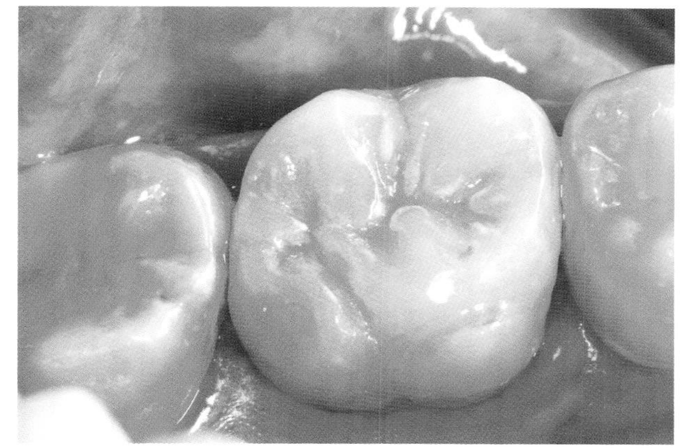

Abb. 5.81 Kompaktkronen zeigen eine den voll verblendeten Arbeiten ähnliche ästhetische Wirkung.

Weiterführende Literatur

1. *Bindl A, Mörmann WH. Survival rate of mono-ceramic and ceramic-core CAD/CAM-generated anterior crowns over 2-5 years. Eur J Oral Sci 2004;112:197–204.*
2. *MB. Langzeiterfolg vollkeramischer Restaurationen im Seitenzahnbereich. Quintessenz 2001;52:887–900.*
3. *Pröbster L. Zum heutigen Stand vollkeramischer Restaurationen. Zahnarztl. Mitt 1997;20:44–50.*
4. *VITA Zahnfabrik, Bad Säckingen. Verarbeitungsanleitung Chairsidekrone. In: VITABLOCSS Triluxe for CEREC vom 16.06.2003.*
5. *Wamser S. Das Druckfestigkeitsverhalten von Cerec-Kronen in Abhängigkeit von der Keramikdimensionierung. Med. Diss., Graz, 1999.*

Kontrollierte Schichtung und Farbgebung

6

Andres Baltzer, Vanik Kaufmann-Jinoian

Oft neigt man dazu, die Problematik der Farb- und Formgebung einer Rekonstruktion gänzlich der Beurteilung des Zahntechnikers zu überlassen. Zahntechnische Laboratorien richten deswegen einen speziellen Raum mit Patientenstuhl, intraoral einzusetzendem Instrumentarium und gefälliger Raumgestaltung ein. Die Patienten werden zur Farbbestimmung eingeladen und mit einer ästhetischen Qualitätsverbesserung ist zu rechnen.

Auf den ersten Blick ist an einer solchen Behandlungsmethode wenig auszusetzen. Ein Hinterfragen drängt sich allerdings beim näheren Betrachten auf: es trifft zu, dass eine Farbbestimmung durch den Behandler im Vergleich zur direkten Farbbestimmung durch den Dentalkeramiker eine zusätzliche Fehlerquelle darstellt. Mit der Übermittlung der Farbcharakteristik und des individuellen Effektbefundes an das zahntechnische Labor erhöht sich das Risiko des Missverständnisses. Fragwürdig ist aber die Farbkontrolle im Labor, denn eine Beurteilung des Produktes ist auf dem Gipsmodell kaum möglich und einzig der Befund in situ ist gültig. Je nach Farbe des Modellmaterials erscheint eine keramische Krone heller oder dunkler, intensiver oder blasser. Fotografisch ist diese Problematik einfach darzustellen (Abb. 6.1) und die Erfahrung zeigt, dass das menschliche Auge ähnliche Fehlinterpretationen entwickelt.

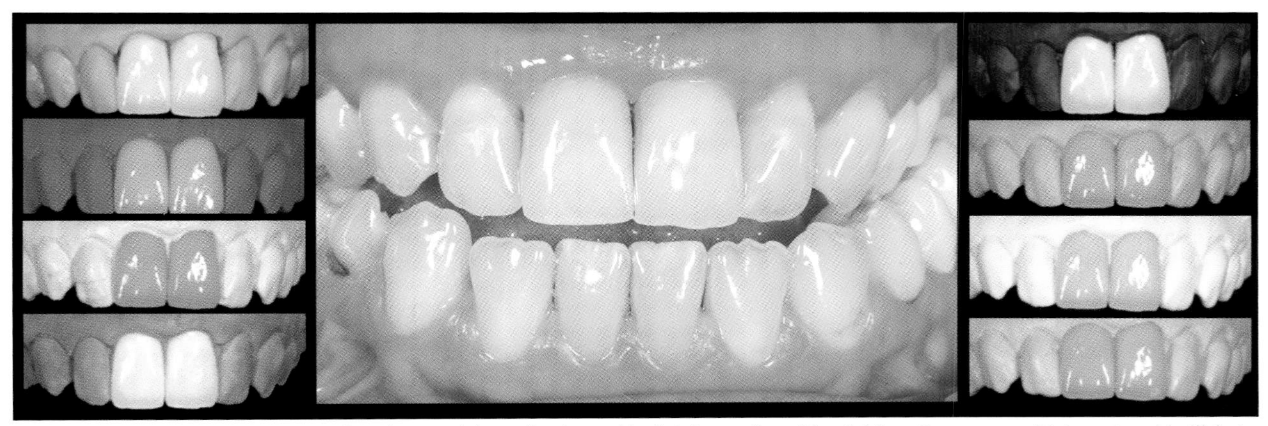

Abb. 6.1 Die beiden Kronen 11 und 21 lassen sich nur in situ verlässlich beurteilen. Die gleichen Kronen vermitteln unterschiedlichste Farbempfindungen je nach Farbwahl des Modellmaterials.

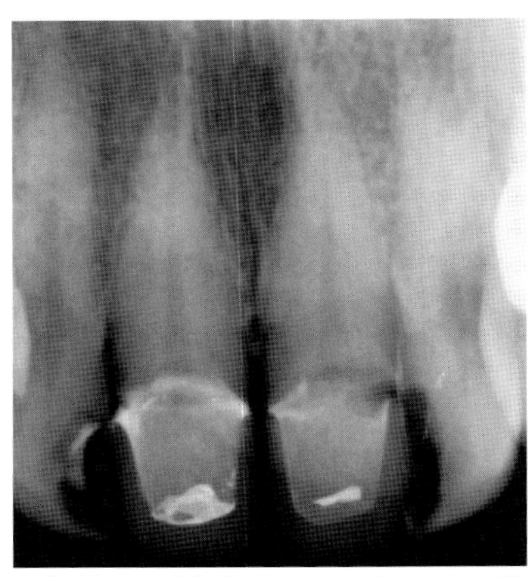
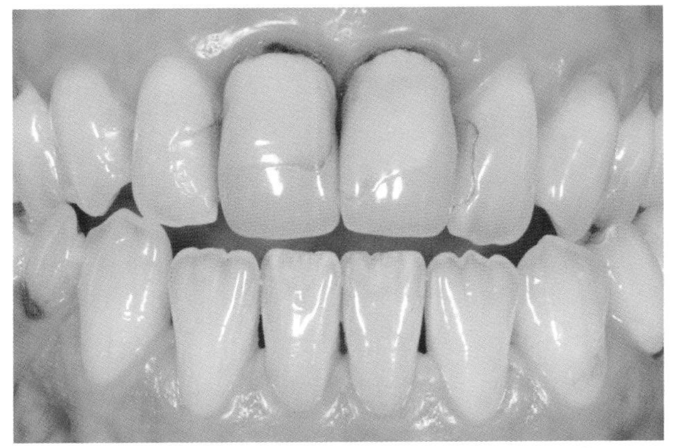

Abb. 6.2 und 6.3 Ausgangslage: insuffizient versorgte Frontzähne mit Kronen auf den Zähnen 11 und 21 und approximalen Füllungen an den Zähnen 12 und 22.

Eine verlässliche Farbkontrolle am Patienten ist demnach im zahntechnischen Labor notwendig, was aber stets mit der Entnahme der provisorischen Versorgung, mit dem Einsetzen der Rekonstruktion und der Rezementierung der Provisorien inklusive der Entfernung von Zementüberschüssen verbunden ist. Ohne intraorale Tätigkeit, möglicherweise unter Anästhesierung der empfindlichen Zahnstümpfe, ist solches kaum möglich. Moderne gesetzliche Grundlagen sehen aber, unabhängig vom jeweiligen Hygienekonzept im zahntechnischen Labor, solche Eingriffe nicht vor. Farbbestimmungen und insbesondere Farbkontrollen sollten aus diesem Grund am Patientenstuhl in der zahnärztlichen Praxis zu erfolgen, was selbstverständlich die Anwesenheit des Zahntechnikers in keiner Weise ausschließen soll. Erfolg versprechend ist dabei die Zusammenarbeit von Behandler und Zahntechniker, denn vier Augen sehen mehr als zwei und das gemeinsame Besprechen der Situation verhindert Missverständnisse und schließlich Schuldzuweisungen im Fall von Misserfolgen. Ein ‚Outsourcing' der Farbfindung in das zahntechnische Labor führt zudem den Behandler früher oder später in unnötige Abhängigkeit. Die gemeinsame Erörterung der Farbfrage am Patientenstuhl setzt allerdings ein gegenseitig gutes Verständnis für die Schwierigkeiten des Anderen voraus. Vonseiten des Labors sollen die topografischen Probleme in situ und aufseiten des Behandlers die Grundlagen des dentalkeramischen Handwerks geläufig sein. Unter solchen Aspekten kann sich eine gleichberechtigte Zusammenarbeit zugunsten der Effizienz und der Erfolgserwartungen entwickeln. Bezüglich des Marketings bewegt sich damit die Zahntechnik in sicheren ‚Gefilden'. Der Quintessenz Zahntechnik (2005;7) ist das folgende Zitat zu entnehmen: „Elementares Ziel des Dentallabors muss es letztlich sein, gegenüber dem Patienten als Endkunden aus dem Schatten der Zahnärzte herauszutreten, ein eigenes Profil zu entwickeln und bei der Kommunikation als eigenständiger Kommunikationspartner aufzutreten." Mit solchen Praktiken bewegt sich die Zahntechnik keineswegs im sicheren Bereich!

Ein Fall aus der Praxis

Bei einer 47-jährigen Patientin genügen die Kronen der Zähne 11 und 21 nicht mehr den ästhetischen Ansprüchen. Keramikdefekte an bestehenden Kronen wurden mit farbinstabilem Komposit überdeckt und der marginale Zementspalt ist ausgewaschen. Im Röntgenbild zeigen sich kariöse Entkalkungszonen, mit Kältereiz ist eine normale Vitalität festzustellen. Die Zähne 12 und 22 sind mesial mit ausgedehnten Kompositfüllungen versehen (Abb. 6.2, Abb. 6.3). Geplant ist der Ersatz der Kronen auf den Zähnen 11 und 21 und die Versorgung der Zähne 12 und 22 mit neuen Kom-

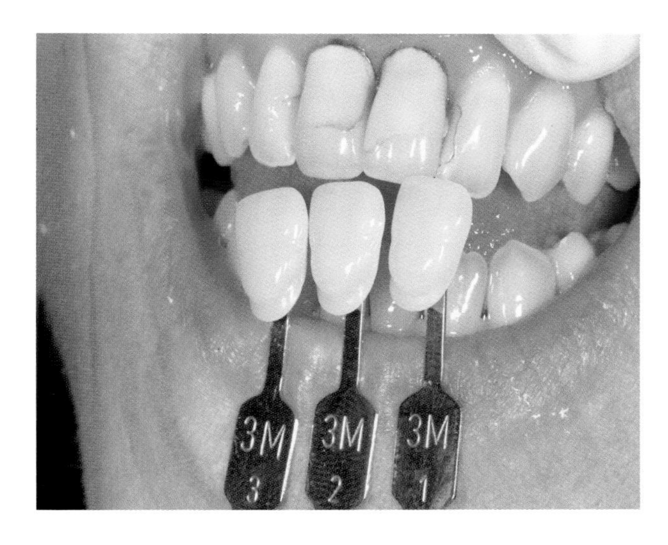

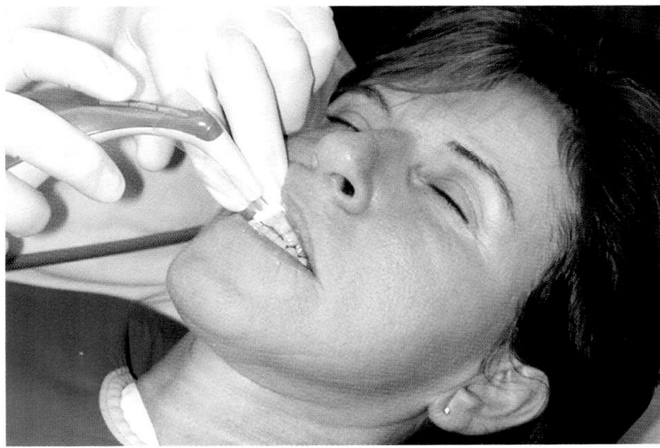

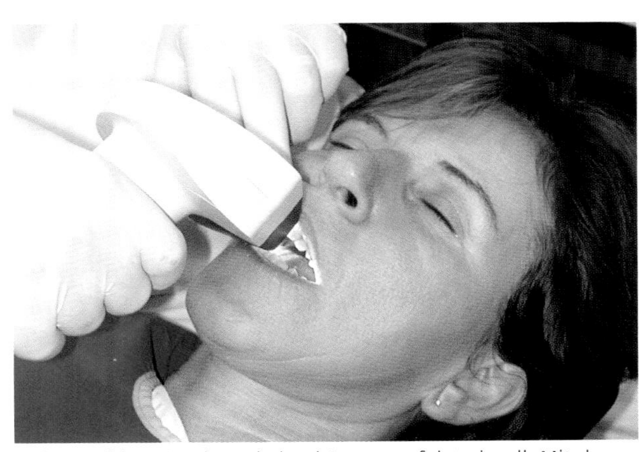

Abb. 6.4 bis 6.6 Die Farbeinschätzung erfolgt visuell. Mit der digitalen Farbmessung (VITA Easyshade und MHT SpectroShade) wird die Einschätzung überprüft. Beide Farbbestimmungen ergeben die Sicherheit der richtigen Farbwahl.

positfüllungen. Als Kronenkappenmaterial ist VITA InCeram ALUMINA vorgesehen, die Verblendung erfolgt mit VITA VM7.

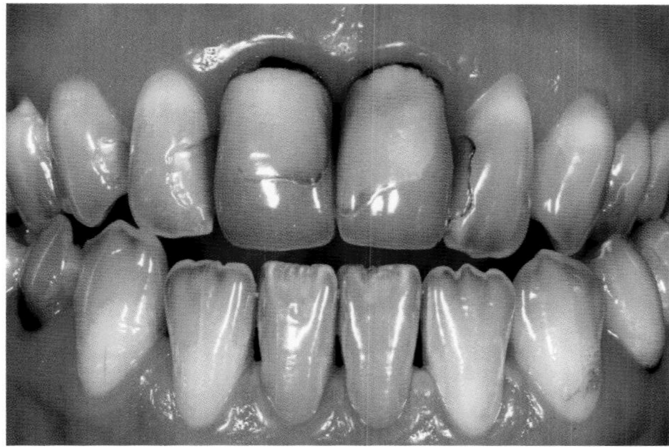

Abb. 6.7 Visualisierung der Effekte: im Fotobearbeitungsprogramm wird dem Bild weniger Helligkeit und mehr Kontrast gegeben. Strukturen und Transparenzen werden deutlich sichtbar.

Die Farbbestimmung wird vorerst visuell mit dem Farbsystem VITA 3D-Master vorgenommen. Dabei wird die Helligkeit der Gruppe 3 und die Intensität zwischen 2 und 3 wahrgenommen (Abb. 6.4). Eine Verschiebung des Farbtons ins Gelbliche oder ins Rötliche wird nicht erkannt. Die Frontzähne weisen allerdings Effekte wie inzisale Transparenzzonen und Mamelons auf, welche die visuelle Farbeinschätzung stark beeinflussen. Die digitalen Farbmessungen an den Zähnen 12, 11, 21, 22, 31 und 41 mit VITA Easyshade und mit MHT SpectroShade bestätigen die visuelle Einschätzung, wobei tendenziell zu mehr Farbintensität geraten wird (Abb. 6.5, Abb. 6.6). Als Grundfarbe für die Kronen wird VITA 3D-Master 3M2.5 festgelegt und die Approximalfüllungen sollen mit Komposit der VITA-Classic-Farbe A3 gelegt werden.

Die Effektanalyse erweist sich als nicht sehr einfach: die inzisalen Transparenzzonen, Mamelons, Halos und die lange Zahnform sind zu berücksichtigen. Das längliche und schmale Erscheinungsbild des Zahnkörpers soll durch Einbringung von geeigneter Effektmasse in der Zahnmitte etwas unterbrochen werden. Diese Ausgangslage ist im Sinne der Dokumentation fotografisch festgehalten (s. Abb. 6.3) und die dabei zu beobachtenden Effekte werden stärker visualisiert, indem das Bild mit weniger Helligkeit und mehr Kontrast zusätzlich abgespeichert wird (Abb. 6.7).

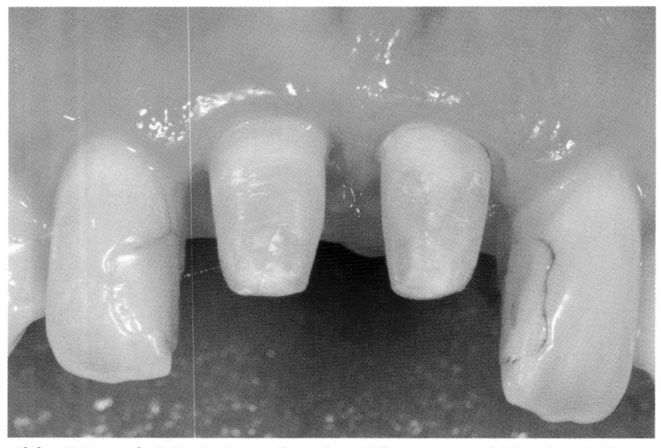

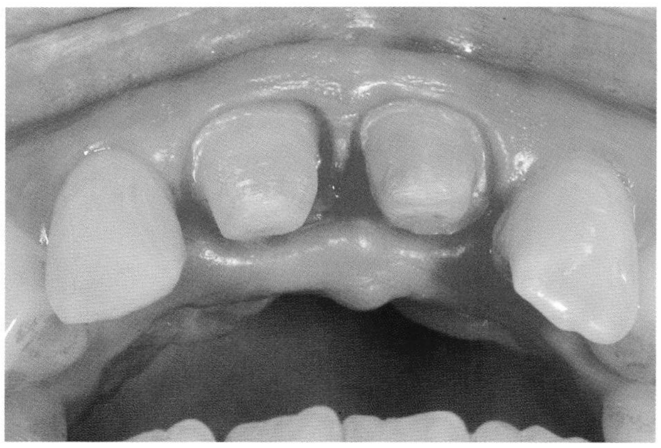

Abb. 6.8 und 6.9 Präparation der Zähne 11 und 21: Der Präparationsrand ist labial als Stufe geformt, welche approximal in die zirkuläre Hohlkehlform übergeht.

Die visuelle und digitale Bestimmung der Grundfarbe, die fotografische Dokumentation der Ausgangslage und die Farb- und Formplanung stellen verlässliche Informationen für die Herstellung der Rekonstruktionen dar. Der hierfür notwendige Aufwand ist relativ gering und kann durchaus als Routinevorgehen an geschultes Personal delegiert werden. Die Verlässlichkeit der Information ‚Grundfarbe' ist hoch, da die visuelle Empfindung mit einer digitalen Farbmessung recht gut übereinstimmt. Dem digitalen Befund wird bei der Festlegung der Grundfarbe mehr vertraut, da die komplexen Effekte die visuelle Erkennung der Grundfarbe etwas verfälschend überlagern. Ob die Erarbeitung dieser Informationen bereits in Anwesenheit des Zahntechnikers erfolgen soll, kann dahingestellt bleiben. Wertvoller ist jedenfalls - und dies sei an dieser Stelle vorweggenommen - seine spätere Anwesenheit am Patientenstuhl, wenn es darum geht, die erste Verblendschicht mit VM7 Base-Dentine gemeinsam zu beurteilen.

Präparation, Abdrucknahme und Kappenherstellung

Nach dem Entfernen der Kronen wird die labiale Stufe nach subgingival gesenkt. Die übrige zirkuläre Stufe wird durch Absenkung in eine leicht subgingival liegende Hohlkehle umpräpariert. Approximal geht die Hohlkehle fließend in die labiale Stufe über. Bei der Beschleifung der Zahnstümpfe wird auf die Vermeidung von scharfkantigen Strukturen geachtet (Abb. 6.8, Abb. 6.9).

Aufgrund einer Permadyne-Abdrucknahme erfolgt im Labor mittels Dentona-Superhartgips für CAD/CAM „esthetic-base gold" die Herstellung des Arbeitsmodells und der zwei separaten Einzelzahnmodelle der Kronenstümpfe 11 und 21. Die Stumpfmodelle werden mit inEos eingescannt. Es folgen die Konstruktion der Kronenkappen am Bildschirm und die Ausschleifung aus InCeram-ALUMINA-Blöcken in der Schleifeinheit inLab. Die ausgeschliffenen Kappen werden auf den Stumpfmodellen optimiert und entsprechend der eingangs festgelegten Grundfarbe 3D-Master 3M2.5 mit ALUMINA-Lanthanglas der Helligkeitsgruppe 3 infiltriert und fertig gestellt. Die Kappen werden anschließend auf das Arbeitsmodell gepasst, wobei die Passung durch Radierungen am Arbeitsmodell erfolgt (Abb. 6.10, Abb. 6.11). Die Basis für die Verblendung mit der VM7-Verblendkeramik ist somit etabliert.

Schichtungsschema des VITA VM-Konzeptes

Das Schichtungsschema der VITA VM-Verblendkeramiken imitiert die Strukturen des Aufbaus eines natürlichen Zahns. In der Abbildung 6.12 wird dies skizziert.

Auf dem farbintensiveren Dentin des natürlichen Zahns liegt die eher transluzente und weni-

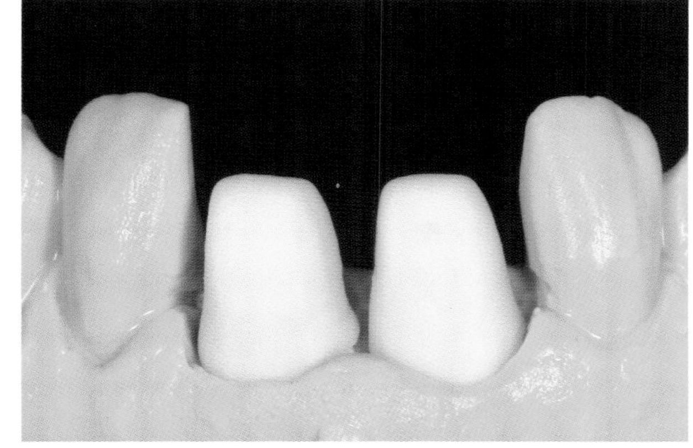

Abb. 6.10 und 6.11 Abdrucknahme mit Permadyne, Herstellung des Arbeitsmodells und der beiden Kronenkappen. Diese weisen eine labiale Wandstärke von 0.4 mm auf. Der Kappenrand läuft labial auf der Stufe sowie approximal und palatinal auf der Hohlkehle aus.

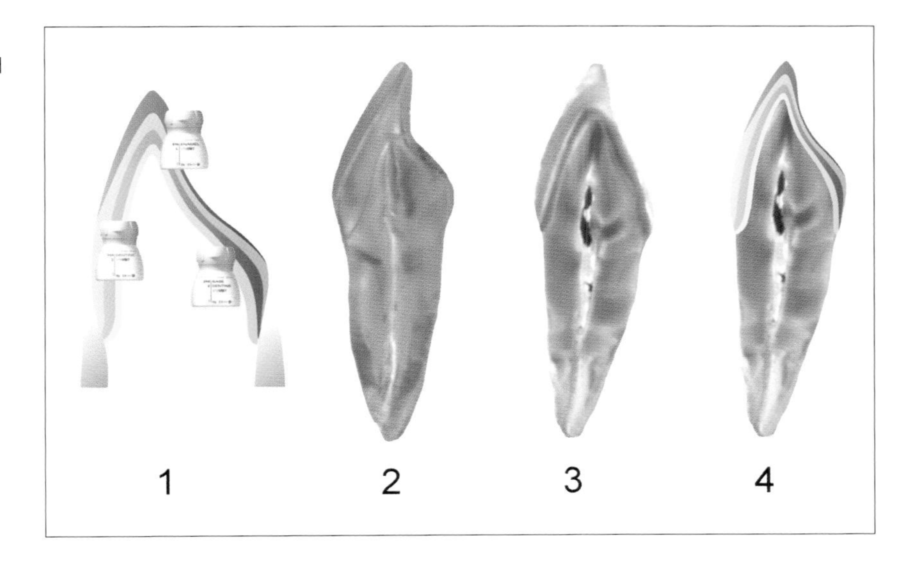

Abb. 6.12 Mit dem Schichtungsschema für die Verblendkeramiken VITA VM wird das Vorbild des natürlichen Zahnes imitiert.

ger intensive Schmelzschicht (Position 2 in Abbildung 6.12). Die richtig eingefärbte ALUMINA-Kappe auf dem Kronenstumpf (Position 3 in Abb. 6.12) simuliert die Dentinsituation im natürlichen Zahn. Dabei wird der Rekonstruktion die natürliche Transluzenz und Farbintensität gegeben. Auf diese ALUMINA-Kappe wird vorerst die VM Base-Dentine-Schicht gelegt (dunkelrote Schicht in Position 4 und 1 in Abb. 6.12). Diverse Liner können vor der Schichtung mit Base-Dentine auf die Kappe gelegt werden. Sie bewirken je nach Wunsch eine stärkere Opakierung, Chromatisierung, Lichtstreuung oder Aufhellung der Grundfarbe und werden sehr oft in der zervikalen Zone eingesetzt, wo solche Farbwirkungen erwünscht sind. Der Base-Dentine-Schicht kommt die Aufgabe der Vermittlung der Grundfarbe aus der Tiefe zu.

Auf die Base-Dentine-Schicht wird die Dentine-Schicht gelegt (hellrote Schicht in Position 4 und 1 in Abb. 6.12). Diese Schicht ist etwas transluzenter und weniger farbintensiv als die Base-Dentine-Schicht, womit dem Erscheinungsbild die gewünschte Farbtiefe verliehen wird. Mit der Dentine-Schichtung wird der Rekonstruktion die richtige Form und Achsrichtung gegeben. Unter die Dentine-Schicht und bei örtlichen Reduktionen des Base-Dentines können entsprechend den in der Effektanalyse festgestellten Farbeigenschaften diverse Effektmassen eingelegt werden. Auch diese bewirken je nach Wunsch eine stärkere Chromatisierung, Lichtstreuung oder Aufhellung und verleihen zonal, wie z. B. approximal, zervikal oder im Zahnkörper, der Rekonstruktion das natürlich erscheinende Lichtspiel.

Die Enamel-Schicht wird schließlich als dünne Kappe vorwiegend in der Schneidezone über die Dentine-Schicht gelegt (blaue Schicht in Position 4 und 1 in Abb. 6.12). Mit dieser abschließenden Enamel-Schicht erhält die Rekonstruktion die endgültige Erscheinung, die dem natürlichen Zahn weitgehend entspricht. In oder auf die Enamel-Schicht können Enamel-Effektmassen gelegt werden, um im Sinne der finalen Feinabstimmung eine Aufhellung oder Abdunklung einzubringen, um der Rekonstruktion transluzentere Zonen zu verleihen, um die Darstellung von Mamelons zu akzentuieren oder um opalisierende und farbstreuende Effekte zonal hervorzuheben. Generell soll betont werden, dass der richtigen Einstellung der Grundfarbe primäre Wichtigkeit zukommt und dass der erfahrene Keramiker stets sehr sparsam mit Effektmassen umgeht.

Schematisch ist dieses Schichtkonzept mit den drei Grundmassen Base-Dentine, Dentine und Enamel in Position 1 in der Abbildung 6.12 dargestellt. Die gewünschte Helligkeit erhält die Rekonstruktion durch die richtige Einfärbung der ALUMINA-Kappe und Farbwahl der VM-Massen.

Tabelle 6.1 Übersicht: Einsatz der im VITA VM-Konzept angebotenen Effektmassen

Einsatz der VITA VM-Effektmassen	
EFFECT LINER*	• für kleinere Korrekturen am Randbereich, analog den bisherigen MARGIN-Massen • analog den bisherigen LUMINARY-Massen zur Steuerung der Fluoreszenz in der Restauration • zur Abdeckung der Kappe bei SPINELL, ZIRCONIA und YZ (6 Farbtöne) • zur Unterstützung und Intensivierung der Grundfarbe universell einsetzbar • im gingivalen Bereich angelegt unterstützen sie die Lichtverteilung
CHROMA PLUS**	• farbintensive Massen, die vorzugsweise mit dem BASE-DENTINE eingesetzt werden • bei dünnen Wandstärken unterstützen sie die Farbe wirkungsvoll
EFFECT CHROMA	• analog den bisherigen INTENSIVE- und MODIFIER-Massen • zur Hervorhebung bestimmter farblicher Bereiche am Zahn • zur Steigerung des Helligkeitswertes im Hals-, Dentin- und Schmelzbereich (11 Farbtöne)
MAMELON	• stark fluoreszierende Masse, die hauptsächlich im Inzisalbereich zum Einsatz gelangt (3 Farbtöne) • zur farblichen Charakterisierung zwischen Schneide und Dentin
EFFECT ENAMEL	• können für alle Schmelzbereiche des natürlichen Vorbildes verwendet werden (11 Farbtöne) • universell einsetzbare Schmelzeffekt-Massen • analog den bisherigen TRANSLUCENT und CERVICAL-Massen • zur Erzielung einer natürlichen Tiefenwirkung
EFFECT PEARL	• nur für Pastell-Effekte an der Oberfläche geeignet (3 Farbtöne) • optimal für ‚bleached' Reproduktionen • Nunancierung in Richtung Gelb und Rot
EFFECT OPAL	• zur Erzeugung des Opaleffektes bei Restaurationen jugendlicher und sehr transluzenter Zähne (3 Farbtöne)
CORRECTIVE	• entspricht einer transparenten Schmelzmasse in 3 Abstufungen • mit abgesenkter Brenntemperatur (830° C) für Korrekturen nach dem Glanzbrand
GINGIVA***	• zur Wiederherstellung der ursprünglichen Zahnfleischsituation (3 Farbtöne)

Einsatz in der farbtragenden Einheit: Gerüsteinfärbung
** *Einsatz in der farbtragenden Einheit: Farbintensivierung BASE-DENTINE*
*** *keine Effektmasse im Sinne der Farbgebung eines Zahnes*
Die übrigen Effektmassen werden in die Effekt gebende Einheit (DENTINE/ENAMEL) eingebracht.

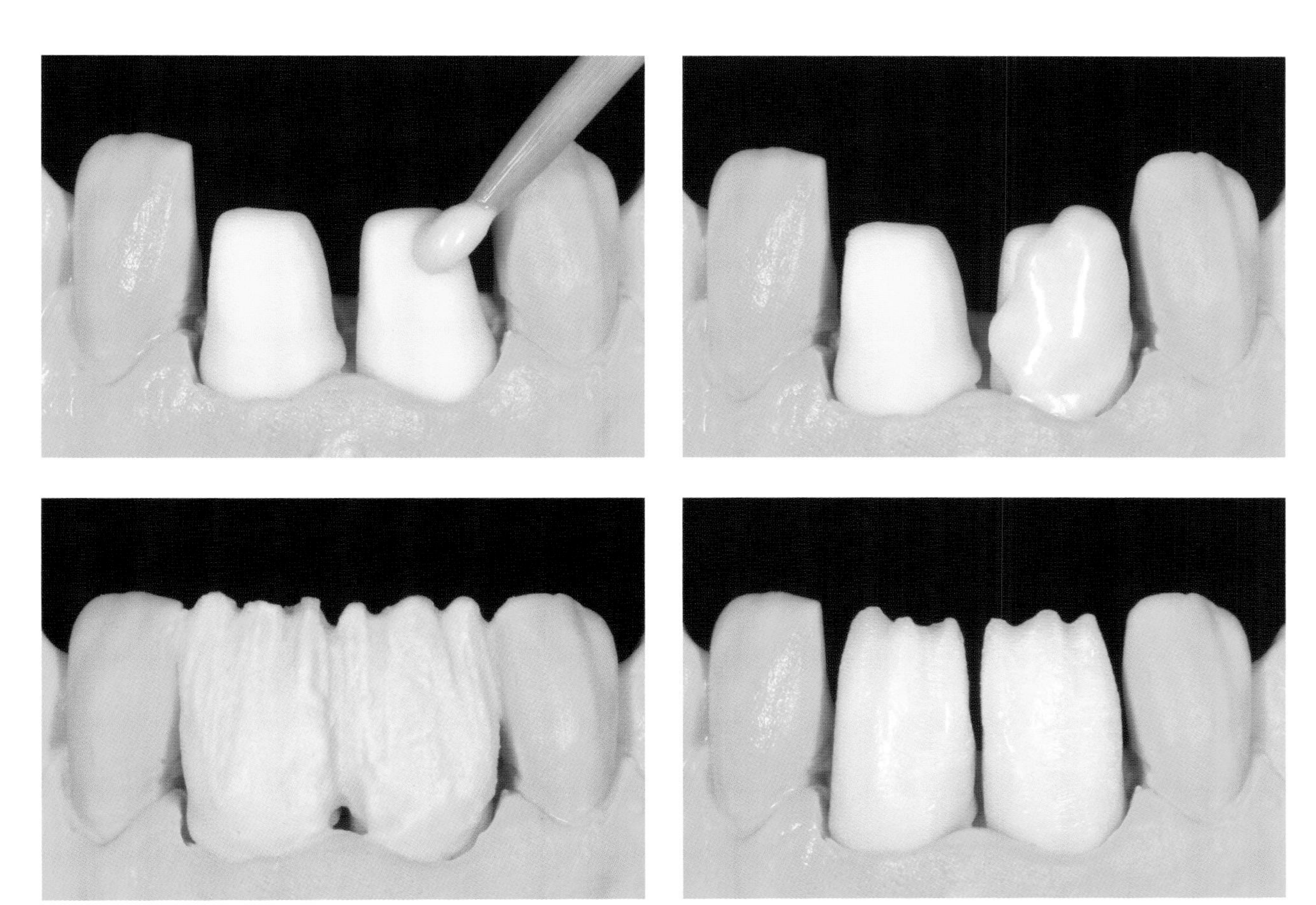

Abb. 6.13 bis 6.16 Schichtkonzept für die VITA VM-Verblendkeramiken: zuerst wird das farbintensive Base-Dentine aufgetragen. Dabei wird etwas überschüssig aufgetragen, um bei der Einprobe in situ durch leichtes Beschleifen die richtige Farbintensität einstellen zu können. Dies geschieht aufgrund von Kontrollmessungen einfach durch Reduktion.

Die Farbintensität kann durch das Schichtdickenverhältnis zwischen Base-Dentine und Dentine fein eingestellt werden: Überwiegt die Base-Dentine-Schichtdicke, so wird der Rekonstruktion mehr Farbintensität verliehen. Entsprechend kann Farbintensität aus der Rekonstruktion genommen werden, indem die Base-Dentine-Schichtdicke zugunsten der Dentine-Schichtdicke etwas reduziert wird (s. Tab. 6.1).

Aufbrennen der ersten Keramikschicht

Die Abbildungen 6.13 bis 6.16 illustrieren das Auftragen der relativ farbintensiven Base-Dentine-Schicht. Dem Zahntechniker fällt dabei sofort die sehr gute Standfestigkeit der VM-Massen auf. In Hinblick auf die möglicherweise erforderliche Reduktion der Farbintensität wird die Schichtdicke etwas überkonturiert. Die Grundform der erwünschten Mamelons mit dazwischen liegenden Furchen wird bereits in diese erste Verblendschicht einbezogen.

Die Brandführung sollte stets auf dunklen Brennträgern erfolgen. Helle Brennträger strahlen Wärme ab, was im Brennergebnis einer zu tief eingestellten Brenntemperatur gleichkommt. Eine gut gebrannte Keramik erkennt man aber am typisch matten Seidenglanz der Oberfläche. Nach kurzer Ausarbeitung der so hergestellten Kronenbasis empfiehlt sich die intraorale Einprobe. In diesem Stadium der Arbeit ist die gemeinsame Beurteilung der Situation im Mund besonders wertvoll. Insbesondere sei hier die nützliche Unterstützung durch eine digitale Farbmessung hervorgehoben, denn das menschliche Auge hat Mühe, die reine Grundfarbe zwischen Referenzzahn und Rekonstruktion zu vergleichen; es vergleicht die Base-

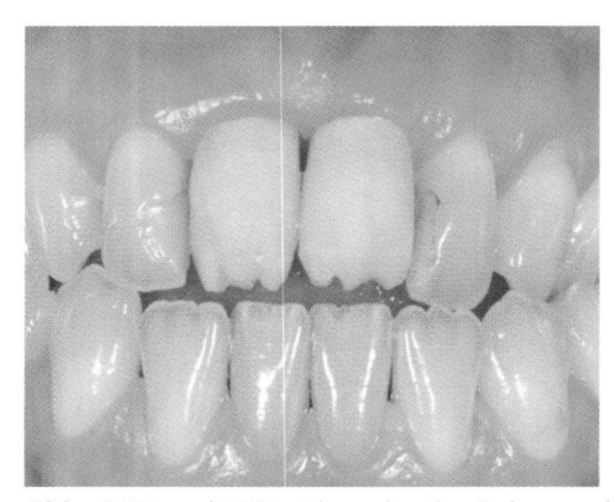

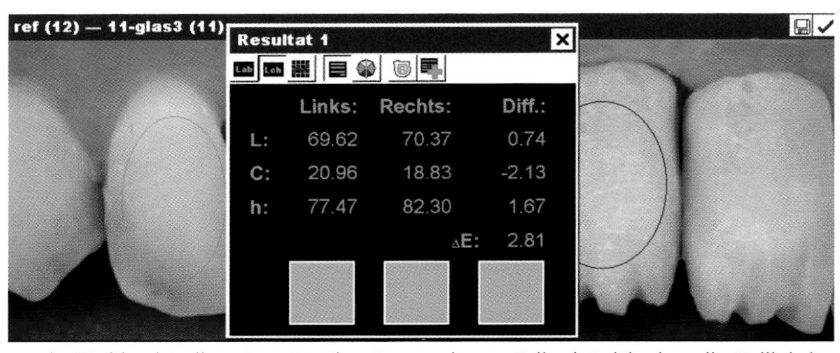

Abb. 6.17 und 6.18 Einprobe der Rekonstruktionen im Verblendstadium Base-Dentine. Im gegebenen Fall zeigt sich, dass die Helligkeit recht gut stimmt. Die Farbintensität ist geringfügig zu schwach, die gesamte Grundfarbe ist aber gut etabliert. Die Basis mit richtig eingestellter Grundfarbe ist somit gegeben. Den auf diese Basis zu liegen kommenden Dentine- und Enamel-Schichten kommt die Aufgabe der Formgestaltung und der Aufnahme der gewünschten Effekte zu. Farblich kann nach der richtigen Einstellung des Base-Dentines nicht mehr viel schief gehen. Kleine Farbabweichungen des Base-Dentines können mit der geeigneten Wahl von Dentine und Enamel korrigiert werden. Die Einprobe in situ der mit Base-Dentine beschichteten Kronenkappe ist ergonomisch sinnvoll: die Passung der Kappe und die Richtigkeit der Grundfarbe werden rechtzeitig geprüft, bevor mühsam Formen, Kontaktpunkte und Effekte eingebracht wurden. Erst wenn die Kappenpassung und die Grundfarbe richtig eingestellt sind, lohnt es sich, die Rekonstruktion mit der aufwändigen Einbringung aller Effekte und Formgebungen fertig zu stellen. Hierfür ist die gemeinsame Effektanalyse am Patientenstuhl durch Zahntechniker und Zahnarzt sowie die fotografische Dokumentation sehr zu empfehlen.

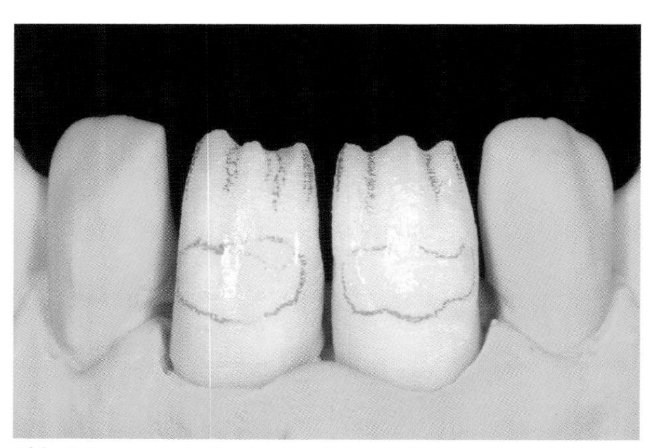

Abb. 6.19 In der Mitte des länglichen Zahnkörpers wird eine Zone markiert, in der eine Wolke Effektmasse EE7 eingearbeitet werden soll. Diese bewirkt eine leicht ins Orange gehende transluzente Zone, unterbricht etwas die monotone Längsform und verleiht der Rekonstruktion die Lebendigkeit des natürlichen Vorbildes. Die Positionierung und Ausdehnung der vorgesehenen Mamelons werden ebenfalls eingezeichnet.

Dentine-Schicht mit dem Erscheinungsbild des natürlichen Nachbarzahnes, der dem Auge außer der Grundfarbe auch alle Effekte vermittelt, die in der Rekonstruktion in diesem Stadium noch nicht eingebracht sind.

Einprobe der Base-Dentine-Schicht in situ

Die mit Base-Dentine beschichteten Kronenkappen werden in situ einprobiert (Abb. 6.17). Zuerst werden die Innenpassung und der Randschluss der ALUMINA-Kappen geprüft, indem sie mit Permadyne eingesetzt werden. Nach Aushärtung des hier als Fitchecker dienenden gummielastischen Abdruckmaterials zeigen sich im Relief des Abdruckmaterials möglicherweise kleine Divergenzen bei der Passung. Es empfiehlt sich, die Passung durch Beschleifung des Zahnstumpfes zu justieren, da die glasinfiltrierte Keramikkappe nicht mehr durch irgendwelche Beschleifungen geschwächt werden sollte.

Die Beurteilung der Grundfarbe mit dem fotospektrometrisch arbeitenden Zahnfarbenmessgerät (Abb. 6.18, MHT SpectroShade) zeigt eine gut eingestellte Helligkeit. Es ist zu erwarten, dass sie sich mit den Folgeschichten nicht mehr stark ändert. Die Farbintensität liegt zu tief ($\Delta E = -2{,}13$), eine Minderung durch leichtes Beschleifen ist nicht nötig. Die Basis für die Fertigstellung ist somit gegeben und sollte mit weiteren Schichtungen ein Missgeschick auftreten, so muss lediglich bis zum gegebenen Status reduziert werden. Dadurch erspart sich der Zahntechniker von Grund auf viel Risiko und unerfreuliche Wiederholungen.

Die mit der Dentine-Schicht einzubringenden Effekte werden nun gemeinsam definiert und mit einem Farbstift auf den Base-Dentine-Kronen eingezeichnet (Abb. 6.19). Weitere Effekte wie Ma-

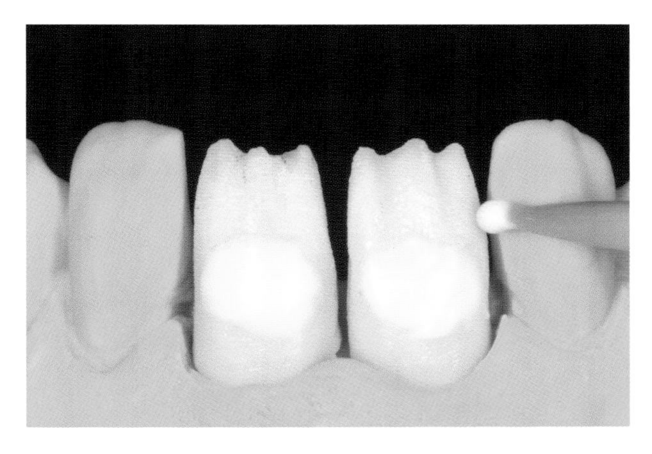

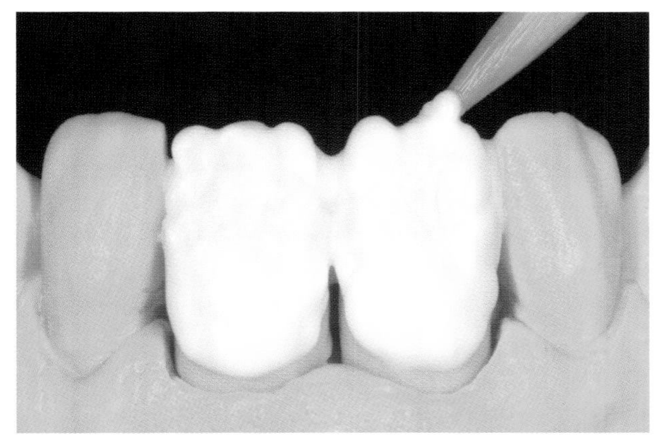

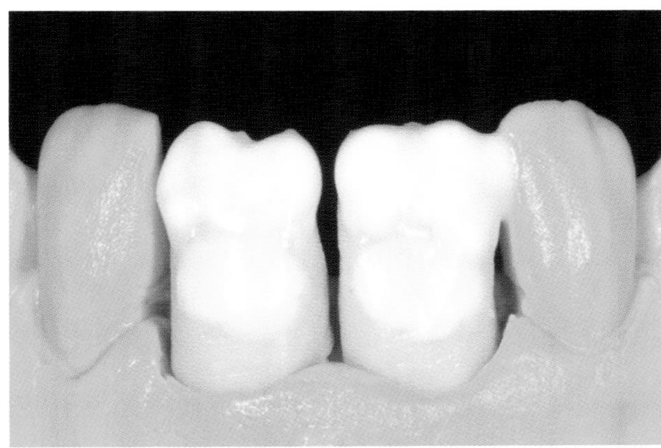

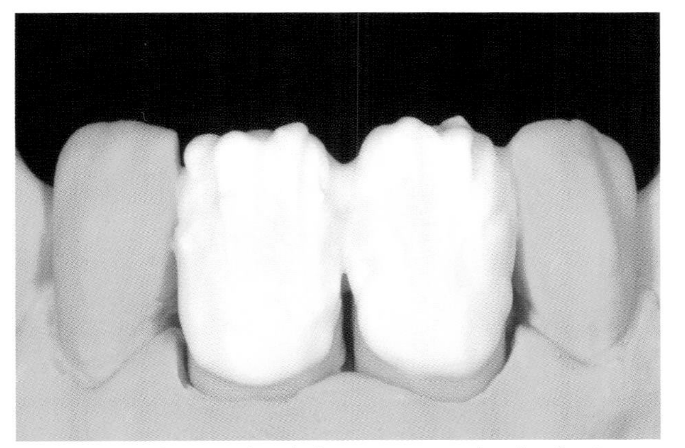

Abb. 6.23 und 6.24 Die erhöhte Transparenz im distalen Bereich der Schneideregion wird mit EE9 bewirkt. Die Mamelons sollen nur leicht angedeutet werden, was mit dem Einlegen von Opal 1 und 2 gelingt.

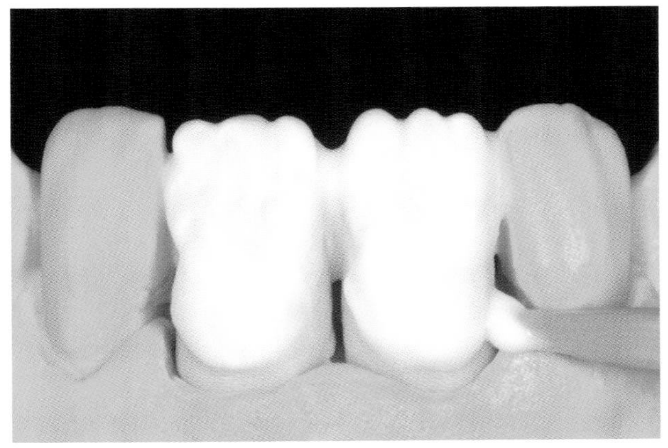

Abb. 6.20 bis 6.22 Sparsames Auftragen der Effektmasse EE7 und Aufbau mit Dentine.

melons, Halo, transparente Schneidezone und Individualisierung des Zahnkörpers werden auf dem Effektanalysebild (Abb. 6.7, Abb. 6.19) verifiziert und für die Fertigstellung vermerkt.

Fertigstellung im Labor

Mit dem sparsamen Auftragen von etwas Effektmasse EE7 auf das Base-Dentine in der eingezeichneten Zone wird der monoton längliche Zahnkörper mit einer transluzenten Wolke, die etwas ins Orange geht, unterbrochen (Abb. 6.20).

Mit der Dentine-Masse wird die Zahnform aufgebaut und im inzisalen Bereich für die Einbringung spezifischer Effektmassen vorbereitet (Abb. 6.21, Abb. 6.22). Um eine bläuliche Transparenz zu bewirken, wird im distalen Bereich der Scheideregion EE9 aufgetragen. Die Mamelons sollen nur andeutungsweise markiert werden, weshalb nicht die stärker hervortretende Mamelonmasse, sondern tröpfchenweise Effect Opal in die Schneidekante gelegt wird (Abb. 6.23, Abb. 6.24).

Zum Abschluss wird Enamel als Schmelzkappe über die aufgetragenen Effektmassen gelegt. Dieser Vorgang verlangt erhöhte Aufmerksamkeit: Die Konsistenz der Enamel-Masse muss richtig eingestellt werden, damit die Effektmassen nicht

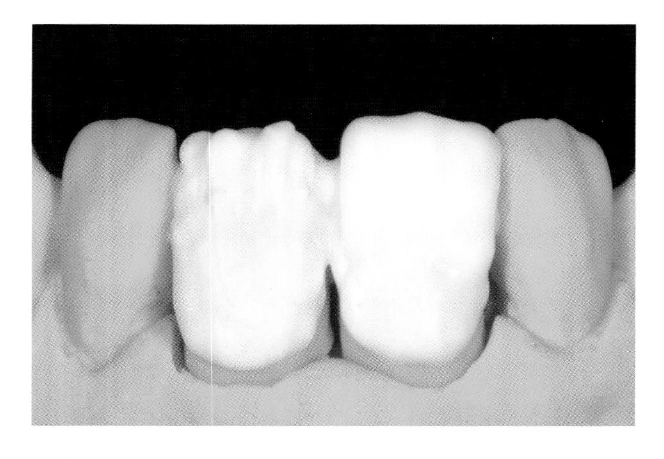

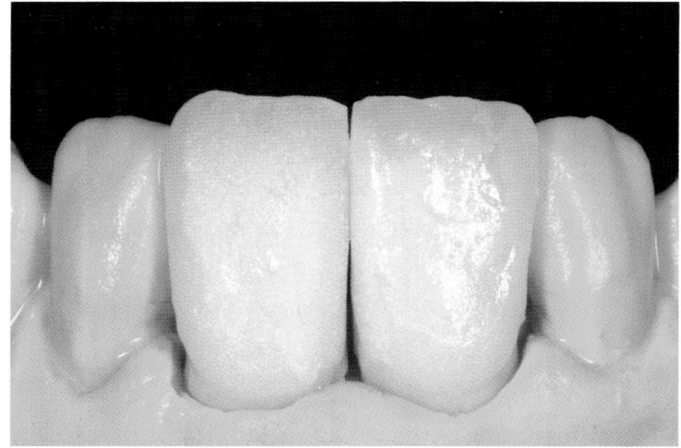

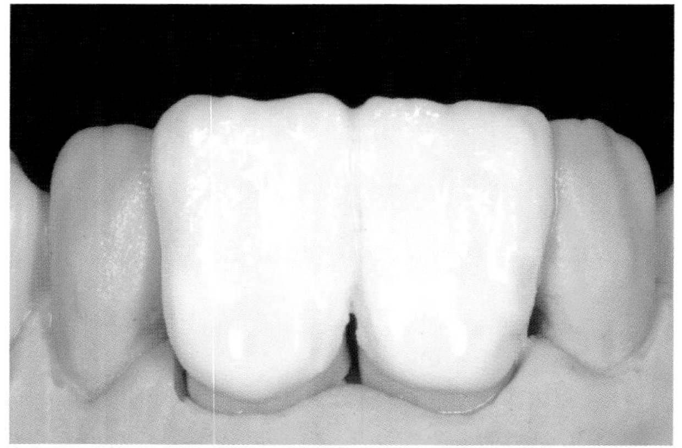

Abb. 6.25 bis 6.26 Abschließende Überschichtung mit Enamel. Tendenziell verwässern dickere Enamel-Schichten die Farbigkeit und dünnere Enamel-Schichten lassen vermehrt die Farbintensität von Base-Dentine und Dentine durchscheinen.

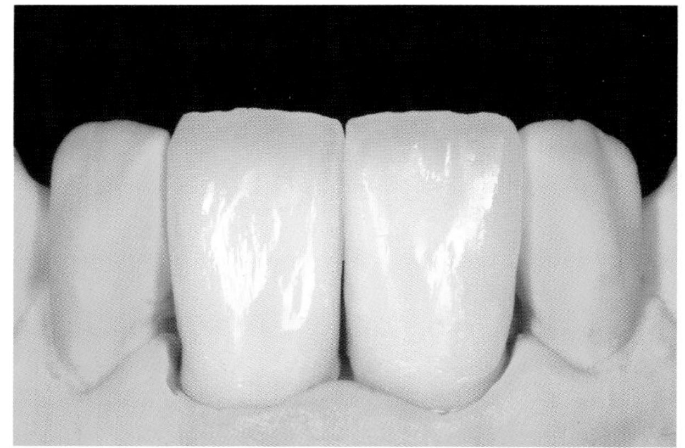

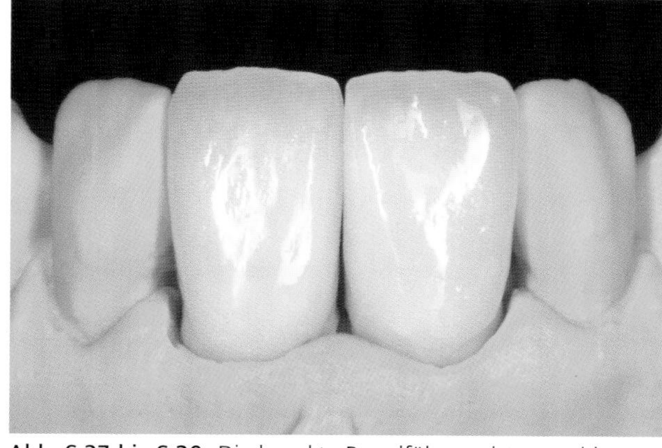

Abb. 6.27 bis 6.29 Die korrekte Brandführung ist am seidenmatten Glanz der Oberfläche festzustellen. Es folgt die Ausarbeitung und die Oberflächengestaltung. Je nach Wunsch kann die Oberfläche abschließend mit Poliermitteln oder durch Glasurbrand auf Hochglanz gebracht werden.

verschoben oder verändert werden. Mit der Enamel-Schichtung wird der Rekonstruktion die endgültige Form gegeben. Dabei ist zu beachten, dass dickere Enamel-Schichten die Farbigkeit etwas verwässern und dünnere Enamel-Schichten stärker die Farbintensität von Base-Dentine und Dentine durchscheinen lassen (Abb. 6.25, Abb. 6.26).

Nach dem Brand soll die Rekonstruktion einen seidenmatten Glanz aufweisen, der die richtige Brandführung und Temperatur bestätigt. Die letzten Überarbeitungen erfolgen mit den gewohnten zahntechnischen Schleifkörpern, es folgt die Ausarbeitung der Oberfläche. Diese wird entsprechend der bei der Oberflächenanalyse festgelegten Struktur gestaltet. Je nach Wunsch kann die Arbeit abschließend mit den üblichen Poliermitteln oder mittels Glasurbrand auf Hochglanz gebracht werden (Abb. 6.27 bis 6.29).

In situ fügen sich die rekonstruierten Zähne 11 und 21 farblich und formlich harmonisch in die Frontzahnreihe ein. Die Zähne 12 und 22 wurden mittlerweile mit Approximalfüllungen saniert. Die diversen eingebrachten Effekte stehen nicht aufdringlich im Vordergrund. Sie verleihen der aus der Base-Dentine-Schicht und Dentine-Schicht hervorkommenden Grundfarbe das natürliche Erscheinungsbild mit der gewünschten Farbtiefe und der die Natur nachahmenden Effektkonstellation (Abb. 6.30).

Der Vollständigkeit halber schließt die Fallbeschreibung mit einer fotospektrometrischen Farbmessung und mit einem Kontrastbild der Rekonstruktion ab (Abb. 6.31, Abb. 6.32). Farbmetrisch ist die Übereinstimmung der Grundfarben gut belegt und im Kontrastbild zeigt sich die gelungene Einbringung der in der Effektanalyse festgestellten Wirkungen.

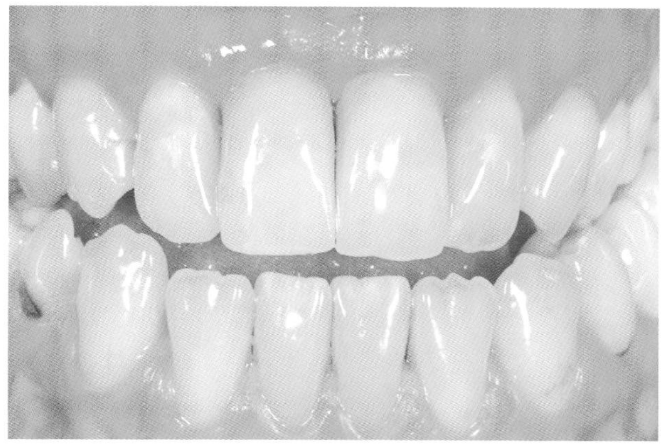

Abb. 6.30 Schlussbild der Rekonstruktion, die Effekte sind sparsam eingebracht, um das Erscheinungsbild weniger zu dominieren und um mehr Grundfarbe zur Geltung zu bringen.

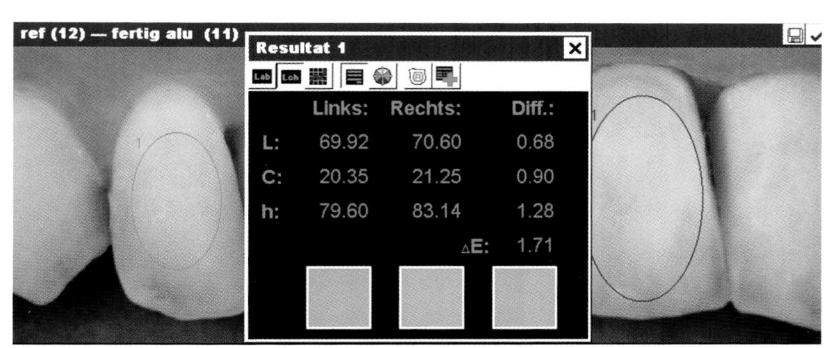

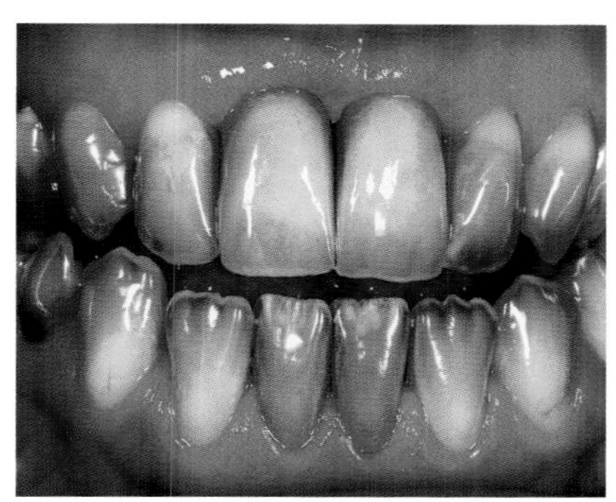

Abb. 6.31 und 6.32 Abschließende Kontrollmessung (MHT SpectroShade) der Grundfarbe und fotografische Darstellung der Effektimitationen: die Kronen auf den Zähnen 11 und 21 fügen sich harmonisch in das natürliche Erscheinungsbild der Frontzähne ein.

7 Vollkeramik-Kompaktkronen für die Frontzahnrestauration

Andreas Kurbad, Kurt Reichel

Ein wichtiges Ziel ästhetischer Zahnheilkunde ist es, Restaurationen zu schaffen, die von den natürlichen Zähnen nicht zu unterscheiden sind. Das gilt sowohl für die Zähne als auch für das sie umgebende Weichgewebe. Durch den Wegfall der lichtundurchlässigen Kappe metallkeramischer Systeme können bei vollkeramischen Versorgungen optische Phänomene wie Fluoreszenz, Opaleszenz und Lumineszenz deutlich besser dem natürlichen Vorbild angepasst werden (Abb. 7.1, Abb. 7.2).

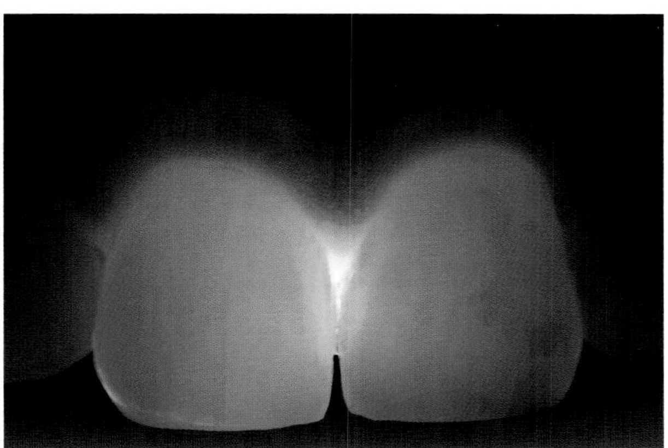

Abb. 7.1 Eine wichtige Eigenschaft natürlicher Zähne ist die Lichteinleitung in die subgingivalen Bereiche.

Vollkeramische Restaurationen sind zur Versorgung ausgedehnter Substanzdefekte im Front- und Seitenzahnbereich wissenschaftlich anerkannt. Sie nahmen ihren Ursprung mit der so genannten Jacketkrone, deren Einführung nun bereits mehr als 100 Jahre zurückliegt. Die Vorteile vollkeramischer Versorgungen liegen in ihrer zahnähnlichen Farbe und Transparenz, ihrer guten Biokompatibilität, ihrer hohen Verschleißbeständigkeit und einer geringen Plaqueakkumulation.

Bei vollkeramischen Versorgungen unterscheidet man zwischen Massivkronen und solchen Systemen, die aus einer Kappe aus Hartkernkeramik bestehen, welche dann in Analogie zur VMK-Krone mit unterschiedlichen Massen verblendet wird. Diese Kappen sind zwar mehr oder weniger transluzent, haben aber oft nur wenig Ähnlichkeit

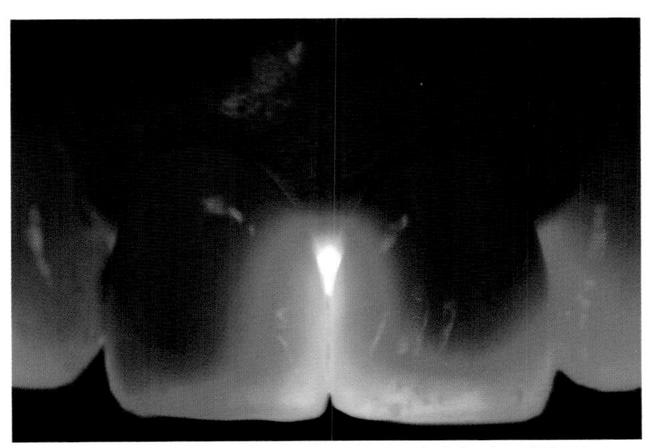

Abb. 7.2 Bei metallkeramischen Kronen wird der in Bild 7.1 gezeigte Effekt durch die lichtundurchlässige Kappe verhindert. Die gingivalen Bereiche werden abgedunkelt.

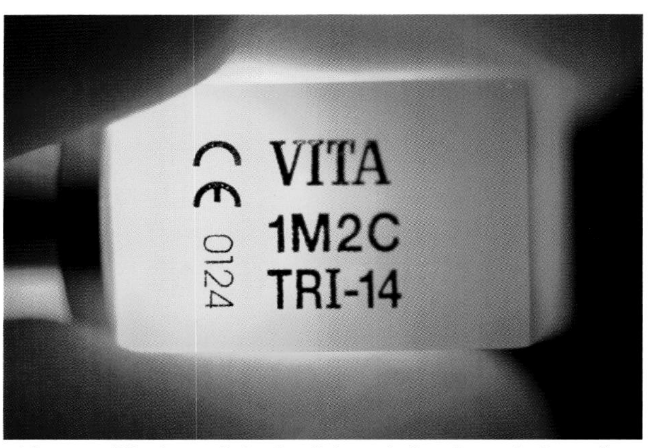

Abb. 7.3 Silikatkeramik besitzt lichtoptische Eigenschaften, die den natürlichen Zähnen sehr nahe kommen.

mit der natürlichen Zahnsubstanz. Massivkronen, die durch Pressen oder CAD/CAM-Technologie erzeugt werden, besitzen vom Wesen der Keramik her schon eine zahnartige Erscheinung. Genauere Details werden durch oberflächliche Bemalung dargestellt, wobei natürlich keine Tiefenwirkung zu erzielen ist.

Eine weitere Verbesserung der ästhetischen Wirkung vollkeramischer Kronen wäre möglich, wenn

1. auf eine Kappe vollständig verzichtet werden könnte,
2. die keramische Basis der Krone die Integration noch vorhandener, natürlicher Elemente des darunter liegenden Zahnstumpfes zulassen würde und
3. der keramische Grundkörper an den relevanten Stellen schichtweise entsprechend den verloren gegangenen Bereichen ergänzt werden könnte.

Vollkeramische Kronen – eine Übersicht

Hinsichtlich der chemischen Struktur unterscheidet man bei der im zahntechnischen Bereich eingesetzten Vollkeramik zwischen der Silikatkeramik und der Oxidkeramik. Der Vorteil der Silikatkeramik besteht in ihrem zahnähnlichen Aussehen. Die Farbe, Transluzenz und durch Politur erreichbare Oberflächentextur kommt dem natürlichen Zahnhartgewebe sehr nahe (Abb. 7.3). Dies führt zu einem so genannten „Chamäleon-Effekt". Dabei ist die Befestigungstechnik von entscheidender Bedeutung: nur wenn das verwendete Klebematerial das Wechselspiel optischer Informationen zwischen natürlichem Untergrund und keramischem Restaurationskörper zulässt, kann es zu einer visuellen Integration kommen. Moderne Adhäsivkunststoffe sind für diese Technik geeignet, sofern sie über eine ausreichende Transluzenz und Fluoreszenz verfügen. Zugleich ist der Einsatz dieser Materialien auch zwingend notwendig, da die relativ geringe Festigkeit der Keramik eine adhäsive Befestigung erfordert.

Massive Kronen aus Silikatkeramik sind in der Literatur beschrieben worden. Annähernd zeitgleich wurden Restaurationen vorgestellt, die sich hauptsächlich in der Herstellungstechnologie unterscheiden. Auf der einen Seite wird die Form durch einen Pressvorgang gewonnen. Erster und wichtigster Vertreter ist das IPS Empress Verfahren der Firma Ivoclar/Vivadent (Schaan, Liechtenstein). Die andere Herstellungsvariante ist das Formschleifen mittels CAD/CAM-Technologie. Hier ist das CEREC-Verfahren maßgeblich (Fa. Sirona, Bensheim), welches mit den beiden Keramiksystemen VITA Mark II (Vita Zahnfabrik, Bad Säckingen) und ProCAD (Fa. Ivoclar/ Vivadent, Schaan, Liechtenstein) zum Einsatz kommt. Beide Kronentypen benötigen aus Stabilitätsgründen als Präparationsform eine Rechtwinkelstufe und müssen adhäsiv befestigt werden. Wegen der üblicherweise für die Adhäsivtechnik vorgeschriebenen absoluten Trockenlegung, sind hier auch die natürlichen Grenzen der Methodik erkennbar. Da im Prinzip keine mechanische Retention notwendig ist, entwickelten sich sehr schnell Restaurationsvarianten, welche defektorientiert auf eine komplette Präparation verzichten und dem Bereich der Teilkrone zuzuordnen sind. Individuelle Charakterisierungen werden bei beiden Systemen mit Keramikmalfarben durchgeführt. Abschließend erfolgt ebenfalls im Brennofen eine Glasur der Oberfläche.

Oxidkeramische Werkstoffe verfügen im Gegensatz zur Silikatkeramik über ausgezeichnete Festigkeitswerte. Ein wichtiger Vertreter dieser Gruppe sind die Infiltrationskeramiken (In-Ceram, Fa. VITA Zahnfabrik, Bad Säckingen). Hier wird zunächst ein grob gesintertes Gerüst gefertigt, das seine Festigkeit durch die Infiltration von Lanthanglas in die poröse Struktur bekommt. Diese Gerüste werden entweder durch einen Sedimentationsprozess, das so genannte Schlickern, oder mittels CAD/CAM-Technologie gewonnen. Von der Infiltrationskeramik gibt es drei verschiedene Untergruppen (SPINELL, ALUMINA und ZIRCONIA) deren Basis aber in jedem Fall Aluminiumoxid ist. Bei einem anderen Verfahren wird reines Aluminiumoxid auf computergestützt vorgefertigte Stümpfe gepresst (Procera, Fa. Nobel Biocare, Göteborg, Schweden). Die jüngste Materialklasse auf diesem Gebiet kann ausschließlich mittels CAD/ CAM-Verfahren bearbeitet werden. Es handelt sich um das Zirkoniumdioxid. Die Gerüste werden entweder im Grünzustand des Materials geschliffen und anschließend gesintert, wobei eine Volumenabnahme eintritt, die durch entsprechende Vergrößerung des Rohlings kompensiert werden muss (z. B. VITA In-Ceram YZ-Cubes, Fa. VITA Zahnfabrik, Bad Säckingen, Cercon Keramik, Lava) oder aus Blöcken im bereits hochfesten Endzustand geschliffen, was hohe Anforderungen an die Leistungsfähigkeit der Bearbeitungstechnik stellt (DC Zirkon, Fa. DCS, Alschwill, Schweiz).

Leider ist das Aussehen all dieser Materialien nicht dazu geeignet, sie im sichtbaren Bereich einzusetzen. Mit Ausnahme von Zirkondioxid verschlechtern sich die optischen Eigenschaften mit zunehmender Festigkeit sogar noch. Der wichtigste Vorteil für die Gestaltung ästhetischer Versorgungen besteht bei den oxidkeramischen Werkstoffen gegenüber der Metallkeramik lediglich in ihrer Lichtdurchlässigkeit. Teilweise ist sogar noch das Aufbringen zusätzlicher Deckschichten nötig, zum Beispiel Liner zur Verstärkung der Fluoreszenz. Die Kappen müssen in jedem Fall mit keramischen Verblendmaterialen überschichtet werden. Darin liegt allerdings auch ein Vorteil des Verfahrens, denn auf diesem Wege ist ein schichtartiger Aufbau der Krone möglich, der sich an der natürlichen Gestalt und Anatomie der Zahnhartgewebe orientiert. Dieser ist auf der anderen Seite auch nötig, denn trotz der Lichtdurchlässigkeit der Kappe werden Details der darunter liegenden, noch vorhandenen Zahnstrukturen abgedeckt und sind zur Erzielung einer visuellen Integration nicht mehr zugänglich. Gemeinsam mit der Notwendigkeit des ‚Versteckens' der Kappe durch Schichttechnik ist diese Tatsache der größte Nachteil dieses Systems bei der Gestaltung möglichst naturidentischer Restaurationen. Es muss allerdings anerkennend festgestellt werden, dass mit vollkeramischen Schichtkronen bis jetzt die besten Ergebnisse auf dem Gebiet ästhetischer Versorgungen erzielt werden konnten. Die hohe Festigkeit der Kappe ermöglicht die Hohlkehlpräparation, welche leicht zu realisieren ist und einen leicht subgingivalen Verlauf der Präparationsgrenze ermöglicht, was dem Verdecken unschöner Regionen im Bereich des Auslaufs der Kappe entgegenkommt. Die Befestigung kann konventionell erfolgen, verstärkt aber weiter die nachteilige Eigenschaft der fast vollständigen Abdeckung vorhandener Zahnstrukturen.

Prinzipien der Kompaktkrone

Die Kompaktkrone basiert auf einer Kombination zwischen Massivkrone und verblendeter Kappenkrone. Ihre Basis besteht aus einer Feldspatkeramik, welche den Silikatkeramiken zugeordnet wird (VITA Mark II oder VITA Triluxe, beide Fa. VITA Zahnfabrik, Bad Säckingen). Diese Keramik besitzt von ihrer Grundstruktur her bereits ein zahnartiges Aussehen, im Fall von Vita Triluxe liegt sogar eine dem Aufbau natürlicher Zähne in zervikal-inzisaler Richtung nachempfundene Schichtung von dunkel-opak nach hell-transparent vor. TriLuxe Blöcke bestehen zu einem Drittel aus

Abb. 7.4 VITABLOCS TriLuxe zeigen einen dem natürlichen Zahn nachempfundenen Farbverlauf von dunkel-opak nach hell-transluzent.

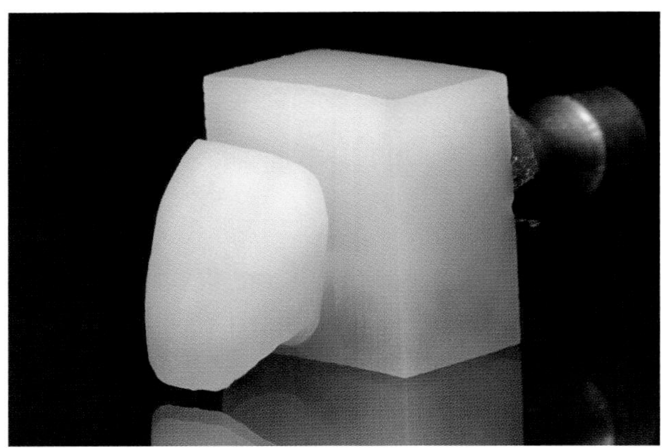

Abb. 7.6 Beim Ausschleifen muss die Krone in der richtigen Orientierung im Block positioniert werden.

Abb. 7.5 Während die ersten TriLuxe-Blöcke für den Seitenzahnbereich ausgerichtet waren, erlaubt die Größe 14/14 auch Restaurationen im Frontzahnbereich.

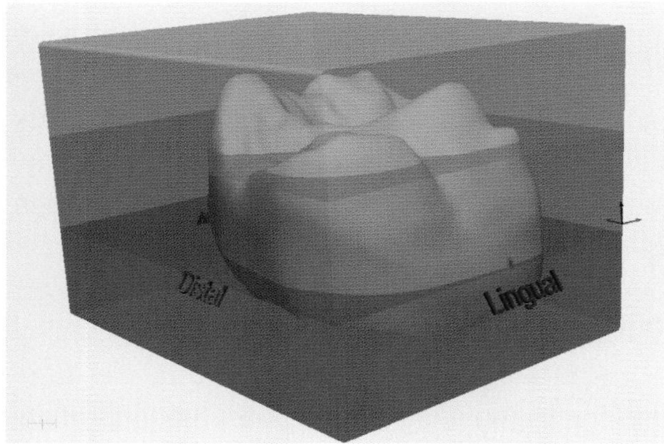

Abb. 7.7 Softwareseitig wird in einer dreidimensionalen Darstellung die Orientierung der Restauration in den Schichten des Blocks angezeigt.

einer dunkel-opaken Basalschicht, einem Drittel aus einer neutralen Zone, die mit monochromem Block identisch ist und einem hell-transluzenten Anteil (Abb. 7.4). Von ihren optischen Eigenschaften her ist diese Keramik geeignet, darunter liegende Schichten der natürlichen Zähne in gewissen Grenzen auf den Gesamteindruck der Restauration wirken zu lassen. Die Anordnung der bereits verfügbaren TriLuxe Blöcke ist auf einen Einsatz im Seitenzahnbereich ausgerichtet. Der vom Seitenverhältnis umgekehrte Frontzahnbereich konnte bis jetzt nur für sehr kurze Zähne abgedeckt werden. Da aber gerade für den ästhetisch anspruchsvollen Frontzahnbereich der Einsatz geschichteter Blöcke sehr sinnvoll ist, wurde das Design modifiziert. Um zwei unterschiedliche Formen (hoch und quer) zu vermeiden, wurde eine quadratische Grundform gewählt. Aufgrund seiner Maße wird dieser Block als TriLuxe 14/14 bezeichnet (14 x 14 x 18 mm) (Abb. 7.5). Seit der Verfügbarkeit des Stufenschleifers können solche großen Blöcke problemlos geschliffen werden (Abb. 7.6).

Softwareseitig muss sichergestellt werden, dass die Krone in der richtigen Orientierung in den Block eingesetzt wird. Zusätzlich besteht die Möglichkeit, falls entsprechende Platzreserven vorhanden sind, der vertikalen Verschiebung der Restauration im Block (Abb. 7.7).

Unter der Voraussetzung einer adhäsiven Befestigung ist die Keramik stabil genug, um die Indikation Krone und Teilkrone im Front- und

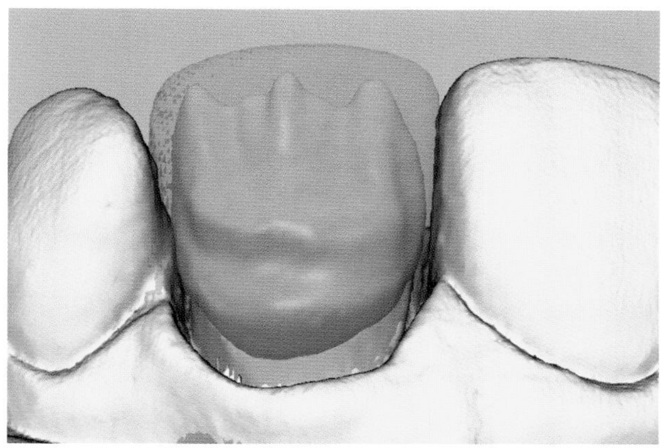

Abb. 7.8 Beispiel für die Integration einer Kompaktkrone. Die Vollkrone wird zum Nachschichten in den relevanten Bereichen reduziert.

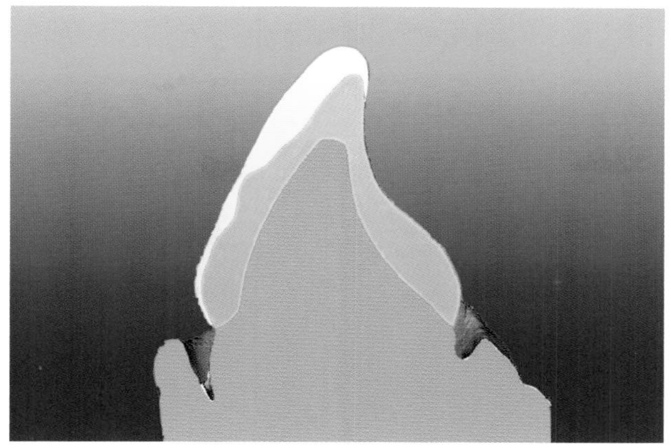

Abb. 7.10 Das Querschnittsbild der Kompaktkrone zeigt den schwingenden Aufbau der Verblendung im labialen Bereich zur Erzeugung eines sanften Übergangs zwischen Kernmaterial und Verblendkeramik.

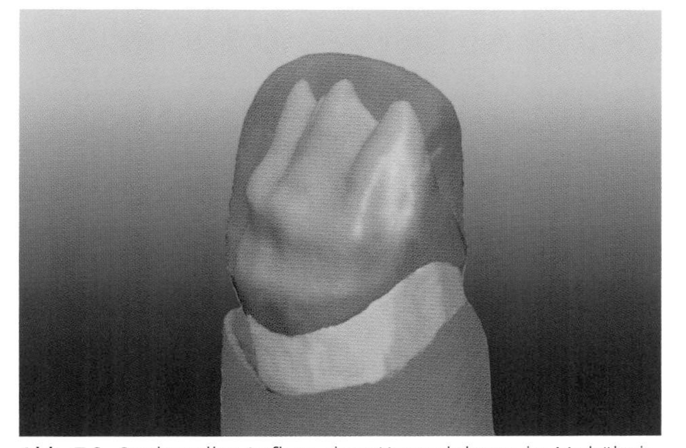

Abb. 7.9 Struktureller Aufbau einer Kompaktkrone im Verhältnis von Kernmaterial und Verblendkeramik (transluzent).

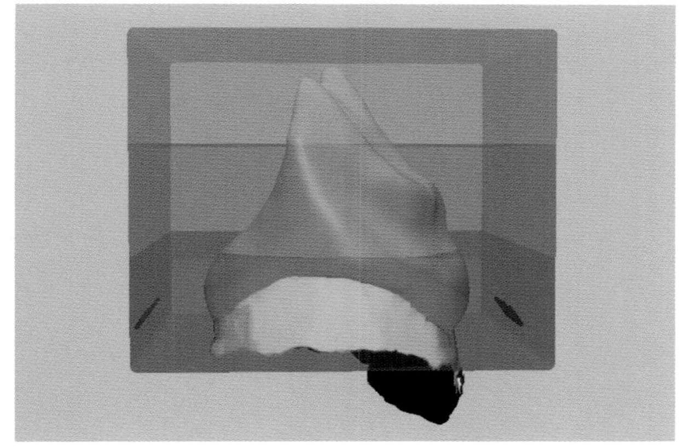

Abb. 7.11 Softwareseitig kann in gewissen Grenzen eine Einordnung der Krone in die Schichten des TriLuxe-Blocks vorgenommen werden.

Seitenzahnbereich abzudecken. Neben der zwingend vorgeschriebenen Befestigungsmethode bestehen zusätzliche Anforderungen an die Präparation. Es muss eine ausreichende Abstützung der Keramik durch eine rechtwinklige Stufenform gewährleistet werden. Die Kanten des Restaurationskörpers müssen stabil sein. Im Gegensatz zu früheren Vorgaben ist allerdings eine Stufenbreite von 0,8 bis 1,0 mm ausreichend. Die Materialstärke sollte 1,0 mm nicht unterschreiten.

Mit einer gleichmäßig durchgefärbten Keramik lassen sich aber die vielfältigen optischen Effekte, die durch den dreidimensionalen bis ins mikroskopische Detail schichtartigen Aufbau natürlicher Zähne entstehen, nicht nachbilden. Dies ist auch mit oberflächlicher Bemalung nicht zu erreichen. Zur Erzielung eines ansprechenden Ergebnisses ist es notwendig, die Keramik in der oberen Hälfte der Krone zu reduzieren. Dabei soll die Struktur der aus der Zahnentwicklung resultierenden, im Dentin bestehenden Mamelons herausgearbeitet werden (Abb. 7.8, Abb. 7.9). Diese schwingenden Kurven das wichtigste Charakteristikum im optischen Auftritt der meisten Schneidezähne (Abb. 7.10). Die Farbgebung wird durch den Einsatz von VITABLOCS TriLuxe unterstützt (Abb. 7.11). Die Nachbildung des Lichtspiels im Bereich dieser inneren Zahnstrukturen kann durch leichte Kolorierung mit fluoreszierenden Malfarben noch intensiver gestaltet werden (Abb. 7.12).

Der weitere Aufbau erfolgt nun durch Schichtung mit keramischen Massen. Speziell für Erstel-

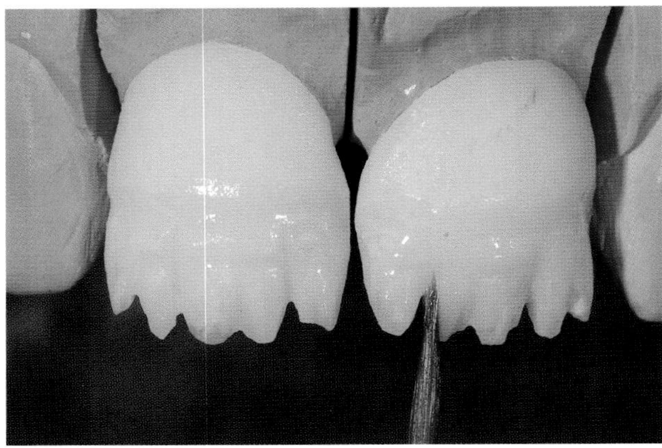

Abb. 7.12 Sehr natürliche und von innen heraus wirkende Farben erreicht man durch die interne Kolorierung mit fluoreszierenden Keramikmalfarben, welche durch einen Fixierungsbrand stabilisiert werden sollten.

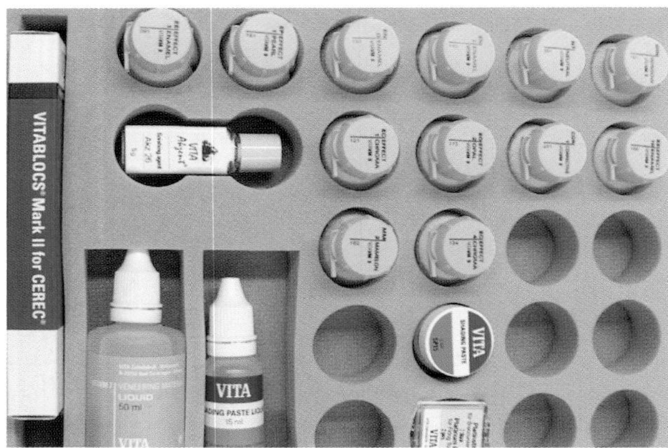

Abb. 7.13 Speziell für die Arbeit an Kompaktkronen wurde das VITA-Ästhetik-Kit (Fa. VITA Zahnfabrik, Bad Säckingen) zusammengestellt.

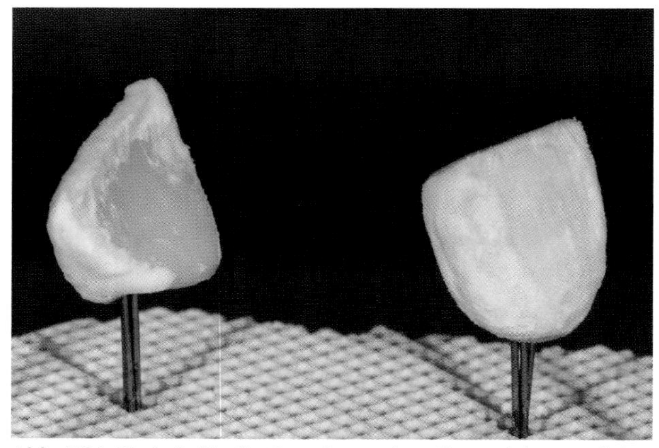

Abb. 7.14 Typisch für die Gestaltung einer Kompaktkrone wird das Verblendmaterial vorwiegend im labialen Bereich aufgebracht.

lung einer Kompaktkrone wurden einige Massen aus dem VM 9 Sortiment zu einem Set zusammengestellt (VITA VM 9 Esthetic Kit für VITABLOCS, VITA Zahnfabrik, Bad Säckingen) (Abb. 7.13, Abb. 7.14). Das herausragende Prinzip dieser Technik besteht darin, sowohl farblich als auch hinsichtlich der Dichte Keramikmassen so einzusetzen, dass sie nicht gegen eine Kappe, Verfärbung oder unerwünschte Unterlage gerichtet sind, sondern nur die Schichten die entfernt wurden, möglichst genau zu restaurieren. Es wird nicht gegen den Unterbau, sondern mit dem Unterbau gearbeitet. Natürlich ist es möglich, die Keramikmassen so einzusetzen, dass sie im Patientensinne positiver aussehen und das gewünschte Endresultat nur schwer von den eigenen Zähnen zu unterscheiden ist. Dieses Prinzip bedingt natürlich ein vollkommen anderes Vorgehen als bei Schichttechniken auf Gerüstunterlagen.

Da die verbleibenden Zahnstrukturen einen entscheidenden Einfluss auf das angestrebte Gesamtergebnis haben, müssen dem Zahntechniker Informationen über diese Bereiche zugänglich gemacht werden. Dies geschieht einerseits durch digitale Fotografie, andererseits durch die elektronische Farbmessung.

Wichtigste Grundlage für die Schichtung ist eine weitgehende Übereinstimmung des Wärmeausdehnungskoeffizienten der Keramikbasis mit dem Schichtmaterial. Der bei den VITA MKII Fräsblöcken vorliegende Wert von 9,3 korrespondiert in geeigneter Weise mit dem Verblendmaterial VITA VM 9 (beide VITA Zahnfabrik, Bad Säckingen). Mit diesem Material kann nun eine Anlage weiterer Farbeffekte durch das Aufbringen stark gefärbter Massen, eine Erzeugung einer räumlichen Tiefe durch Aufbringen transluzenter Massen mit nachfolgender Überschichtung mit schmelzähnlichen Elementen und eine Komplettierung der äußeren Zahnform erfolgen. Weitere Perfektion wird durch das Herausarbeiten der oberflächlichen Feinstruktur der Zähne durch Materialabtrag und eine abschließende mechanische Politur erreicht.

Klinisches Prozedere

Bereits bei der Indikationsstellung für Kompaktkronen sollte darauf geachtet werden, dass bei der späteren Eingliederung eine adhäsive Befestigung zwingend erforderlich ist. Sofern die Möglichkeit des Anlegens von Kofferdam nicht sicher möglich ist, müssen weitgehend entzündungsfreie gingivale Verhältnisse vorliegen und sich die Präparationsgrenze im epigingivalen oder supragingivalen Bereich befinden.

Bei Arbeiten im ästhetischen Bereich ist die Anfertigung von Situationsmodellen und – darauf basierend – einer Wachsmodellation zur Simulation des zu erwartenden Behandlungsergebnisses sinnvoll. Sehr wichtig ist die Beurteilung der Basisfarbe der zu restaurierenden Zähne. Es ist bei der hohen Transluzenz der Kompaktkronen davon auszugehen, dass sich die Untergrundfarbe in nicht unerheblichem Maße auf die Gesamterscheinung auswirkt. Infolge Devitalität stark verfärbte Zähne sollten deshalb gebleicht und mit einem geeigneten, lichtdurchlässigen Aufbau stabilisiert werden. Vorhandene metallische Aufbauten wirken sich ebenfalls sehr negativ auf das Farbverhalten aus. Sie sollten, falls dies ohne Schädigung des Restzahnes möglich ist, entfernt und durch besser geeignete Varianten ersetzt werden. Ist dies nicht möglich, ist die metallische Oberfläche mit einem kompositgebundenen Opaker abzudecken.

Hinsichtlich der Präparation erfordert die Kompaktkrone aus Stabilitätsgründen der Keramik eine rechtwinklige Stufe. Diese dient der Abstützung und Kraftübertragung. Gleichzeitig werden ausreichend stabile Ränder der Keramik gesichert. Die Stufe sollte ca. 1 mm breit sein und eine abgerundete Innenkante haben. Nach der okklusalen Reduktion und der Auflösung der Kontaktpunkte ist es für die Anlage der Stufe zunächst sinnvoll, mit einem kugelförmigen Diamantschleifer den Verlauf der späteren Präparationsgrenze supragingival zu markieren. Danach wird das koronal der Stufe gelegene Hartgewebe so weit abgetragen, dass der unkomplizierte Zugang mit einem kegelförmigen Präparierdiamanten mit einer planen Stirnfläche und abgerundeter Kante möglich ist. Damit wird nun die Stufe definitiv angelegt. Die Ausbildung von Ecken und Kanten ist zu vermeiden. Um für die gingivalen Gewebe eine möglichst atraumatische Präparation zu gewährleisten, ist das Legen eines Retraktionsfadens zu diesem Zeitpunkt sehr sinnvoll. Dieser Faden sollte relativ dünn sein und tief in den Sulkus eingeführt werden. Optimal ist eine ganz leicht subgingivale Lage der Stufe im sichtbaren Bereich, an allen anderen Stellen ist nach Möglichkeit supragingival zu präparieren. Abschließend wird mit einem Feinkorndiamanten mit gleicher Form finiert. Die okklusale Reduktion sollte 2 mm betragen. Dabei ist auf eine möglichst anatomische Gestaltung der Kaufläche in Anlehnung an den Originalzahn zu achten. Um Scherkräften auf die Keramik vorzubeugen, sollten scharfe Ecken und Kanten vermieden werden. Hier ist das abschließende Glätten mit einer groben Sof-lex-Scheibe (Fa. 3M Espe, Seefeld) mit kleinem Durchmesser sehr wirkungsvoll. Sind Modelle aus Wachsmodellationen angefertigt worden, ist es sehr hilfreich, mit einem nach dieser Vorlage angefertigten Silikonschlüssel den ausreichenden und gleichmäßigen Materialabtrag zu prüfen. Nach der Vorlage des Wax-up kann auch die Tiefziehschiene gestaltet werden, die zur Herstellung der provisorischen Versorgung verwendet wird.

Zur Vorbereitung der Abformung wird zusätzlich zu dem bereits gelegten Vorfaden nun ein zweiter Retraktionsfaden appliziert. Dieser soll den Sulkus deutlich erweitern. Ein exakt gelegter Faden sollte in jedem Fall noch sichtbar sein. Dabei spielt die Auswahl der passenden Fadenstärke eine wichtige Rolle. Diese hängt mehr vom Zustand der Gingiva als von irgendwelchen Vorgabewerten ab. Wichtig ist, dass mögliche medikamentöse Zusätze die exakte Abbindung des jeweiligen Abformmaterials nachhaltig beeinflussen können. Die sicherste Wahl sind deshalb Materialien, die auf solche Zusätze verzichten. Die Abformung soll die allgemein üblichen Anforderungen hinsichtlich der Dimensionsstabilität und der exakten Darstellung der Präparationsgrenze erfüllen. Dies ist mit unterschiedlichen Methoden möglich. Eine der praktikablen Möglichkeiten ist der Einsatz von Polyethern (Impregum/Permadyne, Fa. 3M Espe, Seefeld).

Labortechnische Aspekte

Erstellung von Arbeitsmodellen

Zunächst erfolgt die Erstellung von Arbeitsmodellen. Zweckmäßigerweise wird die Abformung zweimal ausgegossen und wie ein Superhartgips der Klasse 3 verwendet. Der erste Abguss, also der beste, wird dazu benutzt, um ein klassisches Sägestumpfmodell herzustellen. Auf diesem werden alle Arbeitsschritte ausgeführt, welche die Passung bzw. die Artikulation, Funktion und die Kontaktpunkte betreffen. Von dem zweiten Abguss werden herausnehmbare Stümpfe hergestellt. Diese werden in den Abdruck reponiert und ein Zahnfleischmodell (Gellermodell) hergestellt. Die wichtigsten Merkmale dieses Modells sind Informationen über Papillenhöhe, Infrakontur, Austrittskontur sowie Höhenprofil der Zervikalränder. Die Beurteilung des Gingivaverlaufes ist sehr wichtig für die Gestaltung einer exakten Zahnform.

Duplikatmodell

Für die Gestaltung der Kronen mittels eines CAD/CAM-Systems (CEREC-inLab, Fa. Sirona, Bensheim) muss die Modelloberfläche digitalisiert werden. Dies geschieht in diesem Fall mit einem Laserscanner. Da in die Scankammer dieses Gerätes keine kompletten Modelle passen, muss der für die Kronenherstellung relevante Bereich dubliert werden. Das Sägestumpfmodell wird hierfür mit einem Silikonmaterial (Provil Novo, Fa. Heraeus Kulzer, Hanau) abgeformt und mit einem speziellen, für die Laserabtastung geeigneten Hartgips (CamBase, Fa. Dentona, Dortmund) ausgegossen. Nach dem Trimmen wird dieses Modell auf einen speziellen Halter montiert und in die Scanvorrichtung eingesetzt.

Scannen und Konstruieren

Im Computerprogramm wird nach Anwahl der Restaurationsart der Abtastprozess gestartet. Nach der abgeschlossenen Digitalisierung der Modelloberfläche können die Rohkronen mithilfe des CAD-Programms gestaltet werden. Nach der Festlegung der Präparationsgrenze kann aus mehreren Zahndatenbanken eine geeignete Zahnform gewählt werden. Das Programm errechnet einen Vorschlag, bei dem normalerweise nur wenige Korrekturen notwendig sind. Diese können mit virtuellen Werkzeugen, die analog unseren gewohnten Werkzeugen zu sehen sind, ausgeführt werden.

Ausschleifen und Reduzieren

Um die beim normalen Schleifprozess mit CEREC bei Frontzahnkronen entstehenden Hohlräume im Innenlumen der Krone zu vermeiden, wird anstelle des zylinderförmigen Schleifkörpers der so genannte Langkegel benutzt (Abb. 7.16). Falls die Platzverhältnisse überhaupt den Einsatz eines zylindrischen Schleifkörpers mit der entsprechenden Erweiterung der Bodendaten zulassen, entstehen im Innenlumen der Krone unerwünschte Hohlräume (Abb. 7.17). Durch den Einsatz des Langkegelschleifers im so genannten Endo-Modus, bei dem Erweiterungen der Bodendaten vermieden werden, ist es möglich, eine sehr gute Innenpassung zu erreichen (Abb. 7.18). Bei diesem Verfahren muss allerdings eine deutlich verkürzte Standzeit der Schleifkörper in Kauf genommen werden. In Abhängigkeit von der Farbwahl werden Rohlinge, VITA MKII oder VITA TriLuxe (beide VITA Zahnfabrik, Bad Säckingen), benutzt. Je nach Anzahl der herzustellenden Kronen wird der CAD-Prozess wiederholt.

Sind alle Rohkronen ausgeschliffen, können sie mechanisch reduziert werden. Das Ausmaß der

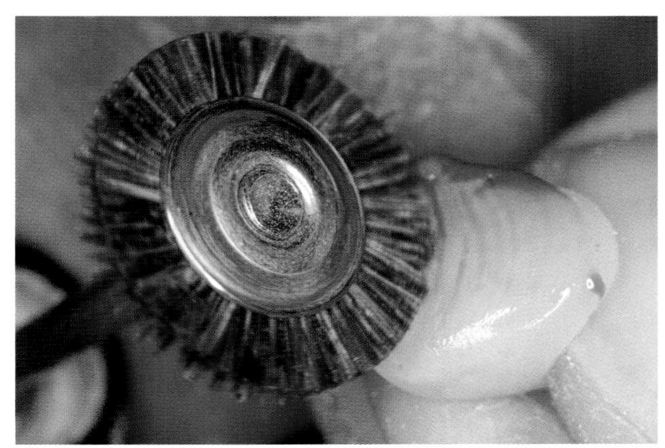

Abb. 7.15 Die mechanische Politur zur Einstellung des optimalen Glanzgrades ist ein wichtiges Element zur Schaffung naturidentischer Restaurationen.

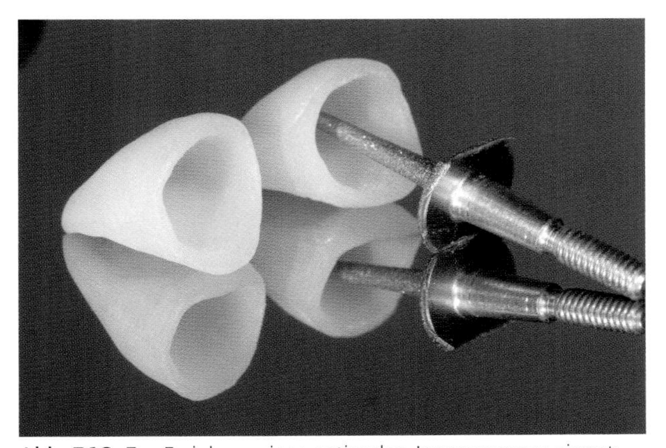

Abb. 7.16 Zur Erzielung einer optimalen Innenpassung eignet sich der Langkegelschleifer am Besten.

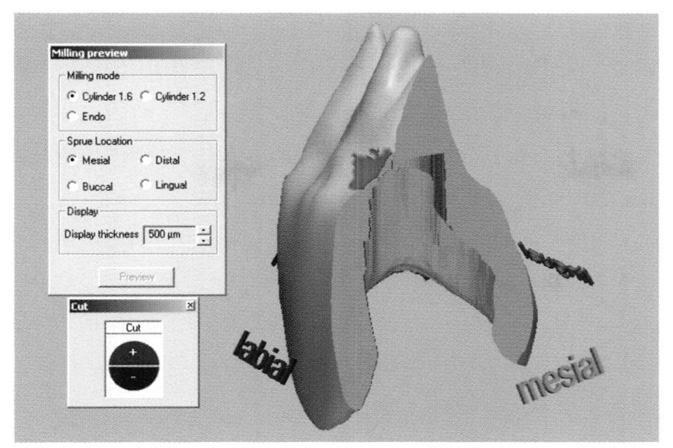

Abb. 7.17 Bei der Verwendung des 1,6-mm-Zylinderschleifers entstehen durch die Erweiterung der Bodendaten ein sehr großes Innenlumen und möglicherweise sogar Perforationen der Kappe.

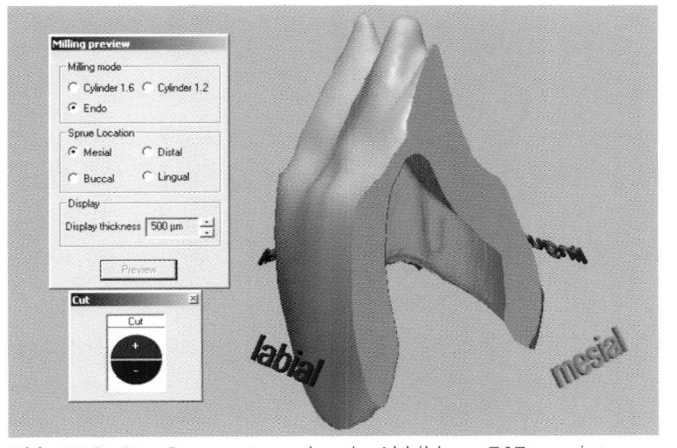

Abb. 7.18 FIm Gegensatz zu dem in Abbildung 7.17 gezeigten Zustand wird bei Verwendung des Langkegelschleifers im Endo-Modus eine perfekte Innenpassung mit ausreichender Materialstärke erreicht.

Reduktion hängt vom Charakter des zu erarbeitenden Zahnes ab. Dieser verringert sich logischerweise mit zunehmendem Alter durch Abrasion und Attrition. Es kann deshalb kein einheitliches Maß angegeben werden. Eine Harmonie mit den im Gebiss noch vorhandenen natürlichen Zähnen ist erstrebenswert. Der Abtrag der Keramik erfolgt zunächst mit relativ großen Schleifkörpern (Diagen Turbo Grinder, Fa. Bredent). Dabei wird die erforderliche Dentinstruktur herausgearbeitet, die sanft in die Form der Mamelons übergeht. Für feinere Details werden diamantierte Schleifkörper (z. B. Diascheiben, Fa. Brasseler, Lemgo) verwendet. Grundsätzlich ist beim Schleifen, wie allgemein bei der Keramik üblich, auf die Vermeidung lokaler Überhitzungen zu achten.

Es werden zudem horizontale Höhenterrassen angelegt. Sie bilden einen weicheren Übergang zwischen massiver und nachgeschichteter Keramik und ermöglichen auf diese Weise eine Differenzierung im Helligkeitswert der Krone. Auch bilden sie so ein Reservoir für die Anlage oft beobachteter weißen Bänder aus Dentinmaterial. Ist die gewünschte Form der ausgeschliffenen Keramik erreicht, kann mit dem Schichten der Keramikmassen begonnen werden.

Keramikschichtung

Vor dem Auftragen muss die Oberfläche mit einem Dampfstrahler von Verunreinigungen gereinigt werden. Zunächst werden mit fluoreszierenden Keramikmalfarben (VITA Shading Paste, VITA Zahnfabrik, Bad Säckingen) zahntypische Charakterisierungen angebracht. Es werden also interne Strukturen, Mamelons, Schmelzrisse und Areale mit geringerem Helligkeitswert angelegt.

Um ein Verschieben der Farben beim nachfolgenden Schichten zu vermeiden, erfolgt ein Fixierbrand. Nun ist die interne Bemalung fertig und es kann mit dem Auftrag der keramischen Massen begonnen werden.

Entsprechend dem WAK-Wert der Blockkeramik (Vitablocs MKII) werden VITA VM9 Keramikmassen (VITA Zahnfabrik, Bad Säckingen) eingesetzt. Speziell zur Erstellung einer Kompaktkrone wurden einige Massen zu einem Sortiment zusammengestellt (VITA Ästhetik Kit für Vitablocs, VITA Zahnfabrik, Bad Säckingen), mit welchen die meisten Situationen abgedeckt werden können. Die Schichtung erfolgt zunächst von palatinal aus. Dabei wird mit Schmelzmassen die endgültige Länge hergestellt. Danach folgen, je nach erforderlicher Dichte, Dentin- oder Mamelonmassen. Vor dem Auftragen der labialen Schmelzschicht wird noch etwas transparente Keramikmasse aufgebracht; diese dient als interner Lichtleiter und ist entscheidend für die Wirkung der Kompaktkrone. Merke: Wo kein Licht ist, ist auch keine Farbe! Dies dient außerdem zum Erzeugen einer Illusion von Tiefe. Danach erfolgt der Hauptbrand im Keramikofen, der in vielen Fällen bereits ausreicht. Wenn nötig, kann natürlich noch ein weiterer Keramikbrand ausgeführt werden.

Ausarbeitung und Finish

Sind die Brennprozesse abgeschlossen, erfolgt die mechanische Ausarbeitung der Krone. Dabei werden die bereits in der Rohkrone vorhandenen und beim Schichten komplettierten Leisten konturiert. Auf eine bandförmige Gestaltung des Kontaktbereichs ist zu achten.

Die Zeit, die durch die wesentliche Arbeit der Software eingespart werden konnte, kann nun der detaillierten Ausarbeitung der Oberflächenstrukturen zugute kommen. Dies ist von großer Bedeutung für die spätere Wirkung der Krone. Entsprechende Details, wie z. B. Perikymatien, werden mit feinen Diamanten und Hartmetallfräsen herausgearbeitet. In einem abschließenden Finishbrand wird die Oberfläche schon einmal thermisch konditioniert. Die abschließenden Oberfläche wird durch eine mechanische Politur mit feinen Ziegenhaarbürstchen und Keramikpolierpaste (Dia Glaze, Fa. Yeti, Engen) erreicht (Abb. 7.15). Der Glanzgrad wird so eingestellt, dass er perfekt zum Gesamtgebiss passt.

Eingliederung

Nach der Entfernung der Provisorien und der üblichen Kontrolle der Passung werden die Kompaktkronen adhäsiv befestigt. Wann immer es möglich ist, sollte dabei auf die absolute Trockenlegung mit Kofferdam zurückgegriffen werden. Im Frontzahnbereich und unter halbwegs entzündungsfreien Bedingungen ist ein Verzicht auf diese Schutzmaßnahme vorstellbar.

Die Vorbereitung der Keramik beginnt mit einer Reinigung mit dem Heißdampfstrahler. Danach erfolgt die Ätzung mit Flusssäure (7%, 60 Sekunden) (VITA Ceramics Etch, Fa. VITA Zahnfabrik, Bad Säckingen). Diese wird im Anschluss sehr gründlich mit Wasser entfernt. Durch die Einwirkung der Säure wird auf der Keramikoberfläche ein retentives Ätzmuster erzeugt. Eine weitere Haftverbesserung wird durch den Auftrag eines Silans (Silicoup, Fa. Heraeus Kulzer, Hanau) erzielt. Werden die Kronen danach nicht sofort eingegliedert, empfiehlt sich eine Abdeckung mit Bondingflüssigkeit, da das Silan sehr schnell mit dem Luftsauerstoff reagiert und unwirksam wird. Für den Fall des Bondingauftrages müssen die Kronen dann bis zum Einsetzen lichtgeschützt aufbewahrt werden. Die adhäsive Befestigung schließt auf der Zahnoberfläche eine Schmelzätzung mit Phosphorsäure und die Konditionierung des Dentins ein. Ein einheitliches Vorgehen kann hier nicht beschrieben werden, da sich die

Prozesse herstellerbedingt unterscheiden. Es sollte deshalb unbedingt auf die Einhaltung der Anwendungsvorschriften geachtet werden.

Sowohl dualhärtende als auch rein lichthärtende Kleber sind wegen der hohen Transluzenz der Kronen möglich. Wichtig ist, dass die Fluoreszenz und die Opazität des Einsetzmaterials zur Restbezahnung passen. Eine falsche Wahl kann besonders bei geringen Schichtstärken zu deutlichen Farbverfälschungen führen. Ganz besonders bei gut erhaltener Zahnrestsubstanz sollte ein relativ transluzentes und gut fluoreszierendes Material verwendet werden, um die optischen Informationen der Stümpfe in das Gesamterscheinungsbild der Krone zu integrieren. Ein in dieser Hinsicht sehr gut abgestimmtes System ist das Enamel plus HFO der Firma Micerium (Enamel plus HFO, Fa. Micerium, Avegno). Leider ist dieses Komposit, weil es sich von der Konzeption um ein Füllungsmaterial handelt, nicht als dualhärtendes System erhältlich.

Nach einer punktuellen Lichthärtung lassen sich vorsichtig größere Zementüberschüsse entfernen. Danach werden mit geeigneten Lampen die Kleber ausgehärtet. Auf eine gründliche Säuberung des Fugenbereichs von den mitunter sehr schlecht sichtbaren Überschüssen des Befestigungsmaterials ist dringend zu achten. Abschließend empfiehlt sich die intensive Funktionskontrolle, deren ausführliche Überprüfung im ungeklebten Zustand wegen der hohen Frakturgefahr der Keramik nur bedingt möglich ist.

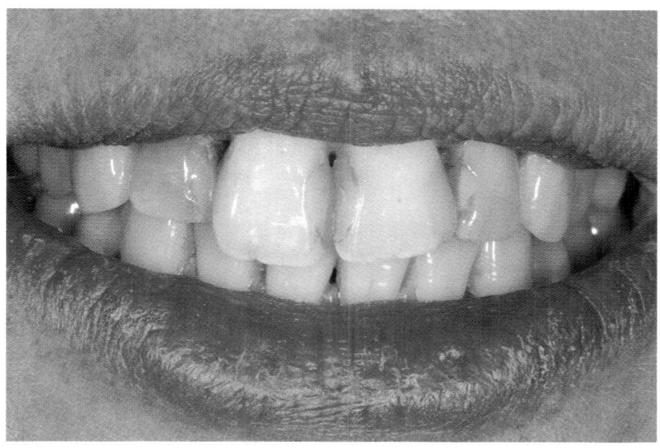

Abb. 7.19 Bei einer 28-jährigen Patientin bestand dieser ästhetisch unbefriedigende Zustand.

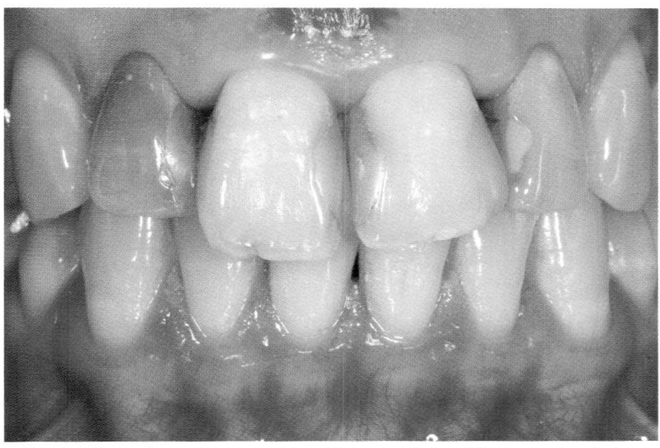

Abb. 7.20 Neben dem stark verfärbten Zahn 12 und dominieren große Kompositfüllungen und der teilweise Verlust der Interdentalpapillen.

Fallbeispiel

Klinische Situation

Bei einer 27-jährigen Patientin bestand der Wunsch nach einer kosmetischen Verbesserung des sichtbaren Zahnbereichs. Es dominieren stark gefüllte Oberkieferfrontzähne mit einer leichten Fehlstellung. Diese führt zu einer Diskrepanz zwischen dem Verlauf der Schneidekante und der Linie der Unterlippe (Abb. 7.19 bis 7.21). Intraoral fallen bei ansonsten zufrieden stellendem paro-

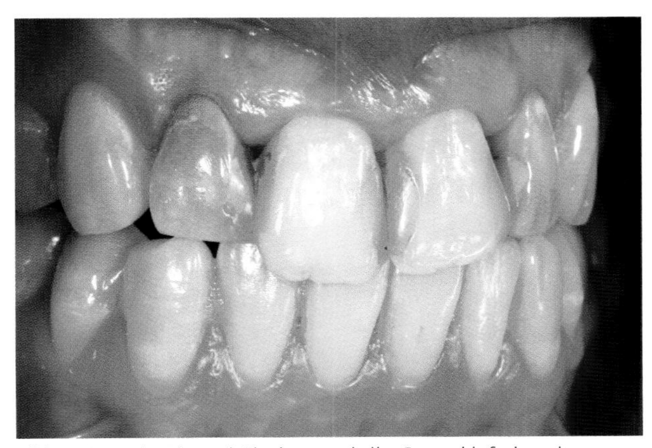

Abb. 7.21 Die Bissverhältnisse und die Gegenkieferbezahnung sind ansonsten regelrecht.

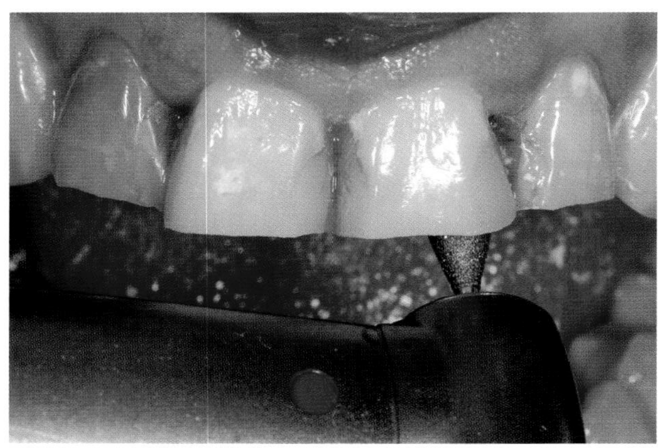

Abb. 7.22 Als erster Schritt der Präparation erfolgt das inzisale Kürzen.

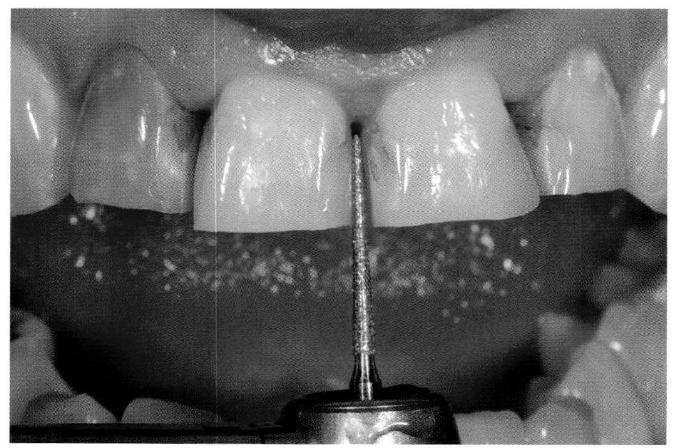

Abb. 7.23 Die Auflösung der approximalen Kontakte erfolgt mit einem schlanken Schleifkörper mit unbelegter Spitze.

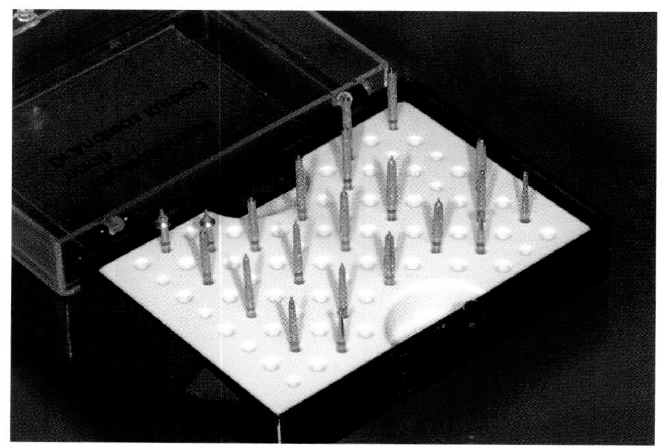

Abb. 7.24 Für die rationelle Präparation hat sich der Einsatz standardisierter Instrumentensets bewährt (Diafutur, Fa. DDS, Schwabach).

dontalem Befund die kaum noch vorhandenen Zahnfleischpapillen auf. Die beiden seitlichen Schneidezähne sind devital, zeigen aber regelrechte Wurzelkanalfüllungen. Wie oft bei marktoten Zähnen zu beobachten, sind sie dunkel verfärbt. Für die weitere Diagnostik wurden Röntgenbilder sowie Ausgangsfotos angefertigt und Abformungen für Situationsmodelle genommen.

Präparation und Abformung

Der Patientin wurde die Versorgung mit vollkeramischen Kompaktkronen vorgeschlagen. Dabei sollten die Zähne 12 und 22 zusätzlich wegen der erhöhten Frakturgefahr bei wurzelbehandelten Zähnen mit glasfaserverstärkten Wurzelstiften versorgt werden.

Die Präparation erfolgte nach Auflösung der Kontaktbereiche und inzisalem Kürzen im Wesentlichen mit kegelförmigen Diamanten mit planer Stirnfläche und abgerundeten Kanten (Fa. DDS, Schwabach und Fa. Brassler, Lemgo) (Abb. 7.22 bis 7.24). Das Ziel ist die Ausformung einer rechtwinkligen Stufe mit abgerundeter Innenkante (Abb. 7.25 bis 7.27).

Bei den beiden seitlichen Schneidezähnen wurden die Wurzelfüllungen teilweise entfernt und dann mit entsprechend genormten Bohrern des ER-Post Systems (Fa. Brasseler, Lemgo) die Aufnahme der dazu gehörenden Dentinpost-Wurzelstifte vorbereitet. In diesem Zustand wurde nach dem Aufbringen von Opaldam zum Schutz der Gingiva ein Bleaching mit Opalescence Xtra boost (beides Fa. Ultradent, München) durchgeführt. So konnte eine deutliche Aufhellung der Zahnsubstanz erreicht werden. Nach dem Einmessen wurden diese Stifte mit Panavia 2.0 (Fa. Kuraray, Tokio) adhäsiv befestigt (Abb. 7.28 bis 7.30).

Vorhandene alte Füllungen wurden entfernt und adhäsiv befestigte Aufbaufüllungen aus farblich gut abgestimmtem Kompositmaterial (Enamel plus HFO, Fa. Micerium, Avegno) gelegt.

Der Abschluss der Präparation erfolgte mit kegelförmigen Finierdiamanten mit planer Stirnfläche. Eine Stufenbreite von 0,8 bis 1,0 mm ist

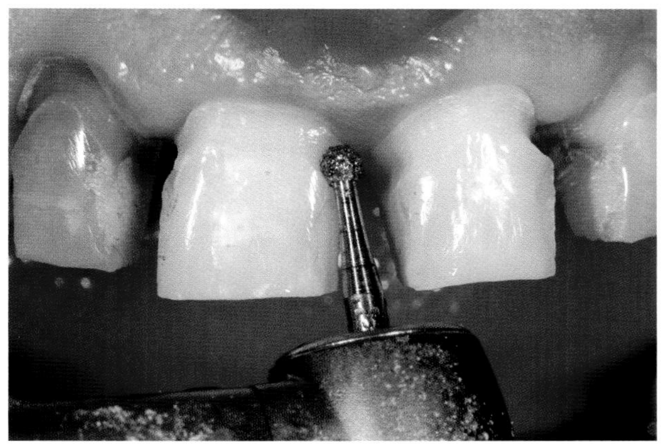

Abb. 7.25 Zum Anlegen einer standarisierten Stufe wird zunächst eine epigingivale Orientierungsrille präpariert.

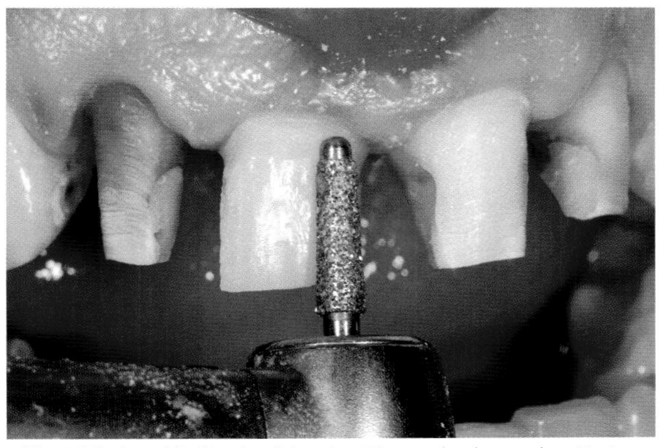

Abb. 7.26 Anschließend erfolgt der Abtrag des koronalen Hartgewebes mit einem speziellen Schleifkörper mit unbelegter Spitze.

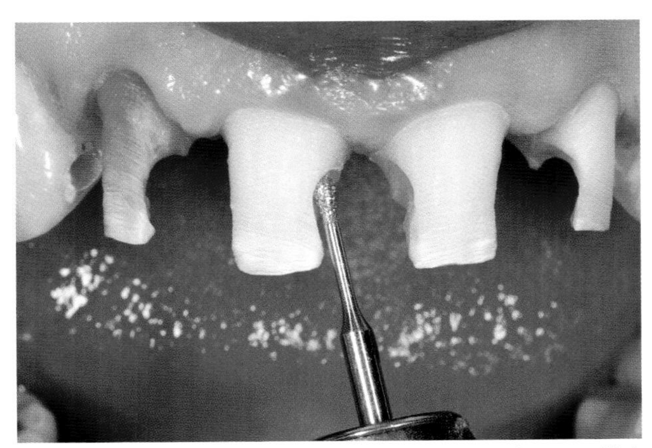

Abb. 7.27 Alte Füllungen und kariöse Bereiche werden gründlich exkaviert.

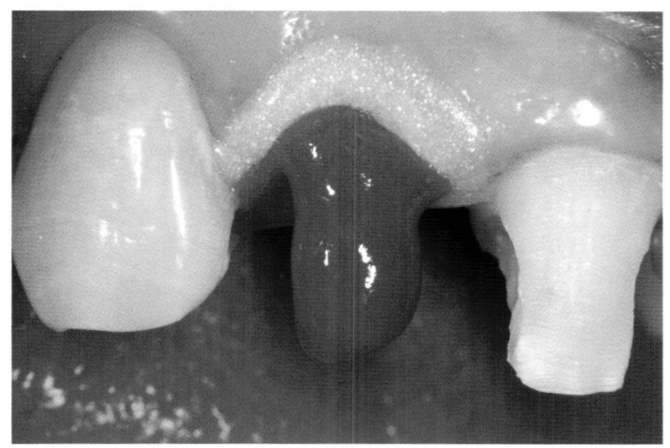

Abb. 7.28 Der stark verfärbte Zahn 12 wird nach Präparation für einen Stiftaufbau vor dem Kleben des Stiftes mit Bleichgel aufgehellt (Opalescence X-tra Boost, Fa. Ultradent, Köln).

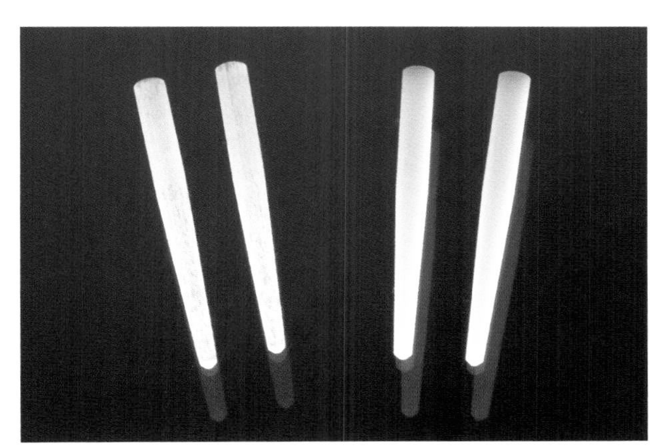

Abb. 7.29 Die Stabilisierung endodontisch behandelter Zähne erfolgt mit keramischen oder glasfaserverstärkten Stiften (Cerapost/Dentinpost, Fa. Brasseler, Lemgo).

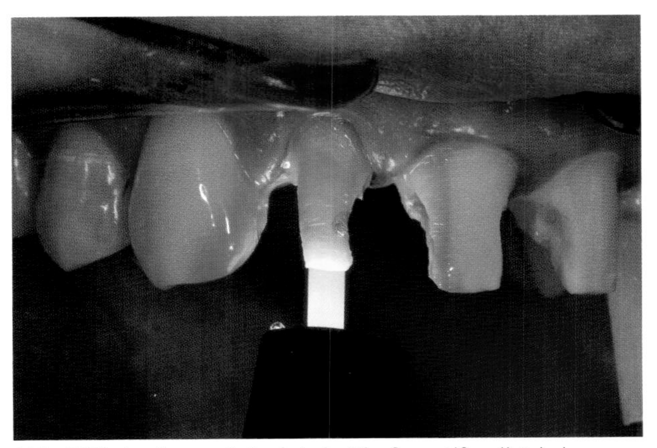

Abb. 7.30 In diesem Fall wird ein Glasfaserstift adhäsiv im Wurzelkanal befestigt.

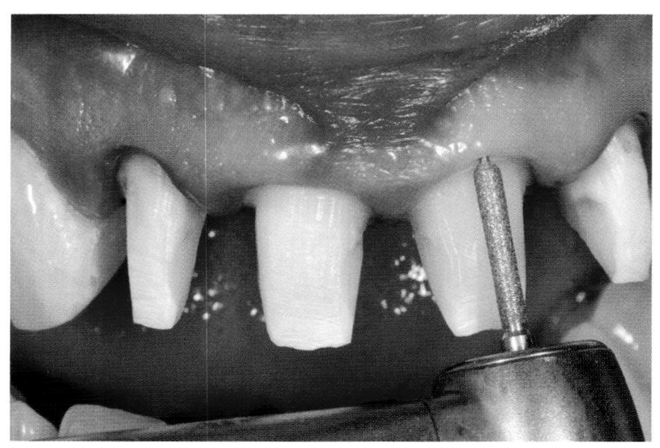

Abb. 7.31 Sind die Aufbauten vollständig abgeschlossen, erfolgt die definitive Präparation mit Diamanten mit apikalem Führungsstift (Diafutur, Fa. DDS, Schwabach).

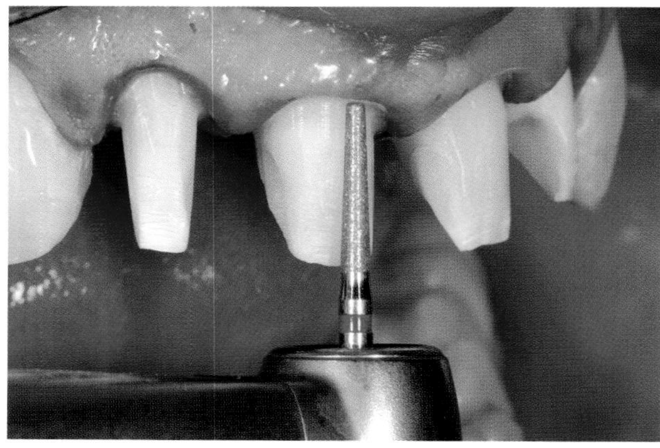

Abb. 7.32 Der Stumpf wird abschließend mit Feinkorndiamanten geglättet.

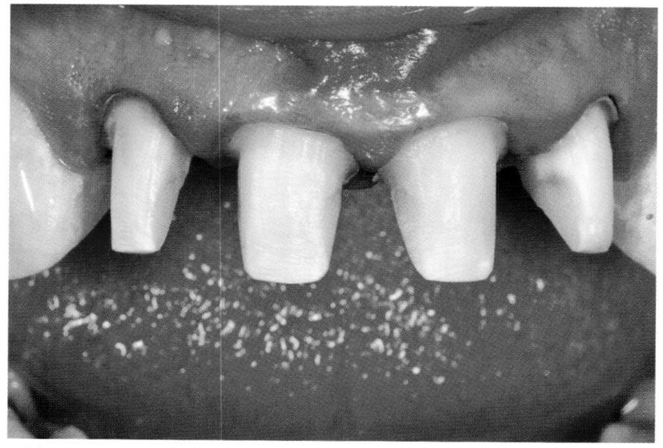

Abb. 7.33 Stumpfformen mit rechtwinkliger Stufe mit abgerundeter Innenkante sind das für diese Kronenform optimale Ergebnis.

ausreichend. Aus ästhetischen Gründen muss im Labialbereich leicht subgingival präpariert werden, was natürlich die ordnungsgemäße adhäsive Befestigung erschwert. Da mit Vollkeramik gearbeitet wird, spielt eine sichtbare Präparationsgrenze eher eine untergeordnete Rolle. Durch das Legen eines dünnen Retraktionsfadens wird die Gingiva leicht verdrängt und vor Verletzungen geschützt. Die Stärke des Fadens ist vom Zustand der Gingiva abhängig (Abb. 7.31 bis 7.33).

Zur Vorbereitung der Abformung wird ein zweiter Faden (Oberfaden) mit größerem Durchmesser gelegt. Die Abformung erfolgt einzeitig mit einem Polyether-Abformmaterial (Impregum/ Permadyne Fa. 3M Espe, Seefeld). Direkt vor dem Aufspritzen des dünnflüssigen Materials wird der Oberfaden entfernt, der zweite Faden verbleibt im Sulkus. Nach dem Abbinden wird die Abformung entfernt und auf einwandfreie Qualität geprüft (Abb. 7.34 und 7.35).

Das Provisorium wird mittels einer vorher angefertigten Tiefziehschiene hergestellt (Abb. 7.36). Dabei wird ein Autopolymerisat (Luxatemp 3, Fa. DMG, Hamburg) verwendet. Das Rohprovisorium wird ausgearbeitet und poliert. Die Befestigung erfolgt mit einem eugenolfreien, provisorischen Befestigungszement (Temp Bond NE, Fa. Kerr). Auf die gründliche Entfernung von Zementüberschüssen wird geachtet.

Die Farbnahme erfolgt mit dem Farbschlüssel des 3D-Master-Farbsystems (VITA Zahnfabrik, Bad Säckingen). Unterstützt wird die Farbwahl durch direkten Vergleich mit den Keramikrohlingen (Vitabloks, Fa. VITA Zahnfabrik, Bad Säckingen). Die klinische Situation mit den jeweils ausgewählten Farben wird mittels digitaler Fotografie dokumentiert und an das Labor übermittelt. Zur Unterstützung erfolgt weiterhin eine elektronische Farbmessung (VITA Easy Shade, Fa. VITA Zahnfabrik, Bad Säckingen) (Abb. 7.37 bis 7.39).

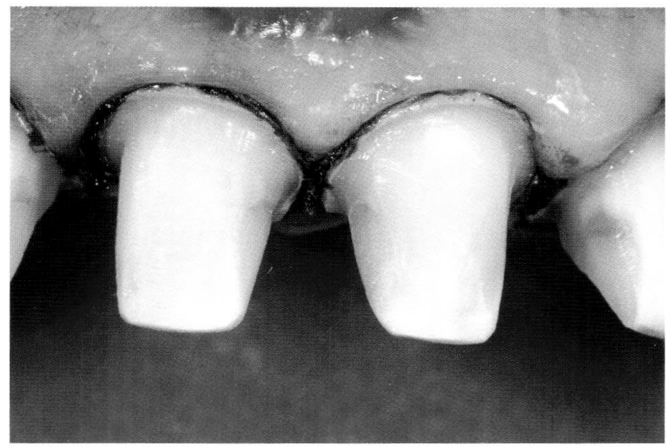

Abb. 7.34 Zur besseren Darstellung der Präparationsgrenze wird ein Oberfaden in den Sulkus appliziert.

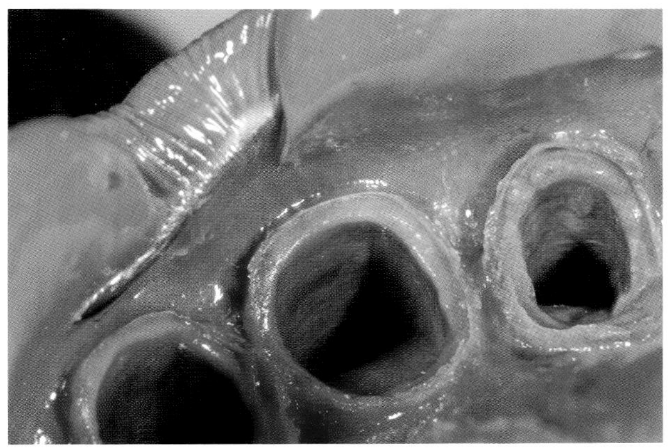

Abb. 7.35 Die Abformung erfolgt in Doppelmischtechnik. Es wird ein Polyethermaterial (Impregum, 3M Espe, Seefeld) verwendet.

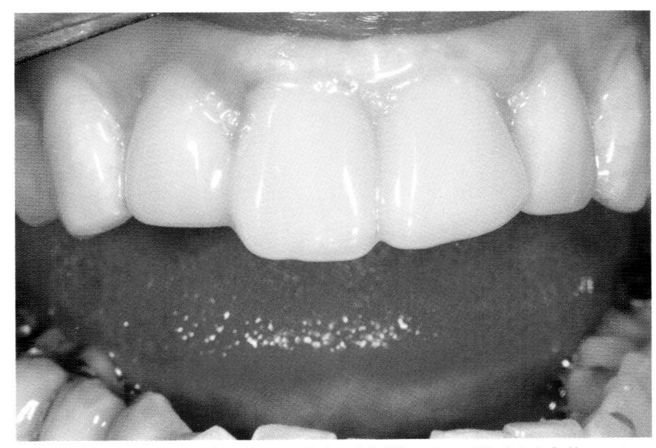

Abb. 7.36 Das Provisorium wird mithilfe einer Tiefziehfolie unter Verwendung der Ausgangssituation hergestellt.

Abb. 7.37 Zur Bestimmung der Grundfarbe des Zahnes wird die digitale Farbmessung mittels VITA Easyshade (VITA Zahnfabrik, Bad Säckingen) eingesetzt.

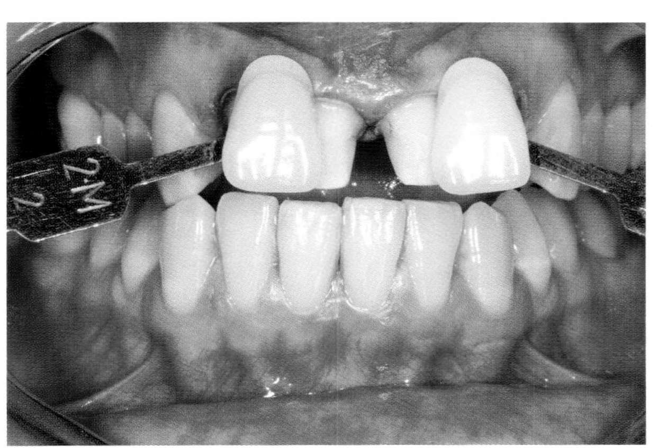

Abb. 7.38 Zur Übermittlung möglichst detaillierter Informationen an das Labor werden Fotos mit den ausgewählten Farbmustern angefertigt.

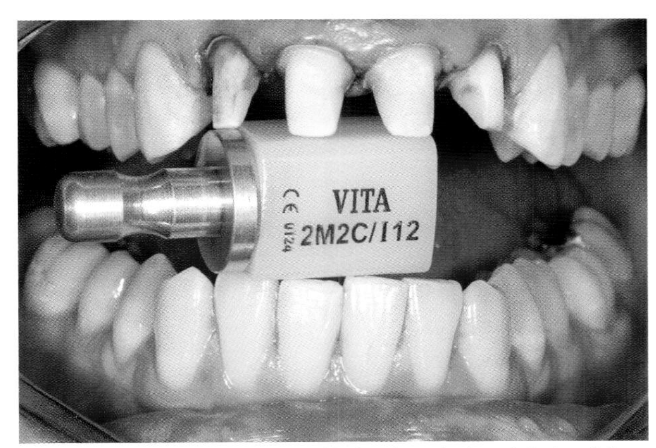

Abb. 7.39 Die geeignete Grundfarbe des Blocks wird ebenfalls bestimmt und entsprechend dokumentiert.

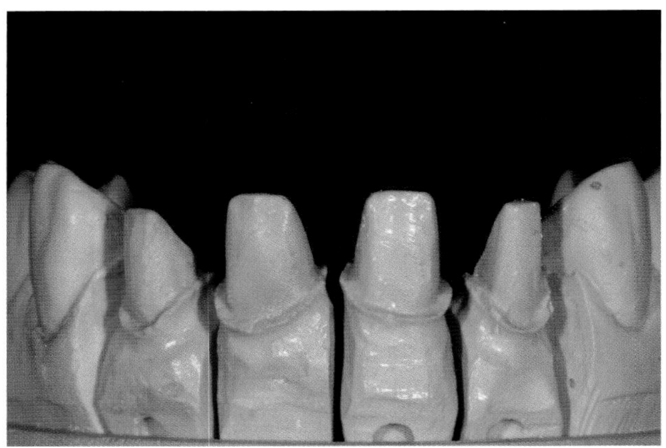

Abb. 7.40 Ein Sägeschnittmodell dient als Grundlage zur Herstellung passfähiger Restaurationen im Dentallabor.

Arbeiten im Labor

Die Modellherstellung im Labor erfolgt mit Superhartgips (Esthetic-Base Gold, Fa. Dentona, Dortmund). Es wird ein Sägeschnitt- und ein Gellermodell mit Erhaltung der Zahnfleischpartie angefertigt (Abb. 7.40 bis 7.42). Das Sägeschnittmodell wird im Bereich der präparierten Zähne mit einem Abformmaterial auf Silikonbasis (Provil Novo, Fa. Heraeus Kulzer, Hanau) dubliert. Daraus wird ein Scanmodell aus Cam Base Gips (Fa. Dentona, Dortmund)

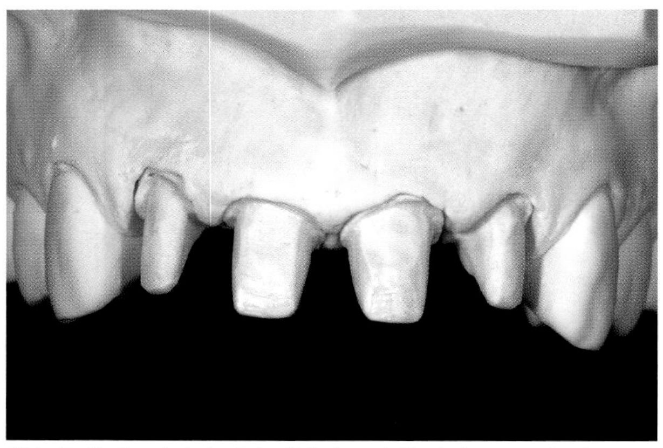

Abb. 7.41 Es wird ein Zahnfleischmodell mit herausnehmbaren Stümpfen (Gellermodell) hergestellt.

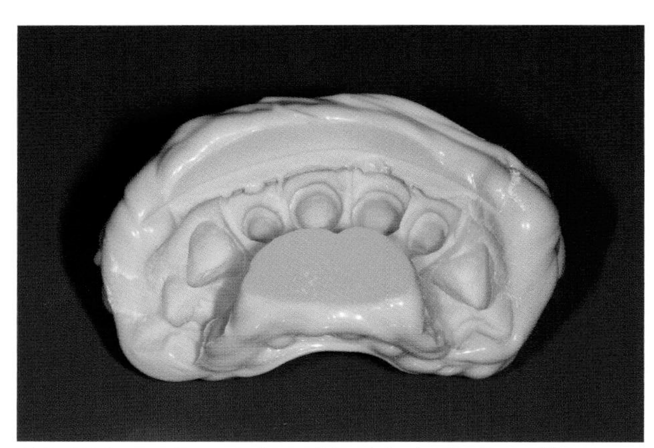

Abb. 7.43 Das Sägeschnittmodell wird mittels eines Silikonmaterials dubliert.

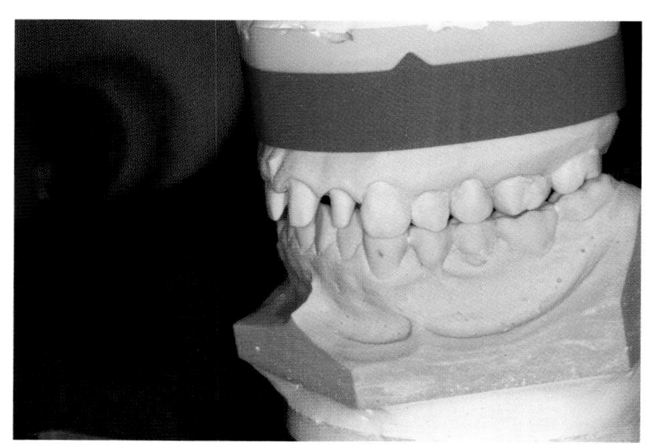

Abb. 7.42 Die Modelle werden entsprechend der bestimmten Kieferrelation einartikuliert.

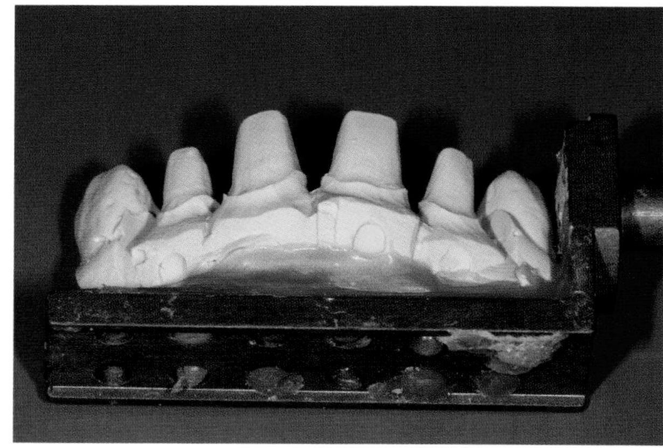

Abb. 7.44 Das durch Dublierung gewonnene Teilmodell wird auf einen Scanträger des inLab-Systems montiert.

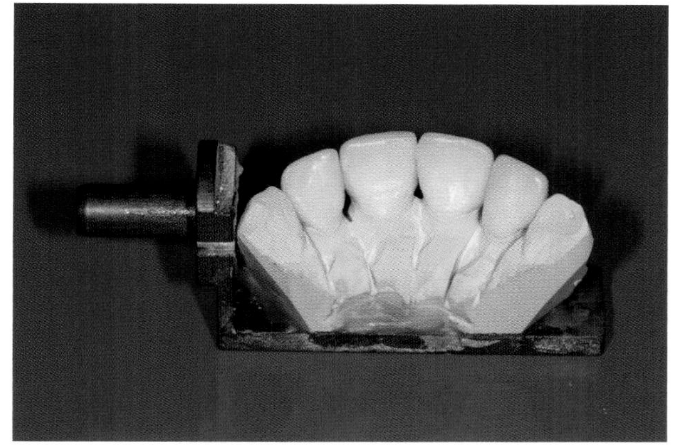

Abb. 7.45 Für einen zweiten Abtastprozess im Korrelationsmodus werden zuvor angefertigte Wax-ups auf dem Modell fixiert.

gefertigt (Abb. 7.43 bis 7.45). Die Oberfläche wird im CEREC-inLab-Gerät (Fa. Sirona, Bensheim) mittels Laserabtastung digitalisiert. Mit der Software des Gerätes erfolgt das Design der Rohkronen. Dabei kann auf eine Zahndatenbank zurückgegriffen werden (Abb. 7.46 bis 7.48). Die Kronen werden aus Keramikrohlingen in der gewählten Farbe ausgeschliffen. Verwendet wurden wegen der zu erzielenden relativ hohen Transluzenz Blöcke mit einer farblichen Schichtung (VITA Triluxe, Fa. VITA Zahnfabrik, Bad Säckingen) (Abb. 7.49 bis 7.51).

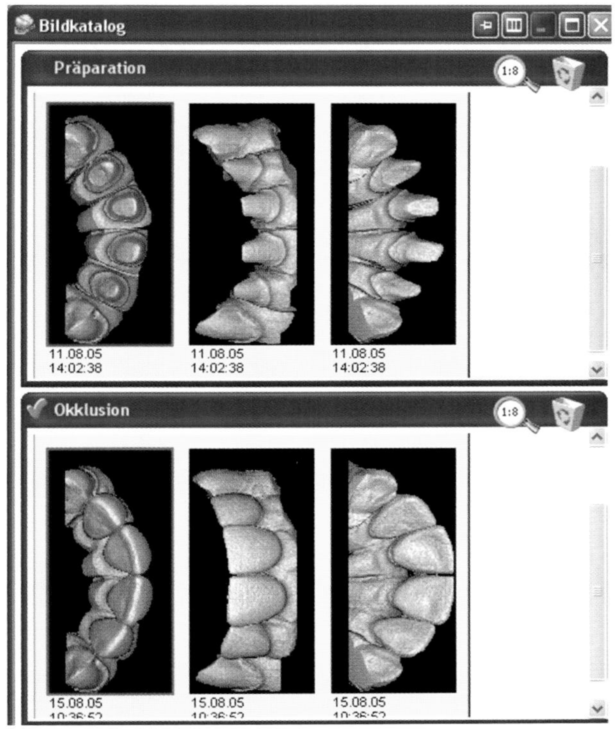

Abb. 7.46 Der Bildkatalog zeigt die Aufnahmeserien für die Präparation und die Korrelation.

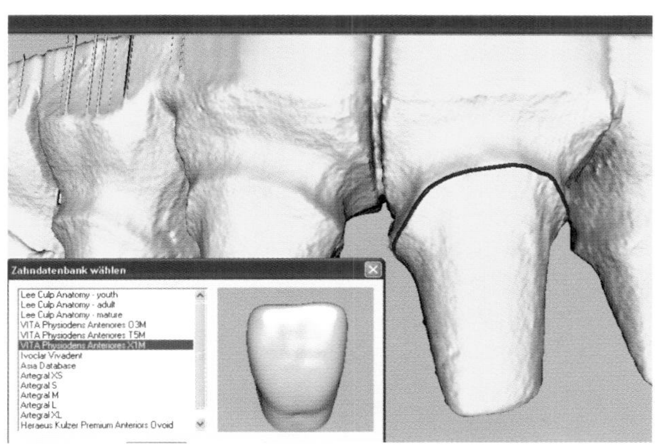

Abb. 7.47 Nach der Festlegung der Präparationsgrenze wird eine geeignete Zahnform aus der Frontzahndatenbank ausgewählt.

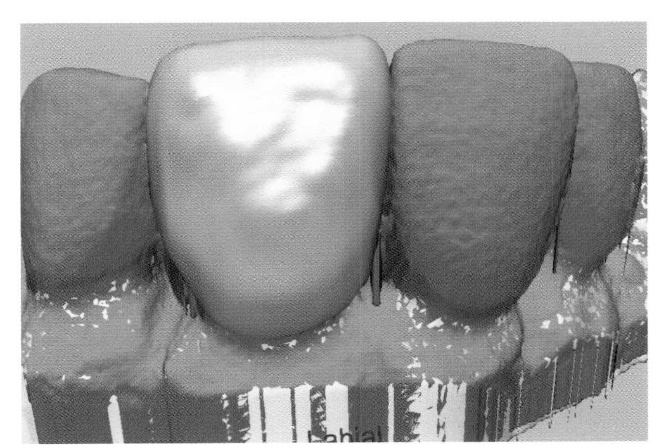

Abb. 7.48 Durch die Möglichkeit des Einblendens der durch Wachsmodellation festgelegten Zahnform kann der Modellzahn zügig an die tatsächliche Situation angepasst werden.

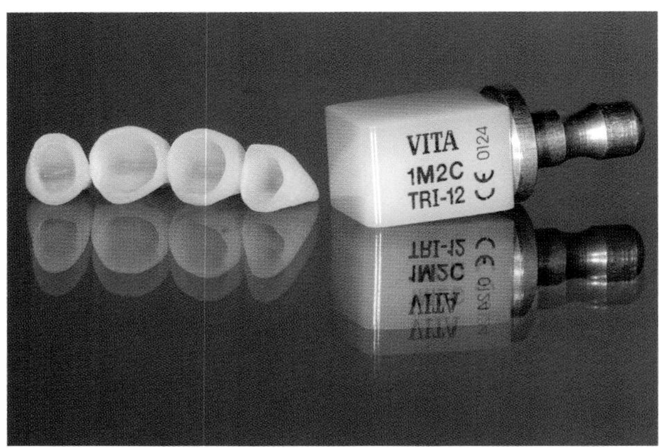

Abb. 7.49 Zur Herstellung der Rohkronen werden VITA TriLuxe Keramikblöcke (Fa. VITA Zahnfabrik, Bad Säckingen) verwendet.

Die ausgeschliffenen Rohkronen werden entsprechend der Struktur des Dentinkerns der natürlichen Zähne reduziert (Abb. 7.52 bis 7.55). Es erfolgt eine interne Kolorierung mit VITA Shading Paste (Fa. VITA Zahnfabrik, Bad Säckingen) (Abb. 7.56, Abb. 7.57). Nach einem Farbfixierungsbrand wird die endgültige Zahnform mit keramischen Massen aufgeschichtet. Dabei werden der interne Schichtaufbau und die Steuerung des Lichtverlaufes durch das Wechselspiel opaker und transluzenter Massen berücksichtigt. Es erfolgt nur ein einziger Brand (Abb. 7.58 bis 7.64).

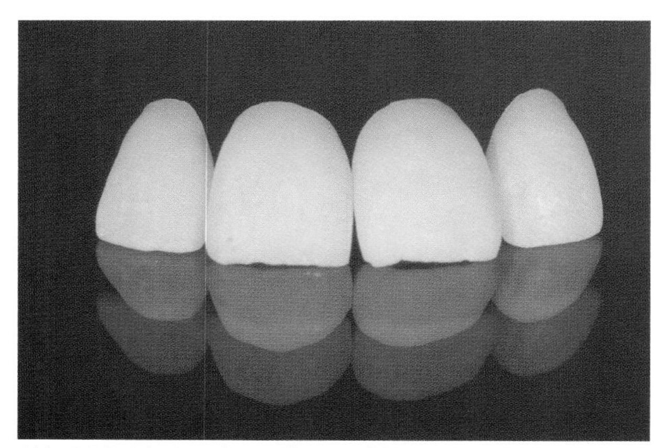

Abb. 7.50 Die Gestaltung dieser Rohkronen enthält bereits die grobe Struktur der definitiven Arbeit, wie zum Beispiel Kontaktbereiche und Lichtleisten.

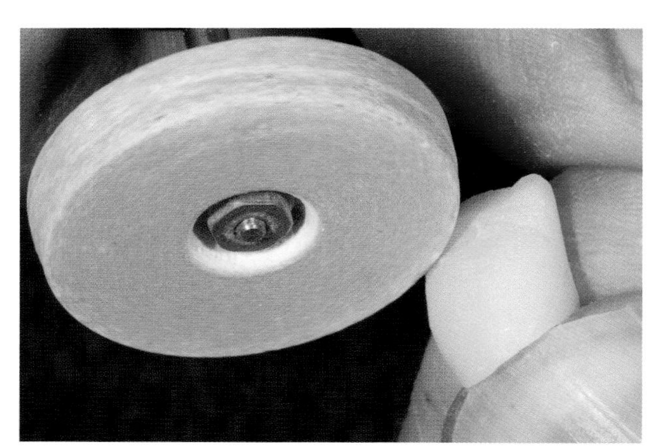

Abb. 7.52 Erste großzügige Reduktionen werden mit entsprechend groß dimensionierten Schleifkörpern durchgeführt.

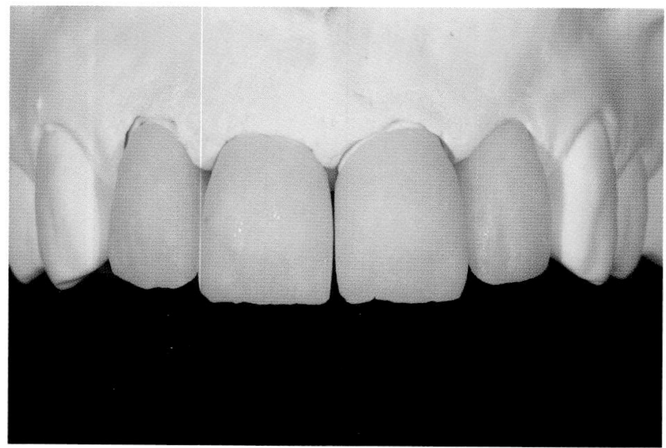

Abb. 7.51 Die ausgeschliffenen Kronen werden zunächst auf das Modell aufgepasst.

Abb. 7.53 Nach und nach werden die Feinheiten der Mamelonstruktur herausgearbeitet.

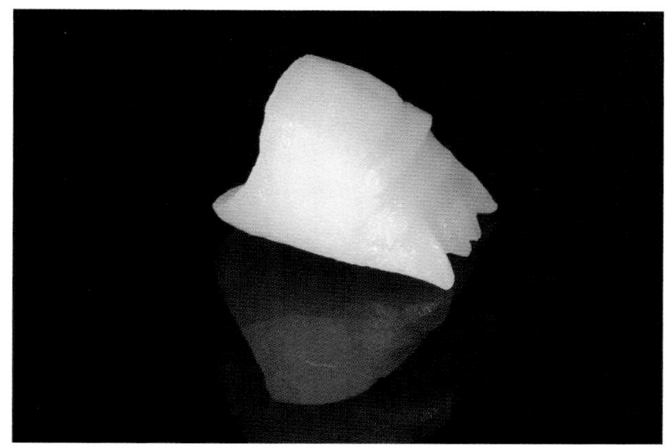

Abb. 7.54 Die schwingenden Kurven bewirken einen sanften, unsichtbaren Übergang zwischen Blockmaterial und Verblendkeramik.

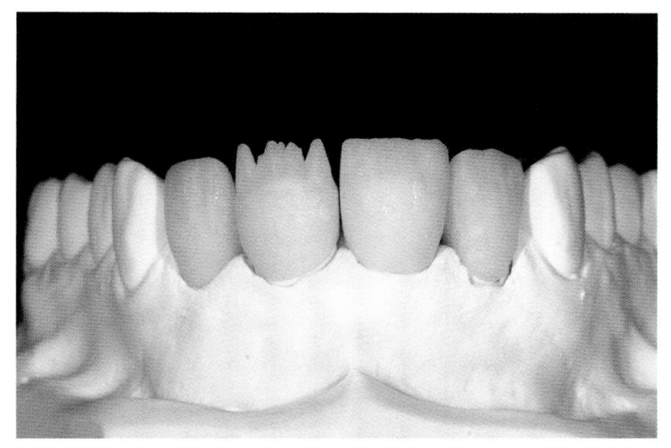

Abb. 7.55 Ansicht einer bereits reduzierten Krone im Vergleich zur Ausgangssituation.

Abb. 7.56 Mit fluoreszierenden Malfarben wird auf der Gerüstkeramik eine interne Kolorierung angelegt.

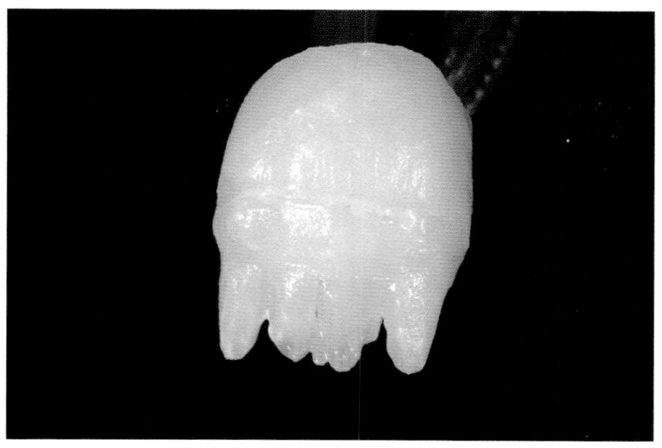

Abb. 7.57 Diese Farben kommen bei der fertig gestellten Arbeit aus der Tiefe des Materials und entfalten dadurch eine sehr natürliche Wirkung.

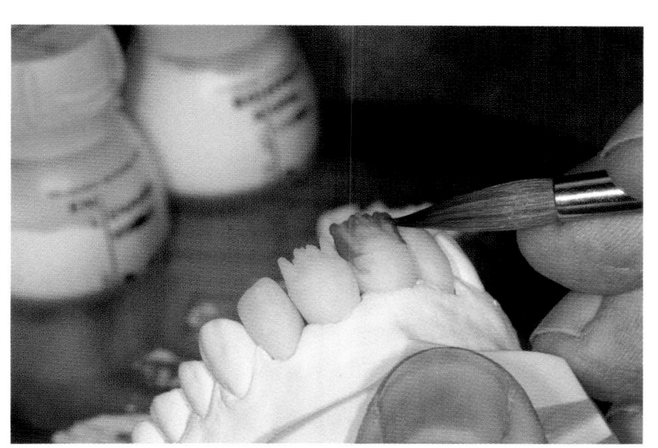

Abb. 7.58 Der Aufbau mit keramischem Verblendmaterial (VITA VM9, Fa. VITA Zahnfabrik, Bad Säckingen) erfolgt von palatinal nach labial.

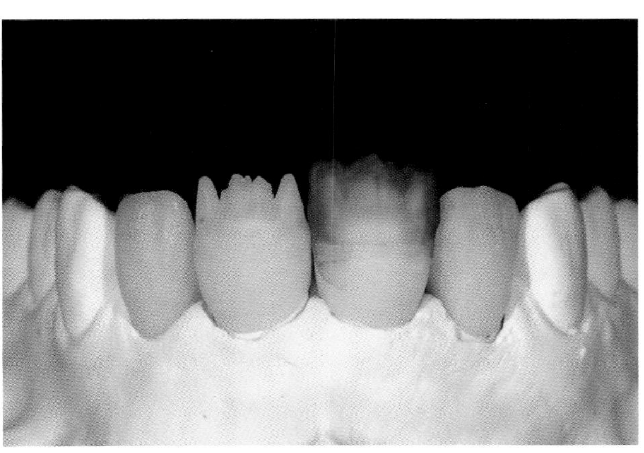

Abb. 7.59 Den Schichten des natürlichen Zahnes entsprechend wird zunächst Schmelzmasse aufgetragen.

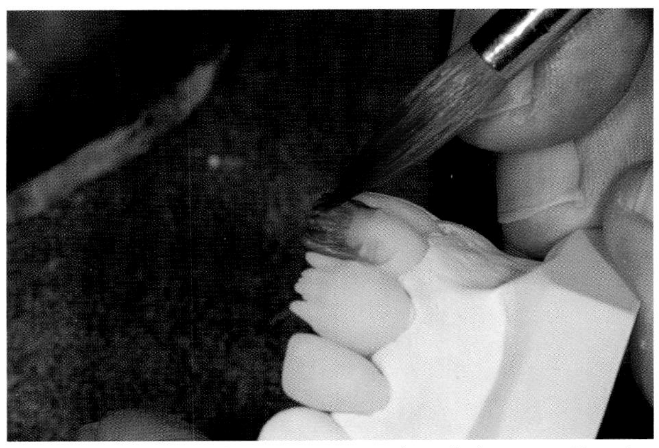
Abb. 7.60 Die Mamelonmassen verstärken die internen Charakterisierungen.

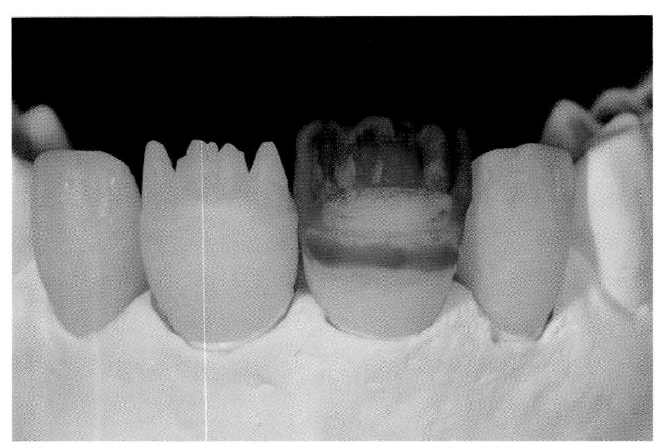
Abb. 7.61 Die bereits im Basismaterial angelegten internen Dentinstrukturen werden effektvoll unterstützt.

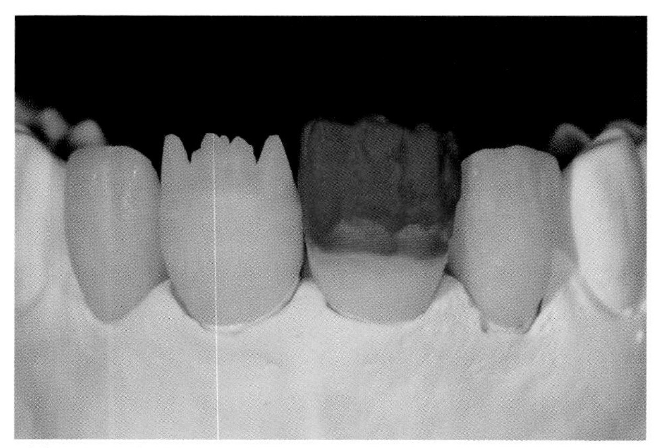
Abb. 7.62 Eine transparente Zwischenschicht schafft eine sehr schöne Tiefenwirkung im Verblendbereich.

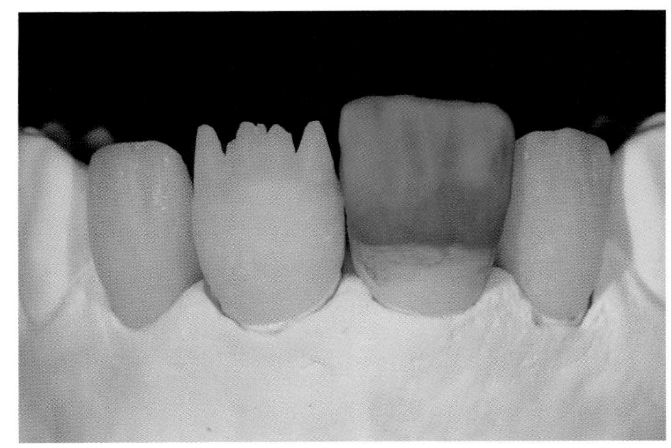
Abb. 7.63 Auf die gleiche Weise wie palatinal begonnen wurde, schließt nun eine Schicht Schmelzmasse die Arbeiten ab.

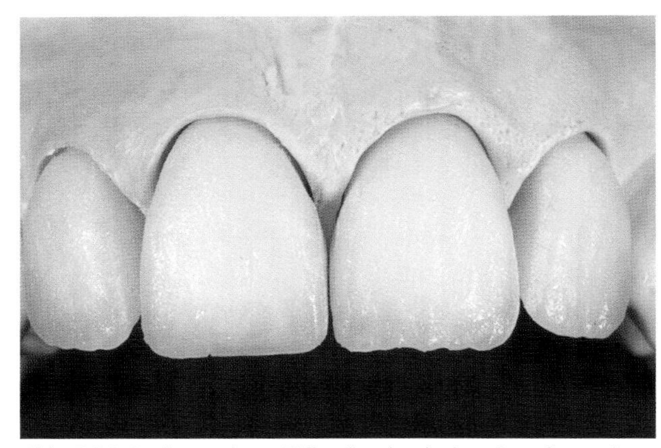
Abb. 7.64 In den meisten Fällen ist ein einziger Brand ausreichend.

Im Zuge der Ausarbeitung der Keramik werden die Kronen insbesondere im Approximalbereich konturiert. Auf lange Kontaktflächen wird geachtet. Dies geschieht besonders unter dem Gesichtspunkt der bei der Patientin kaum noch vorhandenen Zahnfleischpapillen. Ein geschicktes Management der Leisten ermöglicht eine Korrektur der ehemals ungünstigen Proportionen hinsichtlich der Zahnbreiten. Abschließend wird die Oberflächenstruktur der Kronen herausgearbeitet. Es erfolgt eine mechanische Politur (Abb. 7.65 bis 7.72).

Abb. 7.65 Die gegenüber der Vollschichtung eingesparte Zeit kann zur Gestaltung perfekter Oberflächenstrukturen genutzt werden.

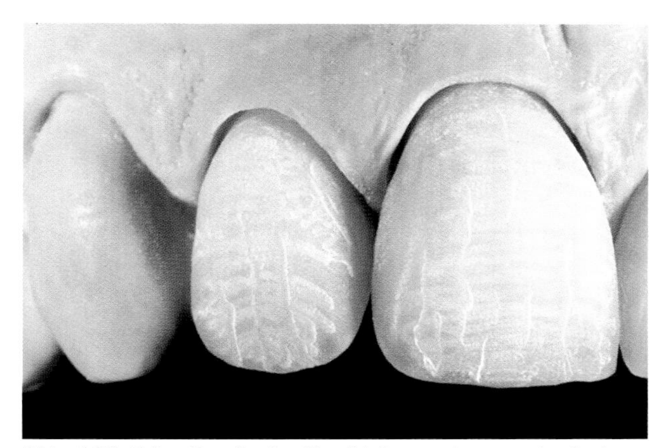

Abb. 7.66 Feine Details der Oberflächenstruktur werden in Analogie zur vorhandenen Zahnsubstanz eingearbeitet.

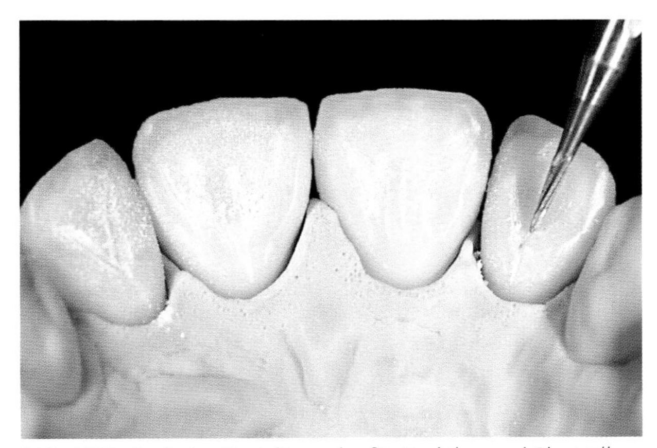

Abb. 7.67 Auch der Gestaltung der für Funktion und Phonetik wichtigen Palatinalflächen wird große Aufmerksamkeit geschenkt.

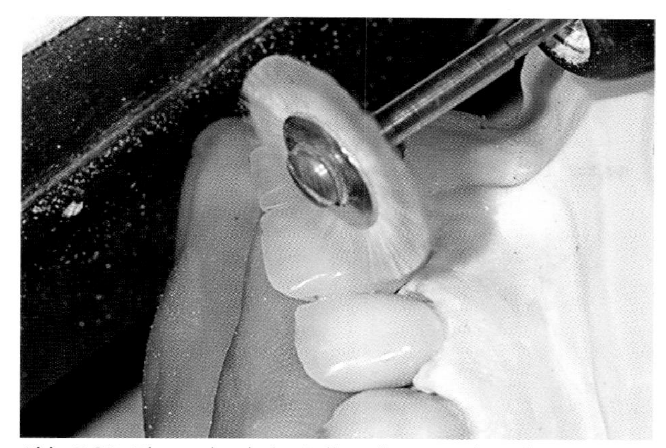

Abb. 7.68 Die mechanische Politur dient zur Einstellung des richtigen Glanzgrades.

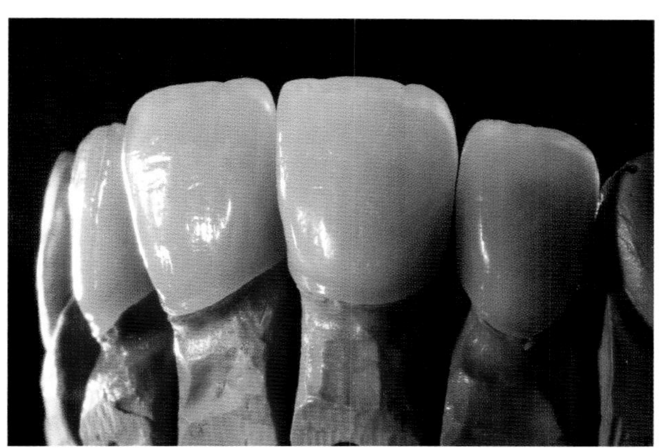

Abb. 7.69 Darstellung der Details der Oberflächenstruktur der fertig gestellten Kronen.

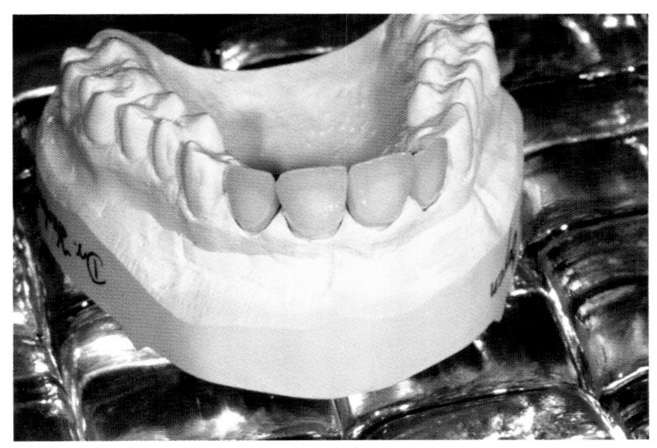

Abb. 7.70 Die fertigen Kronen auf dem Modell.

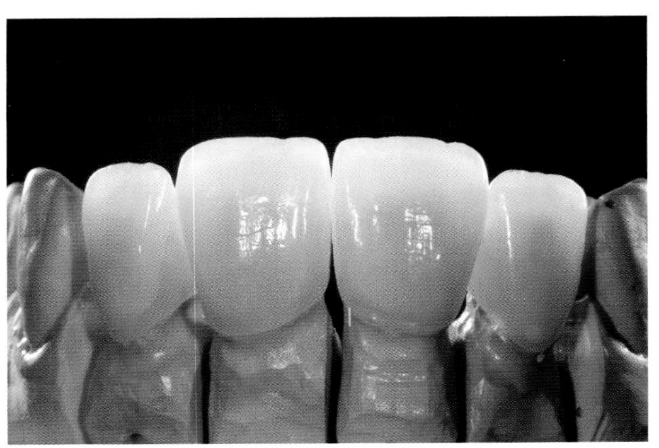

Abb. 7.71 Das Ergebnis sind lichtdurchflutete, transluzente Kronen.

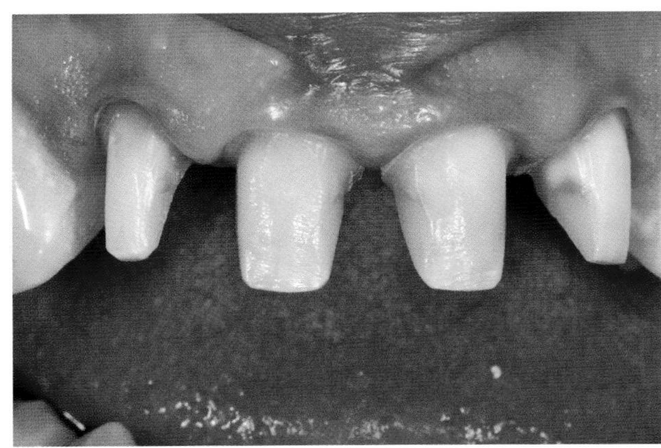

Abb. 7.73 Die Zahnstümpfe sind zum Einsetzen vorbereitet.

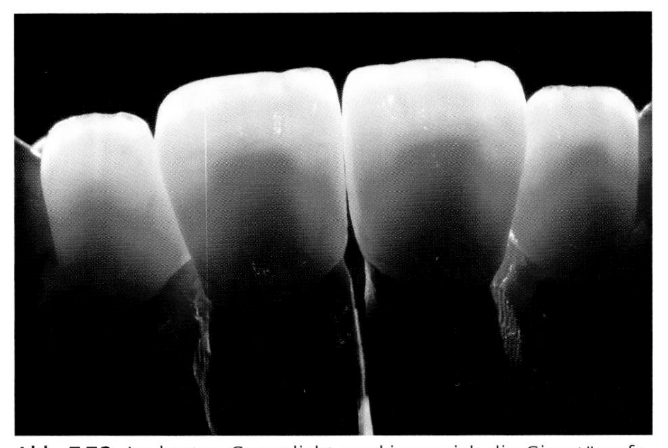

Abb. 7.72 Im harten Gegenlicht markieren sich die Gipsstümpfe.

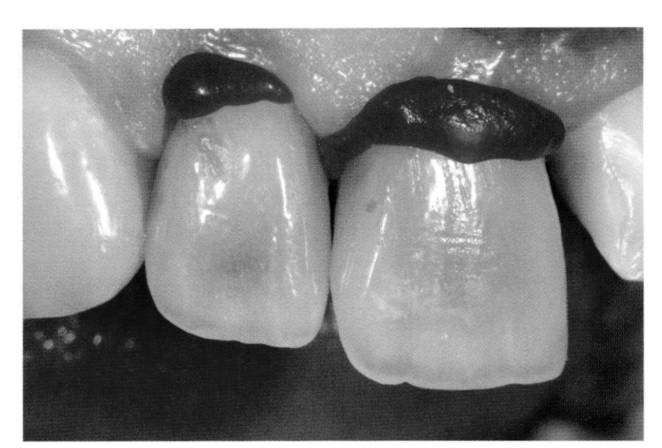

Abb. 7.74 Mit einem Silikonelastomer (Xantopren blau, Fa. Heraeus Kulzer, Hanau) erfolgt eine Passkontrolle.

Eingliederung

Zum Eingliedern der Kronen werden nach dem Entfernen der Provisorien die Stümpfe gründlich mechanisch gereinigt. Anschließend erfolgt die Kontrolle der Passform (Abb. 7.73, Abb. 7.74). Vollkeramische Kronen sollen spannungsfrei sitzen. Für eine Bewertung der späteren Farbwirkung ist es wichtig, dass die Kronen nicht trocken auf den Stümpfen sitzen. Hier kann mit Wasser oder Vasilin gearbeitet werden. Wann immer es möglich ist, sollte zum Einsetzen ein Kofferdam angelegt werden. Im hier beschriebenen Fall wurde basierend auf klinischer Erfahrung ein Scheitern dieser Maßnahme befürchtet und deshalb von vornherein darauf verzichtet. Dies ist aufgrund der weitgehenden Entzündungsfreiheit der parodontalen Gewebe zu vertreten. Die Kronen wurden entfettet, mit Flusssäure geätzt und silanisiert. Als Einsetzmaterial wurde der dünn fließende Glas-Connector des Enamel Plus HFO-Systems (Fa. Micerium, Avegno) verwendet.

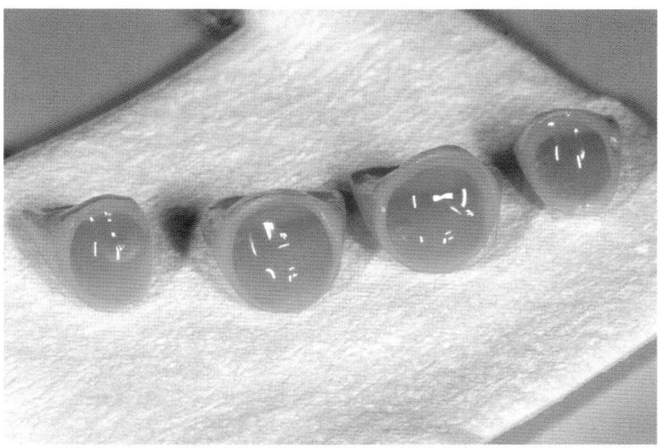

Abb. 7.75 Zur adhäsiven Befestigung werden die Innenflächen der Kronen mit Flusssäure angeätzt und danach silanisiert.

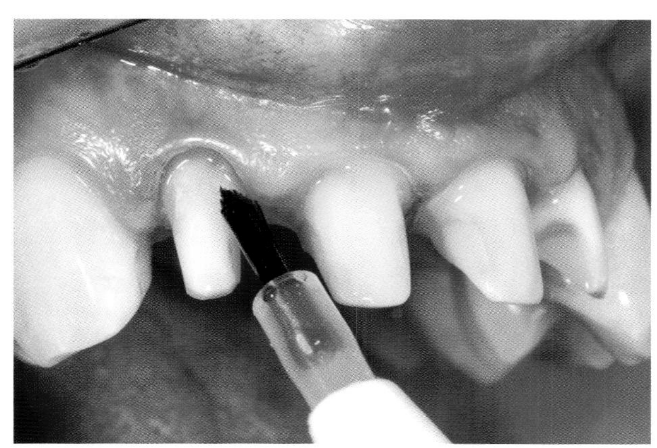

Abb. 7.77 Das Dentinadhäsiv wird aufgetragen.

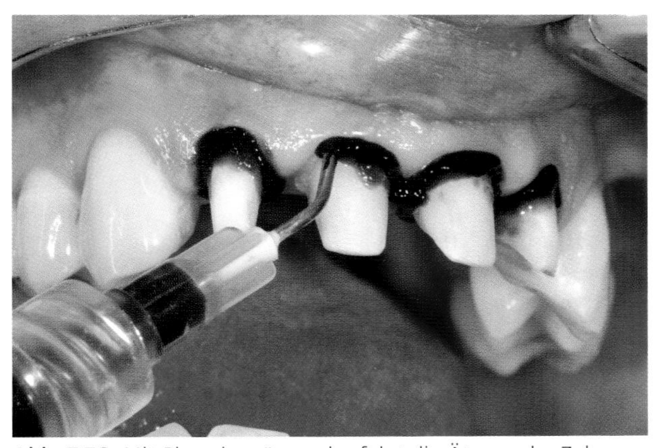

Abb. 7.76 Mit Phosphorsäuregel erfolgt die Ätzung der Zahnflächen.

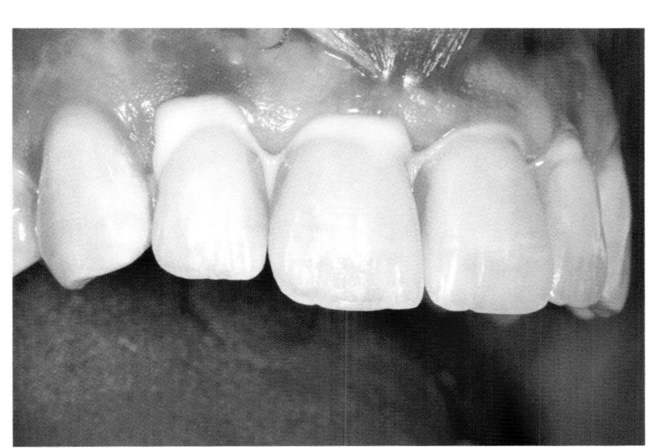

Abb. 7.78 Die Kronen werden mit einem Befestigungszement auf Kompositbasis beschickt und aufgesetzt.

Er besitzt eine hohe Transluzenz, um möglichst viel optische Informationen der Zahnstümpfe in die Wirkung der Kronen einzubinden. Seine relativ hohe Fluoreszenz dient zum Ausgleich von Defiziten der Keramik vor allem im Bereich des zervikalen Kronendrittels. Auf die Stümpfe wird nach der Schmelzätzung zunächst das zum HFO-System gehörende Adhäsiv (Ena-Bond, Fa. Micerium, Avegno) aufgebracht. Das kompositmaterial wird in das Kronenlumen eingebracht und die Kronen aufgesetzt (Abb. 7.75 bis 7.79).

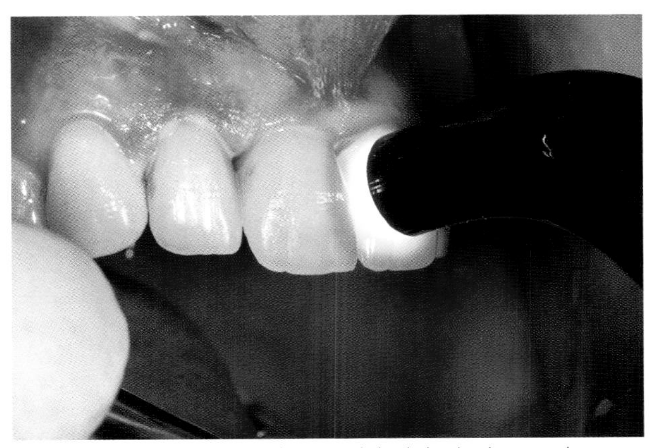

Abb. 7.79 Das lichthärtende Material wird mit einer geeigneten Polymerisationslampe ausgehärtet.

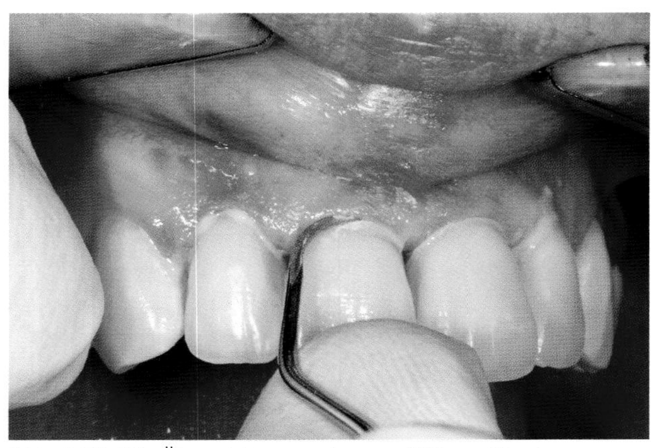
Abb. 7.80 Die Überschüsse werden sorgfältig entfernt.

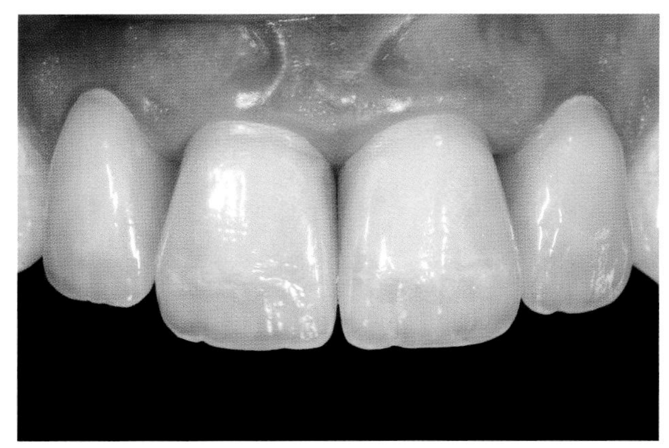
Abb. 7.83 Die fertigen Kronen haben eine sehr natürliche Wirkung, der innere Schichtaufbau ist gut zu erkennen.

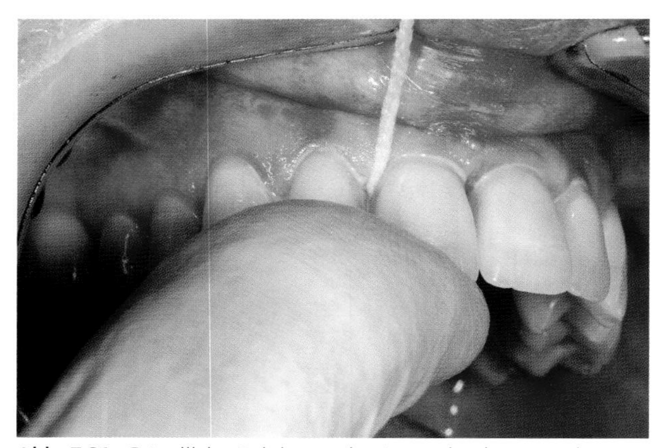
Abb. 7.81 Gründliche Reinigung der Approximalräume mit Zahnseide.

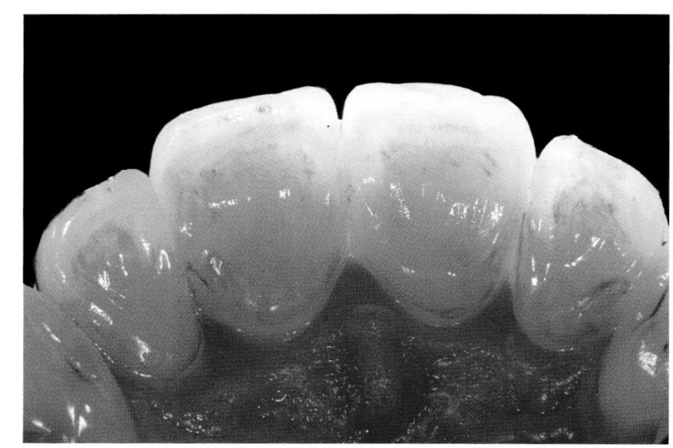
Abb. 7.84 Im Vergleich zur Gegenlichtaufnahme mit den Gipsstümpfen sind die Zahnstümpfe jetzt nicht zu erkennen. Sie bilden eine optische Einheit mit Keramik und Befestigungskomposit.

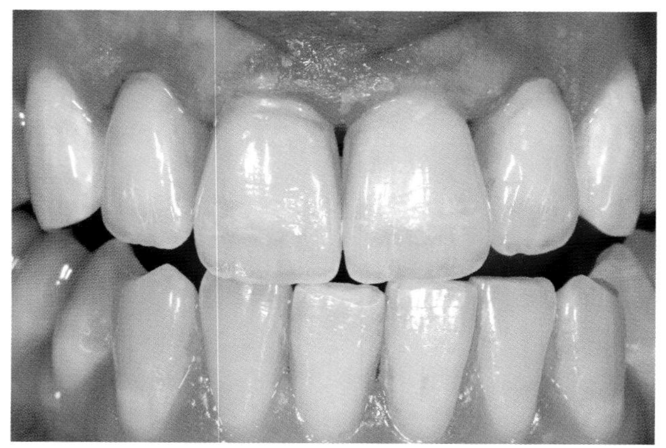
Abb. 7.82 Erst nach dem Einsetzen erfolgt die Funktionskontrolle.

Problematisch ist bei dünn fließenden Einsetzmaterialien die Entfernung der Überschüsse. Sie verteilen sich sehr schnell über große Bereiche der Zahnreihe, sind wegen ihrer Zahnfarbigkeit schwer sichtbar und nach dem Aushärten schlecht zu entfernen (Abb. 7.80, Abb. 7.81). Eine Möglichkeit dieses Problem einzugrenzen besteht im punktförmigen Aushärten des Klebers auf der Labialfläche. Dazu wird eine Aushärtungslampe mit einem speziellen Aufsatz benötigt (Ultra Lume 5, Fa. Ultradent, München). Durch diese Maßnahme sind die Kronen auf den Stümpfen

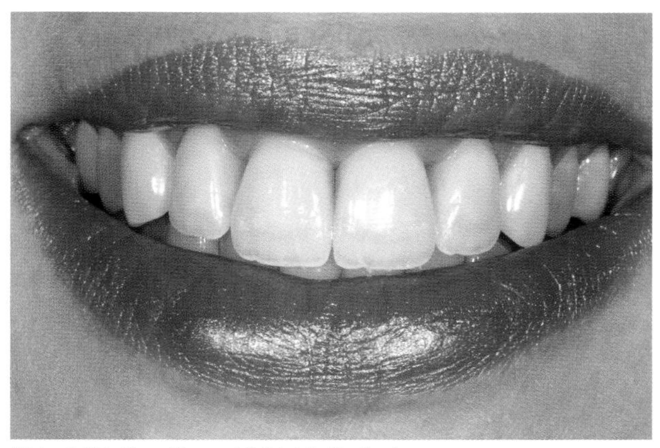
Abb. 7.85 Das Lippenbild ist ästhetisch ausgewogen.

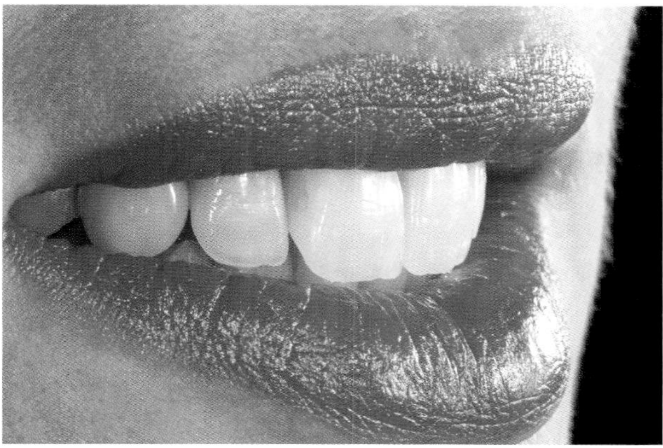
Abb. 7.86 Der Glanzgrad und die Reflexionen erzeugen einen sehr natürlichen Gesamteindruck.

fest fixiert, der Kleber hat aber im Fügebereich noch nicht seine Endhärte erreicht und kann nun vorsichtig entfernt werden. Es ist aber darauf zu achten, dass kein Material aus der Fuge selbst entfernt wird. Erst danach erfolgt die endgültige Aushärtung, die gründlich durchgeführt werden sollte, da es sich um ein rein lichthärtendes System handelt. Die Dauer der Belichtung richtet sich nach der Farbe und Dicke der Keramik.

Im Anschluss erfolgt die Kontrolle auf verbliebene Kleberreste. Ebenfalls werden nun die Okklusion und die Funktion geprüft, was wegen der Frakturgefahr erst jetzt geschehen kann. Eine Nachkontrolle im Zeitraum von einer bis zwei Wochen ist empfehlenswert.

Durch die Versorgung mit vollkeramischen Kompaktkronen wurden bei der Patientin die oberen Schneidezähne in Ästhetik und Funktion wieder hergestellt. Durch die besondere Technologie ist auch bei nur gering subgingival liegender

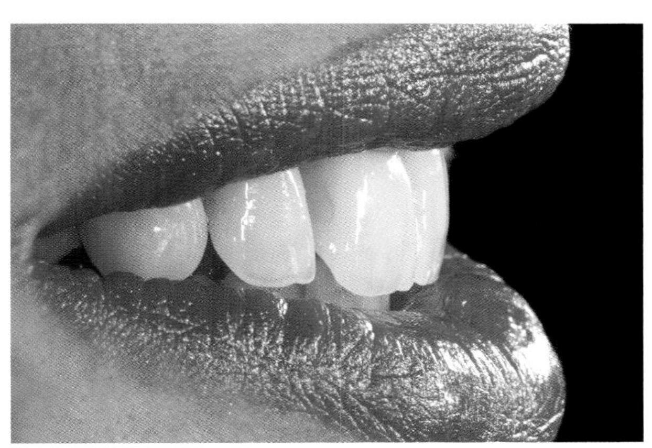
Abb. 7.87 Die Gestaltung und Aufteilung der Interdentalbereiche folgt den funktionellen Gegebenheiten und erzeugt damit gleichzeitig einen harmonischen Gesamteindruck.

Präparationsgrenze das Gefühl natürlicher Zähne erreicht worden. Ganz besonders im Durchlicht zeigt sich der hohe ästhetische Vorteil kappenfreier Kronen (Abb. 7.82 bis 87). Der Aufwand im Laborbereich war im Vergleich zur Vollschichtung deutlich geringer.

8 Das Sofortveneer

Andres Baltzer

Sandro ist ein quicklebendiger Bursche! Was immer er anpackt, macht er mit vollem Einsatz, ohne Rücksicht auf Verluste. Ein Sunnyboy, den man gern haben muss (Abb. 8.1). Dem Eishockey hat er sich mit Leib und Seele verschrieben: Die Lesenden erahnen den Inhalt der nun folgenden zahnärztlichen Reportage.

Auf dem Eis bewegt er sich wieselflink und stürzt sich - Berufsspieler nacheifernd - mutig in jedes Getümmel. Solcher Körpereinsatz gehört zum Eishockey und ist dank der guten Ausrüstung weitgehend ungefährlich. Seine Liebe zum Sport führt ihn allerdings nicht nur zu den beaufsichtigten Trainingsstunden in die Eishalle, wo obligatorisch auf das Tragen der vollständigen Ausrüstung inklusive Zahnschutz geachtet wird. Nein, er verbringt jede freie Minute auf dem Eis, aus seiner Sicht kein Problem, denn sein Vater ist Eismeister und die Familie wohnt einen Steinwurf von der Sportanlage entfernt.

Vor wenigen Monaten waren seine mittleren, oberen Schneidezähne mit Keramik restauriert worden, als er erneut mit abgebrochenem Schneidezahn erscheint. Selbstverständlich geschah das Unglück außerhalb des beaufsichtigten Trainings und ohne Zahnschutz. Heimlich hatte er sich deshalb aus dem Staub gemacht und erschien treuherzig in der Praxis. Der listige, junge Mann rechnete mit weniger häuslichem Donnerwetter, würde er die Geschichte mit bereits repariertem Zahn beichten. Bei so viel Pech einerseits und - notabene - so viel Vertrauen in den Zahnarzt andererseits, schien die Einschaltung einer zahnärztlichen Überstunde Pflicht; auch um seiner leidgeprüften Mutter eine weitere Diskussion um Sandros Traumberuf zu ersparen.

Abb. 8.1 Eishockeyspieler Sandro.

Zur Sache: die Fraktur geht dieses Mal quer durch die Keramik und die Schneidekante des Zahnes 21 (Abb. 8.2, Abb. 8.3). Mit einem ausgedehnten Veneer mit Schneidekantenaufbau soll der Zahn restauriert werden. Vor der Beschleifung wird die Farbe mit dem digitalen Zahnfarben-

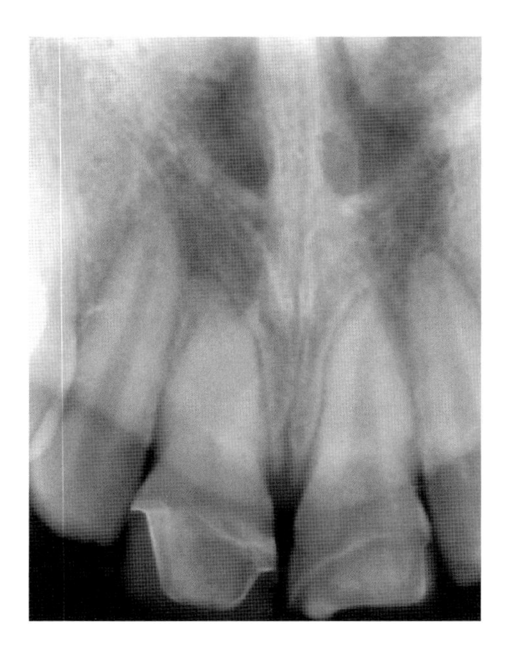

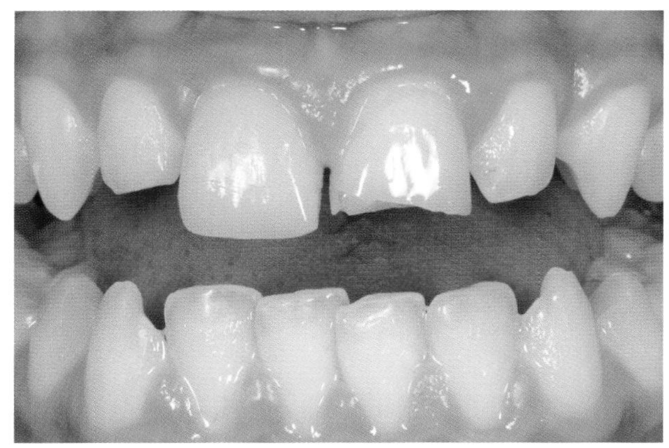

Abb. 8.2 und 8.3 Ausgangslage: Fraktur der Schneidekante des mit Keramik restaurierten Zahnes 21.

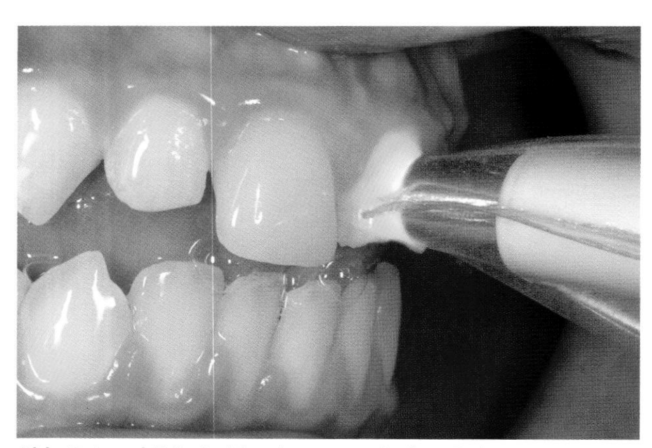

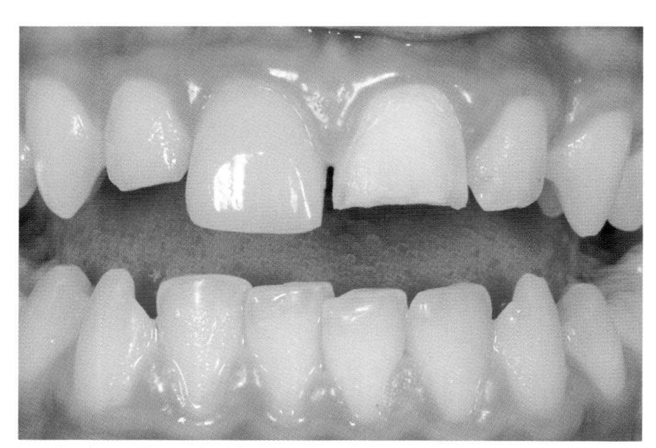

Abb. 8.4 und 8.5 Farbbestimmung mit dem Farbenmessgerät VITA Easyshade und Beschleifung des Zahnes 21.

messgerät VITA Easyshade festgelegt. Es folgt das Abtragen der verbliebenen Keramikreste und die Einbringung einer feinen, zervikalen und approximalen Führungsrille. Diese Rille gewährleistet im Rahmen der adhäsiven Zementierung das problemlose Positionieren des Veneers (s. Kap. „Adhäsive Zementierung von Veneers"). Die Schneidekante wird angeschrägt und die Situation für die intraorale Aufnahme mit CEREC vorbereitet (Abb. 8.4, Abb. 8.5).

Abbildung 8.6 zeigt die CEREC-Aufnahme des beschliffenen Unfallzahnes. Für die Konstruktion des Veneers wird der Präparationsrand eingezeichnet. Für die Formgebung des Veneers wird der Nachbarzahn 11 umrandet (Abb. 8.7). Form und Fläche innerhalb dieser Kopierlinie werden programmgesteuert gespiegelt und auf den Unfallzahn gelegt. Durch die Spiegelung des Zahnes 11 und die Überlagerung der Form auf den Unfallzahn 21 erscheint das virtuelle Veneer auf dem Bildschirm. Mit diversen Nachbearbeitungswerkzeugen wird es den Verhältnissen des Unfallzahnes angepasst. Insbesondere müssen die axiale Lage und die Schichtdicke geprüft und angepasst werden, damit das Veneer harmonisch im Verlauf des Zahnbogens zu liegen kommt. Diese Anpassungen erfolgen vornehmlich mit den Positionierungs- und Skalierungswerkzeugen (Abb. 8.8, Abb. 8.9).

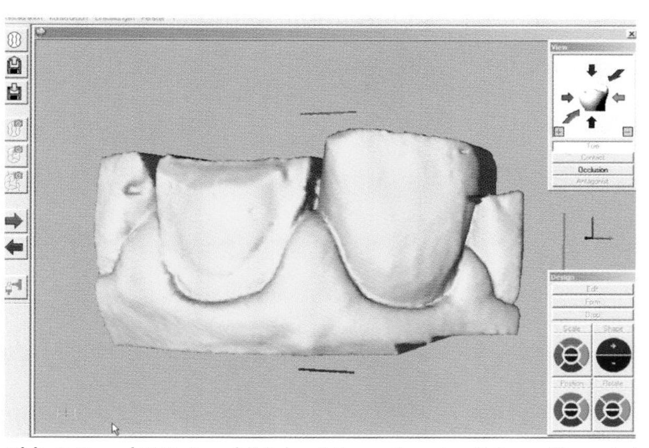

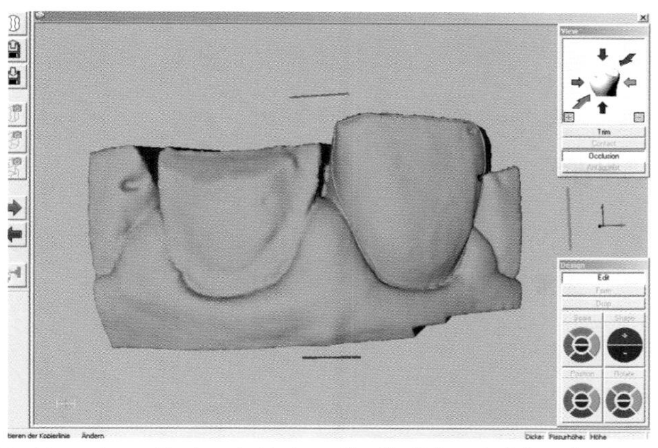

Abb. 8.6 und 8.7 Scanbild der Präparation des Zahnes 21 und des Nachbarzahnes 11, der als Vorlage für die Rekonstruktion dient.

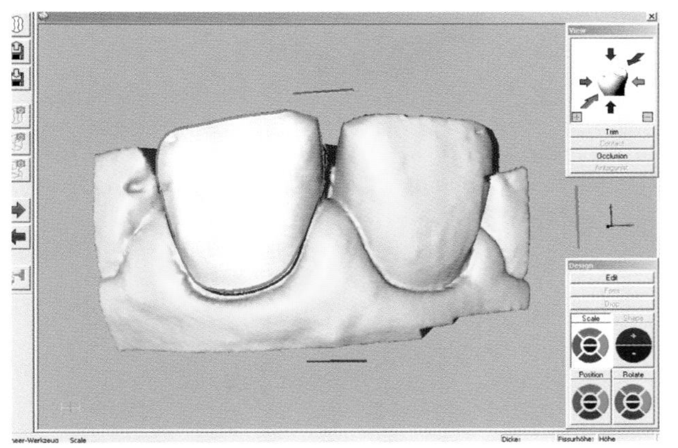

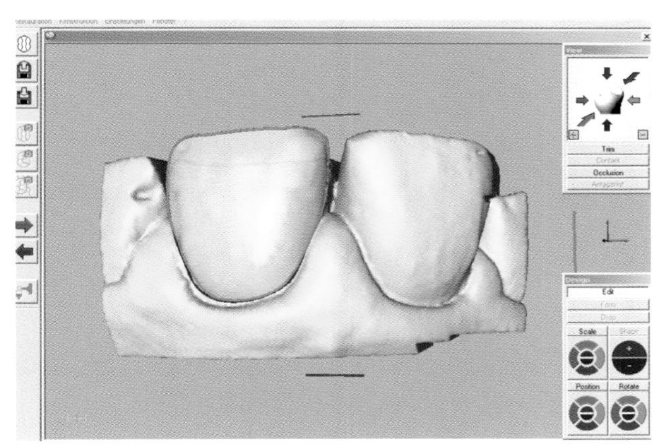

Abb. 8.8 und 8.9 Programmseitiger Vorschlag des Veneers für den Zahn 21 aufgrund der Formübernahme von Zahn 11.

Bei der Endausarbeitung des Veneers wird der Übergang von Kopierlinie und Präparationsgrenze geprüft und optimiert. Dies erfolgt vornehmlich mit den Tropfen- und Formwerkzeugen. Dabei wird am Bildschirm vorerst Material auf- oder abgetragen, analog der herkömmlichen Arbeit mit dem Wachsmesser. Die Oberfläche und insbesondere der Randabschluss des Veneers werden anschließend säuberlich geglättet. An der Grenze von Veneer und Zahnstumpf entsteht ein harmonischer Übergang, der nach der Ausschleifung des Veneers keiner Nachbearbeitung mehr bedarf (Abb. 8.10). Es folgt der Schleifbefehl; das Veneer wird aus einem VITA-Block Mark II der maßgebli-

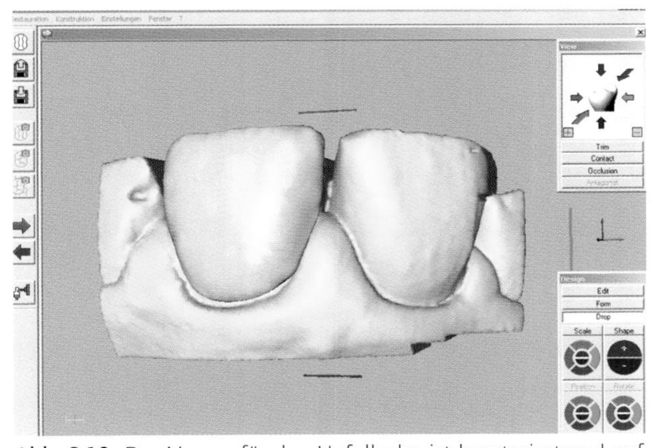

Abb. 8.10 Das Veneer für den Unfallzahn ist konstruiert und auf den Zahnstumpf angepasst.

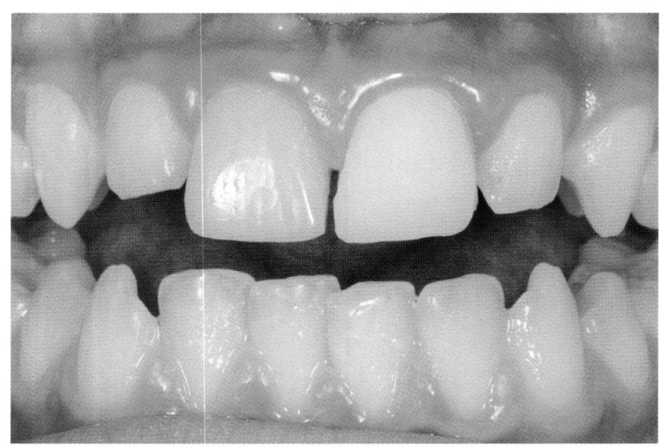

Abb. 8.11 Einprobe des ausgeschliffenen Veneers in situ.

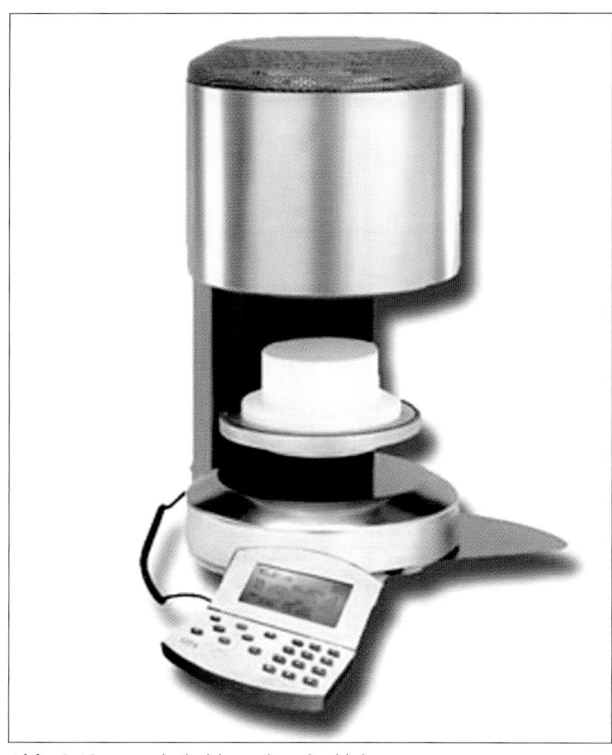

Abb. 8.13 Der chairside stehende, kleine VITA Vacumat 40 bewährt sich bestens in der zahnärztlichen Praxis. Glasurbrände, Farboptimierungen und kleine Formkorrekturen an Keramikfüllungen können in kürzester Zeit erfolgen.

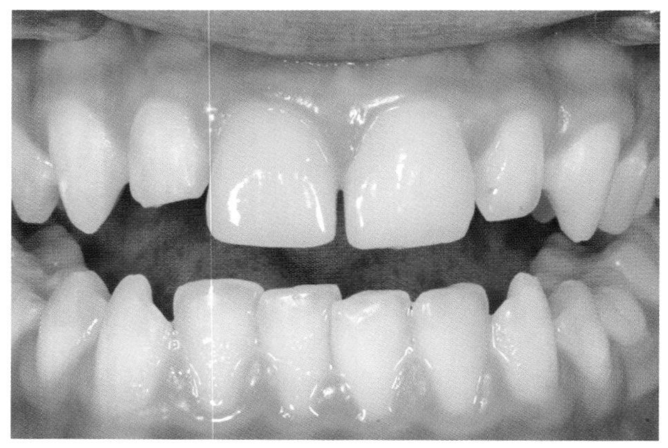

Abb. 8.12 Schlussbild nach Eingliederung des Sofortveneers.

chen Farbe ausgeschliffen. Die Einprobe zeigt eine gute Passung und kann umgehend zementiert werden (Abb. 8.11; s. Kap. „Adhäsive Zementierung von Veneers").

Eine Variante zur intraoralen Politur des Veneers ist die Optimierung desselben mittels Glasurbrand. Der kleine, chairside stehende Brennofen Vacumat 40 von VITA (Abb. 8.13) hat sich hierfür bestens bewährt. Das Auftragen der Glasurmasse erfolgt intraoral am aufgelegten Veneer. Dabei können noch Akzente gelegt werden, um den Nachbarzahn bestmöglich nachzuahmen. Alle Brandführungsarten sind im Vacumat 40 gespeichert und müssen lediglich abgerufen werden. Die komplexe Ofenprogrammierung erübrigt sich. Der Glasurbrand dauert nicht länger als die intraorale Hochglanzpolitur der Keramik. Nach dem Glasurbrand und ein paar Minuten Abkühlzeit wird das Veneer routinemäßig adhäsiv zementiert (Abb. 8.13).

Die Rekonstruktion des Unfallzahnes ist in einer Sitzung erfolgt, auf alle Zwischenschritte wie Modellherstellung, provisorische Versorgung, mehrere Behandlungstermine etc. konnte verzichtet werden.

Nachtrag: Die zahnärztliche Überstunde hat sich gelohnt. Sandro hält sich an sein Versprechen: ohne Mundschutz geht er nicht mehr auf die Eisbahn. Mittlerweile ist er bereits in eine überregionale Auswahl seines Jahrgangs aufgerückt. In wenigen Jahren werden wir ihn in Fernsehen und Presse als gefeierten Berufsspieler wieder sehen – wer weiß!

9

Partiell geschichtete Keramikveneers semichairside angefertigt

Andreas Kurbad, Kurt Reichel

Der Begriff Chairside-Behandlung ist eng mit dem unmittelbaren Einsatz von dentaler CAD/CAM-Technologie direkt am zahnärztlichen Behandlungsplatz verbunden. Diese Technik steht in Form des CEREC-Systems (Fa. Sirona, Bensheim) zur Verfügung. Durch die intraorale, dreidimensionale Erfassung der relevanten Oberflächenstrukturen mittels einer intraoralen Messkamera, ein sich unmittelbar anschließendes, computergestütztes Design und die direkte Herstellung der Restauration in einer so genannten Schleifeinheit ist die Versorgung von Einzelzähnen mit Inlays, Onlays, Kronen und Veneers, welche normalerweise über eine Abformung und Modellherstellung im Dentallabor gefertigt wurden, innerhalb einer einzigen Behandlungssitzung möglich.

Bei aufwändigen Versorgungen ergibt sich das Problem, dass der Zeitbedarf der kompletten Prozedur einerseits die übliche Behandlungsdauer weit überschreitet und damit den Zeitfonds des Patienten unnötig belastet und andererseits auch kein betriebswirtschaftlicher Sinn und Nutzen für die Zahnarztpraxis mehr zu erzielen ist. Das ist zum Beispiel der Fall, wenn für die Erreichung eines ästhetisch anspruchsvollen Ergebnisses das Nachschichten von Keramik auf die meist monochromen Rohteile und damit auch der Einsatz eines Keramikbrennofens nötig wird. Ein weiterer Grund für den Verzicht auf eine Chairside-Behandlung ist die Notwendigkeit der Herstellung von Arbeitsmodellen. Diese ist immer dann nötig, wenn die notwendige Präzision der Arbeit durch die intraorale Abtastung nicht mehr gewährleistet werden kann, z. B. bei subgingival liegenden Präparationsgrenzen.

Eine Semichairside-Behandlung soll auf der einen Seite dem Wunsch nach einem möglichst kurzen Abstand zwischen der Präparation und der Eingliederung nachkommen und auf der anderen Seite den Einsatz zahntechnischer Verfahren ermöglichen, wie z. B. Beispiel dem Nachschichten von Keramik. Besonders interessant ist dieses Vorgehen bei Veneer-Behandlungen. Hier besteht eine spezielle Problematik hinsichtlich der provisorischen Versorgung: diese kann sich sehr leicht lösen, da keinerlei mechanische Retention vorhanden ist. Selbst wenn die Provisorien am Platz bleiben, entsteht in den meisten Fällen ein Mikrospalt, der einer bakteriellen Besiedlung Vorschub leistet.

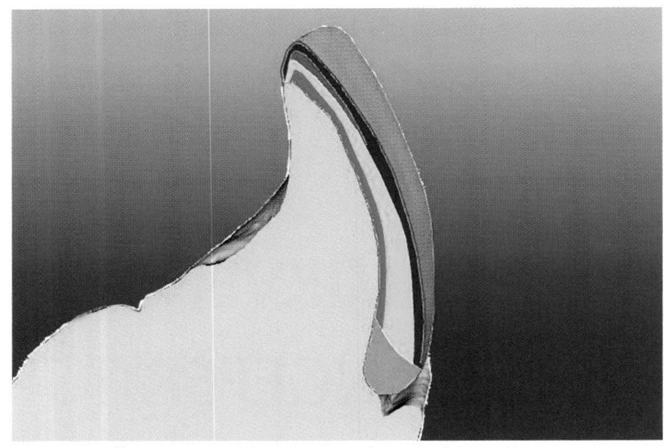

Abb. 9.1 Übliches Schichtschema eines auf feuerfesten Stümpfen vollgeschichteten Veneers. Die Basis bildet ein opaker Körper, welcher zervikal abgesetzt und inzisal mit einer Schmelzmasse unterstützt ist. Die Abdeckung erfolgt mit einer transluzenten Schicht.

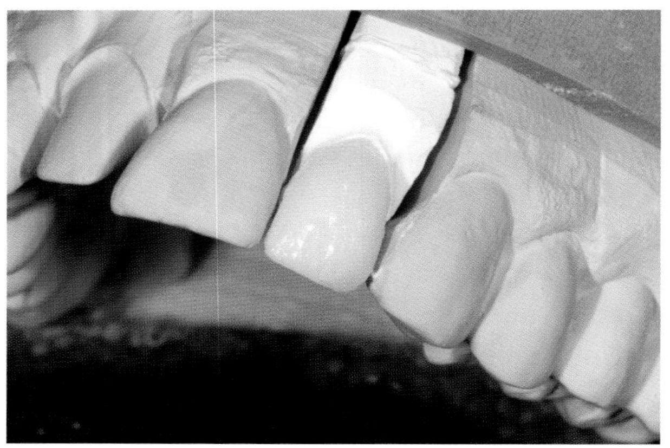

Abb. 9.2 Gesinterte Veneers werden sehr aufwändig auf feuerfesten Stümpfen hergestellt.

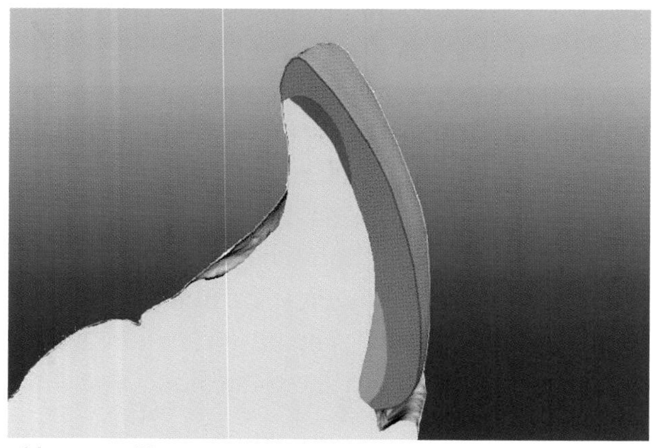

Abb. 9.3 Vollformatiges Veneer mit internal Shading. Die Keramik wird auf der Klebeseite reduziert. In die entstandenen Hohlräume kann kompositgebundene Malfarbe eingebracht werden, um ein Mindestmaß an Individualität zu erreichen.

Gestaltungsmöglichkeiten von Keramikveneers

Vollgeschichtete Keramikveneers

Vollgeschichtete Keramikveneers sind die Klassiker der Versorgung von Zahnflächen mit Schalen (Abb. 9.1, Abb. 9.2). Sie benötigen ein Duplikatmodell aus feuerfestem Material. Die Herstellung der Spezialstümpfe ist sehr aufwändig und birgt die Gefahr von Fehlern bei ihrer Positionierung auf dem Mastermodell. Das ästhetische Ergebnis ist absolut überragend und entspricht dem Aufwand der Herstellung.

Massive Keramikveneers

Diese Form der Verblendschalen gründet auf einer homogenen Basis aus silikatbasierter Keramik, welche durch Pressen oder CAD/CAM-Verfahren gewonnen wird. Der Vorteil dieser Versorgungen besteht in ihrer unkomplizierten Herstellung, was ganz besonders für das computergestützte CEREC-Verfahren (Fa. Sirona, Bensheim) gilt. Wegen der homogen einfarbigen Rohlinge ist nur in einigen wenigen Fällen eine Versorgung ohne weitere Charakterisierung möglich. Die Ansprüche an eine perfekte Imitation der Erscheinung natürlicher Zähne sind durch Bemalung nur sehr begrenzt umsetzbar. Man unterscheidet das internal Shading mit kompositgebundenen Malfarben (Abb. 9.3 bis 9.5) und das external Shading durch Aufbrennen keramischer Farbvarianten im Laborprozess (Abb. 9.6 bis 9.9).

Partiell geschichtete Keramikveneers (PGKV)

Hybridformen zweier bereits bewährter Verfahren sind in vielen Fällen durch die Kombination vom Besten ‚of both worlds' zu einer Erfolgsstory geworden. Beim PGKV wird CAD/CAM-gestützt eine einfarbige, aber sehr stabile Keramikbasis gewonnen, die als Grundlage für das Überschichten mit kera-

Abb. 9.4 Eine ausgeschliffene Keramikschale ist von ihrer Klebeseite mit Kompositmalfarbe charakterisiert worden. Diese Schicht ist Bestandteil der adhäsiven Befestigung.

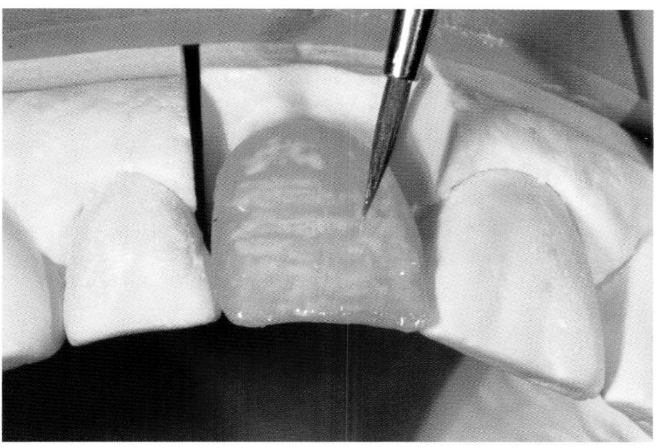

Abb. 9.7 Auf die fertig zugeschliffene Oberfläche des Veneers werden Keramikmalfarbe und Glasurmasse aufgebracht.

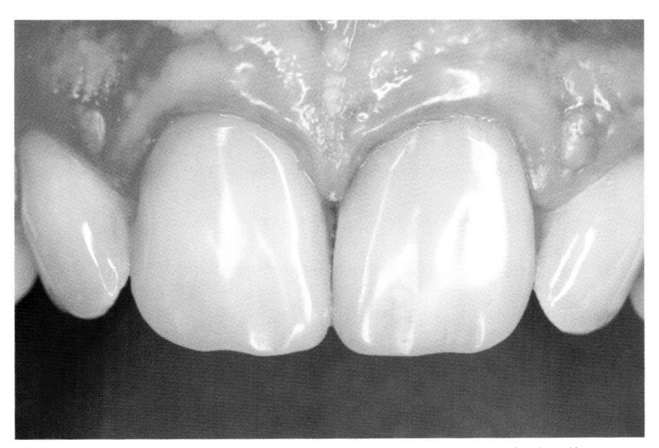

Abb. 9.5 Klinisches Bild zweier Veneers mit internal Shading sechs Jahre nach Eingliederung.

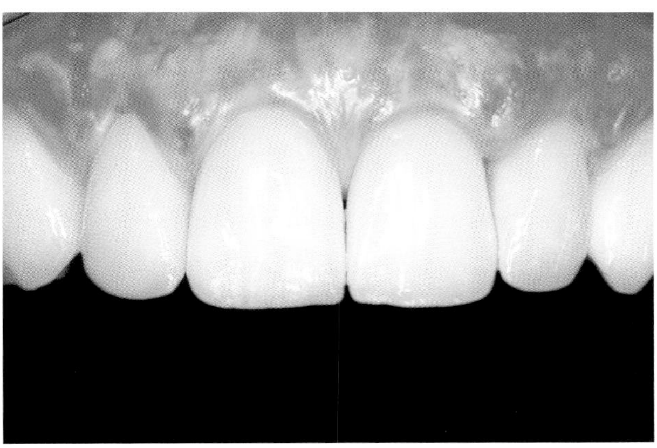

Abb. 9.8 Diese Methodik kann in Fällen eingesetzt werden, bei denen farbliche Nuancierungen nicht nötig oder nicht gewünscht sind (gezeigter Fall drei Jahre nach Eingliederung).

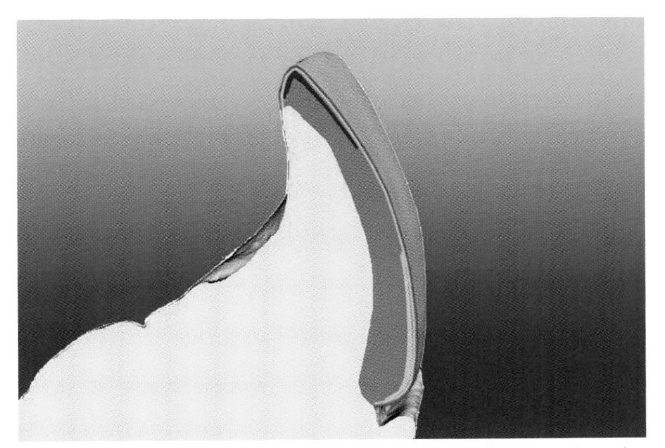

Abb. 9.6 Vollformatiges Veneer mit external Shading. Der Grundköper wird mit Keramikmalfarben individualisiert und mit einer Schicht Glasurmasse abgedeckt.

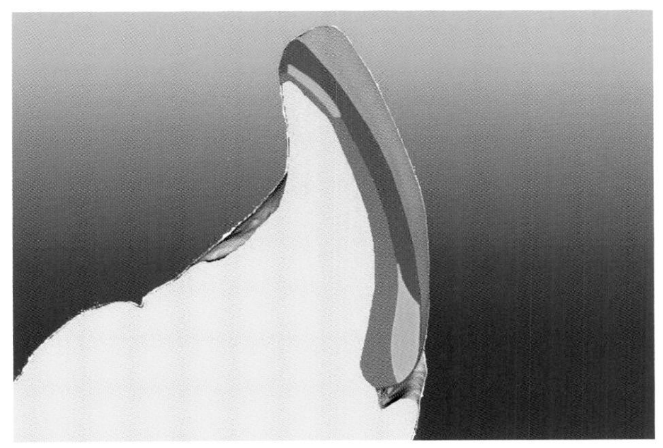

Abb. 9.9 Beim PGKV wird die Keramikschale manuell reduziert und keramische Massen nachgeschichtet. Es handelt sich um Dentinmasse im Halsbereich und Mamelon- sowie Transparent- und Opalmassen im Schneidebereich.

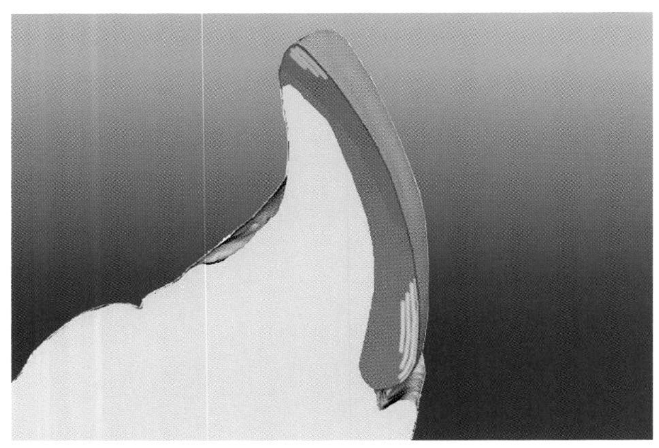

Abb. 9.10 Die Slim-Line-Variante des PGKV kommt bei geringen Schichtstärken unter 0,4 mm mit Schmelzmasse in Kombination mit Malfarben aus.

mischen Massen dient. Ihre Herstellung ist denkbar einfach. In letzter Zeit wurden Fortschritte beim Überschichten gefräster, industriell gefertigter Rohteile erzielt. Mit gut kompatiblen Verblendmassen in Kombination mit dem Einlegen von fluoreszierenden Malfarben ist es mittlerweile möglich, Ergebnisse zu erreichen, die sich mit anderen bewährten Systemen vergleichen lassen. Je nach Platzangebot und Ausmaß des nötigen Individualisierungsgrades bemisst sich der Umfang der Reduzierung der keramischen Basis. In aufwändigen Fällen mit entsprechend ausgedehnter Präparation wird die inzisale Hälfte relativ stark reduziert, um nach einer internen Kolorierung mit Keramikmalfarben sowohl Mamelon- und Schmelzmasse als auch Transparent- und Opalmassen nachzulegen (Abb. 9.9). Im Zahnhalsbereich kann ebenfalls eine Reduktion erfolgen und mit Dentinmassen nachgeschichtet werden. In Fällen mit nur geringem Individualisierungsbedarf oder bei sehr dünnen Veneerstärken unter 0,4 mm ist die ‚Slim-Line'-Variante angezeigt (Abb. 9.10). Hier wird nur im Bereich der Schneidekante im Rahmen des Möglichen reduziert und ansonsten mit Malfarben gearbeitet.

Der klinische Ablauf einer semichairside Behandlung – Vorbehandlung und Präparation

Einer Veneer-Versorgung sollte immer eine gründliche Behandlungsplanung vorausgehen. Diese bezieht neben der Erhebung der klinischen und röntgenologischen Befunde in jedem Fall die Anfertigung von Situationsmodellen und die fotografische Dokumentation mit ein. Im Sinne einer abgestimmten Teamarbeit mit dem Labor wird die Planung der Arbeit intensiv zwischen Zahnarzt und Zahntechniker abgestimmt. Wenn außer der medizinischen Indikation die Wunschvorstellung des Patienten vom Behandlungsziel geklärt wurde, ergibt sich das Ausmaß der Versorgung. Zu diesem Zeitpunkt ist es sinnvoll, ein Wax-up zu erstellen. Dazu wird das Originalmodell dubliert. Das Wax-up wird zum Zweck der besseren Visualisierung aus zahnfarbigem Wachs hergestellt. Im Rahmen eines Besprechungstermins wird die vorgesehene Therapie mit dem Patienten abgestimmt. Durch das Wax-up bekommt er eine Vorstellung des zu erzielenden Behandlungsergebnisses. Vom Einsatz von Imaging-Methoden auf der Basis von computergestützten Grafikprogrammen muss abgeraten werden, denn hierbei können funktionelle Gesichtspunkte nicht berücksichtigt werden. Dem Patienten wird ein mögliches Ergebnis präsentiert, welches am Ende nicht realisiert werden kann. Besteht Einvernehmen hinsichtlich des Therapievorschlages, kann mit der Umsetzung der Planung begonnen werden.

Kontrovers wird der Umgang mit approximalen Defekten diskutiert, die die palatinale oder linguale Fläche erreichen. Sollen diese Stellen komplett in Keramik gefasst werden, entstehen oft große Substanzverluste, um die labiale Einschubrichtung zu gewährleisten. Problematisch wird es bei oftmals im oralen Bereich angelegten Retentionen zur Verankerung der Vorrestauration. Eine alternative Möglichkeit besteht darin, diese Defekte im Vorfeld der Veneer-Präparation durch lege artis gelegte Kompositfüllungen zu versorgen und sie im Weiteren wie gesunde Zahnsubstanz zu behandeln. Sollten solche Füllungen nach Jahren der Erneuerung bedürfen, ist es unkompliziert möglich dies von oral ohne Beschädigung des Veneers zu erledigen. So gesehen scheint dies die bessere Methode und durchaus mit einer seriösen Vorgehensweise vereinbar.

Die Präparation von Veneers beginnt günstigerweise mit der Anlage von Orientierungsrillen. Dazu werden Rillenschleifer eingesetzt (Fa. Brasseler, Lemgo). Ein horizontaler Verlauf dieser Rillen erscheint vorteilhaft, weil bei vertikaler Orientierung der später zur Präparation verwendete Schleifkörper in der Vertiefung hängen bleibt und ein so genannter Schlaglocheffekt entsteht. Beim Anbringen der Rillen muss beachtet werden, dass die Labialfläche der Zähne in der Regel gewölbt ist. Der Anstellwinkel des Rillenschleifers sollte deshalb so gewählt werden, dass eine gleichmäßige Tiefe erreicht wird. Wenn Veränderungen der Zahnstellung vorgenommen werden sollten, kann kein pauschaler Materialabtrag erfolgen. Sollen weit oral stehende Zähne mit ihrer Labialfläche im Zahnbogen nach außen gebracht werden, wird zusätzliche Keramik aufgebracht und logischerweise muss nicht so viel Zahnsubstanz entfernt werden. Stehen Zähne weit labial und soll dieser Zustand korrigiert werden, muss zusätzlich zur geplanten Veneerstärke noch Hartgewebe entfernt werden. Dann ist die vorgegebene Tiefe der Rille nicht ausreichend. Eine gute Annäherung an die Zielvorstellung kann erreicht werden, wenn in diesen Fällen mittels einer Tiefzeihschiene, in welche Provisorienkunststoff eingefüllt wird, die geplante Situation auf die Zahnreihe übertragen wird. Es muss allerdings darauf geachtet werden, dass weit labial liegende Stellen, die korrigiert werden sollen, zuvor bereits etwas abgetragen werden, da ansonsten die Schiene nicht passt. Erst wenn die Kunststoffschicht aufgebracht worden ist, wird hier mit dem Rillenschleifer gearbeitet. Dabei muss vorsichtig vorgegangen werden, damit sich das Kunststoffteil nicht vor der Zeit löst.

Der flächige Abtrag der labialen Zahnsubstanz erfolgt mit zylindrischen oder konischen Schleifkörpern. Ziel der Präparation ist es, eine Form zu erreichen, die stabile Kanten der Keramik und eine eindeutige Positionierung der Schale beim Einsetzen gewährleistet. Letzteres ist bei sehr flachen Restaurationen von großer Wichtigkeit, denn nach Aushärtung des Einsetzkomposits gibt es keine zweite Chance. Der Behandler muss deshalb beim Einsetzen sicher spüren, dass sich das Veneer am Platz befindet. Im Bereich der Gingiva sollte eine deutliche Hohlkehle gestaltet werden. Das Arbeitsende der Schleifkörper sollte deshalb rund sein oder die Form eines Kegels mit planer Stirnfläche und abgerundeten Kanten haben. Die Lage der Stufe wird zunächst auf gingivalem Niveau belassen.

Die approximalen Bereiche sollten ebenfalls in einer Hohlkehle auslaufen, welche aber deutlich flacher zu gestalten ist. Hier empfiehlt sich der Einsatz flammenförmiger Präparationsinstrumente. In diesem Zusammenhang muss überlegt werden, ob der Approximalkontakt aufgelöst oder erhalten werden soll. Bei einfachen Restaurationsformen empfiehlt sich die Belassung der Kontakte. So bleibt ihre natürliche Form vorhanden, es wird keine unnötige Zahnsubstanz abgetragen und die Klebefugen liegen in nicht sichtbaren Bereichen. Nachteilig ist, dass in manchen Fällen genau an diesen Stellen das Abformmaterial zerreißt, dass ebenfalls an diesen Stellen die Zähne auf dem Sägeschnittmodell schwer zu separieren sind und dass im Mund die Passform dieser Bereiche nicht zu beurteilen ist. Bei Restaurationen mit starken Formveränderungen ist es günstiger, die approximalen Bereiche weiter aufzulösen und so mehr Gestaltungsspielraum für die Zahnform zu bekommen.

Von besonderer Bedeutung bei der Veneer-Präparation sind die Bereiche direkt über den Papillenspitzen. Wird hier nicht genügend Material abgetragen, sind nach dem Einsetzen der Versorgung kleine Ecken der unpräparierten

Zähne zu sehen. Das sieht optisch sehr unschön aus und wird in der Regel auch nicht von den Patienten toleriert. Das klassische Veneer hat in diesem Bereich charakteristische Ecken, welche auch hilfreich für eine genaue Positionierung sind.

Auch die Gestaltung der inzisalen Bereiche hat ihre Besonderheiten. Auf keinen Fall sollte die Klebefuge genau im Bereich der Schneidekante verlaufen. Dies würde in jedem Fall Stabilitätsprobleme verursachen. In den Standardfällen ist es üblich, die Schneidekante leicht zu kürzen, indem man den Präparierdiamant nach oral 'abkippen' lässt. Die Präparation läuft mit einer leichten Rundung aus und der inzisale Bereich kann in Keramik gefasst werden. Das komplette Umfassen der Schneide, indem man auf der oralen Fläche eine Stufe anlegt, ist normalerweise nicht nötig und führt in jedem Fall zu Spannungen innerhalb der Keramik. In den Fällen, bei denen die Lage der Schneidekante mit dem Ziel einer Formkorrektur nach labial oder oral verlegt wird, ist allerdings diese Präparationsform unumgänglich. Ansonsten ist es bei der Gestaltung des Veneers kaum möglich, einen formschlüssigen Übergang im palatinalen bzw. lingualen Bereich zu bekommen. Wird die Schneide nach labial verlegt, entsteht im Inzisalbereich ein Plateau, das ästhetisch sehr ungünstig ist.

Ist die Präparation so weit abgeschlossen, wird ein tief gelegter Retraktionsfaden appliziert. Unter normalen Bedingungen wird dafür ein eher dünner Faden gewählt. Da die Stufe bis jetzt nur gingival gelegt wurde, ist nach dem Einbringen des Fadens noch einmal ein Streifen unpräparierter Zahnfläche zu erkennen. Dieser wird jetzt noch einmal bis zum durch die Retraktion tiefer liegenden Gingivasaum reduziert. Diese Maßnahme schafft nach der Eingliederung und der Adaptation der Weichgewebe einen leicht subgingival liegenden Restaurationsrand, welcher als das ästhetische Optimum angesehen werden kann. Die Präparation erfolgt nun mit einem Feinkorndiamanten, um gleichzeitig eine Glättung der Schmelzprismen im Bereich des Randes zu erreichen. Auch der Einsatz von oszillierendem Instrumentarium ist möglich. Dabei sind halbkugelförmig gestaltete Arbeitsenden die günstigste Wahl. In jedem Fall ist gerade bei Veneers auf eine insgesamt möglichst atraumatische Präparation zu achten. Das schafft eine gute Voraussetzung für eine exakte Abformung, eine sichere Eingliederung und ein gutes ästhetisches Ergebnis auch im Zahnfleischbereich, da es nicht immer auszuschließen ist, dass Weichgewebsschäden ohne narbige Veränderungen abheilen. Gleichzeitig muss nun exakt darauf geachtet werden, dass alle Orientierungsrillen komplett verschliffen wurden. Ein brauchbares Instrument für diesen Arbeitsschritt ist ein leicht kegelförmiger Schleifköper mit abgerundeter Spitze, der am Schaft grob und an der Spitze fein belegt ist (Fa. Brasseler, Lemgo). Günstigerweise sollte die Präparation für ein Veneer ausschließlich im Schmelz lokalisiert sein. Das bringt hinsichtlich der Langzeitbewertung die besten Ergebnisse, was sich ausnahmslos durch das Kleben im Schmelz erklären lässt. Einzig im Schmelz befindliche Präparationen sind in der täglichen Praxis eher selten zu finden. Die zunehmend besser werdenden Werte im Bereich der Dentinadhäsion lassen mittlerweile auch Dentin als ausreichenden Untergrund für Veneers zu.

Um Problemen der Positionierung bei der späteren adhäsiven Befestigung vorzubeugen, ist es sehr empfehlenswert bei der Gestaltung der Präparationsform auf eine eindeutige Positionierbarkeit zu achten. Eine Schlüsselrolle spielt hierbei die Form der gingivalen Stufe. Wird diese zu flach gestaltet, kann beim Einsetzen kein Widerstand gespürt werden, wenn das Veneer nach apikal geschoben wird. Folge wäre, dass die Restauration über die Präparationsgrenze hinaus in den Sulkus geschoben wird. Eine flache Hohlkehle ist deshalb ungeeignet. Es wird empfohlen hier annähernd rechtwinklig zu präparieren. Ein kegelförmiger Diamant mit planer Stirnfläche und abgerundeter Kante ist das geeignete Instrument. Die Dimensionierung dieser Stufe soll im Sinne der Gesamtgestaltung natürlich äußerst grazil gehalten werden.

Für die Abformung wird der bereits gelegte Vorfaden belassen und zur Erweiterung des Sulkus ein Oberfaden gelegt. Bei mehreren benachbarten Zähnen kann ein einziger, entsprechend langer Faden diese Aufgabe erfüllen, welcher mäanderförmig verlegt wird. So wird eine gute Retraktion auch im Bereich der Interdentalpapille erreicht. Die Abformung erfolgt sinnvoller Weise in der Doppelmischtechnik. Es muss beachtet werden, dass die oft sehr dünn auslaufenden Veneerstümpfe während des Abziehens des Abdrucks vom Gipsmodell sehr leicht abbrechen können. Eine ausreichend dicke Schicht des Abdruckmaterials zwischen Stumpf und Löffelwand ist hier hilfreich. Diese kann durch die Anbringung eines Platzhalters aus einem knetbaren Abformmaterial sichergestellt werden. Auf die Problematik des Abreißens von Abdruckmaterial im Approximalbereich ist im Zuge dieser Abhandlung bereits hingewiesen worden.

Für die Anfertigung der Provisorien empfiehlt sich der Einsatz einer Tiefziehschiene. Um eine gleichmäßige Schichtstärke zu gewährleisten, sollte ihre Form der geplanten Restauration entsprechen. Dazu kann durch Dublieren ein Gipsmodell des Wax-ups erstellt werden, welches dann als Vorlage beim Tiefziehen benutzt wird. Moderne Provisorienkunststoffe bieten ein hohes Maß an Stabilität und eine gute Polierbarkeit (z. B. Luxatemp, Fa. DMG, Hamburg). Für das spätere problemlose Einsetzen ist eine entzündungsfreie Gingiva hilfreich. Auf einen ordnungsgemäßen und sauberen Sitz sollte deshalb in diesem Bereich besonders geachtet werden.

Eine konventionelle Befestigung eines Veneer-Provisoriums führt in kürzester Zeit zum Misserfolg. Es muss adhäsiv gearbeitet werden. Dazu werden punktförmige Bereiche in der Mitte der Veneerfläche geätzt und mit einem geeigneten Adhäsiv beschickt. Danach wird das Provisorium mit einem dünnfließenden Befestigungskomposit geklebt. Auf eine gründliche Entfernung der Überschüsse ist zu achten.

Labortechnische Herstellung partiell geschichteter Keramikveneers

Als Ausgangspunkt für die laborseitige Herstellung von CAD/CAM-gefertigten Keramikveneers, die partiell mit Keramikmassen nachgeschichtet werden, dient ein erstes Situationsmodell. Dieses wird gemäß den Wünschen des Patienten mit einem entsprechenden Wax-up rekonstruiert.

Natürlich stehen Patientenwünsche im Vordergrund, jedoch muss funktionellen Einflüssen unbedingt Rechnung getragen werden. Diese lassen sich durch eine entsprechende Artikulatorprogrammierung bereits im Wax-up berücksichtigen. Durch Aufbringen eines metallischen Puders können sowohl die vorhandenen Oberflächenstrukturen der Ausgangssituation als auch das Design der Modellation sehr gut beurteilt werden. Dieses erste Wax-up dient als Grundlage für das Patientengespräch und als Vorlage für alle weiteren Arbeitsschritte. Eine Wachsmodellation ist für den Patienten relativ anschaulich. In einer Beratungssitzung wird vonseiten des Behandlers und des Zahntechnikers erläutert, welche Gedanken zu der individuellen Lösung geführt haben und warum sie aus deren Sicht das beste Ergebnis darstellt. Große Aufmerksamkeit wird den speziellen Wünschen des Patienten gewidmet. Nur wenn er diese in der Planung wieder findet, wird die fertige Versorgung in vollem Umfang von ihm akzeptiert werden. Gibt der Patient seine Zustimmung und sind alle ästhetischen Vorgaben erfüllt, kann mit der eigentlichen Herstellung begonnen werden.

Die Herstellung der Basisschalen für die PGKVs erfolgt aus industriell hergestellten Keramikblöcken (VITA MK II, VITA Zahnfabrik, Bad Säckingen). Kernpunkt der nun folgenden Arbeiten ist es, die geplanten Oberflächenstrukturen vom Wachs in die Keramik zu übertragen. Das hierfür verwendete CAD/CAM-Konstruktionsverfahren des CEREC-Systems heißt Korrelation. Hierzu werden Vorlagen benötigt, die man aus den Vorgaben des Wax-up-Modells herstellt.

Korrelationsvorlagen

Von dem Wax-up-Modell werden zwei Silikonvorwälle hergestellt: Ein Vorwall dient als Kontrolle für den Zahnarzt, um den Substanzabtrag bei der Präparation zu kontrollieren. Ein weiterer wird benötigt, um Vorlageschalen aus glasklarem Kunststoff herzustellen. Eine Herstellung aus einfachem klarem Autopolymerisat (Palavit, Fa. Heraeus Kulzer, Hanau) ist von Vorteil, weil dieses Material keine Inhibitionsschicht hat und somit gut zu scannen ist. Das Aushärten erfolgt im Drucktopf, im Wasserbad. Die Schalen müssen sehr dünn gestaltet werden, damit sie später störungsfrei reponiert werden können. Dieser Arbeitsschritt kann bereits vor dem eigentlichen Termin für die Präparation ausgeführt werden.

Modellherstellung

Nach erfolgter Präparation wird von der Abformung ein herkömmliches Sägeschnittmodell hergestellt. Dieses geschieht zweckmäßigerweise mit einem scannbaren Modellgips (z. B. Cambase SC, Fa. Dentona, Dortmund). Sollten herkömmliche Modellgipse zum Einsatz kommen, muss ein Scanmodell über den Dublierungsvorgang erstellt werden. Dieser Arbeitsschritt ist auch immer dann erforderlich, wenn im CEREC-inLab über den Laserscanner aufgenommen wird.

Einscannen

Die vorbereiteten Schalen aus Kaltpolymerisat werden mit dem Vorwall durch Zugabe von Wachs an das zuvor isolierte Sägeschnittmodell angepasst. Die so angepassten Schalen können vom Sägemodell abgenommen und auf das Scanmodell platziert werden. Um das Platzieren zu erleichtern, kann man den Scanvorgang in umgekehrter Reihenfolge vornehmen: als erstes nimmt man die Korrelationvorlagen im Ordner 'Präparation' auf und verschiebt nach Abschluss der Maßnahme die Aufnahmen mit Drag und Drop in den Okklusionsordner.

Nachdem die Korrelationsschalen entfernt wurden, wird nun der Scan von der eigentlichen Präparation hergestellt. Sinn dieser Verschiebung ist es, möglichst exakte Informationen der Ausgangsoberfläche zu bekommen. Die Datenerfassung im Präparationsordner erfolgt aus mehreren unterschiedlichen Winkeln und enthält somit exakteres Datenmaterial.

Konstruieren und Schleifen

Nachdem die Aufnahmen verrechnet sind, werden sie als 3-D-Objekt auf dem Computerbildschirm dargestellt. Das Einzeichnen der einzelnen Linien geschieht nach den bekannten Regeln der Korrelationstechnik. Dabei werden die Strukturen der Wachsoberfläche an der exakt richtigen Stelle in das Design des neuen Veneers eingefügt. Sind alle Schritte ordnungsgemäß ausgeführt, sollte eine gute Kopie der Korrelationsvorlagen und somit des Wax-up auf dem Bildschirm zu sehen sein. Nachdem die Schleifikone frei geschaltet ist, kann das Veneer aus der industriell gefertigten Feldspatkeramik ausgeschliffen werden. VITA MK II (Fa. VITA Zahnfabrik, Bad Säckingen) ist eine klinisch tausendfach bewährte Feldspatkeramik, die in idealer Weise geeignet ist, um aus ihr Veneerschalen auszuschleifen.

Für die Herstellung von laborseitig nachgeschichteten Veneers ist eine möglichst genaue Wiedergabe der Innenfläche des Veneers erforderlich. Nur so kann ein gleichmäßiger Einsetzfilm beim späteren adhäsiven Befestigen erreicht werden. Da es gewünscht ist, einen möglichst großen Chamäleon-Effekt der präparierten Zähne zu erreichen, ist diesem Schritt besondere Aufmerksamkeit zu schenken. Da bestimmte Außenteile des Veneers nachgeschichtet werden, muss die Außenseite nicht in letzter Perfektion wiedergegeben werden. Hier reicht es, dass die Grundform, die labiale Kontur sowie die inzisale Performance erhalten bleiben. Um dies zu gewährleisten, werden die Veneers im Schleifmodus ‚Endo' gefertigt. Hierbei bearbeitet ein kegelförmiger Schleifkörper die innere Klebefläche der Schale, die Außenseite wird mit dem vergleichsweise grob arbeitenden Zylinderschleifer hergestellt.

Aufpassen der Keramikschalen

Nachdem die Keramikschalen ausgeschliffen sind, müssen sie auf das Sägeschnittmodell aufgepasst werden. Dies geschieht immer in folgender Reihenfolge: als erstes werden die Schalen auf die entnommenen Einzelstümpfe mittels einer Kontaktfarbe (Pasta Rossa, Fa. Anaxdent, Stuttgart) aufgepasst. Hierbei ist lediglich auf einen korrekten Innensitz zu achten, keinesfalls sind jetzt schon die Ränder zu bearbeiten oder auszudünnen, das vollzieht sich als letzter Arbeitsgang. Als zweiter Arbeitsschritt werden die Kontaktflächen zu den Nachbarzähnen aufgearbeitet, was beginnend von einer Seite hier, Zahn für Zahn, geschieht.

Reduzieren und Auftragen von Keramik

Sind alle Schalen in beschriebener Weise aufgepasst, können die Stellen an denen man Keramik nachschichten möchte, reduziert werden. Dies geschieht mit geeigneten Schleifkörpern. Für die zuerst anfallenden groben Strukturen werden entsprechend grobe Schleifer auf der Basis kunststoffgebundener Diamantpartikel verwendet (Diagen Turbo Grinder, Fa. Bredent, Senden). Feine metallische Schleifer mit Diamantbelag dienen zum Herausarbeiten der Details (z. B. Mini Disc, Fa. Brasseler, Lemgo). Um punktförmige Überhitzungen in der Keramik zu vermeiden, wird im unteren Drehzahlbereich gearbeitet.

Nachgeschichtete Keramikveneers kommen wahrscheinlich immer dann zum Einsatz, wenn sehr große Defekte versorgt werden oder wenn sehr ausgeprägte Farbstrukturen nachgeahmt werden müssen. Um sich ein Bild über die Grundcharakteristik machen zu können, sind Fotos der Ausgangszähne sehr hilfreich. Diese Struktur wird mit einem feinen Malstift auf die auf dem Model befindlichen Keramikschalen übertragen. Die Mamelonstruktur liegt im Allgemeinen unterhalb einer 0,5 mm dicken Schmelzschicht und ist in aller Regel farblich abgesetzt in einem etwas wärmeren Ton vorhanden. Dieser Bereich ist sehr hoch fluoreszierend und kann somit nur mit hoch fluoreszierenden Malfarben nachgeahmt werden. Nachdem die Schmelzanteile entsprechend der Anzeichnung von der Keramikschale mittels Schleifscheiben und Diamanten entfernt wurden, kann die Mamelonstruktur mit Shading Paste (VITA Zahnfabrik, Bad Säckingen) koloriert werden. überprüfen Es ist zweckmäßig, diese Kolorierung mittels eines Fixierbrands im Keramikofen zu stabilisieren.

Da sich der WAK-Wert von MK II Keramikblöcken bei 9,2 befindet, ist die Verblendkeramik Vita VM9 in idealer Weise dazu geeignet, um die fehlenden Anteile wieder nachzuschichten. Hierfür werden die Keramikschalen auf dem Modell positioniert. Um ein Verrutschen während des Auftragens zu vermeiden, wird eine kleine Menge Fixierwachs (Stick-on-Wachs, Fa. Yeti, Engen) auf dem Stumpf platziert. Hierauf wird das Veneer leicht angedrückt, was sowohl einen sicheren Sitz während des Auftragens als auch ein einfaches Entfernen der aufgetragenen Keramikschalen ermöglicht. Als erstes werden die lateralen Schmelzleisten und anschließend die inzisale Kante mit END-Schmelzmassen aufgeschichtet. Die weitere labiale Ausformung erfolgt in einer Wechselschichtung mit Schmelz und Opalmassen. Die aufgeschichteten Keramikschalen werden vorsichtig von den Gipsstümpfen abgelöst und zum Brennen auf eine Platinfolie gelegt. Diese ermöglicht eine ungehinderte Wärmeaufnahme und zeigt Vorteile im Brennergebnis gegenüber dem Auflegen auf Brennwatte. Damit es zu einem innigen Verschmelzen mit den MK II Anteilen kommt, wird die übliche Brenntemperatur um 15 Grad angehoben.

Ausarbeiten und Fertigstellen

Nach erfolgtem Brennvorgang werden die Keramikschalen mit Fermit (Fa. Ivoclar Vivadent, Ellwangen) auf den Gipsstumpfen befestigt. Dieses Verfahren ermöglicht einen sauberen Sitz während des Bearbeitens mit Diamantschleifern und Scheiben. Als erstes werden die Interdentalraume bearbeitet, hierbei ist besonderer Wert auf die Ausformung der Papillenräume zu legen. Daraus ergibt sich automatisch die Anlage der Lichtleisten. Das Ausarbeiten der Wachstumsrillen und das Einarbeiten der Perikymatien erfolgt nun abschließend: diese Bearbeitung ist individuell unterschiedlich und richtet sich nach Situationsmodellen, Fotos oder den Angaben des Behandlers sowie den Patientenwünschen. Sind diese Arbeitsschritte ausgeführt, werden die Keramikschalen von den mit Fermit (Fa. Ivoclar Vivadent, Ellwangen) fixierten Gipsstümpfen gelöst und gründlich gesäubert. Erst jetzt werden die Ränder mit einem Gummipolierer (Cerapol, Fa. Edenta, Au, Schweiz) bearbeitet. So ist gesichert, dass es infolge mehrerer Brennvorgänge zu einem Abrunden der Ränder kommt. Ein herkömmlicher Glanzbrand wird mit der Glaze-Glasurmasse aus dem VITA Shading Paste Sortiment (Fa. VITA Zahnfabrik, Bad Säckingen) durchgeführt. Das Ergebnis wird entscheidend durch eine anschließende mechanische Politur beeinflusst. Dabei ist das Allgemeinbild der patiententypischen Glanz- und Oberflächenstruktur zu berücksichtigen, das auch durch den Einsatz unterschiedlicher Poliermittel erreicht werden kann.

Der klinische Ablauf einer Semichairside-Behandlung – Einsetzen und Nachsorge

Zunächst müssen die Provisorien entfernt werden. In der Regel ist trotz des punktförmigen Einsatzes der Adhäsivtechnik und der Verwendung eines Kompositklebers ein unkompliziertes Lösen möglich. Die Stellen an denen adhäsiv gearbeitet wurde, sind zumindest beim Einsatz einer Lupenbrille gut zu erkennen. Es wird empfohlen, diese Bereiche vorsichtig mit einem Diamantschleifer aufzurauen. Der komplette Klebebereich wird mit einem Bürstchen und einer fluoridfreien Reinigungspaste gesäubert.

Als erster Schritt ist eine Anprobe der Veneers sinnvoll. Sie werden einzeln hinsichtlich ihrer Passfähigkeit geprüft. Danach kann grob die spätere Farbwirkung beurteilt werden. Dazu muss ein lichtübertragendes Medium zwischen Zahn und Veneer gebracht werden. Einfach und komplikationslos ist die Verwendung von Wasser. Glyzeringel kann ebenfalls benutzt werden. Von öligen oder fettigen Substanzen wird wegen der möglichen Beeinträchtigung der späteren adhäsiven Befestigung dringend abgeraten. Über den Sinn des Anlegens von Kofferdam zum Einsetzen von Veneers gerade im Oberkieferfrontzahnbereich kann kontrovers diskutiert werden. Aufgrund der anatomischen Besonderheiten im Frontzahnbereich ist das Platzieren des Gummis ohnehin problematisch. In vielen Fällen ist der Einsatz der sehr tief greifenden Frontzahnklammern unverzichtbar. Schäden an Weich- und Hartgewebe sind nicht auszuschließen. Sollte das Anlegen des Kofferdams natürlich unkompliziert möglich sein, stellt er in jedem Fall eine Arbeitserleichterung dar.

Beim Einsetzen von mehreren Schalen empfiehlt es sich, diese einzeln nacheinander einzusetzen. Nur so kann die nötige Kontrolle und Präzision erreicht werden. Veneers sind wegen ihrer flachen Struktur schwierig zu platzieren. Werden die Veneers von labial angedrückt, verringert sich der Radius des Frontzahnbogens schon allein wegen der Eigenbeweglichkeit der Zähne in geringem Maße. Dadurch verringert sich approximal der Platz für die Veneers. In Folge schieben sie sich übereinander, wenn mehrere gleichzeitig geklebt werden. Es entsteht ein Chaos, das kaum zu kontrollieren ist. Ein ordnungsgemäßes Einsetzen kann nicht gewährleistet werden.

Die Veneers werden zunächst mit einem provisorischen Befestigungsmaterial Stück für Stück befestigt. Im Laufe der nicht unerheblichen Erfahrung der Autoren hat sich Fermit (Fa. Ivoclar Vivadent, Ellwangen) bestens bewährt, bei dem es sich normalerweise um ein provisorisches Verschlussmaterial für Inlaykavitäten handelt. Fermit klebt nicht zu stark; es wird mit der Polymerisationslampe gehärtet. Soll es entfernt werden, lässt es sich wie eine Folie komplett in einer Schicht abziehen. Dank der hohen Viskosität lassen sich die Schalen exakt und in Ruhe aufsetzen.

Sind alle Veneers provisorisch befestigt, wird nochmals der Gesamteindruck geprüft. Da die Teile in der jetzigen Form nicht abfallen, ist es der geeignete Moment, dem Patienten mittels Spiegel die Möglichkeit einer Vorschau auf den Eindruck der kommenden Arbeit zu geben. Er kann die ungefähre Wirkung in Ruhe bewerten und sein Einverständnis für die definitive Befestigung erteilen.

Auf einer Seite beginnend, wird nun die erste Schale wieder entfernt. Der provisorische Kleber befindet sich in der Regel auf der Seite der Keramik. Mit einem spitzen Gegenstand, zum Beispiel einer zahnärztlichen Sonde, lässt er sich mühelos entfernen. Ist sichergestellt, dass alle Rückstände komplett entfernt und die Klebeflächen sauber sind, wird die Keramik auf der dem Zahn zugewandten Seite mit Flusssäure eine Minute lang geätzt (z. B. Porcelain Etch, Fa. Ultradent, München). Danach wird Silan aufgetragen (z. B. Silicoup, Fa. Heraeus Kulzer, Hanau) und mit dem Pinsel einmassiert bis keine Flüssigkeit mehr zu erkennen ist. Auf der Zahnseite wird ein geeignetes Adhäsivsystem entsprechend den Herstellerangaben aufgebracht. Je nach Anteil von Zahnschmelz, der nach der Präparation verblieben ist, stellt sich die Wertigkeit einer Dentinadhäsion dar. Sind zwei Drittel oder mehr der Klebefläche noch im Schmelz lokalisiert, ist der Einsatz eines Dentinadhäsivs unwichtig. Der Schmelz wird mit Phosphorsäuregel geätzt. Im Falle des reinen Schmelzbondings genügt der Auftrag von Bondingflüssigkeit.

Eine sehr wichtige Rolle spielt der Kleber selbst. Im Gegensatz zum Angebot vieler Hersteller mit mehreren Farbtönen und zusätzlichem Try-in-Gel zur Beurteilung der Farbwirkung, sind die Autoren der Meinung, dass die Farbe des Einsetzmaterials absolut neutral sein sollte, um möglichst viele optische Informationen des darunter liegenden Zahnmaterials in die Gesamtwirkung der Restauration einzubinden. Die ideale Farbe des Klebers kann damit nur transparent sein. Für eine günstige Lichtverteilung ist zusätzlich eine hohe Fluoreszenz des Befestigungsmaterials unverzichtbar. Ungeeignete Kleber können, völlig unabhängig von ihrer Eigenfarbe, die Helligkeitswirkung des fertigen Veneers um ein bis zwei Farbstufen verändern! Ein Klassiker zum ästhetischen Befestigen ist der Dualzement Variolink II (Fa. Ivoclar Vivadent, Ellwangen).

Beim Aufsetzen der mit Kleber bestrichenen Schalen muss dringend auf die Vermeidung von Luftblasen geachtet werden. Dies ist am besten durch langsames Abkippen von zervikal nach inzisal möglich. Ist das Veneer korrekt platziert, kann die Lichthärtung erfolgen. Da die Schalen relativ dünn sind, ist die Lichtleistung der Lampe hier eher unwichtig. Nach dem Aushärten erfolgt die minutiöse Entfernung aller Überschüsse. Im Interesse perfekter gingivaler Verhältnisse ist der zervikale Übergang von besonderer Bedeutung. Er wird günstigerweise mit geeigneten Scalern geglättet. Der Approximalbereich wird mit belegten Streifen bearbeitet. Schritt für Schritt werden die einzelnen Teile befestigt. Sind alle Schalen komplett eingesetzt, folgt die Prüfung der Okklusion sowie der funktionellen Gegebenheiten. Es stellt sich in jedem Fall als ein Vorteil der Veneer-Versorgung heraus, dass die funktionell besonders wichtigen Palatinalflächen erhalten bleiben.

Eine Nachkontrolle zwei Wochen später dient zur Überprüfung dieser Dinge nachdem sich der Patient an die neue Versorgung adaptiert hat. Oft werden die Schneiden gegenüber dem Ausgangszustand verlängert, was u. a. einem jugendlicheren Eindruck dient. Um Beschädigungen der Schalen durch habituelle Fehlfunktionen, wie z. B. Bruxismus, zu vermeiden, ist der Einsatz einer Schutzschiene empfehlenswert.

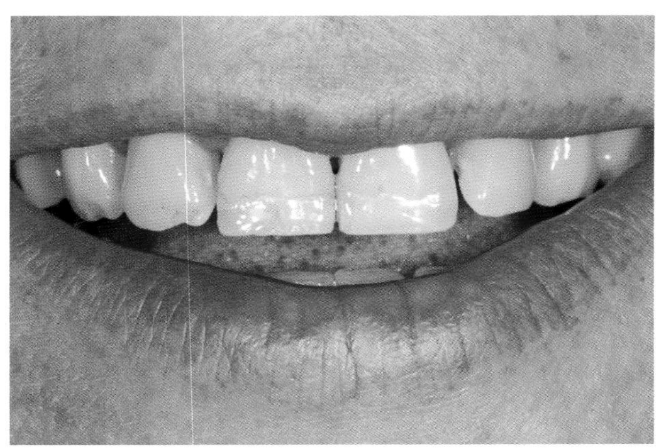

Abb. 9.11 Der ästhetische Gesamteindruck ist bei dieser 9-jährigen Patientin durch die Auswirkungen einer Schmelzbildungsstörung beeinträchtigt.

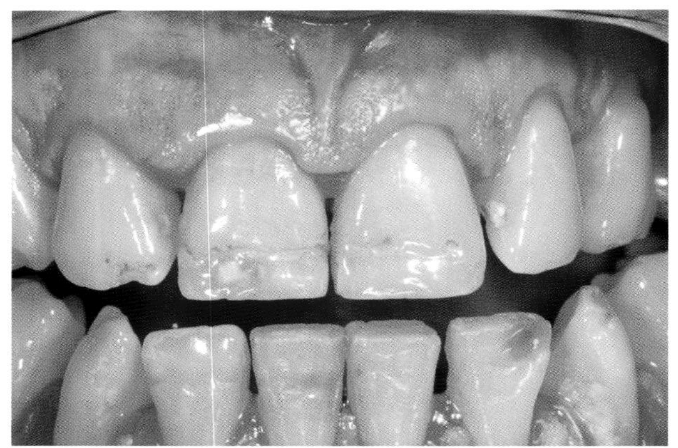

Abb. 9.12 Die Defekte sind unterschiedlich stark ausgeprägt. Teilweise sind Farbeinlagerungen vorhanden.

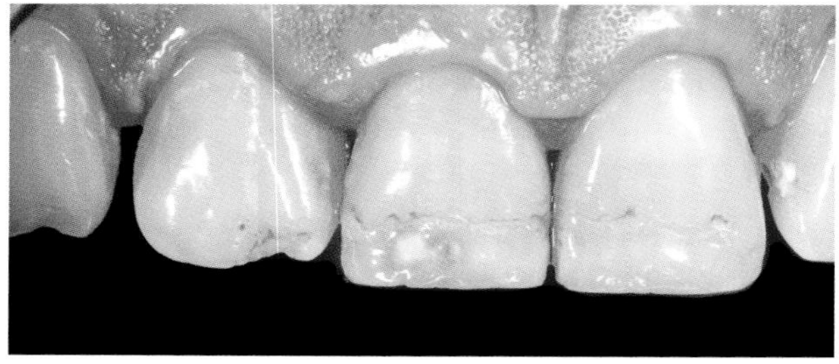

Abb. 9.13 Panoramaansicht des zu versorgenden Bereiches.

Fallbeispiel

Es handelt sich um eine 39-jährige, voll bezahnte Patientin. Die parodontale Situation kann als gesund bezeichnet werden, es liegt eine gute Mundhygiene vor. Die Bissverhältnisse sind stabil. Im Frontzahnbereich dominieren im Ober- und Unterkiefer durch Schmelzhypoplasien bedingte Defekte, welche mehr oder weniger stark ausgeprägt sind und teilweise sekundäre Farbeinlagerungen zeigen. Dieser Zustand störte die Patientin schon viele Jahre. In Abwägung des Schaden-Nutzen-Verhältnisses wurde aber bis jetzt auf eine Korrektur verzichtet. Die Zähne sind vital, das Dentin liegt geringfügig frei (Abb. 9.11 bis 9.13).

Es wurde der Wunsch nach einer beständigen, hochwertigen, im gleichen Zuge aber auch Substanz schonenden Versorgung geäußert. Zunächst wurden auf Planungsmodellen funktionsanalytische Betrachtungen durchgeführt und nach positiver Entscheidung ein Wax-up der zu erzielenden Situation erstellt (Abb. 9.14, Abb. 9.15). Im Zuge eines Beratungsgespräches wurde die Therapieentscheidung für Keramikveneers getroffen. In Abstimmung mit der Patientin wurde der Eingriff auf die drei am stärksten betroffenen Zähne 12, 11 und 21 begrenzt. Die Herstellung der Verblendschalen soll mithilfe des CEREC CAD/CAM-Systems (Fa. Sirona, Bensheim) erfolgen. Um der Farb- und Formenvielfalt des Restzahnbestandes gerecht zu werden, erfolgt die Fertigung in Form von PGKVs.

Während der Präparation wurde der möglichst weitgehende Einsatz normierten Instrumentariums angestrebt. Der Mindestmaterialabtrag wird durch den Einsatz von Rillenschleifern (Fa. Brasseler, Lemgo) gesichert. Besondere Berücksichtigung finden die so genannten Veneerecken. Das sind die Bereiche oberhalb der Papillenspitzen. Unter Schonung der Weichgewebe mittels oszillierender Präparation (Sonic Flex, Fa. KaVo, Biberach) wird sichergestellt, dass nach der Eingliederung kein unpräparierter Zahn mehr zu sehen ist.

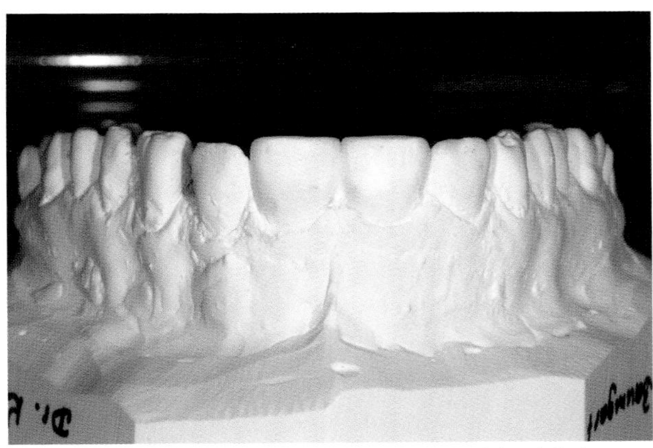

Abb. 9.14 Zur Visualisierung des Behandlungsziels wird ein Wax-up angefertigt.

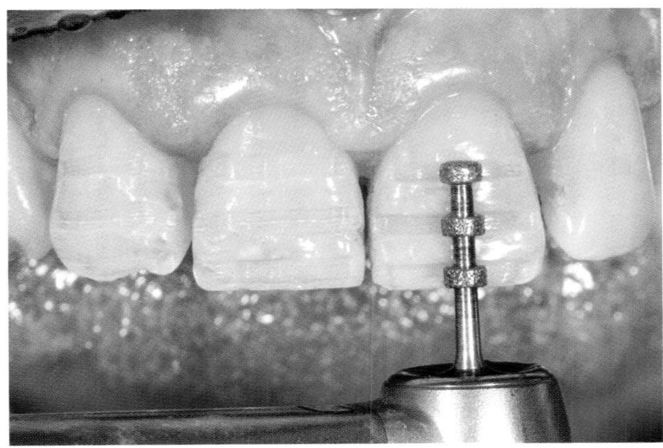

Abb. 9.16 Die Präparation beginnt mit der Anlage von horizontalen Orientierungsrillen mit dem Rillenschleifer.

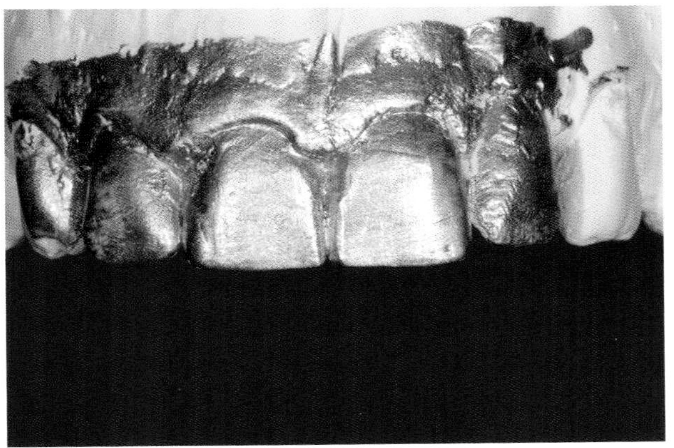

Abb. 9.15 Feine Oberflächenstrukturen und der Verlauf der Lichtleisten können mit Metallpuder sichtbar gemacht werden.

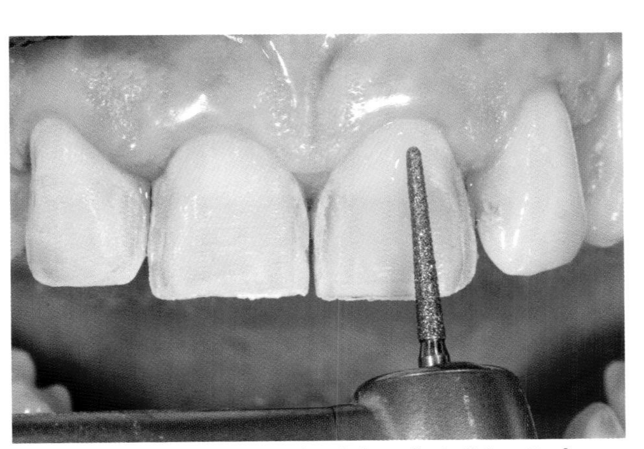

Abb. 9.17 Danach wird der Schmelz im erforderlichen Umfang abgetragen. Orientierungsrillen sollten nicht mehr sichtbar sein.

Die Anlage einer begrenzenden Hohlkehle erfolgt mithilfe von oszillierendem Instrumentarium (Sonicflex, Fa. KaVo, Biberach). Damit ist eine schonungsvolle Präparation unter weitgehendem Schutz der Nachbarzähne und der gingivalen Gewebe möglich. Mit einem Silikonschlüssel vollzieht sich die Beurteilung der Präparation hinsichtlich eines ausreichenden Materialabtrags (Abb. 9.16 bis 9.22). Die Abformung geschieht mit einem Polyethermaterial (Impregum, Fa. 3M Espe, Seefeld) (Abb. 9.23, Abb. 9.24). Bei der Herstellung des Provisoriums spielen ästhetische Aspekte keine Rolle, denn es wird entsprechend den Regeln der Semichairside-Behandlung nur sehr kurze Zeit im Mund verbleiben (Abb. 9.25 bis 9.29).

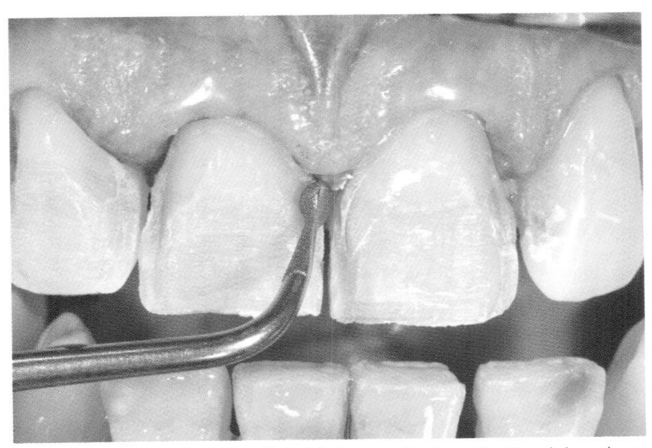

Abb. 9.18 Besondere Berücksichtigung finden die Bereiche oberhalb der Papillenspitzen.

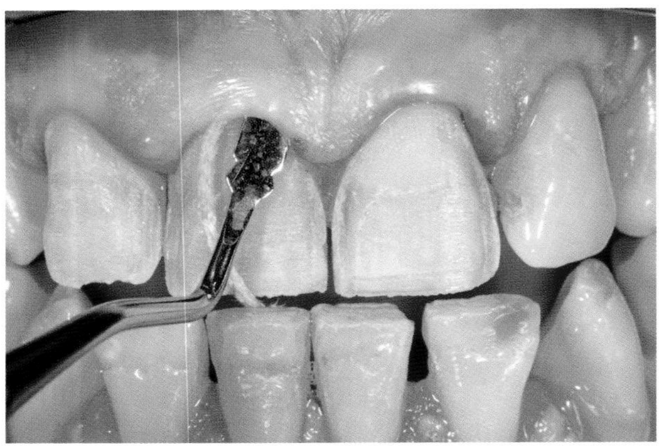

Abb. 9.19 Das Applizieren eines Vorfadens sichert eine gute Übersicht beim Gestalten der gingivalen Präparationsgrenze.

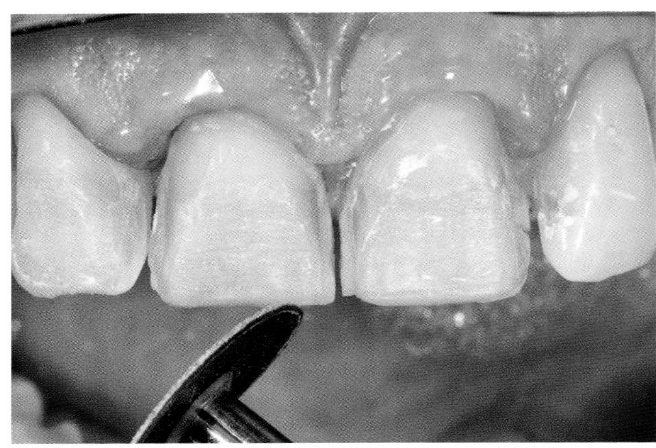

Abb. 9.22 Mittels einer Sof-lex-Scheibe (Fa. 3M Espe, Seefeld) wird die inzisale Präparationsgrenze nach palatinal verlegt und gleichzeitig eine Glättung vorgenommen.

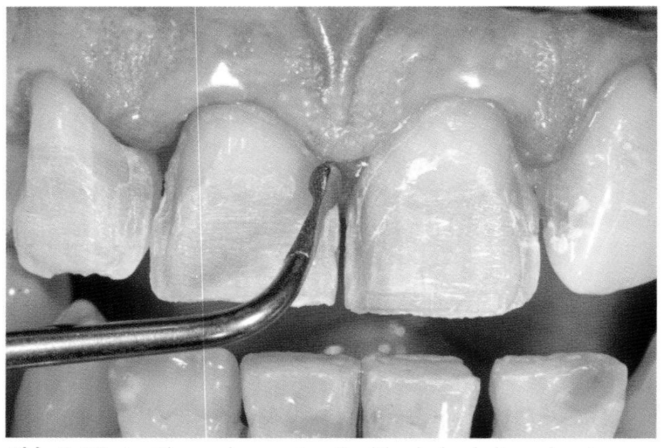

Abb. 9.20 Im Sinne einer guten Positionierbarkeit und guter Übergänge sollte im zervikalen Bereich nicht zu sparsam abgetragen werden.

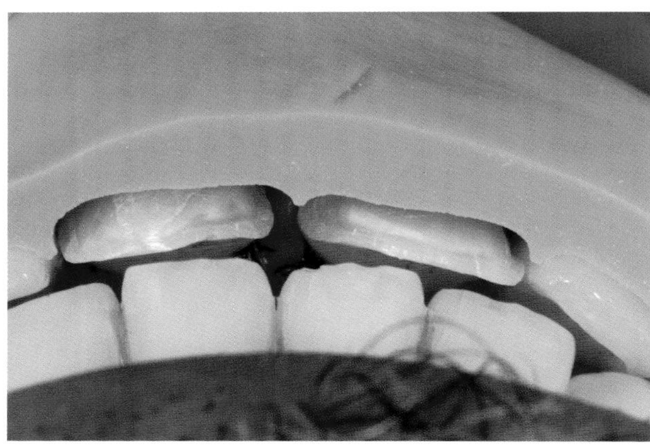

Abb. 9.23 Anhand eines angeschnittenen Silikonschlüssels kann beurteilt werden, ob ausreichend Material abgetragen wurde.

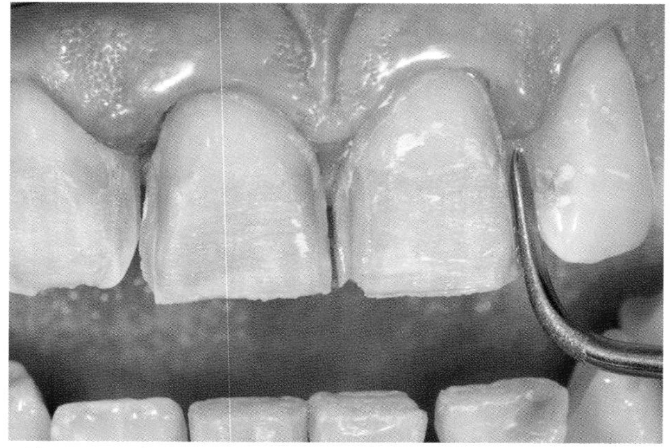

Abb. 9.21 Die Approximalkontakte sollen nicht aufgelöst werden; eine sehr schonende Glättung wird mit dem Sonicflex System (Fa. KaVo, Biberach) erreicht.

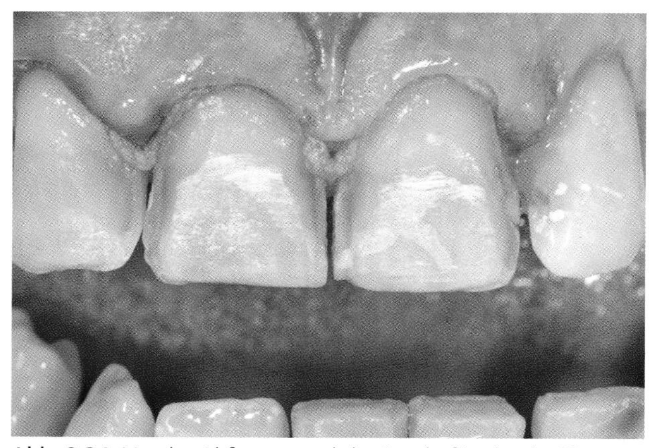

Abb. 9.24 Vor der Abformung wird mäanderförmig ein Oberfaden gelegt.

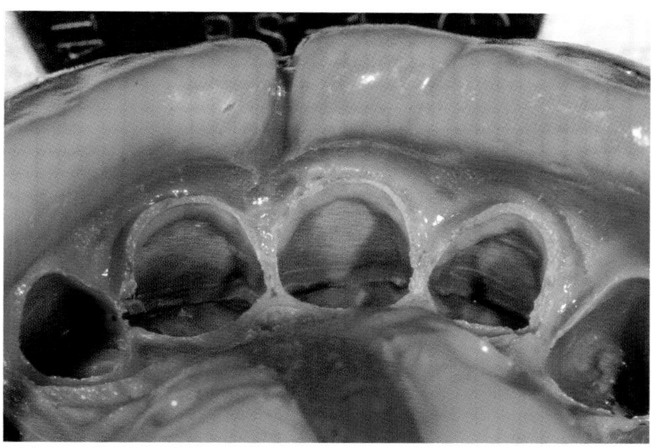

Abb. 9.25 Die Abformung gibt deutlich den sehr wichtigen Bereich der zervikalen Präparationsgrenze wieder.

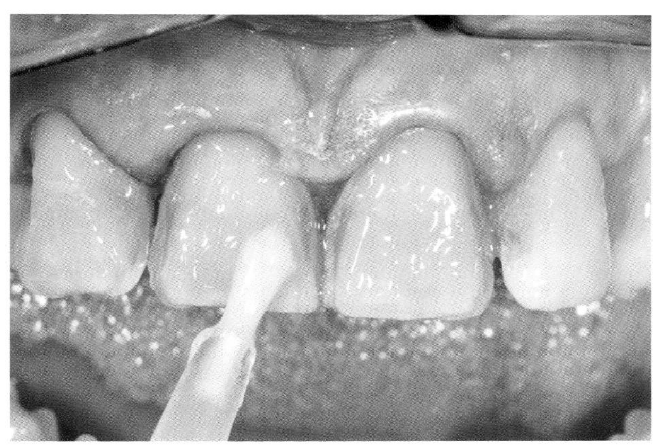

Abb. 9.26 Damit die sehr dünnen Schalen des Provisoriums nicht zerbrechen, muss isoliert werden.

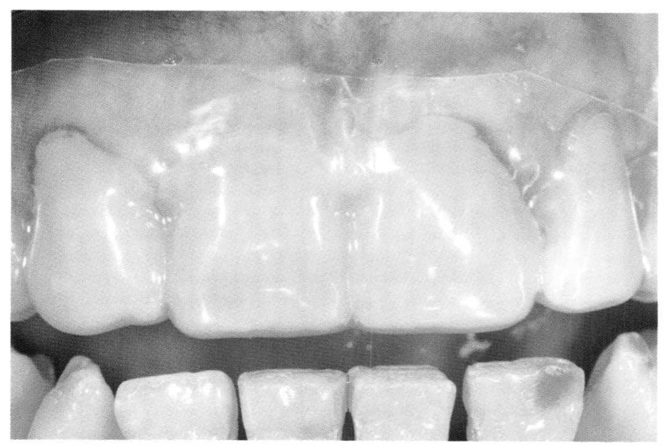

Abb. 9.27 Das Provisorium wird mithilfe einer Tiefziehschiene angefertigt.

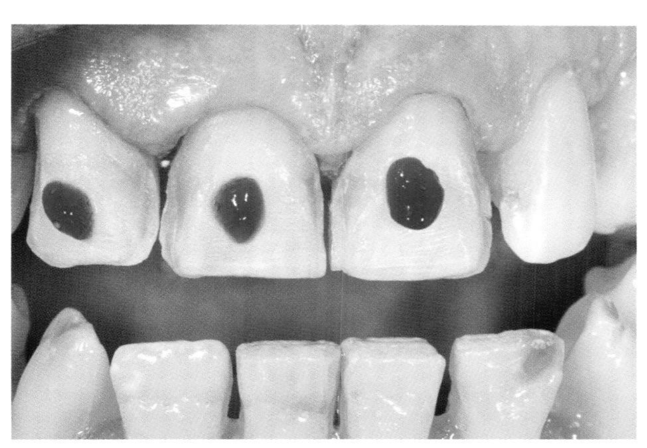

Abb. 9.28 Das Provisorium muss adhäsiv befestigt werden, damit es sich nicht vor dem Einsetztermin löst. Dazu ist punktförmiges Ätzen und Silanisieren sinnvoll.

Für eine besser kontrollierbare Oberflächengestaltung wurde der Herstellungsweg über Modelle gewählt, obwohl das CEREC-System auch eine direkte Abtastung der Situation in der Mundhöhle erlaubt. Ein schnell härtender Hartgips, der für die digitale Oberflächenerfassung geeignet ist, dient zur Modellherstellung (Cam Base SC, Fa. Dentona, Dortmund). Neben der Digitalisierung der Modellsituation der Präparation werden zusätzlich die Daten des im Vorfeld erstellten Wax-up übernommen (Abb. 9.30 bis 9.39). Mithilfe des CEREC-3-D-Programms können die Veneers direkt am Bildschirm gestaltet werden (Abb.

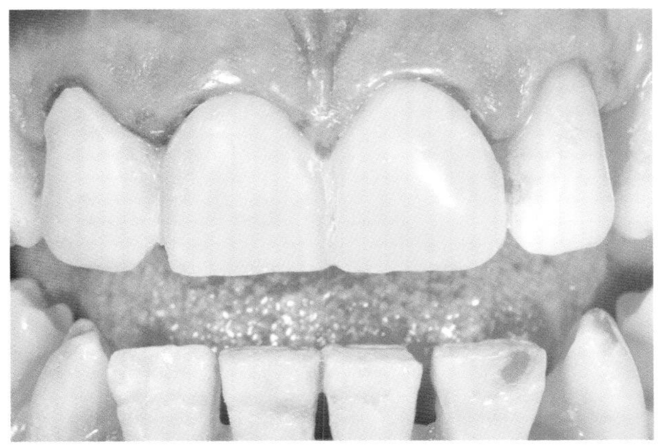

Abb. 9.29 Zur Befestigung des Provisoriums werden punktförmige Bereiche geätzt, um einen teilweisen adhäsiven Verbund zu erreichen.

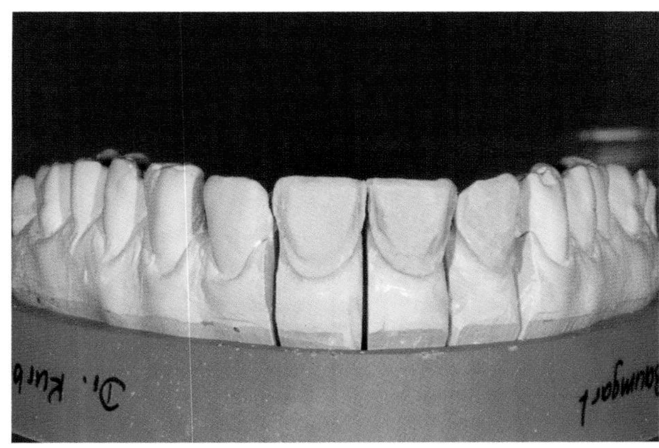

Abb. 9.30 Auf der Basis der Abformung wird zunächst ein Sägeschnittmodell angefertigt.

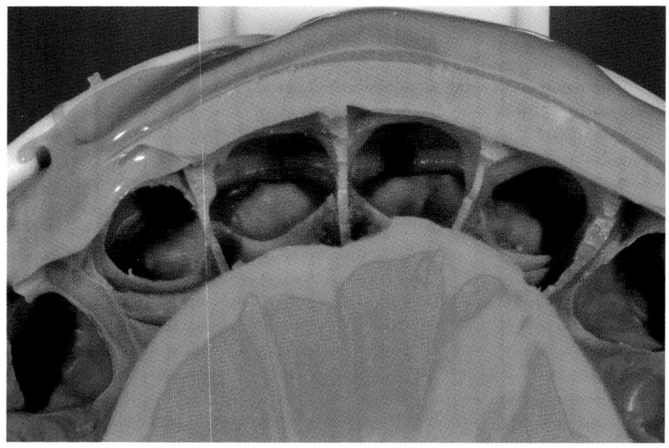

Abb. 9.31 Der Frontzahnbereich wird mithilfe eines A-Silikons dubliert.

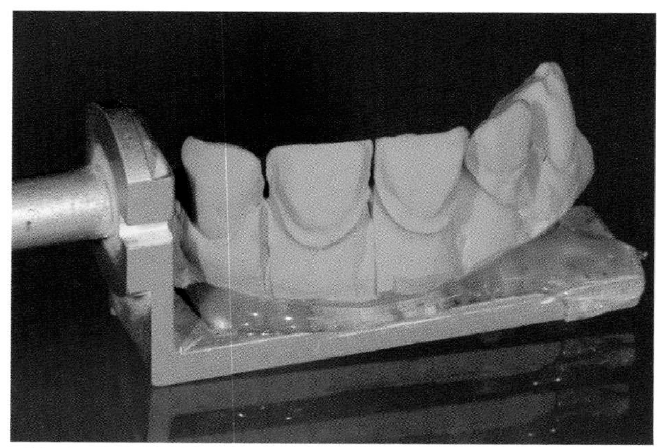

Abb. 9.32 Aus einem Spezialgips (CAM Base, Fa. Dentona, Dortmund) wird ein scanfähiges Modell für das Sirona inLab-Gerät vorbereitet.

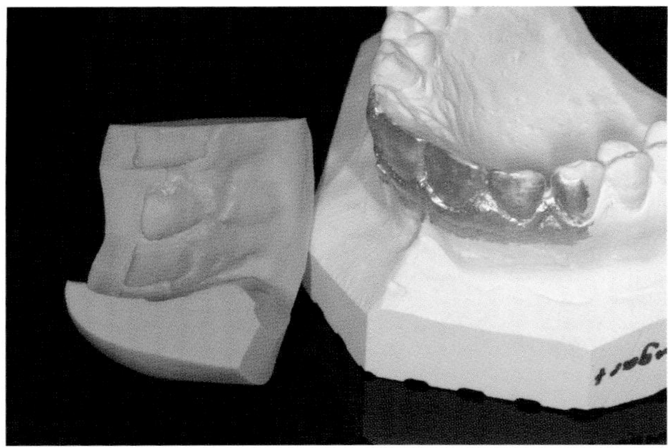

Abb. 9.33 Um die Form des Wax-up zu digitalisieren, wird zunächst ein weiterer Silikonschlüssel hergestellt.

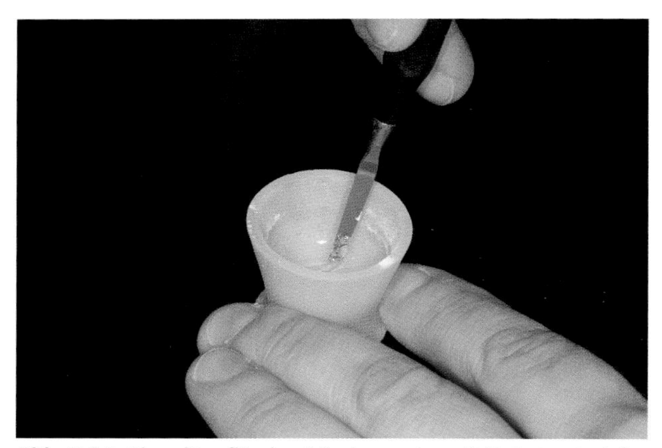

Abb. 9.34 Eine dünnflüssige Mischung eines Kaltplastmaterials wird hergestellt.

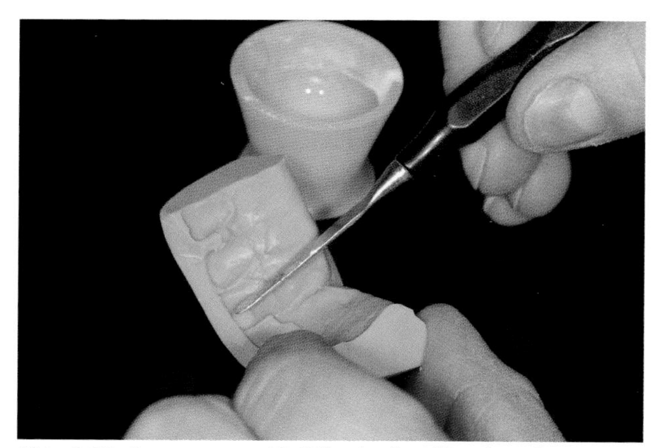

Abb. 9.35 Das sparsame Einfüllen in die Silikonform führt zu sehr dünnen Schalen.

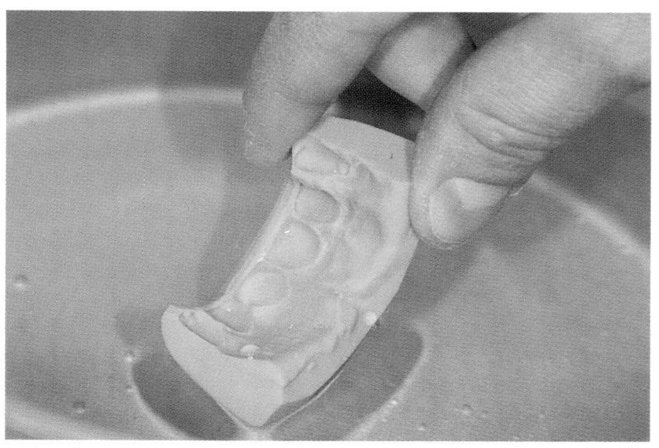
Abb. 9.36 Die Polymerisation erfolgt im Wasserbad im Drucktopf.

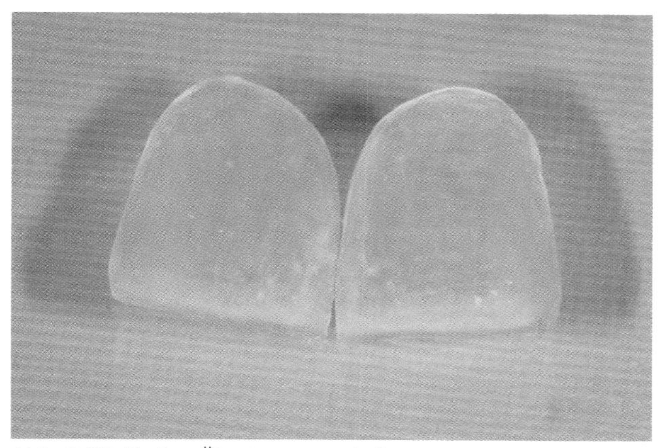
Abb. 9.38 Fertige Übertragungsschalen.

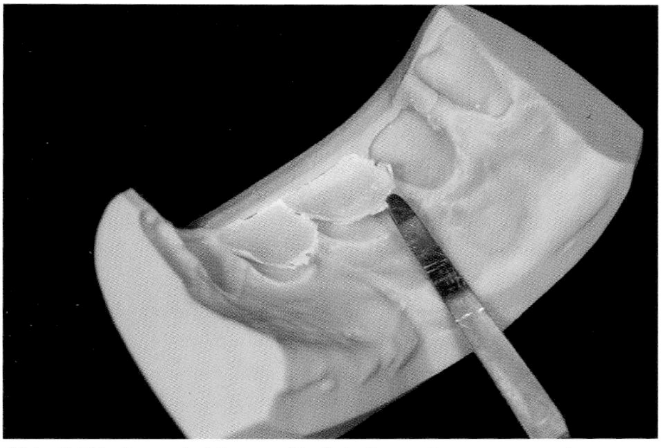
Abb. 9.37 Danach können die Schalen entnommen und ausgearbeitet werden.

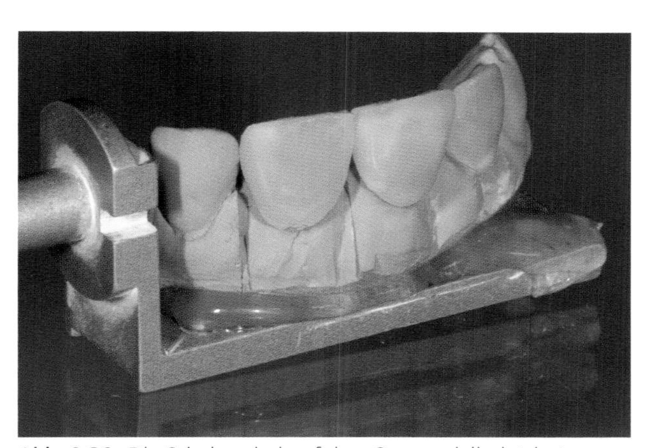
Abb. 9.39 Die Schalen sind auf dem Scanmodell platziert.

9.40 bis 9.49). Dabei kann die Restauration in Schnittbildern dargestellt werden, um bruchgefährdete Stellen rechtzeitig zu erkennen. Auch eine Vorschau des Schliffbildes ist möglich.

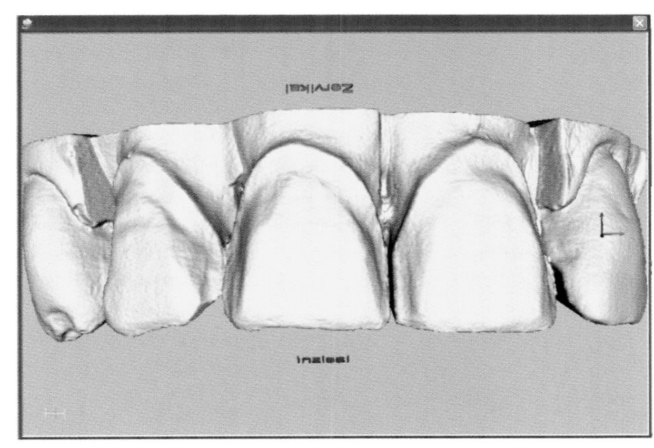

Abb. 9.40 Die in CEREC 3D digitalisierte Modellsituation.

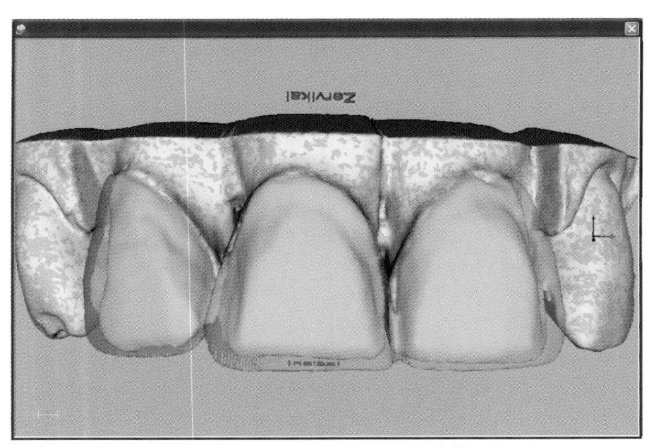

Abb. 9.41 In transparenter Darstellung sind die überlagerten Oberflächen der Veneerschalen zu erkennen.

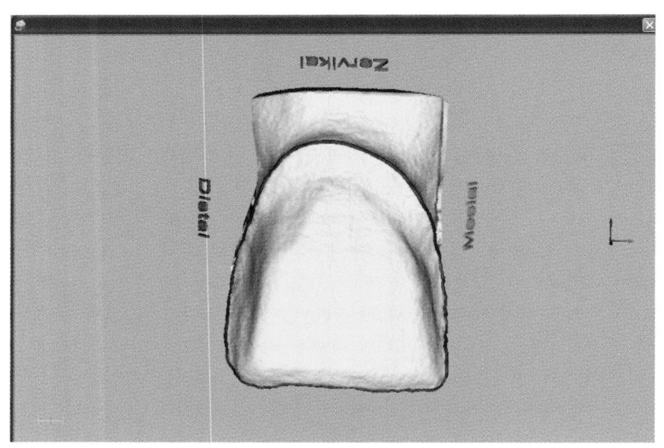

Abb. 9.42 Am Stumpf des Zahnes 11 wird die Präparationsgrenze festgelegt.

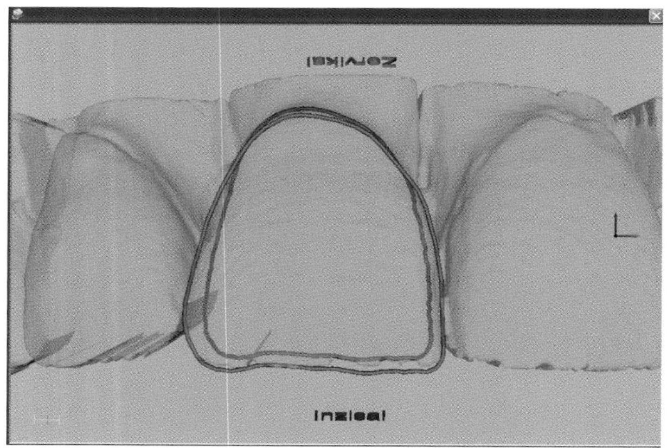

Abb. 9.43 Die als Äquator bezeichnete Linie wird benutzt, um die Umrissform des Veneers zu skizzieren.

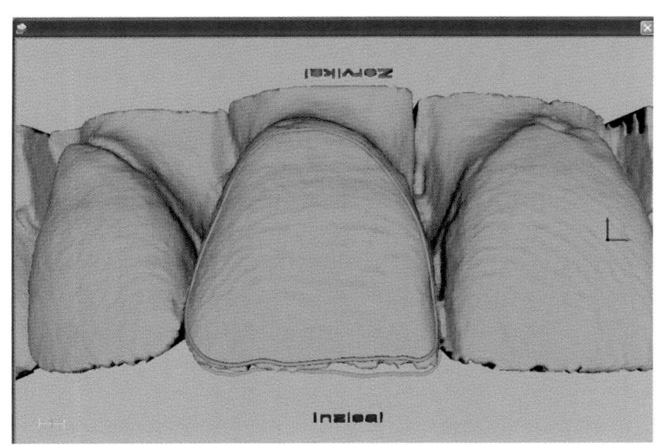

Abb. 9.44 Mit der so genannten Kopierlinie wird nun das Areal auf der Schale festgelegt, das in die endgültige Gestaltung übernommen werden soll.

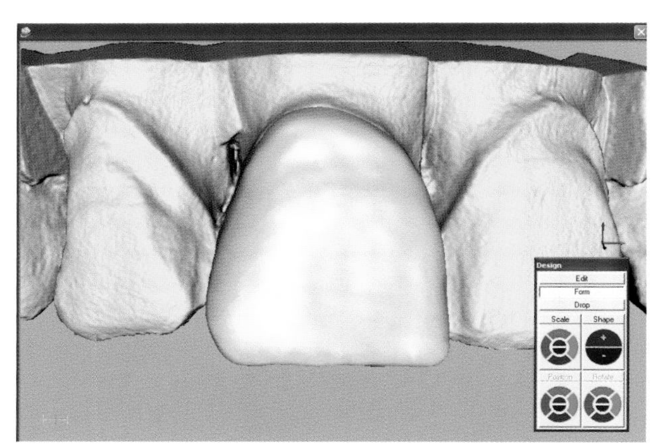

Abb. 9.45 Das Veneer ist berechnet, seine Form kann noch mit virtuellen Werkzeugen modifiziert werden.

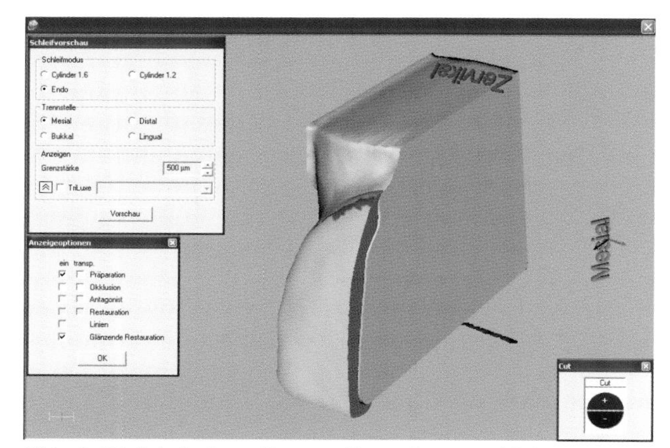

Abb. 9.46 Schnittdarstellungen dienen hauptsächlich zur Beurteilung der Schichtstärke.

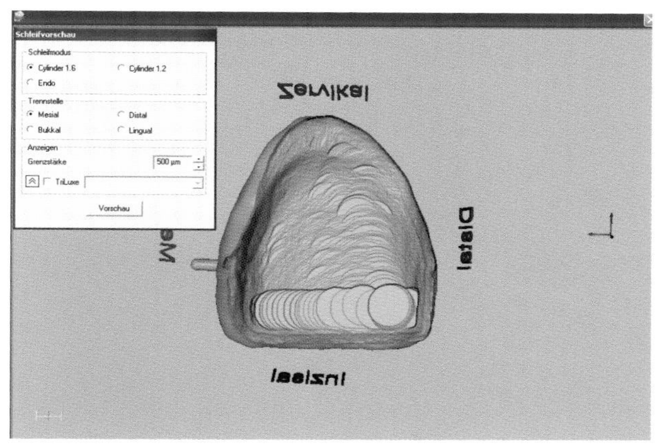

Abb. 9.47 Die beim CEREC-System als Standard implementierte Bearbeitung der Klebeseite mit einem zylindrischen Schleifkörper ist ungeeignet: es entstehen zu große Hohlräume.

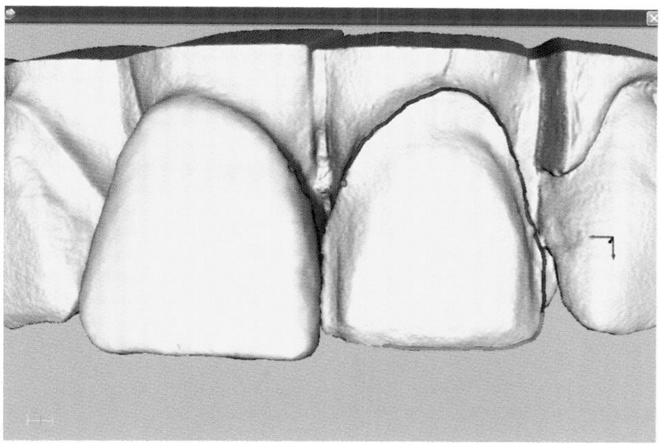

Abb. 9.49 Ist die Arbeit am ersten Veneer abgeschlossen, kann es virtuell eingesetzt werden, damit es für die Arbeiten an den anderen Restaurationen sichtbar ist.

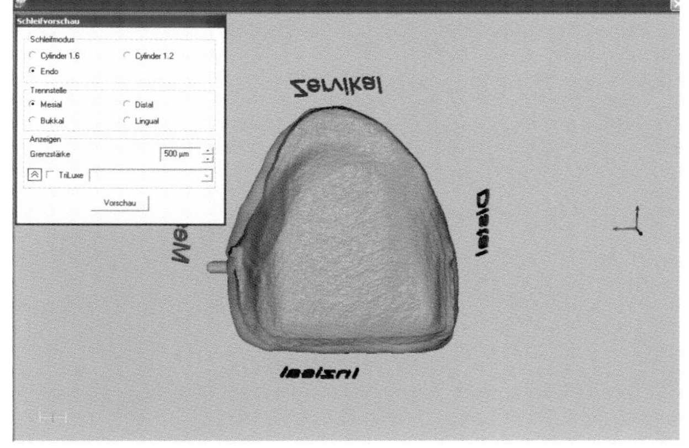

Abb. 9.48 Der so genannte Langkegel ist das geeignete Instrument für ein präzises Ausschleifen der Veneer-Innenfläche.

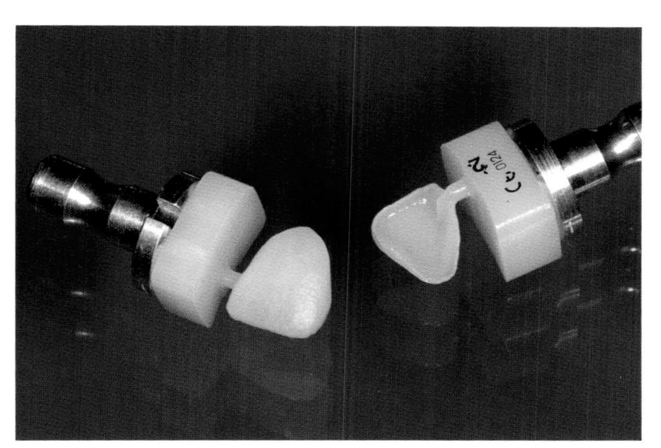

Abb. 9.50 Zwei ausgeschliffene Veneers. Wegen der Frakturgefahr bei geringen Schichtstärken müssen die Teile manuell vom Block getrennt werden.

Aus VITA MK II Keramikrohlingen (Fa VITA Zahnfabrik, Bad Säckingen) werden mithilfe der CEREC-Schleifeinheit innerhalb kurzer Zeit die rohen Verblendschalen ausgeschliffen. Danach werden die Veneers auf die Modellsituation aufgepasst und Feinheiten der Oberflächenstruktur nachgearbeitet (Abb. 9.50 bis 9.59). Abschließend erfolgt die farbliche Charakterisierung mit Keramikmalfarben (Abb. 9.60 bis 9.72).

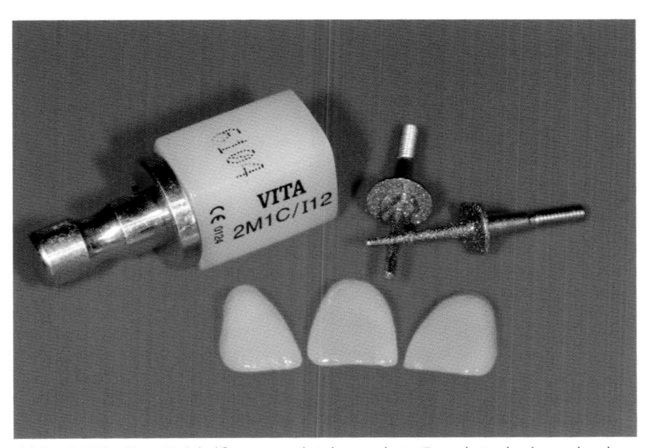

Abb. 9.51 Der Schleifprozess ist beendet. Gezeigt sind noch einmal der Keramikblock als Ausgangsmaterial sowie die beiden benutzten Schleifkörper.

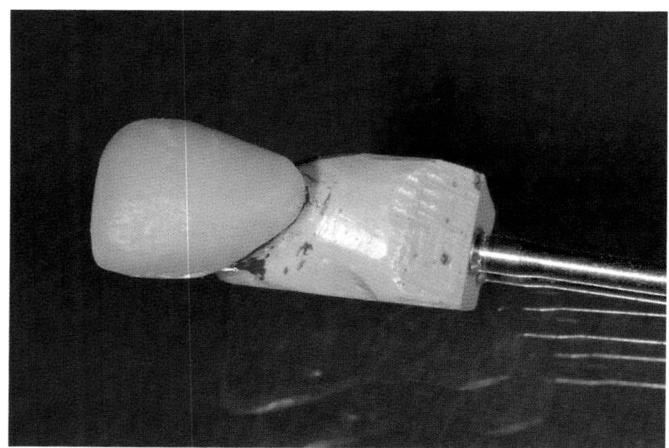

Abb. 9.52 Die ausgeschliffenen Keramikveneers müssen auf die Einzelstümpfe aufgepasst werden.

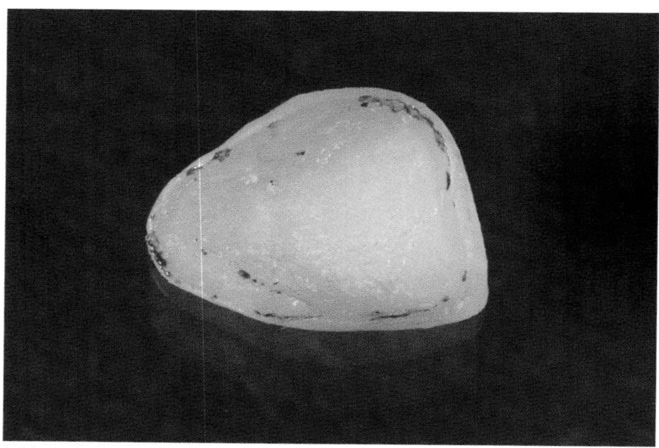

Abb. 9.53 Die markierten Stellen werden mit Diamanten bearbeitet.

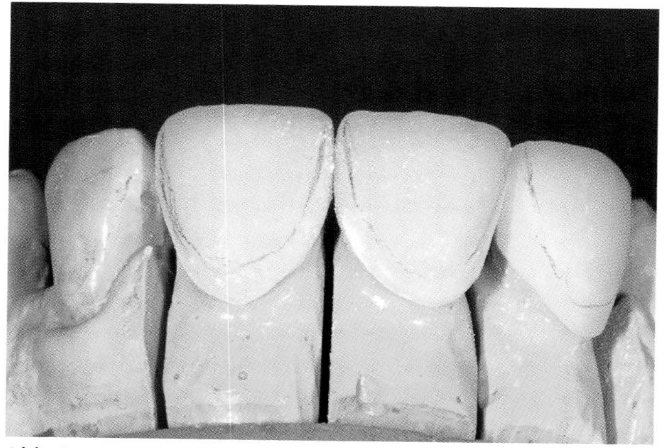

Abb. 9.54 Nachdem die Veneers auf den Einzelstümpfen aufgepasst sind, werden die Kontaktpunkte auf dem Sägemodell eingeschliffen.

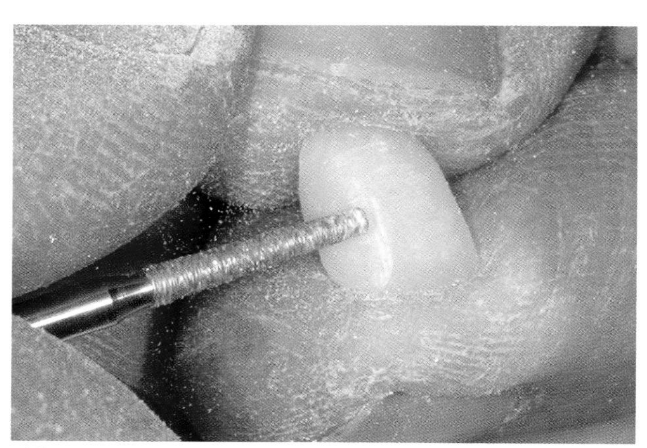

Abb. 9.55 Die Reduktion der Keramik dient zur Aufnahme von nachgeschichtetem Verblendmaterial. Reduziert wird zunächst der Schneidenbereich.

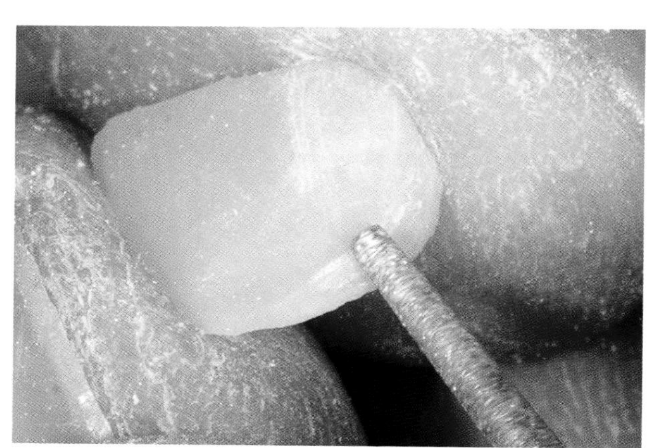

Abb. 9.56 Zusätzlich kann eine Reduktion in der zervikalen Region nötig sein.

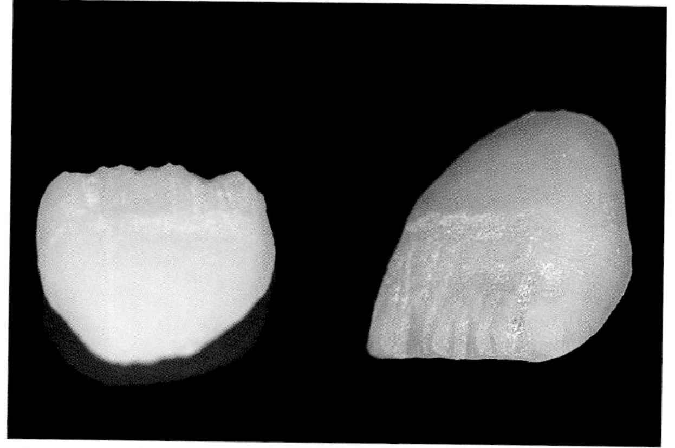

Abb. 9.57 Die Schmelzanteile im mittleren und inzisalen Bereich wurden entfernt.

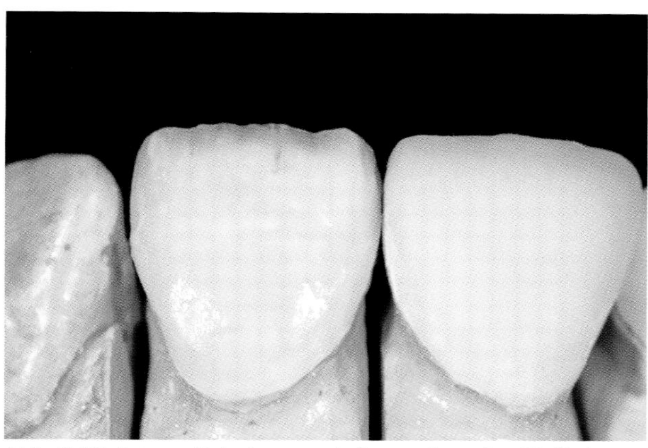
Abb. 9.58 Interne Kolorierung mit fluoreszierenden Malfarben.

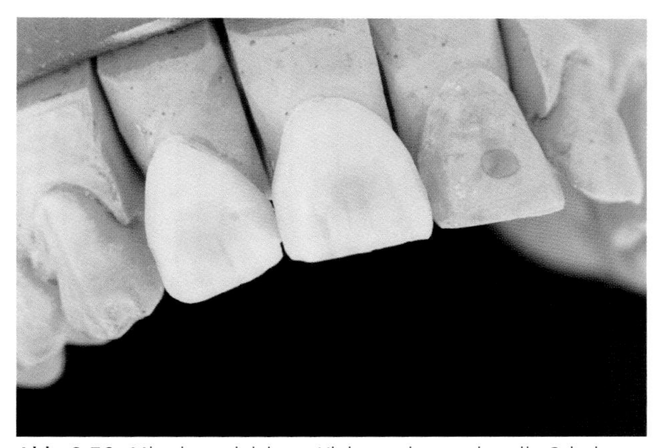
Abb. 9.59 Mit einem leichten Klebewachs werden die Schalen für die Keramikschichtung fixiert.

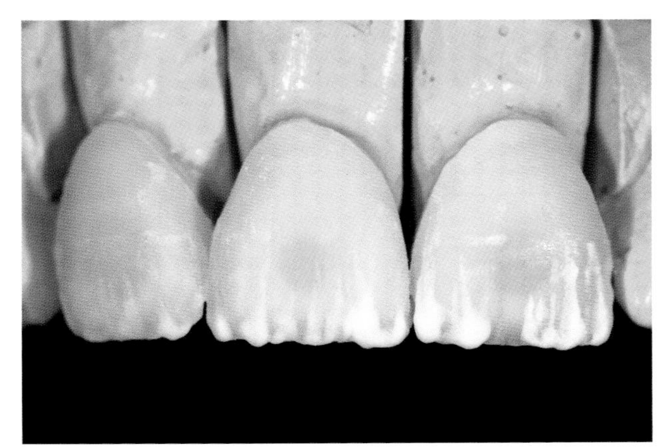
Abb. 9.60 Die Schmelzmasse VM9 ENL wird an den lateralen Flanken aufgetragen.

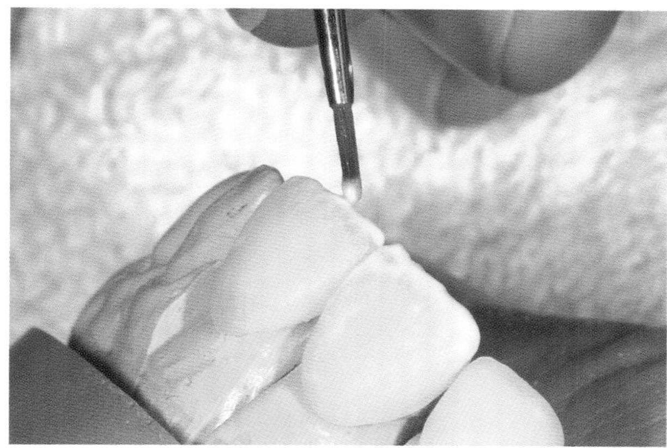
Abb. 9.61 Der inzisale Saum wird ebenfalls mit ENL-Massen des VITA VM9 Sortimentes hergestellt.

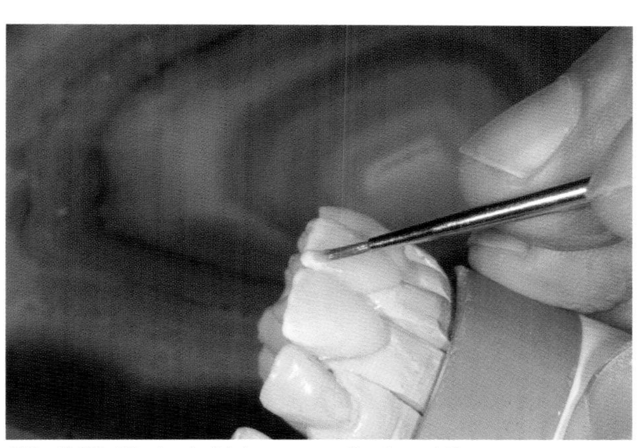
Abb. 9.62 Wechselschichtung aus Opal- und Transparentmassen.

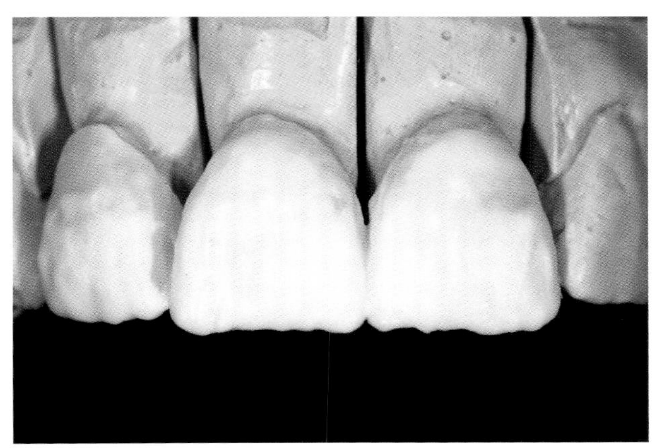
Abb. 9.63 Die labiale Schichtung ist abgeschlossen.

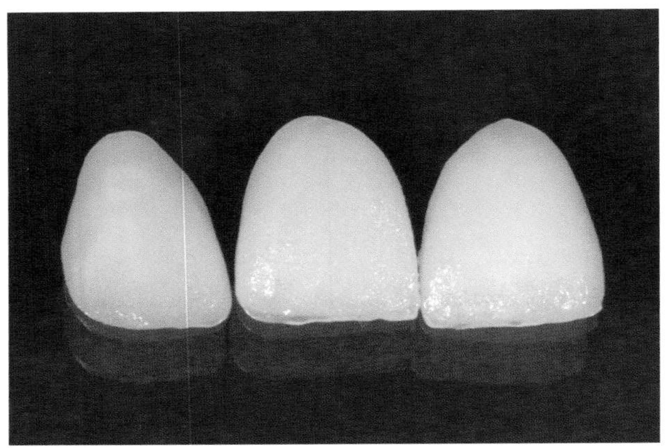

Abb. 9.64 Die Schalen nach dem ersten Brand.

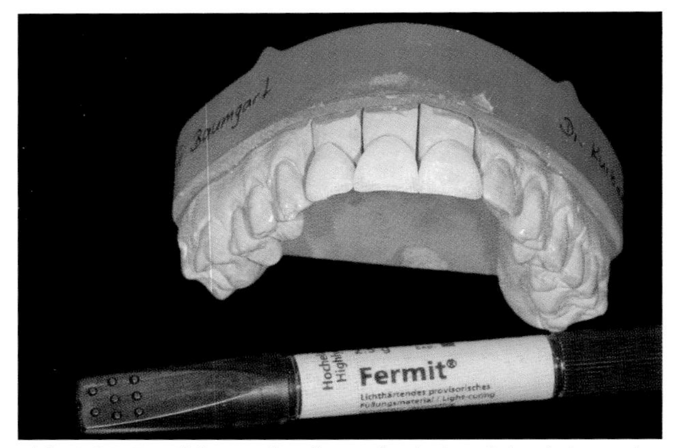

Abb. 9.65 Zur Fixierung für die mechanischen Feinarbeiten, wie zum Beispiel die Gestaltung der Oberflächentextur, werden die Veneers mit dem lichthärtenden Fermit fixiert.

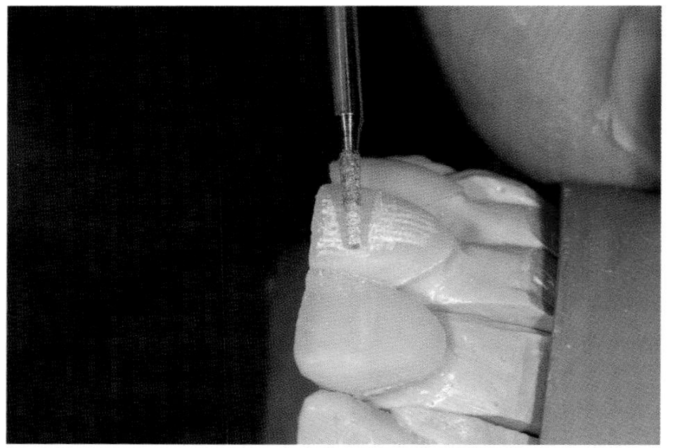

Abb. 9.66 Die Veneer-Oberfläche wird mit feinen Diamantschleifkörpern und Hartmetallfräsen charakterisiert.

Abb. 9.67 Nach dem Abschluss der Arbeiten lässt sich das Fermit unkompliziert entfernen.

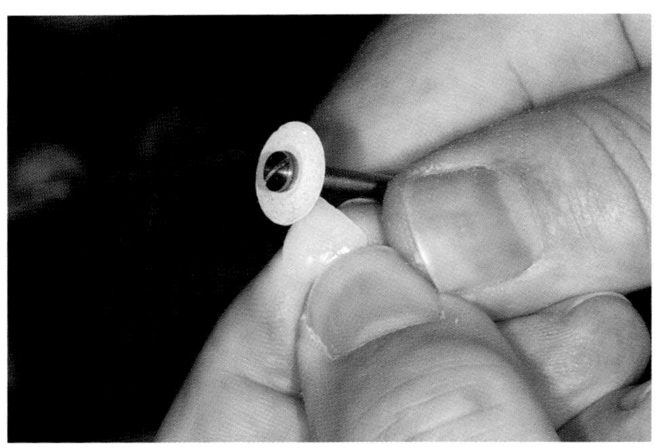

Abb. 9.68 Erst nach Abschluss aller keramischen Brände werden die Ränder mit einem Gummipolierer angearbeitet.

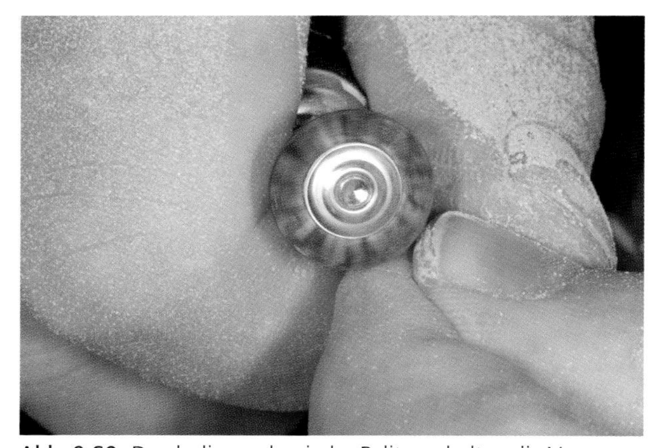

Abb. 9.69 Durch die mechanische Politur erhalten die Veneers ihr natürliches Aussehen.

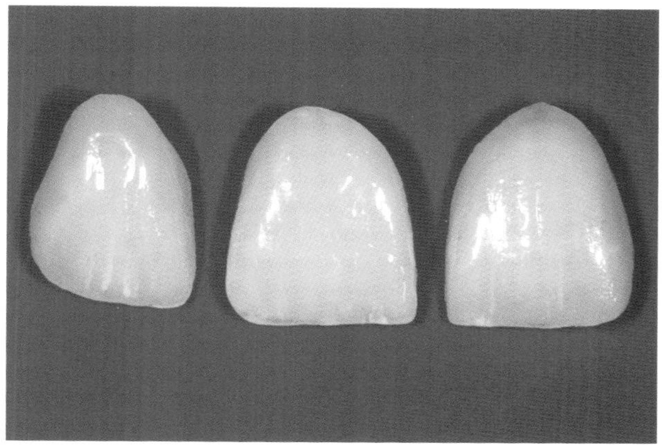

Abb. 9.70 Der korrekt eingestellte Glanzgrad ist neben der richtigen Grundfarbe und der passenden Individualisierung der Grundstein für den klinischen Erfolg.

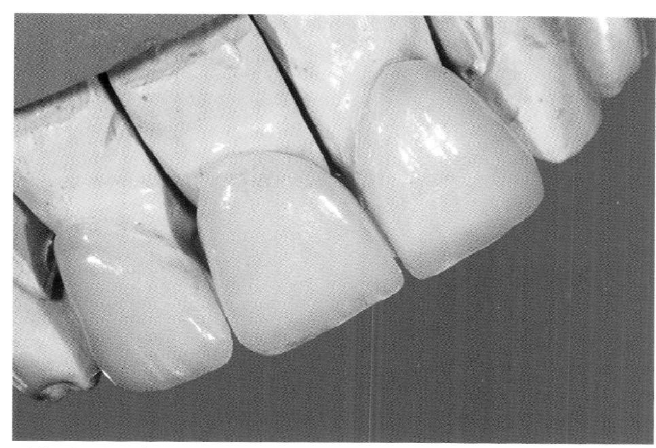

Abb. 9.72 Die Veneere sind auf dem Modell platziert und zum Einsetzen vorbereitet.

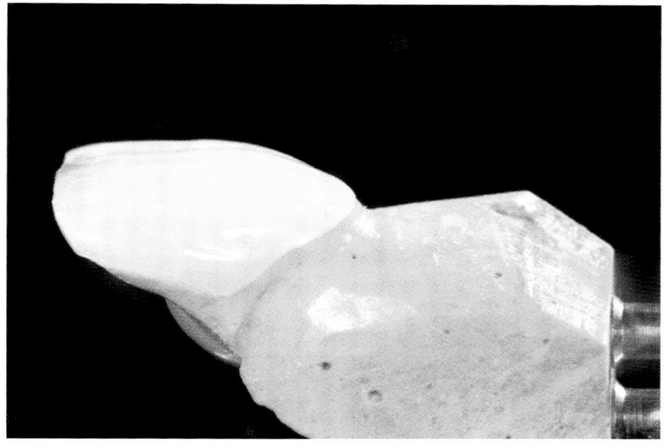

Abb. 9.71 Die fertig bearbeiteten Veneere zeichnen sich durch Natürlichkeit und Präzision aus.

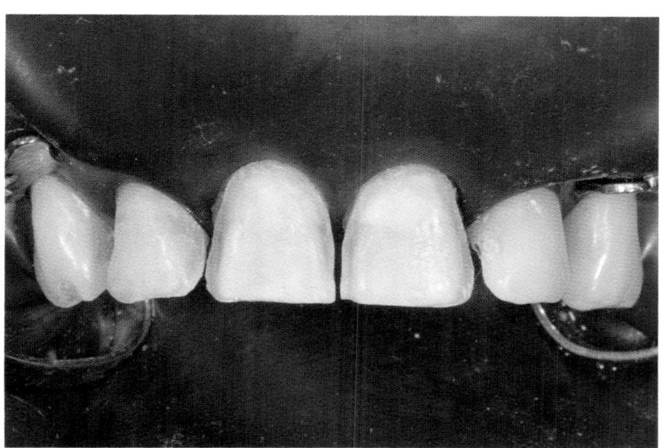

Abb. 9.73 Die Anlage von Kofferdam ist zum Einsetzen von Veneeren im Oberkieferfrontzahnbereich zwar nicht zwingend erforderlich, stellt jedoch eine deutliche Arbeitserleichterung dar.

Entsprechend den klinischen Erfordernissen werden die Veneers adhäsiv befestigt. Die absolute Trockenlegung ist in diesem Rahmen hilfreich. Die farblichen Eigenschaften des Einsetzkomposits müssen bei den sehr dünnen Schichtstärken der Keramik und den vielen Möglichkeiten der Schattierung bei den präparierten Zähnen berücksichtigt werden und fordern ein hohes Maß an klinischer Erfahrung. Für die adhäsive Befestigung wird nicht nur die Zahnfläche, sondern auch die Klebefläche der Keramik entsprechend konditioniert. Nach dem Aushärten des Komposits erfolgt eine gründliche Entfernung der Überschüsse und eine abschließende Politur (Abb. 9.73 bis 9.82).

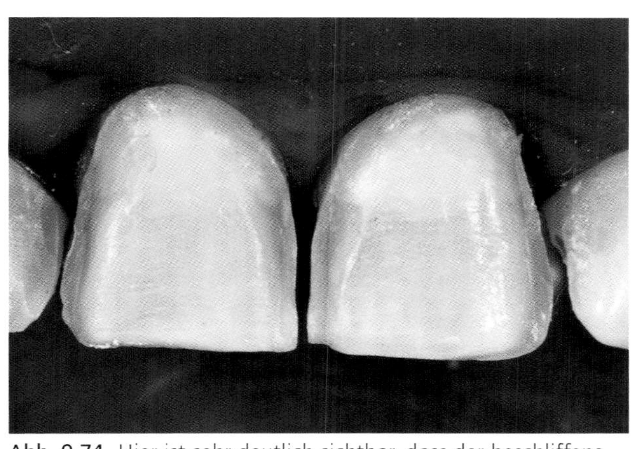

Abb. 9.74 Hier ist sehr deutlich sichtbar, dass der beschliffene Zahn bei richtiger Einsetztechnik eine Vielzahl von Farbimpulsen zur endgültigen Wirkung der Arbeit beisteuern kann.

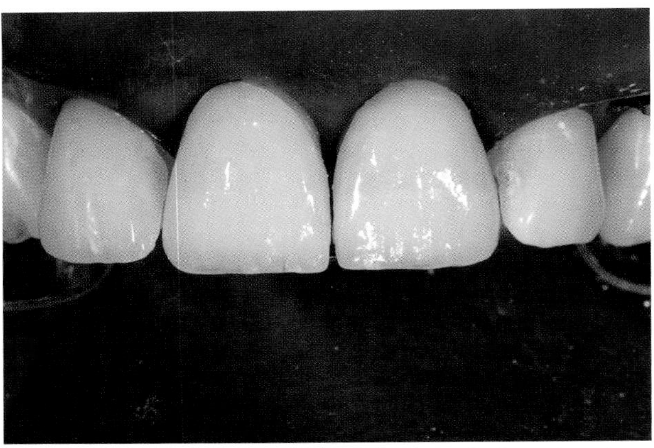

Abb. 9.75 Zur Anprobe ist es ebenfalls sinnvoll, die meist sehr locker sitzenden Schalen mit Fermit zu befestigen.

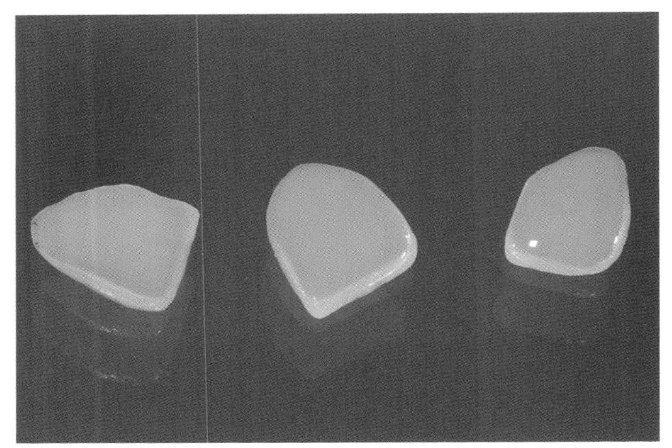

Abb. 9.76 Da die Veneere aus Glaskeramik bestehen, kann für die Klebung ein retentives Ätzmuster erzeugt werden.

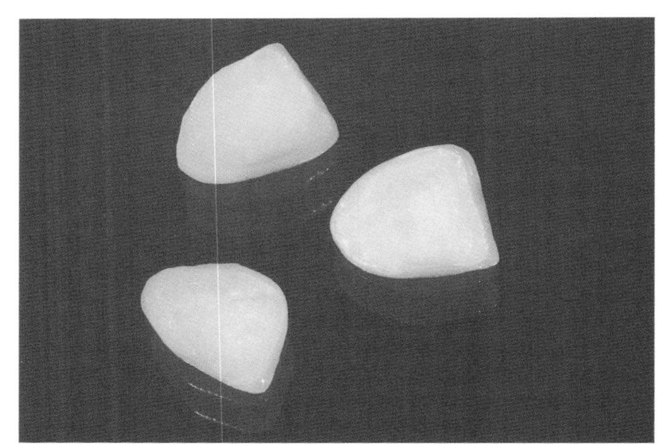

Abb. 9.77 Als Zeichen der erfolgreichen Ätzung erscheint die Oberfläche ‚frostig' matt.

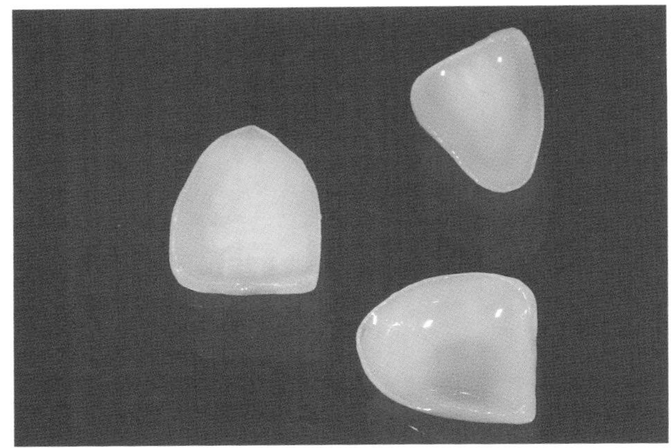

Abb. 9.78 Abschließend wird ein Silan aufgebracht.

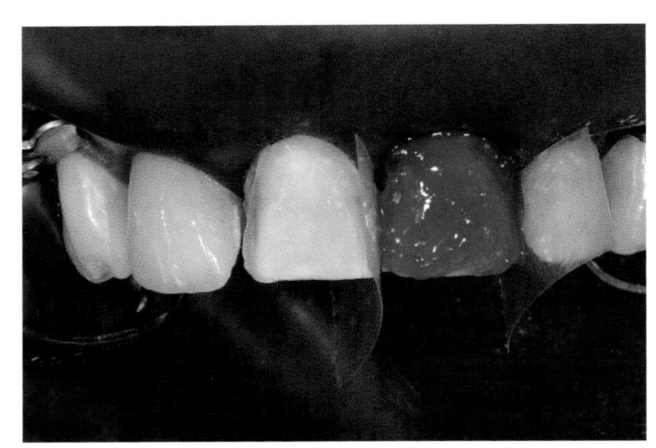

Abb. 9.79 Der Zahn wird mit Phosphorsäuregel geätzt.

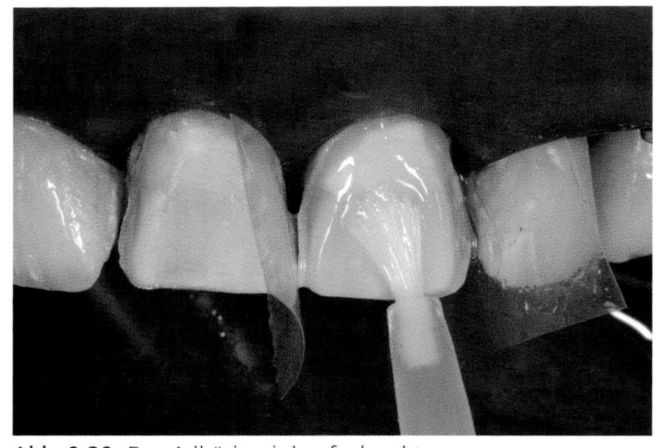

Abb. 9.80 Das Adhäsiv wird aufgebracht.

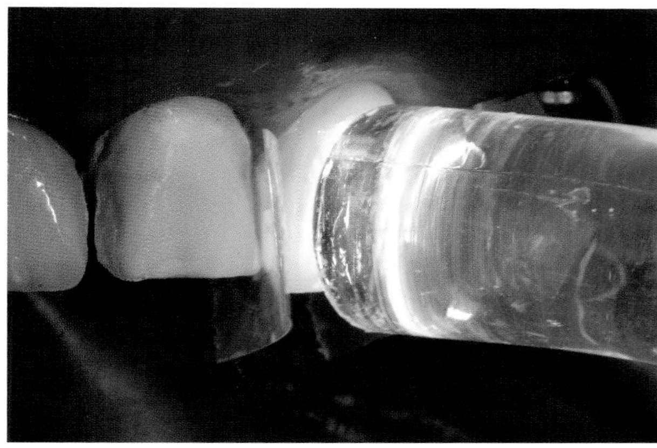

Abb. 9.81 Nach dem Beschicken der Veneers mit Kleber werden sie aufgesetzt und das Komposit mit der Polymerisationslampe gehärtet.

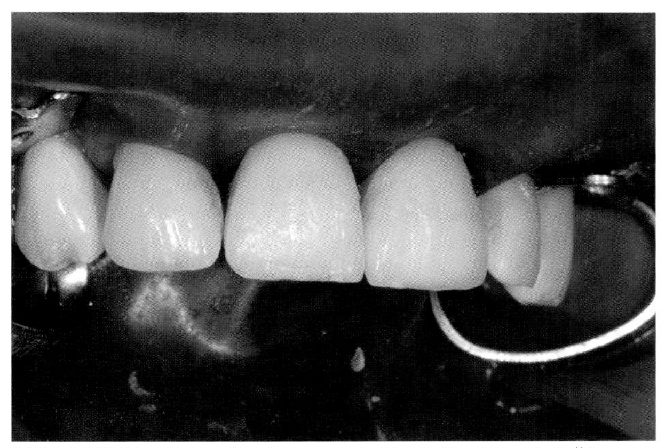

Abb. 9.82 Durch Trockenlegung mittels Kofferdam sind Überschüsse gut zu erkennen und deshalb in diesen Zustand günstig zu entfernen.

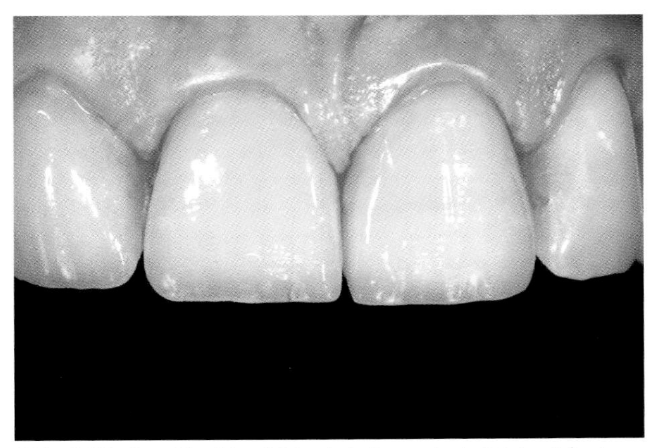

Abb. 9.83 Das Abschlussbild zeigt eine gute farbliche Adaptation und entzündungsfreie gingivale Verhältnisse.

Das Ergebnis scheint gelungen: die Farbe und Form der Restaurationen sowie das Erscheinungsbild der Gingiva entsprechen eigenen, natürlichen Zähnen (Abb. 9.83 bis 9.87).

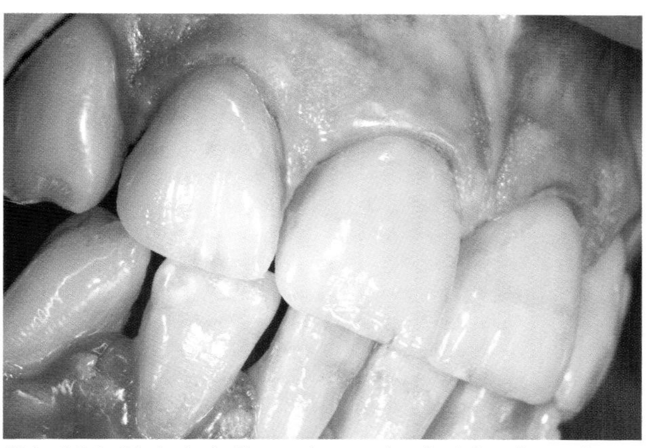

Abb. 9.84 Die inzisale Kontur ist von den funktionellen Erfordernissen der Gegenbezahnung gezeichnet und wirkt dadurch sehr natürlich.

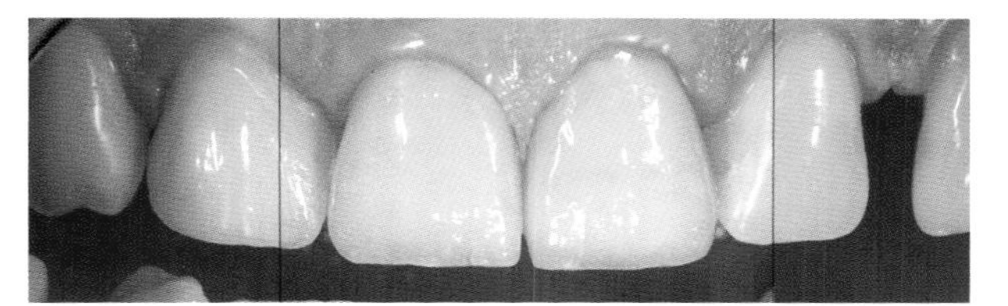

Abb. 9.85 Das Panoramabild verdeutlicht das Behandlungsergebnis.

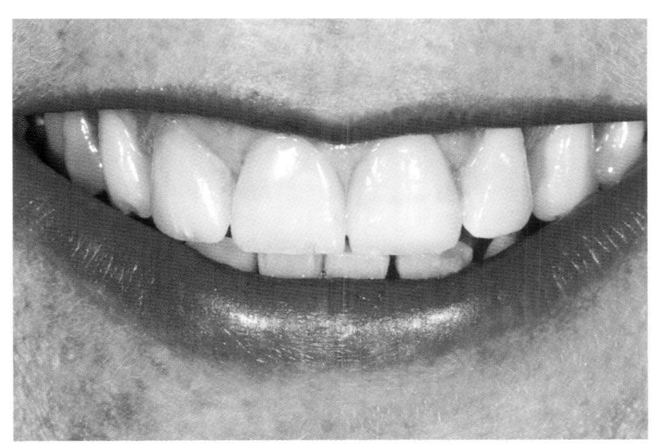

Abb. 9.86 Lippenbild mit der fertigen Arbeit.

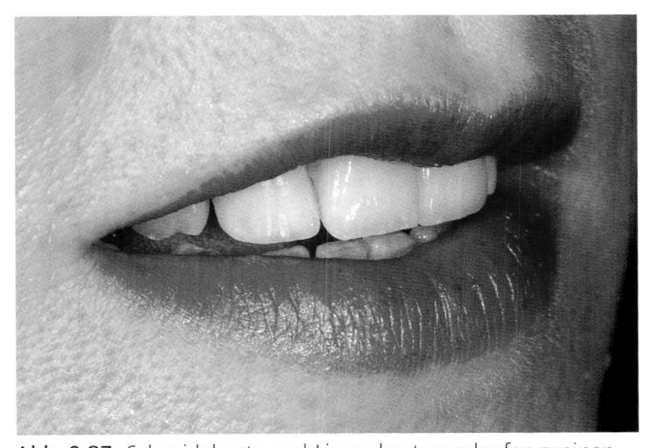

Abb. 9.87 Schneidekante und Lippenkontur verlaufen zueinander harmonisch.

10

Adhäsive Zementierung von Veneers

Andres Baltzer, Vanik Kaufmann-Jinoian

Wem sind bei der Zementierung von Veneers nicht schon ärgerliche Fehler unterlaufen, die Nachbearbeitungen oder gar die Neuanfertigung der kleinen Kunstwerke nötig machten! Da kann etwa die Positionierung ungenau sein, Klebematerial in die interdentale Zone verpresst sein oder die Farbwahl des Klebstoffs nicht stimmen; ganz zu schweigen von Frakturen der grazilen Keramikschalen und anderen Pannen. Die Erfahrung zeigt uns jedoch, auf welche Details besonders zu achten ist, welche Tipps und Tricks die Zementierung von Veneers gelingen lassen. Es sei in diesem Zusammenhang auch an die regelmäßigen Publikationen zum Thema erinnert. Aus ihnen sind Ratschläge zu entnehmen, die man erfolgreich übernehmen kann und mit der Zeit summiert sich ein wertvoller Erfahrungsschatz, der die Sanierung mit Veneers zur bevorzugten Behandlungsart werden lässt. Korrekterweise wird dann auch bei jeder (Front-)Zahnrestauration primär die Frage nach der Lösbarkeit mit einem Veneer gestellt, bevor invasivere und aufwändigere Behandlungen in Betracht gezogen werden (s. Kap. „Stufe oder Hohlkehle").

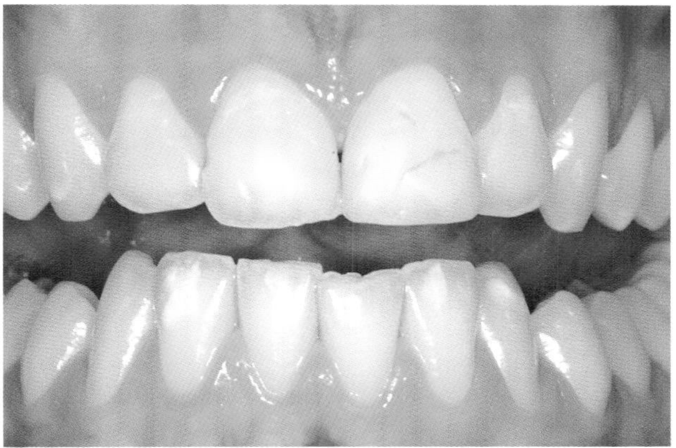

Abb. 10.1 Ausgangssituation. Die Sanierung der Zähne 11 und 21 mit Veneers verspricht ein langfristiges und ästhetisch befriedigendes Resultat.

In der folgenden Bildreportage wird eine bewährte Zementierungsvariante vorgestellt, die dem Lesenden möglicherweise Anregungen für die Praxis gibt. Bei einer jungen Patientin wurden Schmelzdefekte an den Zähnen 11 und 21 großflächig mit Komposit überdeckt. Ästhetisch unschöne Verfärbungen haben zur Entscheidung für eine Sanierung mit Veneers geführt (Abb. 10.1).

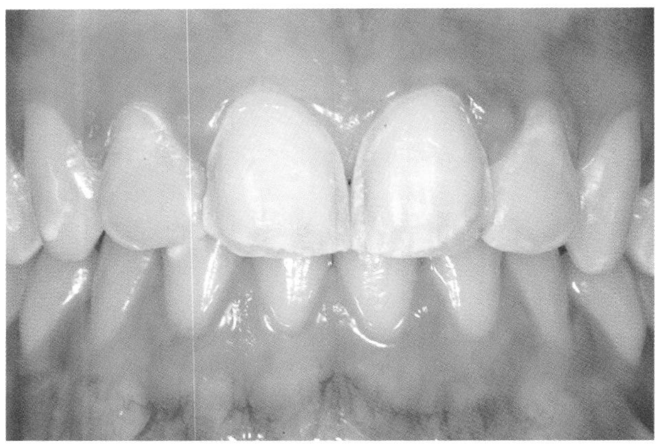

Abb. 10.2 Darstellung der beschliffenen Zähne 11 und 21. Die bukkale Fläche ist um 0.7 mm reduziert, die Schneidekante angeschrägt und epigingival eine kleine Rille gelegt, die sich approximal bis zur Schneidezone hinaufzieht.

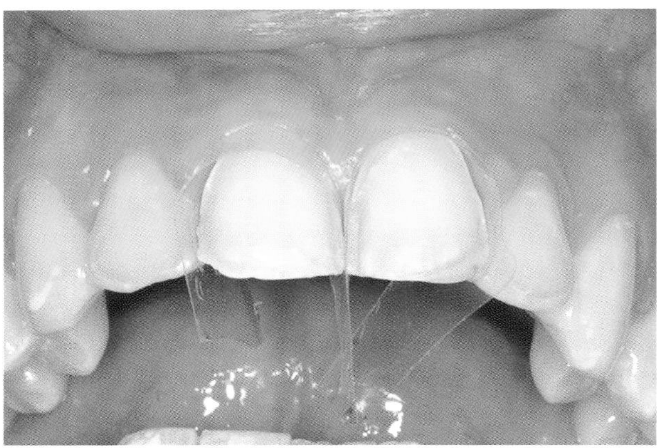

Abb. 10.4 Durchsichtige Matrizen werden in den Sulkus gestoßen und durch die Approximalzone nach palatinal geführt.

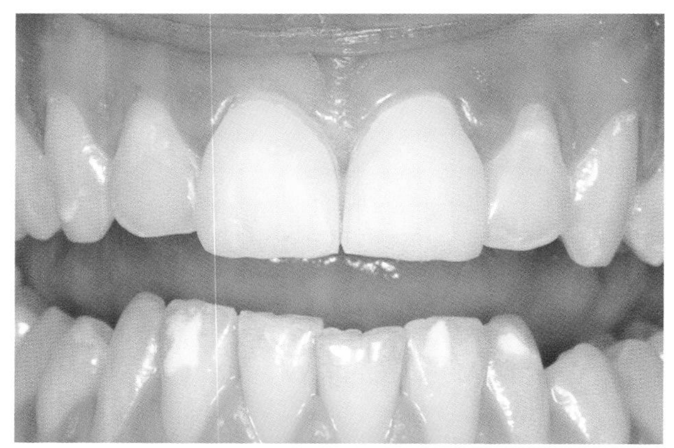

Abb. 10.3 Einprobe der Veneers.

Präparation und Einpassung der Veneers

Die Präparation ist unkompliziert, da weder approximale Defekte noch frakturierte Schmelzkanten vorliegen. Die bukkale Fläche wird mit dem flammenförmigen Diamanten um maximal 0.7 mm reduziert. An der Schneidekante genügt eine Anschrägung im Schmelzbereich (eine Umschleifung der Schmelzkante ist in Anbetracht ihrer Unversehrtheit kontraindiziert). Im zervikalen Bereich wird epigingival mit der kleinen Diamantkugel eine Rille gelegt, die sich approximal bis in die Schneidezone hinaufzieht. Diese Rille definiert die Lage der Keramikschale so eindeutig, dass eine Fehlpositionierung bei der Zementierung unwahrscheinlich ist. Aus der Beschleifung der Zähne resultieren große Schmelzflächen, die bei der adhäsiven Zementierung eine optimale Haftung gewährleisten (Abb. 10.2).

Die Veneers werden mit CEREC konstruiert und aus einem VITA-Block Mark II mit Farbe 2M2 ausgeschliffen. In Anbetracht der sehr dünnen Schalen wird bei der Ausschleifung der Schleifmodus mit der feinsten Innenpassung gewählt. Bei der Einprobe der Keramikschalen in situ zeigt sich die gute Passung; sie können zementiert werden (Abb. 10.3).

Trockenlegung und Abdichtung für die Zementierung

Vor der Zementierung wird das Operationsfeld mit dem „Dry Field System" (Great Lakes Orthodontics, Ltd. New York; s. Kap. 2 "Eine komplexe Direktversorgung im Seitenzahnbereich") trockengelegt. Um die Zähne 11 und 21 werden zudem durchsichtige Plastikmatrizen angebracht, in den Sulkus gestoßen und durch die Approximalzone nach palatinal geführt (Abb. 10.4). Mit

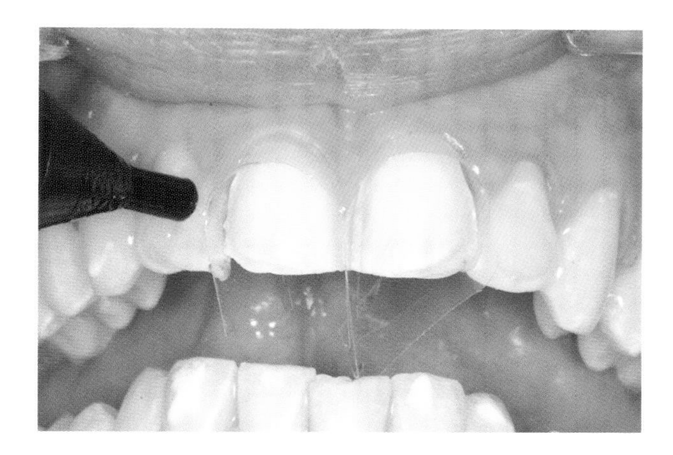

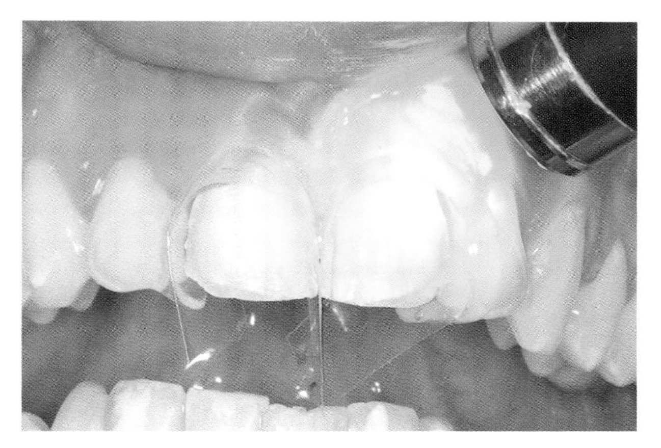

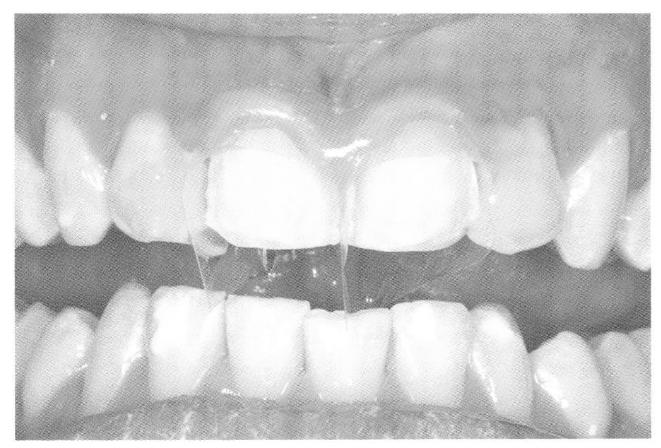

Abb. 10.5 bis 10.7 Trockenlegung der beschliffenen Zähe 11 und 21: die um die Zähne gelegten Plastikmatrizen werden mit flüssigem Kunststoff umgeben, der lichtoptisch ausgehärtet wird. Die Trockenlegung und hermetische Abdichtung zum umliegenden Gewebe sind gewährleistet.

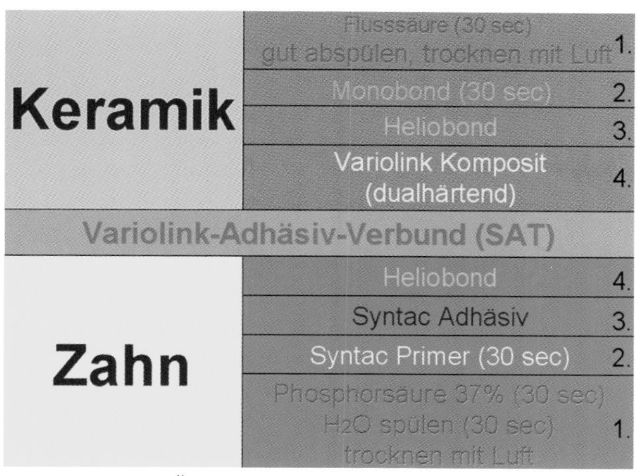

Abb. 10.8 Säure-Ätz-Technik mit Variolink-Konditionierung durch Anätzen der Keramik und Aufbereitung mit Monobond. Konditionierung durch Anätzung der Zahnsubstanz und Aufbereitung mit Syntac Primer, Syntac Adhäsiv und Heliobond. Verklebung mit dual härtendem Variolink-Komposit.

Licht leitenden Interdentalkeilen können die Matrizen an die approximalen Zahnwände gepresst werden, was im gegebenen Fall jedoch nicht notwendig ist. Die so positionierten Plastikmatrizen werden rundherum mit zäh fließendem Kunststoff (Heliosit Orthodontic, Ivoclar Vivadent) stabilisiert und anschließend lichtoptisch ausgehärtet. Die von Kunststoff umgebenen Matrizen dichten nun die beschliffenen Zähne zum umliegenden Gewebe hermetisch ab; ihre Trockenhaltung ist optimal gewährleistet (Abb. 10.5 bis 10.7).

Adhäsive Zementierung

Nun kann die Zementierung mit der Säure-Ätz-Technik erfolgen. Zum Einsatz kommt das bewährte Variolink-System von Ivoclar Vivadent. Abbildung 10.8 illustriert die Vorgehensweise schematisch.

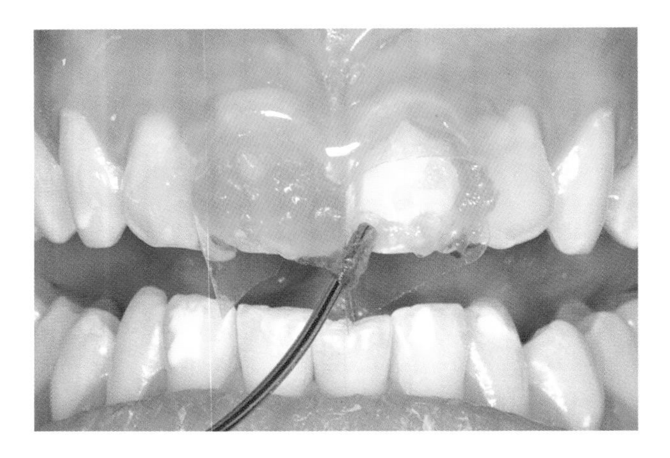

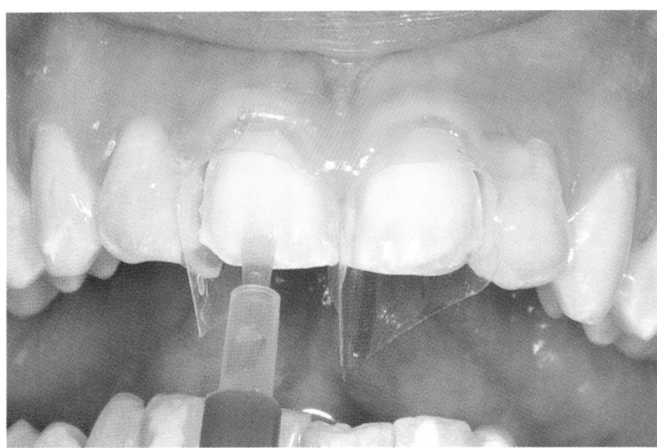

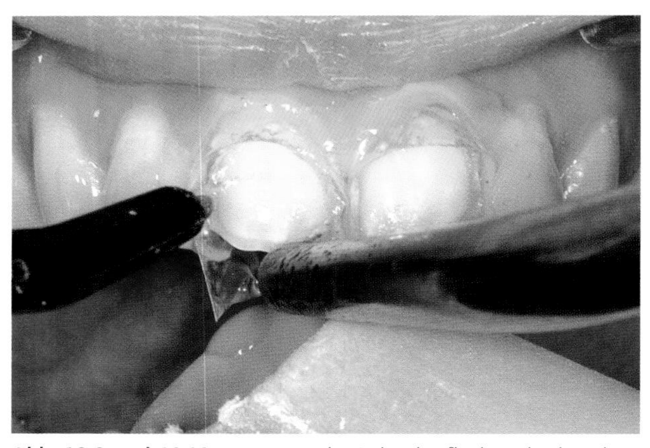

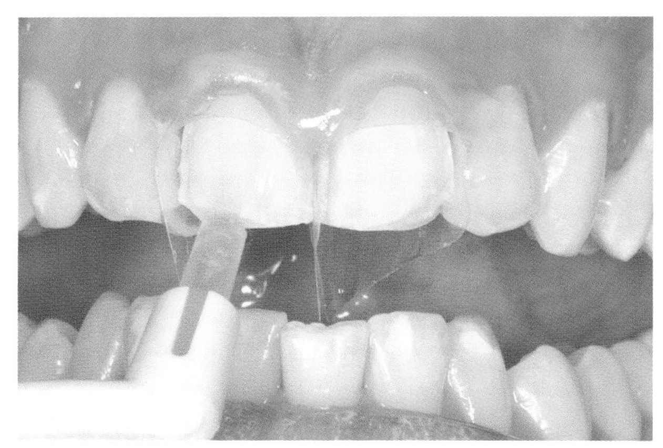

Abb. 10.9 und 10.10 Anätzung der Zahnoberfläche mit Phosphorsäure (37%), Säuberung mit reichlich Wasser und Abtrocknung mit Luft.

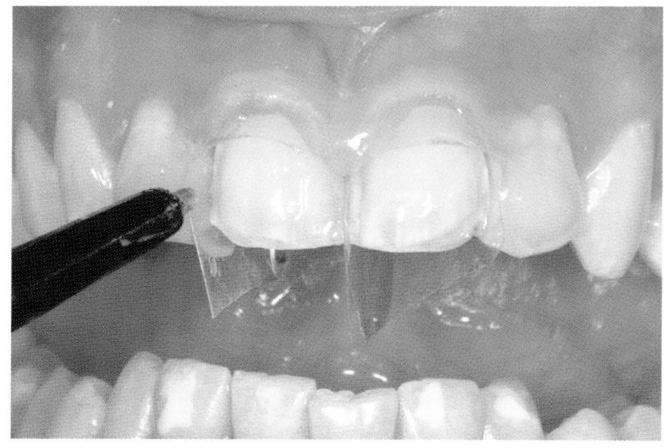

Abb. 10.11 bis 10.13 Aufbereitung der angeätzten und trocken geblasenen Zahnoberfläche mit Syntac Primer und Syntac Adhäsive. Der kunststoffhaltige Syntac Primer durchdringt die Dentinkanälchen und die im Syntac Adhäsive enthaltenen Kunststoffanteile diffundieren in die vom Primer vorbereiteten Dentinstrukturen.

Etablierung der Schmelz-Dentin-Haftung

Der Klebeprozess beginnt mit der Anätzung der Zahnsubstanz. Phosphorsäure (37%) wird auf die Zahnoberfläche verteilt und 30 Sekunden lang belassen. Die Entfernung der Phosphorsäure erfolgt durch reichliches Spülen mit Wasser. Die Zahnoberfläche wird anschließend mit Luft getrocknet (Abb. 10.9, Abb. 10.10). Für die Aufbereitung der getrockneten Zahnoberfläche wird zuerst Syntac Primer mit dem Pinsel aufgetragen und 30 Sekunden lang belassen. Syntac Primer diffundiert in die Dentinkanälchen und in die poröse Dentinstruktur. Maleinsäure und Aceton fördern diese Penetration und der im Primer enthaltene Kunststoffanteil gelangt in die Zahnsubstanz. Anschließend wird Syntac Adhäsive mit dem Pinsel aufgetragen und mit Luft leicht verblasen. Das Syntac Adhäsive folgt dem durch den Primer aufbereiteten Bereich ins Dentin und die in ihm enthaltenen Kunststoffanteile diffundieren in die vom Primer vorbereiteten Zahnstrukturen (Abb. 10.11 bis 10.13).

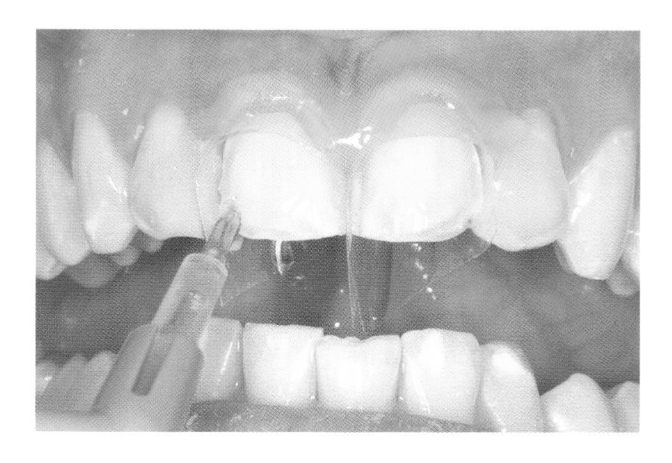

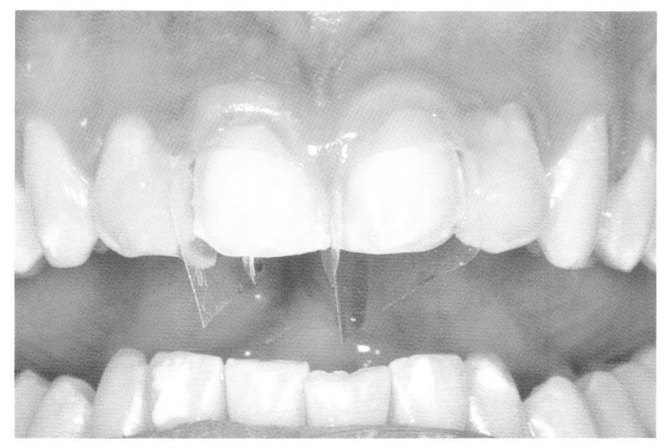

Abb. 10.14 und 10.15 Etablierung der Schmelz-Dentin-Haftung mit Heliobond: das Heliobond diffundiert in die von Syntac aufbereitete Zahnsubstanz.

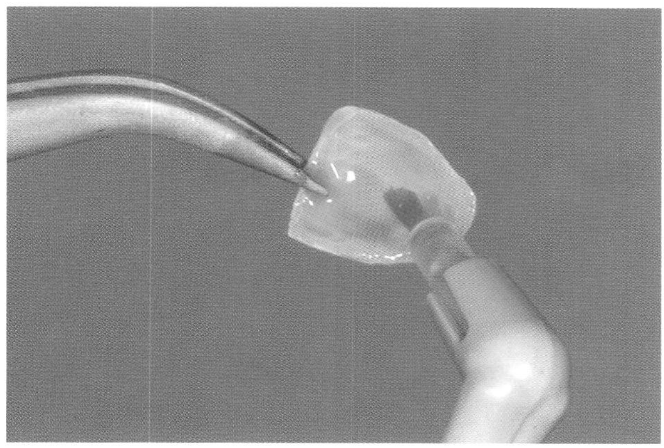

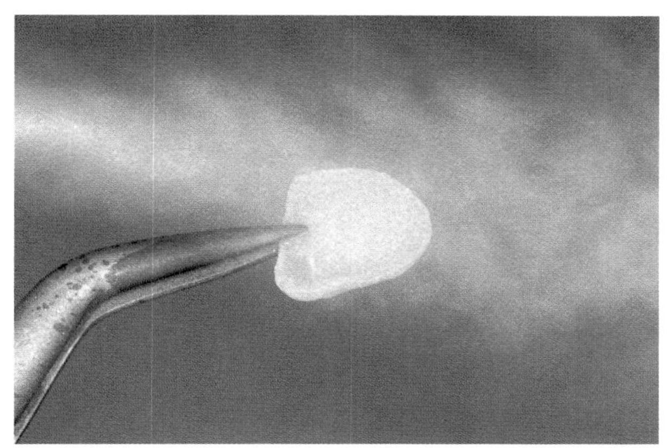

Abb. 10.16 und 10.17 Konditionierung der Keramik-Anätzung mit Flusssäure und restlose Entfernung der Flusssäure mittels Abdampfgerät.

Es folgt das Auftragen von Heliobond. Dabei empfiehlt sich ein sparsames Aufpinseln und die feine Verteilung mithilfe des Luftbläsers. So diffundiert das Heliobond in die von Syntac aufbereitete Zahnsubstanz und die Schmelz-Dentin-Haftung ist gegeben (Abb. 10.14, Abb. 10.15). Die Zahnsubstanz ist damit für die adhäsive Zementierung etabliert.

Etablierung der Keramikhaftung

Die Innenflächen der Keramikveneers werden 30 Sekunden lang mit Flusssäure angeätzt und anschließend mit reichlich Wasser abgespült. Beim Umgang mit Flusssäure ist bekanntlich größte Sorgfalt geboten. Um ihre vollständige Entfernung zu gewährleisten, empfiehlt sich der Einsatz des Dampfstrahlgerätes. Solche Geräte sind in jedem zahntechnischen Labor zu finden und gehören eigentlich auch in jede zahnärztliche Praxis, sind sie doch Universalgeräte, die sich zur Abdampfung und gründlichen Reinigung aller Gegenstände und Instrumente bestens eignen (Abb. 10.16, Abb. 10.17). Die angeätzten Innenflächen der Veneers werden anschließend gründlich getrocknet und mit Monobond ausgepinselt (Abb. 10.18). Nach 30 Sekunden Einwirkzeit erfolgt die Beschichtung mit Heliobond (Abb. 10.19). Das Heliobond diffundiert dabei in die von Monobond aufbereitete Keramikstruktur und die Veneers sind für die adhäsive Zementierung etabliert.

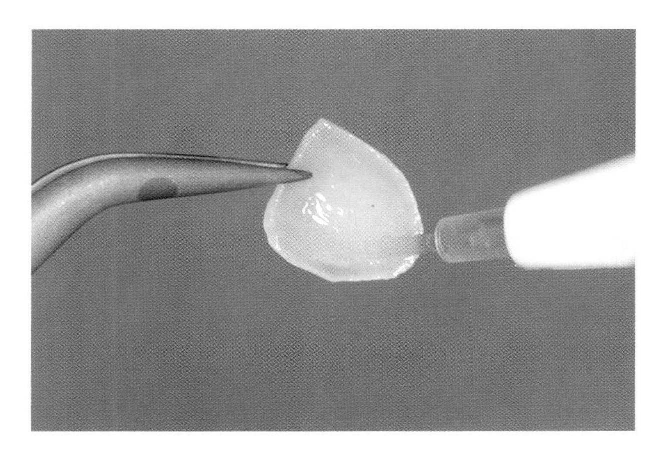

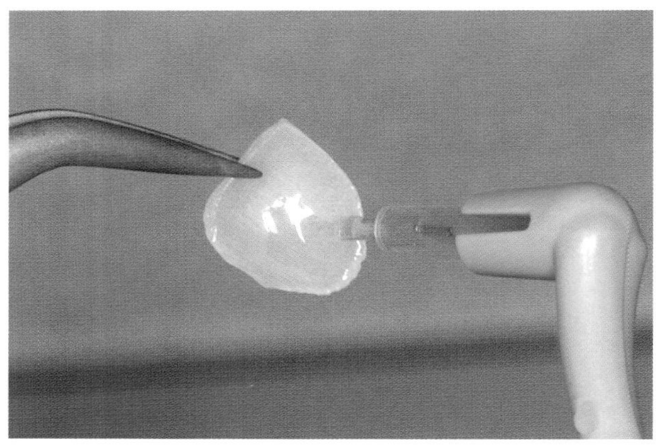

Abb. 10.18 und 10.19 Konditionierung der Keramik: Monobond wird aufgetragen, nach 30 Sekunden folgt Heliobond, das in die von Monobond aufbereitete Keramikstruktur diffundiert; die Keramikhaftung ist somit etabliert.

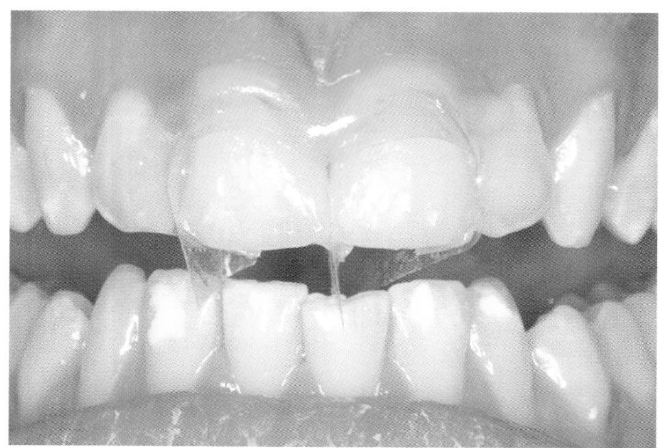

Abb. 10.20 Belegung der Veneer-Innenflächen mit einer feinen Schicht Variolink-Komposit und Positionierung auf den präparierten Zähnen. Die Position ist dank der Führungsrillen und der fixierten Matrizen eindeutig.

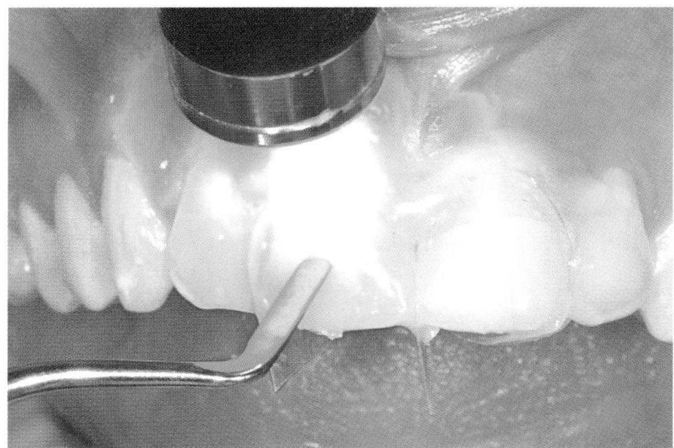

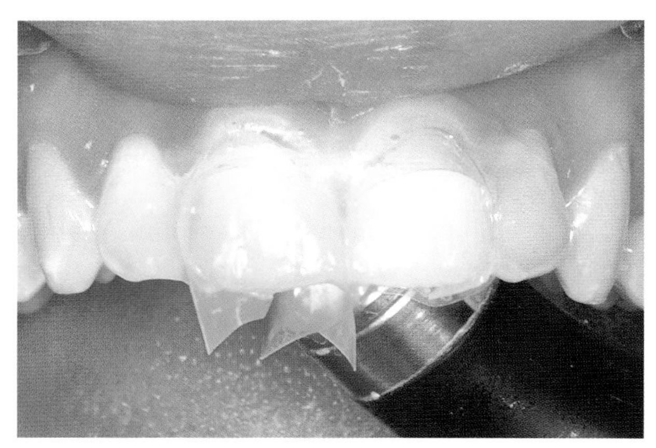

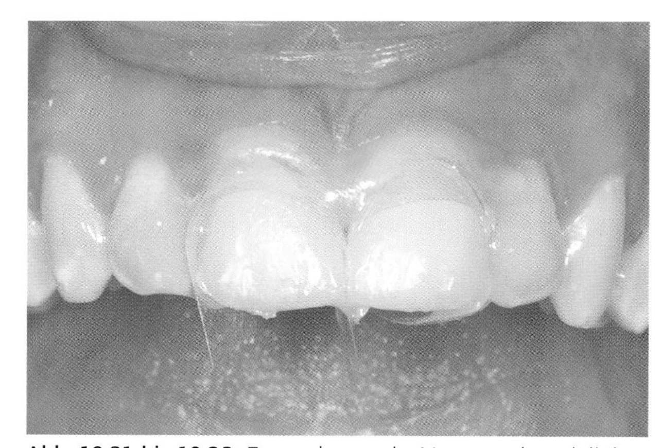

Abb. 10.21 bis 10.23 Zementierung der Veneers mit Variolink-Komposit: sanftes Andrücken der Veneers und Aushärtung mit der Polymerisationslampe, anschließend erfolgt die Endaushärtung des dual härtenden Komposits.

Verbund mit Komposit

Nachdem Zahn- und Keramikoberfläche für den Haftverbund etabliert sind, kann die Zementierung mit dual härtendem Komposit erfolgen. Hierfür bietet das Variolink-System die Basispaste in den VITA-Classic-Farben Farben A1, A3 und A4

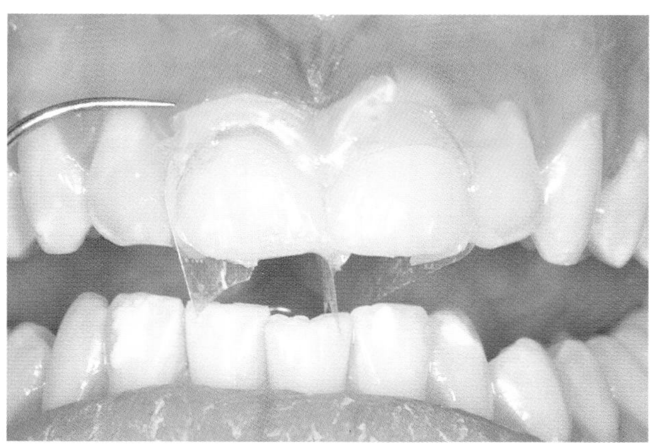

Abb. 10.24 Entfernung der Kunststoffabdichtung und der Matrizen.

und die Katalysatorpaste in VITA-Classic-Farbe A3 (dünn- und dickflüssig) an. Diese Farbvarianten und die zusätzlich angebotenen Basispasten „Transparent", „Opak" und „Weiß" erlauben individuelle Mischungen der Zementfarbe. Im gezeigten Fall liegt die Farbwahl bei A2, weshalb Basispaste A1 und dünnflüssige Katalysatorpaste A3 zu gleichen Teilen zur Anwendung kommen. Ein sorgfältiges Anmischen mit dem Spatel hilft Luftblasen im Komposit zu vermeiden. Es wird nun sparsam auf die Innenflächen des Veneers verteilt. Anschließend wird das Veneer auf den präparierten Zähnen positioniert, was dank den erwähnten Rillen und den fixierten Plastikmatrizen unproblematisch ist (Abb. 10.20). Mit dem Spatel werden die Veneers sanft angepresst (Abb. 10.21), dann mit der Polymerisationslampe von bukkal und palatinal her ausgehärtet (Abb. 10.22). Da Variolink-Komposit dual härtet, wird die Situation zwecks Endhärtung für ein paar Minuten so belassen (Abb. 10.23). Nach erfolgter Endaushärtung werden die Matrizen mit der Sonde entfernt. Sie lösen sich meist in einem Stück mit dem Kunststoff (Abb. 10.24).

Mit der feinstkörnigen Diamantspitze bzw. dem spitzen Stahlfinierer werden Überschüsse des Komposits abgetragen. Das Verschleifen des Übergangs von der Keramik zur Zahnsubstanz erfolgt mit der feinstkörnigen EVA-Interdentalfeile. Mark II ist eine Feinstrukturkeramik, die sich

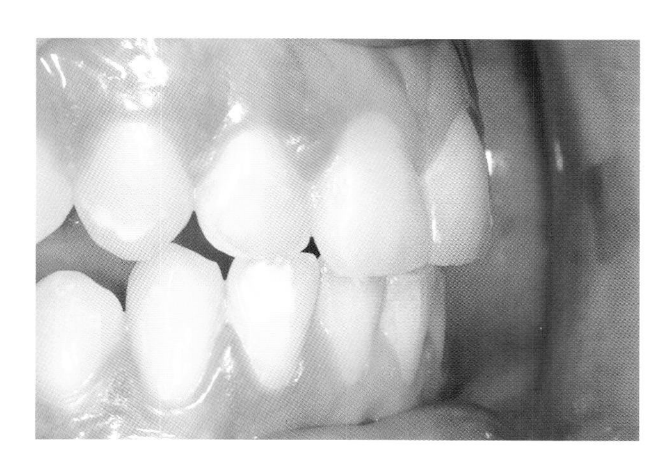

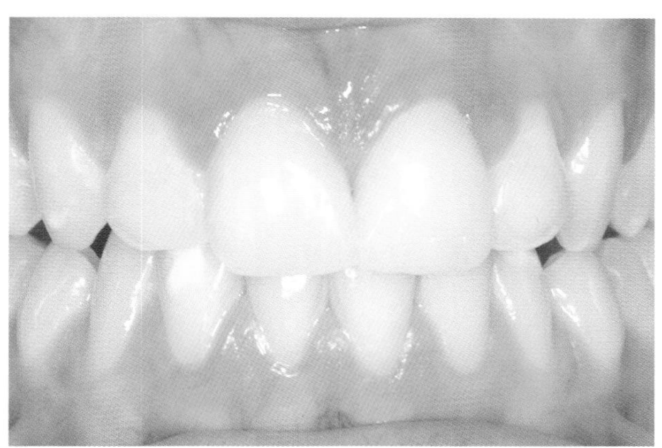

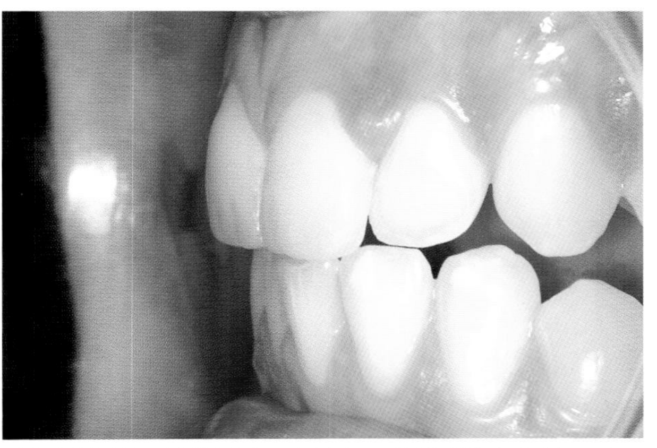

Abb. 10.25 bis 10.27 Schussbild der mit CEREC-chairside gefertigten und in der gleichen Behandlungssitzung adhäsiv zementierten Veneers der Zähne 11 und 21.

sehr gut auf Hochglanz polieren lässt. Nacheinander kommen dabei der Poliergummi für Keramik, die feinstkörnige Glasperlscheibe und abschließend die Polierpaste für Keramik zum Einsatz. Die abgeschlossene Sanierung der Zähne 11 und 21 mit Veneers präsentiert sich in den Abbildungen 10.25 bis 10.27.

11

CAD/CAM-gestützte Restaurationen aus Zirkonoxid

Andreas Kurbad, Kurt Reichel

Gelungene ästhetische Versorgungen begeistern Zahnarzt, Zahntechniker und den Patienten gleichermaßen. Der Wunsch nach Restaurationen, die dem natürlichen Zahn möglichst ähnlich sind, ist deshalb eine verständliche Tatsache. Vollkeramische Versorgungen weisen neben guter Bioverträglichkeit durch ihre zahnartige Färbung und vor allem durch ihre lichtoptische Charakteristik einige herausragende Eigenschaften auf, die sie für hoch ästhetische Versorgungen im Front- und Seitenzahnbereich geeignet erscheinen lassen.

Im natürlichen Zahn verteilt sich auftreffendes Licht und gelangt insbesondere auch in den Bereich des kronennahen Wurzeldentins. Durch diesen Effekt werden die gingivalen Gewebe sozusagen von innen beleuchtet. Dieses Phänomen wird zwar vom Betrachter nicht bewusst wahrgenommen, aber nur auf diese Weise erscheint das Zahnfleisch tatsächlich als gesund (Abb. 11.1). Diese Tatsache ist auch von der Metallkeramik bekannt. Vollkeramikstufen im labialen Bereich sollten hier Abhilfe schaffen - ein sehr aufwändiges Verfahren, wenn man bedenkt, dass bei metallfreien Arbeiten dieses Problem gar nicht entsteht.

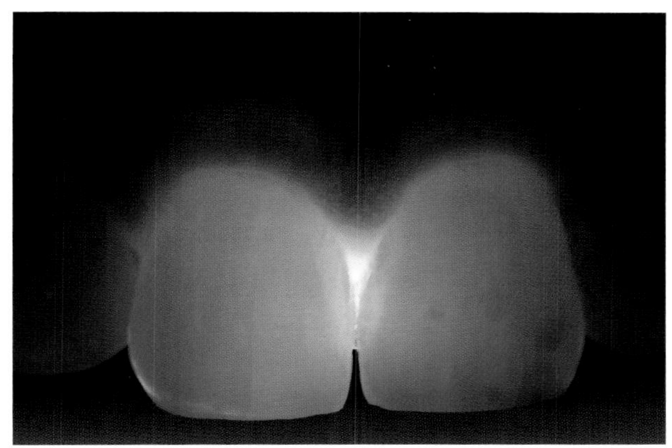

Abb. 11.1 In den Zahn eindringendes Licht wird in das Wurzeldentin weitergeleitet und beleuchtet die kronennahen Anteile der Gingiva von innen.

Einige mechanische Eigenschaften der Keramik - insbesondere ihre geringe Toleranz einschließlich eines abrupten Versagens bei Zugbelastungen, verbunden mit einer hohen Sprödigkeit - standen ihrem breiten Einsatz in der restaurativen Zahnheilkunde entgegen. Die Entwicklung der letzten Jahre hat nun Materialien hervorgebracht, die durch deutlich verbesserte Werte in den Bereichen Biegefestigkeit und Risszähigkeit für einen solchen Einsatz geeignet erscheinen[2,3]. Aus diesen neuen oder weiterentwickelten Materialien werden allerdings wie in der Metallkeramik hauptsächlich Gerüste (Frames) gefertigt, welche mit Verblendkeramik ummantelt werden. Für diese Hartkernkeramik spielt der Einsatz von CAD/CAM-Verfahren eine besondere Rolle[10]. Einerseits verbessern standardisierte Arbeitsabläufe die Qualität durch die Vermeidung menschlicher Fehler, andererseits sind einige neue Materialien nur noch ausschließlich durch maschinelles Ausschleifen zu bearbeiten.

Vollkeramische Versorgungen mit Kronen und kleinen Brücken im Frontzahnbereich sind, wenn auch in sehr geringer Stückzahl, beispielsweise als Jacketkronen schon seit vielen Jahren im klinischen Einsatz. Allerdings musste bei diesen Restaurationen zur Erreichung einer ausreichenden mechanischen Abstützung ein hoher Substanzabtrag von Zahnhartgewebe in Kauf genommen werden. So war für lange Zeit die klinisch vielfach bewährte Metallkeramik das Mittel der Wahl. Die hohe Stabilität der neuen keramischen Werkstoffe erlaubt heute Substanz schonende Präparationen in Hohlkehlform. Die moderne Adhäsivtechnik ist eine der bedeutendsten Entwicklungen in der Zahnheilkunde überhaupt. Sie bildet auch die Grundlage für die meisten vollkeramischen Versorgungen im Einzelzahnbereich. Die für das Verfahren notwendige, absolute Trockenlegung stößt aber bei der klassischen zirkulären Kronenpräparation und erst recht bei Brückenkonstruktionen an ihre Grenzen. Hartkernkeramiken erlauben die adhäsive Befestigung, sie ist aber nicht vorgeschrieben. Somit entsteht eine neue Therapiefreiheit, Adhäsivtechnik kann eingesetzt werden; es sind aber für den Fall ihres Versagens genügend Reserven im System vorhanden[12].

Vollkeramische Werkstoffe für Kronen und Brücken

Kleinere Restaurationen für Einzelzahnversorgungen sind unter striktem Einsatz der adhäsiven Befestigung aus vielen keramischen Werkstoffen möglich. Sowohl Schicht- als auch Presskeramiken können eingesetzt werden[8]. Sie stammen aus den Stoffklassen Porzellan und Glaskeramik. Mit Biegebruchfestigkeiten zwischen 100 und 200 MPa sind diese Werkstoffe auf eine adhäsive Befestigung angewiesen. Aus dem gleichen Grund muss die Präparation vor allem für Kronen eine gute Abstützung gewährleisten und ist deshalb mit einem hohen Abtrag von Zahnhartgewebe verbunden. Für Brückenversorgungen und andere mechanisch hoch belastete Systeme wie Suprastrukturen auf Implantaten sind sie bedingt geeignet.

Infiltriertes Aluminiumoxid zeigt höhere Festigkeiten, gehört aber schon zur Gruppe der Gerüstkeramiken. Da die Oberflächenqualität und vor allem die lichtoptischen Eigenschaften zur direkten Versorgung nicht geeignet sind, muss nachträglich verblendet werden. Ein bereits langfristig etabliertes und hinsichtlich klinischer Langzeituntersuchungen am besten belegtes Material dieser Stoffklasse ist VITA In-Ceram (VITA Zahnfabrik, Bad Säckingen). Es erlangt seine mechanische Stabilität durch Glasinfiltration in ein poröses Sintergerüst. Dieser Prozess findet unter hohen Temperaturen statt. Die Ausgangsform für die Gerüste wurde zunächst in einem aufwändigen Schlickerprozess gewonnen. Die Tatsache, dass das Material vor der Glasinfiltration noch relativ weich ist, wurde schnell für die CAD/CAM-gestützte Herstellung solcher Werkstücke genutzt. Nennenswerte Stückzahlen wurden in diesem Bereich seit 1997 mit dem Einsatz des In-Ceram-Materials beim CEREC-System (Fa. Sirona, Bensheim) erreicht[1]. Das klassische infiltrierte Aluminiumoxid In-Ceram ALUMINA ist mit seinen Festigkeitswerten aber immer noch maximal für kleine Frontzahnbrücken geeignet. Erst mit der Einführung von In-Ceram ZIRCONIA (VITA Zahnfabrik, Bad Säckingen) stand ein Werkstoff für Seitenzahnbrücken zur Verfügung. Entgegen seinem Namen ist aber das Material lediglich ein mit Zirkoniumdioxid angereichertes Aluminiumoxid. Neben einer Steigerung der Festigkeit ist aber ein Verlust an Transluzenz und ein Abgleiten der Farbe in einen gräulichen Bereich festzustellen. In-Ceram-Materialien benötigen Präparationsformen, die der Metallkeramik ähnlich sind. Sie können auch konventionell zementiert werden, wobei eine adhäsive Befestigung möglich und sinnvoll ist.

Auf der Suche nach immer besseren Werkstoffen nimmt momentan das Zirkoniumdioxid (gebräuchlich kurz: Zirkonoxid) eine Spitzenstellung ein[4]. Es ist seit hunderten von Jahren als Schmuckstein Zirkonia bekannt und chemisch das Oxid des Metalls Zirkonium (Abb. 11.2). Dieses Material stellt die Basis der hier näher betrachteten Dentalkeramiken dar. Erwähnt sei ebenfalls das Zirkoniumsilikat ($ZrSiO_4$).

Zirkonoxid wird sehr aufwändig aus Naturprodukten aufbereitet. Korngröße und Reinheit bestimmen in erheblichem Maße die Qualität, der Aufwand der Herstellung den recht hohen Preis des Materials. Zirkonoxid liegt bei Raumtemperatur in monokliner Form vor. Diese ist wegen ihrer unspezifischen Eigenschaften zur Verwendung als Dentalkeramik ungeeignet. Bei Temperaturen oberhalb 1100 Grad Celsius erfährt Zirkonoxid eine Modifikation zur tetragonalen Phase. Sie hat ein kleineres Volumen als die monokline Phase und ist chemisch fast völlig innert gegen hochkonzentrierte Säuren und Laugen. Durch bestimmte Zuschlagstoffe kann Zirkonoxid im tetragonalen Zustand bis zur Raumtemperatur stabil gehalten werden. Für die Dentalkeramik ist in diesem Zusammenhang Yttriumoxid das entscheidende Material. Es kommt in den meisten im Einsatz befindlichen Produkten vor. Die hohe Festigkeit des Materials beruht auf dem Phänomen, dass bei einer Rissbildung die tetragonale Phase mit annähernder Lichtgeschwindigkeit in die monokline Phase umgewandelt wird (Abb. 11.3). Dabei findet eine Volumenzunahme um etwa 5% statt. Die Folge ist, dass der Riss ‚eingeklemmt' wird und nicht weiter wachsen kann[12]; die Keramik repariert sich sozusagen selbst. Das Zirkonoxid erreicht die besten Festigkeitswerte im Bereich der Dentalkeramik. Hinsichtlich seiner Biegebruchfestigkeit von ca. 900 MPa hebt es sich deutlich von den anderen Gerüstkeramiken ab. Auch die Risszähigkeit von 6 bis 10 MPa m stellt einen Spitzenwert dar (Abb. 11.4).

Das erste System, welches Zirkonoxid für klinische Anwendungen zur Verfügung stellen konnte, war DCS-Precident (DCS Dental AG, Allschwill, Schweiz)[5]. Dieses CAD/CAM-System ist dank hoch entwickelter, leistungsfähiger Frästechnik in

Abb. 11.2 Zirkonias sind seit langer Zeit als Schmucksteine bekannt.

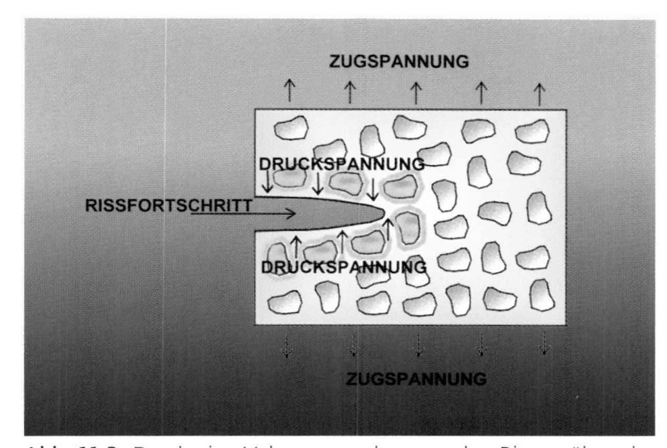

Abb. 11.3 Durch eine Volumenzunahme werden Risse während ihrer Entstehung eingeklemmt und können nicht weiter wachsen.

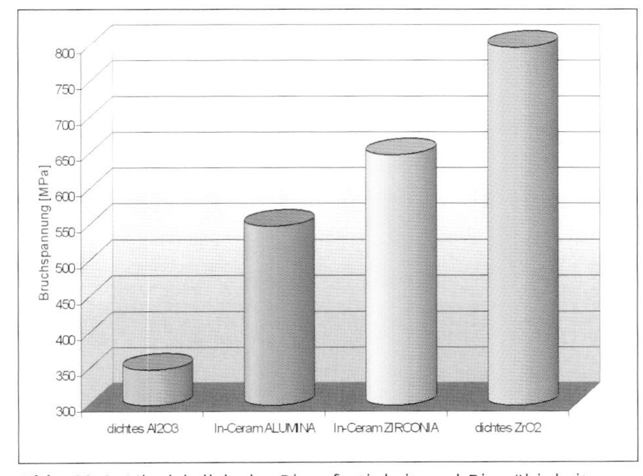

Abb. 11.4 Hinsichtlich der Biegefestigkeit und Risszähigkeit nimmt Zirkondioxid unter den Dentalkeramiken eine Spitzenstellung ein.

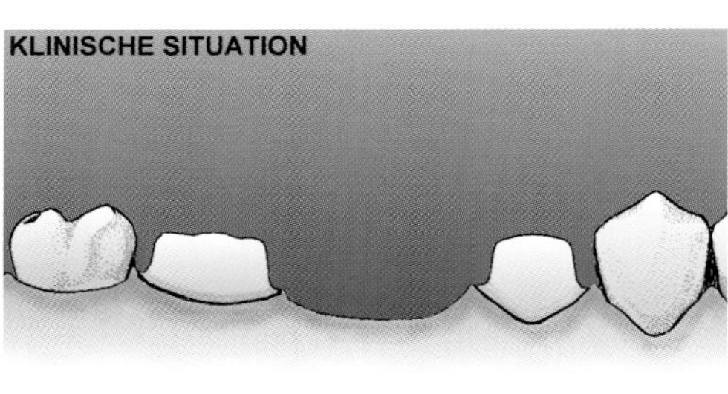

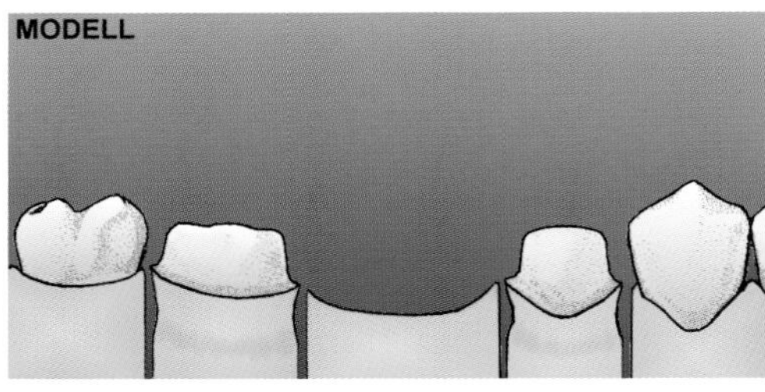

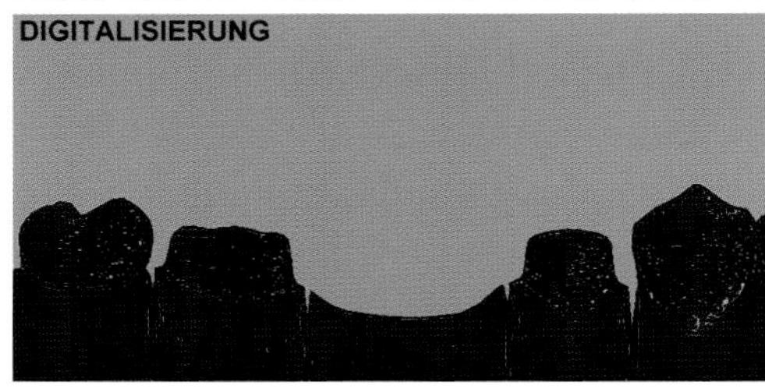

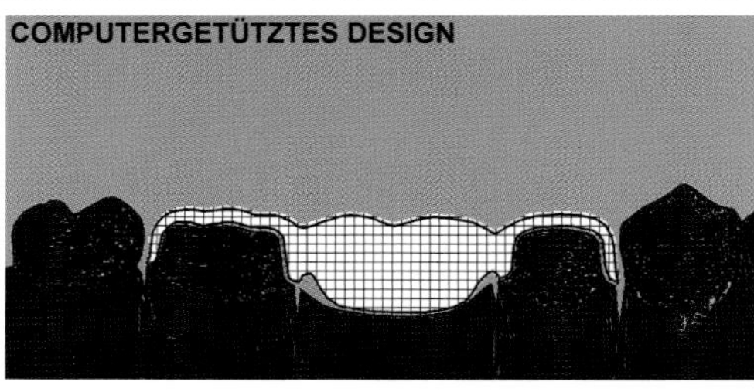

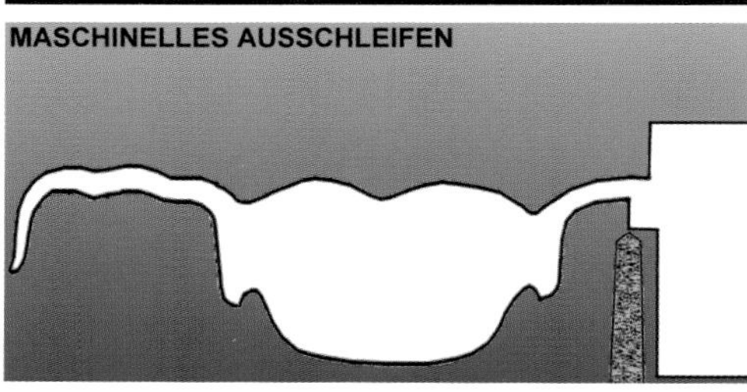

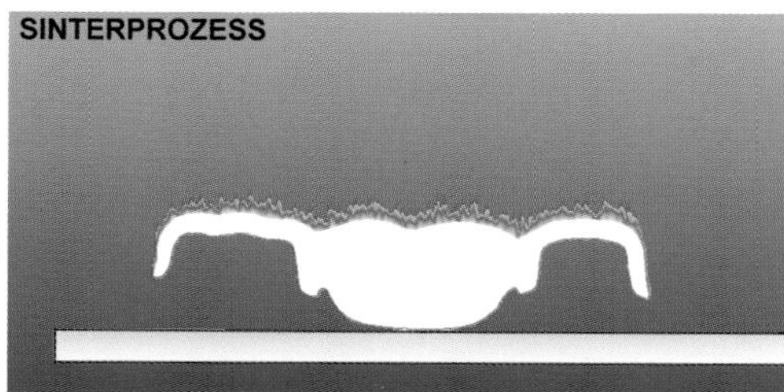

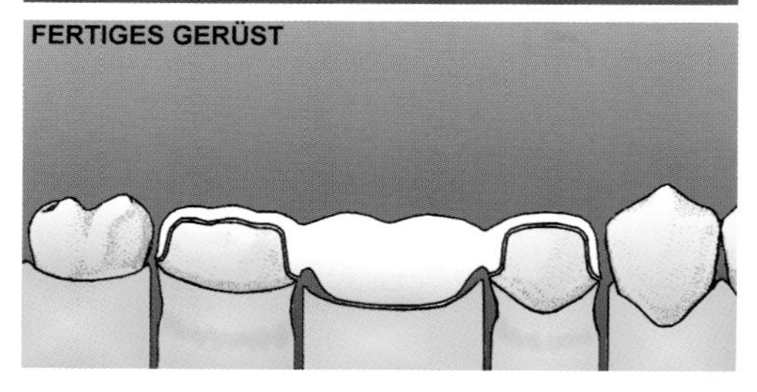

Abb. 11.5 Zum Ausgleich der Sinterschrumpfung wird das Rohgerüst vergrößert ausgeschliffen.

der Lage, Zirkonoxid in der Endhärte zu verarbeiten. Ausgangsmaterial bildet DC-Zirkon, das einem industriellen, heiß-isostatischen Pressprozess unterzogen wird. Es wird aus diesem Grund auch ‚gehiptes' Zirkon genannt. Der Vorteil dieser Methode besteht vor allem darin, ein industriell gefertigtes Werkstück mit hoher Prozesskonformität zu erhalten. Nachteilig ist das sehr aufwändige Fräsen, das einerseits durch oberflächliche Risse bei der Herstellung zu einer Festigkeitsminderung und andererseits grundsätzlich zur Nachbearbeitung führt[11]. Logischer Gedanke war es ein Material zu finden, welches sich leicht bearbeiten lässt und in einem zweiten Schritt seine Endhärte bekommt. Die Lösung wurde im Einsatz so genannter ‚Grünlinge' gefunden. Es handelt sich um vorverdichtete und angesinterte Rohlinge, die erst nach dem Fräsvorgang einem Sinterungsprozess unterzogen werden. Die beim Sintern auftretende Schwindung von ca. 25 bis 30% wird vor dem Schleifprozess durch mathematische Berechnungen innerhalb der Software automatisch kompensiert (Abb. 11.5 bis 11.7). Nachteilig dabei ist, dass der endgültige Sitz des Gerüstes erst nach dem Sinterungsprozess (ca. sechs Stunden bei 1550 bis 1570° C) geprüft werden kann. Als vorteilhaft erweist sich die Tatsache, dass durch die relative Vergrößerung des Rohlings mit gleichem Durchmesser des Schleifkörpers mehr Oberflächendetails ausgefräst werden können und somit eine bessere Passform erreicht werden kann. Für das Sirona inLab-System (Fa. Sirona, Bensheim) (Abb. 11.8) stehen Rohlinge aus Zirkonoxid zur Verfügung. Es handelt sich hierbei um die bereits beschriebenen ‚Grünlinge', da die Schleifmaschine Zirkonoxid in der Endhärte nicht bearbeiten kann. Die VITA YZ-Cubes (Fa. VITA Zahnfabrik, Bad Säckingen) liegen für die verschiedenen Indikationsgebiete in unterschiedlichen Größen vor (Abb. 11.9). Da es eine chargenabhängige Sinterschwindung gibt, sind die Blöcke mit einem

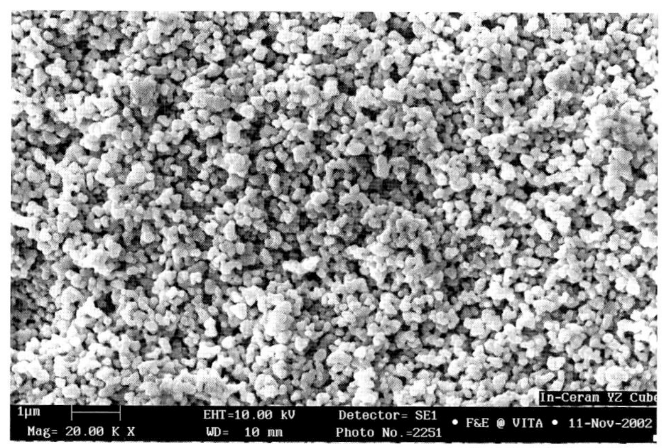

Abb. 11.6 Die REM-Aufnahme zeigt die poröse Struktur des YZ-Cube Rohlings (Bildquelle: VITA Zahnfabrik, Bad Säckingen).

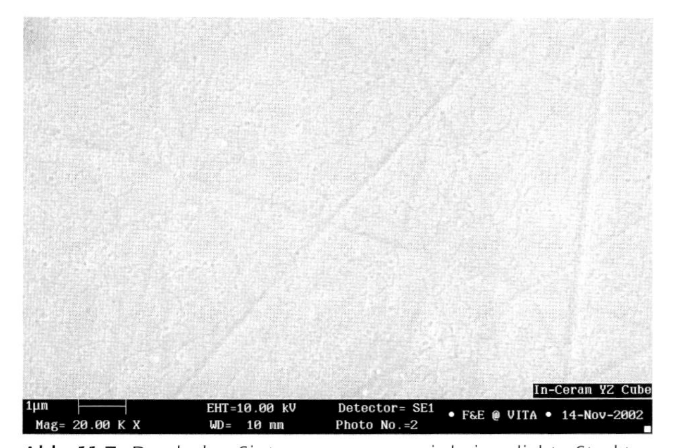

Abb. 11.7 Durch den Sinterungsprozess wird eine dichte Struktur erzeugt (Bildquelle: VITA Zahnfabrik, Bad Säckingen).

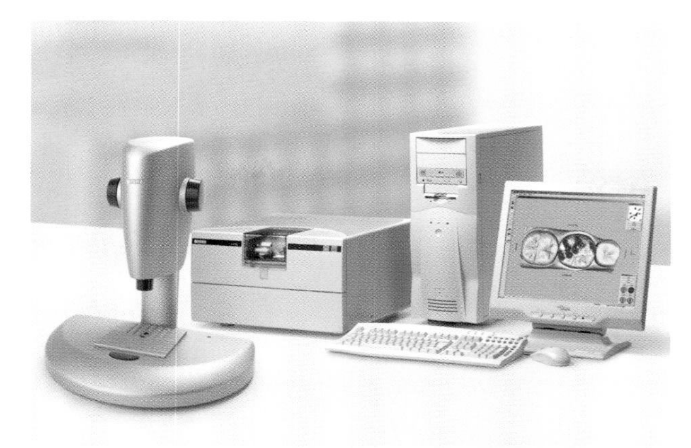

Abb. 11.8 Das CEREC-inLab-Gerät der Firma Sirona ist zur Herstellung von Gerüsten aus Zirkondioxid geeignet (Bildquelle: Fa. Sirona, Bensheim).

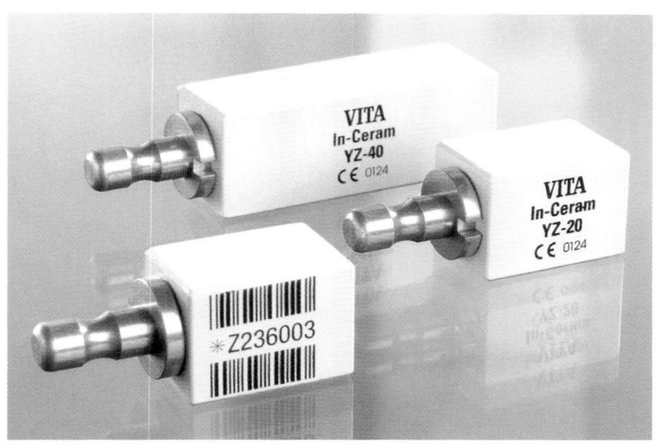

Abb. 11.9 Die VITA YZ-Cubes (Fa. VITA Zahnfabrik, Bad Säckingen) liegen in unterschiedlichen Größen für die Versorgung verschiedener Indikationen vor.

Barcode gekennzeichnet, welcher Informationen hierfür enthält (Abb. 11.10). Dieser Code wird vor dem Schleifvorgang durch den in der Sirona inLab-Schleifmaschine befindlichen Laserscanner ausgelesen. Für die Herstellung mehrgliedriger Brücken wird mit dem YZ-55 ein spezieller Block angeboten, der die maximal mögliche Arbeitslänge der Schleifkammer dadurch auslastet, dass er von beiden Enden bearbeitet wird (Abb. 11.11). Dazu muss er während des Schleifvorganges einmal umgespannt werden.

Als alternative Variante steht mit den IPS-e.max-Blöcken (Fa. Ivoclar Vivadent) ein weiteres Material auf Zirkondioxidbasis für das inLab-Gerät zur Verfügung (Abb. 11.12).

Die endgültige Entscheidung über das Für und Wieder eines Verfahrens liegt in der täglichen Praxis und damit bei den Anwendern. Ein in sich abgestimmtes System aus Gerüst- und Verblendmaterialien ist dabei ein wichtiger Gesichtspunkt.

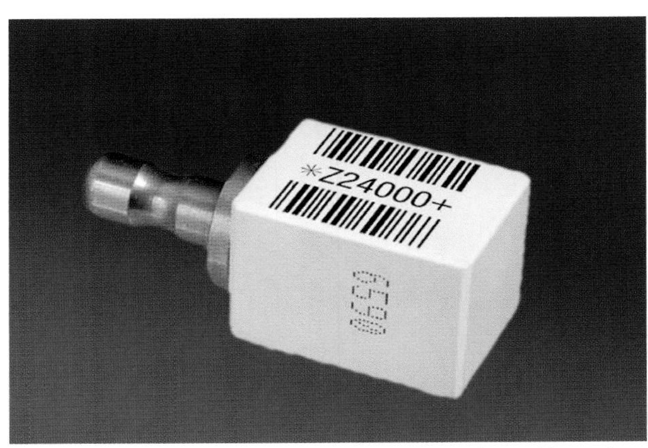

Abb. 11.10 Die YZ-Cubes sind mit einem Barcode markiert. Die Zahl 24 nach dem Z gibt die prozentuale Schwindung dieser Charge an. Der Laserscanner des inLab-Gerätes liest diesen Code vor dem Schleifvorgang aus.

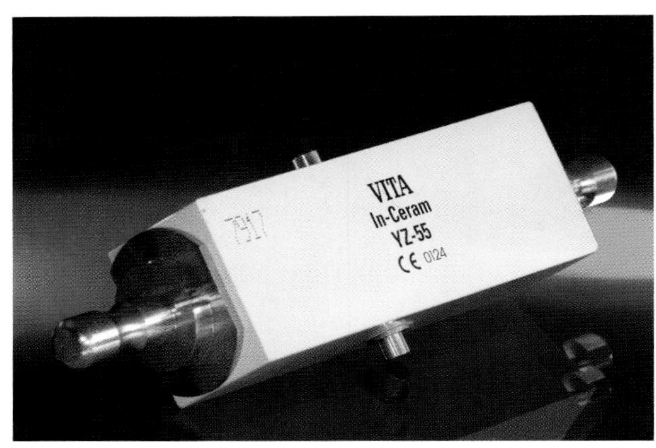

Abb. 11.11 Der YZ55 für mehrgliedrige Brücken reizt die maximal in einer inLab-Schleifeinheit mögliche Länge für einen Block aus. Dazu muss er während des Schleifvorganges einmal umgespannt werden.

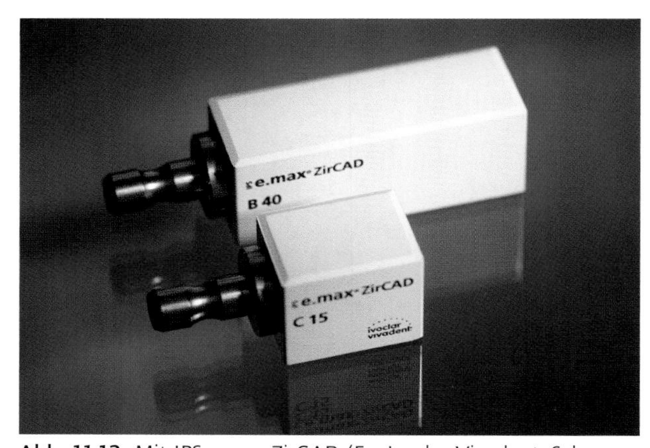

Abb. 11.12 Mit IPS e.max ZirCAD (Fa. Ivoclar Vivadent, Schaan, Liechtenstein) steht ein weiteres Material auf Zirkondioxidbasis für inLab zur Verfügung.

Klinische und labortechnische Aspekte

Indikation für Kronen

Die Indikation für Versorgungen aus Zirkonoxidkeramik besteht für Einzelkronen im Front- und Seitenzahngebiet. Aufgrund ihrer guten ästhetischen Eigenschaften sind vollkeramische Restaurationen für den sichtbaren Bereich besonders geeignet. Auf die Vermeidung dunkler oder stark verfärbter Untergründe sowie nicht lichtleitender Materialien, wie zum Beispiel metallische Aufbauten, sollte wegen der Transluzenz der Vollkeramik geachtet werden. Die Zirkonoxidkeramik besitzt auch genügend Stabilität für den Einsatz im stark durch Kaudruck belasteten Seitenzahnbereich[14]. Zirkonoxid ist sehr stabil und kann auch für Fälle bei denen keine Adhäsivtechnik möglich ist, unkompliziert eingesetzt werden.

Folgende Situationen stellen eine Indikation für die Versorgung mit CAD/CAM-gefertigten Kronen aus Zirkonoxid dar:

- ausgedehnte kariöse Defekte bzw. in deren Folge übergroße instabile Füllungstherapie
- Schmelz- und Dentinbildungsstörungen sowie andere morphologische Defekte der Zähne
- Verfärbungen
- Abrasions- und erosionsbedingte Defekte
- Form- und Stellungsanomalien der Zähne
- Bisslagekorrekturen
- traumatische Schädigungen
- Ersatz defekter sowie funktionell oder ästhetisch insuffizienter Kronenversorgungen
- Verwendung als Brückenanker

Der Einsatz für Teilkronen ist für Zirkonoxid noch nicht beschrieben und auch aufgrund theoretischer Überlegungen nur bedingt möglich. Einerseits führt der Abschluss der Restauration durch sichtbares Hartkernmaterial zu ästhetischen Problemen, andererseits muss dann eine rein adhäsive Befestigung gefordert werden, die in vielen Fällen in diesem Umfang nur schwer zu realisieren ist.

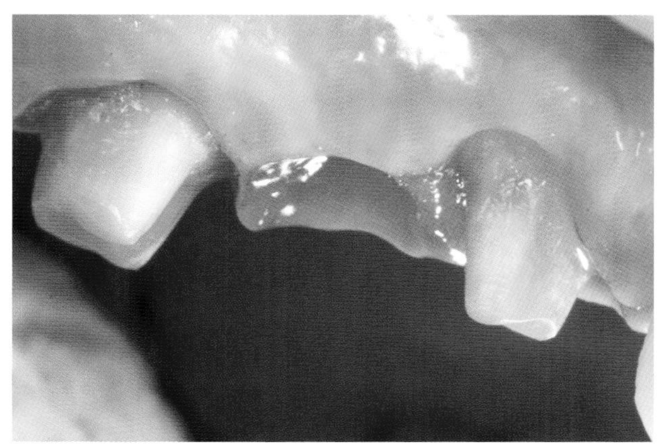

Abb. 11.13 Die gute Biokompatibilität des keramischen Materials gestattet die Gestaltung so genannter Ovate Pontics.

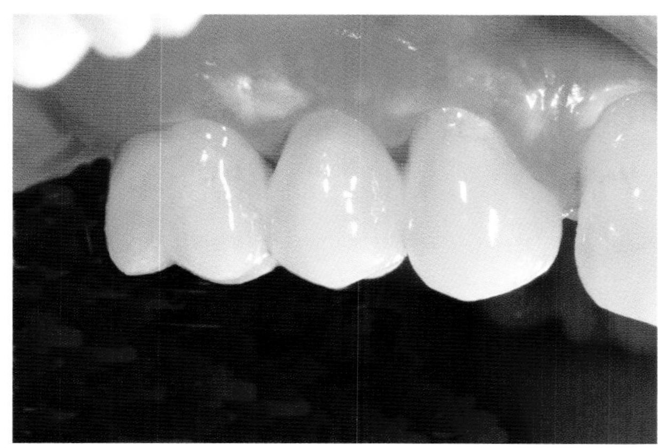

Abb. 11.14 Durch die Einlagerung des Zwischengliedes in einen Ovate Pontic kann der optische Eindruck erweckt werden, dass der ersetzte Zahn direkt aus dem Zahnfleisch herauskommt. Er wirkt nicht aufgesetzt.

Indikation für Brücken

Beim Ersatz fehlender Zähne besteht die Indikation für mehrgliedrige Brücken, wobei deren Ausdehnung auch von der Leistungsfähigkeit des eingesetzten CAD/CAM-Systems abhängt. Aufgrund der bereits beschriebenen guten ästhetischen Wirkung wird diese Keramik für Frontzahnbrücken favorisiert, Seitenzahnbrücken sind aber genauso möglich. Bei Freiendsituationen können auch Freiendglieder gestaltet werden, wobei immer die ungünstige statische Belastung einer solchen Konstruktion bedacht werden sollte. Die Verblockung mehrerer Pfeilerzähne ist möglich. Die Gestaltung kann als Tangentialbrücke oder wegen der hohen Biokompatibilität des Materials auch mit einer breiteren Auflage in Form eines Ovate Pontics erfolgen (Abb. 11.13, Abb. 11.14). Letzteres hat ästhetische und phonetische Gründe und gilt vor allem für den Frontzahnbereich.

Extrem wichtig bei der Planung von vollkeramischen CAD/CAM-Restaurationen ist die Erzielung einer eindeutigen Einschubrichtung. Die lasergenaue Vermessung der Stümpfe gestattet hier keine Kompromisse. Die Anfertigung funktionell geteilter Brücken aus Vollkeramik ist in der Literatur beschrieben worden[7] und hat sich mittlerweile auch klinisch bewährt.

Inlaybrücken oder Klebebrücken erscheinen aus den gleichen Gründen wie Teilkronen problematisch, da auch hier unklar ist, wie weit das Kernmaterial ausgedehnt werden kann, ohne sichtbar in Erscheinung zu treten. Hier ist anderen vollkeramischen Systemen der Vorzug zu geben. Kontraindikationen für vollkeramische Restaurationen sind vor allem in einer schlechten Mundhygiene, insbesondere in Kombination mit größeren parodontalen Defekten, sowie bei schweren okklusalen Hindernissen oder unklaren Bissverhältnissen zu sehen.

Präparation

Die hohe Stabilität der Zirkonoxidkeramik gestattet es, das klinische Prozedere gegenüber der Metallkeramik möglichst unverändert zu belassen. Bei der Präparation sind konventionelle und Substanz schonende Formen zugelassen (Abb. 11.15). Natürlich sind die Auflagen für Vollkeramikrekonstruktionen einzuhalten. Aus statischer Sicht kann zwischen einer Stufenpräparation oder dem Anlegen einer deutlichen Hohlkehle gewählt werden, was der üblichen Praxis und der Schonung der Hartgewebe entgegenkommt. Bei der Anlage rechtwinkliger Stufen wird wegen der Substanzschonung ein abgerundeter Innenwinkel empfohlen. Dieser kann durch zylindrische Präparationsdiamanten mit abgerundeten Kanten leicht realisiert werden. Die Gefahr einer Irritation der Pulpa besonders im gefährde-

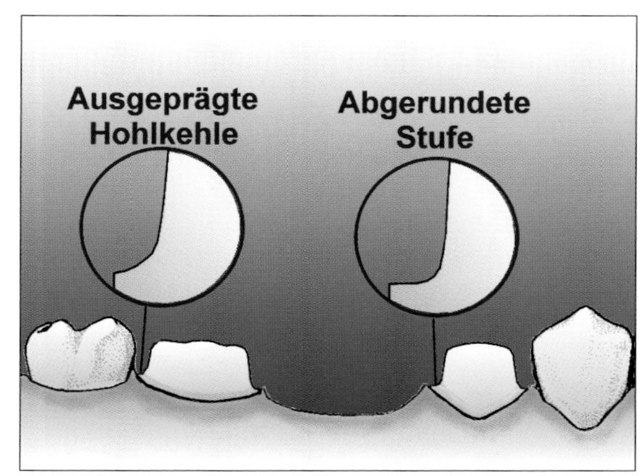

Abb. 11.15 Stufen- und ausgeprägte Hohlkehlpräparationen sind für die Versorgung mit vollkeramischen Kronen und Brücken auf der Basis von Zirkondioxid zugelassen.

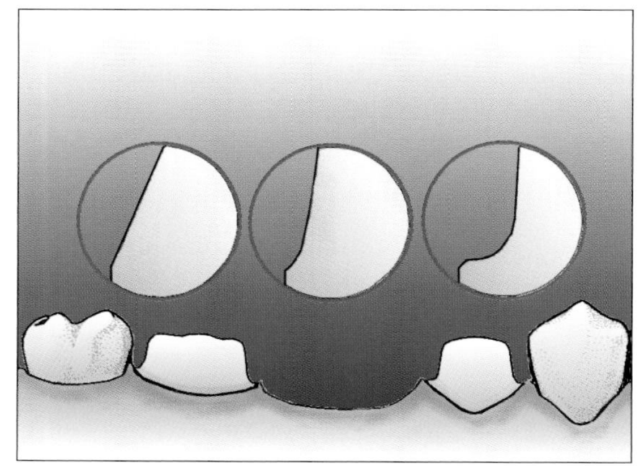

Abb. 11.16 Tangentialpräparationen, Schulterwinkel über 100 Grad oder die Anlage eines Bevels sollten vermieden werden.

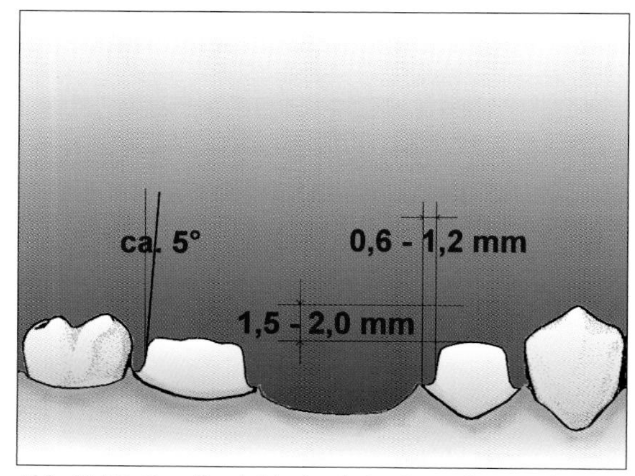

Abb. 11.17 Es sollen leicht konische Stümpfe gestaltet werden. Auf eine ausreichende okklusale Reduktion ist zu achten.

ten distalen Bereich von Prämolaren und Molaren lässt sich dadurch verringern. Auch die Stufenbreite kann beim Zirkonoxid sehr klein gehalten werden, ca. 1 mm ist in vielen Fällen ausreichend. In der Präparation schmaler rechtwinkliger Stufen besteht allerdings auch eine große Schwierigkeit. Das Abspringen des rotierenden Instrumentes kann schwere Schäden anrichten. In geschwungenen Bereichen kann das Instrument verhaken und eine Treppenbildung entstehen. Es ist zu empfehlen, den Verlauf der Stufe zunächst mit einer kleinen Kugel oder mit einem umgekehrten Kegel zu markieren. Überschaubare Instrumentensätze mit konischen oder zylindrischen Präparierdiamanten, welche die Gestaltung einer Hohlkehle ermöglichen, sowie zylindrische Schleifkörper mit abgerundeten Kanten sind die Grundlage für ergonomisches Arbeiten[6].

Wird eine Hohlkehle angelegt, ist diese ausgeprägt zu gestalten. Dies sichert die notwendige Abstützung. Das Anlegen einer ausgeprägten Hohlkehle stellt allerdings auch oft eine Schwierigkeit dar. Es werden konische oder zylindrische Schleifer mit einer entsprechend gestalteten Arbeitsspitze verwendet. Dringend zu vermeiden sind die so genannten Dachrinnenpräparationen, bei denen die Hohlkehle mit einer wieder aufsteigenden Phase endet. Oftmals gehen diese Anteile schon beim Freilegen der Stümpfe verloren. Falls nicht, sind sie ein schwer überwindbares Hindernis beim maschinellen Ausschleifen. Tangentialpräparationen, Schulterwinkel über 100 Grad sowie Abschrägungen der Präparationsgrenze sind kontraindiziert (Abb. 11.16). Die Präparationsgrenze sollte epigingival oder leicht subgingival liegen, der zirkuläre Verlauf der Präparation sollte möglichst gleichmäßig sein. Die Ausformung von Spitzen und anderen groben Unregelmäßigkeiten ist unbedingt zu vermeiden. Die Zahnstümpfe sollten leicht konisch gestaltet werden, wobei der Richtwert bei fünf Grad liegt. Zu parallele Präparationen neigen zum Klemmen und können zu Schwierigkeiten bei der Erkennung der Präparationsgrenze bei der Konstruktion führen. Sehr schräge Wände erhöhen die Keilwirkung und sind zu vermeiden, wobei natürlich auch die klinische Situation zu berücksichtigen ist. Die okklusale/inzisale Reduktion muss die erforderliche Schichtstärke für Vollkeramik berücksichtigen und etwas deutlicher als bei Metallkeramik ausfallen. Sie sollte in Abhängigkeit von der Situation 1,5 bis 2 mm betragen. Der notwendige zirkuläre Materialabtrag ist mit 0,6 bis 1,2 mm zu veranschlagen (Abb. 11.17). Mitunter ist die Anlage von Orientierungsrillen zur gleichmäßigen und ausreichend starken Reduktion der Hartgewebe hilfreich. Sehr spitz auslaufende Schneidekanten oder Höcker sind abzurunden. Dies verhindert eine Scherwirkung auf die Keramik und erleichtert das Ausschleifen der Gerüste. Sollten bei Kronenstümpfen oder Brückenpfeilern Aufbaufüllungen notwendig sein, stellen Glasionomerzemente bisher das Mittel der Wahl dar. Mittlerweile etablieren sich allerdings auch immer mehr die adhäsiv verankerten Aufbaufüllungen. Sie besitzen aus ästhetischer Sicht die für vollkeramische Restaurationen bessere Farbe und Transluzenz, außerdem ist bei ihrem Einsatz eine Steigerung der Bruchlast der Stümpfe festzustellen[13].

Abformung und Provisorien

Die Abformung erfolgt konventionell mit den zur Präzisionsabformung üblicherweise verwendeten Materialien. Sowohl A-Silikone, Polyether und Hydrokolloidmaterialien sind geeignet. Eine saubere Darstellung der Präparationsgrenze und des Sulcus gingivae erleichtert später die exakte Auffindung der Präparationsgrenze sowie eine problemlose Konstruktion im CAD-Programm und gewährleistet exakte Ergebnisse. Dazu wird eine Retraktion der Gingiva mit geeigneten Fäden empfohlen. Interaktionen von medikamentösen Zusätzen mit den eingesetzten Abdruckmaterialien müssen sind zu beachten. Allerdings bestehen auch hier prinzipiell keine Unterschiede zur konventionellen Metallkeramik.

Bei ästhetisch anspruchsvollen Restaurationen ist bei der Abformung neben der Darstellung der Stümpfe auch die korrekte Darstellung der Gingiva von großer Bedeutung. Oftmals ist es auch empfehlenswert, ein zweites Modell zur Darstellung der Weichgewebe anzufertigen.

Die Bissnahme erfolgt je nach Situation mit den gebotenen Mitteln. Die Gestaltung der Provisorien sollte parodontalhygienisch günstig sein. Bei geplanter adhäsiver Befestigung der definitiven Arbeit sollte auf eugenolhaltige provisorische Zemente verzichtet werden.

Herstellung der Gerüste im Labor

Dieser Arbeitsschritt unterscheidet sich in Abhängigkeit von den unterschiedlichen CAD/CAM-Systemen. Stellvertretend soll hier die Technik unter Verwendung des Sirona inLab-Gerätes für den Einsatz im Dentallabor (Fa. Sirona, Bensheim) dargestellt werden:

Nach Herstellung des Sägeschnittmodells werden die Präparationsgrenzen freigelegt (Abb. 11.18). Einzelstümpfe können vom Modell direkt in den topfförmigen Halter für die Erfassung von Kronenkappen gesetzt werden (Abb. 11.19, Abb. 11.20). Für die digitale Erfassung der Oberflächendaten wird ein im CEREC-inLab-Gerät integrierter Laserscanner eingesetzt (Abb. 11.21). Für den Einsatz des extraoralen Scanners inEOS (Fa. Sirona, Bensheim) gibt es ebenfalls einen töpfchenförmigen Halter (Abb. 11.22). Aufgrund der anderen Abtastmethodik sind hier die Scanzeiten gegenüber dem Laser drastisch reduziert.

Für die Abtastung einer Zahnreihe, wie sie in jedem Fall bei Brücken notwendig ist, werden die Sägeschnitte provisorisch mit Wachs verschlossen. Über die so vorbereiteten Stümpfe wird eine Segmentabformung mit einem zur Dublierung geeigneten Material genommen (Abb. 11.23, Abb. 11.24). Diese Abformung wird nach Aushärten mit dem Spezialmodellgips CAM Base (Fa. Dentona, Dortmund) ausgegossen. CAM Base wurde speziell für den Einsatz in der CAD/CAM-Technologie entwickelt und macht aufgrund seiner optischen Eigenschaften eine weitere Oberflächenbeschichtung überflüssig. Beim Einsatz des inEOS-Scanners kann direkt von der Ober-

Abb. 11.18 Das exakte Freilegen der Präparationsgrenze gewährleistet gute Scan- und Schleifergebnisse.

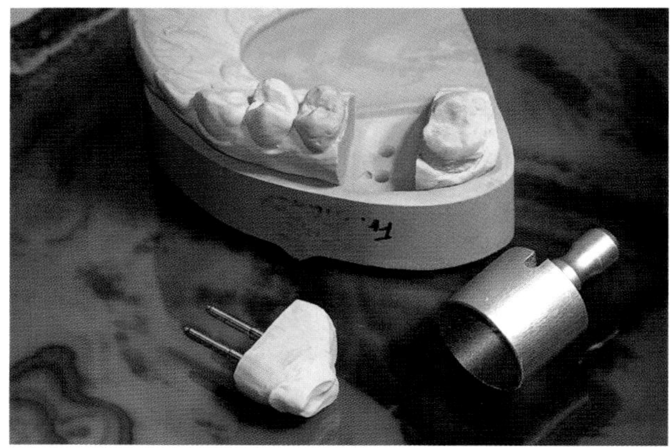

Abb. 11.19 Einzelstümpfe können direkt aus dem Sägeschnittmodell in den Halter zum Scannen von Oberflächen für Kronenkappen gesetzt werden.

Abb. 11.20 Mit Wachs oder Silikonmaterial werden die Stümpfe sicher in dem topfförmigen Halter fixert.

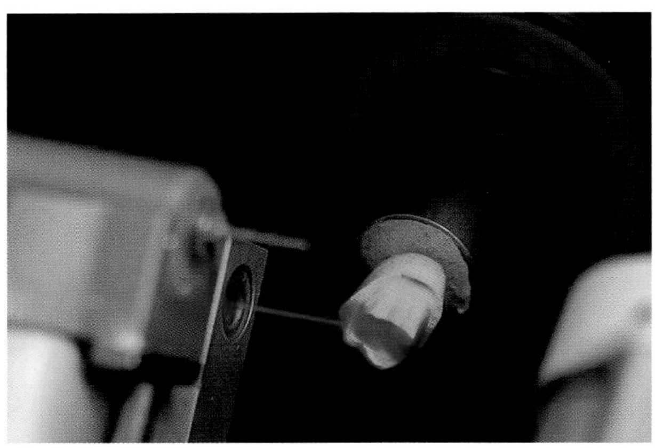

Abb. 11.21 Der in der Schleifeinheit des inLab-Gerätes integrierte Laserscanner dient zur Digitalisierung der Oberflächendaten.

Abb. 11.22 Mit dem inEOS-Scanner ist ein Rotationsscan in einem töpfchenförmigen Halter in erheblich kürzerer Zeit möglich.

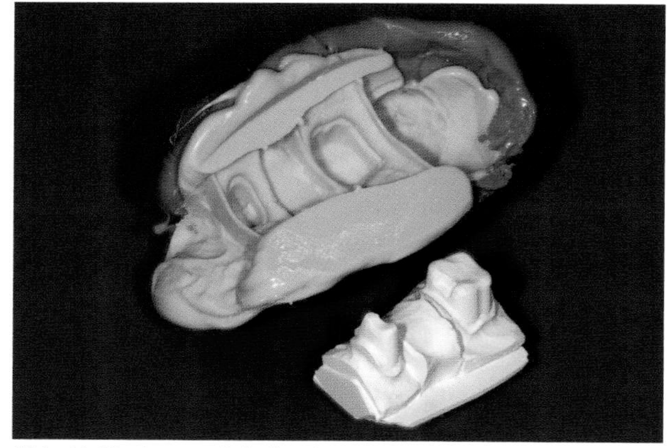

Abb. 11.23 Scanmodelle für den Laserscanner werden über Dublierung hergestellt und mit einem optisch aktiven Spezialgips ausgegossen (z. B. CAM Base, Fa. Dentona, Dortmund).

fläche des Arbeitsmodells abgetastet werden. Dublieren ist nicht notwendig. Außerdem können größere Bereiche, bis hin zu ganzen Kiefern, aufgenommen werden (Abb. 11.25).

Nach dem Abschluss des Scanvorganges ist es zunächst möglich, das Objekt zur Festlegung einer optimalen Einschubrichtung auf elektronischem Weg auszurichten. Dazu kann man es sowohl in der x- als auch in der y-Achse frei kippen. Die einzige Eingabe, die selbstständig vom Benutzer vorgenommen werden muss, ist die so genannte Bodenlinie (Abb. 11.26). Wie bei CEREC-Restaurationen üblich, legt man damit die Präparationsgrenze fest. Entsprechend der frei wählbaren Voreinstellung für die Wandstärken der Kronenkappen kann im nächsten Schritt die 3-D-Vorschau eines von der Software automatisch generierten Gerüstes angezeigt und nach den individuellen Vorgaben des Benutzers modifiziert werden. Eine Querschnittsfunktion dient ebenfalls zur Kontrolle der Konstruktion vor dem Ausschleifen (Abb. 11.27).

Ist die Konstruktion abgeschlossen, kann der Schleifprozess gestartet werden. Für die Blöcke aus Zirkondioxid wird bei der Berechnung des Datensatzes für die Schleifmaschine automatisch eine ca. 20 bis 25%ige Vergrößerung vorgenommen. Dies dient zur Kompensation der Schrumpfung während des späteren Sinterprozesses. Der genaue Wert ist von der Charge des Materials abhängig. Entsprechende Informationen sind in Form eines Barcodes auf dem Block gespeichert und werden automatisch vor Beginn des Schleifprozesses vom Laserscanner ausgelesen. Die Blöcke werden unter Wasserkühlung bearbeitet. Die Dauer des Schleifvorgangs beträgt aufgrund des im Grünzustand relativ weichen Materials für Kronenkappen 15 bis 20 und für Brückengerüste 30 bis 45 Minuten (Abb. 11.28).

Der fertig ausgeschliffene Rohling wird aus der Schleifeinheit entnommen und - falls notwendig - Korrekturen vorgenommen, da ein Beschleifen nach dem Sinterbrand aufgrund der hohen Härte des Materials nur äußerst schwer möglich ist. Der Sinterbrand selbst erfolgt in einem spe-

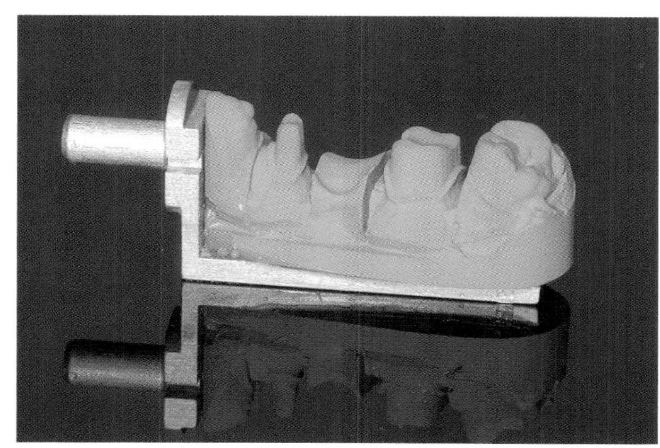

Abb. 11.24 Die Scanmodelle werden zur Aufnahme in der Schleifkammer auf spezielle Halter montiert.

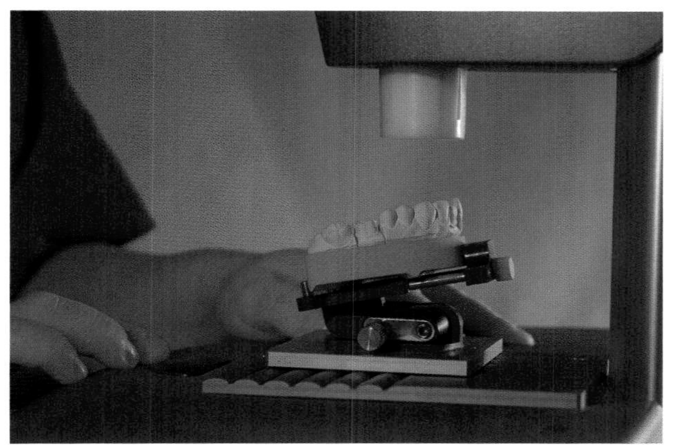

Abb. 11.25 Mit dem inEOS-Scanner können die Arbeitsmodelle direkt abgetastet werden.

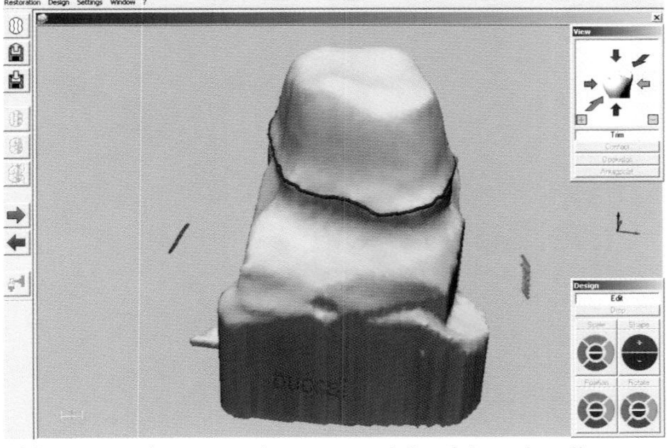

Abb. 11.26 Die Präparationsgrenze wird auf dem virtuellen Modell vom Benutzer manuell eingezeichnet.

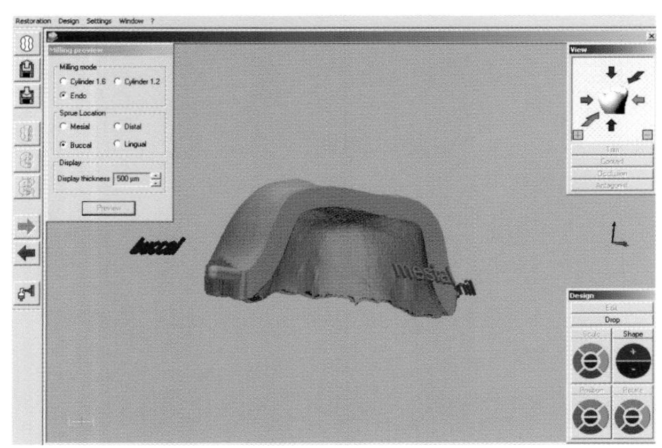

Abb. 11.27 Eine Vorschaufunktion dient zur Beurteilung des zu erwartenden Schleifergebnisses.

Abb. 11.28 Die Zirkonoxidblöcke werden unter Wasserkühlung in der inLab-Schleifeinheit bearbeitet.

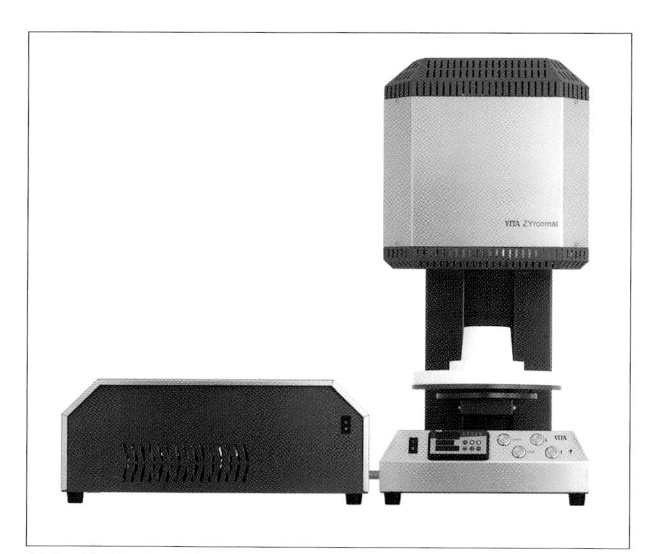

Abb. 11.29 Der Sinterprozess muss wegen der hohen Temperaturen und der langen Verweildauer in einem speziellen Ofen erfolgen (z. B. VITA ZYrcomat, Fa. VITA Zahnfabrik, Bad Säckingen).

ziellen Ofen (Abb. 11.29). Das Gerüst wird auf eine Temperatur von 1530° C erhitzt und schrumpft dabei auf die gewünschte Größe (Abb. 11.30). Gleichzeitig gewinnt es seine hohe Festigkeit. Um Formveränderungen während des Sinterns zu vermeiden, werden die Gerüste auf Aluminiumoxidkugeln gelagert (Abb. 11.31). Danach erfolgt das Aufpassen auf das Modell. Notwendige Korrekturen können jetzt nur noch mit einer wassergekühlten Turbine vorgenommen werden. Zirkonoxidgerüste haben eine schneeweiße Farbe. Sie können mit Coloring Liquid eingefärbt werden (Fa. VITA Zahnfabrik, Bad, Säckingen) (Abb. 11.32, Abb. 11.33). Die Gerüste werden vor dem Verblenden zunächst mit einem Bonder und ggf. einem Liner abgedeckt. Ihre endgültige Form, Farbe und Brillanz erhalten die Zirkonoxidrestaurationen erst durch den Auftrag weiterer keramischer Massen. Diese Verblendung der VITA YZ-Cubes erfolgt mit der an den Wärmeausdehnungskoeffizienten der Gerüste angepassten VITA Verblendkeramik VM 9 (VITA Zahnfabrik, Bad Säckingen). Die IPS-e.max-ZirCAD-Blöcke werden mit dem vielseitig einsetzbaren IPS-e.max-Ceram-System verblendet (Fa. Ivoclar Vivadent, Schaan, Liechtenstein).

Eingliederung und Nachsorge

Bei der Eingliederung gibt es drei Möglichkeiten: die erste besteht im konventionellen Einsetzen mit Zinkphosphatzement oder mit Glasionomerzement, wobei die klassischen Typen ohne Kunststoffzusatz verwendet werden sollten. Da es sich um Vollkeramikrestaurationen handelt, sollte beachtet werden, dass eine zu starke Eigenfarbe bzw. mangelnde Transluzenz des Befestigungsmaterials die ästhetische Wirkung beeinträchtigen kann.

Aufgrund der hohen Stabilität ist ein konventionelles Einsetzen, z. B. mit Glasionomerzementen, möglich. Eine sichere Methode zur definitiven Befestigung von vollkeramischen Restaurationen auf der Basis von Gerüstkeramik ist die adhäsive Befestigung unter Verwendung von Panavia (Fa.

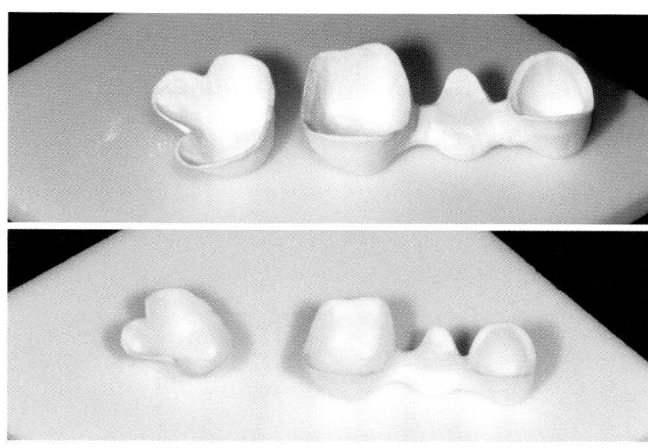

Abb. 11.30 Durch den Sintervorgang erhält das Material seine Endhärte und schrumpft dabei um etwa 25%.

Abb. 11.32 Die ursprünglich schneeweißen Zirkondioxidgerüste können mit Coloring Liquid eingefärbt werden (Fa. VITA Zahnfabrik, Bad Säckingen).

Abb. 11.31 Um Formveränderungen während des Sinterns zu vermeiden, werden die Gerüste auf Aluminiumoxidkugeln gelagert.

Abb. 11.33 Eine Abstufung in unterschiedlichen Helligkeitsgraden ist möglich.

Kuraray, Osaka, Japan). Sowohl das autopolymerisierende Panavia 21 TC als auch das dual härtende Panavia F sind geeignet. Die Innenflächen der Gerüste können im Einwegstrahlverfahren mit max. 50 µm Aluminiumoxid abgestrahlt werden. Zur Konditionierung der Zahnoberfläche kommt ein Adhäsivsystem (ED Primer, Fa. Kuraray, Osaka, Japan) zum Einsatz.

Wichtig für die spätere Entzündungsfreiheit der gingivalen Gewebe ist die sehr gründliche Entfernung von Überresten des Befestigungszementes. Dies geschieht insbesondere im Fügebereich mit einem Scaler oder Einmalskalpell. Approximalräume und Bereiche unter Brückengerüsten sind mit Zahnseide zu reinigen und zu kontrollieren. Glasierte keramische Oberflächen beugen einer schnellen Plaqueakkumulation vor, sollten aber trotzdem in individuell abstimmbaren Zeiträumen professionell gereinigt werden. Besondere Berücksichtigung verdienen dabei die Spalträume bei Brückengerüsten. Es sollte bei Zahnreinigungs- und Prophylaxemaßnahmen immer darauf geachtet werden, dass im Bereich der Klebefuge Absprengungen der Verblendkeramik möglich sind. Die exzessive Verwendung von Ultraschall-Zahnsteinentfernungsgeräten ist deshalb wenig geeignet. Optimal erscheinen Scaler aus einem Kunststoffmaterial, wie sie bereits seit mehreren Jahren für Hygienemaßnahmen an Implantatversorgungen eingesetzt werden.

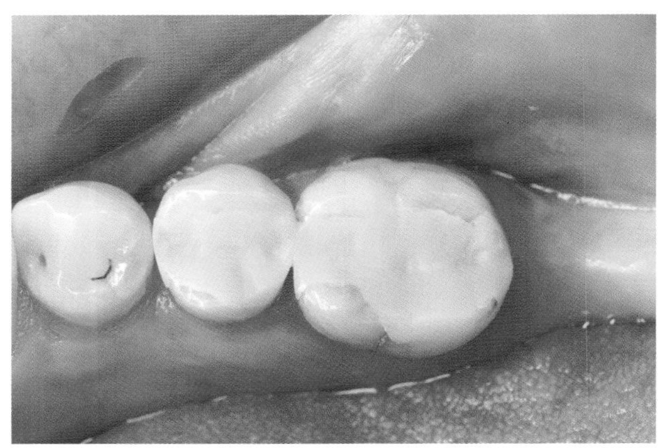

Abb. 11.34 Im Zuge der Vorbehandlung wurden die zu überkronenden Zähne 35 und 36 mit MultiCore Flow (Fa. Ivoclar Vivadent, Schaan, Liechtenstein) aufgebaut.

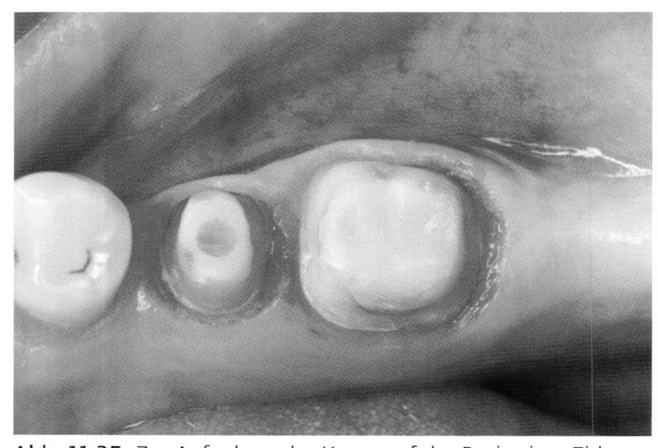

Abb. 11.35 Zur Aufnahme der Krone auf der Basis einer Zirkondioxidkappe ist die Präparation einer Hohlkehle sinnvoll und ausreichend.

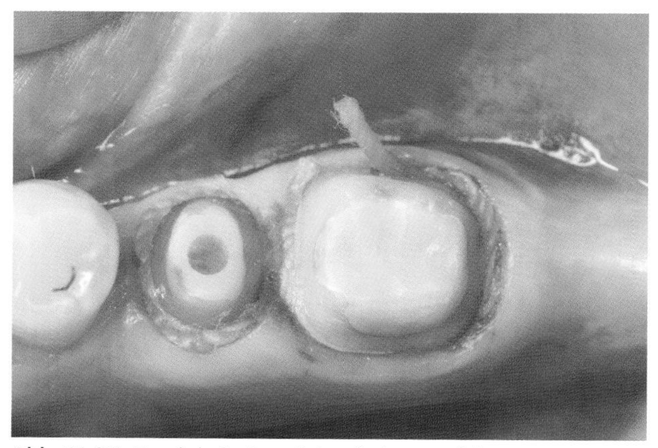

Abb. 11.36 Es wird ein Retraktionsfaden appliziert.

Falldarstellungen

Fall 1

Bei einer 35-jährigen Patientin besteht im linken Unterkiefer eine verkürzte Zahnreihe. Aufgrund der Abstützungsverhältnisse wurde auf den Ersatz des zweiten Molaren verzichtet. Der Zahn 35 wurde endodontisch behandelt, 36 zeigte große kariöse Defekte. Im Zuge der Vorbehandlung wurde bei 35 ein mit Glasfaser verstärkter Kompositstift (FRC Postec Plus, Fa. Ivoclar Vivadent, Schaan, Liechtenstein) eingebracht. Beide Zähne wurden mit MultiCore Flow (Fa. Ivoclar Vivadent, Schaan) aufgebaut (Abb. 11.34).

Ein gleichmäßiger Materialabtrag bei der Präparation konnte vor allem im Bereich der Stufe sehr einfach durch spezielle Schleifkörper mit einem Führungsstift, der im Sulcus gingivae auf der unpräparierten Zahnfläche geführt wird, erreicht werden (Fa. Hager und Meisinger, Neuss). Mit diesen Instrumenten kann eine nahezu standardisierte Stufe geschaffen werden (Abb. 11.35). Ein systematisierter Arbeitsablauf gewährleistet reproduzierbare Ergebnisse auch in schlecht einsehbaren Bereichen und vermindert die Gefahr der Schädigung gingivaler Gewebe. Im okklusalen Bereich musste für die Gestaltung einer adäquaten Kaufläche ebenfalls eine Reduktion durchgeführt werden. Es wurde hierbei darauf geachtet, dass anatomisch wichtige Strukturen erhalten bleiben und ein relativ weiter Öffnungswinkel gewährleistet ist. Die Abformung erfolgte nach dem Legen eines Retraktionsfadens in Doppelmischtechnik mit einem Silikonmaterial (Virtual, Fa. Ivoclar Vivadent, Schaan, Liechtenstein) (Abb. 11.36, Abb. 11.37). Abschließend wurden ein Registrat der Gegenkieferbezahnung in Form eines FGP (*functionally generated path*) sowie die Farbnahme durchgeführt (Abb. 11.38, Abb. 11.39). Nach der Herstellung eines Sägeschnittmodells und der Freilegung der Präparationsgrenzen wurden die Stümpfe nacheinander mit dem Sirona inEos-Scanner digitalisiert (Abb. 11.40 bis 11.42). Die Konstruktion im CAD-Programm beschränkt sich auf die Einzeichnung der

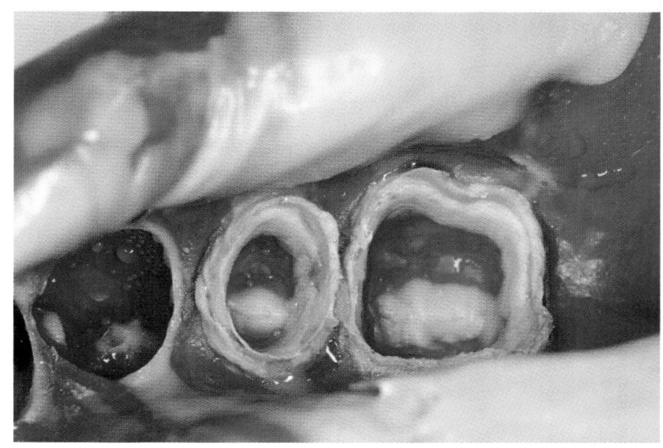

Abb. 11.37 Die Abformung erfolgte mit einem A-Slikon in Doppelmischtechnik (Virtual, Fa. Ivoclar Vivadent, Schaan, Liechtenstein).

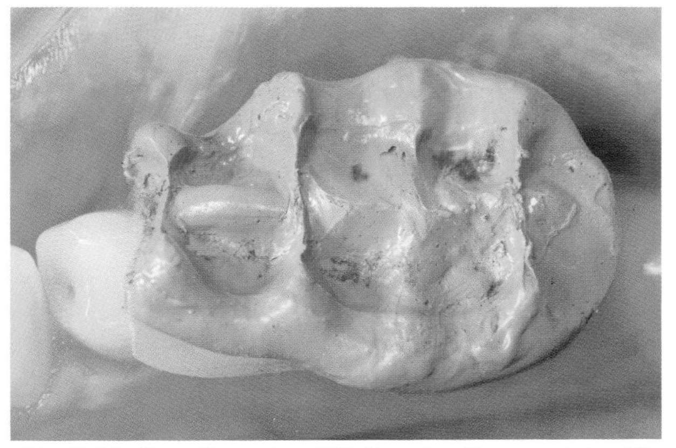

Abb. 11.38 Herstellung eines FGP (*functionally generated path*).

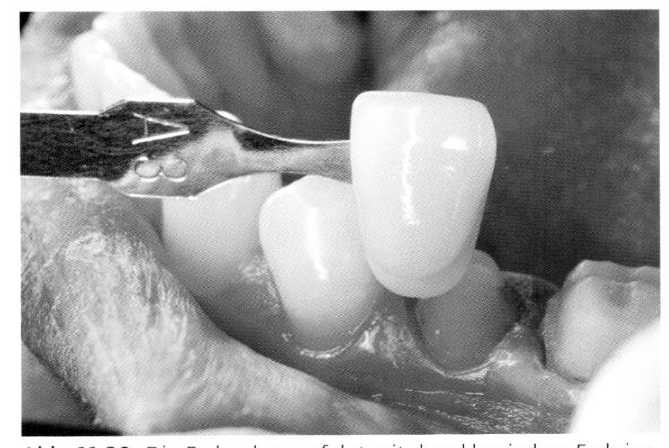

Abb. 11.39 Die Farbnahme erfolgt mit dem klassischen Farbring.

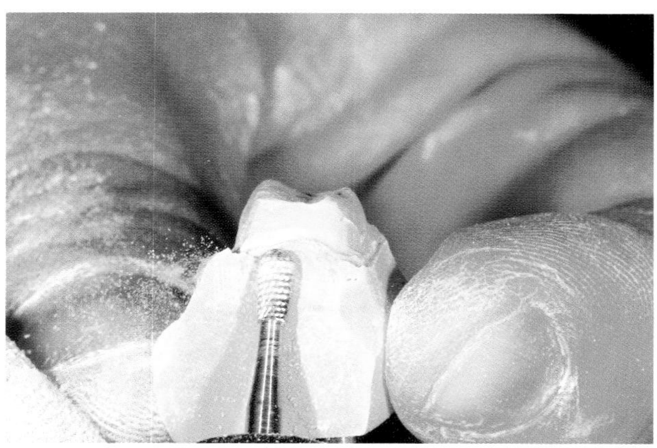

Abb. 11.40 Nach der Modellherstellung wird die Präparationsgrenze freigelegt.

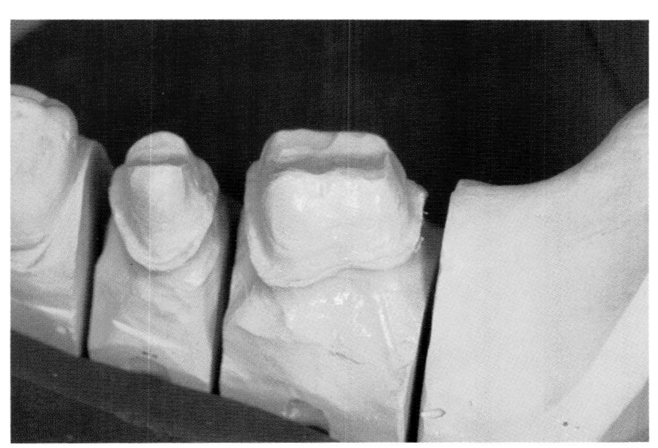

Abb. 11.41 Arbeitsgrundlage ist ein konventionelles Sägschnittmodell.

Abb. 11.42 Zum Digitalisieren der Modelloberfläche werden die Einzelstümpfe in einem töpfchenförmigen Halter im Sirona inEOS-Scanner platziert.

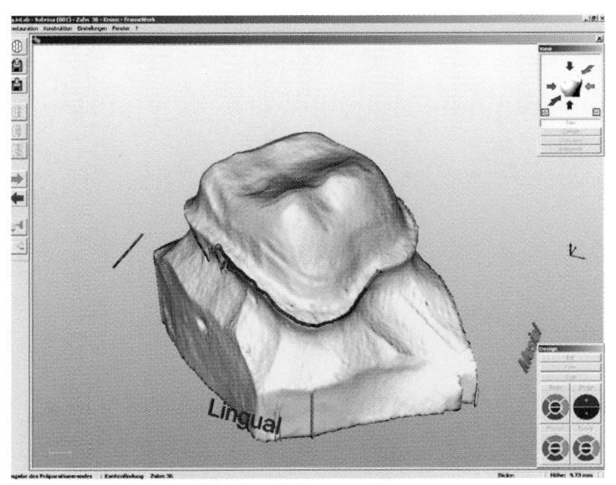

Abb. 11.43 Auf dem virtuellen Modell wird die Präparationsgrenze festgelegt.

Präparationsgrenze (Abb. 11.43). Die Kronenkappe wurde nach visueller Kontrolle im Vorschaufenster (Abb. 11.44) aus einem IPS-e.max-ZirCAD-Block (Fa. Ivoclar Vivadent, Schaan, Liechtenstein) ausgeschliffen und anschließend gesintert (Abb. 11.45). Eine Anprobe der Kappe ist wegen der hohen Präzision und Prozesskonformität im klinischen und labortechnischen Bereich nicht zwingend notwendig (Abb. 11.46). Zum Abdecken der hellen Gerüstfarbe und für die Erreichung einer zahnähnlichen Fluoreszenz wird ein Liner verwendet (Abb. 11.47). Die Verblendung erfolgte mit dem universell einsetzbaren Keramiksystem IPS-e.max-Ceram (Fa. Ivoclar Vivadent, Schaan, Liechtenstein) (Abb. 11.48, Abb. 11.49). Das Ergebnis sind natürlich wir-

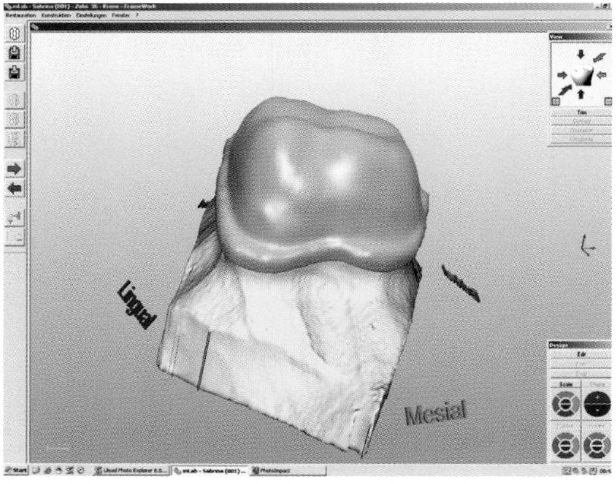

Abb. 11.44 In der Schleifvorschau kann das zu erwartende Ergebnis begutachtet und gegebenenfalls korrigiert werden.

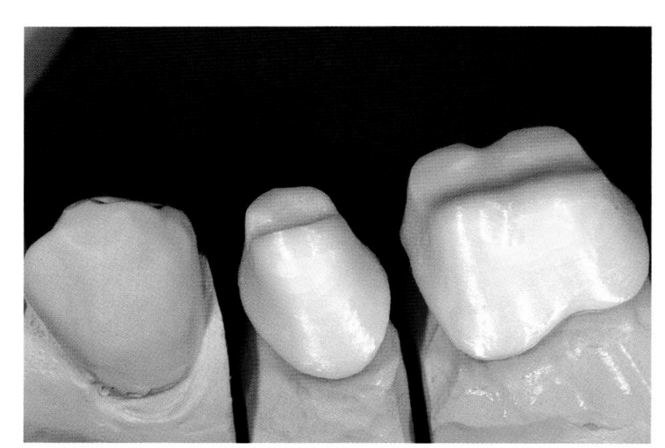

Abb. 11.46 Passkontrolle der gesinterten Kappen auf dem Modell.

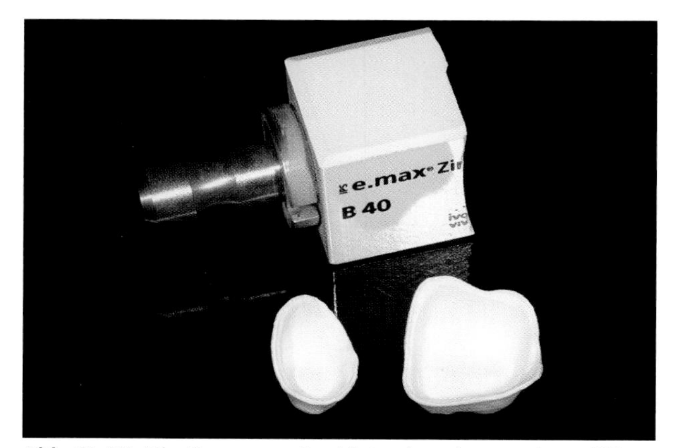

Abb. 11.45 Die Kronen wurden hintereinander aus einem IPS-e.max-ZirCAD-B40-Block (Fa. Ivoclar Vivadent, Schaan, Liechtenstein) in der Stapelschleiffunktion ausgeschliffen.

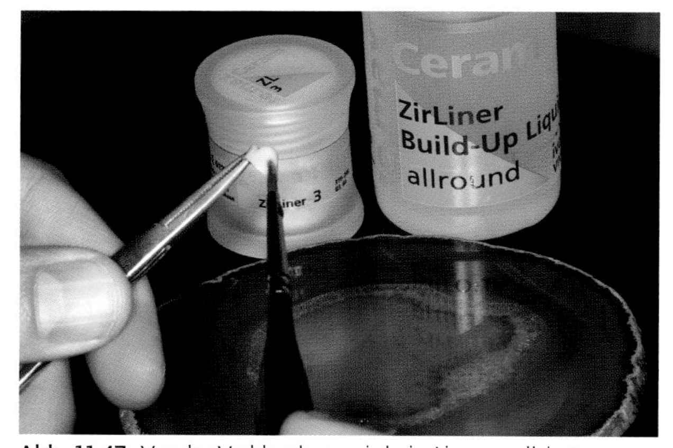

Abb. 11.47 Vor der Verblendung wird ein Liner appliziert.

kende Kronen mit einer guten Transluzenz (Abb. 11.50, Abb. 11.51). Nach der Überprüfung der Passgenauigkeit und der okklusalen Adjustierung wurden die Kronen mit Multilink Automix (Fa. Ivoclar Vivadent, Schaan, Liechtenstein) adhäsiv befestigt. Zuvor wurde die Krone zur Erzielung einer retentiven Oberflächenstruktur sandgestrahlt (Aluminiumoxid 50µm, 2 bar) und mit einem ZIRCONIA Primer (Fa. Ivoclar Vivadent, Schaan, Liechtenstein) behandelt (Abb. 11.52). Nach Aushärtung des Befestigungsmaterials erfolgte eine minutiöse Entfernung verbliebener Rückstände des Befestigungskomposites, um eine entzündungsfreie Adaptation der gingivalen Gewebe zu erreichen (Abb. 11.53 bis 11.56).

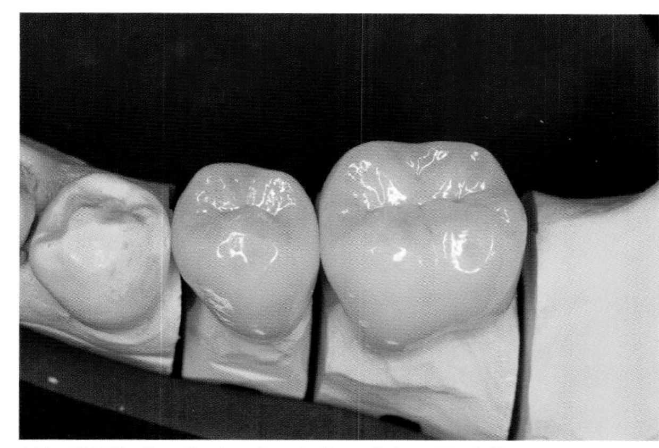

Abb. 11.50 Das fertige Ergebnis auf dem Modell.

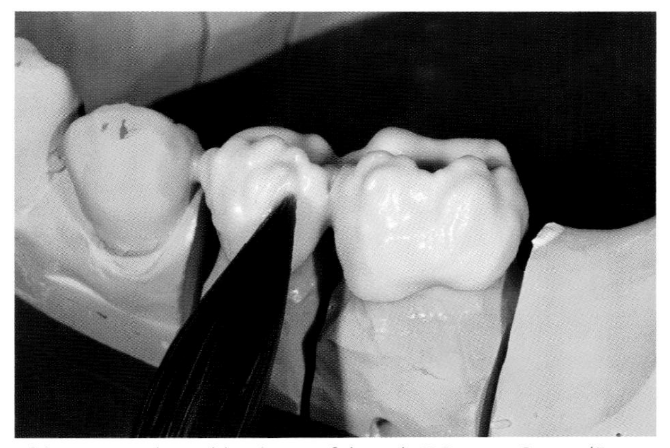

Abb. 11.48 Die Verblendung erfolgt mit IPS-e.max-Ceram (Fa. Ivoclar Vivadent, Schaan Liechtenstein).

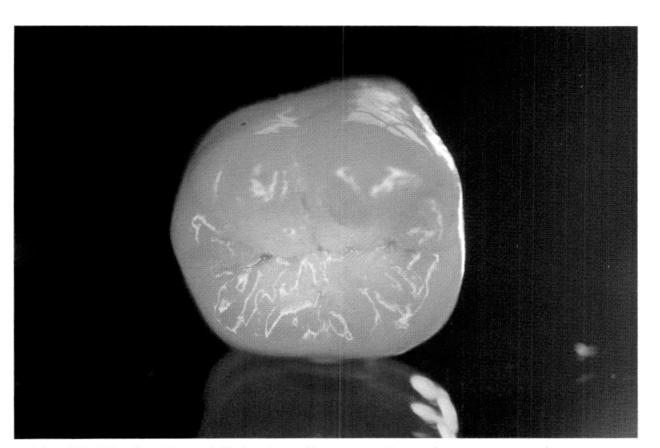

Abb. 11.51 Im Durchlicht ist die gute Transluzenz zu erkennen.

Abb. 11.49 Die Kronen sind zum ersten Brand bereit.

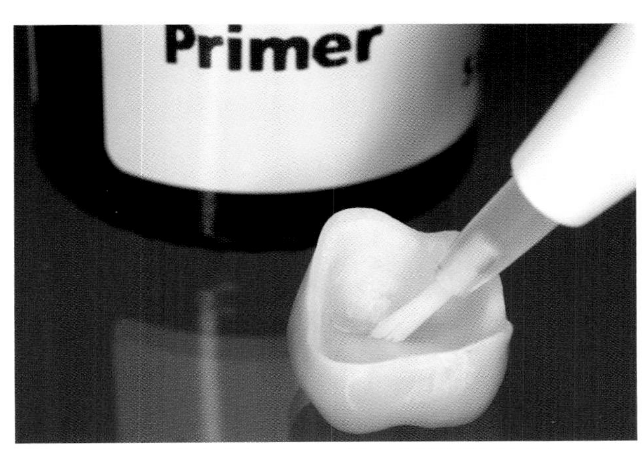

Abb. 11.52 Durch Aufpinseln von Metall/ZIRCONIA Primer (Fa. Ivoclar Vivadent, Schaan, Liechtenstein) kann der adhäsive Verbund zwischen Kleber und Keramik verbessert werden.

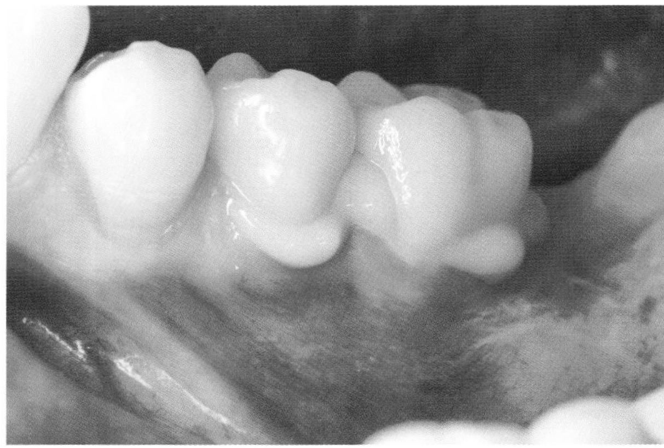

Abb. 11.53 Zur adhäsiven Befestigung wurde Multilink Automix verwendet (Fa. Ivoclar Vivadent, Schaan).

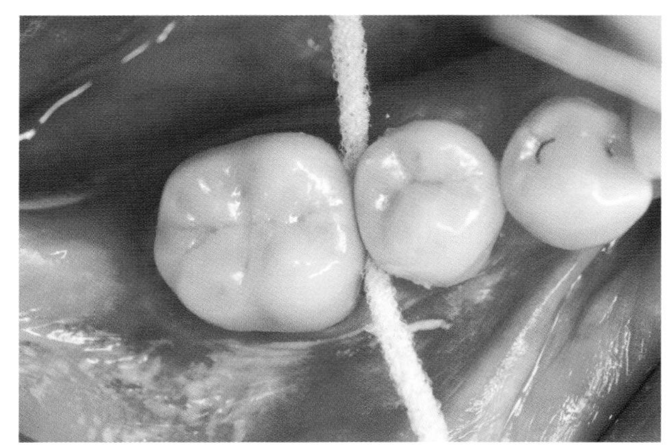

Abb. 11.55 Erst nach der endgültigen Aushärtung des Klebers werden minutiös alle Reste entfernt.

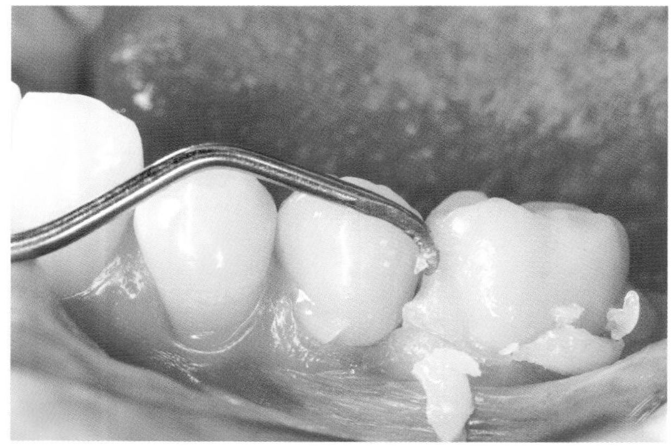

Abb. 11.54 Nach einer kurzen Aushärtungsphase erfolgt die Entfernung der groben Überschüsse.

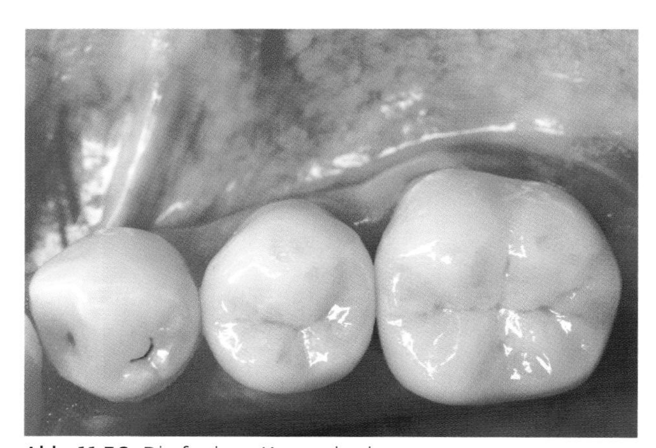

Abb. 11.56 Die fertigen Kronen in situ.

Fall 2

Bei einer 52-jährigen Patientin war eine etwa zwanzig Jahre alte, mit Kunststoff verblendete Brücke von 14 auf 17 erneuerungsbedürftig geworden. Der ästhetische Eindruck war unbefriedigend. Die Verblendungen waren teilweise defekt und verfärbt, die Gingiva verlief unregelmäßig. Im Vergleich zu den anderen Zähnen war das Brückenglied zu schmal (Abb. 11.57 bis 11.59). Der Wunsch nach einer metallfreien Versorgung mit größtmöglicher ästhetischer Wirkung führte zu der Entscheidung, die Versorgung mit einer vollkeramischen Seitenzahnbrücke auf Zirkondioxidbasis durchzuführen. Nach der Entfernung der alten Restauration mit Hartmetallfräsern wurden sämtliche alte Füllungen sowie Karies entfernt.

Die Defekte wurden durch adhäsiv befestigte Aufbaufüllungen mit Kompositmaterial gedeckt. Es wurde auf ein Produkt mit besonderen Eigenschaften im Bereich der Fluoreszenz und Opaleszenz zurückgegriffen (Enamel Plus HFO, Fa. Micerium, Avengno, Italien) (Abb. 11.60 bis 11.67). Für die Gestaltung einer gleichmäßigen Hohlkehlpräparation haben sich auch hier das bereits erwähnte systematische Vorgehen und der Einsatz von standardisiertem Instrumentarium bewährt. Es sollte eine ausgeprägte Hohlkehlform erreicht werden, bei der die Grundform des ur-

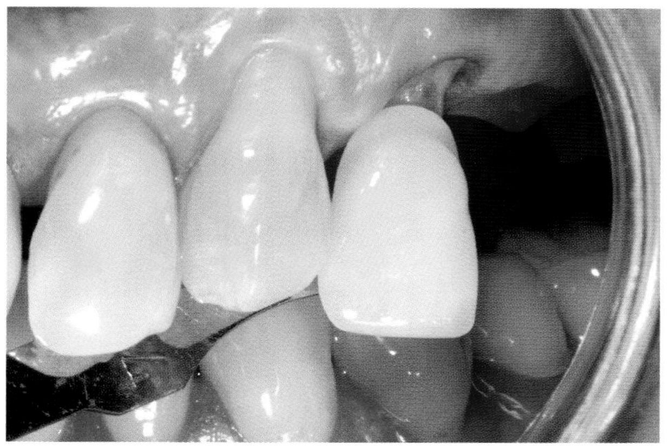

Abb. 11.57 Diese etwa zwanzig Jahre alte, mit Kunststoff verblendete Seitenzahnbrücke ist erneuerungsbedürftig.

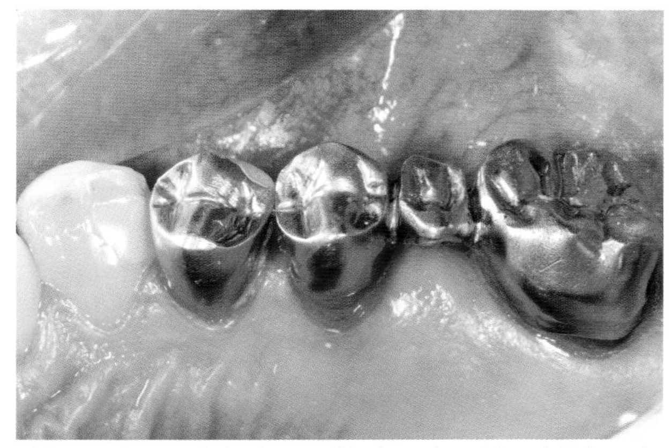

Abb. 11.58 Im palatinalen Bereich der Zähne 15 und 17 besteht eine Sekundärkaries.

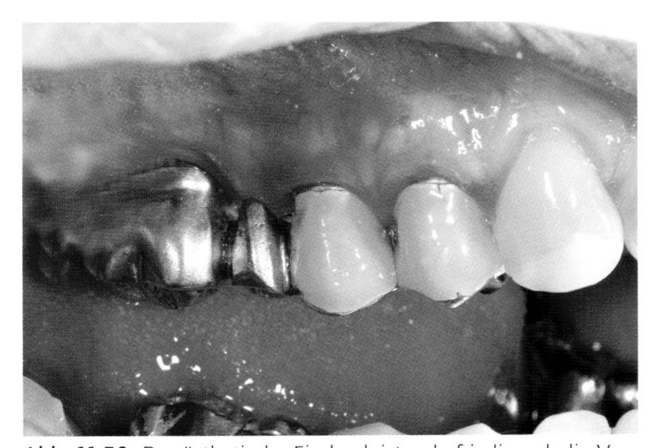

Abb. 11.59 Der ästhetische Eindruck ist unbefriedigend: die Verblendungen sind teilweise defekt und verfärbt und die Gingiva verläuft unregelmäßig. Im Vergleich zu den anderen Zähnen ist das Brückenglied zu schmal.

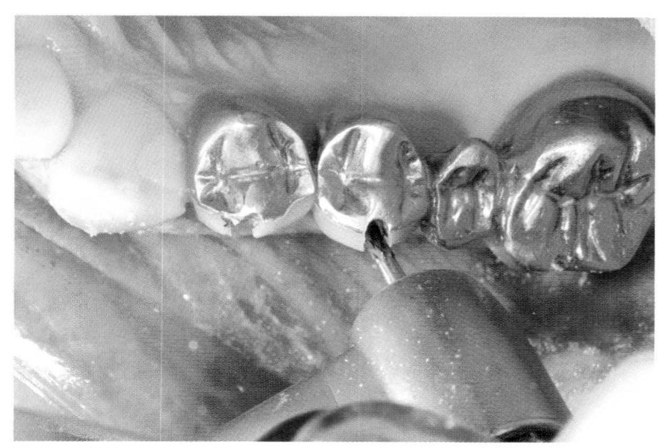

Abb. 11.60 Das Auftrennen der alten Kronen erfolgt mit Hartmetallfräsern.

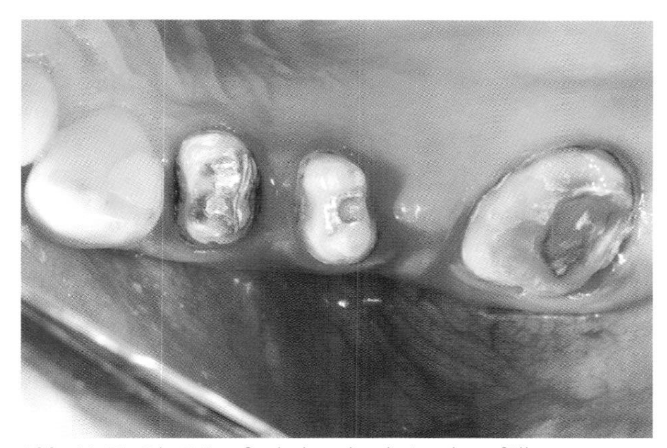

Abb. 11.61 Die Stümpfe sind noch mit Amalgamfüllungen versorgt. Diese sind als Unterbau vollkeramischer Restaurationen ungeeignet.

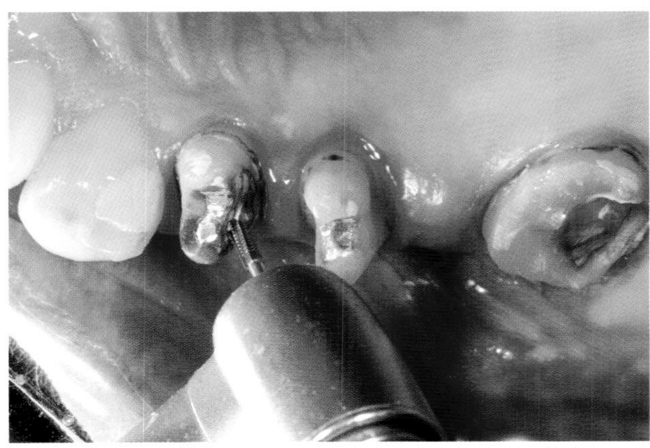

Abb. 11.62 Sämtliche Vorrestaurationen werden gründlich entfernt.

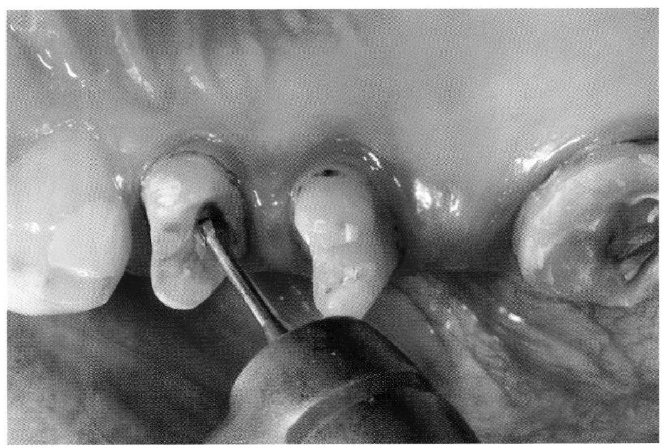

Abb. 11.63 Selbstverständlich werden auch kariöse Bereiche schonungsvoll mit Rosenbohrern exkaviert.

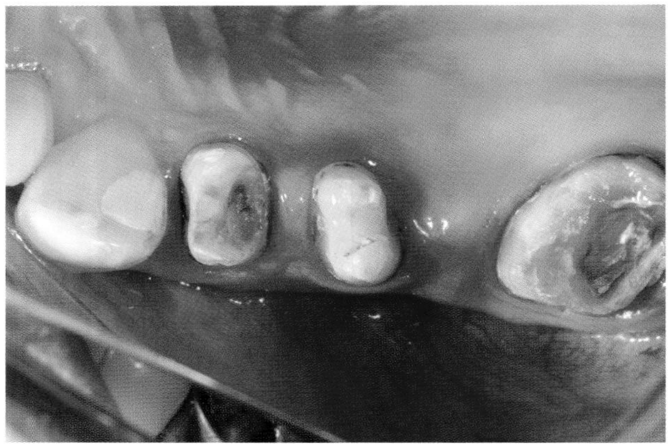

Abb. 11.64 Zur Erreichung einer regelmäßigen Stumpfgeometrie sollten die Defekte vor der Präparation gefüllt werden.

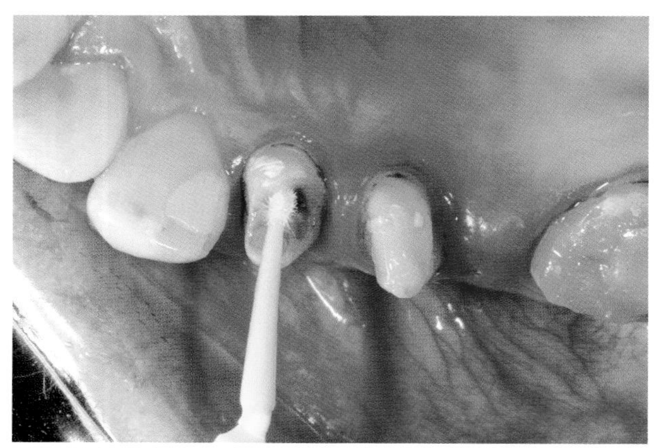

Abb. 11.65 Die Befestigung der Aufbaufüllungen erfolgt adhäsiv. Hier der Auftrag des Dentinprimers.

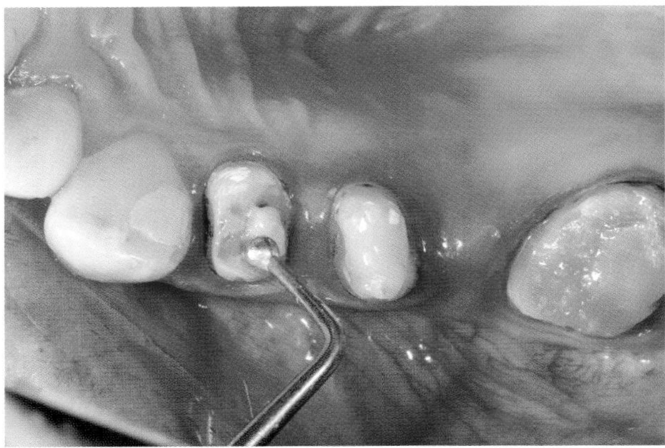

Abb. 11.66 Für die Aufbaufüllungen wird ein hochgefülltes Komposit für den Dentinbereich verwendet, das möglichst der Stumpffarbe entsprechen sollte.

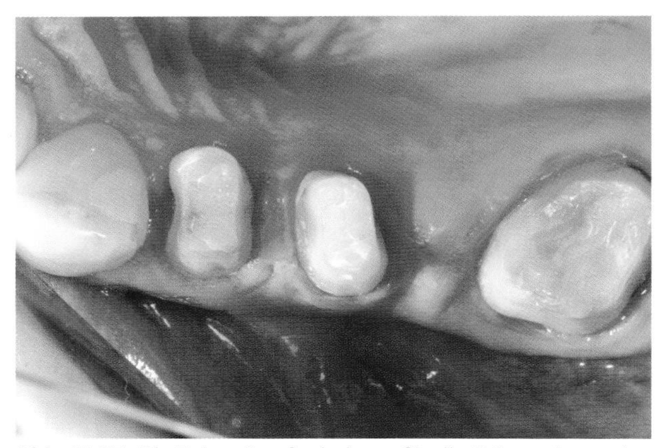

Abb. 11.67 Die Zahnstümpfe sind nun für die Präparation vorbereitet.

sprünglichen Zahnes verkleinert im Stumpf erhalten bleibt (Abb. 11.68 bis 11.74). Es erfolgte eine Präzisionsabformung in Doppelmischtechnik mit einem Polyethermaterial (Impregum soft, Fa. 3M Espe, Seefeld). Wichtig war vor allem die exakte Darstellung der Präparationsgrenze, also der Übergänge zwischen päpariertem und unpräpariertem Zahn (Abb. 11.75, Abb. 11.76). Die Farbnahme geschah anhand des VITA 3D-Master-Farbschlüssels (Fa. VITA Zahnfabrik, Bad Säckingen) (Abb. 11.77). Auch die weiteren klinischen Arbeitsschritte erfolgten analog der in Fall 1 beschriebenen Methodik. Für die Herstellung des

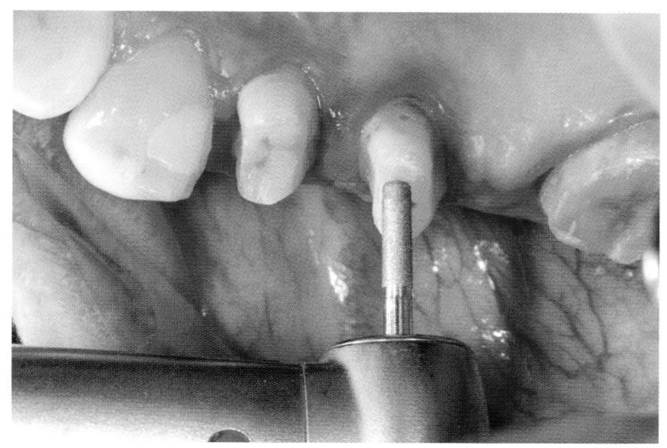

Abb. 11.68 Zunächst erfolgt das okklusale Kürzen, denn kürzere Stümpfe sind übersichtlicher und leichter zu beschleifen.

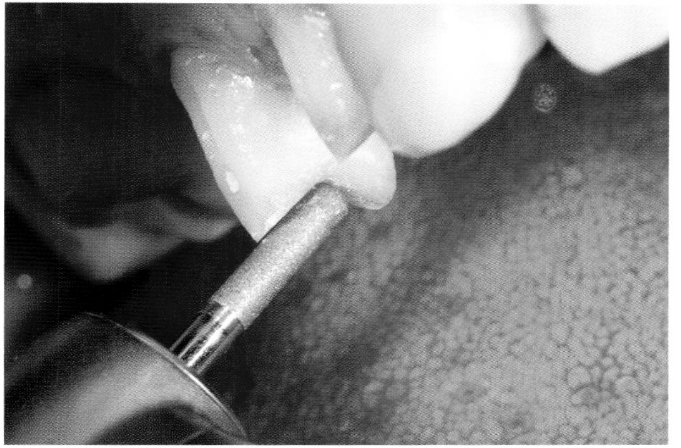

Abb. 11.69 Das okklusale Kürzen erfolgt mit relativ großen, zylindrischen Schleifkörpern. Die Grundstruktur der Kaufläche soll nach Möglichkeit erhalten bleiben.

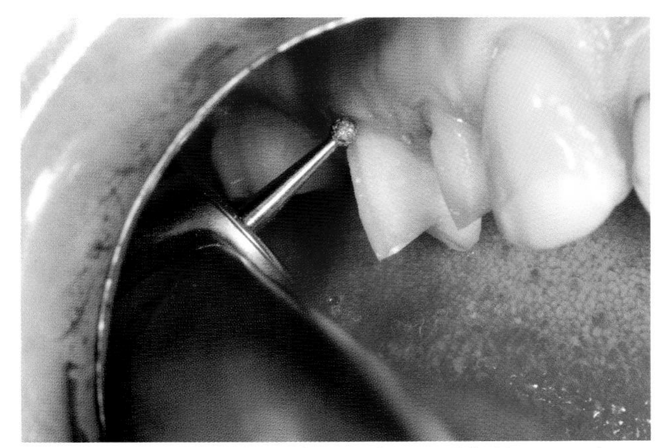

Abb. 11.70 Für die Anlage einer exakten Hohlkehlpräparation wird zunächst mit einem kugelförmigen Schleifkörper eine gleichmäßige, zirkuläre Rille angelegt.

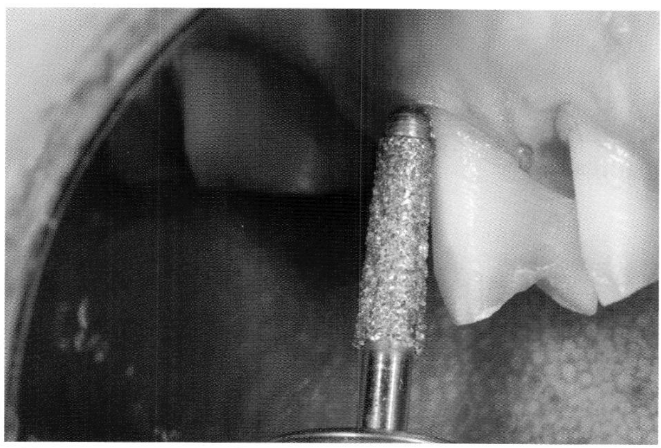

Abb. 11.71 Danach erfolgt der Materialabtrag im koronalen Bereich.

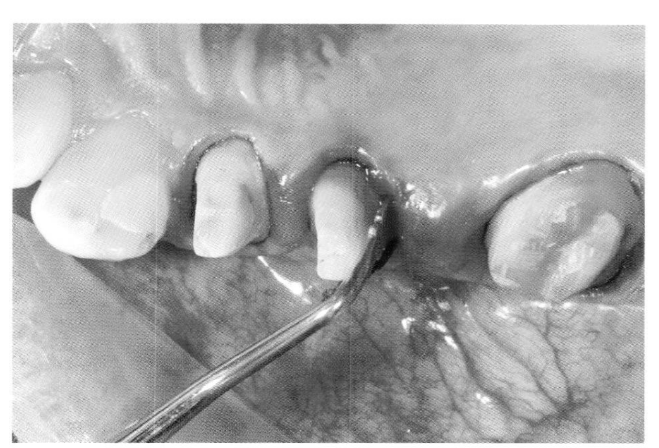

Abb. 11.72 Zur besseren Übersicht und zur Schonung der Weichgewebe bei der weiteren Präparation kann ein Vorfaden appliziert werden.

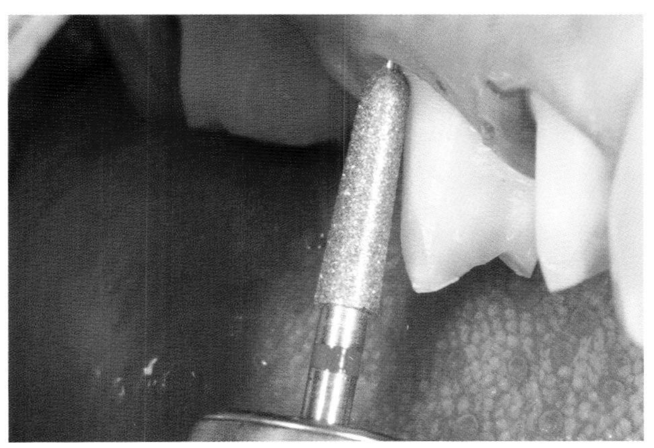

Abb. 11.73 Eine rationelle und standardisierte Präparation kann mit Instrumenten mit Führungsstift erreicht werden.

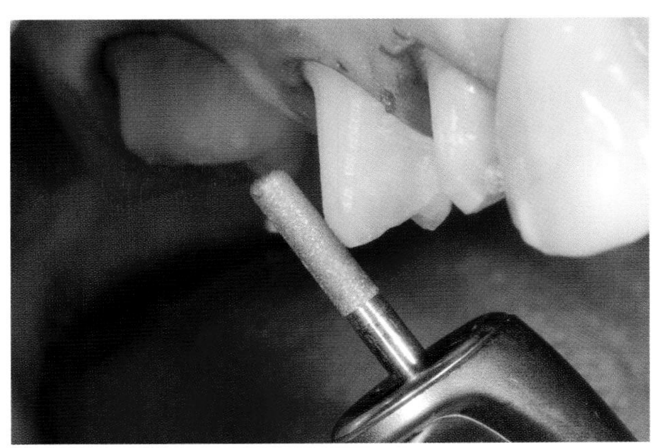

Abb. 11.74 Abschließend wird die Form des präparierten Stumpfes noch dahingehend korrigiert, dass sie grundsätzlich der verkleinerten Zahnform entspricht.

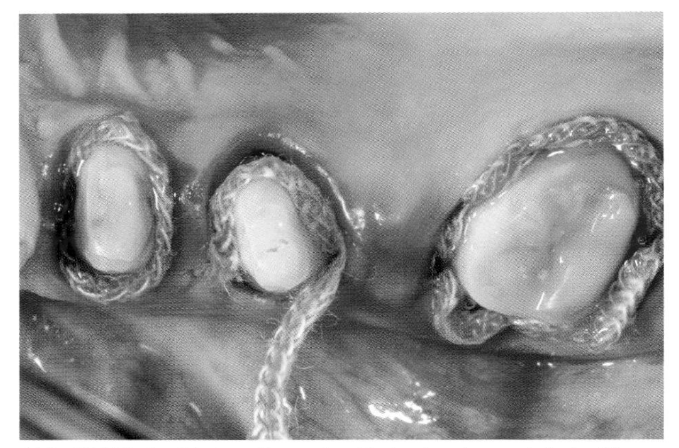

Abb. 11.75 Zur Vorbereitung der Abdrucknahme wird ein Oberfaden appliziert.

Provisoriums, welches stabil sein und einen hohen Tragekomfort bieten sollte, wurde ein Spezialkunststoff verwendet (Luxatemp-Automix, Fa. DMG, Hamburg). Anhand des Provisoriums kann geprüft werden, ob ein gleichmäßiger Materialabtrag erfolgte und ob vor allem im okklusalen Bereich noch kritische Stellen in der Schichtstärke vorhanden sind (Abb. 11.78, Abb. 11.79).

Nach der Modellherstellung und dem digitalen Erfassen der Oberflächendaten wurde mithilfe der CEREC-inLab-Software ein adäquates Brückenglied berechnet. Im Gegensatz zur konventionellen Aufwachsmethodik im Dentallabor werden hier die erforderlichen Gerüst- und Verbinderquerschnitte automatisch bestimmt (Abb. 11.81 bis 11.84). Unterschreitungen der Kennwerte des Materials können somit ausgeschlossen werden. Sind die Konstruktionsmaßnahmen abgeschlossen, wird ein entsprechender Block von der Software vorgeschlagen und ein YZ40-Cube-Block (Fa. VITA Zahnfabrik, Bad Säckingen) ausgewählt (Abb. 11.85).

Nach dem Ausschleifen konnte der Block aus der Schleifkammer entnommen werden. Wegen des vergrößerten Ausschleifens war eine Anprobe auf dem Modell nicht möglich (Abb. 11.86, Abb. 11.87). Trotzdem wurden Nacharbeiten im Rahmen der Möglichkeiten durchgeführt. Das Gerüst wurde mit VITA Coloring Liquid (Fa. VITA Zahnfabrik, Bad Säckingen) eingefärbt (Abb. 11.88, Abb. 11.89). Nachdem das Gerüst auf dem Kugelbett positioniert wurde, erfolgte der Sinter-

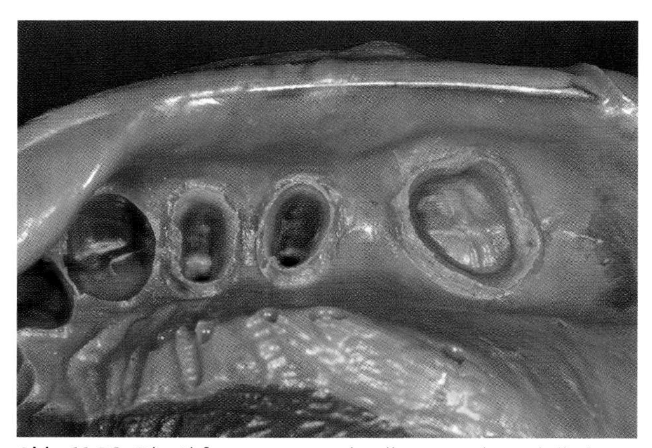

Abb. 11.76 Die Abformung muss detailgenau sein und die besonders wichtigen Areale im Bereich der Präparationsgrenzen exakt darstellen.

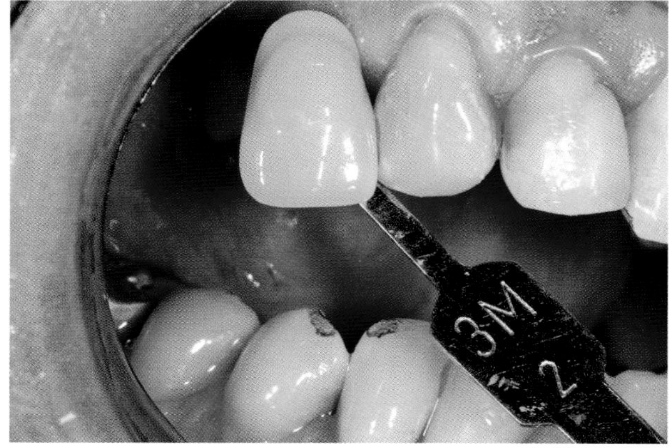

Abb. 11.77 Die Farbnahme erfolgt anhand des VITA 3D-Master-Farbschlüssels (Fa. VITA Zahnfabrik, Bad Säckingen).

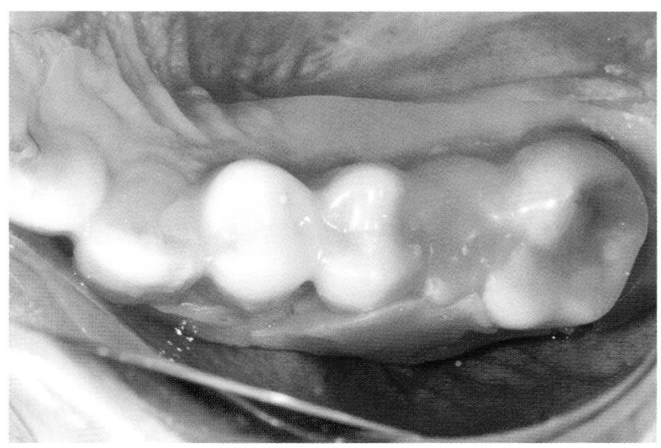

Abb. 11.78 Die Herstellung des Provisoriums erfolgt mittels einer zuvor angefertigten Tiefziehschiene.

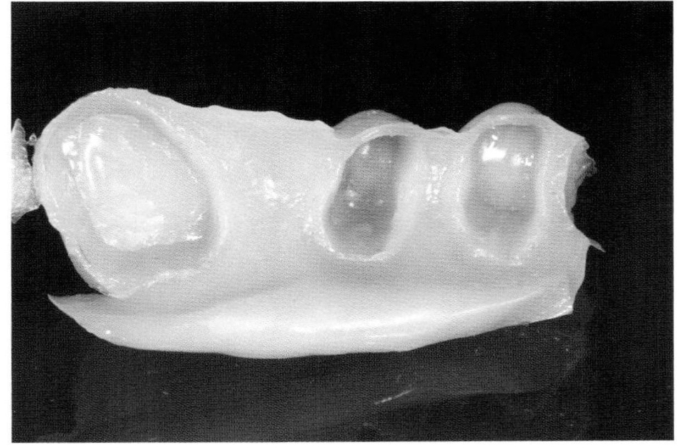

Abb. 11.79 Anhand des Provisoriums kann geprüft werden, ob ein gleichmäßiger Materialabtrag erfolgte und ob insbesondere im okklusalen Bereich noch kritische Stellen in der Schichtstärke vorhanden sind.

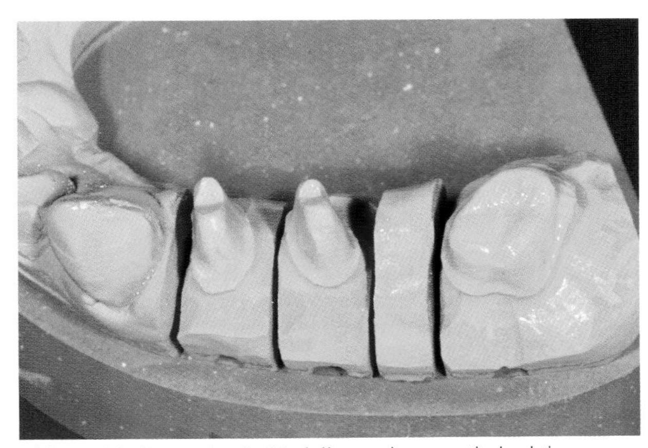

Abb. 11.80 Es wurde ein Modell aus einem optisch aktiven Hartgips hergestellt (Esthetik Base Gold, Fa. Dentona, Düsseldorf).

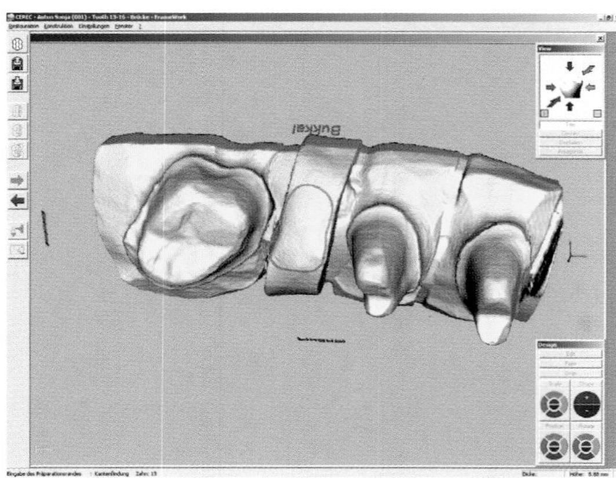

Abb. 11.81 Nach der Digitalisierung der Modelloberfläche ist eine 3-D-Darstellung auf dem Bildschirm zu sehen. Nun wird die gemeinsame Einschubrichtung festgelegt.

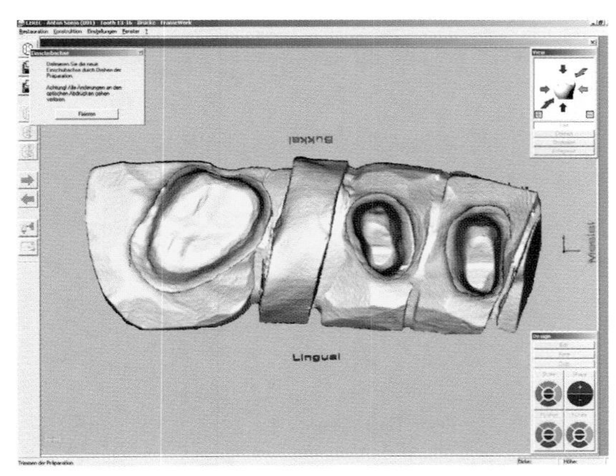

Abb. 11.82 Im nächsten Schritt erfolgt die Festlegung der Präparationsgrenzen sowie der Basislinie des Brückengliedes.

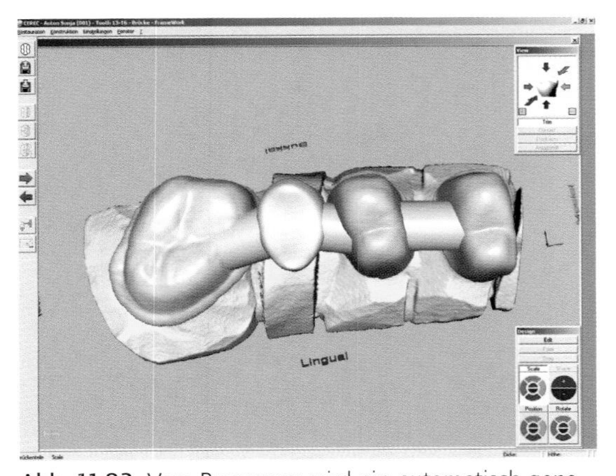

Abb. 11.83 Vom Programm wird ein automatisch generierter Vorschlag für das Brückengerüst erzeugt. Im Bereich des Zwischengliedes muss modifiziert werden.

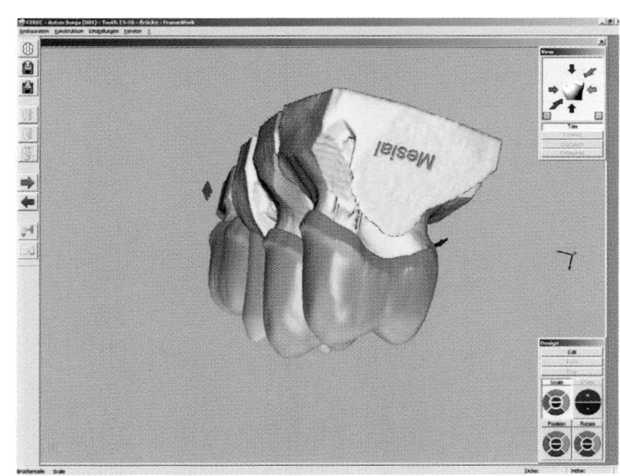

Abb. 11.84 Die Position und Form des Brückengliedes werden im Verhältnis zu den Stümpfen egalisiert.

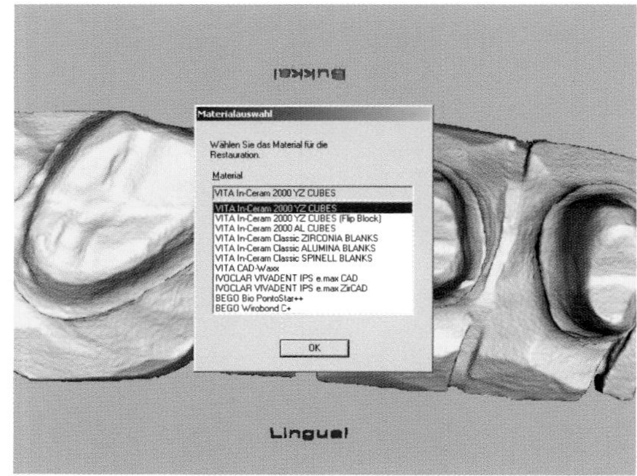

Abb. 11.85 Sind die Konstruktionsmaßnahmen abgeschlossen, wird ein entsprechender Block ausgewählt.

brand (Abb. 11.90). Danach besaß das Keramikteil seine endgültige, definitive Größe und eine dentinähnliche Farbe (Abb. 11.91, Abb. 11.92). Das fertig gestellte Gerüst wurde auf der klinischen Situation einprobiert (Abb. 11.93 bis 11.95). In diesem Zusammenhang erfolgte die Farbnahme einschließlich einer fotografischen Dokumentation für eine maximale ästhetische Gestaltung im Labor. Zirkonoxidkeramik besitzt hervorragende lichtoptische Eigenschaften. Die Verblendung erfolgte mit der Verblendkeramik VM 9 (VITA Zahnfabrik, Bad Säckingen) (Abb. 11.96 bis 11.101). Durch meisterliche zahntechnische Arbeit konnte ein ausgezeichnetes Ergebnis erzielt werden. Die Passform ist vergleichbar mit der von guten konventionellen Arbeiten (Abb. 11.102, Abb. 11.103). Die Vorteile der vollkeramischen Arbeit sind neben der guten Biokompatibilität vor allem in der guten Lichtleitfähigkeit und Transluzenz zu sehen (Abb. 11.104, Abb. 11.105).

Nach ihrer Fertigstellung wurde die Brücke zunächst für eine dreiwöchige Probephase mit TempBond NE (Fa. KerrHawe, Bioggio, Schweiz) temporär zementiert. Es muss dabei beachtet werden, dass zwischen Zahnstümpfen und Vollkeramik weit höhere Adhäsionen entstehen können als bei Metallkeramik. Um die Restauration nochmals beschädigungsfrei entfernen zu können, hat sich die Beimischung von Vaselin zum provisorischen Zement bewährt.

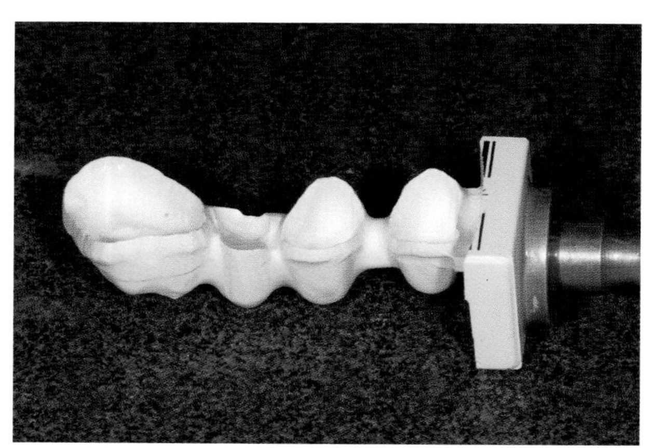

Abb. 11.86 Das Rohgerüst wird aus der Schleifkammer entnommen.

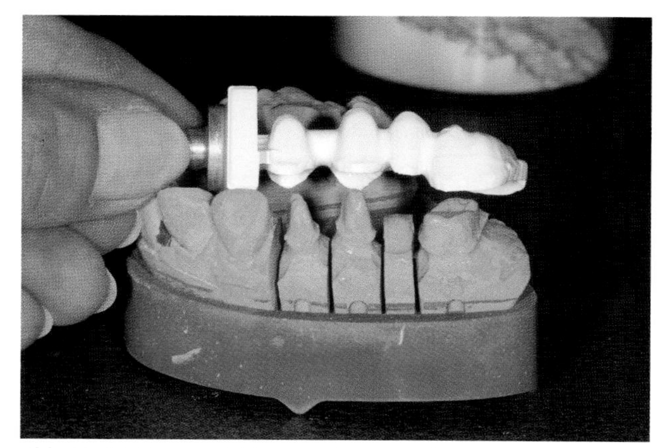

Abb. 11.87 Das Gerüst kann nicht anprobiert werden, da es zum Ausgleich der Sinterschwindung vergrößert ausgeschliffen wurde.

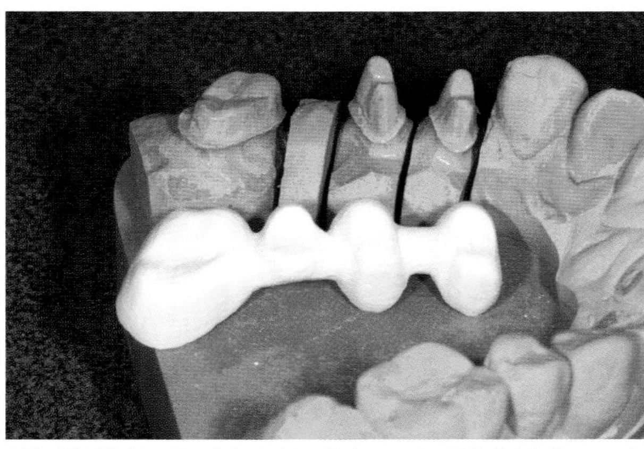

Abb. 11.88 Das Gerüst wird im Rahmen der Möglichkeiten auch ohne Anprobemöglichkeit ausgearbeitet.

Abb. 11.89 Mit VITA Coloring Liquid wird das Gerüst eingefärbt.

Abb. 11.90 Für den Sinterbrand wird das Gerüst auf einem Kugelbett gelagert.

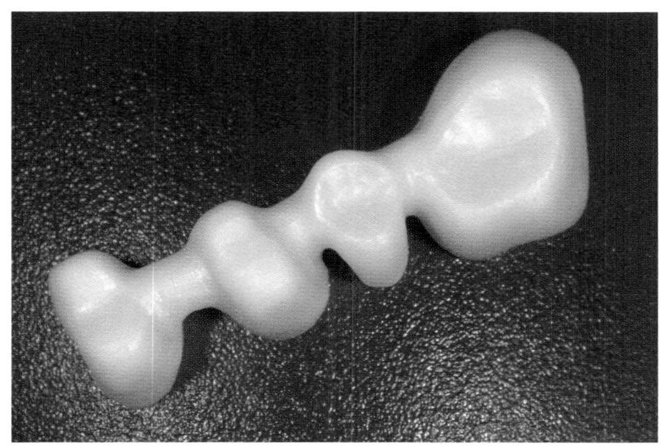

Abb. 11.91 Das fertig gesinterte Zirkondioxidgerüst hat nun eine dentinähnliche Grundfarbe.

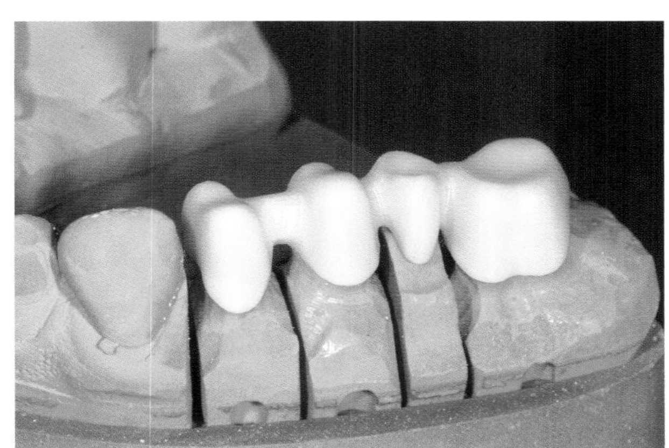

Abb. 11.92 Erst jetzt nach dem Sintern können eine Anprobe auf dem Modell und eventuell nötige Passkorrekturen erfolgen.

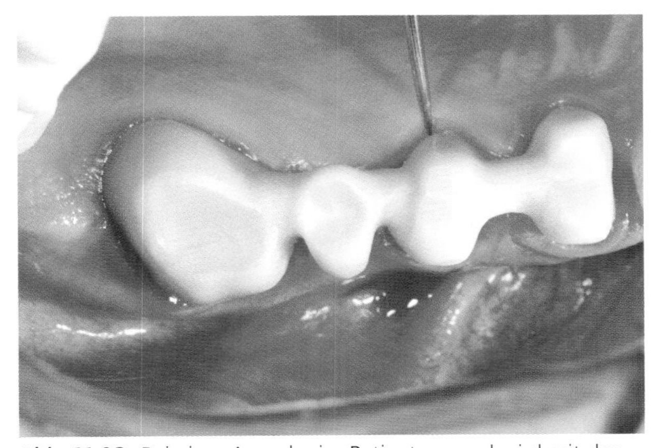

Abb. 11.93 Bei einer Anprobe im Patientenmund wird mit der zahnärztlichen Sonde der korrekte Übergang vom Gerüst aus den Stumpf geprüft.

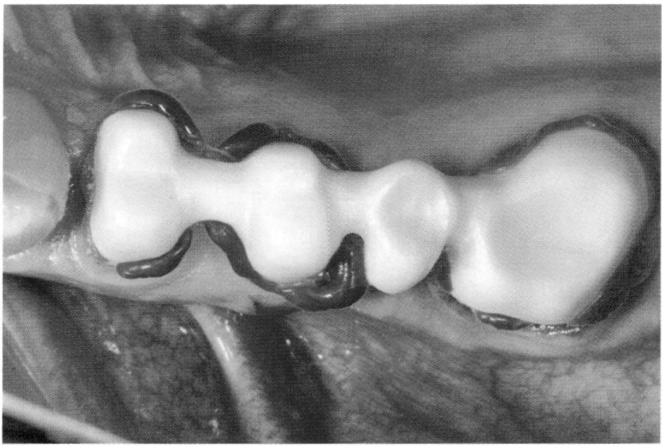

Abb. 11.94 Mit einem dünnfließenden Silikonabformmaterial wird die Innenpassung kontrolliert.

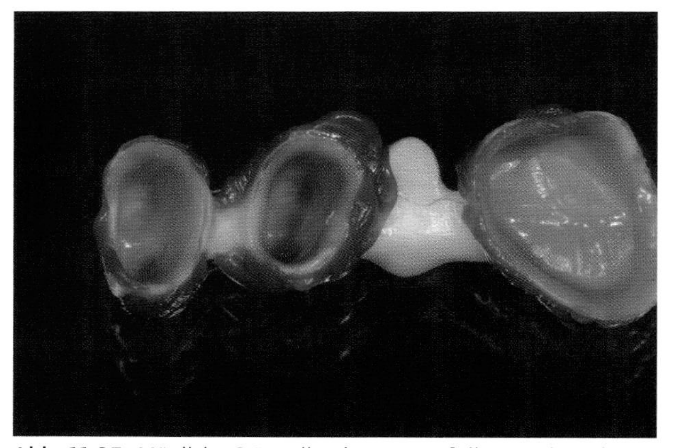

Abb. 11.95 Mögliche Störstellen können auf diese Weise erkannt und beseitigt werden.

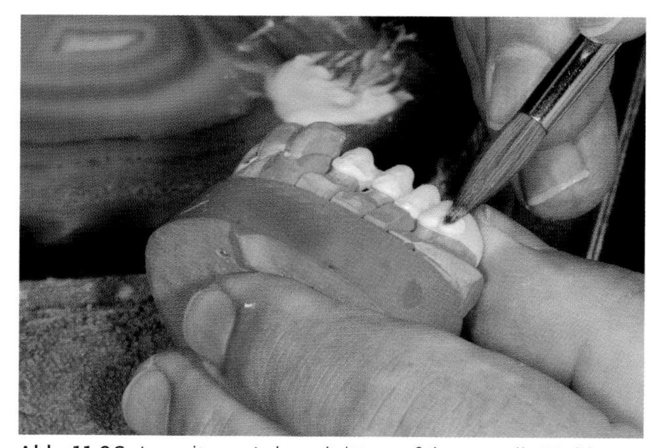

Abb. 11.96 In weiteren Laborschritten erfolgt nun die Verblendung mit VITA VM 9 Verblendkeramik (Fa. VITA Zahnfabrik, Bad Säckingen).

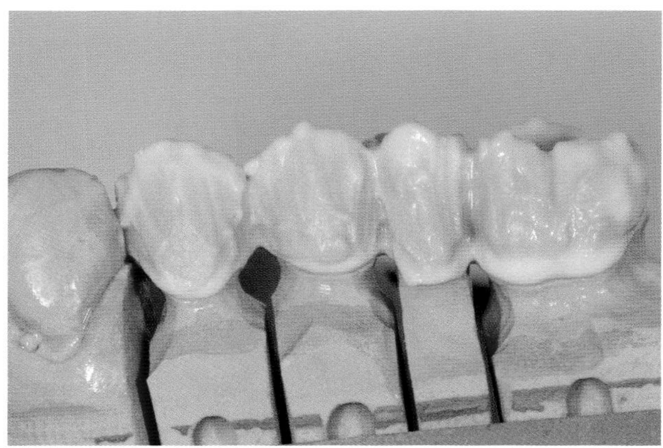

Abb. 11.97 Es werden Base-Dentine und Dentin aufgetragen.

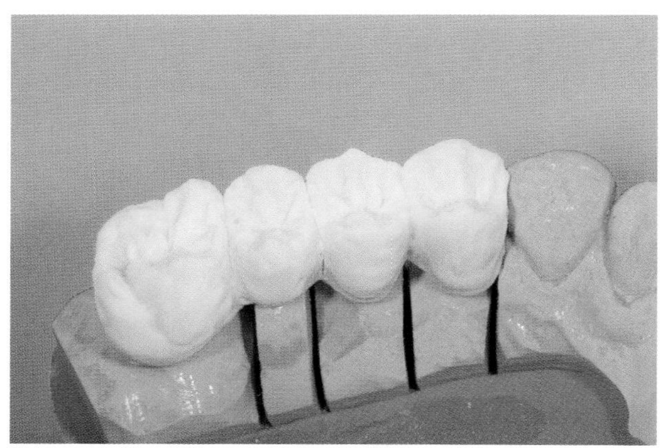

Abb. 11.98 Die Schichtung wird mit Schmelzmassen komplettiert.

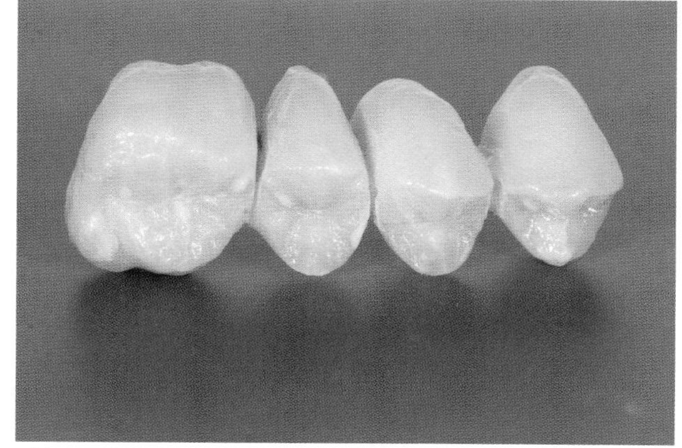

Abb. 11.99 Ansicht der Brücke nach dem ersten Brand.

Abschließend erfolgte die definitive Befestigung. Zuvor wurden die Stümpfe und die Kroneninnenfläche gründlich von Resten des temporären Zements gereinigt und die Kroneninnenflächen zusätzlich mit Aluminiumoxid angestrahlt (Abb. 11.106). Es wurde der Typ der adhäsiven Befestigung gewählt, denn dieser bietet gegenüber der konventionellen Vorgehensweise eine höhere klinische Sicherheit. Eingesetzt wurde Multilink Automix, das mit einem speziellen Primer für Zirkonoxid geliefert wird (Fa. Ivoclar Vivadent, Schaan, Liechtenstein) (Abb. 11.107, Abb. 11.108). Die Zahnstümpfe wurden ebenfalls mit dem für das Multilink verfügbaren Primer behandelt (Abb.

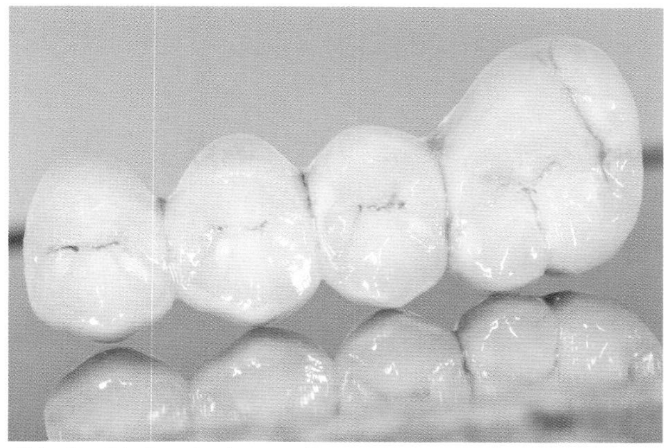

Abb. 11.102 Das fertige Brückengerüst genügt höchsten ästhetischen Ansprüchen.

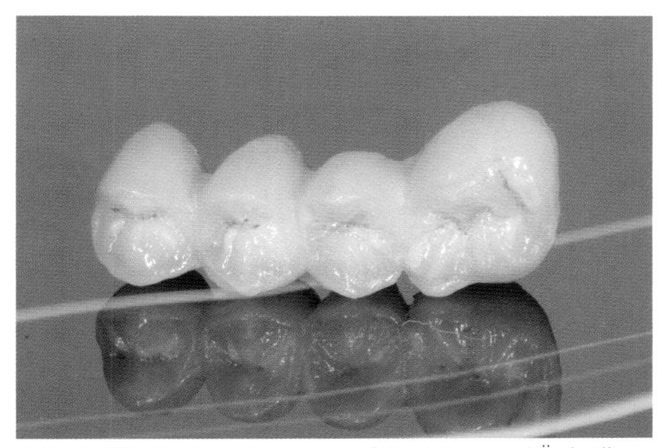

Abb. 11.100 Ein Korrekturbrand verfeinert Form und Ästhetik.

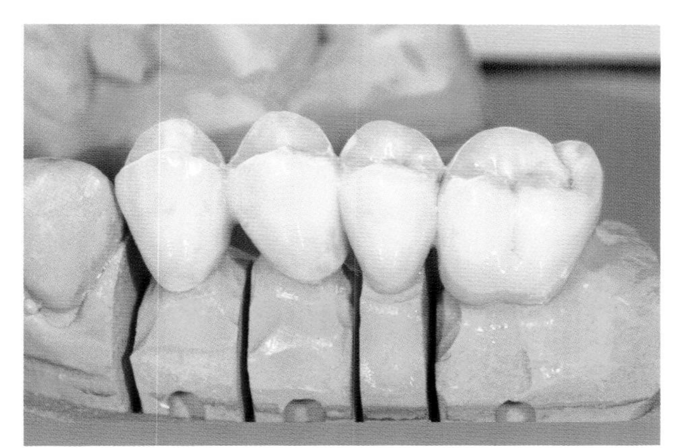

Abb. 11.103 Auch die Passform auf dem Modell ist mit gleichwertigen, „konventionell" gefertigten Arbeiten vergleichbar.

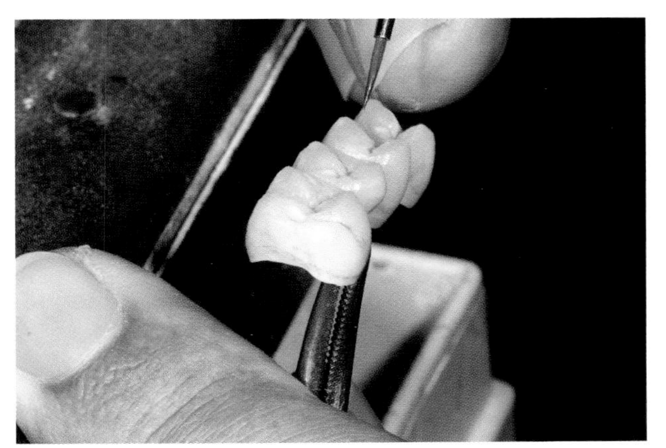

Abb. 11.101 Zum Abschluss der Arbeiten werden durch Bemalung individuelle Charakteristika aufgebracht.

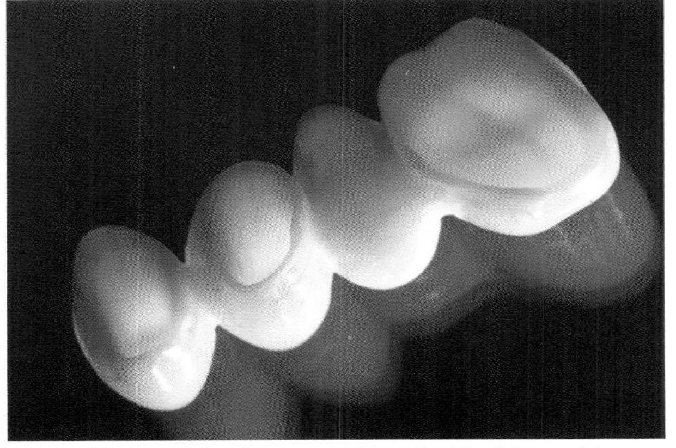

Abb. 11.104 Restaurationen aus Zirkondioxid zeichnen sich durch eine gute Lichtleitfähigkeit und Transluzenz aus.

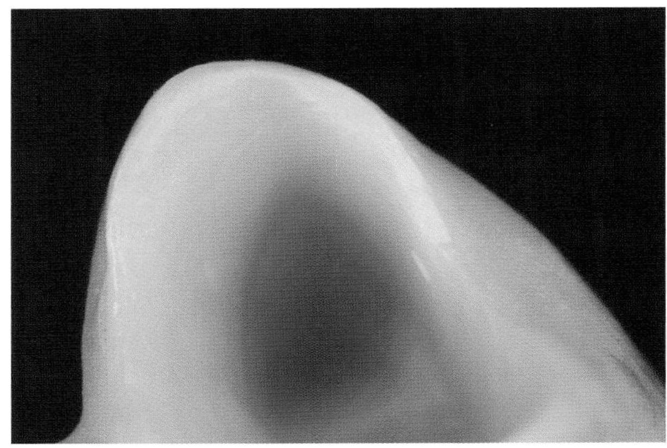

Abb. 11.105 Die Detailaufnahme zeigt die völlige Einheit zwischen Gerüst und Verblendkeramik. Ein Übergang ist nicht zu erkennen.

11.109, Abb. 11.110). Nach dem Aufsetzen der Brücke kann sich das dual härtende Material entweder chemisch von selbst verfestigen oder durch Lichthärtung unterstützt werden (Abb. 11.111). Eine gründliche Entfernung der Überschüsse ist eine wichtige Voraussetzung für ein entzündungsfreies Parodont (Abb. 11.112, Abb. 11.113). Das klinische Abschlussergebnis ist erwartungsgemäß gut, stellen doch zirkonoxidbasierte Rekonstruktionen im Bereich der Brückenversorgung das ästhetische Optimum dar (Abb. 11.114, Abb. 11.115).

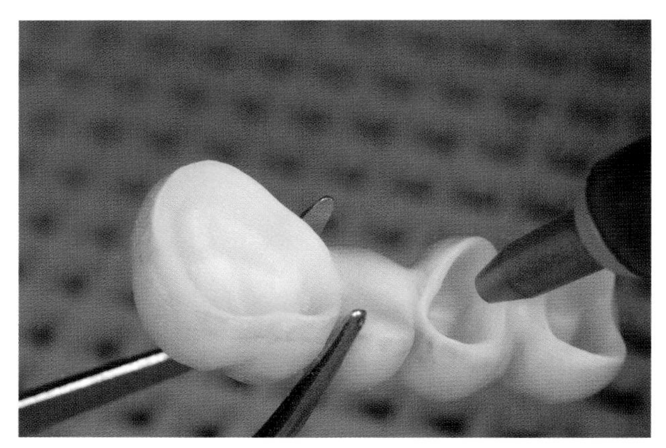

Abb. 11.106 Das Gerüst kann vor dem Einsetzen an der Klebefläche noch einmal abgestrahlt werden.

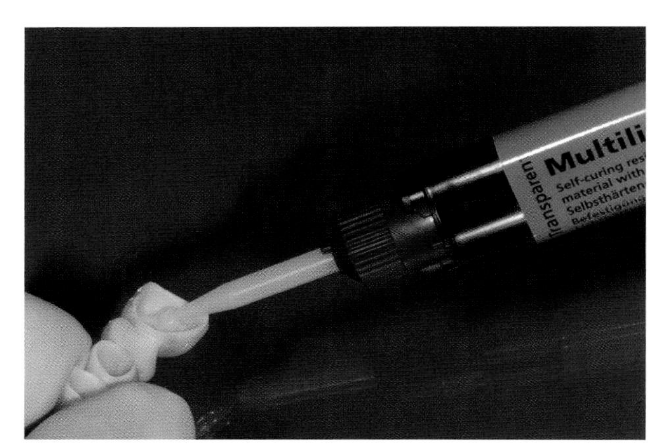

Abb. 11.108 Der Befestigungszement wird aus der Automix-Spritze direkt in die Pfeilerkronen eingefüllt (Multilink, Fa. Ivoclar Vivadent, Schaan, Liechtenstein).

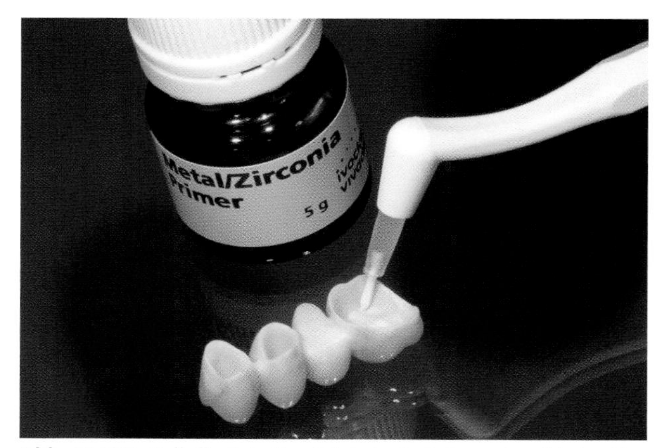

Abb. 11.107 Soll die Arbeit adhäsiv befestigt werden, ist der Einsatz eines Primers sinnvoll (Metall/ZIRCONIA Primer, Fa. Ivoclar Vivadent, Schaan, Liechtenstein).

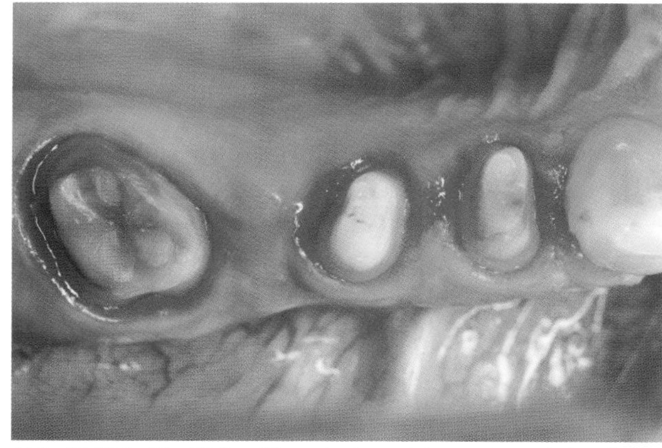

Abb. 11.109 Die Pfeilerzähne sind gereinigt und somit bereit zum Einsetzen.

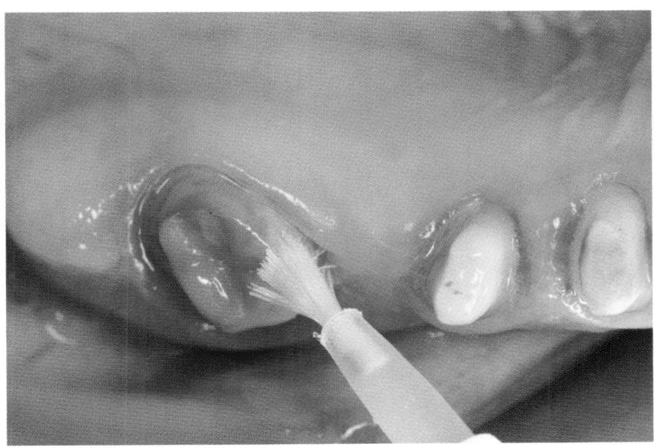

Abb. 11.110 Das speziell zum Multilink gehörende Adhäsiv wird auf die Stümpfe aufgebracht.

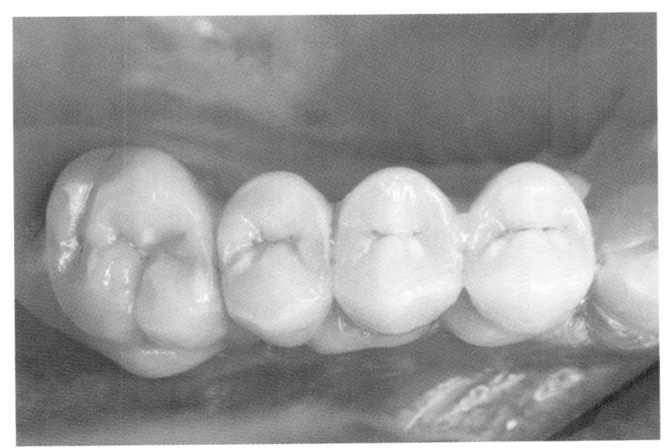

Abb. 11.111 Nachdem die Brücke aufgesetzt wurde, kann das dual härtende Material sowohl chemisch als auch mit Lichtunterstützung ausgehärtet werden.

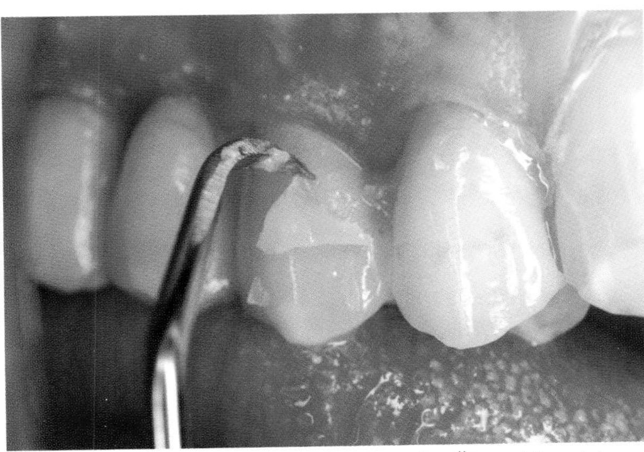

Abb. 11.112 Eine minutiöse Entfernung aller Überschüsse ist besonders wichtig und wegen ihrer zahnartigen Farbe schwierig.

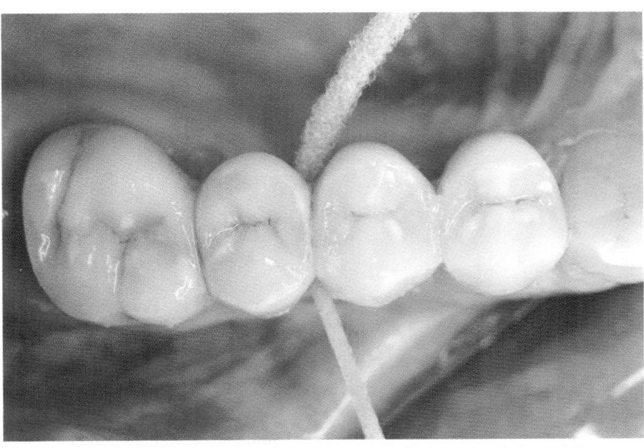

Abb. 11.113 Die Approximalbereiche und der Ponticbereich unter dem Brückenglied werden mit Zahnseide gesäubert.

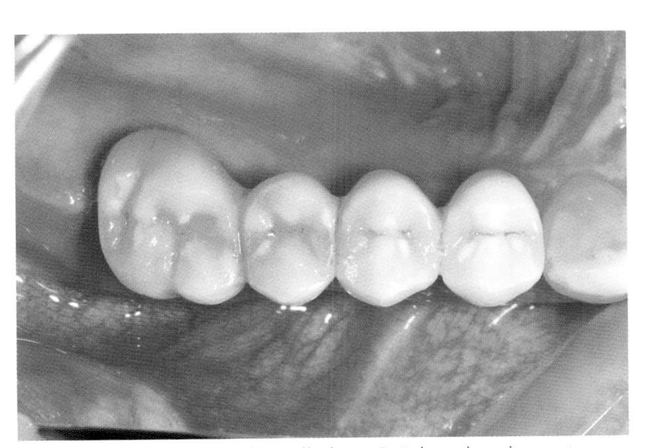

Abb. 11.114 Die fertig eingegliederte Brücke zeigt eine gute ästhetische Arbeit.

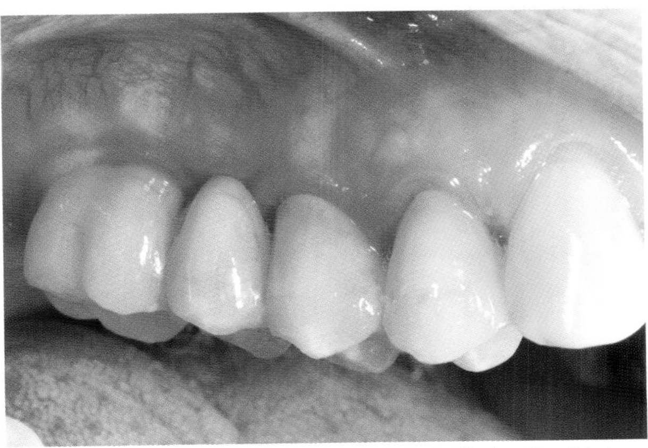

Abb. 11.115 Auch im ästhetisch wichtigen bukkalen Bereich bestätigt sich das gute Ergebnis.

Diskussion

Mit dem Einsatz von Zirkondioxidblöcken auf Basis des Sirona inLab-Systems wurde das Spektrum der gesinterten Zirkonoxidkeramiken in der Zahnheilkunde um eine echte CAD/CAM-Variante bereichert. Das Material zeigt gegenüber den auf Aluminiumoxid basierten Werkstoffen VITA In-Ceram ALUMINA und ZIRCONIA beträchtliche Festigkeitsreserven. Obwohl diese Materialien erst relativ kurze Zeit verfügbar sind, deuten die Resultate der Pilotstudien darauf hin, dass sich das System klinisch bewähren wird und auch positive Langzeitergebnisse erwartet werden können. Indirekt lassen auch die vorhandenen Studien zu den geschlickerten Brücken auf Aluminiumoxidbasis darauf schließen, dass sich hier ein Erfolg einstellen wird[7].

Die Bearbeitung des weichen, vorverdichteten und vorgesinterten Ausgangsmaterials kommt dem Prozess des maschinellen Ausschleifens auf CAD/CAM-Anlagen entgegen. Es kann schnell und detailgenau geschliffen werden. Wegen der späteren Sinterschrumpfung wird automatisch ein Vergrößerungsfaktor von 20 bis 25% zugerechnet. Möglichen Dimensionsänderungen der Keramik – besonders bei größeren Werkstücken während des Sinterungsprozesses – muss durch Auflegen auf ein Bett aus Aluminiumoxidkugeln vorgebeugt werden.

VITA In-Ceram-YZ-Cubes und IPS e.max ZirCAD liefern Kronen- und Brückengerüste mit ausreichenden lichtoptischen Eigenschaften. Trotz der sehr weißen Farbe der Gerüste kann mithilfe der jeweils zum System gehörenden Verblendkeramik eine den natürlichen Zähnen sehr ähnliche Wirkung erzielt werden. Für die VITA YZ-Cubes besteht die Möglichkeit des Einfärbens. Die Materialien des IPS e.max Systems verfügen mit IPS e.max Ceram über eine universelle Verblendkeramik, was der Materialwirtschaft im Dentallabor entgegen kommt.

Zirkonoxidrestaurationen können konventionell zementiert werden und besitzen zudem die Möglichkeit der adhäsiven Befestigung, was den Indikationsbereich erweitert und eine erhöhte klinische Sicherheit bringt. Nicht alle Adhäsivkleber sind für Zirkonoxidkeramik geeignet.

Die Zirkonoxidgerüstkeramik bietet neben den besten Werten für mechanische Stabilität auch eine Spitzenstellung bei der Gestaltung von hoch ästhetischem Zahnersatz.

12 Gesamtversorgung eines Kiefers mit inEOS

Andreas Kurbad, Kurt Reichel

Bei dentalen CAD/CAM-Systemen werden hauptsächlich zwei Verfahren zur Digitalisierung von Modelloberflächen benutzt: man unterscheidet die auf einem videografischen System basierende Streifenlichtprojektion und die Vermessung mittels Laser.

Bei der Streifenlichtprojektion wird – wie der Name bereits andeutet – ein Linienmuster auf das Objekt projiziert und mit einer Videokamera aufgenommen. Das Messverfahren ist die genannte aktive Triangulation, bei der durch die Projektion mit einem Parallaxewinkel eine tiefenspezifische Modulation des Streifenmusters erreicht werden kann[2]. Mit diesem Verfahren können relativ große Areale mit einer sehr guten Messgenauigkeit in sehr kurzer Zeit erfasst werden. Kritisch sind dabei die optischen Eigenschaften der zu vermessenden Oberfläche.

Bei der Lasermessung wird der Abstand zum Objekt mittels Laserstrahler und Empfänger vermessen. Dies geschieht punktförmig, das heißt die Messeinrichtung muss über dem gesamten Objekt bewegt werden, damit alle Bereiche erfasst werden können. Dieser Vorgang ist zeitaufwändig, zumal in vielen Fällen eine Abtastung aus mehreren Winkeln notwendig ist. Die Messgenauigkeit ist hoch.

Beim CEREC-Verfahren wird in der Messkamera die Streifenlichtprojektion für die Mundaufnahme die Streiflichtprojektion benutzt, im CERAC Scan und im CERAC inLAB (beide Fa. Sirona, Bensheim) für den Laborbereich arbeitet ein Laserscanner. Die Messeinrichtung für den Laser ist aus Gründen der Rationalität mit einem der beiden Fräsmotoren in der Schleifkammer untergebracht. Dies hat eine starke räumliche Begrenzung für das zu vermessende Objekt zur Folge.

Es können keine kompletten Kiefermodelle vermessen werden. Außerdem ist das zeitgleiche Scannen und Schleifen nicht möglich. Diese Nachteile ließen die Entwicklung einer Lösung lediglich für die Erfassung von Oberflächendaten für sinnvoll erscheinen. Ein solches Gerät mit dem Namen inEOS wurde nun von der Firma Sirona vorgestellt.

Beschreibung des Gerätes

Die inEOS-Einheit (Fa. Sirona, Bensheim) wurde als Tischgerät konzipiert. In der als Standfuß fungierenden Gerätebasis sind die Bildverarbeitungseinheit, Bedienelemente sowie die Anschlüsse für die Stromversorgung und den PC untergebracht. Zentraler Punkt der Gerätebasis ist der xy-Tisch mit seiner Verschiebematrix. Über diesem ist die so genannte Vertikaleinheit installiert, in der sich

Abb. 12.1 Der neue inEos-Scanner der Firma Sirona besteht aus der Gerätebasis und der Vertikaleinheit mit dem 3-D-Aufnahmesystem.

Abb. 12.2 Ein Einzelstumpfmodell ist für die Rotationsaufnahme vorbereitet.

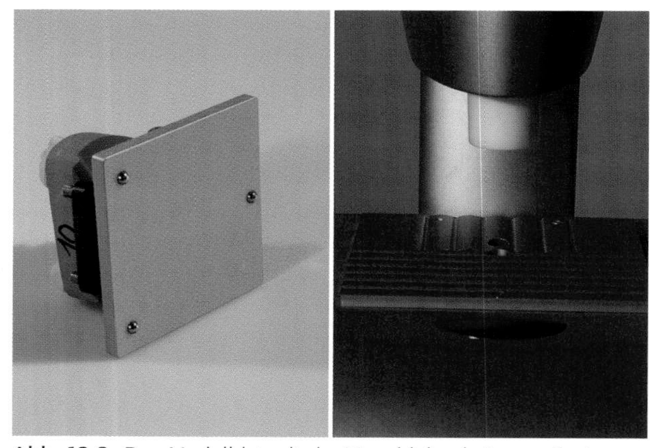

Abb. 12.3 Das Modell ist mit der Verschiebeplatte arretiert.

das 3-D-Aufnahmesystem befindet. Dessen sichtbarer Bestandteil ist der mit einem Schutzglas versehene Tubus. Die Einheit ist mittels seitlich angebrachter Drehknöpfe in der Höhe verstellbar (Abb. 12.1). Das inEOS-Aufnahmesystem arbeitet mit der Streifenlichtprojektion.

Das inEOS-Gerät wird zum Betrieb an einen PC angeschlossen. Die Ansteuerung und der Datentransfer verlaufen über eine USB- oder RS-232-Schnittstelle und einen IEEE 1394 (Firewire) Anschluss. Wegen der möglicherweise sehr hohen Datenmengen bei der Erfassung großer Modellareale ist ein Rechner aus dem High-End-Segment zu empfehlen. Besondere Anforderungen sind an die Prozessorgeschwindigkeit, den Hauptspeicher und die Grafikkarte zu stellen. Nur mit einem sehr gut ausgestatteten Rechner ist ein flüssiges Arbeiten im Programmablauf sichergestellt und lange Wartezeiten können vermieden werden. Die Softwarebasis ist eine höhere Version der bereits bekannten CEREC-inLab-3-D-Software[1]. Damit können einzelne Aufnahmen erfasst und kombiniert werden. Nach der Erstellung des virtuellen Modells erfolgt die Konstruktion mit den bereits bekannten Werkzeugen. Abschließend wird die Schleifvorschau berechnet. Die Daten können entweder an die CEREC-inLab-Schleifeinheit übergeben oder zur zentralen Fertigung zum infiniDent-System übermittelt werden.

Nachdem das Gerät eingeschaltet ist und beim ersten Einsatz eine Kalibration der optischen Einrichtung erfolgte, ist es zur Aufnahme bereit. Im Zuge des Einschaltvorgangs werden Informationen zur Gerätesteuerung von der Software an den Scanner übermittelt. Zwei grundsätzliche Aufnahmemöglichkeiten können gewählt werden: für Einzelstümpfe steht die so genannte Rotationsaufnahme zur Verfügung. Sie dient ausschließlich als Grundlage zur Herstellung von Kronenkappen. Dazu wird der Stumpf in einen topfförmigen Halter platziert, der in eine spezielle Aufnahme der Gerätebasis gesteckt wird (Abb. 12.2). Zunächst wird manuell im Livebild-Modus der maximale Schärfebereich fokussiert. Dann kann die Datenerfassung gestartet werden. Es erfolgen

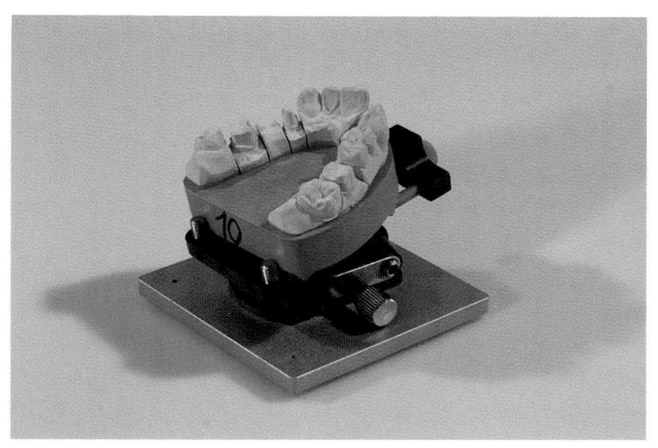

Abb. 12.4 Die Kugeln am Boden der Verschiebeplatte rasten in die Vertiefungen des xy-Tisches ein und sichern so die reproduzierbare Positionierung.

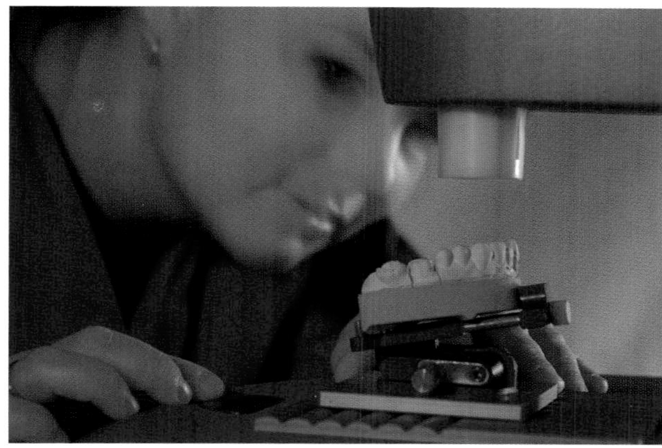

Abb. 12.5 Ein Modell wird für die Erfassung einer Übersichtsaufnahme platziert.

automatisch acht Aufnahmen während einer 360°-Drehung in 45°-Abständen. Diese Einzelbilder werden anschließend von der inLab-3-D-Software zu einem virtuellen, dreidimensionalen Modell zusammengerechnet. Der Konstruktionsvorgang kann beginnen.

Die wichtigste Aufnahmefunktion im täglichen Einsatz ist die Übersichtsaufnahme. Zentrale Elemente dieser Funktion sind der xy-Tisch und die Verschiebeplatte (Abb. 12.3). Mithilfe dieser beiden Teile wird das Modell an einem festgelegten Platz unter dem Aufnahmesystem positioniert. Es kann nicht das gesamte Modell, sondern jeweils nur Bildausschnitte aufgenommen werden. Das ist sinnvoll, denn oftmals benötigt man nur einen bestimmten Ausschnitt für die Konstruktion und die Datenmenge kann somit gering gehalten werden. Im Gegenzug können nach dem Schachbrettprinzip aber beliebig viele Einzelaufnahmen zu einem großen Bild zusammengesetzt werden. Auf der Unterseite der Verschiebeplatte befinden sich drei Kugeln. Durch die Rillenstruktur des xy-Aufnahmetisches kann das Modell nun an festgelegten Positionen eingerastet werden. Jede Position übernimmt ein Feld des Schachbrettmusters. Zwei nebeneinander liegende Aufnahmen werden von der Software im Regelfall automatisch zusammengerechnet. Sollte dies nicht funktionieren, ist ein manuelles Ersatzverfahren möglich. Das Modell wird mit einem Arretierungsmechanismus auf der Verschiebeplatte fixiert (Abb. 12.4). Eine ungefähre Ausrichtung, die der späteren gemeinsamen Einschubrichtung der Restauration entspricht, ist anzustreben (Abb. 12.5). Diese Position darf während der einzelnen Übersichtsaufnahmen nicht verändert werden. Auch hier wird bei jeder einzelnen Aufnahme im Livebild-Modus in den Schärfebereich fokussiert. Grundsätzlich ist es auf diesem Weg möglich, ein komplettes Modell zu erfassen (Abb. 12.6). Es sollte jedoch beachtet werden, dass jede Vergrößerung des Bildbereichs die Datenmenge des virtuellen Modells vergrößert. Dies kann die Performance der Software je nach Leistungsfähigkeit des verwendeten Rechners erheblich beeinträchtigen.

Nicht alle Modellbereiche können aus einer einzigen Aufnahmerichtung in optimaler Qualität erfasst werden. Für eine exakt passende Restauration ist dies jedoch notwendig. Um die optimale Qualität zu gewährleisten, gibt es die Möglichkeit von Detailaufnahmen. Hierfür kann das Modell in den für die gewünschte Aufnahme notwendigen Winkel gekippt werden, sodass dieser Bereich optimal dargestellt wird. Es sollten jedoch Änderungen des Aufnahmewinkels von mehr als 20° zur Übersichtsaufnahme vermieden werden. In der Software werden diese Detailaufnahmen manuell durch das Ziehen einer Linie mit dem korrespondierenden Bereich der Übersichtsaufnahme verknüpft (Abb. 12.7). Auf diesem Weg ist durch die Verbesserung der Datenqualität eine Präzisionssteigerung zu erzielen.

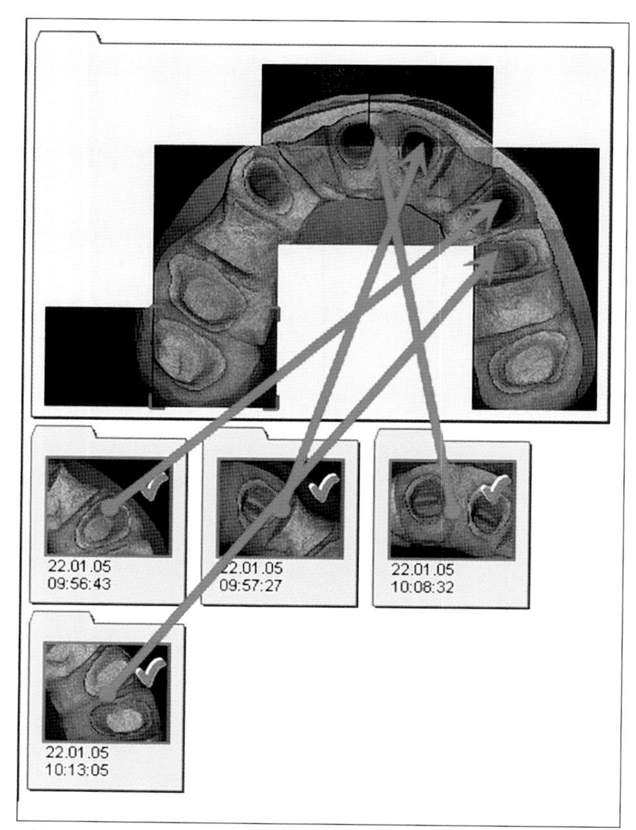

Abb. 12.6 Eine Detailaufnahme wird in der Software dem entsprechenden Bereich der Übersichtsaufnahme zugeordnet.

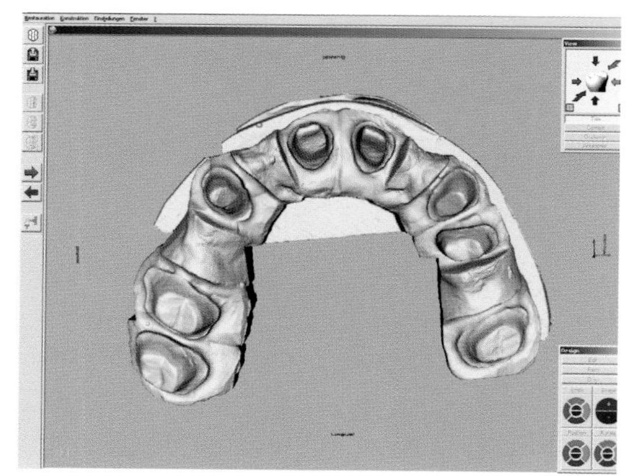

Abb. 12.7 Virtuelles Modell für die komplexe Versorgung eines kompletten Kiefers.

Integration von inEOS in den Laborablauf

Der Einsatz des neuen inEOS-Scanners bringt für die Abläufe im Dentallabor gleich mehrere Vorteile: die für das Erfassen der Modelloberflächen benötigte Zeit verringert sich dramatisch. Für einen Einzelstumpf z. B. etwa zehn Minuten auf zwanzig Sekunden. Dies erklärt sich durch den Unterschied zwischen Laser- und Videoabtastung. In jedem Fall können die Originalmodelle verwendet werden. Das spart nicht nur Zeit bei der Dublierung und der Herstellung des Zweitmodells, sondern es werden auch Fehlerquellen ausgeschlossen. Für die Herstellung der Modelle empfehlen sich spezielle Hartgipse, die für die optische Abtastung besonders geeignet sind (z. B. CAM Base und CAM Base SC, Fa. Dentona, Dortmund). Konventionelle Gipse müssen zur Erzielung optimaler Ergebnisse oberflächlich beschichtet werden. Dafür eignet sich Scan Spray (Fa. Dentaco, Bad Homburg).

Da der Abtastvorgang nicht mehr in der Schleifkammer des inLab-Gerätes stattfindet, kann zeitgleich zur Datenerfassung ein Schleifprozess stattfinden, was die Auslastung des Systems erheblich erhöht. Außerdem werden mechanische Teile des inLab-Gerätes geschont, die beim Laserscannen in der Schleifkammer beansprucht werden.

Durch die virtuelle Darstellung einer komplexen Modellsituation beim Konstruieren am Bildschirm kann mehr Übersicht erzielt werden. Dies ist gerade bei der Gestaltung von umfassenden Restaurationen von Vorteil. Unkompliziert können in Form von Registraten Gegenkiefersituationen aufgenommen und im Design von vornherein berücksichtigt werden. Durch den Modus der Quadrantensanierung können bereits konstruierte Anteile komplexer Versorgungen virtuell eingegliedert werden. Ein Fortsetzen der Arbeiten ohne erneuten Scanvorgang ist möglich.

Neben der Integration in ein CEREC-inLab-System ist auch der Einsatz des inEOS-Scanners als Einzellösung im ‚Stand alone'-Betrieb möglich. Die gewonnenen Restaurationsdaten werden in diesem Fall an das zentrale Fertigungszentrum infiniDent weitergeleitet. Die Kosten für die Anschaffung einer Schleifeinheit entfallen. Auf diesem Weg ist auch kleineren Laboren ein wirtschaftlich günstiger Einstieg in die Welt der CAD/CAM-gefertigten Vollkeramik möglich. Aber

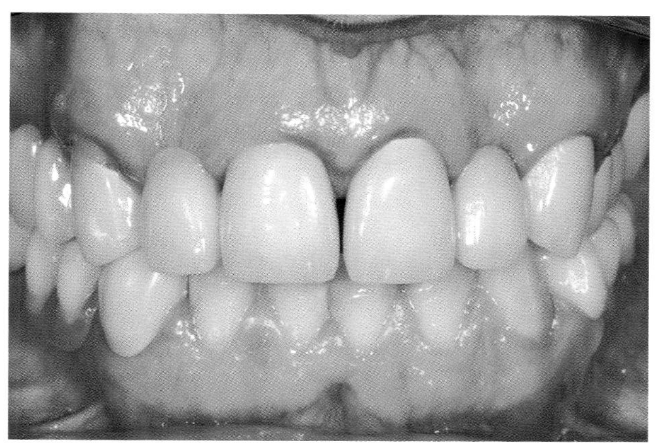

Abb. 12.8 Erneuerungsbedürftige Oberkieferversorgung.

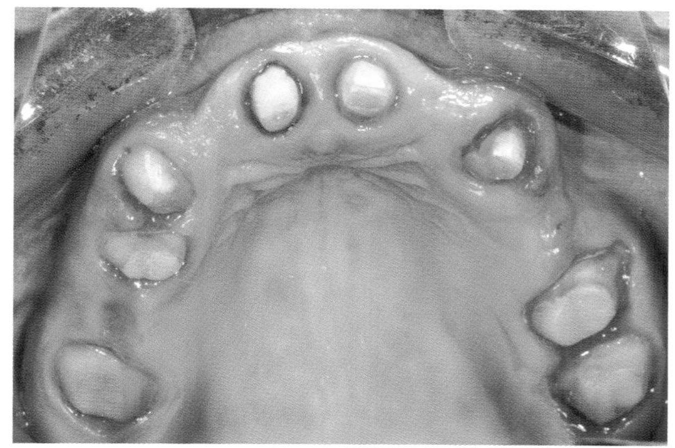

Abb. 12.10 Zustand nach konservierender und parodontaler Vorbehandlung.

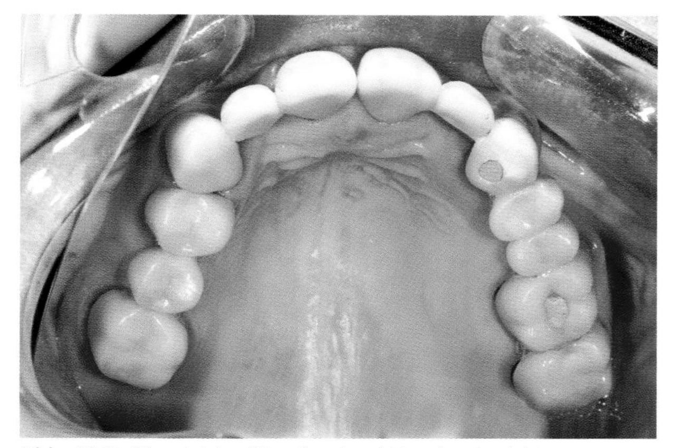

Abb. 12.9 Die gleiche Situation in okklusaler Ansicht.

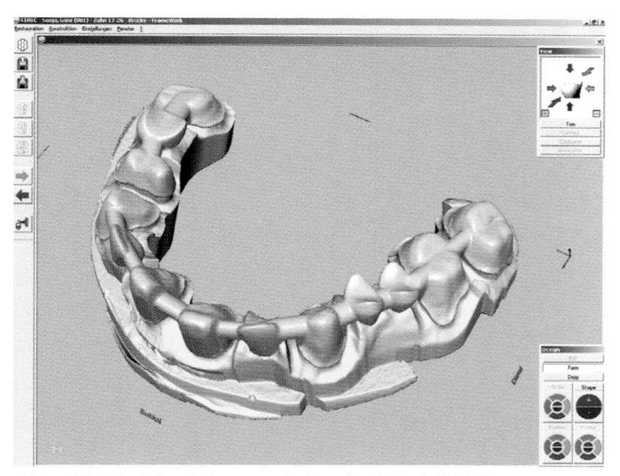

Abb. 12.11 Die Rekonstruktion im inLab-3-D-Programm.

auch die Anfertigung metallischer Gerüste wird durch die Kooperation von infiniDent mit BEGO Medical angeboten und realisiert.

Klinischer Fall

Bei einer 42-järigen Patientin stand wegen multipler Sekundärkaries die Neuversorgung der 12 Jahre alten VMK-Brücken im Oberkiefer an (Abb. 12.8, Abb. 12.9). Nach Entfernung der alten Arbeit wurde eine umfangreiche konservierende und parodontale Sanierung vorgenommen (Abb. 12.10). Wegen der komplexen Natur der Arbeit war die komplette Erfassung der Modellsituation mit dem inEOS-Scanner besonders wichtig. Die virtuelle Modellation der Restaurationen konnte unter dem Blickwinkel der Gesamtversorgung erfolgen (Abb. 12.11). Die Gerüste wurden aus eingefärbter Zirkonoxidkeramik hergestellt (VITA YZ-Cubes, VITA Coloring Liquid; beides Fa. VITA Zahnfabrik, Bad Säckingen). Sie weisen bei der klinischen Einprobe eine sehr gute Passfähigkeit auf (Abb. 12.12). Die fertige Restauration zeigt ebenfalls eine sehr gute marginale Adaptation und demonstriert die gute ästhetische Wirkung vollkeramischer Restaurationen (Abb. 12.13 bis 12.15).

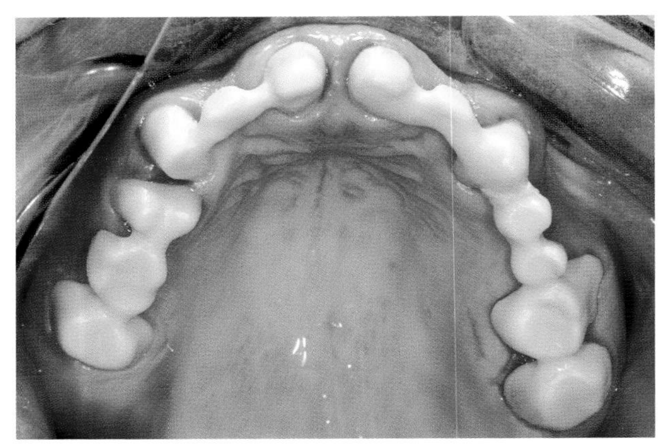

Abb. 12.12 Anprobe des Gerüstes aus VITA YZ Zirkonoxidkeramik.

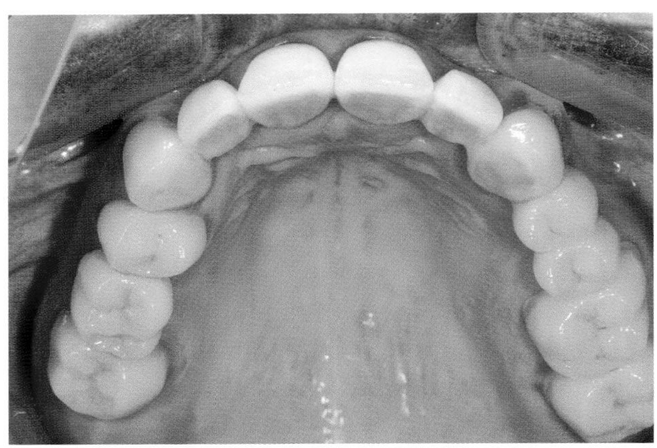

Abb. 12.14 Die neue Versorgung in okklusaler Ansicht.

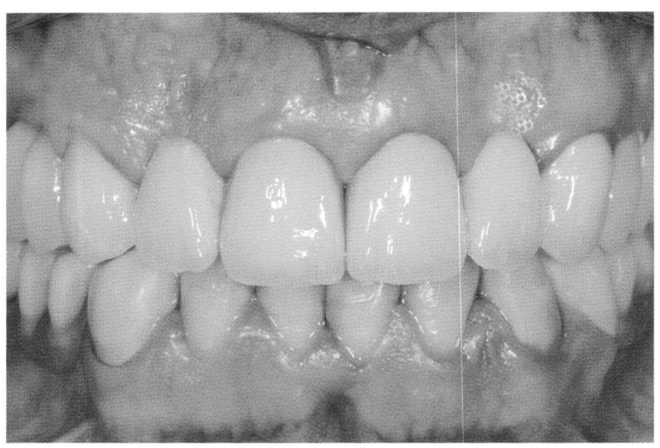

Abb. 12.13 Abschluss der Behandlung.

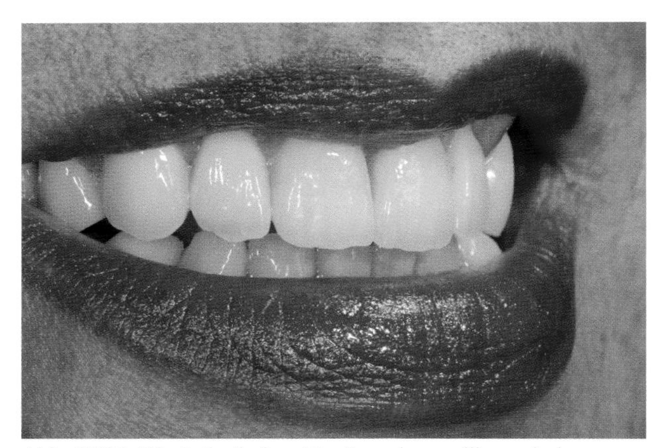

Abb. 12.15 Die ästhetischen Vorzüge einer vollkeramischen Versorgung sind gut zu erkennen.

Literatur

1. *Kurbad A, Reichel K. CEREC inLab goes 3D; Dental Dialogue 2003;4:812-829.*
2. *Mörmann WH, Brandestini M. Die CEREC Computer Reconstruction - Inlays, Onlays und Veneers. Berlin: Quintessenz, 1989.*

13 Implantatversorgung auf konfektionierten Massivsekundärteilen

Andres Baltzer, Vanik Kaufmann-Jinoian

Der submukosal liegende Rand einer Implantatkrone

Die Eingliederung eines endostalen Implantates erfolgt in ein chirurgisch geschaffenes Bett innerhalb ausgereifter Gewebe. Das periimplantäre Gewebe stellt demnach die Folge eines Wundheilungsprozesses dar und weist Unterschiede zu den parodontalen Stützgeweben natürlicher Zähne auf. Die periimplantäre Mukosa im supraalveolären Bereich ist reicher an Kollagenfasern, ärmer an Zellen und durch weniger Blutgefäße versorgt als die Gingiva um Zähne.

Vergleicht man die Reaktion einer Plaqueakkumulation an Zähnen bzw. an Implantaten, d. h. die entzündliche Läsion an der Gingiva bzw. an der periimplantären Mukosa, so sind in der Frühphase keine Unterschiede zu erkennen[8]. Nach einigen Monaten dringt aber die entzündliche Läsion in der periimplantären Mukosa weiter nach apikal als in der Gingiva. Es kann somit davon ausgegangen werden, dass die periimplantäre Mukosa im Vergleich zur Gingiva eine plaqueinduzierte Läsion mit einer ausgedehnteren Wirtsantwort abwehrt. Mit Zahnseide-Ligaturen um Zähne und Implantate wurde vor zehn Jahren ein experimentelles Parodontitis-Periimplantitis-Modell am Beaglehund entwickelt[7], wobei die Ligaturen eine Plaqueakkumulation induzierten. Die Plaquezusammensetzung und die Gewebezerstörung um die Zähne und um die Implantate waren zwar ähnlich, sie zeigten aber topografische Unterschiede: Die Ausbreitung der Entzündung verlief unterschiedlich. Um die Zähne waren die Läsionen auf die Gingiva beschränkt, um die Implantate erstreckte sich die Entzündung auch auf den Alveolarknochen.

Tierexperimentell kann mit Zahnseide-Ligaturen eine Periimplantitis induziert werden[6], was annäherungsweise der Situation der Passungenauigkeit eines Kronenrandes, der auf einem submukosalen Implantathals liegt, gleichgesetzt werden kann. Aus ästhetischen Gründen wird der Primärteil oft submukosal gesetzt, damit der Implantathals und der Kronenrand nicht sichtbar zu liegen kommen und eine möglichst natürliche Kronenkontur erreicht werden kann. Diese Verlegung des Rekonstruktionsrandes in die submukosale Region erhöht aber die Gefahr einer Periimplantitis und stellt immer einen Kompromiss[4] dar, der nur bei gesicherten Hygieneverhältnissen eingegangen werden sollte. Es muss zudem ein klinisch perfekter Kronenrand angestrebt werden, um Plaqueakkumulationen mit allen Folgen für das periimplantäre Gewebe zu minimieren. Als besonders heikel gilt dabei die feine Ausarbeitung eines harmonischen und nicht plaqueakkumulierenden Übergangs vom Implantat zur Suprakonstruktion. Eine Adaptation mit rotierenden Instrumenten, oszillierenden Feilen und Ultraschallgeräten ist in Anbetracht der Verletzungen der Implantatoberflächen bei weitem nicht in gleichem Maße möglich wie bei Kronenrandadaptationen natürlicher Zähne. Erfolgt an Implantaten die Entfernung von Zementüberschüssen lediglich mit einer Sonde, so hinterlassen selbst erfahrene Praktiker oft erhebliche Restmengen an Zement und deutliche Rauigkeiten auf der Implantatoberfläche[1]. Solche Rauigkeiten stellen nicht unbedingt eine mechanische Irritation der umliegenden Gewebe dar, erhöhen aber die Gefahr ausgeprägter Plaqueansammlungen.

Schonende Zementüberschussentfernungen bei zementierten Kronen auf Implantaten mit submukosalen Kronenrändern sind mit speziellen Zahnseiden recht gut zu bewerkstelligen. Solche Zahnseiden sind mit einem flauschigen Mittelteil versehen, an welchem sich Zementüberreste verfangen können. Dieser Mittelteil aus etwa 200 weichen Nylonporen erlaubt eine gute Entfernung von Zementüberschüssen ohne Oberflächenverletzungen am Implantat. Ein perfekter Kronenrand ist aber auch hier die wichtige Voraussetzung. Bestehen nämlich größere Diskrepanzen zwischen Kronenrand und Implantat, so sind Zementüberschüsse mit größeren Schichtdicken am Kronenrand (*marginal gap*) zu erwarten. Mit Zahnseiden lassen sich solche Zementüberschüsse nicht mehr mobilisieren.

➛ Im Vergleich zu Kronen auf natürlichen Zähnen kann bei submukosal liegenden Implantatkronen von material- und topografisch bedingten Nachteilen gesprochen werden. Die Möglichkeiten, in situ einen harmonischen Übergang zwischen Kronenrand und Pfeiler zu erstellen, sind sehr beschränkt. Sehr gute Randpassungen sind gefordert.

Randpassungen

Auf natürlichen Zähnen einzugliedernde Kronenkappen stellen stets ein handwerkliches Unikat dar. Entsprechend können die Passungen am Präparationsrand von Fall zu Fall variieren. Die Abformgenauigkeit, die Arbeitsmodellherstellung, das zahntechnische Herstellungsverfahren der Kronenkappe und manch andere Phasen im gesamten Arbeitsprozess haben großen Einfluss auf die Passgenauigkeit einer Krone.

Implantatkronen müssen hingegen in Bezug auf die Randgestaltung nicht unbedingt als Unikate hergestellt werden, da ein Implantat als Basis stets die gleiche Dimensionierung und meist eine kreisrunde Demarkationslinie aufweist. Dies erlaubt eine industrielle Vorfertigung der Implantatkronenkappen mit wesentlich besseren Passungen im Vergleich zu zahntechnisch gegossenen bzw. CAD/CAM-gefertigten Implantatkronenkappen[9].

Bei der quantitativen Beurteilung von Randpassungen gilt es verschiedene Aspekte zu beachten. Nur an Schnittpräparaten können die Diskrepanzen zwischen Krone und Pfeiler genau erfasst werden: Es kann die Zementschichtdicke bzw. die Zementfuge am Kronenrand (*marginal gap*) und im Innern der Krone (*internal gap*) gemessen werden. Zudem kann die Kronenlänge, das heißt die Über- oder Unterextension bezüglich der Präparationsgrenze gemessen werden.

In der Klinik ist eine solche genaue Vermessung der Diskrepanzen und somit eine Normierung der Passung natürlich nicht möglich. Die klinische Beurteilung muss sich auf die Bewertung an ein paar wenigen Stellen um die gesamte Kronenzirkumferenz beschränken, was keine rundum verlässliche Aussage über die Passung erlaubt[5]. Es wurden beispielsweise bei CAD/CAM-hergestellten Titankronenkappen die Randpassung um die ganze Zirkumferenz in 100 µm-Abständen vermessen. Dabei lag der Mittelwert der Randspaltenbreiten bei 47 µm ± 31 µm[3]. Mittelwertangaben über den Randspalt sind demnach mit einer Streuung von etwa ± 60% zu verstehen.

Verfolgt man in der Literatur die Angaben über Randpassungen bei manuell oder mittels CAD/CAM hergestellten Kronenkappen[9], so liegen die Werte bei durchschnittlich 40 µm (beste Werte 10 µm, schlechteste Werte 120 µm). Wesentlich besse-

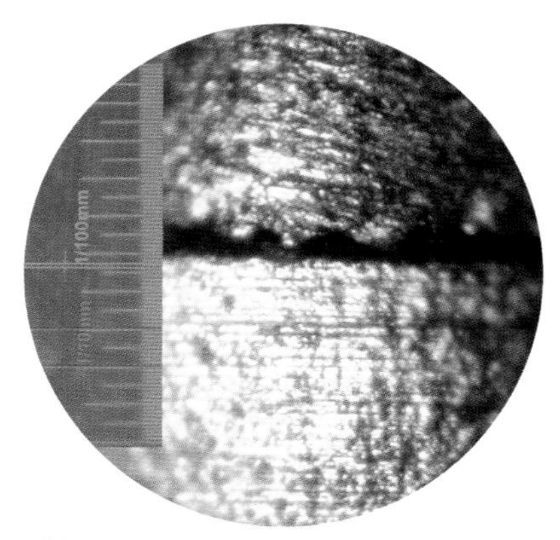

Abb. 13.1 Gegossene Goldkappe auf einem Vollschraubenimplantat (ITI® Dental Implant System, Titan, SLA, Schulter-Ø 4.8 mm): Diskrepanzen von 20 bis 80 µm sind die Regel.

Abb. 13.2 CAD/CAM-gefräste In-Ceram-Kappe (CEREC-inLab) auf einem Vollschraubenimplantat (ITI® Dental Implant System, Titan, SLA, Schulter-Ø 4.8 mm) nach Anpolieren des Randes ohne Verwendung einer Lupenbrille: Diskrepanzen bis zu 100 µm können vorkommen.

Abb. 13.3 CAD/CAM-gefräste In-Ceram-Kappe (CEREC-inLab) auf einem Vollschraubenimplantat (ITI® Dental Implant System, Titan, SLA, Schulter-Ø 4.8 mm). Die programmgesteuerte kleine Überkonturierung des Randes wurde manuell adaptiert: Diskrepanzen über 15 µm sind um die gesamte Zirkumferenz nicht festzustellen.

re Randpassungen bestehen bei vorfabrizierten Suprastrukturen für Implantate, bei denen Werte im Bereich zwischen 2 µm und 5 µm gleich bleibend für die gesamte Zirkumferenz zu erreichen sind[2]. Hervorzuheben ist dabei, dass keine nennenswerten Unterschiede zwischen den Randpassungen vor bzw. nach den Laborprozeduren festzustellen sind.

- Industriell vorfabrizierte Suprastrukturen sind gegenüber auf Manipulierimplantaten gusstechnisch gefertigten bzw. CAD/CAM-gefertigten Suprastrukturen punkto Randpassung zu bevorzugen. Für den Zahntechniker ergeben sich aber mit diesem Vorgehen erhebliche Kostensteigerungen.
- Bei labortechnischen Suprastrukturen, die auf einer intraoralen Abdrucknahme des Implantates beruhen (Verzicht auf Abformkappe mit integrierter Positionierschraube), sind die größten marginalen Diskrepanzen zu erwarten.

Optimierung der Randpassung einer In-Ceram-Implantatkronenkappe

Die mikroskopische Beurteilung der Randpassung einer labortechnisch auf einem Manipulierimplantat gefertigten Implantatkrone ist sehr oft mit Ernüchterungen verbunden. Sowohl bei labortechnisch gegossenen Kappen als auch bei CAD/CAM-gefertigten Kappen sind meist Diskrepanzen von 20 µm bis 100 µm (Abb. 13.1, Abb. 13.2) festzustellen. Sie liegen zwar im Bereich der oben erwähnten Bandbreite der zu erwartenden Werte und können bei großzügiger Interpretation die Normen für die klinische Akzeptanz erfüllen. Im Vergleich zu industriell vorgefertigten Suprastrukturen sind die Randpassungen laborgefertigter Suprastrukturen aber nicht zufrieden stellend, da beim Zementieren mit schwer entfernbaren Zementüberschüssen und Implantatoberflächenverletzungen zu rechnen ist. Bei In-Ceram-Kappen sind vor dem Infiltrationsbrand Randverbesserungen mit Optimizer-Massen möglich, bei gegossenen Kappen ist eine solche Möglichkeit nicht gegeben.

Mit einem Ausdrehinstrument lassen sich bei CEREC-inLab-geschliffene In-Ceram-Kappen mittels einer kurzen, manuellen Nachbearbeitung Randpassungen erzielen, die in den Bereich der industriell vorfabrizierten Kappen zu liegen kommen (Abb. 13.3). Dabei wird die Kappe nach dem Prinzip des synOcta-Finierers für 45°-Schultern ausgedreht. Zur Bearbeitung des vorgesinterten In-Ceram sind diamantierte Instrumente erforderlich. Funktionsweise und Handhabung eines solchen Instrumentes sollen hier vorgestellt werden.

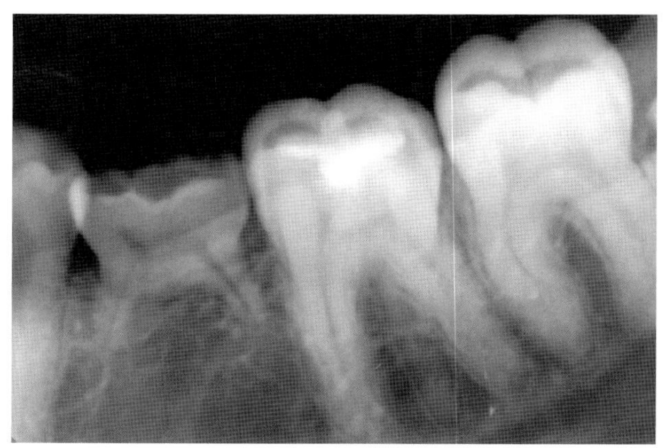

Abb. 13.4 Ausgangslage: Nichtanlage des Zahnes 35.

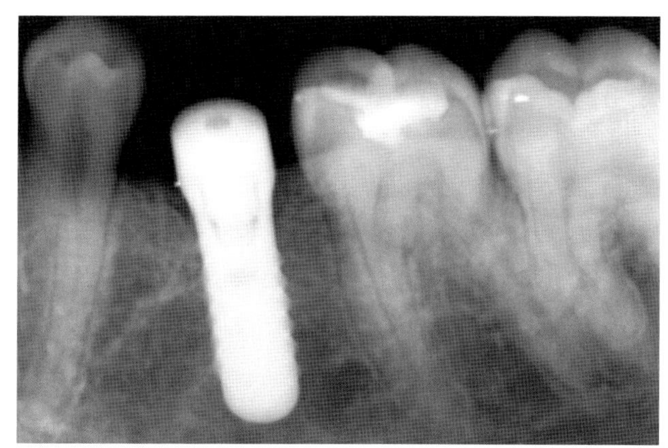

Abb. 13.5 Status nach Einheilung des Vollschraubenimplantates (ITI® Dental Implant System, Titan, SLA, Schulter-Ø 4.8 mm).

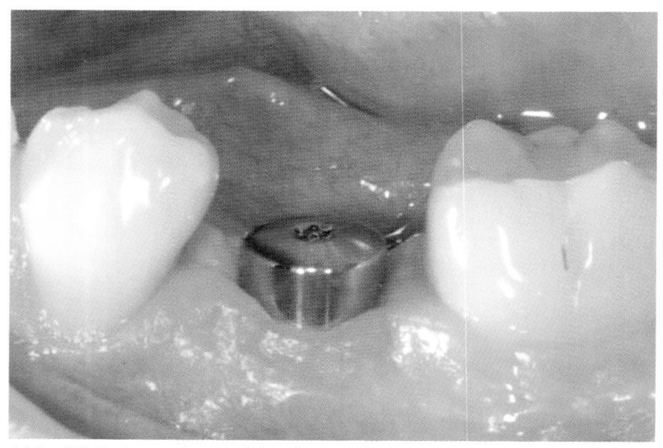

Abb. 13.6 Laterale Ansicht des Implantates in situ.

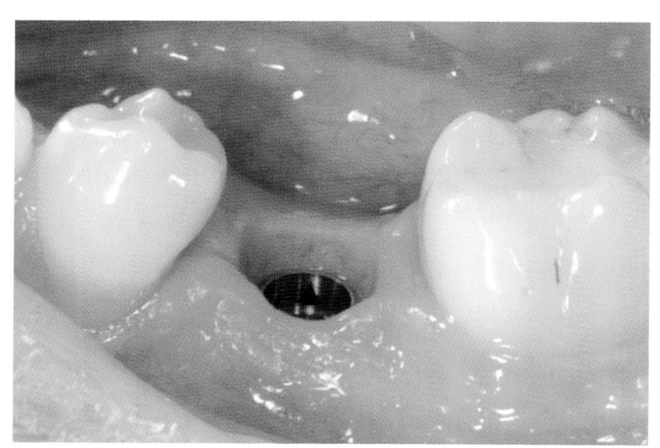

Abb. 13.7 Ansicht nach Entfernung der Einheilkappe.

Fallstudie

Mit einer kurzen, vorwiegend bildhaft dokumentierten Fallstudie soll nachfolgend die Eingliederung einer zementierten Vollkeramikkrone auf ein Vollschraubenimplantat vorgestellt werden. Die Kronenkappe (In-Ceram ZIRCONIA) wird mit CEREC-inLab konstruiert und ausgeschliffen. Auf die anschließende Handhabung des erwähnten Ausdrehinstrumentes wird mit Verweis auf die programmtechnischen Eigenheiten von CEREC-inLab näher eingegangen.

Als Ausgangslage ist die Situation einer Nichtanlage des Zahnes 35 mit persistiertem Zahn 75 gegeben. Im parodontal einwandfreien Kauorgan sind die Nachbarzähne 34 und 36 approximal kariesfrei. Auffallend am Zahn 36 sind die vier Wurzelkanäle und seine Sanierung mit einer kleinen okklusalen Kompositfüllung (Abb. 13.4).

Die Knochenverhältnisse sind günstig für die gleichzeitige Entfernung des leicht reinkludierten Zahnes 75 und Inkorporierung eines Vollschraubenimplantates. Für die Einheilungszeit wird das Implantat mit einer deutlich aus dem periimplantären Gewebe herausragenden Einheilkappe verschlossen (Abb. 13.5, Abb. 13.6).

Nach der Entfernung der Einheilkappe zeigt sich das tief liegende Implantat, auf welchem eine synOcta-Abformkappe mit integrierter Positionierschraube fixiert wird (Abb. 13.7, Abb. 13.8). Mittels der Abformkappe ist die einfache Abformung mit Permadyne problemlos. Nach der

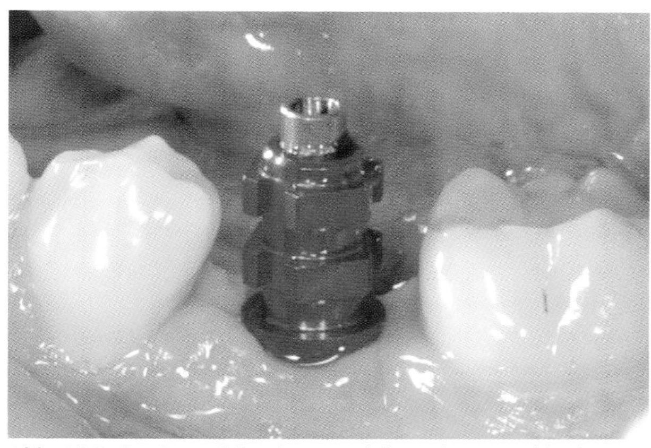

Abb. 13.8 SynOcta-Abformkappe mit integrierter Positionierschraube.

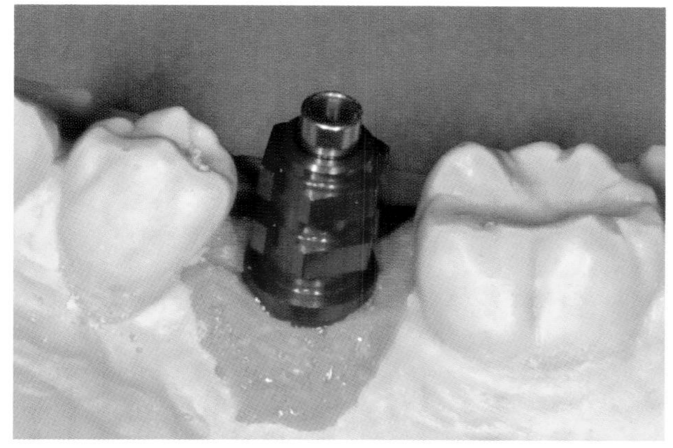

Abb. 13.9 Arbeitsmodell mit Gingivaplastik (coltène® Gi-Mask).

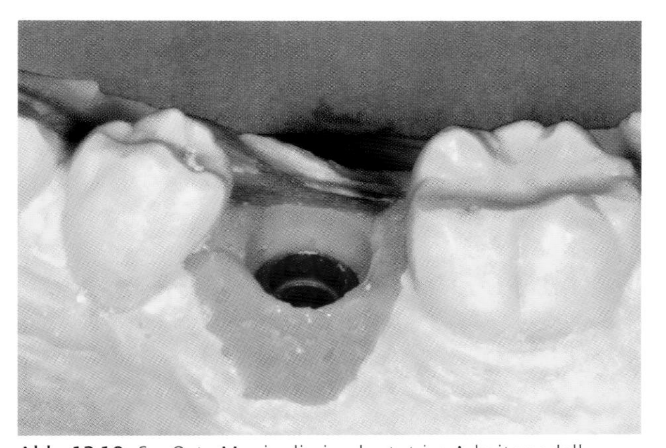

Abb. 13.10 SynOcta-Manipulierimplantat im Arbeitsmodell.

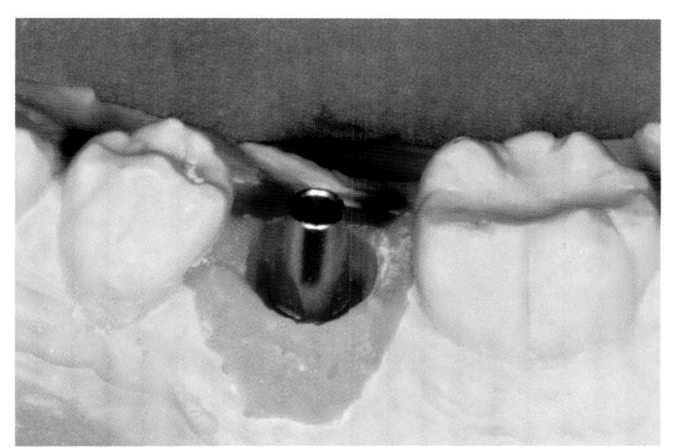

Abb. 13.11 Arbeitsmodell mit eingegliedertem Abutment.

Lockerung der integrierten Positionierschraube wird der Abdruck aus dem Mund genommen und dem Zahntechniker übergeben. Er fixiert an der Abformkappe ein Manipulierimplantat, legt in die periimplantäre Zone eine Gingivaplastik und erstellt durch das Ausgießen des Abdrucks das Arbeitsmodell aus gelbem Gips (Abb. 13.9). Nach der Entfernung der Abformkappe zeigt sich das Arbeitsmodell mit positioniertem Manipulierimplantat, auf welchem das Abutment fixiert werden kann. Die Gingivaplastik stellt die Verhältnisse im Mund dar, was dem Zahntechniker die Herstellung der formgerechten Krone ermöglicht (Abb. 13.10, Abb. 13.11).

Die Herstellung der Kronenkappe erfolgt mittels CAD/CAM und CEREC-inLab. Dabei wird das Abutment auf einem separaten Manipulierimplantat fixiert, mit Dentaco ganz wenig gepudert und als Kronenstumpf eingescannt. Vor diesem Arbeitsgang ist das Loch im Abutment, durch welches das Abutment mittels einer Schraube auf dem Implantat fixiert wird, mit Wachs zu schließen (Abb. 13.12).

Die Kappe wird mit einem Spacer von mindestens 50 µm geschliffen, wobei unter dem Begriff Spacer der intrakoronale Zementspalt (internal gap) zu verstehen ist und von CEREC-inLab als frei wählbare Parametergröße aufgenommen wird (Abb. 13.13). In diesem Zusammenhang mögen ein paar Bemerkungen zur programmgesteuerten Randgestaltung bei CEREC-inLab wertvoll sein (Abb. 13.14).

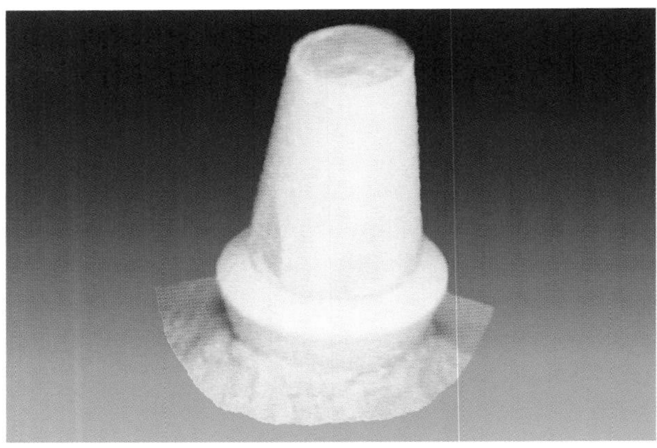

Abb. 13.12 Scanvorbereitung des Implantates mit aufgesetztem Abutment.

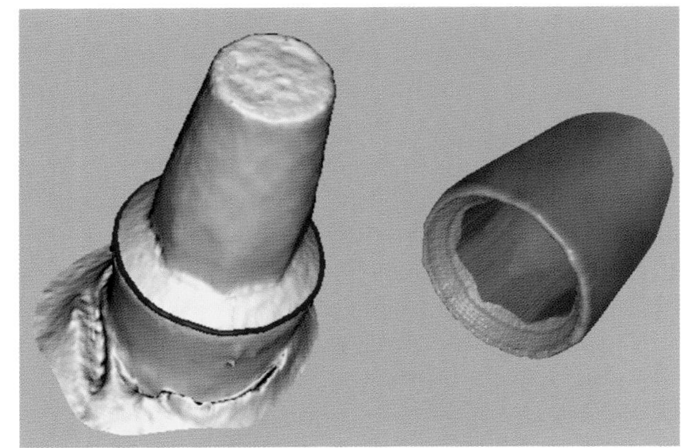

Abb. 13.13 Scanbild des Kronenpfeilers und Innenansicht der vorgeschlagenen Kappe. Das Oktagon ist klar übertragen.

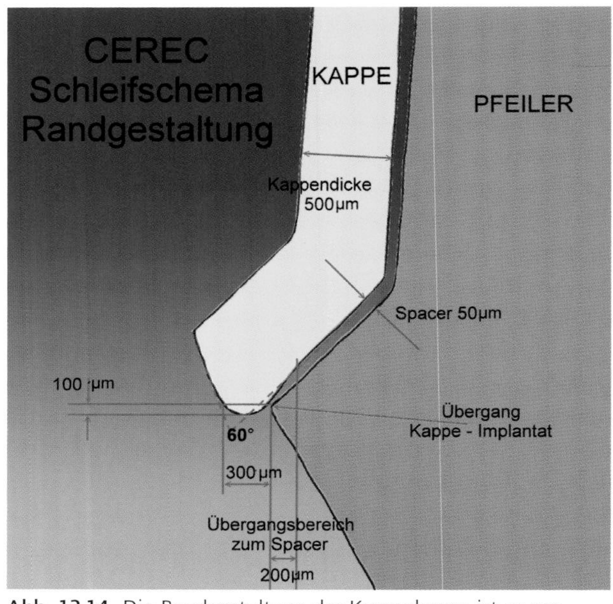

Abb. 13.14 Die Randgestaltung der Kronenkappe ist so programmiert, dass eine kleine Nachbearbeitung notwendig ist.

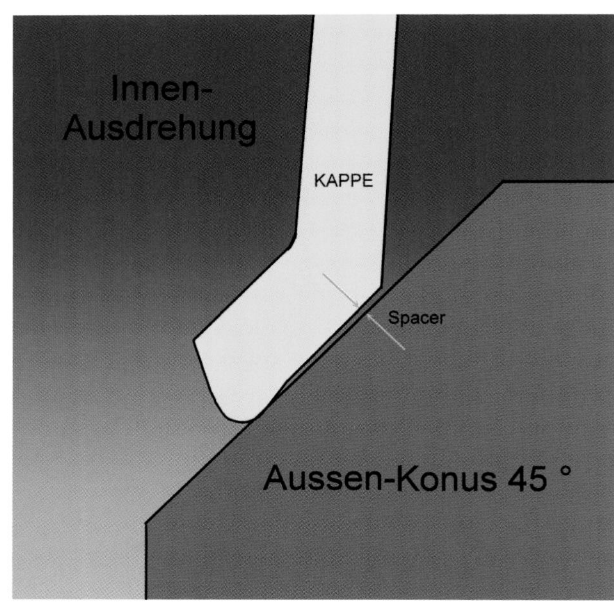

Abb. 13.15 Eine Innenausdrehung am Rand der Kronenkappe bewirkt eine Minderung der Zementfuge. Der Spacer soll demnach vorgängig genügend weit eingestellt werden (mindestens 50 µm).

- CEREC-inLab gestaltet die Randzone einer Kronenkappe derart, dass der Spacer auf den letzten 200 µm von seinem eingestellten Wert im Kappeninnern (internal gap) auf den theoretischen Wert 0 µm am Präparationsrand ausläuft (marginal gap).
- Am Kappenrand bzw. bei der CAD-eingezeichneten Präparationslinie hinterlässt CEREC-inLab (ab Version R850) einen kleinen, überschüssigen Wulst, der vom Zahntechniker mit einem Poliergummi auf den Präparationsrand anpoliert werden soll. Dieser Wulst überragt den Präparationsrand horizontal um etwa 300 µm und bildet vertikal zu diesem eine Überkonturierung von etwa 100 µm. Jede roh von CEREC-inLab geschliffene Kronenkappe ist demnach überschüssig, was einerseits kleine Zeichenfehler kompensiert und andererseits das bestmögliche Anpolieren erlaubt. Ohne einen solchen programmgegebenen Über-

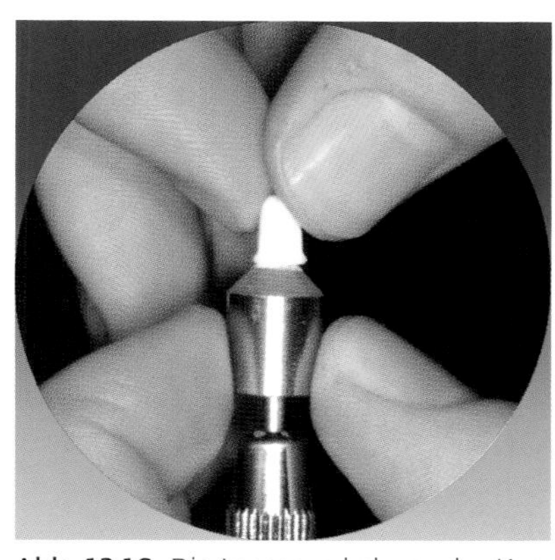

Abb. 13.16 Die Innenausdrehung des Kappenrandes erfolgt mit sehr wenig Druck.

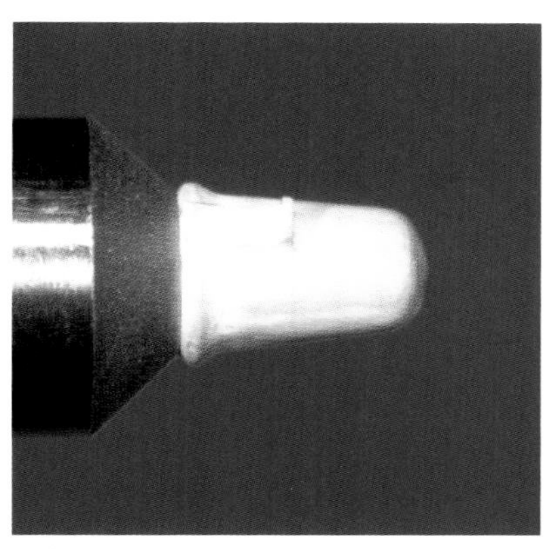

Abb. 13.17 Die Kronenkappe wird auf dem Konus etwas ausgedreht ...

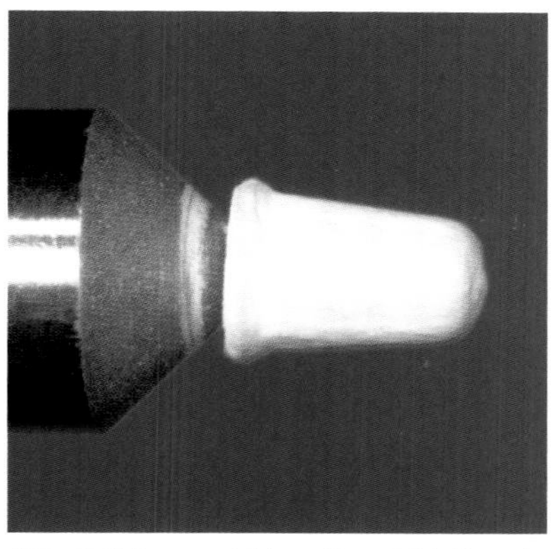

Abb. 13.18 ... und hinterlässt Schleifstaub im Diamantkorn.

schuss ergäben sich bei kleinen Zeichenfehlern Ausreißer am Kappenrand, deren Behebung mit viel zahntechnischem Aufwand verbunden wäre.

- Bei zementierten, vollkeramischen Rekonstruktionen kommt dem Spacer stets große Wichtigkeit zu. Jede Keramik ist auf Zugspannungen wesentlich anfälliger als auf Druckspannungen. Ist eine zu geringe Zementfuge gegeben, so entwickelt sich bei der Zementierung ein beachtlicher Staudruck des Zements, der sich auf die Kronenkappe als Zugspannung auswirkt. Bei der Zementierung ist demnach zu beachten, dass der überschüssige Zement gut abfließen kann, was durch die Wahl eines dünnflüssigen Zements und durch sehr langsames Aufpressen der Krone zu erreichen ist. Speziell beim abschließenden Aufpressen der Krone ist diesem Vorgehen besondere Beachtung zu schenken, da der Spacer am Präparationsrand auf den theoretischen Wert 0 µm ausläuft, was ein weiteres Abfließen des Zements massiv erschwert.

Die Eigenheiten des Schleifprogramms von CEREC-inLab kann man bei der manuellen Randoptimierung einer Implantatkappe ideal ausnützen, da bei Implantaten einfache geometrische Strukturen gegeben sind. Der erwähnte vertikale Überschuss am Präparationsrand wird mit einem fein diamantierten Konus innen im Bereich des Übergangs der Zementfuge zum Kappenrand so ausgedreht, dass der Kappenrand rundum plan auf der Schulter des Implantates zu liegen kommt. Dabei vermindert sich allerdings der Spacer, weshalb er mit Blick auf den zu erwartenden Staudruck bei der Zementierung vor der Schleifung der Kappe auf mindestens 50 µm eingestellt werden soll (Abb 13.15).

Beim Ausdrehen des Kappenrandes muss mit viel Vorsicht vorgegangen werden. Insbesondere sind Verkantungen zu vermeiden, weshalb die Kappe mit sehr wenig Druck an den Ausdrehkonus gelegt werden soll (Abb. 13.16).

Meistens genügen zwei bis vier Drehungen bis zum optimal planen Aufliegen rund um das gesamte Implantat. Es empfiehlt sich, die Ausdrehung unter dem Binokular vorzunehmen und nach jeder Drehung die Passung auf dem Implantat zu überprüfen (Abb. 13.17, Abb. 13.18).

Der horizontal überragende Wulst des Kappenrandes wird anschließend mit einem diamantierten Innenkonus abgedreht. Der Kronenpfeiler, bestehend aus dem Implantat mit aufgeschraubtem Abutment, wird dabei in einen Zylinder (Implantatfutter) gesteckt, dessen Außenmaß exakt der Weite der Implantatschulter entspricht. Der Zylinder endet somit genau am Implantatrand und dient als Halterung für das Implantat sowie als Führung für den diamantierten Innenkonus (Abb. 13.19).

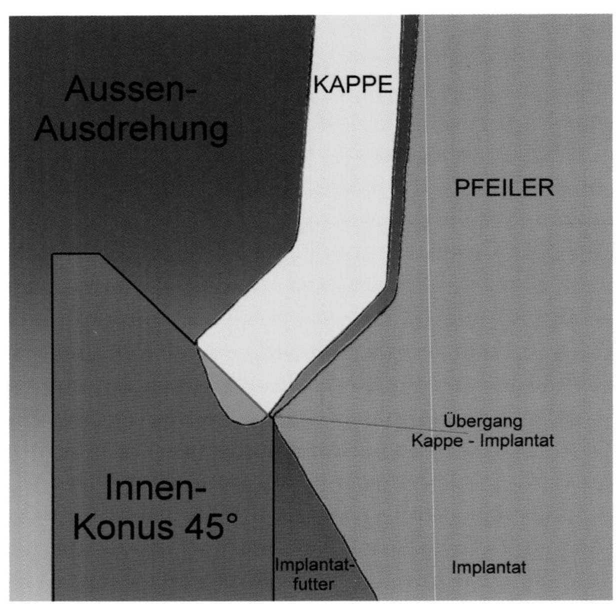

Abb. 13.19 Abdrehen des Randwulstes, der bei Kronenkappen auf natürlichen Pfeilern zum Anpolieren mit einem Gummirad vorgesehen ist.

Beim Abdrehen des Randwulstes wird die Kappe fest auf den in den Führungszylinder gesteckten Pfeiler gedrückt. Das Abdrehwerkzeug gleitet axial auf dem Führungszylinder und ist auf seiner schrägen Innenfläche diamantiert. Das Abdrehen erfolgt durch Drehbewegungen des auf dem Führungszylinder gleitenden Abdrehwerkzeuges (Abb. 13.20 bis 13.22). Nach der Randoptimierung erfolgt die übliche kurze Ausarbeitung der Kronenkappe, die Glättung der Abstichstelle, die Glasinfiltration, die Schichtung mit keramischer Masse und die traditionelle Fertigstellung der Krone (Abb. 13.23).

Liegen problematische Platzverältnisse vor, so muss das Abutment beschliffen werden. Dies bedingt die Herstellung einer individuellen Kronenkappe mit eigenem Scanvorgang und neuer CAD-Konstruktion.

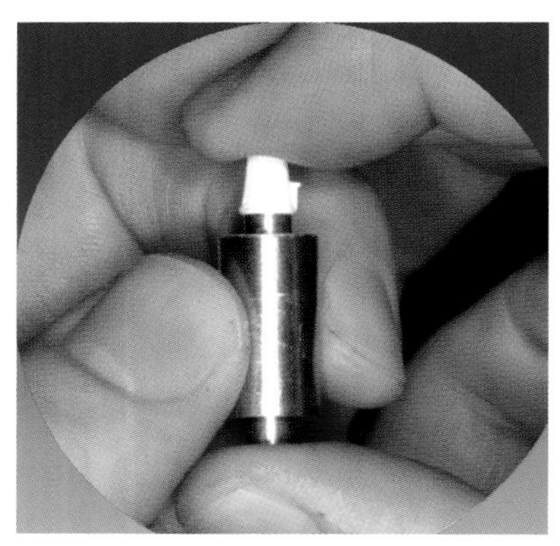

Abb. 13.20 Das Abdrehwerkzeug gleitet auf dem Führungszylinder und entfernt den überschüssigen Wulst des Kappenrandes.

Abb. 13.21 Der Pfeiler (violettes Manipulierimplantat mit aufgeschraubtem Abutment) steckt im Führungszylinder, auf dem das Abdrehinstrument gleitet ...

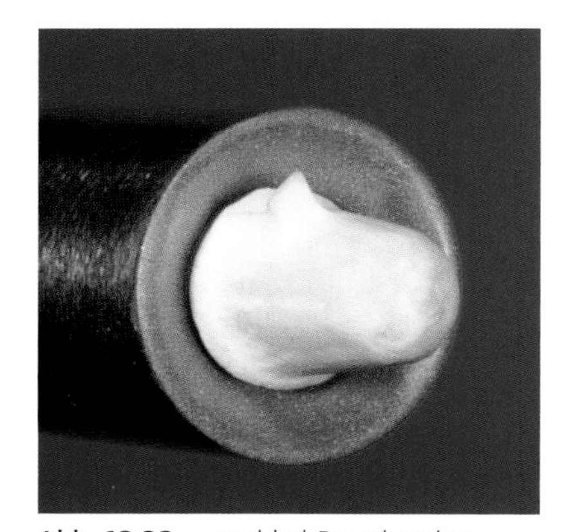

Abb. 13.22 ... und bei Rotation den Polierwulst der Kronenkappe entfernt.

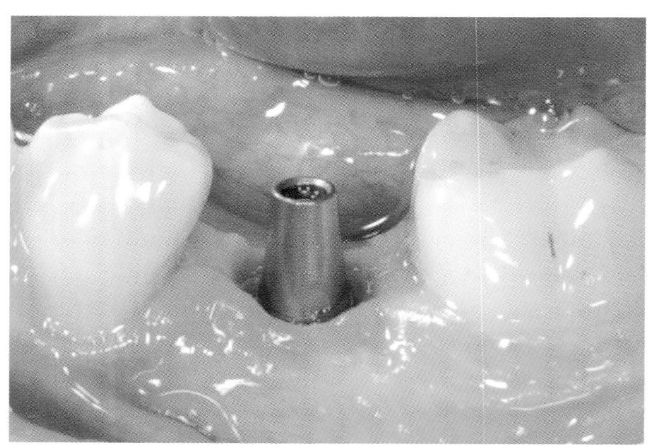

Abb. 13.23 SynOcta-Sekundärteil für zementierte Kronen.

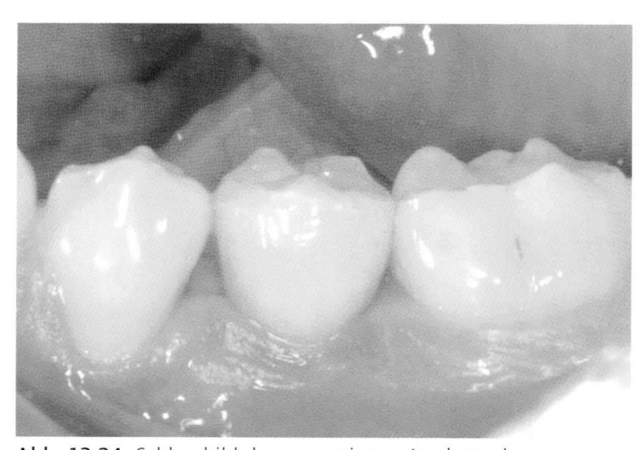

Abb. 13.24 Schlussbild der zementierten Implantatkrone.

Oft muss das Abutment aber gar nicht individuell beschliffen werden. Für solche Fälle können Kappen auf Vorrat geschliffen werden. Situationen mit komplizierten Farbgebungen und hohen ästhetischen Ansprüchen kommen immer wieder vor. Gerade in solchen Fällen schätzen es Zahntechniker und Zahnarzt, wenn ein Lager an hochpräzisen Kronenkappen bereits zur Verfügung steht. Ohne übermäßigen Aufwand können ein paar Kronen zur Einprobe vorgelegt werden, was in jedem Fall zu qualitativ sehr befriedigenden Resultaten führt (Abb. 13.24).

Literatur

1. *Agar JR et al. Cement removal from restaurations lutet to titanium abutments with simulated subgingival margins. J Prosthet Dent 1997;78:43–47.*
2. *Besimo C et al. Marginal fit of prefabricated crows of the ha-ti implant system: an in vitro scanning electron microscopic study. Int J Prostodont 1996;9:94–97.*
3. *Besimo C et al. Marginal adaptation of titanium frameworks produced by CAD/CAM techniques. Int J Prostodont 1997;10:541–546.*
4. *Brägger U, Lang NP. Esthetics and implants – a contradiction? In: Fischer J (ed): Esthetics and prosthetics. An interdisciplinary consideration of the state of the art. Chicago: Quintessence, 1999: 149–176.*
5. *Chan C. et al. Scanning electron microskopic studies of the marginal fit of three esthetic crowns. Quintessence Int 1989;20:189–193.*
6. *Lang NP et al. Ligature induced periimplant infection in cynomolgus monkeys. I. Clinical and radiographical findings. Clin Oral Impl Res 1993;4:2–11.*
7. *Lindhe J et al. Experimental breakdown of periimplant and periodontal tissues. A study in the beagle dog. Clin Oral Impl Res 1992;3:9–16.*
8. *Pontoriero R et al. Experimentally induced periimplant mucositis. A clinical study in humans. Clin Oral Impl Res 1994;5:254–259.*
9. *Tosches NA, Salie S. Marginale Passgenauigkeit von zementierten und verschraubten VMK-Kronen auf Implantaten des ITI Deantal Implant Systems: Eine in-vitro-Untersuchung und Literaturübersicht. Dissertation Medizinische Fakultät Universität Bern, Bern 2001.*

14

Individualisierte Implantatprothetik mit Straumann CARES

Andres Baltzer, Vanik Kaufmann-Jinoian

Anbieter in der Implantatprothetik, die keine Möglichkeit für die Herstellung eines individuell gestalteten Abutments offerieren, halten ungenügend Schritt mit den modernen Tendenzen in der ästhetischen Zahnheilkunde. Gefragt sind Abutmentformen mit höchst präziser Passung zum Implantat und mit idealer Form für die Eingliederung einer Krone sowie biokompatible Materialien wie Titan oder Oxidkeramiken. Letztere sind speziell für die so genannte „ästhetische Zone" geeignet, die sich als Sammelbegriff für alle dentoalveolären Bereiche definiert, die beim voll entfalteten Lächeln ins Blickfeld rücken. Solche Oxidkeramiken (Zirkondioxid, ZrO_2) sind von Natur aus weiß und beeinflussen nicht die Mukosafarbe; sie gewährleisten eine exzellente Weichgewebsästhetik und erlauben Implantatversorgungen, die optisch von ihrem natürlichen Vorbild nicht zu unterscheiden sind.

Straumann (Basel) hat in Partnerschaft mit Sirona (Bensheim) mit Straumann CARES, dem Computer Aided REstoration Service, eine sehr einfache, praktikable Technik für die Herstellung individualisierter Abutments entwickelt. In der zahnärztlichen Praxis erfolgt die Abformung der Mundsituation, im zahntechnischen Labor wird das Modell hergestellt und gescannt. Am Bildschirm wird das Abutment mit CAD konstruiert und den Mundverhältnissen entsprechend optimiert. Der elektronische Datensatz wird über das Internet an Straumann übermittelt, wo die CAM-Fertigung des Werkstücks und der Versand an das Labor erfolgen. Hier wird das Werkstück auf dem Modell montiert, in die prothetische Versorgung integriert und der zahnärztlichen Praxis für die Eingliederung in situ übergeben. So einfach dies vordergründig klingt, so komplex ist aber der effektive Prozess im Hintergrund. Die Partnerschaft zwischen Straumann und Sirona hat zu einem sehr guten Produkt geführt: Straumann CARES Custom Abutments aus Titan (Abb. 14.1) und Zirkondioxid.

CARES steht für **C**omputer **A**ided **RE**storation **S**ervice. Von Sirona kommt die Laborhardware für die Digitalisierung der Modelle und die inLab-3-D-Software für die Konstruktion des Abutments am Bildschirm. Straumann ist für die hochpräzise maschinelle Fertigung des Custom Abutments im eigenen Fertigungszentrum zuständig. Die Abutments können wahlweise in Titan oder Zirkondioxid gefertigt werden, die Auslieferung ins Dentallabor erfolgt innerhalb weniger Arbeitstage nach dem Versand der Designdaten an das Straumann-Fertigungszentrum. Zurzeit beschränkt sich das Angebot auf die Einzelzahnversorgung für Regular Neck (RN) Implantatschulterdurchmesser. Nicht

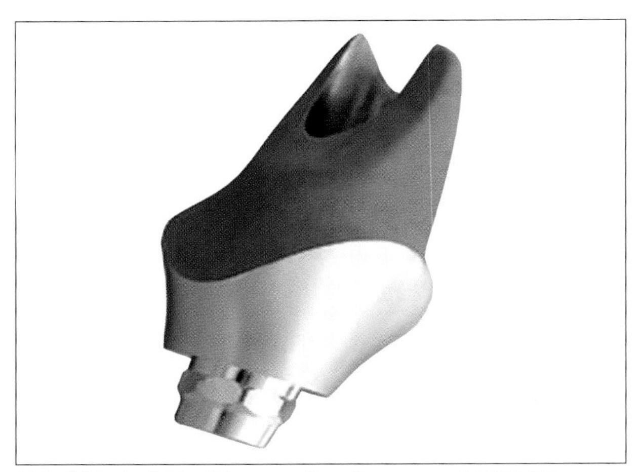

Abb. 14.1 Individuell hergestelltes Straumann CARES RN synOcta Custom Abutment aus Titan (Bild von Fa. Straumann). Die Basis des Abuments bzw. die Passung zum Implantat ist industriell vorgefertigt. Dies gewährleistet die von Straumann garantierte Präzisionspassung mit harmonischem Übergang von der Implantatschulter in das Austrittsprofil. Dieses ist mittels inLab-3-D-Software von Sirona den morphologischen Verhältnissen angepasst und auf Hochglanz ausgearbeitet. Es endet mit der individuell gestalteten Hohlkehlkante, auf welche der Rand der definitiven Rekonstruktion gelegt wird. Die Hohlkehle verläuft entsprechend dem eingestellten Parameterwert leicht submukosal. Der Verlauf kann während der CAD-Konstruktion zusätzlich den Wünschen des Konstruierenden entsprechend an jeder beliebigen Stelle höher gelegt oder abgesenkt werden. In der inzisalen Kante des Abutments ist die Bohrung für die Befestigungsschraube sichtbar. Die Abutmentform selbst ist per CAD so gestaltet, dass genügend Platz für die Kronenkappe inklusive Verblendung in idealer Position und Größe gewährleistet ist.

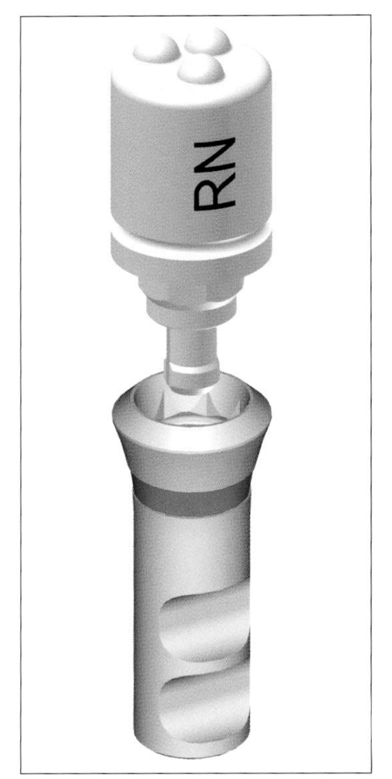

Abb. 14.2 RN synOcta-Scankörper über dem RN synOcta-Manipulierimplantat, Ø 4.8 mm (Bild der Fa. Straumann). Der Scankörper (scanbarer Kunststoff, Ø 4.8 mm, Länge 11.7 mm, Einmalgebrauch) wird auf das submukosal liegende Manipulierimplantat im Arbeitsmodell gesteckt. Es trägt auf der Okklusalfläche drei Noppen, die der EDV-technischen Erkennung der submukosalen und kaum scanbaren Implantatposition dienen. Die inLab-3-D-Software erkennt die exakte Implantatposition und implementiert fehlerfrei die Form und Lage des Implantats in den Datensatz des Scanbildes des Modells. Dies gewährleistet die von Straumann garantierte Passung des Abutments.

zu übersehen ist aber das enorme Entwicklungspotenzial auf dem Sektor der individualisierten Implantatprothetik. Straumann und Sirona gehen da gemeinsam einen interessanten Weg, mit weiteren Innovationen und Programmerweiterungen ist gewiss zu rechnen. Nachfolgend soll der Entstehungsweg eines Straumann CARES Custom Abutments beschrieben werden.

Vorbereitung des Modells

Ausgangslage im vorliegenden Bericht ist das Modell mit integriertem RN synOcta-Manipulierimplantat und aufgebauter Zahnfleischmaske. Das Manipulierimplantat liegt submukosal, was dessen präzise Digitalisierung stark beeinträchtigt. Aus diesem Grund wird der scanbare RN synOcta-Scankörper auf das Manipulierimplantat gesteckt. Okklusal ist der Scankörper mit drei Noppen versehen, die der inLab-3-D-Software die exakte Positionserkennung des Implantates im Modell ermöglichen, vergleichbar mit einer virtuellen Abdruckkappe. Dies hat den Vorteil, dass die elektronischen Daten der Implantatposition unverfälscht in den Datensatz des virtuellen Modells implementiert werden (Abb. 14.2, Abb. 14.3).

Für eine optimale ästhetische Planung kann ein Wax-up direkt auf den Scankörper modelliert werden. Dadurch ist der zur Verfügung stehende Raum definiert, in welchem das Abutment später ideal positioniert werden kann (Abb. 14.4).

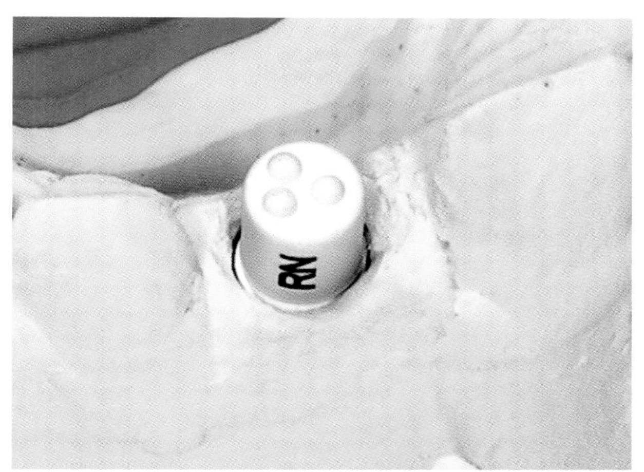

Abb. 14.3 Scanmodell mit aufgestecktem RN synOcta-Scankörper. Für die Herstellung des Modells und der Gingivamaske kann scanbares Material verwendet werden. Andernfalls muss das Modell vor dem Scanvorgang mit Kontrastmittel bearbeitet werden.

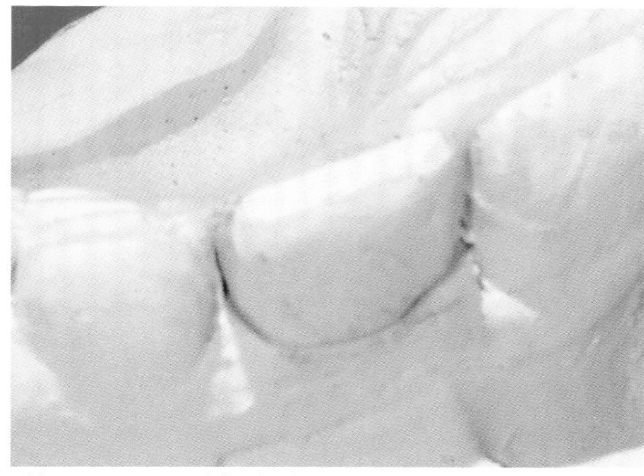

Abb. 14.4 Scanmodell mit eingesetztem Wax-up. Um später das Custom Abutment in Größe, Form und Position ideal gestalten zu können, empfiehlt es sich, die definitive Rekonstruktion auf dem Modell approximativ zu modellieren. Die so gegebene Form wird als zweiter Datensatz gescannt. Damit ist ein Modell mit der Außenform der Rekonstruktion gegeben und in diese Außenform kann das Custom Abutment ideal positioniert werden. Die Außenform der Rekonstruktion kann während der CAD-Konstruktion des Abutments wahlweise zu- oder abgeschaltet werden, was die stetige Kontrolle des Abutmentdesigns erleichtert. Diese Kontrollfunktion am Bildschirm entspricht weitgehend der traditionellen Positionskontrolle mittels dem über dem Wax-up erstellten Silikonschlüssel. Im Gegensatz zur Positionskontrolle mit dem Silikonschlüssel sind am Bildschirm beliebig viele Kontrollansichten in verschiedenen Schnittebenen möglich.

Das Wax-up ergibt die approximative Außenform der definitiven Rekonstruktion und erfüllt die Aufgabe des traditionellen Silikonschlüssels. Im Rahmen der Feinausarbeitung der Abutmentform und -position kann diese Außenform der definitven Rekonstruktion zugeschaltet werden, wobei die inLab-3-D-Software die Beurteilung des Abutmentdesigns in jeder erwünschten Schnittebene erlaubt.

Scannen der Modellsituation

Mit dem in der Schleifkammer des inLab-Gerätes integrierten Laserscanner kann einerseits das Scanmodell mit aufgestecktem Scankörper und andererseits das Modell mit aufgesetztem Wax-up gescannt bzw. digitalisiert werden. Die inLab-3-D-Software ist leicht verständlich und selbsterklärend. Sie führt den Anwender problemlos durch die einzelnen Arbeitsschritte. Eleganter und wesentlich zeitsparender lässt sich der Scanvorgang mit dem inEos-Scanner durchführen. Mit ihm sind die Daten von Einzelzähnen bis Ganzkiefermodellen sowie die Daten des Gegenkiefers in korrelierter Lage zum Arbeitsmodell einfacher und ohne Zeitverlust zu erfassen (Abb. 14.5, Abb. 14.6).

Das Scanmodell wird auf einer Trägerplatte mittels Plastilin fixiert. Die Orientierung der Distal-Mesial-Achse erfolgt derart, dass diese distal zur Rückwand des Scanners und mesial zum davor sitzenden Anwender gerichtet ist. Die Aufsicht wird so eingestellt, dass das zu konstruierende Abutment vertikal unter den Scanner zu liegen kommt. Die Positionierung des Scanmodells kann auch mit einer speziellen Spannvorrichtung erfolgen: sie erleichtert das Ausrichten und Fixieren des Modells unter dem Scanner.

Es folgen die Scanaufnahmen des Modells mit aufgestecktem Scankörper und die Aufnahmen des Modells mit aufgesetztem Wax-up (Abb. 14.6 bis 14.8). Der inEos-Scanner erfasst pro Aufnahme jeweils nur eine Fläche von 15 mm x 15 mm. Aus diesem Grund sind für die Erfassung einer größeren Zahnregion mehrere Einzelaufnahmen zu erstellen. Dies erfolgt durch die Verschiebung der Trägerplatte des Modells unter dem Scanner. Die Verschiebung der Trägerplatte ist durch eindeutiges Ein-

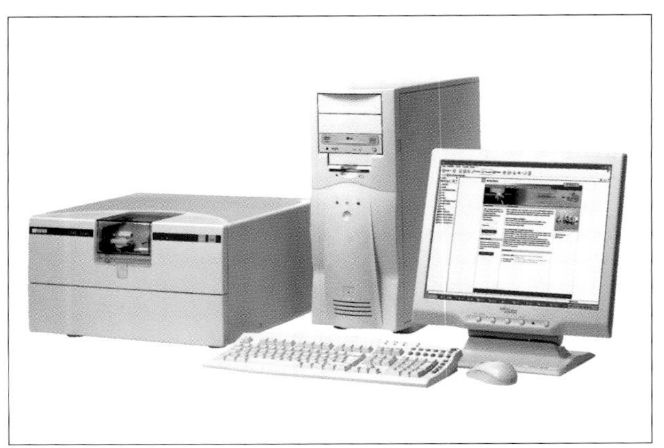

Abb. 14.5 Scannen des Modells mit dem in der Schleifeinheit integrierten Laserscanner.

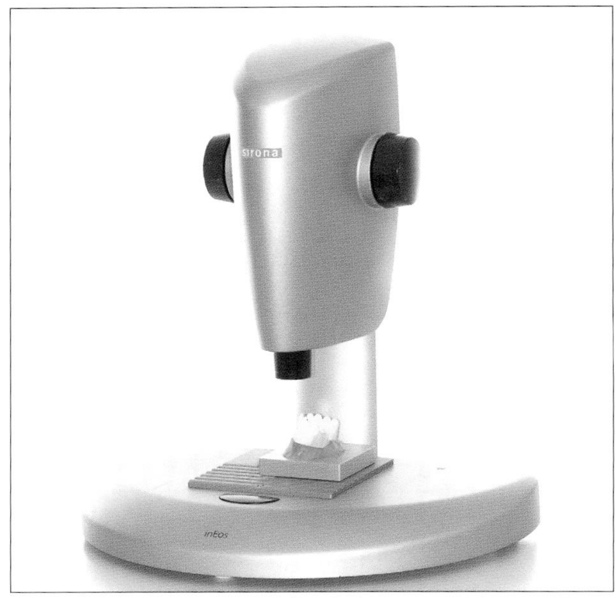

Abb. 14.6 Scannen des Modells mit dem Scanner inEos von Sirona. Das Modell wird so positioniert, dass die Orientierung der Rekonstruktion nach distal exakt auf die Rückwand des Scanners zeigt; dies erspart eine spätere Umorientierung des Modells am Bildschirm.

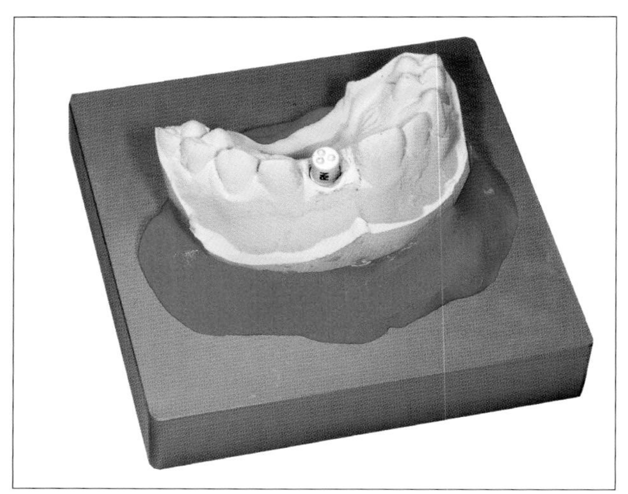

Abb. 14.7 Scanmodell mit aufgestecktem Scankörper, montiert auf der Trägerplatte.

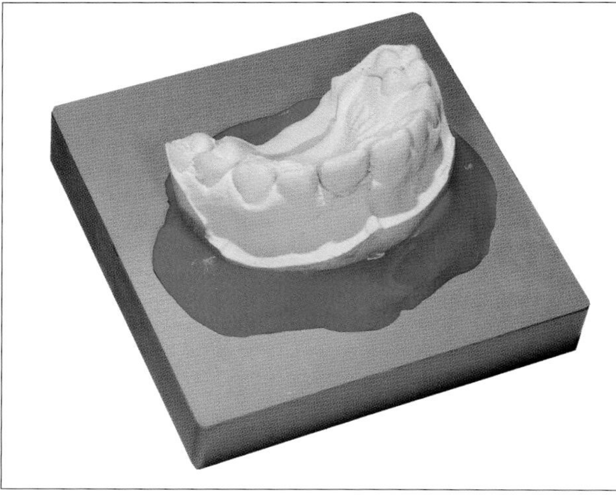

Abb. 14.8 Scanmodell mit eingesetztem Wax-up, montiert auf der Trägerplatte. Dem Scan des Wax-ups kommt die gleiche Funktion zu, wie dem traditionellen Silikonschlüssel über dem Wax-up. Der Scan eines Wax-ups ist freilich nicht zwingend notwendig. In vielen Situationen fällt es nicht schwer, die Form des Abutments ohne Wax-up mit Augenmaß derart zu gestalten, dass eine schöne Krone in den Zahnbogen eingegliedert werden kann.

rasten ihrer unten angebrachten Noppen in den auf dem Scannertisch rechtwinklig eingefrästen Führungsrillen exakt zu steuern. Diese Führungsrillen gewährleisten die definierte Verschiebungsweite, wobei jedes Einzelbild das vorherige um 10% überlappt. Die inLab-3-D-Software ist dadurch in der Lage, die Einzelbilder zu einem Gesamtbild zusammenzufügen. Aus dem Gesamtbild rechnet das System anschließend das bekannte 3-D-Bild hoch, welches am Bildschirm in alle Richtungen gedreht werden kann und den Eindruck der dreidimensionalen Darstellung vermittelt (Abb. 14.9).

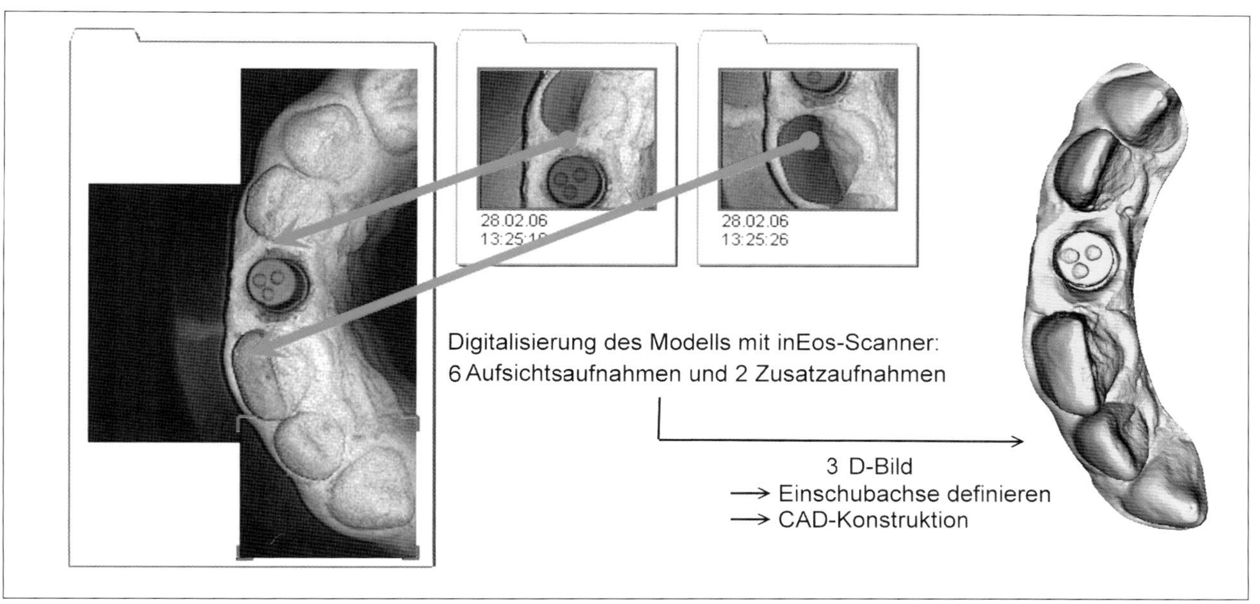

Abb. 14.9 Bildschirmpräsentation des Modellscans. Mit dem inEos-Scanner werden im gegebenen Fall die Frontzähne mit sechs Aufsichtsaufnahmen aus der vertikalen Ansicht und zwei Zusatzaufnahmen aus eher labialer Ansicht aufgenommen. Anschließend wird das Modell zum 3-D-Bild umgerechnet. Der Scanvorgang des Modells mit aufgesetztem Wax-up erfolgt analog und ergibt einen zweiten, separaten Datensatz. Er zeigt die Außenform der geplanten Rekonstruktion und kann im Rahmen der Feinausarbeitung des Abutments wahlweise zu- oder abgeschaltet werden.

Bei der Zusammenstellung des Bilderkataloges mit dem inEos-Scanner (Einzelbilder, die sich zum Gesamtbild zusammensetzen) bleibt der Aufsichtswinkel vorerst unverändert, was durch das plane Verschieben der Modellträgerplatte gewährleistet ist. Die Erstellung zusätzlicher Bilder aus anderen Blickwinkeln bzw. mit verkanteter Trägerplatte ist aber zwecks Erfassung von Unterschnitten möglich. Sie werden als Zusatzaufnahmen definiert und müssen am Bildschirm mit dem Aufsichtsbild mittels Zuordnungspfeil korreliert werden (grüne Pfeile in Abb. 14.9).

Der Scanvorgang des Wax-up-Modells erfolgt analog. Für das Scanmodell und für das Wax-up-Modell sollen gleich viele Aufsichtsbilder in gleicher Position erfasst werden, um eine exakte Korrelation beider Datensätze zu gewährleisten. Die CEREC-3-D-Software bietet für die intraorale Erfassung einer Situation ein ähnliches Vorgehen an. Hier ist aber die gleiche Anzahl Aufnahmen mit der Intraoralkamera nicht unbedingt zwingend. Zudem erfolgt das Zusammensetzen der Einzelaufnahmen trotz leichter Verkantungen von Aufnahme zu Aufnahme automatisch.

Festlegung der Einschubachse und Trimmen des Modells

Nach dem Scanvorgang erfolgt die Hochrechnung zum 3-D-Bild am Bildschirm. Das Modell lässt sich dabei aus allen Richtungen betrachten und beurteilen. Neben der Begutachtung der Bildqualität ist die Festlegung der Einschubachse der Rekonstruktion von größter Wichtigkeit. Kleine Abweichungen werden zu diesem Zeitpunkt korrigiert. Die Beschriftungen „distal", „mesial", „lingual" und „bukkal" sollen an der richtigen Position erscheinen. Zudem ist die vertikale Aufsicht des Bildes genau einzustellen. Die später vom System vorgeschlagene Rekonstruktion richtet sich exakt nach diesen Orientierungskriterien, weshalb mit der korrekten Feineinstellung der Einschubrichtung zeitraubende Nachbesserungen verhindert werden können.

Nach der Festlegung der Einschubrichtung ist das Trimmen des Modells angezeigt. Dabei wird das Modell zeichnerisch auf das für die vorgesehene Konstruktion relevante Minimum reduziert und

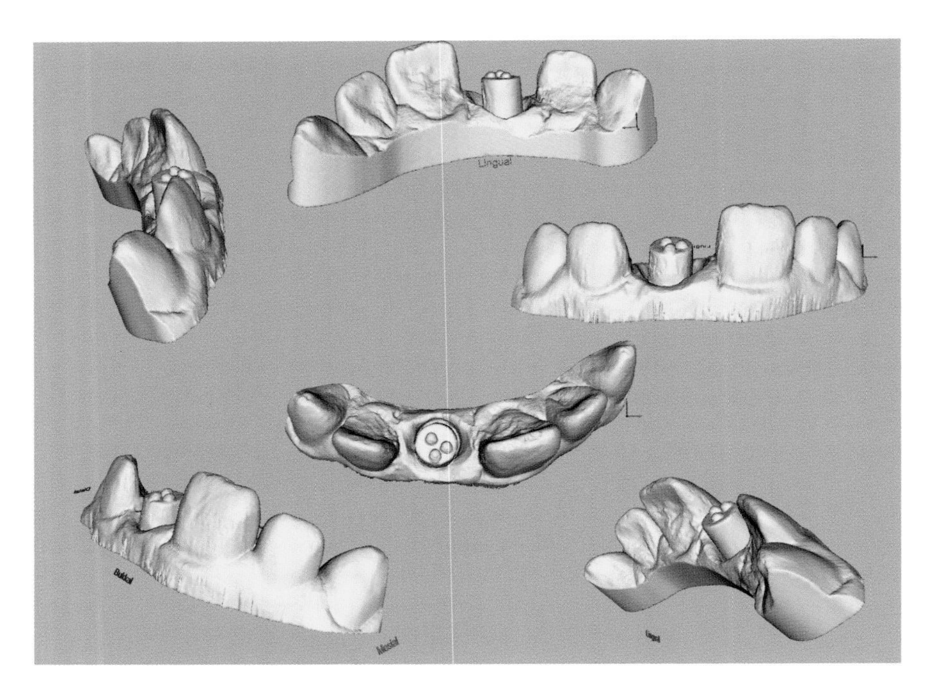

Abb. 14.10 Das 3-D-Bild wird mit der Trimmfunktion auf das für die Konstruktion relevante Minimum reduziert. Das Bild zeigt eine Auswahl von Ansichten des virtuellen Arbeitsmodells (Screenshots der inLab-3-D-Software von Sirona). In diesem Stadium erfolgt die Festlegung der Einschubachse. Der Einstellung der Einschubachse soll besondere Aufmerksamkeit geschenkt werden. Das vom System vorgeschlagene Abutment wird senkrecht zur Bildebene stehen. Mit der richtigen Einstellung der distomesialen und bukkolingualen Achse erspart man sich weitgehend spätere Achsen- und Positionsanpassungen.

überflüssige Bildanteile werden eliminiert. Die Abbildung 14.10 zeigt eine Auswahl von Ansichten des digitalisierten Modells, auf dem die Konstruktion des Abutments vorgenommen wird.

Zeichnen der Basislinie

Die Basislinie des Abutments entspricht didaktisch der Basislinie, die von den CEREC-Kronen- und Brückenprogrammen her bekannt ist und den Präparationsrand definiert. Sie stellt eine geschlossene Kurve dar, die rund um den Scankörper auf den Marginalsaum der periimplantären Mukosa gelegt wird. Diese geschlossene Kurve beginnt mit dem ersten Kontrollpunkt, dem mittels Mausklick weitere Kontrollpunkte folgen, und endet mit dem Schließen der Kurve durch Überlagerung des letzten Kontrollpunktes auf den ersten Kontrollpunkt. Sie erscheint als Bézier-Kurve mit harmonischen Krümmungen zwischen den einzelnen Kontrollpunkten. Im Abutmentzeichnungsprogramm „Abutment 3D", welches Bestandteil des inLab-3-D-Softwarepaketes ist, kommt der Basislinie allerdings nicht die Definition der Präparationsgrenze zu, sondern die Definition der Austrittsstelle des Abutments aus dem Mukosakelch. Je weiter demnach die gezeichnete Basislinie vom Scankörper absteht, desto offener wird das Austrittsprofil des Abutments ausfallen. Mit dem Zeichnen der Basislinie ist die Vorbereitung der Abutmentkonstruktion grundsätzlich bereits abgeschlossen. Die Abutment-3D-Software berechnet aufgrund ihrer Lage in Relation zum tiefer liegenden Implantat den ersten Formvorschlag des Abutments. Dabei wird auch die Position der Rekonstruktion innerhalb der Zahnreihe berücksichtigt: es wird eine Abutmentform vorgeschlagen, die der reduzierten Form des zu ersetzenden Zahnes entspricht. Die Abbildung 14.11 zeigt verschiedene Ansichten der eingezeichneten Basislinie und des daraus folgenden Formvorschlags des Abutments.

Das in der Abbildung 14.11 gezeigte Abutment zeigt rot eingefärbte Flecken. Diese Einfärbungen stellen Zonen dar, bei denen gemäß anderes Wort Wax-up zu wenig Platz für die Verblendung gegeben ist. Durch Form- und Positionsveränderung können solche Zonen eliminiert werden. Die Verblendschichtdicke bzw. die Schichtdicke, die zwischen der Abutmentaußenform und Wax-up-Innenform liegt, ist als Parametereinstellung den Wünschen des Anwenders entsprechend festgehalten.

Aus ästhetischen Gründen soll der Rand der später einzugliedernden Krone bzw. die Hohlkehlkante im Abutment oft etwas submukosal liegen.

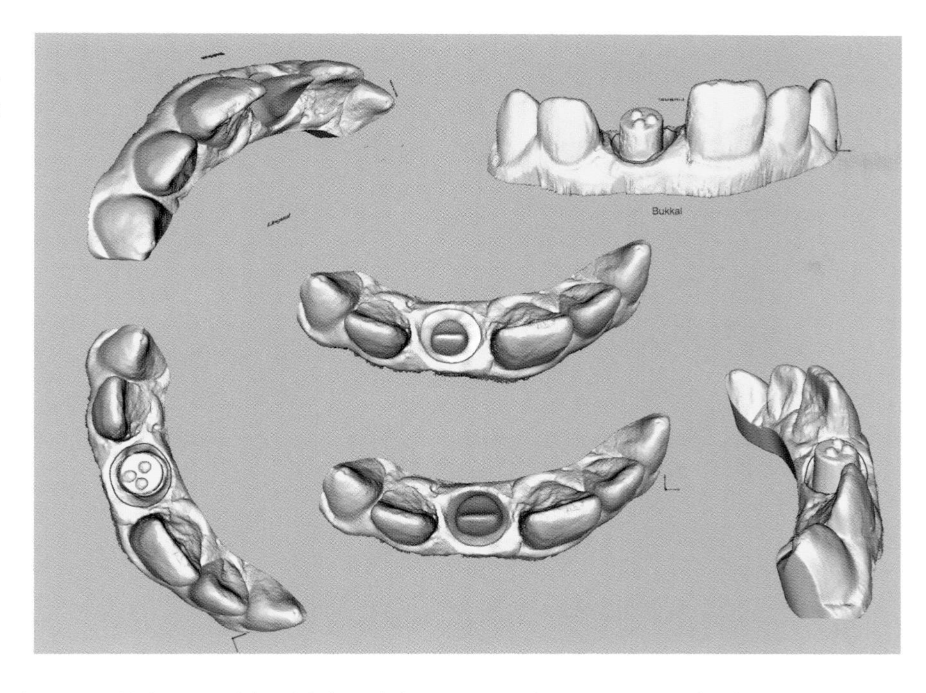

Abb. 14.11 CAD-Konstruktion des Abutments (Screenshots der inLab-3-D-Software von Sirona). Die Konstruktion beschränkt sich auf das Einzeichnen der so genannten Basislinie. Sie wird zirkulär um den Scankörper auf den Marginalsaum der Mukosa gelegt. Diese Basislinie entspricht der späteren Hohlkehlkante, auf welcher der Rand der späteren Krone auf dem Abutment zu liegen kommt. Je weiter der Kreis vom Scankörper absteht, desto weiter wird das Austrittsprofil (Kelch, der sich aus der Verbindung zwischen Implantatschulter und Hohlkehlkante ergibt) ausfallen. Die submukosale Lage der Hohlkehlkante resultiert aus der Einstellung des entsprechenden Parameters und kann während der Feinausarbeitung der Abutmentform den individuellen Wünschen angepasst werden. Das Bild zeigt die eingezeichnete Basislinie (blaue Linie um den Scankörper) aus verschiedenen Ansichtswinkeln und den systemgegebenen Formvorschlag für das Abutment. Rote Einfärbungen weisen auf ungenügende Platzverhältnisse für die spätere Suprakonstruktion hin und werden mit den verschiedenen Werkzeugen des CAD eliminiert.

Mit der Parametereinstellung „Gingivale Tiefe" kann dies generell voreingestellt werden. Dabei ist zu beachten, dass diese Einstellung vor der Hochrechnung des Konstruktionsvorschlags zu erfolgen hat. Spätere Parameterveränderungen wirken sich nicht mehr auf einen bereits bestehenden Konstruktionsvorschlag aus. Die verbale Beschreibung der Wirkung dieser Parametereinstellung beansprucht etwas die geometrische Vorstellungskraft. Sie wird deshalb in der Abbildung 14.12 ausführlich grafisch erklärt. Wichtig ist grundsätzlich die Feststellung, dass mit der Einstellung des Abstands der Basislinie zum Scankörper, kombiniert mit der Parametereinstellung „Gingivale Tiefe", jedes beliebige Austrittsprofil auf einfachste Weise entworfen werden kann.

Es kann in der Praxis vorkommen, dass die Implantatschulter an gewissen Stellen zu wenig submukosal oder gar supramukosal liegt. Ein vernünftiger Konstruktionsvorschlag darf in solchen Fällen nicht mehr erwartet werden, da kein Platz mehr für die Einhaltung des Parameters „Gingivale Tiefe" gegeben ist. Solche Probleme werden umgangen, indem vor der Digitalisierung des Modells der Gingivasaum an den besagten Stellen künstlich mit Wachs angehoben wird. Das Ergebnis wird eine herstellbare Abutmentform sein, bei welcher der Kronenrand allerdings supramukosal liegen wird. Das ästhetische Defizit hält sich bei keramischen und somit farblich anpassbaren Abutments dabei in Grenzen.

Korrekturen und Optimierung

Bei korrekt eingestellter Einschubachse ist normalerweise ein recht gut passender Konstruktionsvorschlag zu erwarten, der nur noch mit kleinen Änderungen und Korrekturen zu optimieren ist. Hierfür bietet die inLab-3-D-Software die bekannten Skalierungs-, Positions- und Rotationswerkzeuge an. Zuschaltbar sind auch die Formwerkzeuge, welche die Funktion des traditionellen Wachsmessers nachahmen. Die Gefahr der versehentlichen Einbringung von Unterschnitten ist allerdings zu beachten. In der Abbildung 14.13 ist eine Auswahl der möglichen Form- und Positionsanpassungen dargestellt.

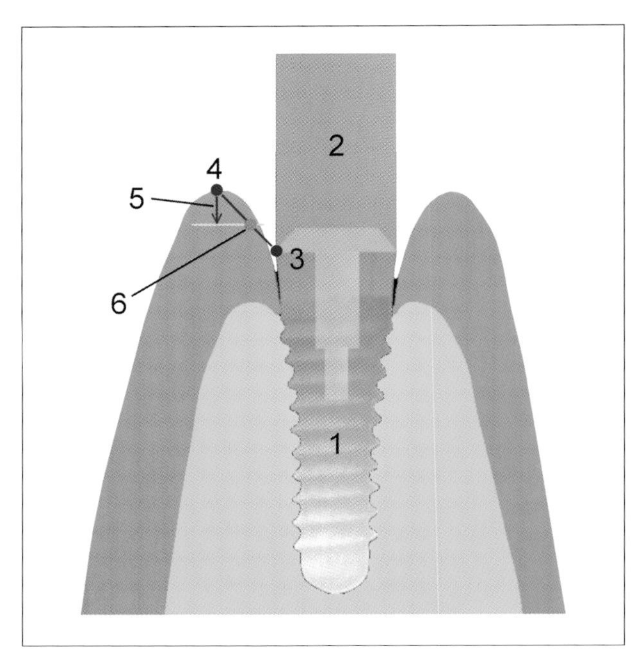

Abb. 14.12 Schematische Darstellung der Parametereinstellung für den submukosalen Verlauf der Hohlkehlkante.

1. Implantat mit Regular Neck-Schulter (RN Ø 4.8 mm)
2. RN synOcta-Scankörper, Ø 4.8 mm, Länge 11.7 mm, Einmalgebrauch
3. Implantatschulter
4. Vom Zeichner festgelegte Basislinie; sie liegt auf dem Marginalsaum und bewirkt je nach Abstand vom Scankörper die Breite des Austrittsprofils.
5. Parametereinstellung „Gingivale Tiefe" in der 3-D-Konstruktionssoftware von Sirona. Sie wird in Millimetern angegeben und liegt vertikal unter der eingezeichneten Basislinie auf der Z-Achse.
6. Effektive Lage der Hohlkehlkante, auf welcher der Rand der definitiven Rekonstruktion zu liegen kommt; sie liegt auf der Verbindungslinie zwischen der eingezeichneten Basislinie und der Implantatschulter. Bei der Feinausarbeitung der Abutmentform mittels CAD kann die Hohlkehlkante verschoben werden. Solche Verschiebungen bewegen sich ausschließlich auf dieser Verbindungslinie.

Nach der groben Optimierung des systemgegebenen Konstruktionsvorschlags kann die Form des Wax-ups zugeschaltet und in jeder beliebiegen Schnittebene beurteilt werden. Dabei zeigt sich, wie und wo die Lage des Abutments möglicherweise noch fein eingestellt werden soll. Die Abbildung 14.14 zeigt eine Auswahl solcher Schnittbilder, die im Gegensatz zur Beurteilung mit dem traditionellen Silikonschlüssel wesentlich aussagekräftiger sind.

Während der Ausarbeitung der gewünschten Abutmentform kann es immer wieder dazu kommen, dass am Abutment blau eingefärbte Strukturen sichtbar werden. In der Abbildung 14.15 werden solche Situationen dargestellt. Sie bedeuten, dass das Abutment in dieser Form nicht gefertigt werden kann, da die für die garantierte Festigkeit notwendige Kernzone tangiert ist. Abutments, die derart schmal gezeichnet sind, dass die Zone der synOcta-Verbindung zum Implantat verletzt wird, müssen erweitert werden bis die blauen Einfärbungen nicht mehr sichtbar sind.

Die schematische Darstellung in der Abbildung 14.16 verdeutlicht die Wichtigkeit der Kernzone, die mit der individuellen Gestaltung des Abutments nicht verletzt werden darf. Bei der Fertigung eines Straumann CARES synOcta Custom Abutments wird ein Rohling, Titan oder Zirkondioxid, gefräst bzw. beschliffen. Die Basis des Rohlings bzw. die Zone der Passung zum Implantat und die Struktur, in welcher der Kopf der Befestigungsschraube exakt aufliegen muss, sind industriell vorfabriziert. Aus Festigkeitsgründen muss diesen Strukturen noch eine bestimmte Schichtdicke zugeordnet werden, womit die unberührbare Kernzone des Rohlings definiert ist. Dies gewährleistet die von Straumann garantierte Belastbarkeit des Abutments und seine hochpräzise Passung zum Implantat.

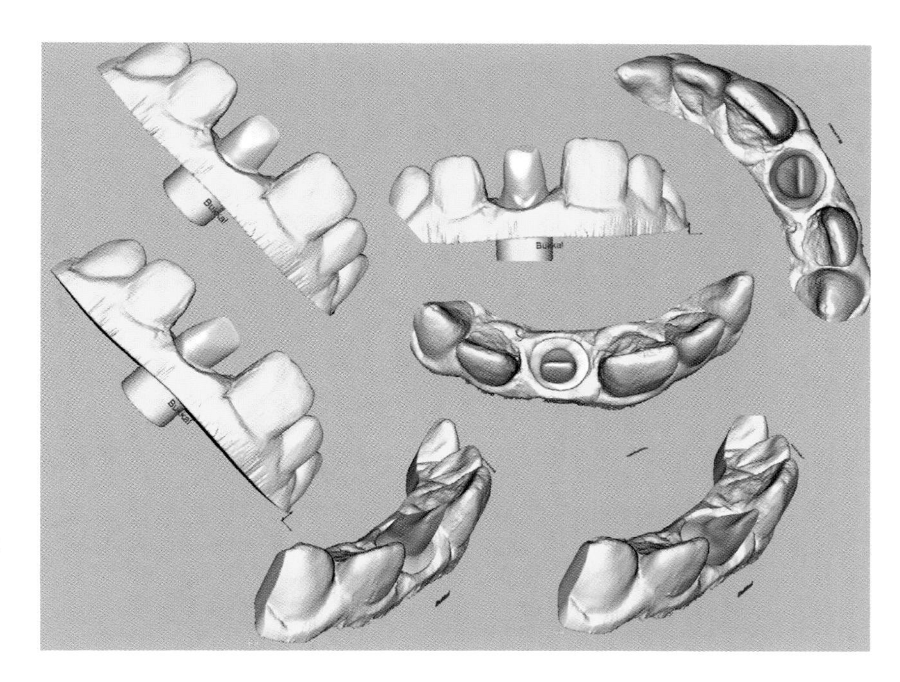

Abb. 14.13 Ausrichtung des Abutments (Screenshots der Abutment-3-D-Software von Sirona); die vertikale Achse (z-Achse) der programmseitig vorgeschlagenen Konstruktion des Abutments stimmt mit der eingestellten Einschubachse überein. Die Lage richtet sich nach der eingestellten Mesiodistal- bzw. Bukkopalatinal-Orientierung. Sind diesbezüglich beim Scan des Modells fehlerhafte Orientierungen akzeptiert worden, so muss die richtige Lage des Abutments nachträglich eingestellt werden. Dies kann mit den diversen Werkzeugen der Abutment-3-D-Software erfolgen: das Abutment kann in alle Richtungen verschoben und in allen Achsen gedreht werden. Es kann zudem bezüglich der drei Raumachsen x, y und z beliebig vergrößert oder verkleinert werden.

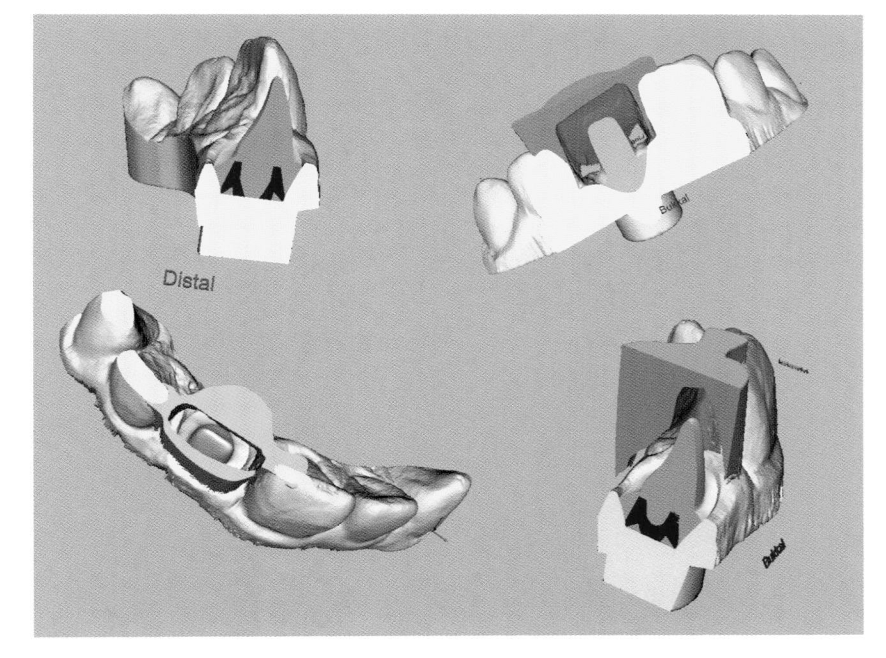

Abb. 14.14 Einpassung des Abutments in das zur Verfügung stehende Raumangebot (Screenshots der Abutment-3-D-Software von Sirona). Mit der Digitalisierung der approximativen Wachsmodellation der definitiven Versorgung ist die Position des Abutments definiert. Das Abutment wird so in der Hohlform der Wachsmodellation positioniert, dass die definitive Versorgung mit Kronenkappe und Verblendung entsprechend der Wachsmodellation hergestellt werden kann. Es kann somit auch bei ungünstig liegenden Implantatachsen eine ideale Abutmentausrichtung eingestellt werden. Die Lage des Abutments im zur Verfügung stehenden Raum lässt sich sehr gut mit Schnittbildern kontrollieren. Die minimale Gesamtschichtdicke der definitiven Versorgung wird mit dem Parameter „Verblendschichtdicke" der Abutment-3-D-Software in Millimetern definiert. Bewirkt das Abutment an gewissen Stellen eine Unterschreitung dieses Maßes, so zeigen sich diese Stellen auf dem Bildschirm mit roten Einfärbungen. Die Feinarbeit am Abutment besteht in der Behebung solcher Stellen mit den zur Verfügung stehenden Skalierungs- bzw. Positionierungswerkzeugen.

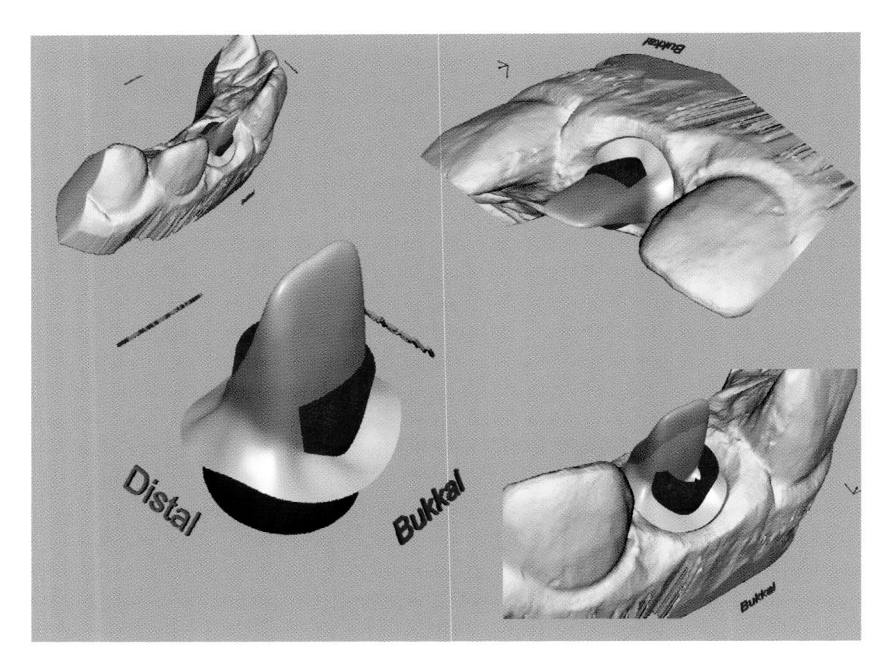

Abb. 14.15 Fehlerhafte Designs (Screenshots der Abutment-3-D-Software von Sirona): das Bild zeigt eine Auswahl verschiedener Situationen, bei denen die Oberfläche des Abutments die blau gekennzeichnete Kernzone durchdringt. Solche Konstruktionen können nicht ausgeschliffen werden. Die Form des Abutments muss so lange vergrößert und/oder verschoben werden, bis keine blauen Markierungen mehr sichtbar sind.

Die Abbildung 14.17 zeigt abschließend nochmals den Aufbau des Straumann CARES synOcta Custom Abutments. Der submukosale Verlauf der Hohlkehlkante ist mittels Parametereinstellung vorgegeben. Er kann abschließnd den Vorstellungen des Zeichners entsprechend noch genauer ausgestaltet werden. Das Tiefer- oder Höherlegen des Verlaufs der Hohlkehlkante erfolgt im Editiermodus der Konstruktionslinie und bewirkt ohne Veränderung des Austrittsprofils lediglich eine Verschiebung der Hohlkehlkante auf der Verbindungslinie zwischen Implantatschulter und eingezeichneter Basislinie.

Bestellung über das Internet

Nach Abschluss des Designs wird der Datensatz des Abutments über das Internet an das Straumann-Fertigungszentrum übermittelt. Hierfür wird eine leistungsfähige Internetverbindung empfohlen (Abb. 14.18).

Nach erfolgreicher Datenübertragung erfolgt eine Empfangsbestätigung. Bevor die Custom Abutments im Straumann-Fertigungszentrum hergestellt werden, werden die Daten einer Eingangskontrolle unterzogen, um deren Richtigkeit und Vollständigkeit zu überprüfen. Sollte der Datensatz Fehler aufweisen (z. B. Verletzung der Kernzone, blaue Einfärbung), erfolgt eine Benachrichtigung mit der Möglichkeit, Korrekturen vorzunehmen. Erst dann erfolgt die definitive Auftragsbestätigung durch Straumann.

Einsetzen der Versorgung

- Das RN synOcta Custom Abutment aus Titan wird dem Zahnarzt zusammen mit der zugehörigen Basisschraube (Titan Ti-Al-7Nb, Länge 6.7 mm, konische Schraubenkopfunterseite) und der definitiven Versorgung auf dem Meistermodell geliefert.
- Das Custom Abutment aus Keramik (ZrO_2) wird mit dem RN synOcta 1.5 Sekundärteil und der zugehörigen SCS-Okklusalschraube (Titan Ti-Al-7Nb, Länge 5.0 mm, flache Schraubenkopfunterseite) geliefert.

In situ wird das gereinigte Custom Abutment aus Titan im Achtkant des Implantats positioniert (die Verwendung von Zement verbietet sich hierbei).

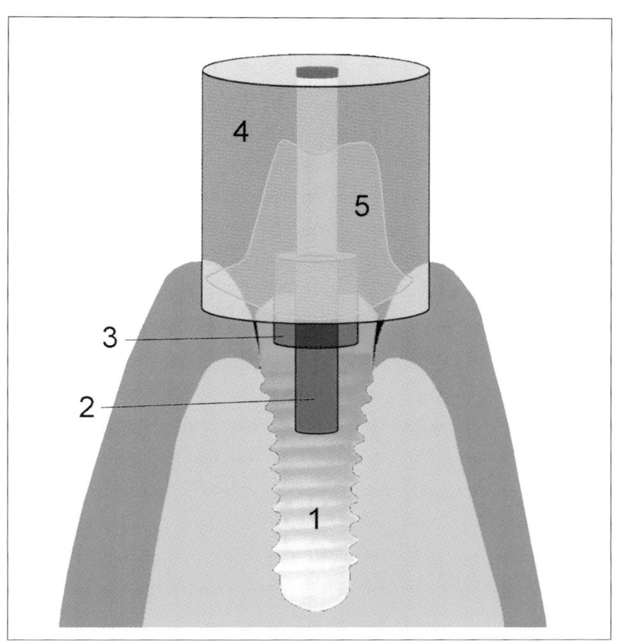

Abb. 14.16 Schematische Darstellung der Herstellungslogik des Custom Abutments. Die Dimensionierungen entsprechen lediglich approximativ den reellen Verhältnissen.

1. Implantat mit Regular Neck-Schulter (RN Ø 4.8 mm)
2. Bereich, der die axiale Kernbohrung für die Schraubenbefestigung symbolisiert.
3. Die blaue Zone symbolisiert den Kern (Zone der synOcta-Verbindung), der bei der CAD-Adaptierung nicht tangiert werden darf.
4. Rohling, aus dem im Fertigungszentrum von Straumann das Custom Abutment gefräst bzw. geschliffen wird.
5. Bereich, der die Form des Custom Abutments symbolisiert; während der Formgebung ist darauf zu achten, dass der blaue Kern nicht tangiert wird. Bei Invasion der Kernzone ergänzt die Firma Straumann nach Bestätigung durch den Kunden die Abutmentform in der Weise, als dass die Kernzonengeometrie wiederhergestellt wird.

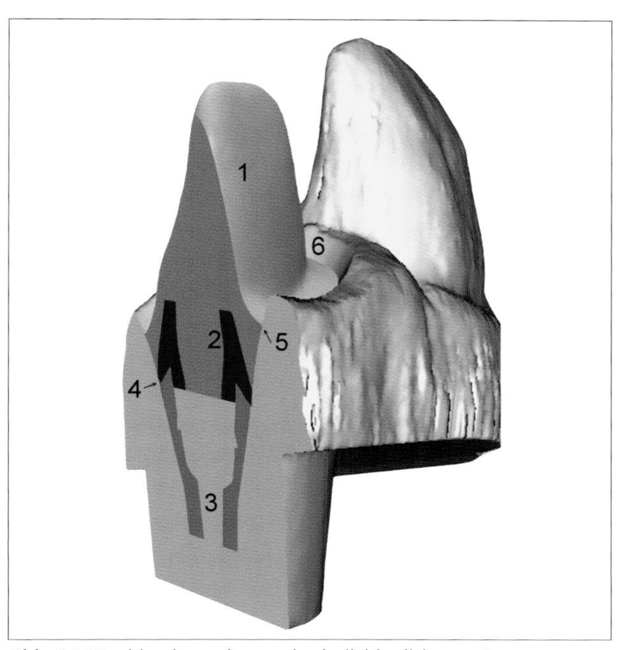

Abb. 14.17 chlussbetrachtung des individualisierten Straumann CARES RN synOcta Custom Abutments. Das Abutment wird im paramedianen Schnitt gezeigt (Screenshot der Abutment-3-D-Software von Sirona).

1. Abutment
2. Die blaue Zone symbolisiert den Kern (Zone der synOcta-Verbindung), der bei der CAD-Adaptierung nicht tangiert werden darf. Durch den Kern verläuft die axiale Bohrung für die Schraubenbefestigung.
3. Der Bereich symbolisiert das Implantat mit Regular Neck-Schulter (RN Ø 4.8 mm); dunkelbraun entspricht der Titanstruktur, die den Achtkant und den Schraubenkanal umgibt.
4. Implantatschulter; die Passung des Abutments auf der Implantatschulter entspricht der von Straumann garantierten Präzision. Die individuelle Formgebung des Emergenzprofils beginnt erst nach 0.2 mm über der Implantatschulterpassung.
5. Abschluss des individualisierten Emergenzprofils mit der Hohlkehlkante. Auf dieser kommt der Rand der späteren Krone zu liegen.
6. Darstellung des submukosalen Verlaufs der Hohlkehlkante; er ist primär mittels Parametereinstellung und sekundär durch individuelle Anpassung des Zeichners definiert.

Abb. 14.18 Nach Abschluss des Designs werden die generierten Daten über das Internet an das Straumann-Fertigungszentrum übermittelt.

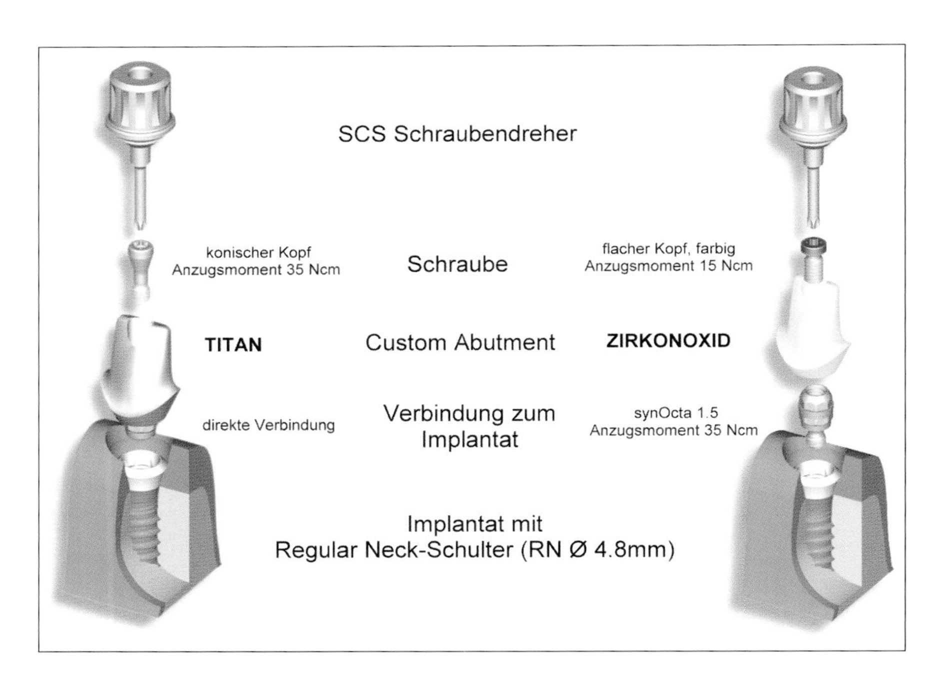

Abb. 14.19 Schematische Darstellung der Eingliederung des individualisierten Straumann CARES RN synOcta Custom Abutments (Bild der Fa. Straumann).

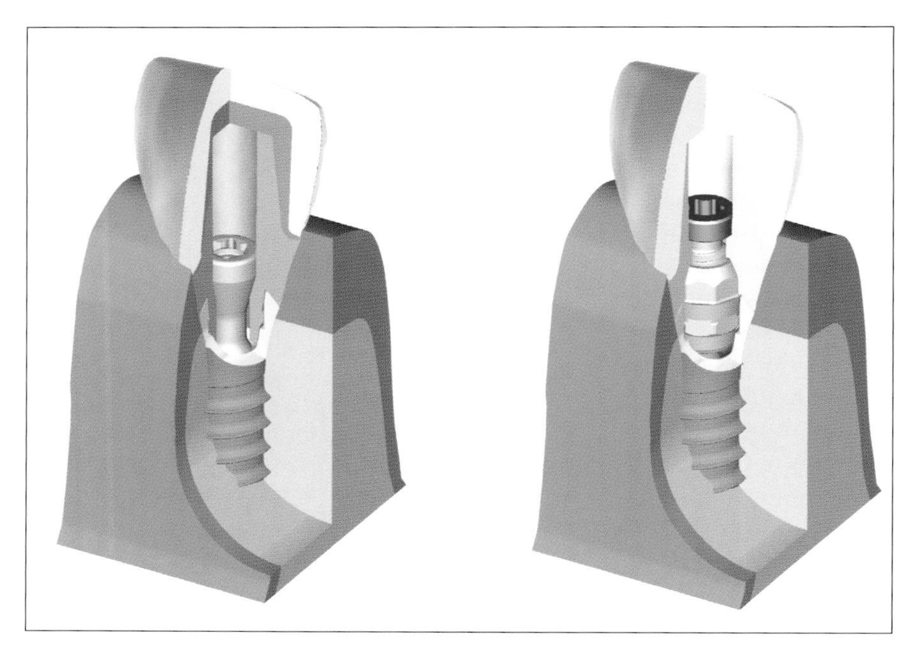

Abb. 14.20 Suprakonstruktion in situ (Bild der Fa. Straumann).

Die Schraube wird mit einem Anzugsmoment von 35 Ncm angezogen. Zur Befestigung des Custom Abutments aus Keramik wird das synOcta 1.5 Sekundärteil mit einem Anzugsmoment von 35 Ncm im Implantat verschraubt. Die Befestigung des Custom Abutments auf dem synOcta 1.5 Sekundärteil erfolgt unter Verwendung der speziellen SCS Okklusalschraube mit einem Anzugsmoment von 15 Ncm (Abb. 14.19).

Vor dem Zementieren der Krone wird der Schraubenkanal mit Wachs oder Guttapercha verschlossen. Somit kann die Schraube bei Bedarf wieder gelöst werden. Anschließend wird die Krone definitiv auf das Custom Abutment zementiert (Abb. 14.20). Das Custom Abutment aus Keramik kann bei entsprechender Formgebung auch direkt keramisch verblendet und somit transokklusal verschraubt werden.

15

Natürliche Implantatästhetik mit vollkeramischen Abutments

Andreas Kurbad, Kurt Reichel

Es ist zwanzig Jahre her, als wir erstaunt feststellten, dass schraubenförmige Gebilde aus Titan, so genannte Implantate, tatsächlich dauerhaft in den Kiefer inseriert werden können. In dieser Phase lag das Zentrum der Bemühungen im chirurgischen Verfahren an sich. Mit der Zeit stellte sich Routine ein, die Methoden wurden verbessert und der Kopf wurde frei für die Frage: ‚Was kommt oben drauf ?' Anfängliche Erklärungen an die Patienten, dass man ja die Lippen beim Lachen doch nicht so weit hoch ziehe und das bisschen Metall eigentlich kaum zu erkennen sei oder das Loch in der Kaufläche im Prinzip ein Fortschritt sei, weil man so die Krone auch mal abschrauben könne, wichen ernsthaften Bemühungen um ein natürliches Erscheinungsbild implantatgetragener Versorgungen (Abb. 15.1 bis 15.3). Das Ziel kann nur sein, dass eine solche Restauration sich nicht von einem natürlichen Zahn unterscheidet. Es kann nicht ernsthaft angehen, bedingungslos irgendwie ein paar Pfosten in den Kiefer zu manipulieren und dann dem Dentallabor die schier unlösbare Aufgabe zuzuschieben, darauf etwas zu bauen, das am Ende alle ästhetischen Bedürfnisse befriedigt.

So müssen in diesem Problemfeld einige Fakten klargestellt werden, die sich vom konventionellen Arbeiten auf natürlichen Zähnen grundlegend unterscheiden:

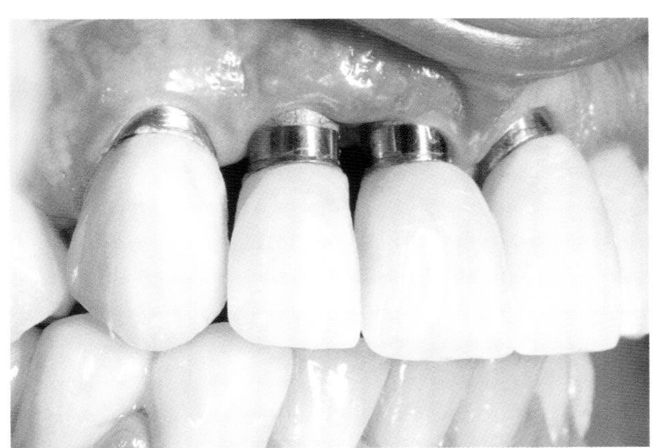

Abb. 15.1 Sichtbare Metallränder waren in den Gründerjahren der Implantologie eher ein untergeordnetes Problem.

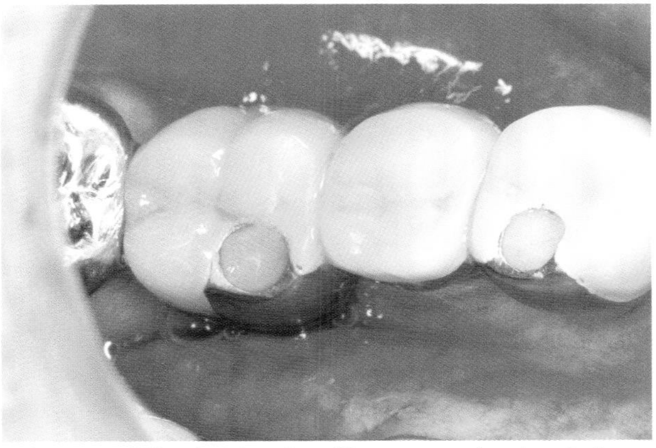

Abb. 15.2 Okklusale Schraubenöffnungen wurden dem Patienten als positiv empfohlen, weil dadurch die Versorgungen abzuschrauben wären.

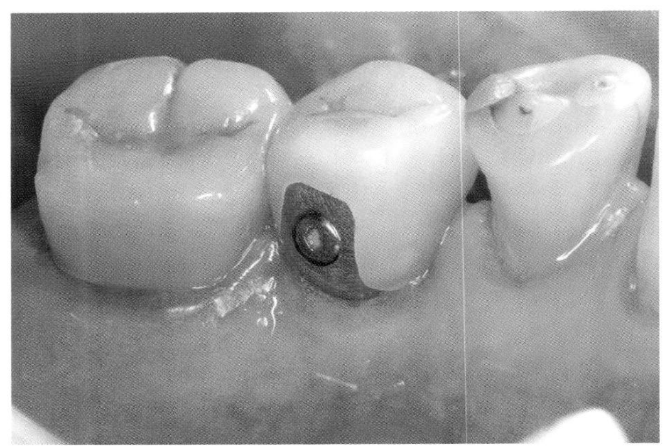

Abb. 15.3 Seitliche Verschraubungen, die nicht wirklich schön und oft auch nicht stabil genug sind.

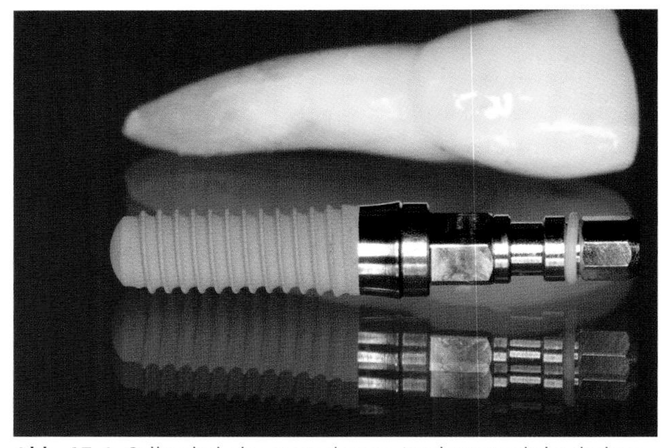

Abb. 15.4 Selbst bei einem modernen Implantat mit konischem Design (TE-tapered Effekt, Fa. Straumann, Basel) zeigt der Vergleich mit der Zahnwurzel den deutlichen Formenunterschied.

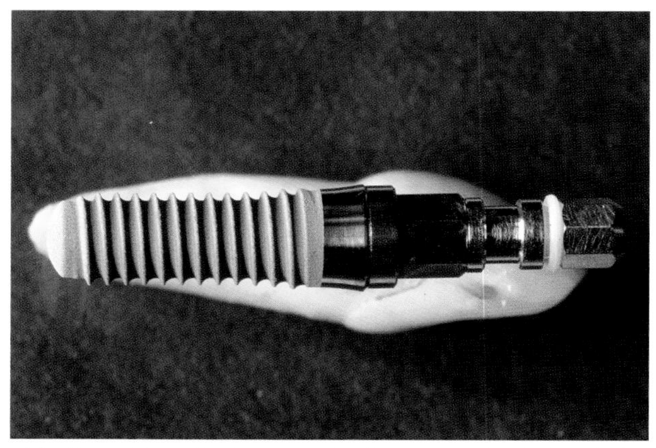

Abb. 15.5 Schon die Anatomie des Zahnes macht die Schwierigkeit deutlich, eine Schraubenöffnung im palatinalen Bereich zu bekommen.

- *Ein Implantat ist keine Zahnwurzel.*
  Es handelt sich um rotationssymmetrische Gebilde, die in den meisten Fällen sogar eingeschraubt werden müssen. Die Annahme eine Zahnwurzel sei rund und gerade und senkrecht an die Krone angekoppelt, ist selbst bei Schneidezähnen ein fataler Irrtum. Die Konsequenz daraus ist, dass man nicht eine extrahierte Wurzel eins zu eins gegen ein Implantat ersetzen kann (Abb. 15.4). Im Bemühen trotzdem eine ideale Ausgangsposition für die spätere ästhetische Versorgung zu schaffen, stößt man an die nächste Grenze:
- *Die anatomischen Gegebenheiten des Kiefers behindern die aus prothetischer Sicht optimale Insertion.*
  Schon bei der Sofort- oder Frühimplantation, bei der die knöchernen Strukturen dem bezahnten Zustand noch sehr ähnlich sind, können Einziehungen des Knochens oder die Gesamtorientierung des zu versorgenden Areals erhebliche Probleme verursachen (Abb. 15.5). Bei länger andauerndem Zahnverlust treten die bekannten Schwundformen auf, die sowohl hinsichtlich des generellen Knochenangebotes als auch durch eine Veränderung der Form eine Positionierung des Implantates am vom Prothetiker gewünschten Ort extrem erschweren (Abb. 15.6 bis 15.9). Es lassen sich zwei Grundlinien erkennen: die chirurgisch orientierte und die prothetisch orientierte Positionierung des Implantates. Beide sind von grundlegender Bedeutung, jedoch nur selten identisch. Wem nutzt ein Implantat, das sicher eingeheilt ist, aber an einer Stelle steht, an der eine prothetische Versorgung unmöglich ist? Was bringt ein streng nach den Wünschen des Prothetikers gesetztes Implantat, wenn es nicht einheilt? Nur eine umfassende Abstimmung zwischen allen beteiligten Fachgebieten kann zur Festlegung einer optimalen Implantatposition führen (Abb. 15.10). Dabei müssen oft auf beiden Seiten Kompromisse gemacht werden. Der Umfang der zu berücksichtigen Faktoren ist erheblich.

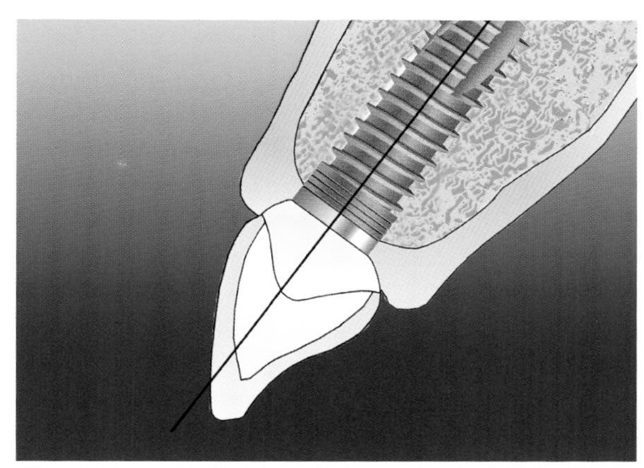

Abb. 15.6 In Kombination mit der Anatomie des Alveolarfortsatzes des Oberkiefers wird das in Abbildung 15.5 gezeigte Problem noch deutlicher.

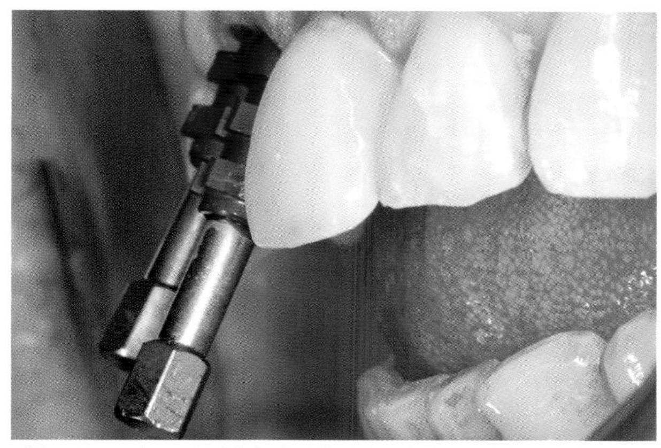

Abb. 15.8 Die reale klinische Situation (hier mit aufgeschraubten Abformhilfen zur Verdeutlichung der Implantatachsen) bestätigt die theoretischen Betrachtungen.

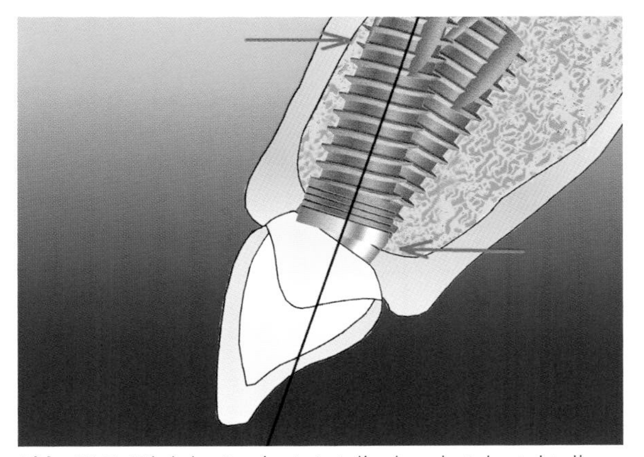

Abb. 15.7 Wird das Implantat steiler inseriert, besteht die Gefahr einer Perforation des Knochens im vestibulären Bereich. Außerdem gerät die Implantatschulter oft in einen ungünstigen Winkel.

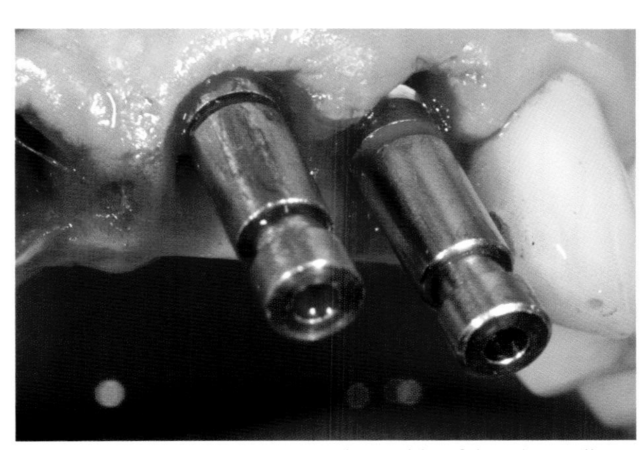

Abb. 15.9 Bei vorgegebener Austrittsposition führt eine steilere Insertion zwangsläufig zur Perforation des labialen Knochens.

- *Die Schulter bzw. der koronale Abschluss der reinen Fixtur ist zur Ausbildung eines adäquaten Emergenzprofils ungeeignet.*
  Wie im ersten Punkt bereits erwähnt, ist ein Implantat rund. Es muss rund sein. Jedoch kein einziger Zahn des natürlichen Gebisses ist rund. In der Regel sind die Durchmesser der Implantate geringer als die der Zähne, welche zu ersetzen sind (Abb. 15.11, Abb. 15.12). Befestigt man eine Krone unmittelbar auf der Implantatschulter, ist gezwungenermaßen die Form der Schulter identisch mit dem Abschluss der Krone.

Abb. 15.10 Zwischen chirurgischen Voraussetzungen und prothetischen Notwendigkeiten besteht oft nur ein sehr geringer Deckungsbereich.

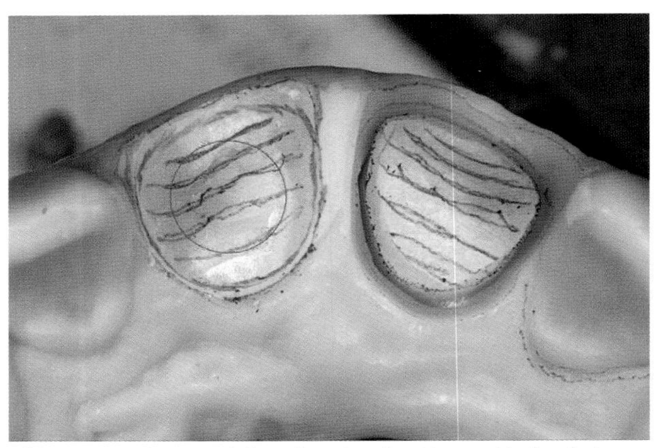

Abb. 15.11 Diese Modellstudie zeigt den Unterschied zwischen dem gewünschten Emergenzprofil und dem real vorhandenen Implantatdurchmesser.

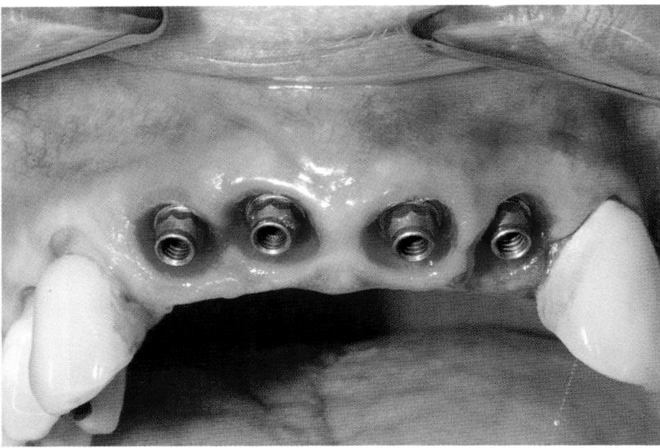

Abb. 15.12 Der intraorale Befund vor der definitiven Versorgung zeigt die Differenz zwischen Implantatschulter und Austrittsprofil der Kronen.

Als Konsequenz der aufgezählten Faktoren wurde im Bemühen um eine chirurgisch und prothetisch optimale Gestaltung eine Mesostruktur zwischen reinem Implantat und Suprakonstruktion entwickelt: das Abutment. Dieses Abutment ist heute die Zauberformel für ästhetisch perfekte Rekonstruktionen. Die Anforderungen an dieses Teil sind so vielfältig, dass es kaum vorstellbar ist, präfabrizierte Elemente zu verwenden. Die Variationen sind so vielfältig wie die Natur selbst. Ein Abutment sollte also individuell vom Labor angefertigt werden. Aus den vorgenannten Bedingungen ergibt sich, dass dies eine schwierige und zeitaufwändige Arbeit ist. Für CAD/CAM-gestützte Verfahren, vor allem die Möglichkeit des virtuellen Designs, scheint gerade hier ein höchst attraktives Aufgabengebiet zu bestehen (Abb. 15.13 bis 15.16).

Chirurgische Voraussetzungen für den Einsatz von Abutments

Das Abutment erfordert eine freie Strecke zwischen Implantat und Kronenrand. Dafür müssen die Implantate entsprechend tief gesetzt werden (Abb. 15.17, Abb. 15.18). Eine Implantatschulter auf Höhe des Gingivasaumes macht den Einsatz von Abutments unmöglich. Zur Optimierung der Insertionstiefe ist die Bestimmung der Weichgewebsdicke von großer Bedeutung. Dieses Maß kann erheblich variieren und in extremen Fällen eine chirurgische Vorbehandlung notwendig machen. Optimal sind Abstände zwischen Implantatschulter und Gingivasaum von 2 bis 4 mm. Weniger Platz verursacht Probleme mit der Mindestmaterialstärke und schränkt den Gestaltungsspielraum zur Erzielung des Emergenzprofils ein. Bei größeren Tiefen lässt sich der Fügebereich zwischen Abutment und Implantat nur noch schwer kontrollieren. Der Tonus der Weichgewebsmanschette bereitet außerdem Probleme bei Manipulationen, wie z. B. bei der Abformung.

Entscheidend ist, dass sich die Form des Abutments vom runden Abgang an der Implantatschulter mit vordefiniertem Durchmesser so weit ändert, dass am Ginigivarand ein optimales Emergenzprofil erreicht werden kann. Das Abutment wird hierfür trichterförmig erweitert. In diesem Zusammenhang ist es sinnvoll, die Weichgewebsmanschette bereits vor dem Beginn der prothetischen Versorgung so zu formen, dass sie eine Aufnahme des Abutments erleichtert (Abb. 15.19). Zu einem geeigneten Zeitpunkt sollte damit begonnen werden, die vom Implantathersteller vorgegebenen Einheilkappen zu individualisieren oder durch geeignete, individuell im Labor gestaltete Gingivaformer zu ersetzen. Mindestens vier Wo-

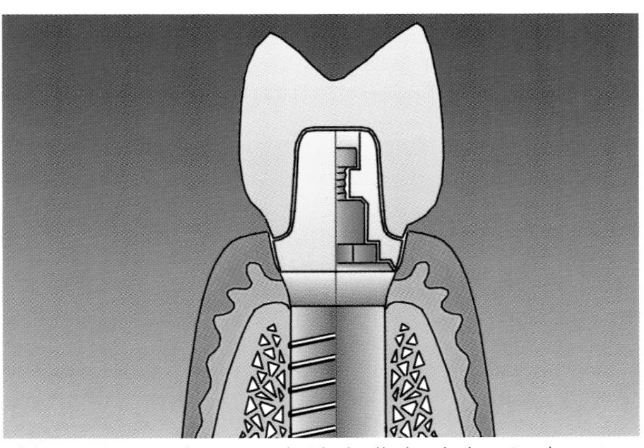

Abb. 15.13 Das Abutment als Bindeglied zwischen Implantat und Krone dient zur Korrektur der Zahnachse und zur Ausformung eines geeigneten Emergenzprofils.

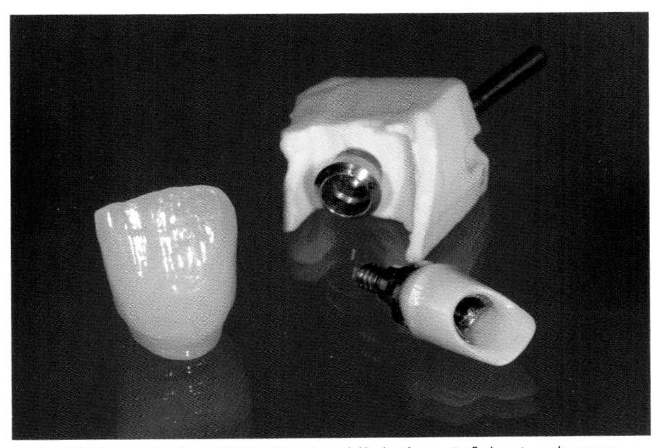

Abb. 15.14 Die drei Teile für den klinischen Erfolg: Implantat, Abutment (hier eine Metall-Keramik-Kombination) und Krone.

Abb. 15.15 Das Abutment liegt logischerweise im subgingivalen Bereich.

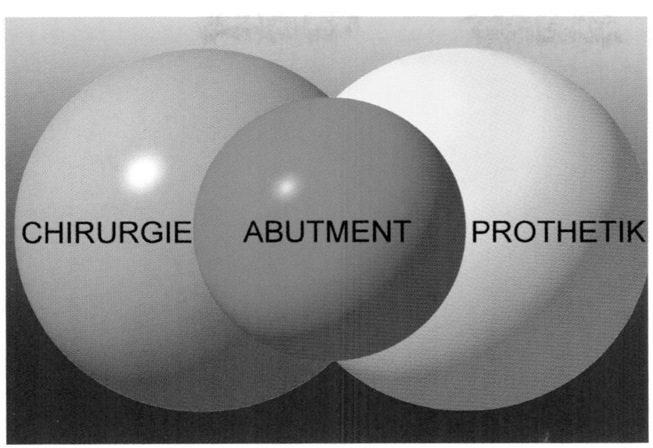

Abb. 15.16 Durch den Einsatz von Abutments kann der Handlungsspielraum in der Implantologie deutlich erweitert werden.

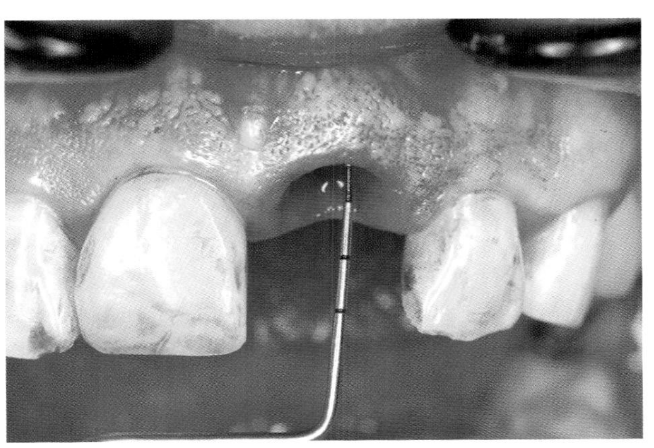

Abb. 15.17 Mit einer PA-Messsonde kann während des operativen Eingriffs die Distanz zwischen Implantatschulter und Gingivarand kontrolliert werden.

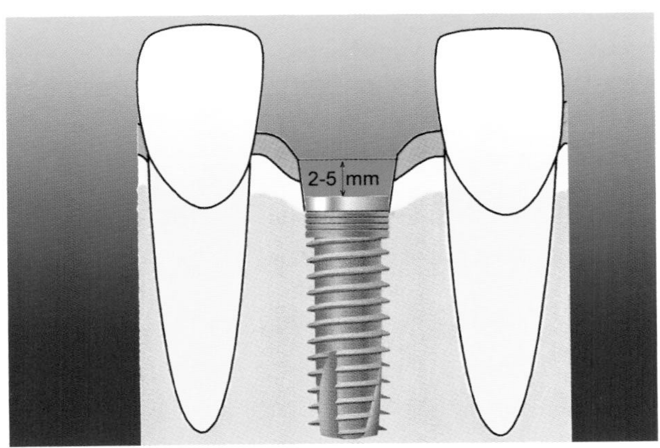

Abb. 15.18 Für die Ausformung eines Abutments ist eine Insertionstiefe von 2 bis 5 mm optimal.

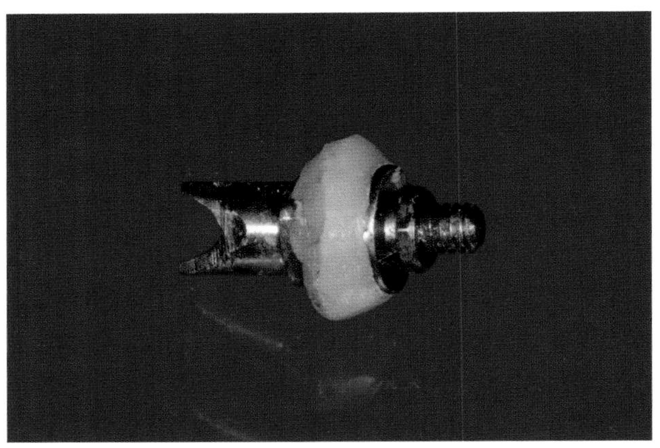

Abb. 15.19 Zur Vorbereitung der Weichgewebsmanschette können temporäre Abutments individuell modifiziert werden.

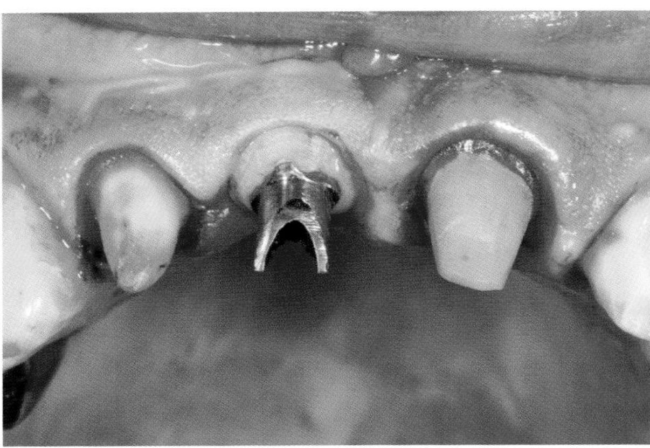

Abb. 15.20 Für einen Zeitraum von ca. vier Wochen kann mit individuell gestalteten provisorischen Abutments die Aufnahme der definitiven Versorgung vorbereitet werden.

chen vor der definitiven Versorgung ist dafür ein geeigneter Zeitraum. Bei gedeckt einheilenden Implantaten kann im Zuge der Freilegung damit begonnen werden. Im Labor lassen sich Möglichkeiten für eine optimierte Form durch Erweitern des Hohlraumes im Gips oder, falls verwendet, in der Zahnfleischmaske aus Silikon simulieren. Es kann dann eine spezielle Einheilkappe oder - wie von den Autoren ebenfalls bereits mehrfach praktiziert - eine provisorische Krone mit einem entsprechend gestalteten subgingivalen Anteil angefertigt und eingesetzt werden (Abb. 15.21 bis 15.24).

Anforderungen an Abutments

Am Abutment sind zwei Bereiche zu unterscheiden: das Areal, welches vom Implantat bis knapp unter den Gingivasaum reicht. Dieser gingivale Anteil wird sich in der Regel trichterförmig erweitern und dient dazu, ein dem zu ersetzenden Zahn entsprechendes Emergenzprofil zu erzeugen. Der koronale Anteil des Abutments trägt die Suprakonstruktion, die in den meisten Fällen eine Krone ist. Deshalb ist er im Übergang zum gingivalen Anteil mit einer Hohlkehle ausgestattet. Mehr oder weniger zentral kommt der Schraubenkanal zu liegen, welcher der Befestigung des Abutments am Implantat dient. Da außer einer Mindestmaterialstärke keinerlei Bedingungen an die Lage der Verschraubung gestellt werden, wird dieser koronale Bereich auch dazu benutzt, Stellungsprobleme des darunter liegenden Implantates auszugleichen.

Da sich der gingivale Anteil vollständig im Weichgewebe befindet und hier aus biologischer Sicht keine Abwehrreaktionen erwünscht sind, muss ein hoher Grad an Biokompatibilität gefordert werden. Das ist auch für die Ästhetik von essenzieller Bedeutung, weil man - wie beim gesunden Zahn - eine entzündungsfreie Gingiva erwartet. Solche Anforderungen werden heute am besten von keramischen Materialien erfüllt. Zugleich günstig ist dabei ihre zahnähnliche Farbe. Das Abutment ist zwar im Idealfall bei eingesetzter Suprakonstruktion nirgendwo zu sehen, aber die Gingiva ist mit zum Rand hin abnehmender Dicke durchaus transparent. Eine metallische Oberfläche würde selbst ein entzündungsfreies Zahnfleisch dunkler erscheinen lassen und dadurch den Gesamteindruck verschlechtern. Betrachtet man die Lage des Abutments im Mittelteil zwischen Implantat und Krone, so ist klar, dass hier die höchsten Scher- und Biegekräfte der gesamten Versorgung auftreten. Zudem tritt durch die Verschraubung im Implantat noch eine Druckspannung auf. Logischerweise muss ein sehr widerstandsfähiger Werkstoff eingesetzt werden, um Frakturen zu vermeiden. Die klinische Erfah-

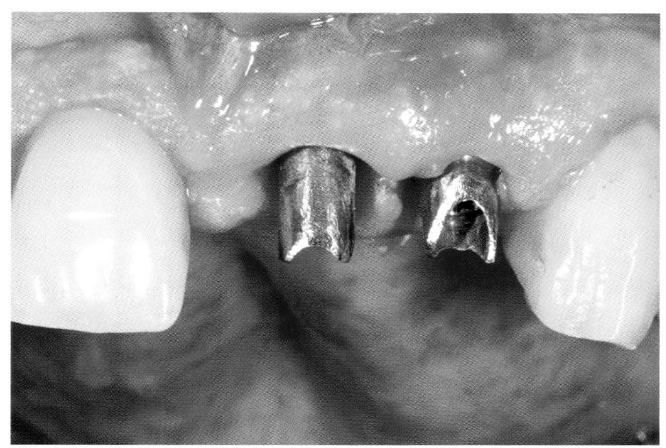

Abb. 15.21 Spezielle Abutments zur Aufnahme provisorischer Kronen werden für die klinischen Anforderungen individualisiert.

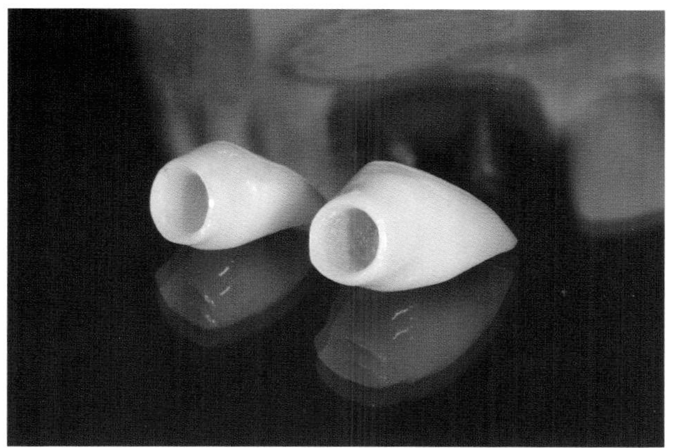

Abb. 15.23 Die spezielle zervikale Gestaltung dient in diesem Fall ebenfalls der Ausformung einer Weichgewebsmanschette.

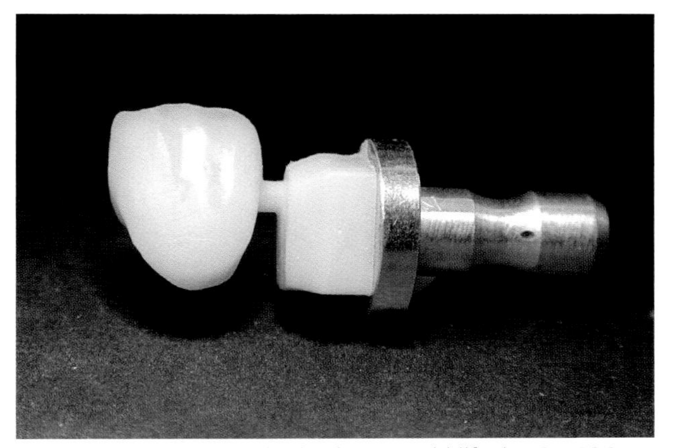

Abb. 15.22 Langzeitprovisorien können mithilfe des CEREC-Systems aus polychromatisch geschichteten Kunststoffkronenblöcken (Artegral ImCrown, Fa. Merz Dental, Lütjenburg) hergestellt werden.

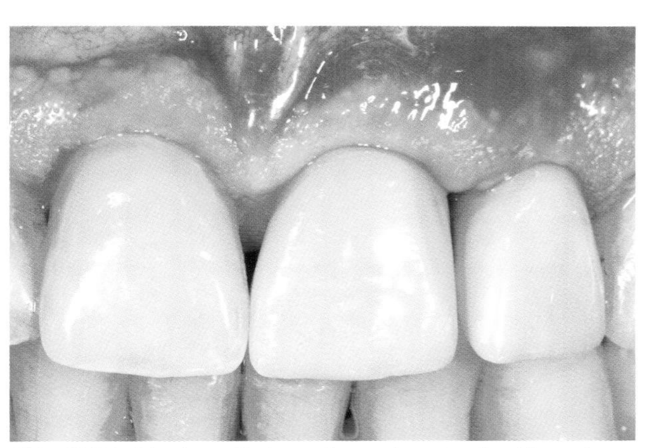

Abb. 15.24 Die eingegliederten Langzeitprovisorien bieten in der Übergangszeit bis zur definitiven Versorgung akzeptable Ästhetik und guten Tragekomfort.

rung lehrt, dass eigentlich nie genug Platz vorhanden ist. Ein Ausweichen in die Erhöhung der Materialstärke ist somit ausgeschlossen. Von den möglichen und verfügbaren Materialien scheint hier Titan der geeignete Werkstoff zu sein. Aber auch die in letzter Zeit verfügbaren Hochleistungskeramiken ergeben an dieser Stelle Sinn. Beide Materialien lassen sich sehr schlecht bearbeiten, was den Gedanken an eine CAD/CAM-gestützte Herstellung zunehmend folgerichtig erscheinen lässt. Aus implantologischer Sicht ist der Fügebereich zwischen Implantat und Abutment von großer Bedeutung. Untersuchungen haben gezeigt, dass je näher diese Zone am Knochen liegt, eine große Wahrscheinlichkeit von Einbrüchen im Hartgewebe besteht. Diese sind neben dem mechanischen Reiz ganz sicher auf die Möglichkeit einer bakteriellen Besiedelung zurückzuführen. Es muss deshalb gefordert werden, dass Spaltmaße auf das machbare Minimum beschränkt werden. Hier bestehen fertigungstechnisch die besseren Möglichkeiten im Metallbereich, was gegen Keramik und für Titan sprechen würde. Als mögliche Lösung kommen Hybridformen infrage, bei denen ein Titankern die Kräfte abfängt und eine bestmögliche Passung auf dem Implantat gewährleistet sowie ein Außenmantel aus Hochleistungskeramik, der für eine hohe Biokompatibilität und eine zahnähnliche Farbe sorgen würde.

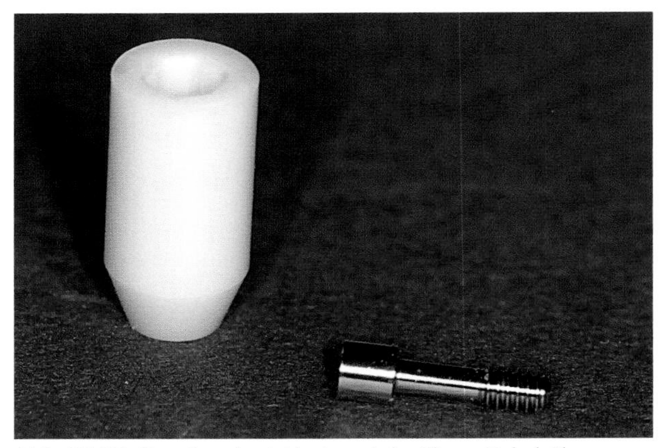

Abb. 15.25 Das Ceradapt-Abutment der Firma Nobel Biocare (Göteborg) ist eines der frühen vollkeramischen Abutments und besteht aus Aluminiumoxidkeramik.

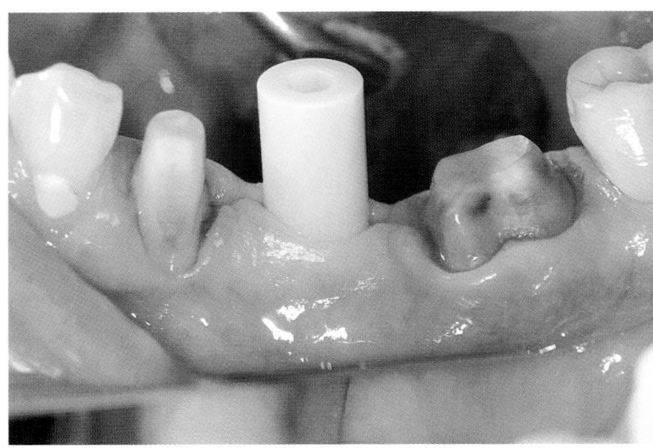

Abb. 15.26 Die zylindrische Form wird durch Beschleifen an die klinischen Anforderungen angepasst.

CAD/CAM-gefertigte vollkeramische Abutments

Vollkeramische Abutments sind schon seit mehreren Jahren im Einsatz und haben sich klinisch bewährt. In Ermangelung der heute verfügbaren Hochleistungskeramiken wurde als Material reines Aluminiumoxid (Abb. 15.25, Abb. 15.26) Ceradapt, Fa. Nobel Biocare, Göteborg, Schweden) oder In-Ceram ZIRCONIA (VITA Zahnfabrik, Bad Säckingen und Fa. Straumann, Basel, Schweiz) eingesetzt. Diese Abutments stehen als Rohlinge zur Verfügung (Abb. 15.27). Sie haben apikal eine Aufnahme zur Ankopplung an das jeweilige Implantat. Daran schließt sich eine trichterförmige Erweiterung an, die in einen zylindrischen Anteil übergeht. Erfahrungen mit beiden hier erwähnten Typen zeigen, dass die individuelle Anpassung an die reale klinische Situation eine aufwändige Arbeit ist. Einerseits liegt das an der Härte der verwendeten Keramik, die außerdem noch sehr schonend bearbeitet werden muss. Aus diesem Grund ist der VITA SY-9-Rohling nur im Bereich der Aufnahme für das Implantat mit Glas infiltriert, der restliche Bereich besteht aus der weicheren, vorgesinterten Rohkeramik. Die realisierten Fälle mit diesem Typ zeigen jedoch, dass oft auch die infiltrierte Keramik geschliffen werden musste, die eine große Härte aufweist (Abb. 15.28, Abb. 15.29). Andererseits ist die Gestaltung dieser Abutments eine Aufgabe, welche vom Techniker ein sehr komplexes, dreidimensionales Denken erfordert. Viele Faktoren müssen berücksichtigt und die Anlage der darauf zu platzierenden Krone gleich mitkalkuliert werden. Die Einhaltung der Mindestmaterialstärken kann nur schätzungsweise erfolgen. Allein aus diesen Gründen war es sinnvoll, eine Möglichkeit für die CAD/CAM-gestützte Fertigung solcher Abutments zu entwickeln.

Für das CEREC- bzw. inLab-System der Firma Sirona (Bensheim) begannen solche Bemühungen auf Basis der VITA SY-9-Rohlinge (Fa. VITA Zahnfabrik, Bad Säckingen), die zur Versorgung von Straumann Implantaten (Fa. Straumann, Basel, Schweiz) verwendet werden. Hinsichtlich der Digitalisierung der Modelloberfläche besteht hier im Gegensatz zu natürlichen Zähnen der Vorteil, dass der Zahnstumpf ja ein Implantatpfosten ist und damit immer absolut gleich aussieht. Er ist außerdem am Rohling bereits vorhanden und muss nicht ausgeschliffen werden. Diese Tatsache in Kombination mit der Erkenntnis, dass durch die tiefe Insertion der Implantate deren Schulter oftmals ganz unten zu liegen kommt, führte dazu, das Implantat nicht direkt abzutasten, sondern einen Hilfskörper darauf zu stecken, der auf seiner Oberseite eine aus drei Halbkugeln bestehende Struktur aufweist, die der exakten dreidimensionalen Positionierung dient. Wird eine solche Struktur durch die Software erkannt, ordnet das Programm an exakt der richtigen Stelle die virtuelle Aufnahme für das Abutment an.

Da diese Maßnahme vollkommen unproblematisch ist, kann der Schwerpunkt der Bemühungen auf die korrekte Digitalisierung der Zahnfleischverhältnisse gelegt werden, denn diese sind für die exakte Ausformung des Emergenzprofils von großer Bedeutung. Schon bei der Modellherstellung wird diesem Umstand durch Anfertigung einer Zahnfleischmaske aus Silikon (Gi-Mask, Fa. Coltène Whaledent, Langenau) Rechnung getragen. Sollte die Weichgewebsmanschette noch nicht ideal geformt oder durch die Abformung deformiert worden sein, kann mit geeigneten Fräsen hier vor dem Digitalisierungsprozess noch eine Korrektur und Verfeinerung erfolgen. Während des virtuellen Designs in der Software wird dann lediglich die Linie festgelegt, die die Präparationsgrenze und damit das Emergenzprofil bestimmt. Weiterhin muss natürlich der Stumpf so ausgerichtet werden, dass es möglich ist, in der Folge noch eine Krone zu gestalten, die letztlich die Versorgung komplettiert. In diesem Zusammenhang ist es sinnvoll, die z. B. durch ein Wax-up gewonnene Endform der Krone durch einen zusätzlichen Digitalisierungsprozess ebenfalls aufzunehmen. Durch Überlagerung beider Situationen lässt sich der koronale Anteil des Abutments hinsichtlich Ausrichtung und Größe optimal für die Aufnahme der späteren Versorgung gestalten.

Die VITA SY-9-Rohlinge wurden mittels einer speziellen Halterung in der Schleifeinheit des inLab-Gerätes (Fa. Sirona, Bensheim) befestigt und anschließend anhand der gewonnenen Schleifdaten durch die Maschine individualisiert (Abb. 15.30 bis 15.32). Diese Methode stellte bereits einen großen Fortschritt in der Gestaltung individueller Abutments dar und verkürzte den Fertigungsprozess um mehrere Stunden. Mit der klinischen Einführung der Hochleistungskeramik Zirkoniumdioxid steht nun ein Material mit nochmals deutlich erhöhter Festigkeit und zudem größerer Transluzenz zur Verfügung. Um diese Vorteile für die CAD/CAM-gestützte Anfertigung von Abutments nutzen zu können, ist eine zentrale Fertigung notwendig, da dieses Material nicht mit der inLab-Schleifeinheit bearbeitet werden kann.

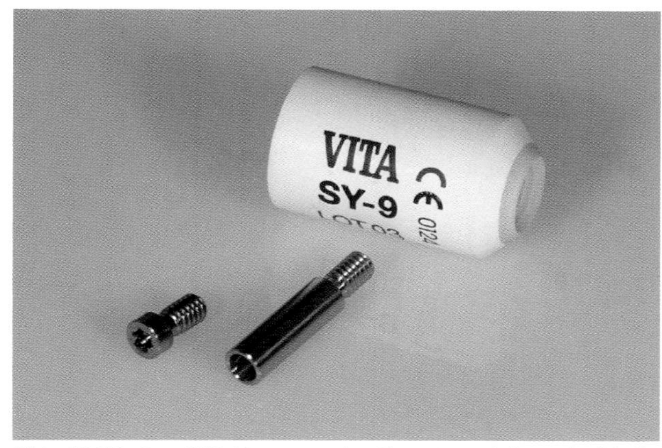

Abb. 15.27 Das SY-9-Abutment der Firma VITA (Vita Zahnfabrik, Bad Säckingen) besteht aus In-Ceram ZIRCONIA und ist für den Einsatz auf Implantaten der Firma Straumann (Basel) bestimmt.

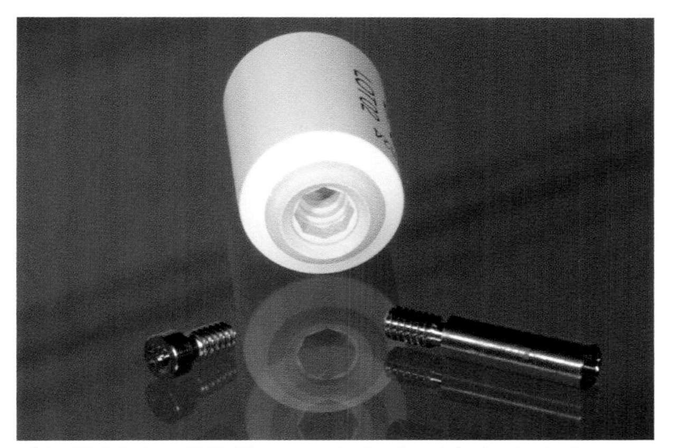
Abb. 15.28 Das SY-9-Abutment ist im Bereich der Aufnahme bereits glasinfiltriert. Der Körper ist unverglast und soll sich entsprechend leicht bearbeiten lassen.

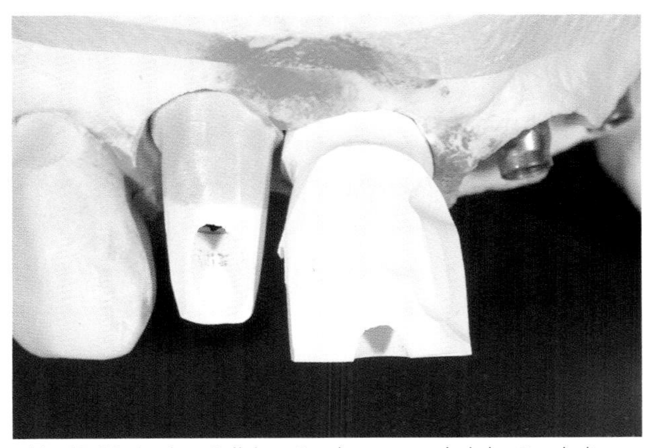
Abb. 15.29 In der täglichen Praxis mussten bei der Bearbeitung durch den Zahntechniker große Areale auch im infiltrierten Bereich geschliffen werden, was sehr aufwändig ist.

Diese Möglichkeit wurde von der Firma Straumann (Basel, Schweiz) geschaffen. Die vom Dentallabor individuell berechneten Schleifdaten für das jewei-

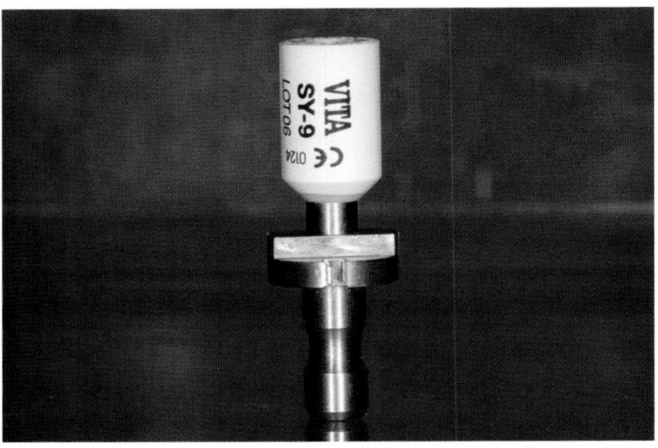

Abb. 15.30 Im Rahmen eines Entwicklungsprojekts für CEREC konnte mithilfe eines speziellen Adapters das SY-9-Abutment in die Schleifeinheit eingespannt und bearbeitet werden.

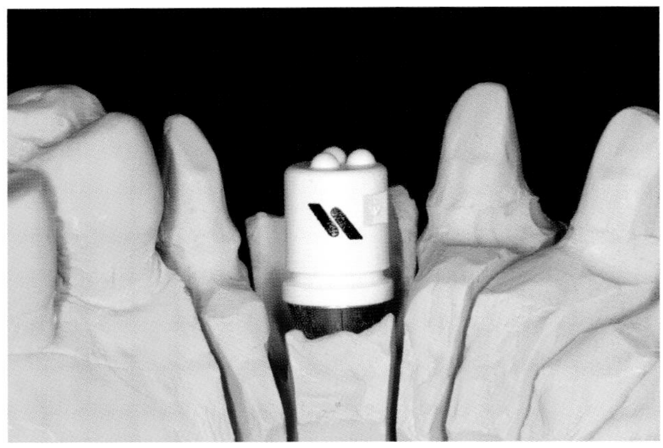

Abb. 15.33 Zur Erkennung des Implantates durch die aktuelle CEREC-Software wird bei der Digitalisierung der Modelloberfläche ein Scankörper aufgesteckt.

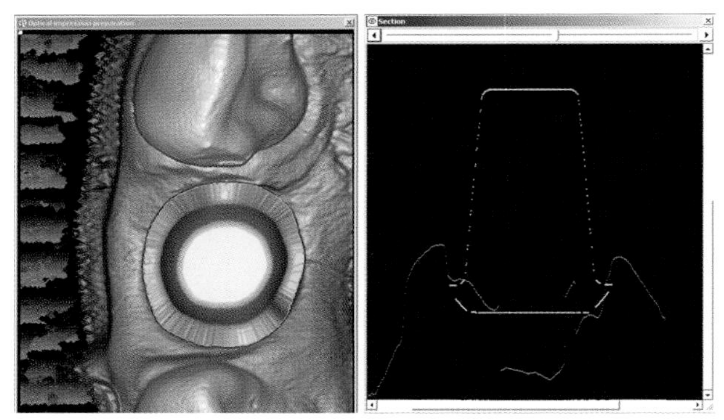

Abb. 15.31 Mit der zweidimensionalen Software konnte ein Abutment konstruiert werden.

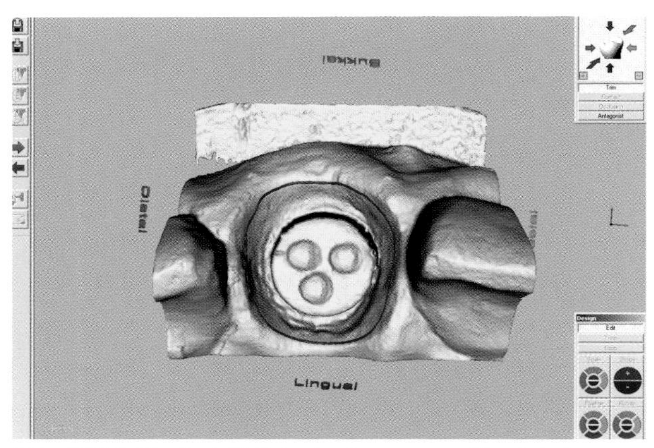

Abb. 15.34 Die Austrittslinie des Emergenzprofils wird als Benutzereingabe erwartet.

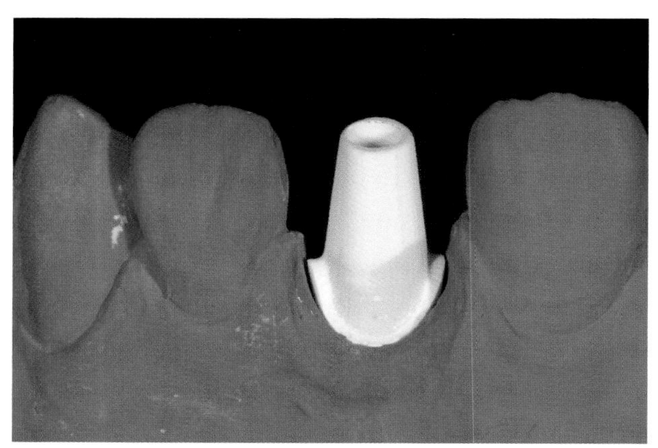

Abb. 15.32 Obwohl ein auf diese Weise hergestelltes Abutment noch individualisiert werden musste, konnte die Arbeitserleichterung eindrucksvoll durch das CAD/CAM-Verfahren demonstriert werden.

lige Abutment werden über das Internetportal Infinident (Fa. Sirona, Bensheim) an das Straumann Schleifzentrum übermittelt. Die Teile werden zentral gefertigt und dem Labor innerhalb weniger Tage per Post zugestellt. Zunächst konnten im Rahmen des so genannten CARES-Projektes Abutments aus Titan gefertigt werden. Diese sind für den Seitenzahnbereich sowie für Fälle mit zu erwartender sehr hoher Belastung vorteilhaft. Die CARES-Titanabutments besitzen bereits den Octa-Anteil zur direkten Verschraubung im Implantat (Abb. 15.33 bis 15.37). Als neueste Entwicklung steht nun auch die Fertigung vollkeramischer Abutments aus Zirkoniumdioxid auf diese Weise zur Verfügung (Abb. 15.38 bis 15.40). Im Fall der vollkeramischen Versorgung muss zur Ankopplung zunächst ein Octa-Aufbau von Straumann im Implantat verschraubt

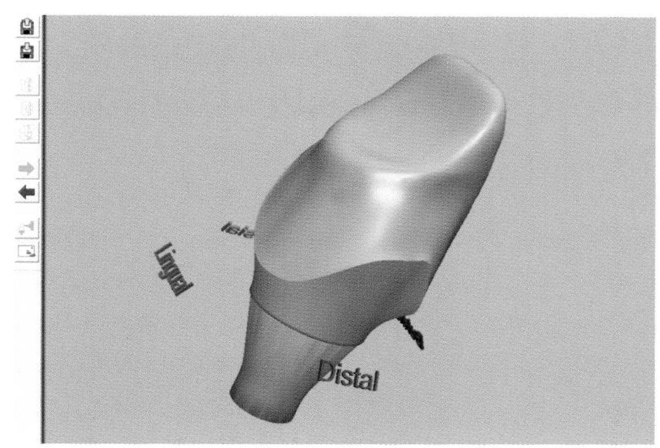

Abb. 15.35 Das Abutment wird von der Software vollautomatisch berechnet und kann danach vom Anwender modifiziert werden.

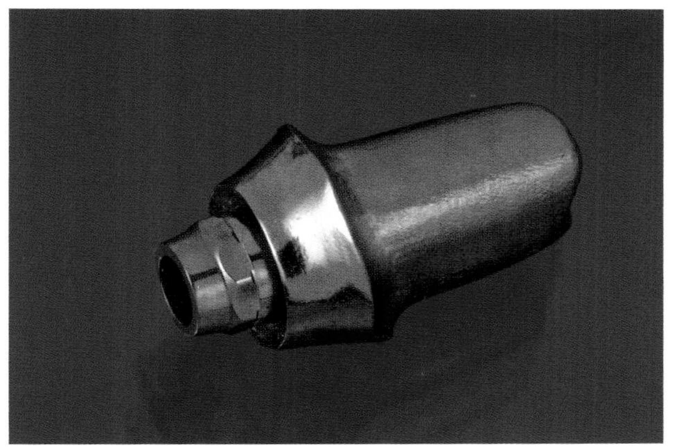
Abb. 15.36 Fertiges CARES-Abutment (Fa. Straumann, Basel) aus Titan. Der Octa-Anschlussbereich befindet sich bei der Titanvariante direkt am Abutment.

Abb. 15.37 CARES-Abutments aus Titan auf der Modellsituation.

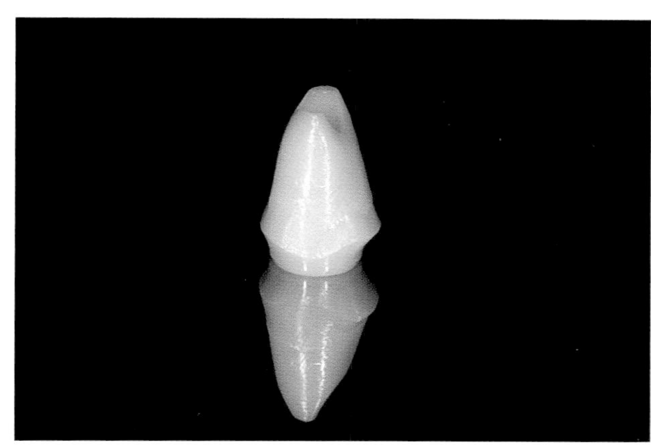
Abb. 15.38 Das CARES-Vollkeramik-Abutment besteht aus Zirkondioxid (Fa. Straumann, Basel).

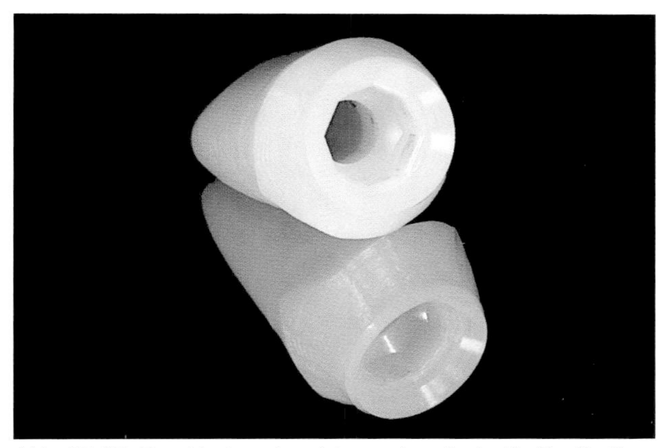
Abb. 15.39 Das Abutment weist an seiner Basis die für die Firma Straumann typische synOcta-Aufnahme auf.

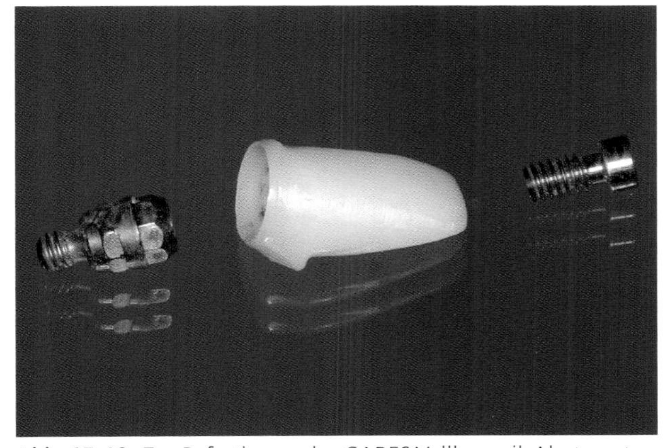
Abb. 15.40 Zur Befestigung des CARES-Vollkeramik-Abutments auf dem Implantat werden das synOcta 1.5 Sekundärteil und eine spezielle SCS-Okklusalschraube benötigt (alles Fa. Straumann, Basel).

werden. Die Verwendung dieser Versorgungsform setzt eine gute Planung und eine enge und vertrauensvolle Zusammenarbeit zwischen Praxis und Labor voraus.

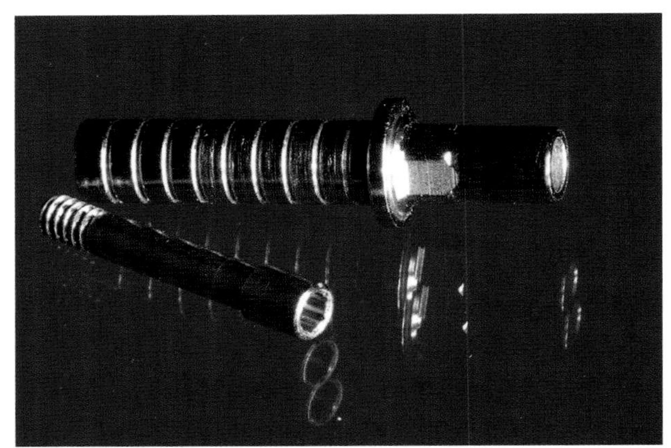

Abb. 15.41 Mögliche Ausgangsbasis für ein individuell gestaltetes Vollkeramik-Abutment sind geeignete Standardaufbauten der jeweiligen Implantatsysteme (hier: Fa. Henry Schein, Langen).

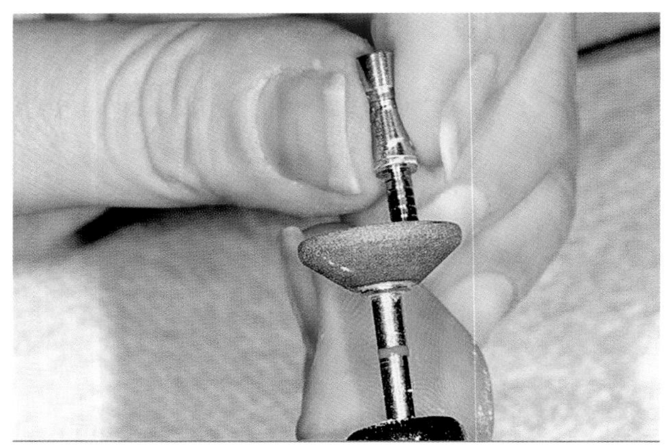

Abb. 15.42 Der Titanaufbau wird entsprechend den klinischen Anforderungen gekürzt.

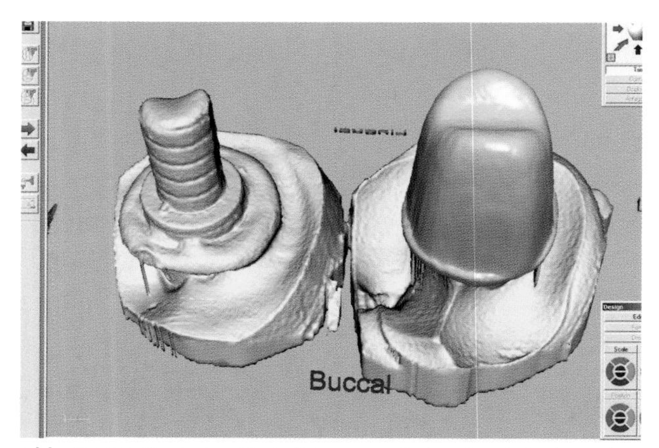

Abb. 15.43 Nach der Digitalisierung mit dem inLab-System (Fa. Sirona, Bensheim) wird im Designmodus 'Krone – Framework' der keramische Anteil des Abutments konstruiert.

Das Hybrid-Abutment als Kombination aus Titan und Keramik

Der Gedanke, beide Materialen zu kombinieren und sowohl die Zähigkeit und Präzision des Titans als auch die ästhetischen Vorteile der Keramik zu nutzen, ist nicht neu. Einige Implantathersteller haben solche Abutments als konfektionierte Teile in ihrer Produktpalette. Die Vielzahl der möglichen klinischen Situationen schränkt den Einsatzbereich solcher Elemente jedoch stark ein. Eine universelle Möglichkeit besteht darin, auf ein vorhandenes Abutment aus Titan einen CAD/CAM-gestützten Aufbau aus Zirkoniumoxid zu fertigen und beide Anteile miteinander zu verkleben. Voraussetzung dafür ist jedoch, dass der tragende Anteil aus Titan sehr grazil ist. In den seltensten Fällen sind die Platzverhältnisse so, dass hier größere Materialschichten platziert werden können. Außerdem gibt es am apikalen Abschluss des Implantates einen zusätzlichen Bereich aus Titan, der ein ästhetisches Problem darstellen könnte.

Ein solches Platz sparendes Abutment findet sich in der Produktpalette der alphatech-Implantate (Fa. Henry Schein, Langen). Die Verankerungselemente befinden sich weitgehend im Bereich des Implantatpfostens. Der äußere Anteil besteht aus einer dünnen Platte (0,3 mm), die den sicheren Abschluss auf dem Implantat gewährleistet und mit einer mittleren Spaltbreite von 5 µm äußerst exakt gearbeitet ist, sowie einer Hülse, die den Schraubenkanal bildet und auf ihrer Außenseite kleine Retentionsrillen trägt (Abb. 15.41). Diese Hülse kann individuell gekürzt werden.

Für die Anfertigung einer solchen Versorgung wird, wie üblich, zunächst ein Arbeitsmodell unter Verwendung eines Laborimplantates hergestellt. Auch hier ist der Einsatz einer Zahnfleischmaske aus einem Silikonmaterial sehr sinnvoll. Wenn notwendig, wird die Form des Zahnfleisches im Silikon so weit modifiziert, dass ein möglichst optimales Emergenzprofil entsteht. Der Titanauf-

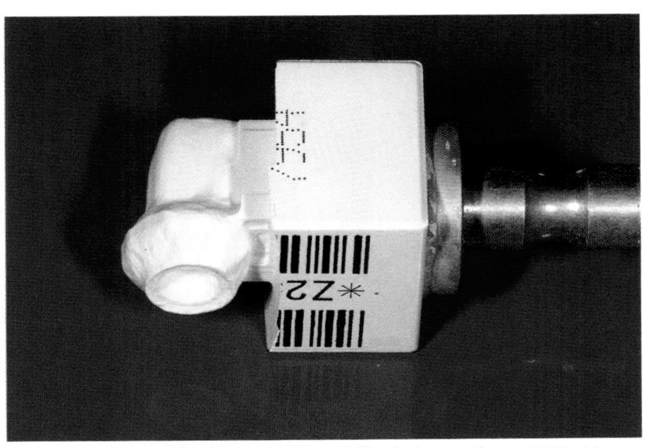

Abb. 15.44 Das fertig gestaltete Teil wird aus einem VITA YZ-Rohling (Fa. VITA Zahnfabrik, Bad Säckingen) ausgeschliffen.

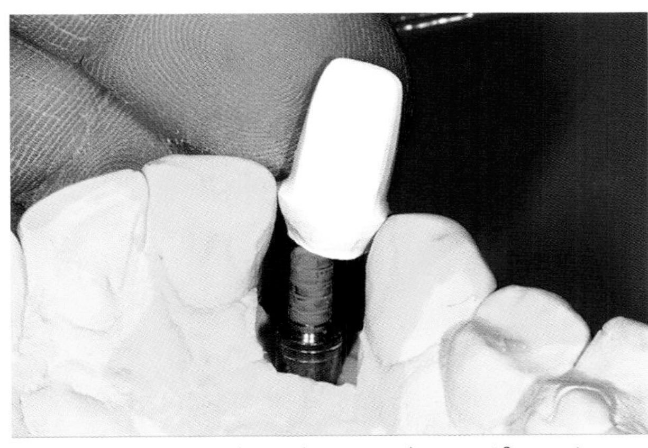

Abb. 15.46 Vor dem Sintern ist wegen des vergrößerten Ausschleifens eine Anprobe nicht möglich.

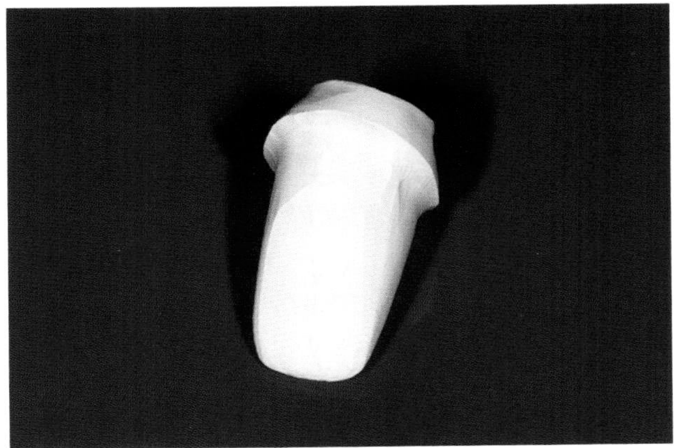

Abb. 15.45 Im weichen Grünzustand lassen sich leicht notwendige Nacharbeiten ausführen, wie zum Beispiel die Glättung.

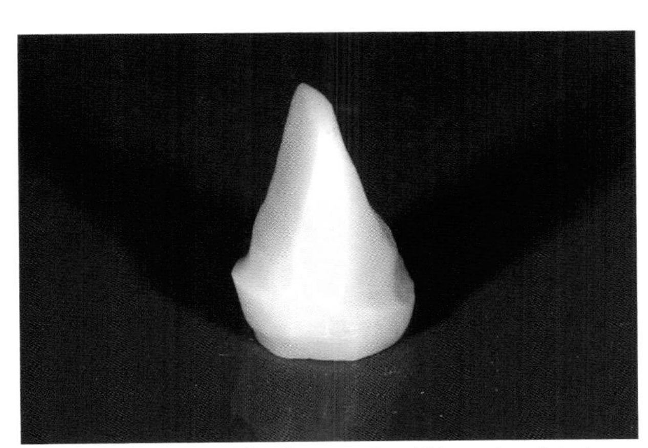

Abb. 15.47 Das Keramikteil wurde eingefärbt und gesintert.

bau wird eingeschraubt und unter Prüfung im Artikulator auf die korrekte Länge gekürzt (Abb. 15.42). Zum Digitalisieren der Modelloberfläche wird dieser Anteil aber zunächst abgenommen, um die Kontur des Implantates samt eingeschraubtem und individualisiertem Abutment genau zu erfassen. Erst in einem zweiten Scanvorgang wird dann auch der Zahnfleischbereich aufgenommen. Durch Überlagerung beider Aufnahmen kann während des Konstruktionsvorganges dieser Bereich hinzugeblendet und für das Design der Form berücksichtigt werden. Da diese sehr spezielle Versorgungsform in der Auswahlpalette der inLab-Software (Fa. Sirona, Bensheim) nicht zur Verfügung steht, wurde der Designmodus für eine Kronenkappe verwendet. Die vorgeschlagene Form wird mittels der 3-D-Werkzeuge so weit modifiziert, bis die Form des Abutments den gewünschten Vorstellungen entspricht (Abb. 15.43). Ist der Konstruktionsprozess abgeschlossen, kann das Objekt ausgeschliffen werden.

Hierfür werden Zirkonoxidrohlinge VITA YZ-Cubes (Fa. VITA Zahnfabrik, Bad Säckingen) verwendet. Nach dem Ausschleifen haben solche Teile eine um ca. 25% vergrößerte Form. Erst durch den Sinterungsprozess wird die endgültige Größe erreicht. Das fertige Teil zeigt eine gute Passform und kann durch Beschleifen mittels wassergekühlter Turbine noch weiter modifiziert werden (Abb. 15.44 bis 15.47). Ist die optimale Form erreicht, werden Keramik und Titananteil mit dem Kompositkleber Panavia F 2.0 (Fa. Kuraray Osaka, Japan) ver-

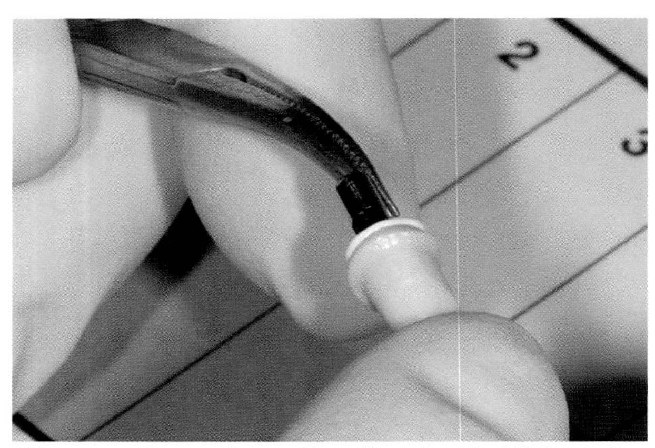

Abb. 15.48 Titan- und Keramikanteil werden abschließend mit Panavia F (Fa. Kuraray, Osaka, Japan) verklebt.

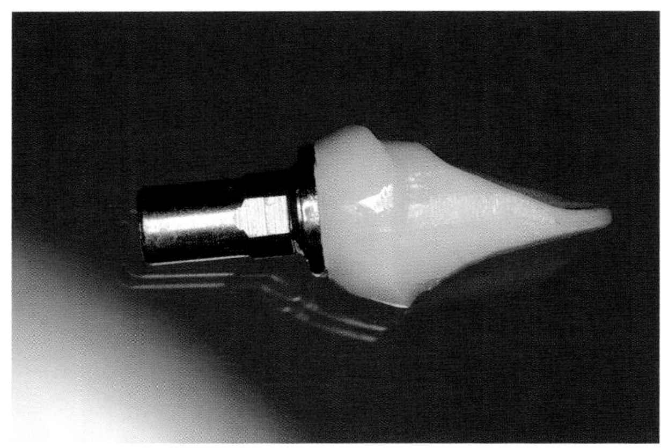

Abb. 15.49 Das fertige individuelle Vollkeramik-Abutment ist nun zur Aufnahme einer Krone bereit.

klebt (Abb. 15.48). Zur Steigerung der Haftkraft kann der Titananteil mit einem mitgelieferten Metallprimer vorbehandelt werden. Es ist ratsam, den opaken Kleber zu verwenden, da dieser den Metallanteil sehr gut abdeckt und so ein Grauschimmer der Keramik vermieden werden kann. Nach dem Kleben steht das Abutment für die Versorgung mit einer Krone zur Verfügung (Abb. 15.49).

Die Versorgung vollkeramischer Abutments mit Kronen

Als Stufenform wird beim vollkeramischen Abutment sinnvollerweise die Hohlkehle gewählt. Sie bietet genügend Abstützung und ist gegenüber der Rechtwinkelstufe relativ Platz sparend. Optimal ist eine leicht subgingivale Lage des Kronenrandes. Alle Materialien für vollkeramische Kronen sind geeignet. Allerdings muss die Indikation für Silikatkeramik bei geringer Stufenbreite und/oder hoher mechanischer Belastung sehr kritisch betrachtet werden. Bei den oxidkeramischen Werkstoffen ist das Zirkoniumdioxid zu bevorzugen, wobei In-Ceram ALUMINA oder auch das reine Aluminiumoxid (z. B. Al-Cubes; beides Fa. VITA Zahnfabrik, Bad Säckingen) durchaus ihre Berechtigung haben (Abb. 15.50 bis 15.53).

Da die vollkeramischen Abutments eine zahnartige Grundfarbe haben, müssen keine verfärbten oder metallischen Bereiche abgedeckt werden, sodass hinsichtlich der Transluzenz relativ frei gearbeitet werden kann. So ist ebenfalls die Indikation für Silikatkeramik gegeben (Abb. 15.54 bis 15.57). Bei geringer Stufenbreite und/oder hoher mechanischer Belastung sollte sie allerdings kritisch betrachtet werden. Alternativ steht aus dieser Stoffklasse die Lithiumsilikatkeramik IPS e.max (Fa. Ivoclar Vivadent, Schaan, Liechtenstein) mit deutlich höheren Festigkeitswerten zur Verfügung (Abb. 15.58 bis 15.68).

Bei implantatgetragenen Kronen kommt es im Gegensatz zur Versorgung natürlicher Zähne relativ häufig vor, dass Formdifferenzen ausgeglichen werden müssen. Ursache hierfür kann einerseits sein, dass Formunterschiede zwischen Implantat und Emergenzprofil des natürlichen Zahnes durch die Gestaltungsmöglichkeiten des Abutments nicht vollständig ausgeglichen werden können (z. B. bei lang gestreckten unteren Molaren); andererseits müssen auch hin und wieder mit der Form der Krone letzte Formkorrekturen bei ungünstig stehenden Implantaten vorgenommen werden, die durch das Abutment nicht ausgeglichen werden konnten. In diesen Fällen ist bei den oxidkeramischen Gerüstkronen darauf zu achten, dass solche Formen nicht allein mit der Verblendkeramik aufgebaut werden können, was

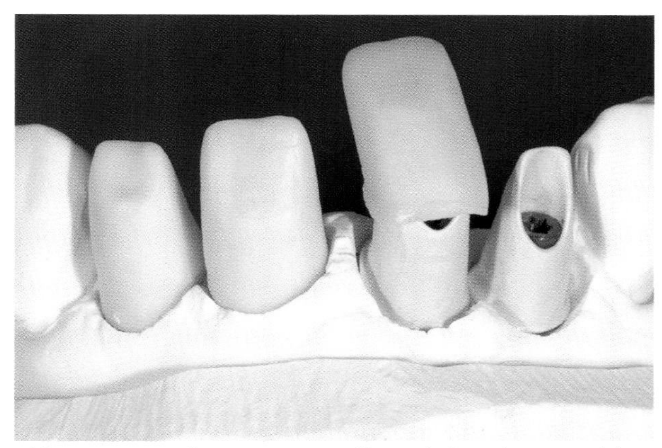

Abb. 15.50 Für die Versorgung vollkeramischer Abutments bieten sich Kronen aus voll geschichteter Gerüstkeramik an. In diesem Fall handelt es sich um In-Ceram ALUMINA (Fa. VITA Zahnfabrik, Bad Säckingen).

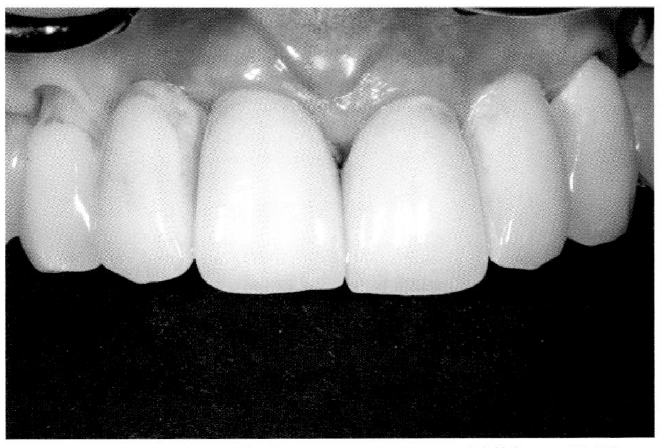

Abb. 15.51 Die eingegliederten Kronen aus Abbildung 15.50.

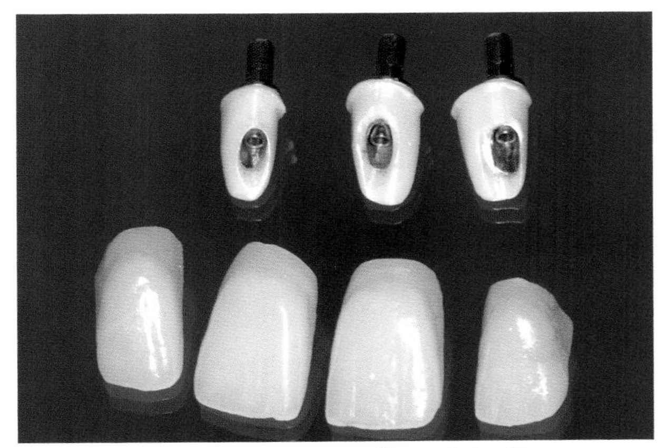

Abb. 15.52 Individuell gestaltete vollkeramische Abutments aus Zirkondioxid (VITA YZ-Cubes, VITA Zahnfabrik, Bad Säckingen) auf der Basis von alphatech-Implantaten (Fa. Henry Schein Deutschland, Langen). Die Kronenbasis besteht ebenfalls aus Zirkonoxid.

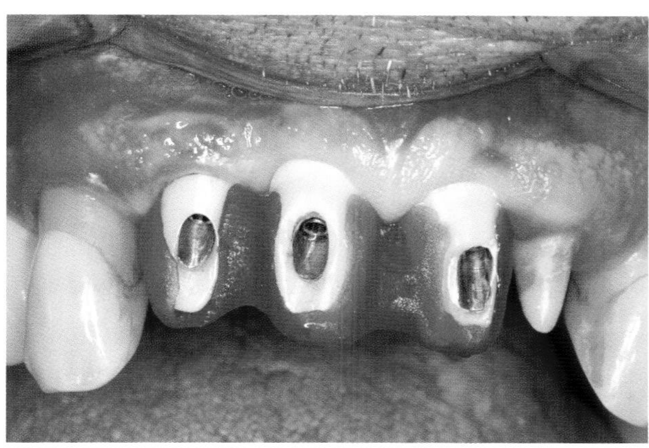

Abb. 15.53 Zum Platzieren und Einschrauben der immer subgingival gelegenen Abutments sind Einsetzhilfen unverzichtbar.

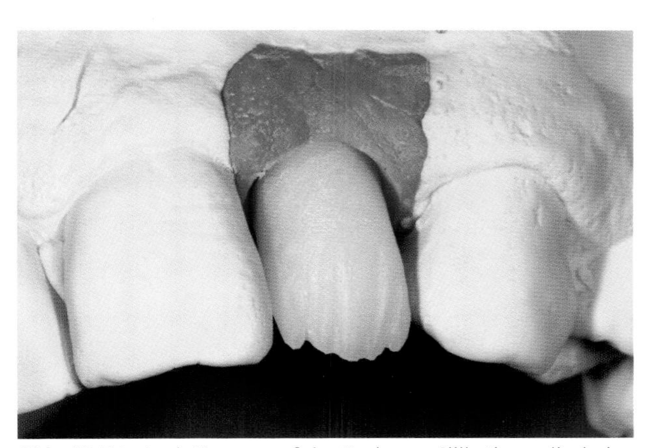

Abb. 15.54 Auch Kronen auf der Basis von Silikatkeramik sind zur Versorgung von Implantatfällen mit vollkeramischen Abutments geeignet. Hier ist die Basis einer Kompaktkrone vor dem Verblenden gezeigt (VITA TriLuxe, VITA Zahnfabrik, Bad Säckingen).

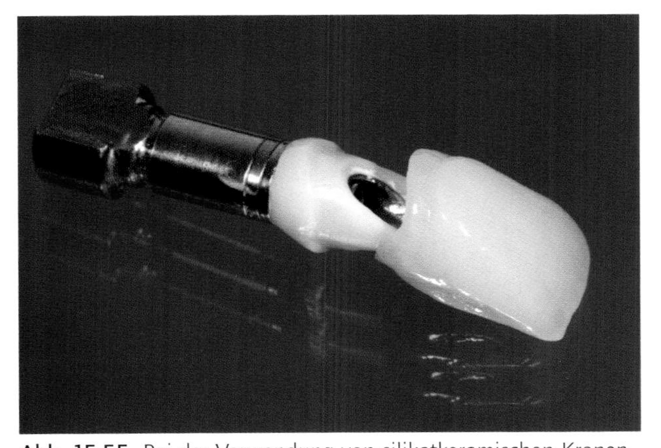

Abb. 15.55 Bei der Verwendung von silikatkeramischen Kronen sollte wegen ihrer geringeren mechanischen Festigkeit auf eine ausreichend breite Stufe geachtet werden.

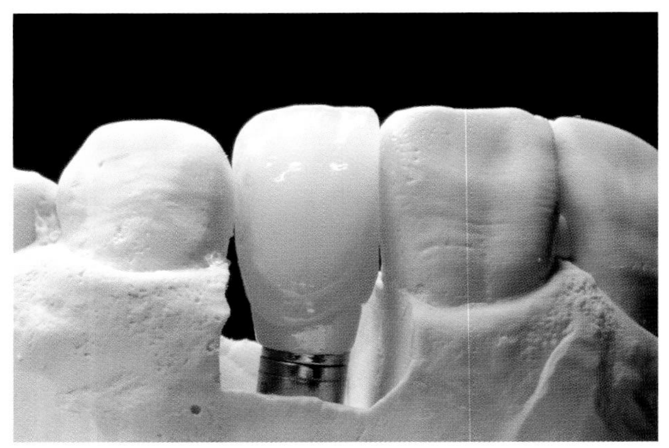

Abb. 15.56 Kompaktkronen zeigen auch bei Implantatversorgungen eine sehr gute ästhetische Wirkung.

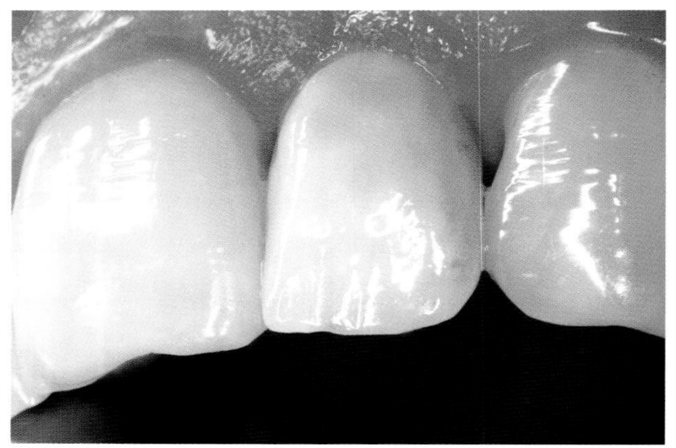

Abb. 15.57 Dank der sehr guten Adaptation der Weichgewebe ist diese Krone von den natürlichen Zähnen kaum zu unterscheiden.

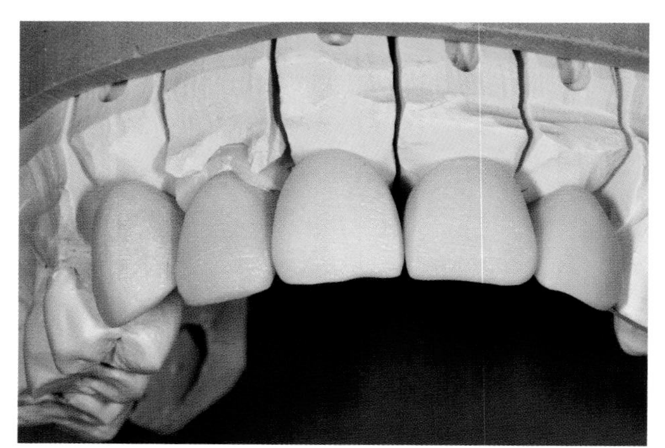

Abb. 15.58 Die IPS-e.max-Keramik ist wegen ihrer hohen Festigkeit bei guter Transluzenz gut für Implantatversorgungen geeignet (Fa. Ivoclar Vivadent, Schaan, Liechtenstein).

Abb. 15.59 Die IPS-e.max-Keramik gewinnt ihre endgültige Festigkeit während eines 35-minütigen Kristallisationsprozesses im Keramikofen.

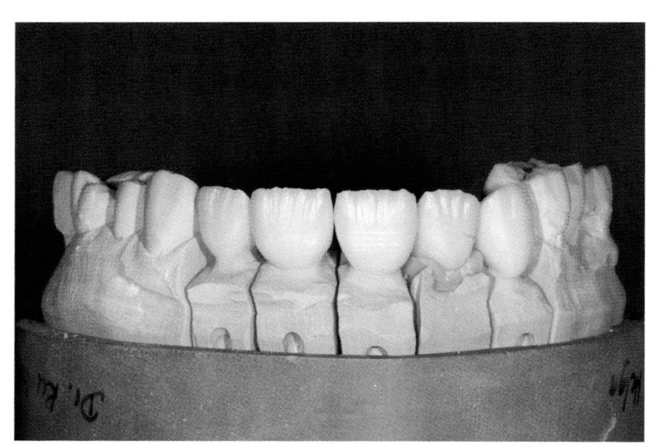

Abb. 15.60 Auch in diesem Fall wurde die keramische Basis als Kompaktkrone gestaltet.

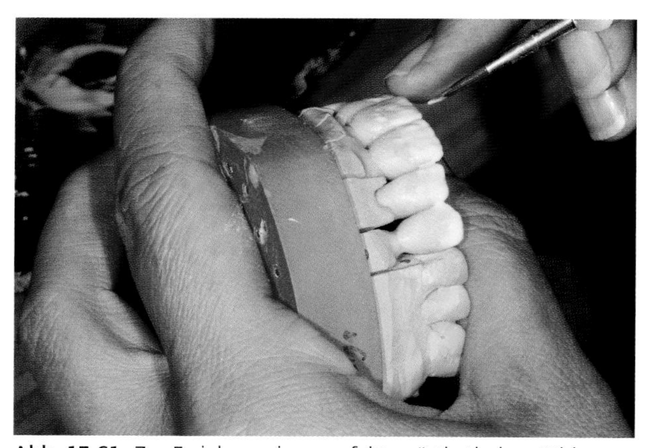

Abb. 15.61 Zur Erzielung einer perfekten ästhetischen Wirkung erfolgt die Verblendung mit IPS-e.max-Ceram (Fa. Ivoclar Vivadent, Schaan, Liechtenstein).

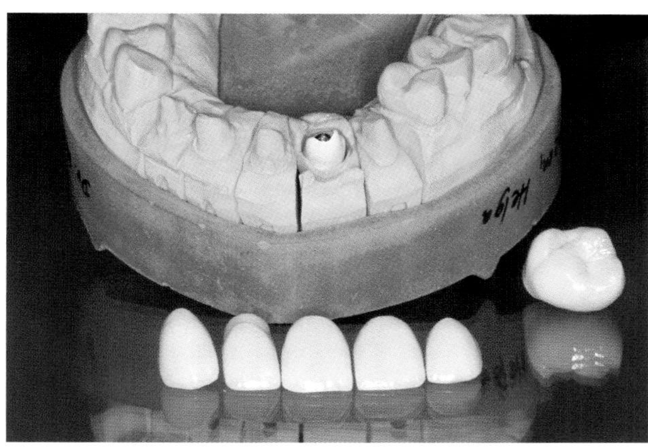

Abb. 15.62 Es handelt sich um eine komplexe Versorgung. Die Ankopplung zwischen Implantat und Krone erfolgt mittels eines CARES-Abutments (Fa. Straumann, Basel).

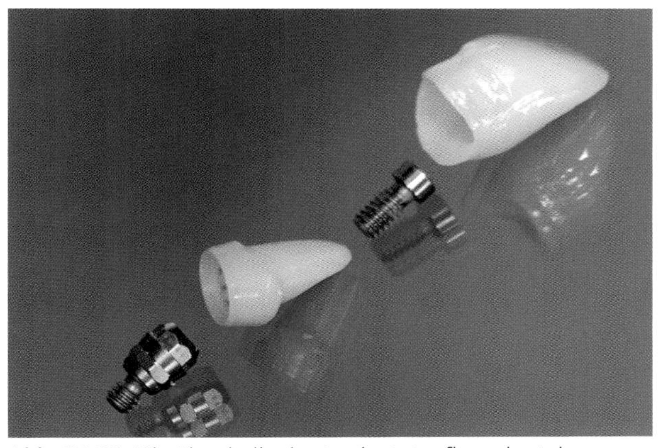

Abb. 15.63 Die Einzelteile des Implantataufbaus bestehen aus dem synOcta-System, dem CARES-Zirkonoxidabutment, der Okklusalschraube und der Krone.

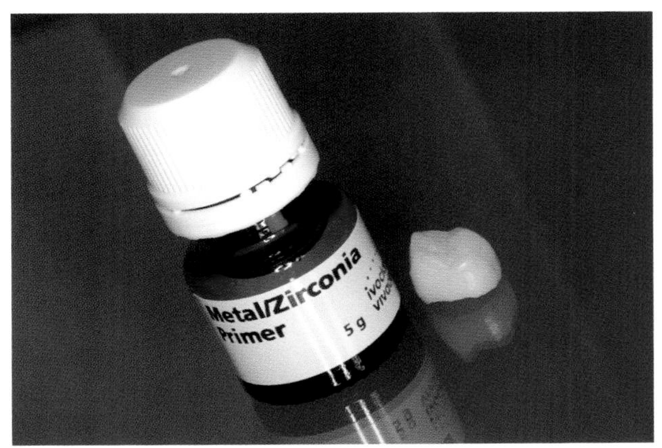

Abb. 15.64 Eine adhäsive Befestigung bietet auch bei vollkeramischen Implantataufbauten eine hohe mechanische Sicherheit. Deshalb wird das Abutment mit einem speziellen Primer für Zirkondioxid behandelt (Fa. Ivoclar Vivadent, Schaan, Liechtenstein).

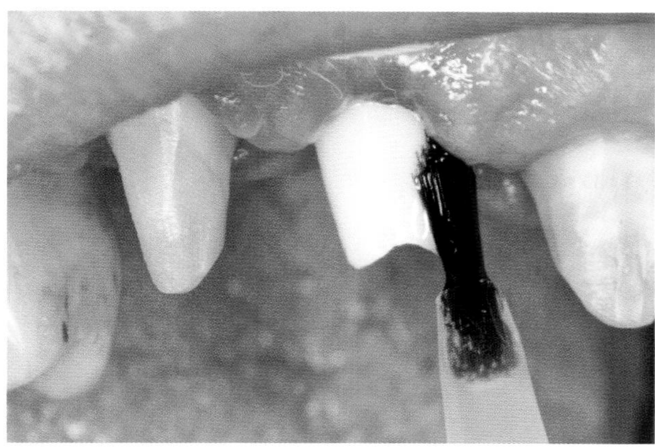

Abb. 15.65 Der Primer wird nach dem Positionieren des Abutments und dem Anziehen der Okklusalschraube mit dem Pinsel aufgetragen.

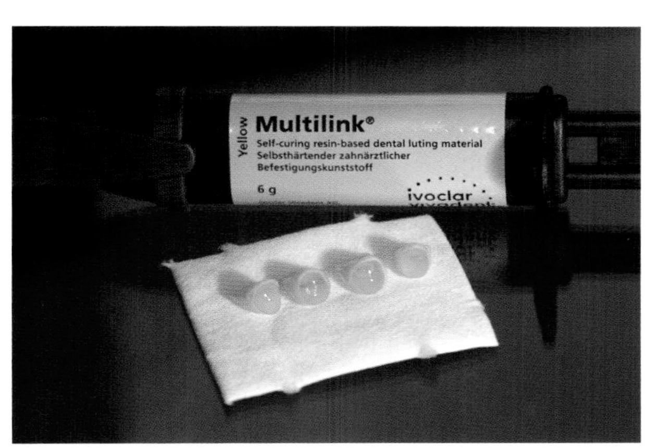

Abb. 15.66 Die Kronen aus Lithiumdisilikatkeramik werden vor dem Kleben geätzt und silanisiert. Die Befestigung erfolgt mit dem dualhärtenden Kompositkleber Multilink (Fa. Ivoclar Vivadent, Schaan, Liechtenstein).

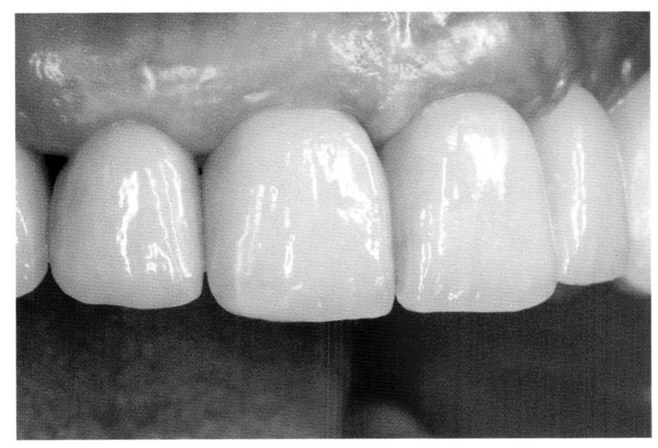

Abb. 15.67 Intraorale Ansicht der eingegliederten Kronen.

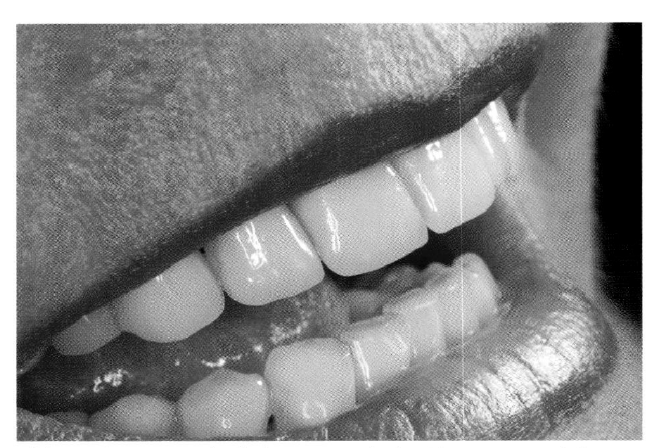

Abb. 15.68 Der ästhetische Anspruch der Versorgung mit implantatgetragenen Vollkeramikkronen hat mittlerweile einen hohen Standard erreicht.

neben ästhetischen Problemen vor allem zu einer deutlich erhöhten Frakturanfälligkeit führt. Die Gerüste sollten deshalb nicht als reine Kappe gestaltet werden, sondern das Gerüstmaterial muss solche Bereiche unterstützen.

Bei der Zementierung ist zunächst die Frage zu klären, wie mit der Schraubenverbindung zwischen Implantat und Abutment verfahren wird. Es sind zweifelsohne Fälle vorgekommen, bei denen sich bei definitiv eingesetzten Kronen die Verbindung zwischen Implantat und Abutment gelockert hat. Dies geht dann bei der definitiv eingesetzten Krone unweigerlich mit deren Verlust einher. Die zumindest bei den rein keramischen Abutments niedrigeren maximalen Anzugskräfte sind dabei ein zusätzliches Risiko. Bei den Hybridformen mit einer Innenstruktur aus Titan ist dieses Problem geringer einzuschätzen, da hier mit den Drehmomenten für Metall gearbeitet werden kann. So ist es vorteilhaft, sich die Möglichkeit offen zu halten, die Verschraubung nach einer gewissen Tragezeit noch einmal nachziehen zu können. In diesen Fällen muss die Krone mit einem provisorischen Befestigungsmaterial (z. B. TempBond, Fa. KerrHawe, Bioggio, Schweiz) eingesetzt werden. Ein kleiner Anteil von Guttapercha kann verwendet werden, um die Aufnahme für den Schraubenschlüssel gegen Eindringen von Zement zu schützen. Die Alternative besteht darin, die Arbeit direkt komplett einzusetzen. Es kann in diesen Fällen in Erwägung gezogen werden, auch die Verschraubung des Abutments bereits mit einem Kleber aufzufüllen, was mit Sicherheit zu einem erhöhten Schutz gegen Lockerung führt. Dafür muss ein dünnfließendes Material verwendet werden, z. B. Panavia F (Fa. Kuraray Osaka, Japan). Diese Methodik setzt ein sicheres und zügiges Arbeiten voraus, denn ein vorzeitiges Aushärten könnte zu einem totalen Misserfolg führen. Das durch die Firma freigegebene Drehmoment der Schraube sollte auch vollständig anliegen bevor der Kleber aushärtet. Bei tief gesetzten Implantaten ist die vollständige Entfernung von Überschüssen schwierig bis fraglich. Der komplette Verschluss sämtlicher Hohlräume und damit der Ausschluss der Möglichkeit bakterieller Besiedelung erscheinen als großer Vorteil. Die definitive Zementierung der Krone kann, zumindest im Fall von Oxidkeramik, grundsätzlich auch konventionell erfolgen, wobei in diesen Fällen den Glasionomerzementen gegenüber Phosphatzementen der Vorzug zu geben ist. Die adhäsive Befestigung erscheint beständiger und bietet einen ästhetischen Vorteil. Die Frage der Konditionierung von Zirkoniumdioxidgerüsten wird sehr unterschiedlich beschrieben und ist mit Sicherheit noch nicht eindeutig geklärt. In-vitro-Studien zeigen jedoch, dass Panavia F sowie die relativ neue Stoffklasse der selbst konditionierenden Kleber die sicherste Variante in diesem Sektor zu sein scheinen[1].

Literatur

1. *Piwowarczyk A, Ottl P, Lindemann K, Zipprich H, Bender R, Lauer HC. Langzeit-Haftverbund zwischen Befestigungszementen und keramischen Werkstoffen. Deutsch Zahnarztl Z 2005;6:314–320.*

Vollkeramische Primärkronen

16

Andreas Kurbad, Kurt Reichel

Der Trend zukünftiger Entwicklungen geht auch für das Dentallabor in Richtung effektiver und kostengünstiger Fertigungsmethoden. Auf der anderen Seite ist die Gewährleistung hoher Qualitätsstandards und eine Arbeit auf dem neuesten wissenschaftlichen Niveau eine Forderung, der sich kein erfolgsorientierter Betrieb widersetzen kann.

Eine Möglichkeit diese scheinbar gegensätzlich verlaufenden Tendenzen zu einer sinnvollen Einheit zu verbinden, ist der Einsatz moderner CAD/CAM-Technologie. Mit fortschreitender Entwicklung zeichnen sich die verfügbaren Systeme durch eine einfachere Bedienbarkeit, steigende Präzision und ein sich ständig erweiterndes Indikationsspektrum aus. Außer Kronen- und Brückengerüsten sowie Inlays, Onlays und Veneers ist nun die Herstellung von Primärteleskopen mittels Formschleifen von Keramik eine neue und hochinteressante Möglichkeit des Einsatzes computergestützter Verfahren. Neben Erleichterungen im gesamten Fertigungsprozess können die Möglichkeiten hoher Rechenleistung und ausgeklügelter Programme dazu genutzt werden, um die Problemfelder teleskopierender Versorgungen zu entschärfen, wie zum Beispiel die Realisierung einer gemeinsamen Einschubrichtung.

Nachdem das CEREC-inLab-System 2001 auf den Markt gebracht wurde, hat es sich in kurzer Zeit zu einem der wenigen Systeme entwickelt, mit denen tatsächlich auch für kleine und mittlere Dentallabore machbare und tagtäglich realisierbare Ergebnisse erzielt werden können (Abb. 16.1). Das CEREC-System baut auf der Philosophie auf, mit relativ einfacher Technik einfach strukturierte Produkte oder Halbprodukte zu erhalten, die möglicherweise noch einer Nachbearbeitung bedürfen. Im Gegenzug kann das System kostengünstig angeboten werden.

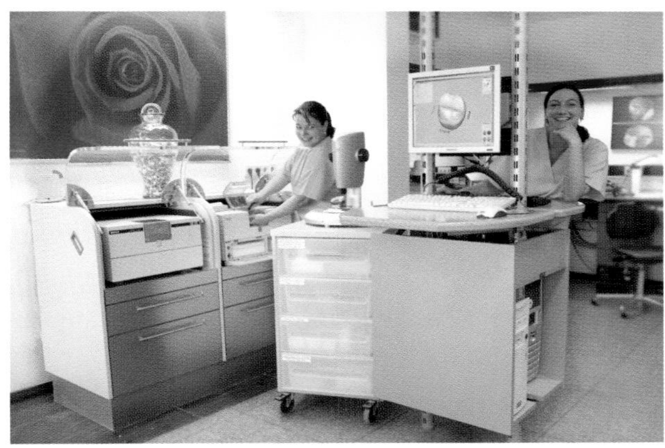

Abb. 16.1 Seitdem das CEREC-inLab-Verfahren auf dem Markt ist, hat es sich schnell zu einem der Systeme entwickelt, mit dem auch kleine und mittlere Dentallabore täglich Ergebnisse realisieren können.

Vollkeramische Primärteleskope sind bereits seit mehreren Jahren im klinischen Einsatz[10]. Die Vorzüge dieser Versorgungsart bestehen einer-

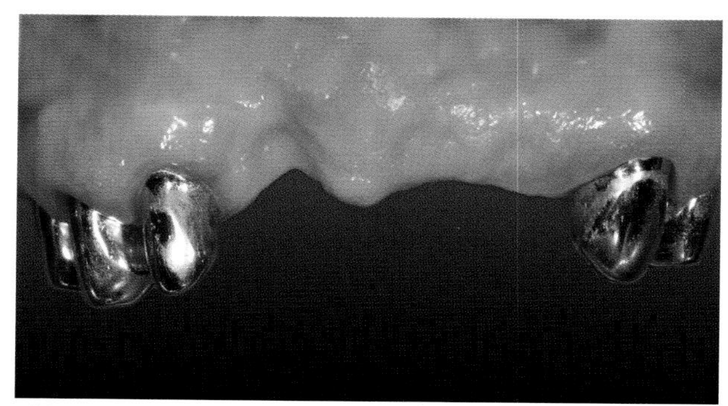

Abb. 16.2 Bei abgenommener Suprakonstruktion haben metallische Primärteleskope einen stark demaskierten Effekt.

seits in der Befriedigung des wachsenden ästhetischen Bedürfnisses auch älterer Patienten und ihrem Wunsch nach weitgehend zahnfarbenen Restaurationen. Dieser Vorteil ist zwar bei teleskopierenden Arbeiten eher psychologischer Natur, aber erfahrungsgemäß nicht von der Hand zu weisen (Abb. 16.2). Andererseits weisen vollkeramische Oberflächen positive Effekte bei der Verhinderung von Plaqueakkumulation auf. Dies ist von besonderer Bedeutung, da mittlerweile auch im hohen Lebensalter ein gewisser Restzahnbestand oder Implantatversorgungen zu erwarten sind, aber oftmals abnehmende manuelle oder mentale Fähigkeiten eine adäquate Mundhygiene nicht mehr ermöglichen[7]. Die langfristige Gewährleistung einer guten Haftkraft ist besonders unter dem Gesichtspunkt der bei diesem System eher bescheidenen Möglichkeit einer nachträglichen Verbesserung ebenfalls von erheblicher Bedeutung[1]. Hier können hochglanzpolierte oder glasierte keramische Oberflächen Verbesserung bringen[11].

Die stürmische Entwicklung der CAD/CAM-Technologie auch im zahntechnischen Bereich macht die Anfertigung vollkeramischer Primärteleskope möglich. Es werden hohe Präzision und Prozesskonformität mit einer sehr wirtschaftlichen Herstellungsweise kombiniert[5]. Für die Zukunft kann davon ausgegangen werden, dass vor allem im Softwarebereich noch komfortablere Lösungen entwickelt werden. Die im Grünzustand noch verhältnismäßig weiche Infiltrationskeramik VITA In-Ceram (Fa. VITA Zahnfabrik, Bad Säckingen) ist für die Parallelfräsung besonders geeignet, bietet aber nach dem Verglasen eine sehr hohe Bruchfestigkeit und -zähigkeit und garantiert damit ein hohes Maß an Sicherheit im klinischen Langzeitverhalten. Das Material ist auf Schlickerbasis seit mehr als zehn Jahren und in Form von Frässblöcken für die CAD/CAM-Technologie seit acht Jahren im Einsatz. Die große Zahl erfolgreich eingegliederter Arbeiten, deren Langlebigkeit auch in klinischen Studien bestätigt wurde, spricht eine deutliche Sprache[8].

Wirkungsweise und Vorteile vollkeramischer Primärkronen

So genannte Doppelkronensysteme können in Form von parallelwandigen Teleskopen oder von Konuskronen gestaltet werden. Immer wieder sind Schwierigkeiten im Friktionsverhalten die Ursache für Probleme bei dieser Versorgungsart. Gegenüber RS-Geschieben haben diese Versorgungen weiterhin den Nachteil eines hohen Platzbedarfs und des damit verbundenen hohen Materialabtrags an den Pfeilerzähnen.

Die Funktionalität teleskopierender Systeme hängt stark von der Fertigungsqualität und damit von der Qualifikation und der Erfahrung des Zahntechnikers ab. Besonders bei weitspannigen Gerüsten ist eine hohe Präzision der klinischen und zahntechnischen Arbeitsschritte erforderlich. Veränderungen im Friktionsverhalten gehören zu den unangenehmen Eigenschaften bei teleskopierenden Verbindungselementen. Diese sind einerseits auf Verschleißerscheinungen und andererseits auf Kaltverschweißungen zurückzuführen. Diese Tatsache führte zu dem Gedanken, bei Doppelkronen metallische und keramische Oberflächen zu kombinieren. Die gute Biokompatibilität, Härte, Korrosionsbeständigkeit und Farbe der Dentalkeramik lassen dieses Material als geeignete Alternative erscheinen. Die Vorteile der Galvanosekundärstrukturen kommen besonders durch die Verklebung mit der Tertiärstruktur zum Tragen, d. h. es wird nun möglich, auch große Spannweiten ohne auftretende Spannungen zu verbinden[2].

Vollkeramik liegt im Trend. Diese Tatsache beruht einerseits auf einer hohen Biokompatibilität und andererseits auf der zweifelsfrei allen anderen Werkstoffen überlegenen ästhetischen Wirkung. Beinahe täglich drängen neue keramische Werkstoffe bzw. Verbesserungen bestehender Systeme auf den Markt. Diese Entwicklung ist mit Sicherheit noch nicht abgeschlossen und lässt noch viele Innovationen erwarten. Aus einem leicht brüchigen Material, das mit größter Vorsicht gehandhabt werden musste, ist heute ein hochfester Werkstoff geworden. Mit zunehmender Festigkeit der Keramik spielt die Herstellung und Bearbeitung mit CAD/CAM-Technologie eine Schlüsselrolle. Der Einsatz zirkonoxidkeramischer Werkstoffe ist ohne computergesteuerte Fräsmaschinen undenkbar.

Zu dem Zeitpunkt als die mechanischen Eigenschaften der Keramik ausreichend waren, erschien ihr Einsatz zur Herstellung vollkeramischer Primärteleskope zwingend logisch. Dementsprechend wurden erstmals von *Weigl* (1996) vollkeramische Primärkronen aus IPS Empress in Kombination mit metallischen Sekundärkronen als ein neues, biokompatibles Halteelement vorgestellt. Die Anforderungen an ein ideales Halteelement wie geringe Plaqueakkumulation, einfache Handhabbarkeit für den Patienten, gleich bleibende Abzugskräfte, Verschleißfreiheit sowie ein vertretbarer zahntechnischer und klinischer Aufwand werden zumindest in weiten Teilen von diesem System erfüllt[11]. Sowohl ein Friktionsverlust als auch eine Friktionssteigerung sind bei rein metallischen Doppelkronensystemen als ein bei längerer Tragedauer auftretendes Problem bekannt. Die Hauptursache hierfür besteht in einer Kaltverschweißung. Bei Teleskopkronen üblich, liegen zwei Metallschichten sehr dicht aufeinander. Besonders bei hohen Kaukräften treten durch das Zusammenpressen an den Berührungspunkten plastische Verformungen auf. Diskrete Bindungen zwischen beiden Oberflächen entstehen, die beim Abnehmen der Prothese durch Krafteinwirkung

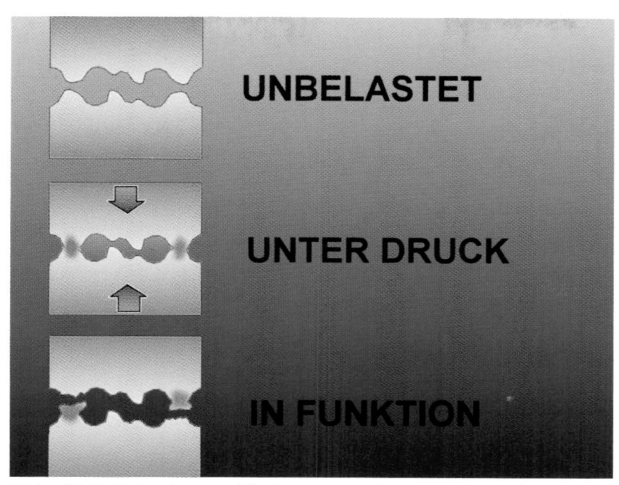

Abb. 16.3 Bei rein metallischen Doppelkronen treten durch die Kaukräfte an den Oberflächen zwischen Primär- und Sekundärteil während der Funktionsphase Verformungen sowie diskrete Bindungen auf, die zum Friktionsverlust führen können.

wieder getrennt werden müssen. Dies kann zum Klemmen der Prothese führen. In einem zweiten Schritt führt das gleiche Phänomen durch ständige Abreißvorgänge zu einer Zerstörung der Oberflächen und es resultiert letztlich sogar ein Friktionsverlust (Abb. 16.3).

Die Eigenschaften von Keramik basieren auf kovalenten und gerichteten Atombindungen. Diese stark gerichtete Verbindungsart lässt keine relative Verschiebung der Atome zu. Daraus leiten sich die Sprödigkeit von Keramik und ihre geringe Toleranz gegenüber Zugbelastungen ab. Vorteil dieser Eigenschaften ist aber, dass im Teleskopverbund auf der Keramikoberfläche lediglich eine elastische und keine plastische Verformung auftritt. Eine Kaltverschweißung ist nicht möglich. Damit ist bei dieser Form des Verbindungselements eine gleich bleibende, kontinuierliche Haftkraft gewährleistet. Diese Tatsache wird im Bereich industrieller Technik dadurch bestätigt, dass besonders verschleißfeste Lagerschalen heute aus Keramik gefertigt werden. Für Teleskope und Konuskronen wird dies durch In-vitro-Untersuchungen von *Körber* (1988) und *Becker* (1982) bestätigt.

Das Doppelkronensystem hat aufgrund seiner aufwändigen inneren Struktur einen hohen Platzbedarf, schließlich müssen zwei Kronen auf einem

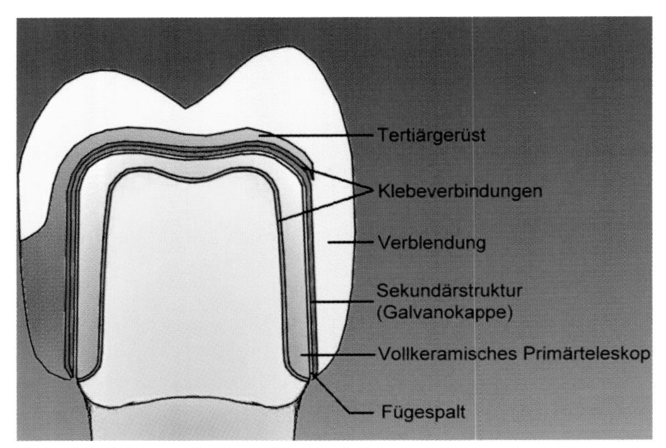

Abb. 16.4 Doppelkronen-Konstruktionen haben wegen ihrer aufwändigen inneren Struktur einen hohen Platzbedarf; schließlich müssen auf einem Stumpf zwei Kronen platziert werden.

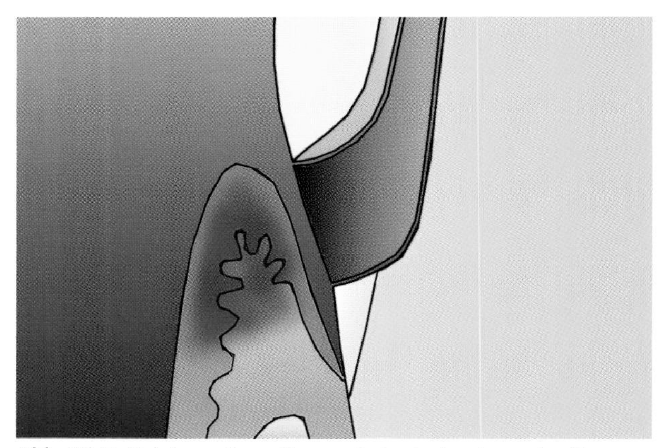

Abb. 16.5 Bei der notwendigen subgingivalen Lage des Kronenrandes liegt der Gingivasaum auf dem dunkel wirkenden Metall der konventionellen Primärkrone.

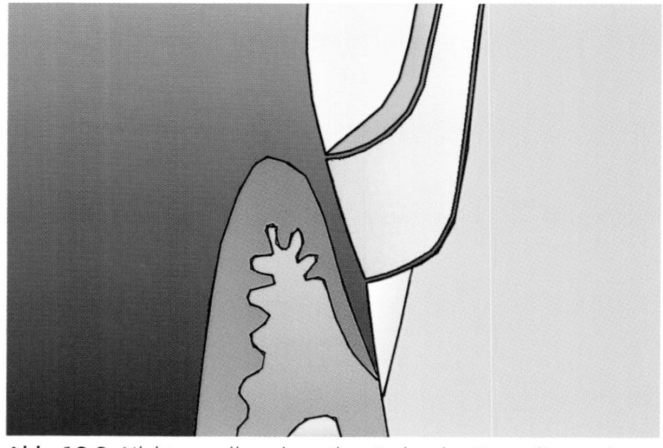

Abb. 16.6 Nicht nur die zahnartige Farbe der Keramik, sondern auch die Bioverträglichkeit der vollkeramischen Primärkrone verschafft den Eindruck gesunder gingivaler Strukturen.

Zahnstumpf platziert werden (Abb. 16.4). Aus ästhetischen Gesichtspunkten müssen die Kronen zumindest im sichtbaren Bereich zusätzlich verblendet werden.

Über den demaskierenden Effekt für den Patienten, wenn die Suprakonstruktion herausgenommen wird und metallische Primärkronen sichtbar sind, ist im ersten Teil dieser Abhandlung bereits gesprochen worden[6]. Ebenfalls wurde die Problematik zwischen der Erzielung einer optimalen Einschubrichtung und einer ansprechenden Ästhetik bereits diskutiert. Von den Patienten wird heute neben einer möglichst natürlichen Gestaltung der Zähne auch ein gesund aussehendes Zahnfleisch gefordert. Schließlich ist ein gesundes, reizloses Parodont in entscheidendem Maße dafür verantwortlich, den Eindruck zu vermeiden, dass es sich bei einer prothetischen Versorgung um „falsche" Zähne handelt. Für die Primärkronen muss eine deutliche Stufe, möglichst in Hohlkehlenform, präpariert werden. Die Präparationsgrenze muss subgingival liegen. Wird nun eine metallische Primärkrone gestaltet, kann aber die verblendete Sekundärkrone aus funktionellen und hygienischen Gründen maximal bis zum epigingivalen Niveau geführt werden. Treten im Laufe der Funktionsphase Retraktionen der Gingiva auf, wird ein Metallrand sichtbar. Aber selbst bei einer optimalen Gestaltung ist das Zahnfleisch im Bereich der subgingivalen Ausdehnung der Primärkrone metallisch, also dunkel hinterlegt (Abb. 16.5). Da keine natürliche Lichtverteilung stattfinden kann, wird selbst ein völlig gesundes Zahnfleisch in diesem System einen kranken Eindruck machen. Das Problem der Einleitung von Licht in den kronennahen Wurzelbereich ist von der VMK-Krone mit Keramikschulter hinreichend bekannt. Bei Doppelkronensystemen kann dieses Problem durch den Einsatz vollkeramischer Primärteleskope behoben werden (Abb. 16.6). Für zukünftige Entwicklungen wäre es bei Verwendung sehr stabiler Verblendwerkstoffe sogar denkbar, die Metallkappe der Sekundärkrone ein bis zwei Millimeter vor dem Kronenrand enden zu lassen und auf diese Weise einen zusätzlichen Lichteintritt zu ermöglichen; so zeigt sich die ästhetische Überlegenheit des Keramikeinsatzes in der Teleskopkronentechnik.

Indikation und klinisches Management

In Abhängigkeit von der Pfeilerzahl sind sehr unterschiedliche Gestaltungsmöglichkeiten von Versorgungen denkbar, die auf vollkeramischen Primärteleskopen gründen. Schaltlückensituationen mit verhältnismäßig vielen vorhandenen Zähnen, insbesondere mit unsicherer Prognose, können mit einer teleskopierenden Brücke auf dieser Basis versorgt werden. Hauptindikation sind Gebissverhältnisse mit reduziertem Restzahnbestand. Eine durchschnittliche Pfeilerzahl von vier Zähnen wird als ein statisch günstiges Verhältnis angesehen. Natürlich ist auch ein einziger Pfeiler zur Stabilisierung einer subtotalen Prothese möglich. Vollkeramische Primärteleskope sind ganz besonders zur Gestaltung implantatgetragener Versorgungen geeignet, wobei in diesen Fällen die Teleskope oft aus Massivabutments gefräst bzw. vorkonfektionierte Elemente benutzt werden.

Schon wegen der wünschenswerten adhäsiven Befestigung der vollkeramischen Primärkronen, aber auch im Interesse der Langlebigkeit einer solchen hochwertigen Arbeit, ist ein Mindestmaß an oraler Hygiene erforderlich. Wenn bei kritischen Fällen entsprechende Instruktions- und Motivationsmaßnahmen unfruchtbar bleiben, sollte auf diese Art der Versorgung verzichtet werden.

Durch die steigende Anzahl der Pfeiler erhöht sich die Schwierigkeit der Findung einer gemeinsamen Einschubrichtung. Weiterhin erschwerend wirken im reduzierten Restgebiss häufig vorkommende Zahnkippungen. Auch verlängerte klinische Kronen als Folge von Elongation oder parodontalen Rezessionen können die Ursache von Problemen sein. Selbstverständlich ist es möglich, geringe Abweichungen von der gemeinsamen Einschubrichtung durch ausgleichendes Fräsen zu kompensieren. In extremen Fällen kann bei distalen Pfeilern in ästhetisch nicht relevanten Bezirken die Anlage der gefrästen Stufe deutlich in den supragingivalen Bereich verlegt werden.

Die Präparationsgrenze sollte in Form einer zirkulären Stufe angelegt werden, wobei die Gestaltung als Hohlkehle die günstigste Variante darstellt. In der Aufsicht des Zahnes darf der Äquator die Stufe nicht verdecken, da dies eine vernünftige Digitalisierung der Oberflächendaten verhindert. Die Präparationsgrenze wird üblicherweise leicht subgingival angelegt. Reproduzierbare Schleifergebnisse können durch Verwendung eines standardisierten Schleifersatzes mit Führungsdorn erzielt werden.

Ein sicherer Sitz auf den Stümpfen ist für vollkeramische Primärteleskope vor allem in Hinblick auf die spätere adhäsive Befestigung von besonderer Bedeutung. Hilfreich kann besonders bei relativ runden, gleichförmigen Pfeilern die Anlage von Führungsrillen als Rotationsschutz und zur Vermeidung eines verdrehten Aufsetzens der Kappen sein. In unklaren Situationen kann durch Erstellung eines Vermessungsmodells aufwändige Nacharbeit vermieden werden. Eine unkomplizierte Alginatabformung wird mit einem schnell härtenden Modellgips, z. B. Quickstone (Fa. Dentona, Dortmund), ausgegossen und orientierend vermessen. So können notwendige Korrekturen noch vor der definitiven Abformung durchgeführt werden.

Bei der definitiven Abformung gelten die üblichen Regeln für Präzisionsabdrücke. Ganz wichtig bei teleskopierenden Arbeiten ist die Gestaltung eines adäquaten Provisoriums. Es muss unbedingt darauf geachtet werden, dass die Lagebeziehungen der einzelnen Stümpfe zueinander gesichert sind. Ansonsten sind spätestens bei der Eingliederung große Schwierigkeiten zu erwarten, da im System kaum Kompensationsmöglichkeiten bei Abweichungen zwischen dem klinischen Zustand und der Modellsituation vorhanden sind.

Herstellung der Teleskoprohlinge

Unspezifisches Verfahren ohne spezielle Software

Mit der Einführung des inLab-Gerätes ist das CAD/CAM-gestützte CEREC-Verfahren (Fa. Sirona, Bensheim) auch für das Dentallabor verfügbar. Hauptindikationen sind die Herstellung von Kappen für Einzelkronen sowie kleinerer Brückengerüste aus Hartkernkeramik, die anschließend konventionell verblendet werden. Basismaterial ist bislang die VITA In-Ceram-Hartkernkeramik (Fa. VITA Zahnfabrik, Bad Säckingen). Die direkte Gestaltung von Primärteleskopen mit bereits im Computerprogramm berechneter Einschubrichtung ist derzeit noch nicht möglich, wobei eine Entwicklung in diese Richtung nicht auszuschließen ist. Das System kann trotzdem genutzt werden, indem möglichst dickwandige Rohlinge ausgeschliffen werden, deren Außenform anschließend konventionell gefräst wird. Dazu ist es notwendig, zunächst die Stümpfe des Meistermodells zu dublieren, damit sie dem Scanprozess zur Digitalisierung der Oberfläche zugeführt werden können. Die vorbereiteten Duplikatstümpfe werden auf einem speziellen Träger montiert, um sie für den Abtastvorgang im Gerüst befestigen zu können. Bei mehreren Stümpfen kann Zeit gespart werden, wenn gleich mehrere Stümpfe auf einem Träger untergebracht werden (Abb. 16.7).

Die Erfassung der Oberflächendaten erfolgt beim CEREC-inLab-System mit einem Laserscanner (Abb. 16.8). Die Abtastung vollzieht sich wahlweise aus einem Winkel von 15 oder 45 Grad, wobei letzterem aus Gründen der Datenqualität der Vorzug zu geben ist. Nach Abschluss des Abtastvorgangs sind die Stümpfe in einer Aufsicht von inzisal auf dem Bildschirm zu sehen (Abb. 16.9). Nun erfolgt die manuelle Eingabe der Präparationsgrenze, was eine relativ unkomplizierte Arbeit ist. Danach wird die gewünschte Wandstärke angegeben. Wegen der später erfolgenden Fräsung der Teleskope ist ein Wert von 1,5 mm sinnvoll (Abb. 16.10). Abschließend erfolgt das maschinelle Ausschleifen der Werkstücke. Als Ausgangsmaterial dienen Blöcke aus vorgesintertem VITA In-Ceram-Material (Abb. 16.11). Dieses Material ist in Abhängigkeit von mechanischer Belastbarkeit und Transluzenz als SPINELL, ALUMINA oder ZIRCONIA verfügbar. Für die Gestaltung vollkeramischer Primärteleskope hat sich das ALUMINA-Material als günstigste Variante herausgestellt. Es vereinigt die von ZIRCONIA bekannten guten mechanischen Eigenschaften mit der hohen Transluzenz des SPINELLS. Bei besonders hoher mechanischer Belastung ist natürlich auch die Verwendung des ZIRCONIA-Materials möglich.

Für die Fräsung der Primärteleskope wird zunächst im Fräsgerät eine gemeinsame Einschubrichtung festgelegt. Aus ästhetischen Gesichtspunkten sollte die Ausrichtung des Gesamteinschubes so erfolgen, dass an den Labialflächen der Zähne eine möglichst dünnwandige Gestaltung erfolgen kann und problematische Bereiche in den nicht sichtbaren Sektor des Zahnbogens gelegt werden können (Abb. 16.12). Um dem Patienten die Inkorporation des herausnehmbaren Ersatzes zu erleichtern, sollte eine weitgehend neutrale Achsenstellung, die der Neigung der natürlichen Zähne entspricht, beibehalten werden.

Da die Rohkappen auf den Stümpfen sehr genau und sicher sitzen, muss keine zusätzliche Befestigung erfolgen. Das Fräsen der noch nicht mit Glas infiltrierten VITA In-Ceram-Keramik ist relativ einfach möglich. Es sind dafür entweder Hartmetallfräsen oder diamantierte Schleifkörper zu verwenden, wobei das Diamantfräsenset Kamprich (Fa. NTI, Kahla) bevorzugt wird (Abb. 16.13). Zur Erzielung einer optimalen Abstützung und zur besseren Integration in die Gesamtzahnform wird vestibulär und oral eine Hohlkehlstufe von ca. 0,5 mm Breite in das vollkeramische Primärteleskop eingearbeitet. Die Stufe wird auf Höhe des Gingivasaumes bis in den Approximalraum geführt, um Reizungen der parodontalen Gewebe zu verhindern. Die Wandstärke der Ele-

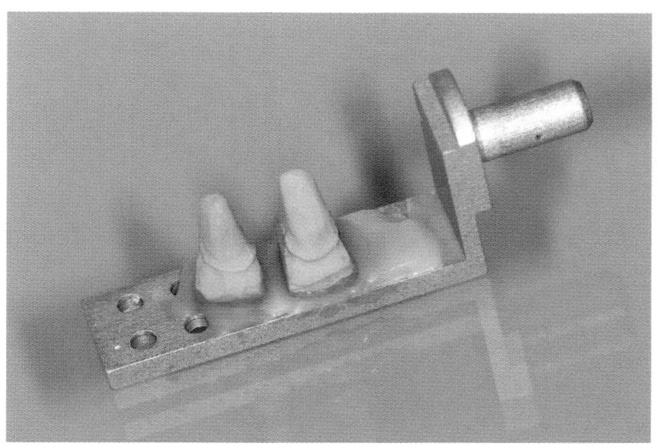

Abb. 16.7 Die Originalstümpfe werden dubliert und auf einem Scanträger befestigt, damit sie in der Schleifkammer des CEREC-Gerätes untergebracht werden können.

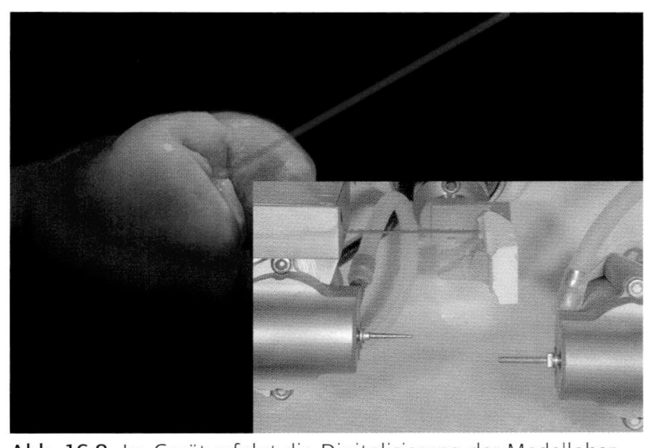

Abb. 16.8 Im Gerät erfolgt die Digitalisierung der Modelloberfläche anhand eines Laserscanners. Zur Zeitersparnis können gleich mehrere Stümpfe montiert werden.

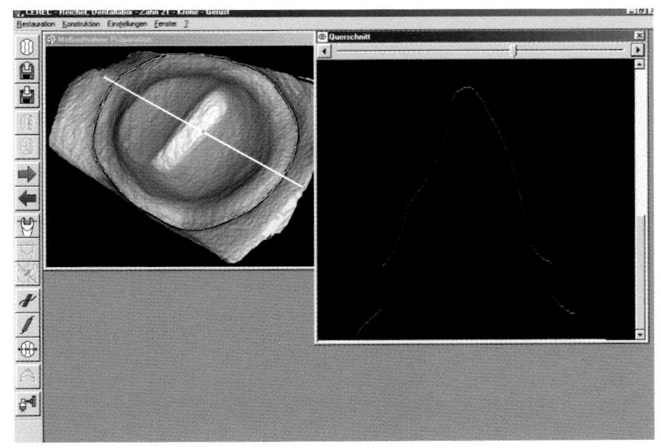

Abb. 16.9 Der vollständig abgetastete Stumpf wird auf dem Computermonitor dargestellt. Für die fehlerfreie Einzeichnung der Präparationsgrenze sind ein Schnittbild sowie eine Projektionsdarstellung möglich.

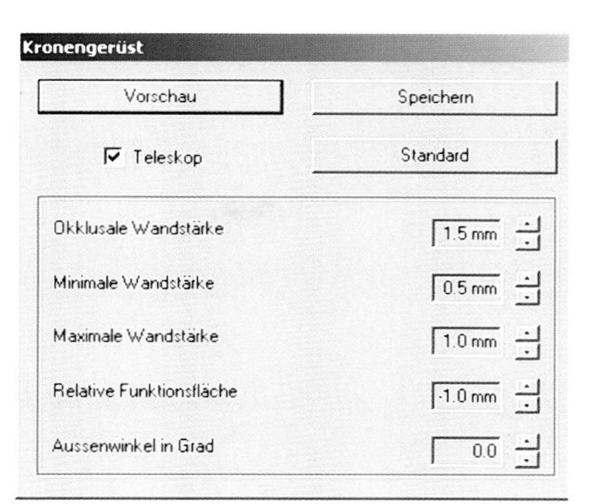

Abb. 16.10 Durch die Einstellung der zirkulären Wandstärke wird beim Ausschleifen genügend Material für das Fräsen der Teleskope belassen. Der Wert sollte je nach Platzbedarf zwischen 1,0 und 1,5 mm betragen.

Abb. 16.11 Beim nachfolgenden Schleifprozess wird aus einem vorgesinterten In-Ceram-Rohling (Fa. VITA Zahnfabrik, Bad Säckingen) die Kappe geschliffen.

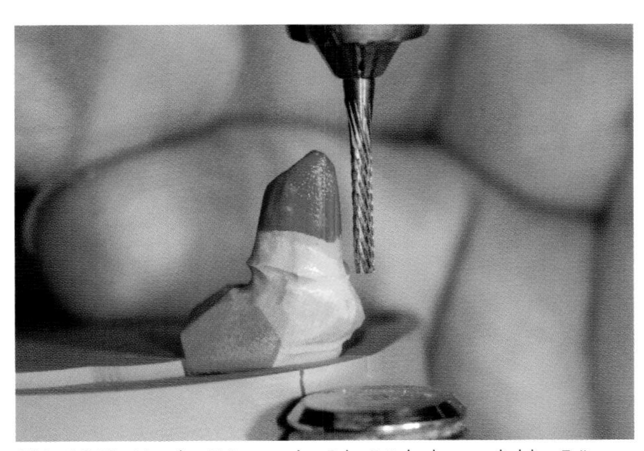

Abb. 16.12 Vor der Fräsung der Primärteleskope wird im Frässgerät eine gemeinsame Einschubrichtung festgelegt. Aus ästhetischen Gesichtspunkten sollte die Fräsung so erfolgen, dass labial eine möglichst dünnwandige Gestaltung entstehen kann.

Abb. 16.13 Das In-Ceram-Material ist relativ weich und daher einfach zu fräsen. Es können Hartmetall- oder diamantierte Schleifkörper zum Einsatz kommen. Eine zusätzliche Befestigung der Kappe auf dem Stumpf ist nicht notwendig.

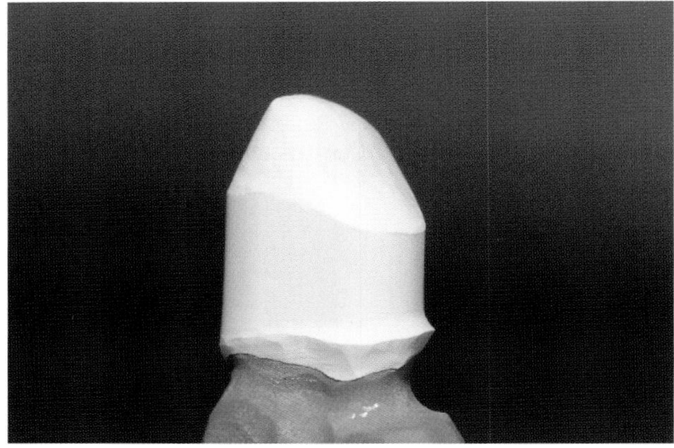

Abb. 16.14 Auf ein optimales Schleifergebnis mit absolut glatten Fräsflächen sollte unbedingt geachtet werden, da ein nachträgliches Bearbeiten im infiltrierten Zustand der Kappen einen unvergleichlich höheren Aufwand bedeuten würde.

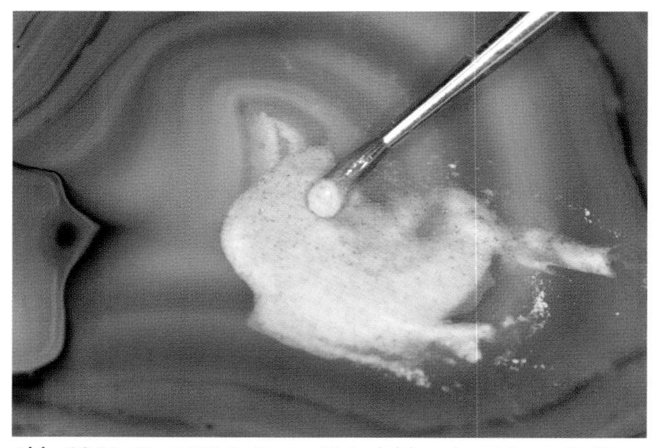

Abb. 16.15 Das VITA In-Ceram-Material in seiner Eigenschaft als Infiltrationskeramik wird mit einem Lanthanglas infiltriert, welches für das Auftragen als Pulver mit destilliertem Wasser gemischt wird.

mente kann wegen der adhäsiven Befestigungsmöglichkeit der Keramik sehr dünn gehalten werden, sie sollte aber 0,4 mm nicht unterschreiten.

Auf ein optimales Schleifergebnis hinsichtlich absolut glatter Fräsflächen sollte unbedingt geachtet werden, da ein nachträgliches Bearbeiten im infiltrierten Zustand der Kappen einen unvergleichlich höheren Aufwand bedeutet (Abb. 16.14). Abschließend ist labial auf eine inzisale Abschrägung zu achten, um Platz für ästhetische Korrekturen zu schaffen. Diese Arbeiten werden am besten mit einem Gummipolierer ausgeführt.

Sind alle gestalterischen Maßnahmen abgeschlossen, kann mit der Glasinfiltration begonnen werden. Diese richtet sich streng nach den Herstellerangaben (Abb. 16.15). Um später nicht unnötig viel Glasüberschuss abstrahlen zu müssen, sollte auf ein angemessenes Verhältnis von Keramikmasse und verwendetem Glaspulver geachtet werden (Abb. 16.16). Der Infiltrationsprozess kann in handelsüblichen Keramiköfen oder im speziell für diese Maßnahme konzipierten VITA Inceramat-Ofen durchgeführt werden. Dabei werden die beschichteten Kappen auf 0,1 mm starke Platinfolie (Heraeus Kulzer, Hanau) gelegt (Abb. 16.17). Nach erfolgreichem Verglasen werden die Glasüberschüsse mit einem Sandstrahlgerät entfernt. Dabei ist auf die Einhaltung eines möglichst flachen Winkels zum Objekt zu achten, damit sich keine abstrahlbedingten Unebenheiten auf der Oberfläche ausbilden können.

Für ein abschließendes Finish der Oberfläche wird eine sehr gleichmäßige und extrem dünne Glasurschicht aufgetragen. Die Löslichkeitsverhältnisse des VITA In-Ceram-Materials erfordern in jedem Fall eine Abdeckung der mit dem Mundhöhlenmilieu in Kontakt kommenden Bereiche mit Glasurmasse. Vorzugsweise wird das VITA SPRAY-ON Verfahren benutzt. Nach dem Auftragen wird diese Schicht mit einem Heißluftfön stabilisiert. Das unerwünschte ungleichmäßige Verlaufen der Glasurmasse in Richtung des Stufenbereiches kann dadurch vermieden werden. Die Brandführung des Glasurvorganges erfolgt nach Herstellerangaben. Sollten trotz aller Vorsicht leichte Unebenheiten in der Lasurschicht entstanden sein, können diese mit speziellen Diamantfinierern (Diamantfräseset Kamprich, Fa. NTI, Kahla) leicht geglättet werden. Ein Materialabtrag darf hierbei jedoch mehr erfolgen. Die Herstellung der Außenkrone geschieht durch das direkte Aufgalvanisieren von Feingold. Die Außenkontur der vollkeramischen Primärkrone wird mit einer Lage Leitsilberlack versehen. Zur Herstellung der Kappen kommt der Automat AGC Micro (Fa. Wieland Edelmetalle, Pforzheim) zum Einsatz. Der Prozess erfolgt vollautomatisch. Galvanisierungszeit und Stromstärke werden so gewählt, dass eine Schichtstärke von etwa 0,1 bis 0,2 mm entsteht. Die Galvanokappe lässt sich einfach von der Primärkrone trennen. Der Leitsilberlack wird durch kurzes Einwirken von hochprozentiger Salpetersäure von der Kappe entfernt. Die vollkeramischen Primärkronen dürfen aber auf keinen Fall mit der Säure behandelt werden. Zusammen mit dem Funktionslöffel gelangen nun die Teile zur klinischen Anprobe. Auf eine exakte Beschriftung aller Elemente mit Zahn- und Flächenangabe sollte geachtet werden.

Computergestützte Herstellung der Primärkronen

Wünschenswert wäre es, wenn nach dem Einscannen einer Gesamtsituation eines Sägestumpfmodells vom Computer völlig automatisch eine optimale Einschubrichtung gesucht würde und diese auf die Gestaltung der einzelnen Primärkronen übertragen werden könnte. Dieser Wusch stößt an die ganz allgemeine und für alle Systeme gültige Grenze, dass selbst moderne und leistungsfähige Computer eine so große Menge von 3-D-Daten nur unter Einsatz sehr langer Rechenzeiten handhaben könnten. In der Schleifkammer des CEREC-inLab-Systems werden die Stümpfe einzeln abgetastet und können somit in keine Beziehung untereinander gebracht werden. Es musste also eine Lösung mit konventioneller Bestimmung der Einschubrichtung und der Übertragung dieser Werte in das Computerprogramm gefunden werden.

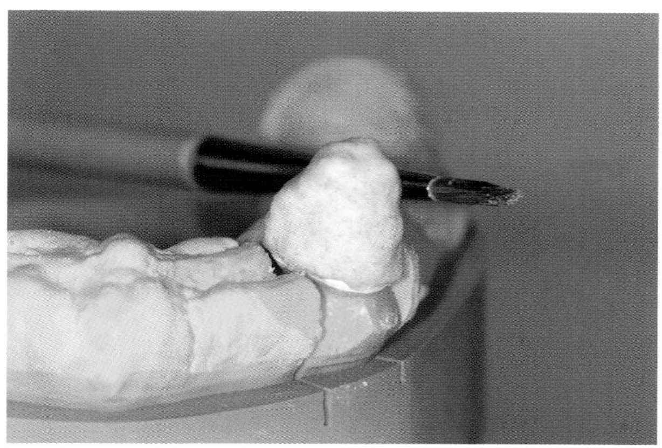

Abb. 16.16 Um später nicht unnötig viel Glasüberschüsse abstrahlen zu müssen, sollte auf ein geeignetes Verhältnis zwischen Keramikmasse und verwendetem Glaspulver geachtet werden. Der Infiltrationsprozess kann in handelüblichen Keramiköfen oder im speziell für diese Maßnahme konzipierten VITA Inceramat-Ofen durchgeführt werden.

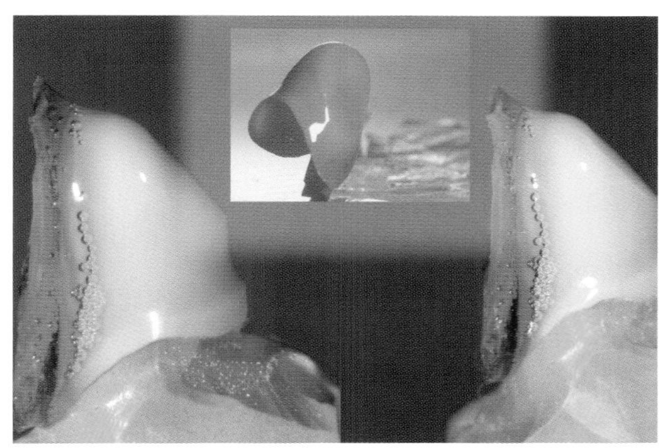

Abb. 16.17 Die beschichteten Kappen werden zum Infiltrieren auf eine 0,1 mm starke Platinfolie (Heraeus Kulzer, Hanau) gelegt. Nach erfolgreichem Verglasen werden die Glasüberschüsse mit einem Sandstrahlgerät entfernt.

Schon bei der Herstellung des Sägestumpfmodells ist zu berücksichtigen, dass die Basis der Einzelstümpfe entsprechend großzügig gestaltet wird. Es muss Platz und Material für die Anbringung einer Bohrung in einem für die Anfertigung der Krone nicht relevanten Bereich vorhanden sein. Das so gestaltete Sägestumpfmodell wird nun in ein schwenkbares Justiergerät (Fa. Degussa, Hanau, oder Fa. Harnisch und Rieth, Winterbach) eingespannt (Abb. 16.18, Abb. 16.19). In gewohnter Weise wird es unter einem Parallelfräsgerät (Fa. Harnisch und Rieth, Winterbach) platziert und mithilfe eines geeigneten Tasters die Gesamteinschubrichtung bestimmt. Ist diese Arbeit getan, wird nun

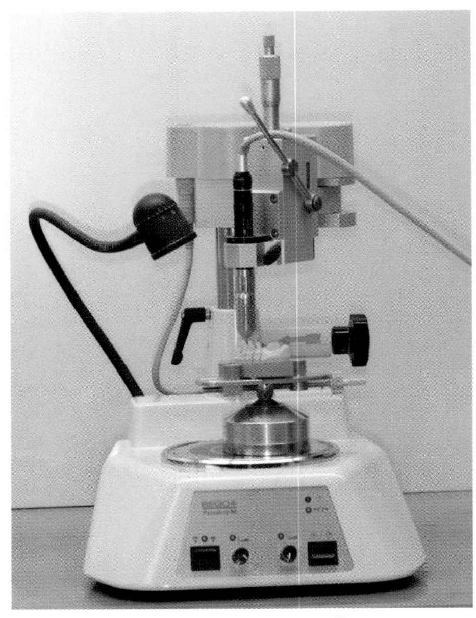

Abb. 16.18 Die Ausrichtung und Übertragung der Stümpfe in die CAD/CAM-Vorrichtung erfolgt in einem Parallelfräsgerät (Fa. Harnisch und Rieth, Winterbach).

Abb. 16.19 Das vorbereite Modell wird für die korrekte Ausrichtung in ein schwenkbares Justiergeät eingespannt.

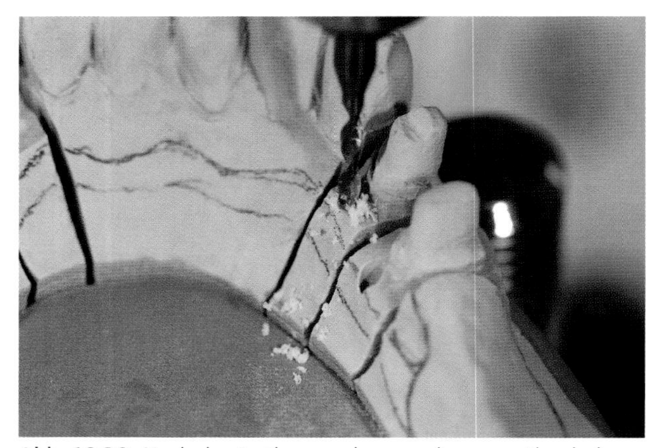

Abb. 16.20 Nach der Festlegung der gemeinsamen Einschubrichtung werden nun an einer freien Stelle des Modellstumpfes Parallelbohrungen angelegt.

mit einen 1,5 mm Pinbohrer (Pindex-System, Fa. SAM, München) bei jedem Einzelstumpf an einer für die Herstellung der Krone nicht relevanten Stelle eine Parallelbohrung angebracht (Abb. 16.20). Ist diese Arbeit abgeschlossen, werden in den Bohrlöchern Standardmodellpins (Fa. SAM, München) platziert (Abb. 16.21). Diese Stümpfe werden mithilfe eines Silikonabformmaterials dubliert (Abb. 16.22). Die Modellherstellung erfolgt mit einem für die Laserabtastung optimierten Superhartgips (CAM-Base, Fa. Dentona, Dortmund) (Abb. 16.23).

Mithilfe eines Parallelhalters für Gummipolierer werden nun die einzelnen Stümpfe unter Beibehaltung ihrer Einschubrichtung auf einen geeigneten Modellhalter des CEREC-Systems übertragen. Hierbei gibt es zwei Möglichkeiten: es können die töpfchenförmigen Kronengerüsthalter für Einzelstümpfe verwendet werden. Diese haben den Vorteil, dass keine Platzprobleme mit den Modellpins entstehen und deshalb die Stümpfe nicht dubliert werden müssen. Durch das zirkuläre Scanverfahren bei Verwendung dieses Halters ergibt sich der Vorteil, dass später im Computerprogramm die Einzelstümpfe in allen Achsen des Raumes ausgerichtet werden können. Als Alternative kann der I-förmige Brückengerüsthalter verwendet werden. Neben dem Vorteil, dass hier gleich mehrere Stümpfe abgetastet werden können, besteht der Nachteil, dass die Stümpfe dubliert werden müssen und im Computerprogramm nur in bukkooraler Richtung ausgerichtet werden können.

Um die einmal festgelegte Einschubrichtung korrekt übertragen zu können, wurde für die Teleskopkronentechnik ein spezieller Justierblock (Teleskophalter) entwickelt (Abb. 16.24). Dieser wird unter dem Fräsgerät oder Parallelometer platziert. Er hat praktischerweise die gleiche Höhe wie das zuvor benutzte Justiergerät. Der gewählte Haltertyp wird in der Aufnahme des Justierblocks platziert und nun die Stümpfe mit dem Arm des Parallelometers einzeln übertragen (Abb. 16.25).

Danach kann der Abtastvorgang im CEREC-inLab-Gerät erfolgen. Die Digitalisierung der Oberfläche erfolgt durch einen Laserscan (Abb. 16.26).

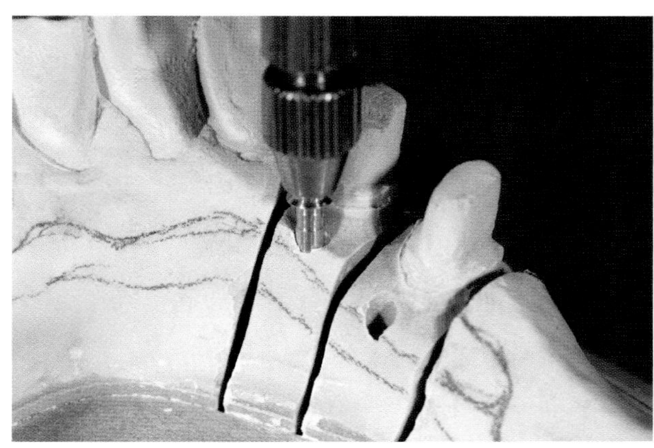

Abb. 16.21 Ist diese Arbeit abgeschlossen, werden in den Bohrlöchern Standardmodellpins (Fa. SAM, München) platziert.

Abb. 16.24 Um die einmal festgelegte Einschubrichtung korrekt übertragen zu können, wurde für die Teleskopkronentechnik ein spezieller Justierblock (Teleskophalter) entwickelt.

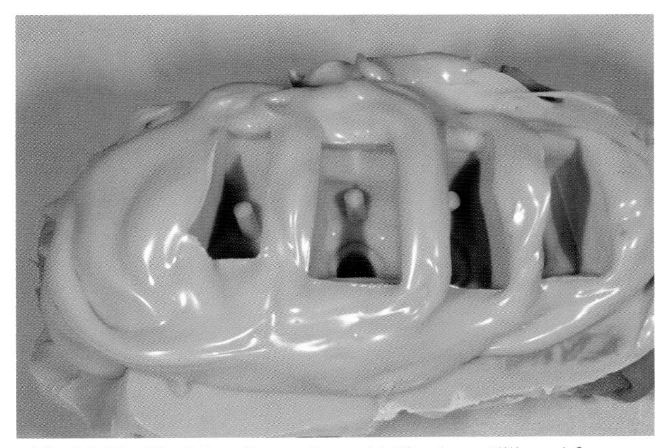

Abb. 16.22 Die Stümpfe werden mithilfe eines Silikonabformmaterials dubliert.

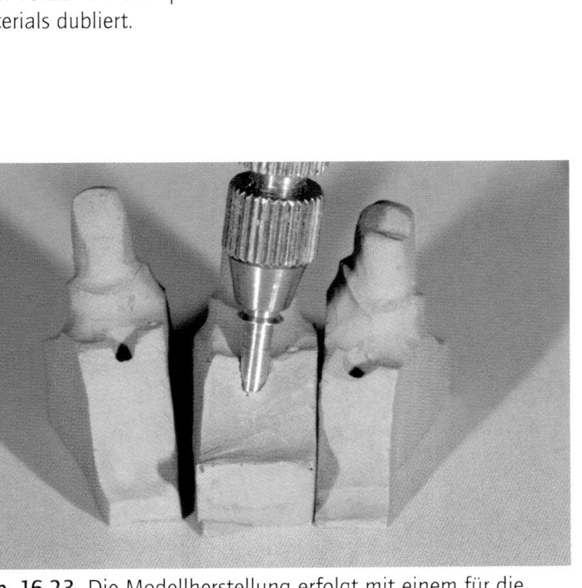

Abb. 16.23 Die Modellherstellung erfolgt mit einem für die Laserabtastung optimierten Superhartgips (CAM Base, Fa. Dentona, Dortmund).

Abb. 16.25 Mithilfe eines Parallelhalters für Gummipolierer werden nun die einzelnen Stümpfe unter Beibehaltung ihrer Einschubrichtung auf einen geeigneten Modellhalter des CEREC-Systems übertragen.

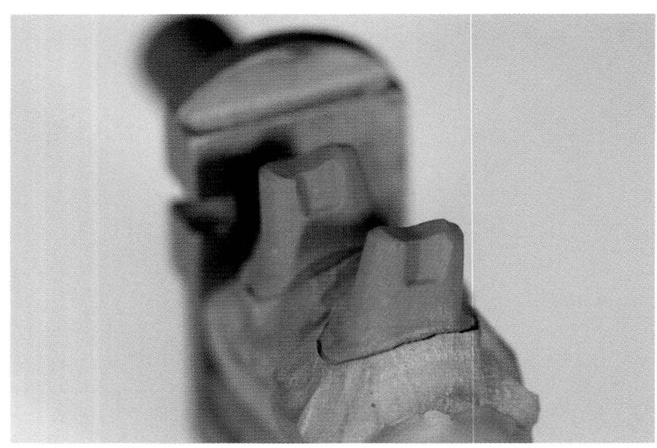

Abb. 16.26 Die Stümpfe sind entsprechend ihrer unterschiedlichen Einschubwinkel auf einem L-förmigen Brückengerüsthalter montiert.

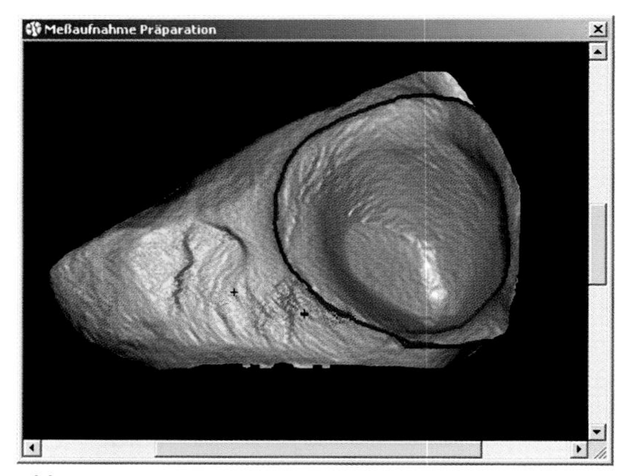

Abb. 16.27 Das Ergebnis der Abtastung wird auf dem Bildschirm angezeigt. Ist im Programm der Teleskopmodus gewählt, wird vom Computer die zu diesem Zeitpunkt sichtbare, ursprüngliche Ausrichtung des Stumpfes als die gewünschte Einschubrichtung gespeichert.

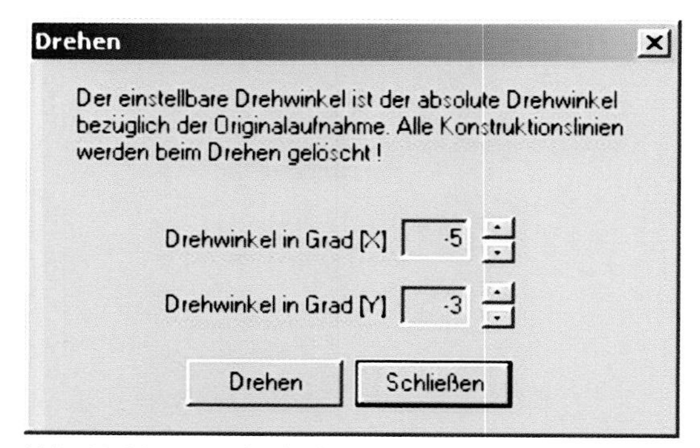

Abb. 16.28 Wenn in der jeweiligen Ansicht die Präparationsgrenze nicht vollständig eingesehen werden kann, muss der digitale Stumpf neu ausgerichtet werden. Dies geschieht mithilfe des Drehwerkzeuges.

Entsprechend dem gewählten Halter wird ein geeignetes Scanverfahren ausgewählt. Die Scanzeit ist von der Größe des Objektes abhängig. Das Ergebnis der Abtastung wird auf dem Bildschirm angezeigt. Ist im Programm der Teleskopmodus gewählt, wird vom Computer die jetzt sichtbare, ursprüngliche Ausrichtung des Stumpfes als die gewünschte Einschubrichtung gespeichert. Im Zuge der Ausrichtung des Sägestumpfmodells zur Bestimmung der Gesamteinschubrichtung müssen die Stümpfe zum Teil stark gekippt werden. Kann in der jeweiligen Ansicht die Präparationsgrenze nicht vollständig eingesehen werden, muss der digitale Stumpf neu ausgerichtet werden (Abb. 16.27), was mit mithilfe des Drehwerkzeuges geschieht (Abb. 16.28). Wie bereits beschrieben, geht dabei die Information über die gewünschte Einschubrichtung nicht verloren. Man kann sich den Vorgang gedanklich so vorstellen, dass die Außenform der Teleskopkrone einem auf den Kopf gestellten Wasserglas entspricht. Innerhalb dieses Glases kann der Modellstumpf jede beliebige Position annehmen und bestimmt somit die Innenform des Primärteleskops. Für diesen Konstruktionsschritt wird also von der CEREC-Software die Außenform der Krone von der Innenform abgekoppelt. Ist der digitale Stumpf so ausgerichtet, dass die gesamte Präparationsgrenze sichtbar ist, kann diese nun durch Einzeichnung der so genannten Bodenlinie am Computer eingegeben werden (Abb. 16.29).

Danach sind durch die Einstellung verschiedener Parameter Modifikationen an der Außenfläche des Primärteleskops möglich. Mithilfe der ‚Okklusalen Wandstärke' kann die gewünschte Kappendicke eingestellt werden. Die ‚Minimale Wandstärke' definiert die Dicke der Wand an ihrer dünnsten Stelle und bestimmt damit auch den Querschnitt der Krone. Die ‚Maximale Wandstärke' begrenzt die Dicke der Kappenwand im Bereich der Funktionsfläche, die ‚Relative Funktionsfläche' die Höhe des virtuellen Fräszylinders. Dadurch verlängert oder verkürzt sich der Bereich der Primärkrone, der bei der konventionellen Technik durch das Fräsen entsteht. Werden hier positive Werte eingestellt, so wird auch die allgemeine Bauhöhe des Teleskops erhöht. Letztlich ist die Steigung dieses Bereiches durch den Parameter ‚Außenwinkel in Grad' ebenfalls veränderbar. Durch gezielte Modifikation der einzelnen Parameter ist es möglich, bereits am Computermonitor Kappen zu gestalten, die kaum noch einer Nacharbeit bedürfen. Die konkreten Auswirkungen der vorgenommenen Veränderungen können jederzeit mithilfe einer Vorschaufunktion überprüft werden (Abb. 16.30).

Entspricht die Gestalt der digitalen Primärkrone den Vorstellungen des Anwenders, kann die Schleiffunktion aktiviert werden. Hier wird zunächst ein geeignetes Material ausgewählt; wie bereits im ersten Teil dieser Arbeit beschrieben, bevorzugen die Autoren In-Ceram ALUMINA[6] (Fa. VITA Zahnfabrik, Bad Säckingen). Anschließend kann der Schleifprozess gestartet werden.

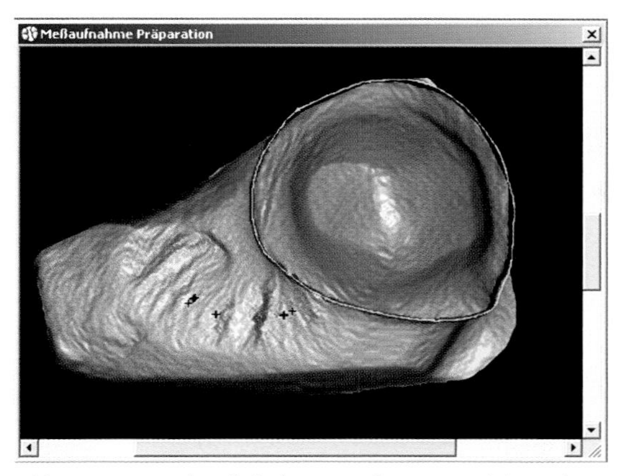

Abb. 16.29 Ist der digitale Stumpf so ausgerichtet, dass die gesamte Präparationsgrenze zu sehen ist, kann diese nun durch Einzeichnung der so genannten Bodenlinie am Computer eingegeben werden.

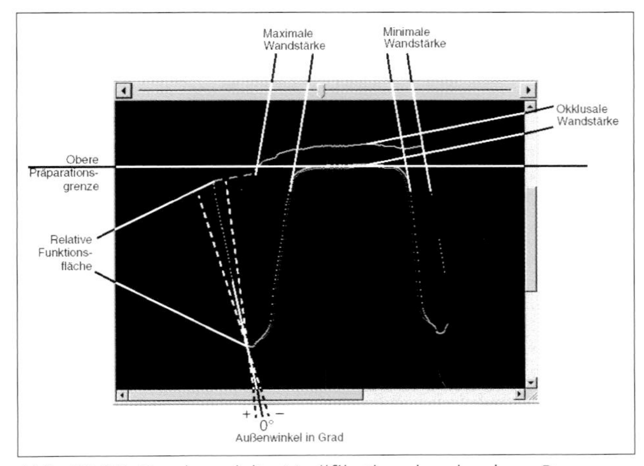

Abb. 16.30 Durch gezielte Modifikation der einzelnen Parameter ist es möglich, bereits am Computermonitor Kappen zu gestalten, die kaum noch einer Nacharbeit bedürfen.

Computergestützte Herstellung durch Modellkorrelation

Seit der Einführung der Software R1500 und größer wurde die 2-D-Software, die erforderlich ist, um Teleskope in der zu vor beschriebenen Vorgehensweise herzustellen, nicht mehr mitinstalliert und wird im Weiteren auch nicht mehr durch Sirona unterstützt. Somit war guter Rat teuer. Es wird empfohlen, das Wax-up-Verfahren für die Herstellung von Teleskopen anzuwenden. Wir sind davon überzeugt, dass die Funktion einer auf keramischen Primärkronen entstandenen Restauration im Wesentlichen von dem korrekten Sitz und einer eindeutigen Repositionierbarkeit der Primärkronen abhängt. Deshalb bietet das Einscannen der Präparationsstümpfe und das Konstruieren auf dem Modell sowohl hinsichtlich der Daten als auch der Schleiftechnik die besten Ergebnisse.

Vorbereitung der Wachskappen

Das Meistermodell wird im Parallelometer auf eine gemeinsame Einschubrichtung ausgerichtet. Nun werden auf die Stümpfe, welche die Primärkronen aufnehmen sollen, Wachskappen mit einem speziellen Fräswachs angefertigt (Abb. 16.31). Wie bei

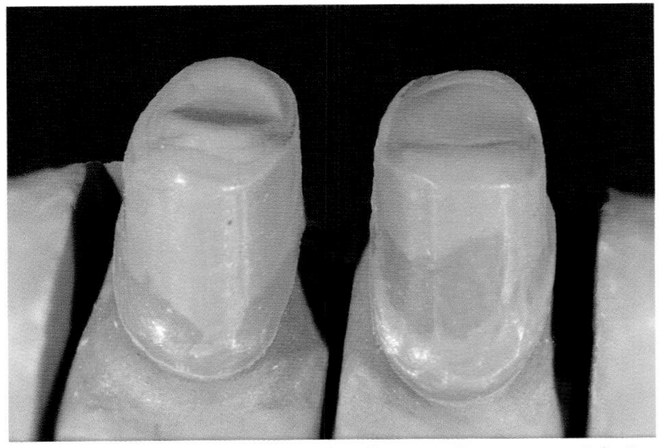

Abb. 16.31 Wachskappen, welche die Form der späteren Primärkronen darstellen, werden mit einem scanfähigen Fräswachs angefertigt.

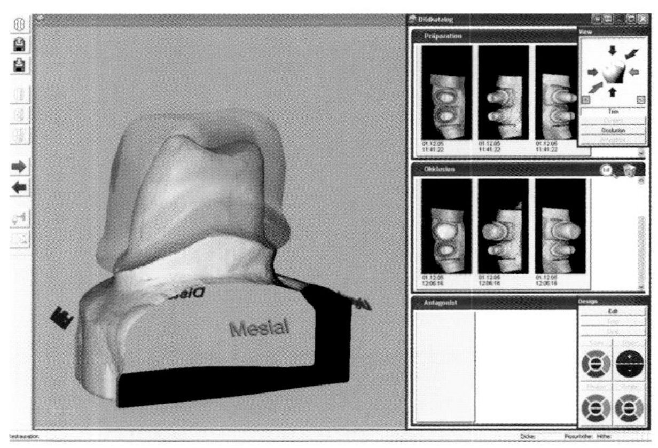

Abb. 16.32 Zum Erarbeiten der Primärkronen wird das Konstruktionsverfahren 'Krone - Korrelation' angewandt.

herkömmlicher Gusstechnik werden die Teleskopkronen jetzt im Parallelometer in Wachs gefräst. Es wird eine Null-Grad-Parallelfräsung eingesetzt. Es ist darauf zu achten, dass die Primärkronen eine Mindestwandstärke von 0,4 mm aufweisen.

Dublieren der Stümpfe für die Herstellung eines Scanmodells

Die Einzelstümpfe des Meistermodells werden in der bekannten Art und Weise dubliert und mit einem scanbaren Modellgips ausgegossen. Diese werden auf einen Scanträger möglichst so platziert, dass eine optimale Scanausrichtung gewährleistet ist und später in der Software möglichst wenig an der Einschubachse korrigiert werden muss. Das Platzieren auf dem Scanträger erfolgt unabhängig von der Gesamteinschubrichtung des Meistermodells.

Einscannen und Konstruieren

Wir benutzen hier das Konstruktionsverfahren 'Krone - Korrelation' (Abb. 16.32). Nach dem Einscannen der Präparation werden die gefrästen Wachskappen auf das Scanmodell gesetzt und als Korrelat eingescannt. Im nächsten Arbeitsschritt werden die beiden Aufnahmen korreliert und nach Anlage der Äquator- und Kopierlinie ist unsere Außenform des Teleskopes durch die Korrelationsaufnahme vorgegeben. Dieses Verfahren bietet gegenüber dem Wax-up-Verfahren den Vorteil, dass die Innenflächen der Kronen über die tatsächliche Präparation entstehen und nicht durch das Abscannen der Innenwachsflächen. Auch werden die Innenflächen der Teleskope in ihrer Größe korrekt ausgeschliffen und bedürfen somit keiner manuellen Aufarbeitung durch den Zahntechniker. Dies ist ein unschätzbarer Vorteil, weil, wie angemerkt, die eindeutige Repositionierbarkeit der Primärkronen gegeben sein muss.

Die weitere Bearbeitung der Rohkronen im Labor

Nach Beendigung des Schleifprozesses muss die Rohkrone auf den Stumpf aufgepasst werden. Bei günstigen klinischen Verhältnissen sollte dies nur einen minimalen Arbeitsaufwand bedeuten. Eine nicht eindeutige Anlage einer Hohlkehlstufe und inzisal spitz auslaufende Präparationskanten, welche die Dimension des kleinsten Schleifkörpers unterschreiten, können die Ursache für aufwändigere Nacharbeiten sein. Ist der Sitz der Krone einwandfrei, kann direkt mit dem Nachfräsen begonnen werden. Da die Einschubrichtungsdaten bereits im Zuge der Modellvorbereitung gewonnen und über das das CAD/CAM-Verfahren bereits auf die Rohkronen übertragen wurden, ist prinzipiell nur noch ein Finieren der Rautiefen des Schliffbildes der CEREC-Fräsmaschine notwendig (Abb. 16.33). Sollte im oralen Bereich die Ausformung einer abstützenden Stufe gewünscht sein, so muss diese unter Berücksichtigung der Minimalwandstärke durch gleichmäßiges manuelles Abtragen konturiert werden (Abb. 16.34). Es kommt ein Diamantfrässet für galvanische Doppelkronen (Fa. NTI, Kahla) zum Einsatz (Abb. 16.35). Abschließend werden die zervikalen Kronenränder mithilfe eines Gummipolierers (Fa. Edenta, Au, Schweiz) optimiert (Abb. 16.36).

Nach einer Säuberung im Dampfstrahlgerät erfolgt ein Reinigungsbrand zur Vorbereitung der Glasinfiltration. Die Glasinfiltration wird nach Herstellerangaben mit dem Glas der zugeordneten Zahnfarbe im VITA Inceramat oder Vacumat

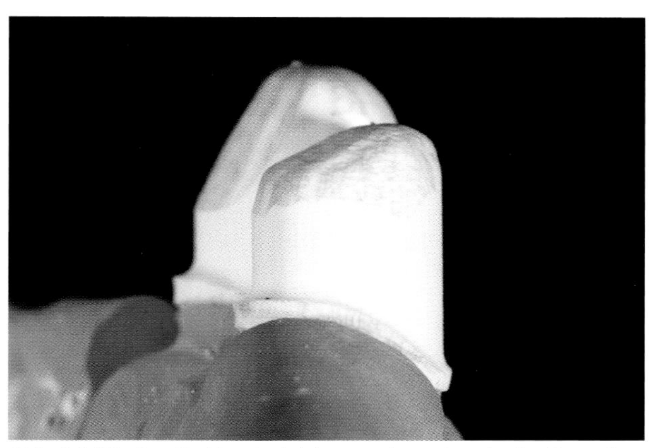

Abb. 16.33 Da die Einschubrichtungsdaten bereits im Zuge der Modellvorbereitung gewonnen und über das CAD/CAM-Verfahren bereits auf die Rohkronen übertragen wurden, ist nach dem Ausschleifen nur noch ein Finieren der Rautiefen des Schliffbildes der CEREC-Fräsmaschine notwendig.

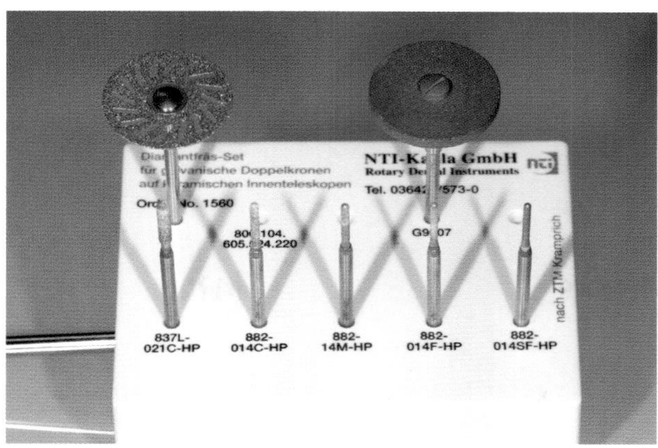

Abb. 16.35 Es kommt ein Diamantfrässet für galvanische Doppelkronen (Fa. NTI, Kahla) zum Einsatz.

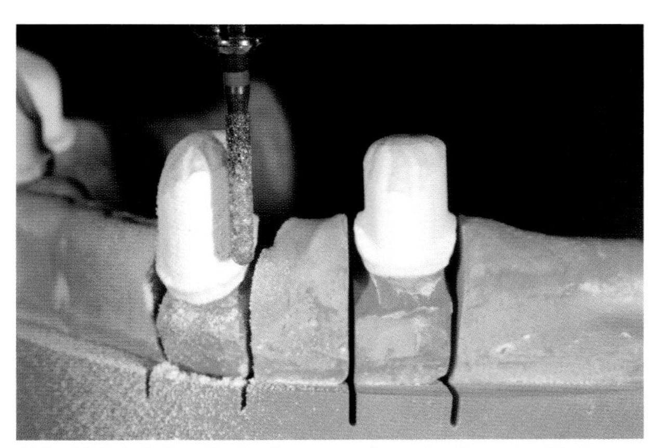

Abb. 16.34 Sollte die Ausformung einer abstützenden Stufe gewünscht sein, so kann diese unter Berücksichtigung der Minimalwandstärke durch gleichmäßiges, manuelles Abtragen konturiert werden.

Abb. 16.36 Abschließend werden die zervikalen Kronenränder mithilfe eines Gummipolierers (Fa. Edenta, Au, Schweiz) optimiert. Danach ist die Formgestaltung der Primärkrone abgeschlossen.

4000 (beide VITA Zahnfabrik, Bad Säckingen) durchgeführt. Aufgrund der relativ geringen Wandstärken der Primärteleskope ist ein zweimaliges Infiltrieren nicht notwendig (Abb. 16.37). Beim nachfolgenden Abstrahlen der Glasüberschüsse sollte auf die Einhaltung eines flachen Winkels des Sandstrahls zur Kronenoberfläche geachtet werden, um die Ausbildung oberflächlicher Dellen zu vermeiden. Eventuelle Feinkorrekturen werden mit einer wassergekühlten Turbine vorgenommen (Abb. 16.38).

Die Problematik einer erhöhten Löslichkeit von infiltriertem Aluminiumoxid ist hinlänglich bekannt[3]. Deshalb dürfen diese Keramiken nur mit einer oberflächlichen Versiegelungsschicht in die Mundhöhle eingebracht werden[9], was durch das Aufbringen einer gleichmäßig dünnen Glasurschicht gewährleistet wird. Neben einem möglichst gleichmäßigen Auftrag mit dem Pinsel auf eine leicht vorgewärmte Keramik besteht als Alternative der Einsatz des SPRAY-ON Systems (Fa. VITA Zahnfabrik, Bad Säckingen) (Abb. 16.39). Ein Nachfräsen der vollkeramischen Primärteleskope sollte nach diesem Arbeitsschritt nur noch in Ausnahmefällen erfolgen.

Der grundsätzliche Prozess der Herstellung der Sekundärkronen mittels Galvanoformung ist bereits im ersten Teil dieser Arbeit ausführlich be-

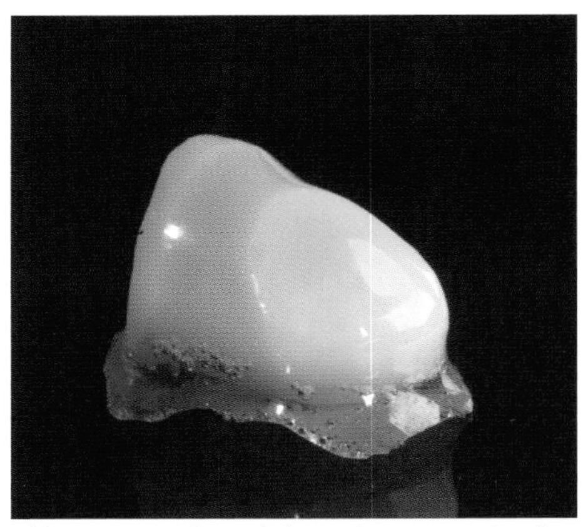

Abb. 16.37 Aufgrund der geringen Wandstärke der Primärkrone ist eine einmalige Glasinfiltration für ein optimales Verglasen ausreichend.

Abb. 16.38 Eventuelle Feinkorrekturen werden mit einer wassergekühlten Turbine vorgenommen.

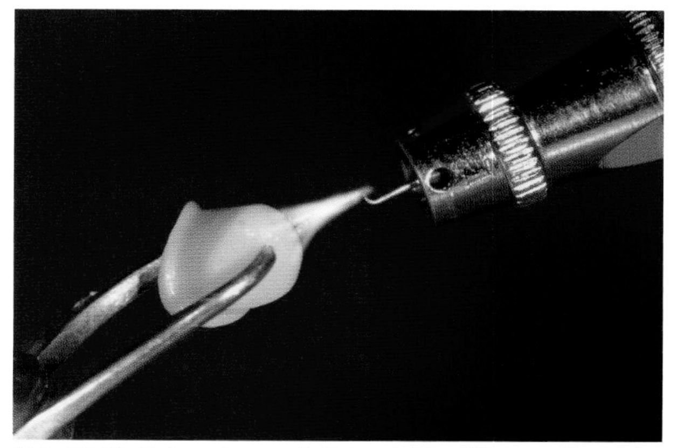

Abb. 16.39 Neben einem möglichst gleichmäßigen Auftrag mit dem Pinsel auf eine leicht vorgewärmte Keramik, besteht als Alternative der Einsatz des SPRAY-ON Systems (Fa. VITA Zahnfabrik, Bad Säckingen)

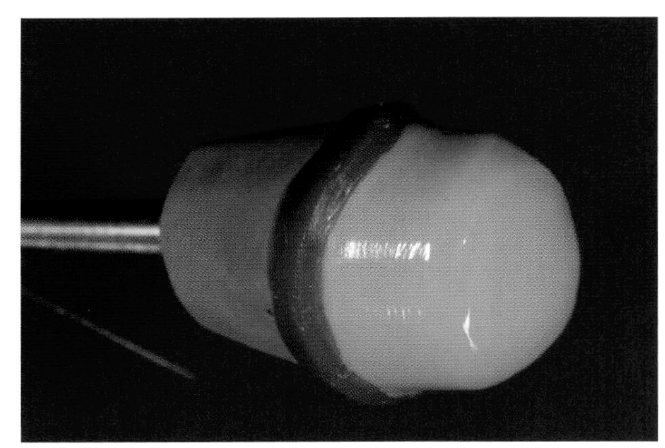

Abb. 16.40 Um das Abziehen der Galvanokappen von den frakturgefährdeten Keramikteilen zu erleichtern, wird im Bereich unterhalb der Stufe eine Wachsmanschette angelegt. Dies verhindert die Abscheidung des Feingoldes in unter sich gehende Bereiche.

Abb. 16.41 Eine auf diese Weise vorbereitete Kappe lässt sich mühelos entfernen.

schrieben worden[6]. Um das Abziehen der Galvanokappen von den frakturgefährdeten Keramikteilen möglichst zu erleichtern, wird im Bereich unterhalb der Stufe eine Wachsmanschette angelegt (Abb. 16.40). Dadurch wird die Abscheidung des Feingoldes in unter sich gehende Bereiche verhindert. Die Kappe lässt sich leicht entfernen (Abb. 16.41). Die folgenden Arbeitsschritte unterscheiden sich nicht von der bereits beschriebenen konventionellen Methodik.

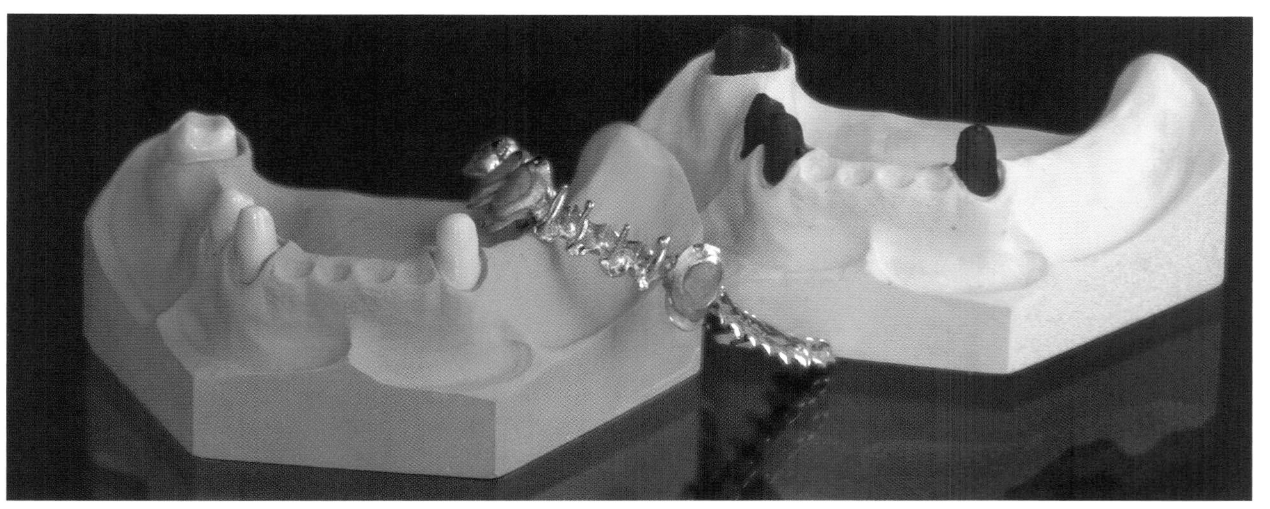

Abb. 16.42 Ein neues Meistermodell mit Kunststoffstümpfen gewährleistet das Weiterarbeiten der Tertiärkonstruktion und Fertigstellung, ohne dass die bruchgefährdeten vollkeramischen Primärteile weiterverwendet werden müssen.

Tertiärstruktur und Fertigstellung

Bei den Autoren hat sich das Verfahren mit der definitiven Befestigung der Primärkronen erst beim vollständigen Eingliedern der Arbeit als die beste Variante herausgestellt. So werden bei der Herstellung des neuen Meistermodells bereits im Vorfeld angefertigte Kunststoffpatrizen in die im Abdruck fixierten Feingoldmatrizen steckt. Die bruchgefährdeten vollkeramischen Primärteile werden bis zur Eingliederung nicht mehr benutzt (Abb. 16.42). Ein Set up mit konfektionierten Zähnen liefert wichtige Informationen für die Gestaltung des Tertiärgerüstes. Ein Vorwall aus Silikon ist sehr gut dazu geeignet, eine reproduzierbare Kontrolle über das angestrebte Versorgungsziel zu haben. Durch Auftragen von Distanzlack wird ein ca. 100 µ starker Spalt zwischen Matrizen und Gerüst geschaffen, der für das spätere Verkleben notwendig ist. Das Meistermodell wird dubliert, auf dem Einbettmassemodell wird das Gerüst modelliert. Dabei werden stabile Verbindungen und Retentionen im Bereich der aufzustellenden Zähne modelliert. Die Überkappungen an den Pfeilern werden aus ästhetischen Gründen nach labial offen gestaltet. Das Gerüst wird im Einstückgussverfahren hergestellt. Es sollte locker und spannungsfrei auf den Matrizen sitzen. Wie bereits erwähnt, werden diese beiden Elemente durch Verklebung mit AGC-CEM (Fa. Wieland Edelmetalle, Pforzheim) miteinander verbunden. Eine alternative Möglichkeit besteht in der Laserschweißung, die den Nachteil der Entstehung von Gefügespannungen aufweist. Vorteil beider Verfahren ist, dass nicht zusätzliche Legierungen in Form von Lot verwendet werden müssen, die immer zu elektrochemischen Reaktionen und damit zu Korrosionserscheinungen führen.

Die folgenden Arbeitschritte konzentrieren sich auf die Wiederherstellung der Kaufunktion und Ästhetik. In den meisten Fällen werden Kunststoffzähne verwendet. Ihre Form und Farbe werden entsprechend individualisiert. Die Simulation der Kaubewegungen im Artikulator ermöglicht eine funktionell gestaltete Zahnaufstellung. Die Gestaltung der verloren gegangenen Schleimhautanteile erfolgt möglichst nah am natürlichen Vorbild. Das Gerüst wird silanisiert und mit entsprechend eingefärbtem Opaker versehen. Bei der Ausarbeitung wird auf eine für die Mundhygiene günstige Gestaltung mit guten Reinigungsmöglichkeiten geachtet.

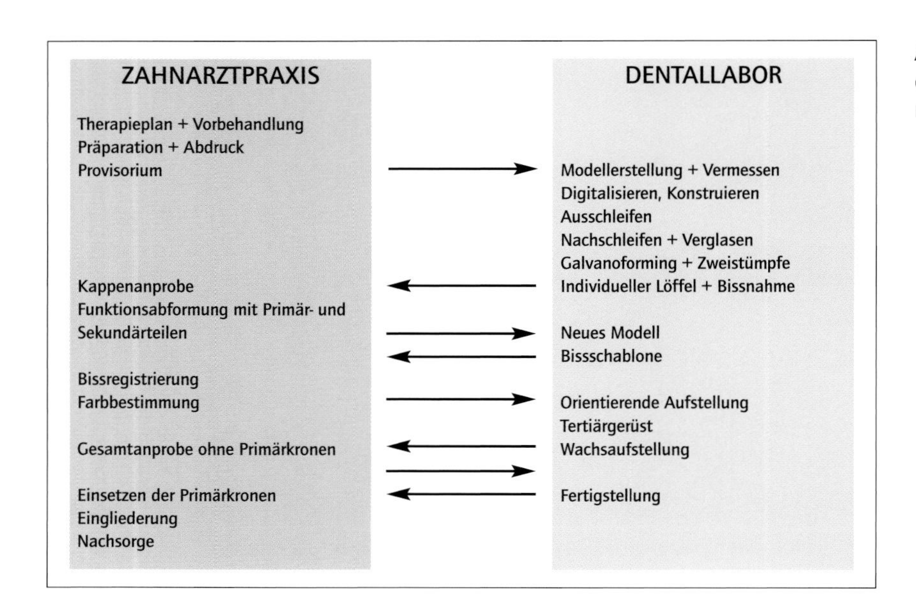

Abb. 16.43 Das Ablaufschema zeigt eine grundsätzliche Möglichkeit des klinischen Handlings einer solchen Arbeit.

Eingliederung und Nachsorge

Im Gegensatz zu metallischen Primärteleskopen gewinnen vollkeramische Elemente ihre Endstabilität erst nach adhäsiver Befestigung auf dem Zahnstumpf. Ungeklebte Teile sind mitunter sehr empfindlich auf mechanische Belastungen. Diese Tatsache zieht Konsequenzen im klinischen Management nach sich, welche sich vom Ablauf mit metallischen Teleskopen unterschieden. Grundsätzlich sind zwei unterschiedliche Vorgehensweisen denkbar:

Modifizierter konventioneller Ablauf (*Abb. 16.43*)

Nach der Präparation wird eine Präzisionsabformung genommen und eine provisorische Versorgung eingegliedert. Im Labor werden die vollkeramischen Primärkronen und die galvanisch geformten Sekundärteile, für diese Sekundärteile spezielle Kunststoffstümpfe sowie ein Funktionslöffel angefertigt. Während der klinischen Funktionsabformung werden sowohl die vollkeramischen Primärkronen als auch die Sekundärteile auf die Zahnstümpfe gesteckt und gemeinsam abgeformt. Im Labor werden die Primärteile vorsichtig aus der Abformung entnommen. Es wird ein Modell mit den bereits im Vorfeld angefertigten Kunststoffstümpfen angefertigt, auf dem die Anfertigung des Tertiärgerüstes und die weitere Fertigstellung bis zur Anprobe vorgenommen werden. Eine Gesamtanprobe mit ungeklebten Kappen ist risikoreich: einerseits können durch unkontrolliert auftretende Scherkräfte auf den Stümpfen Frakturen auftreten, andererseits besteht die Gefahr der Beschädigung der Primärkronen beim Entnehmen aus den bereits im Tertiärgerüst fixierten galvanischen Sekundärkronen. Dem gewohnten Ablauf kommt der einfache Verzicht auf eine Gesamtanprobe mit Primärteleskopen entgegen. Es wird lediglich eine orientierende Gesamtanprobe ohne die vollkeramischen Kappen vorgenommen. Dabei können Aussagen zum Sitz des Tertiärgerüstes auf den Schleimhautarealen und vor allem zur ästhetischen Wirkung gemacht werden. Die Bisslage und -relation ist natürlich nur teilweise zu bewerten und die Gesamtpassung sowie der Lauf der Sekundärkronen auf den Primärkappen unter klinischen Bedingungen ist überhaupt nicht beurteilbar. Nach erfolgreicher Anprobe wird die Arbeit fertig gestellt. Auch beim Einsetzen werden ohne eine vorhergehende Kontrolle zunächst die vollkeramischen Primärkronen geklebt und erst danach die Arbeit komplett aufgesetzt. Dieses Vorgehen setzt ein fehlerfreies Arbeiten und eine gute, vertrauensvolle Kooperation zwischen Dentallabor und Behandler voraus.

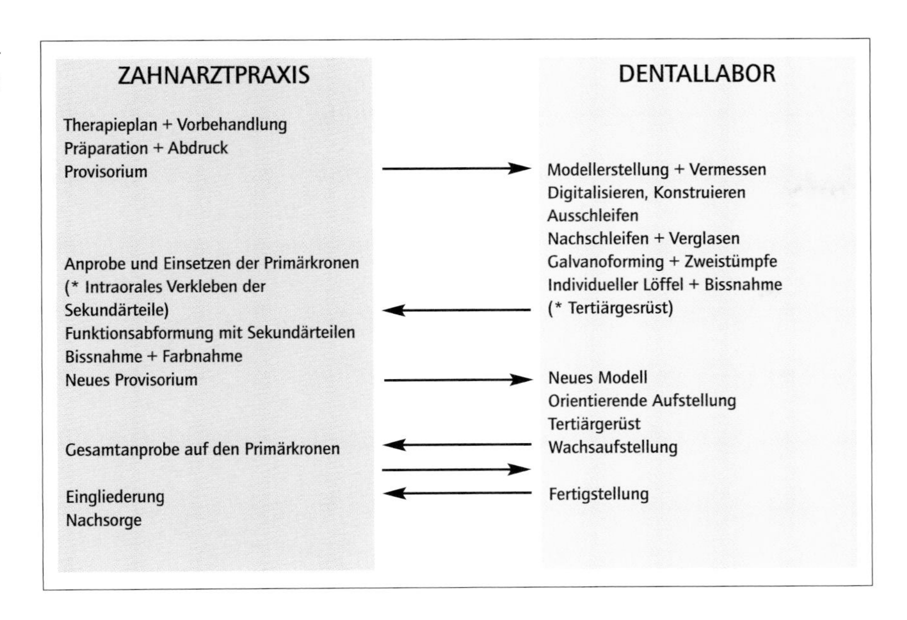

Abb. 16.44 Eine weitere, durchaus sinnvolle Methode ist es, die vollkeramischen Primärteleskope direkt bei der Anprobe definitiv einzusetzen. Als Option besteht die Möglichkeit des intraoralen Verklebens der Sekundärkronen mit dem Tertiärgerüst.

Initiales Kleben der Primärkronen (*Abb. 16.44*)

Nach der Präparation und der Präzisionsabformung werden ebenfalls im Labor nach Modellherstellung sowohl die vollkeramischen Primärkronen als auch die galvanisch geformten Sekundärteile angefertigt. Wie bei der ersten Methode werden sogleich passende Kunststoffstümpfe und ein Funktionslöffel für die Sekundärteile angefertigt. Bei der klinischen Einprobe werden nun aber zunächst die vollkeramischen Primärkronen definitiv auf die Zahnstümpfe geklebt und danach eine Abformung mit den Sekundärteilen vorgenommen; diese fungieren hier wie Übertragungskäppchen. Zur Modellherstellung werden die bereits angefertigten Kunststoffstümpfe benutzt. In der klinischen Sitzung muss noch ein neues Provisorium hergestellt werden, was eine schwierige Aufgabe darstellt, denn es darf nachträglich keine Verschiebung der Stümpfe stattfinden. Wegen der bereits geklebten Primärteile ist das Platzangebot für das Provisorium stark eingeschränkt und es besteht letztlich die Gefahr, dass es zwischen den frisch geklebten Primärteilen und dem Provisorienkunststoff zu sehr starken Verbindungen kommt. Im Dentallabor wird nachfolgend das Tertiärgerüst angefertigt. Eine Besonderheit besteht nun darin, dass die Verklebung der Sekundärteile mit dem Gerüst auch im Mund erfolgen kann, um einen absolut passiven Sitz zu erreichen. Allerdings muss diese Klebung im Mundmilieu sehr kritisch beurteilt werden. Sie ist risikoreich und kann zu Qualitätseinbußen führen. Abschließend erfolgt auch hier die Fertigstellung. Die Eingliederung wird bei diesem Verfahren weitaus entspannter erfolgen als bei der erstgenannten Methode.

Fallbeispiel

Ein 52-jähriger Patient war mit der ästhetischen Wirkung seiner Oberkiefer Teleskopprothese nicht mehr zufrieden. Neben einer massiven Verfärbung sämtlicher Verblendungen zeigten sich gingivale Entzündungen im Bereich der Pfeilerzähne. Besonders störend empfand der Patient den stark demaskierenden Effekt der dunkel wirkenden Primärkronen nach Abnahme des herausnehmbaren Anteils. Deshalb wurden für die Neuversorgung der Situation vollkeramische Primärteleskope gewählt. Die alten Kronen wurden entfernt und die Zähne nachpräpariert. Im Labor wurden zunächst die vollkeramischen Primärkronen, die galvanischen Sekundärteile und ein individueller Löffel gefertigt. In der zweiten klinischen Sitzung erfolgte eine Anprobe sowie eine Überabformung mit gemeinsam aufgesteckten Primär- und Sekundärteilen. Die Überabformung erfolgte mit Impregum (Fa. 3M Espe, Seefeld). Die Gestaltung des Tertiärgerüstes erfolgte brückenkörperartig. Das Einsetzen vollkeramischer Primärteleskope erfolgt grundsätzlich adhäsiv unter Verwendung des Panavia F Befestigungszementes (Fa. Kuraray, Tokio). Dieser ist für das Einsetzen von In-Ceram-Restaurationen besonders geeignet, da das Material Silikatbrücken zur Keramik bildet. Die Zahnstümpfe werden mit dem zum Material gehörenden Adhäsivsystem vorbehandelt. Panavia F ist lichthärtend. In gar keinem Fall wird beim Aufsetzen der Primärkronen das Gerüst mit aufgesetzt. Dies könnte zur Fraktur der Kappen, unerwünschten Verklebungen im Fügebereich und vor allem zu einem nicht korrekten Sitz der Primärkronen auf den Stümpfen führen. Müssen mehr als zwei Elemente geklebt werden, ist ein schrittweises Vorgehen mit maximal drei Zähnen zu empfehlen, um Probleme durch vorzeitiges Aushärten des Materials zu verhindern.

Erst wenn alle vollkeramischen Primärteleskope befestigt sind und eine gründliche Entfernung der Kleberreste erfolgte, wird die Tertiärstruktur aufgesetzt. In diesem Moment zeigt sich, ob die vertrauensvolle, gut abgestimmte Zusammenarbeit zwischen Behandler und Dentallabor erfolgreich war. Bei korrekter Kieferrelationsbestimmung ist kaum eine okklusale Adjustierung nötig. Mit dem Patienten wird das sichere Handling der Arbeit geübt und er wird über eine adäquate Pflege aufgeklärt.

Bereits nach kurzer Tragezeit zeigt sich eine sehr gute Adaptation der gingivalen Gewebe an die vollkeramischen Primärkronen. Die gleiche gilt für die Ästhetik mit eingesetzter Tertiärstruktur. Es zeigt sich ein besonders für ein Doppelkronensystem sehr natürliches Bild. Das Beispiel verdeutlicht die immensen Möglichkeiten dieses Therapiemittels für die komplexe orale Rehabilitation (Abb. 16.45 bis 16.62).

Druckstellen treten bei dieser Versorgungsform extrem selten auf. Die Patienten berichten über eine sehr gute Haftkraft der Prothese, die aber die Handhabung, insbesondere das Einsetzen und Herausnehmen nicht behindert. Die Personen, welche bereits vorher schon mit einer teleskopierenden Versorgung mit metallischen Primärteilen versorgt waren, beurteilen die neue Versorgungsform als eindeutig besser.

Bewertung und Ausblick

Viele Komponenten des vorgestellten Verfahrens befinden sich noch in Entwicklung. Bessere oder neue Keramiken sind möglich, ganz sicher werden im CAD/CAM-Bereich noch große Fortschritte erzielt werden und auch in der Adhäsivtechnik sind vor allem Vereinfachungen des Arbeitsablaufes zu erwarten. Trotzdem bieten vollkeramische Primärteleskope schon jetzt eine Reihe deutlicher Vorteile. Ihre große Stärke liegt in der ästhetischen Wirkung. Aber auch die Biokompatibilität und ein dauerhafter Friktionserhalt sind nicht von der Hand zu weisen. Die teilweise Automatisierung des Arbeitsablaufs im Dentallabor verschafft Zeitvorteile.

Das Autorenteam hat derzeit die klinische Kontrolle über 12 eingegliederte Arbeiten, deren Funktionsdauer zwischen 3 und 18 Monaten liegt. In diesem Beobachtungszeitraum sind keinerlei Störfälle oder gar Verluste aufgetreten. Alle Patienten waren mit den eingegliederten Arbeiten außerordentlich zufrieden. Obwohl natürlich unbedingt eine klinische Langzeitbewertung erfolgen muss, kann man jetzt schon feststellen, dass es sich um ein bewährtes Therapiemittel handelt.

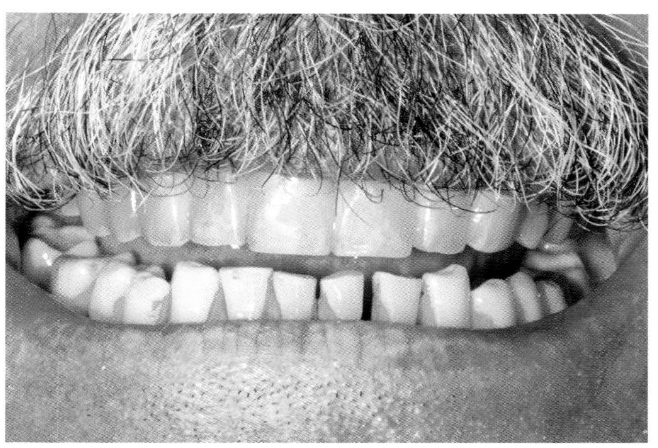

Abb. 16.45 Ein 52-jähriger Patient war mit der ästhetischen Wirkung seiner Oberkiefer-Teleskopprothese nicht mehr zufrieden.

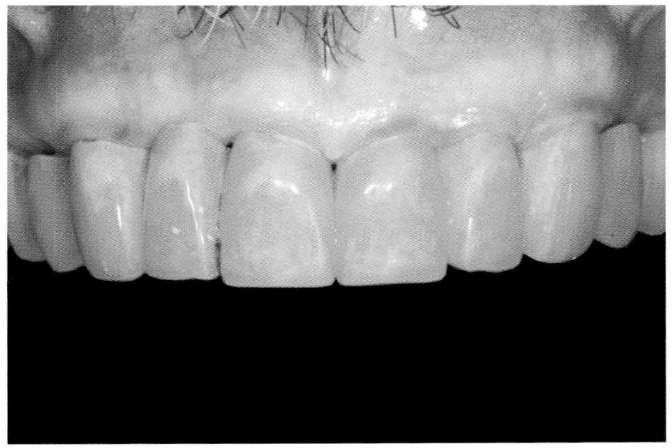

Abb. 16.46 Neben massiven Verfärbungen sämtlicher Verblendungen zeigen sich gingivale Entzündungen im Bereich der Pfeilerzähne.

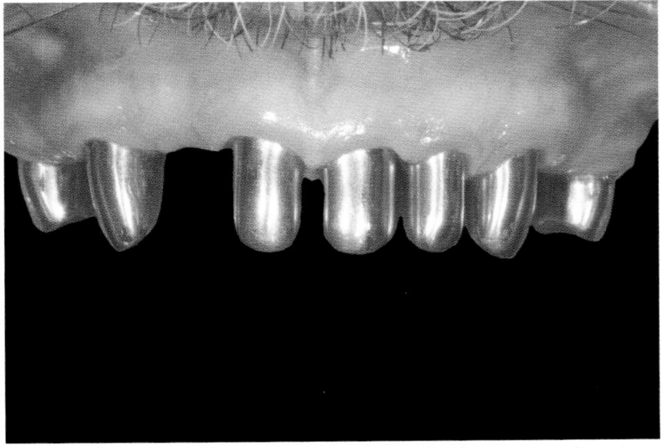

Abb. 16.47 Nach Abnahme des herausnehmbaren Anteils zeigt sich der stark demaskierende Effekt einer solchen Versorgung.

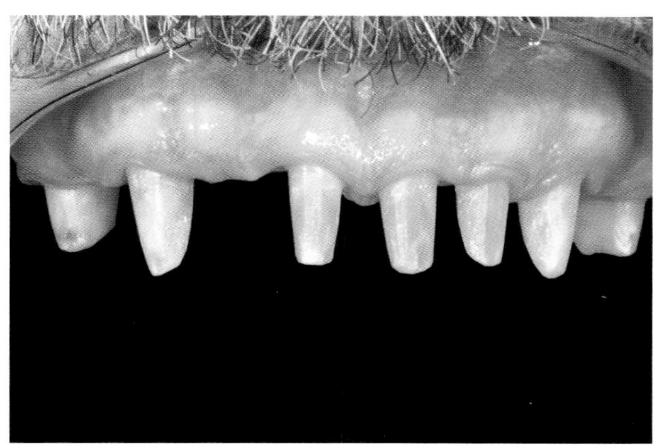

Abb. 16.48 Die alten Kronen wurden entfernt und die Zähne nachpräpariert.

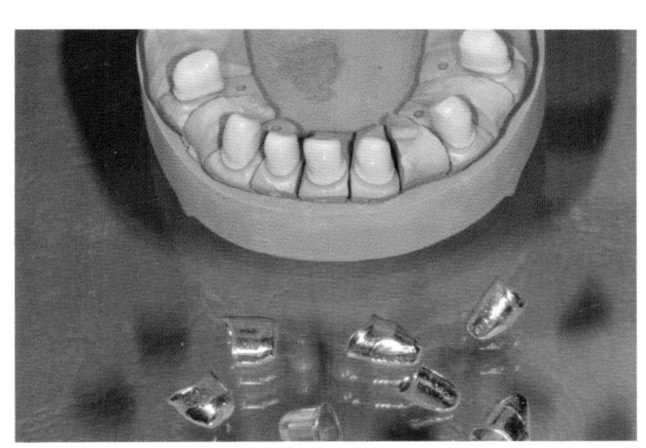

Abb. 16.49 Für die erste Einprobe stehen die fertigen vollkeramischen Primärteleskope mit den dazugehörigen Galvanokappen bereit.

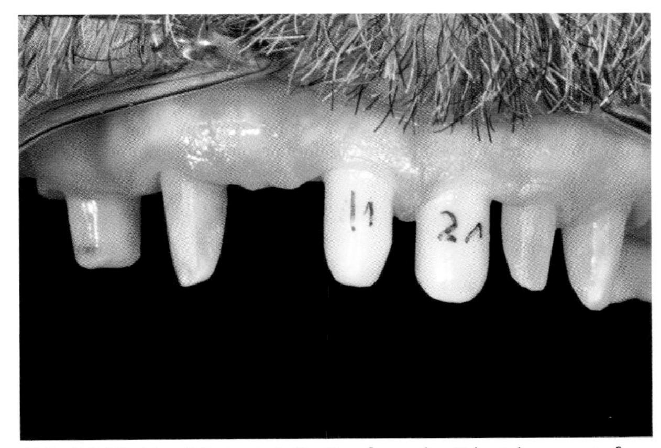

Abb. 16.50 Zunächst wird die Passform der Primärkronen auf den Zahnstümpfen beurteilt. Wegen der leichten Frakturgefahr beim Aufsetzen auf einen falschen Stumpf ist die Beschriftung der Elemente sinnvoll.

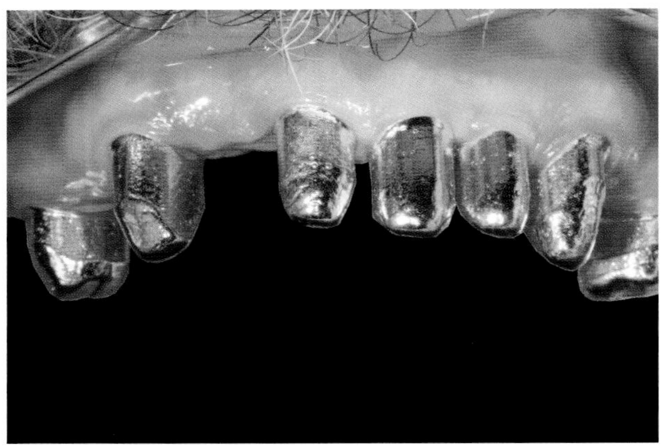

Abb. 16.51 Sind alle Primärkronen am Platz, werden nun auch die Sekundärkronen zum Zweck der Überabformung aufgesteckt.

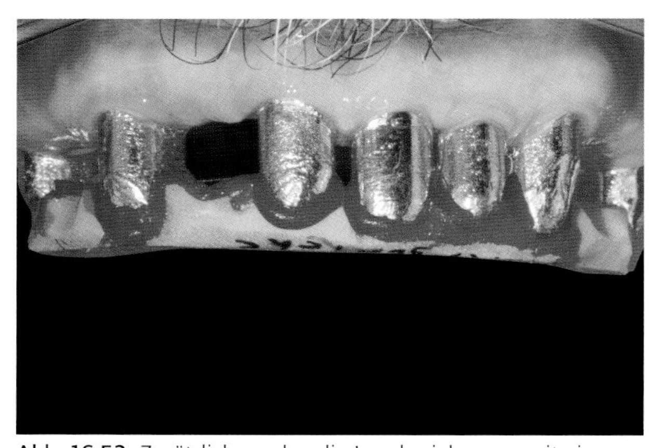

Abb. 16.52 Zusätzlich werden die Lagebeziehungen mit einer Kunststoffschiene fixiert.

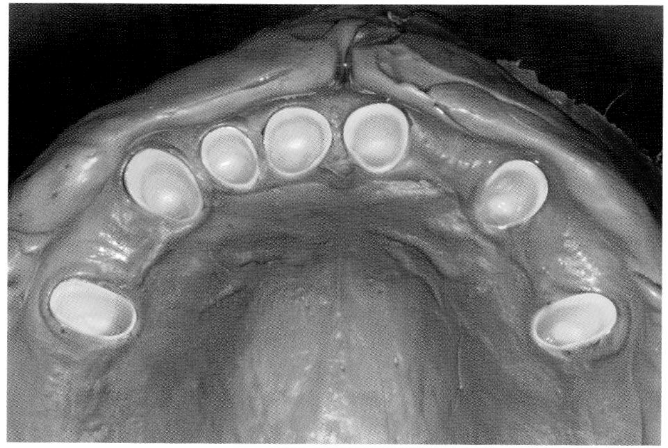

Abb. 16.53 Die Überabformung erfolgt mit Impregum (Fa. 3M Espe, Seefeld).

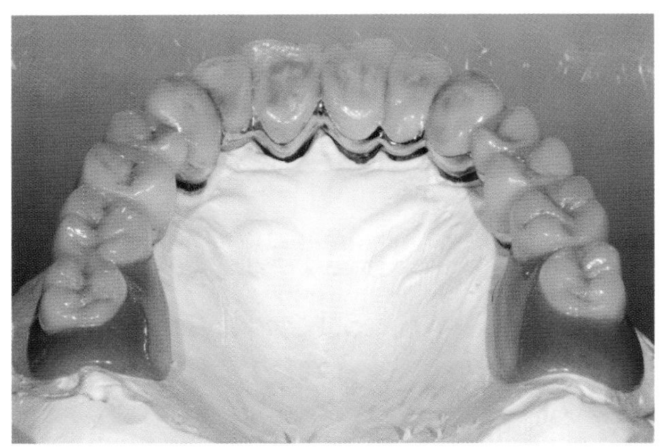

Abb. 16.54 Fertige Arbeit auf dem Modell; die Gestaltung des Tertiärgerüstes erfolgt brückenkörperartig.

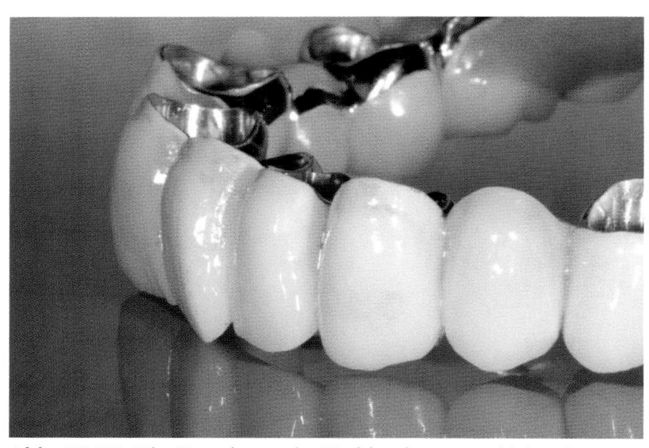

Abb. 16.55 Die Gestaltung der Verblendung geschieht alterskonform und unter Berücksichtigung ästhetischer Gesichtspunkte.

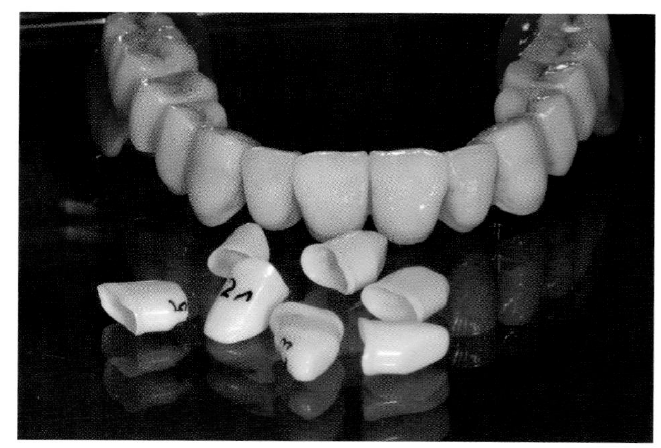

Abb. 16.56 Die Arbeit ist bereit zum Einsetzen.

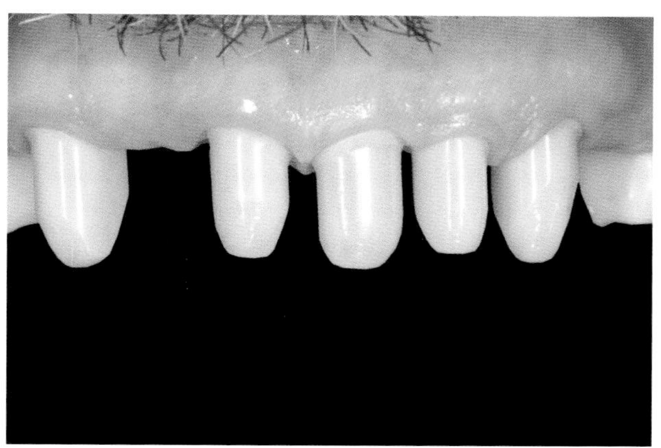

Abb. 16.57 Die adhäsive Befestigung der Primärteleskope erfolgt unter Verwendung des Komposit-Klebesystems Panavia F (Fa. Kuraray, Tokio).

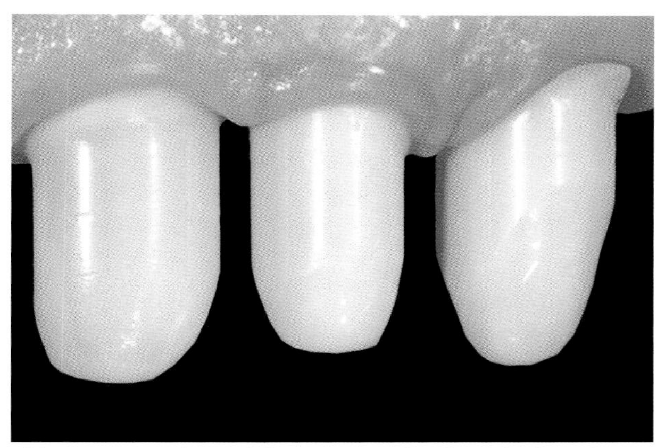

Abb. 16.58 Bereits nach kurzer Tragezeit zeigt sich eine sehr gute Adaption der gingivalen Gewebe an die vollkeramischen Primärkronen.

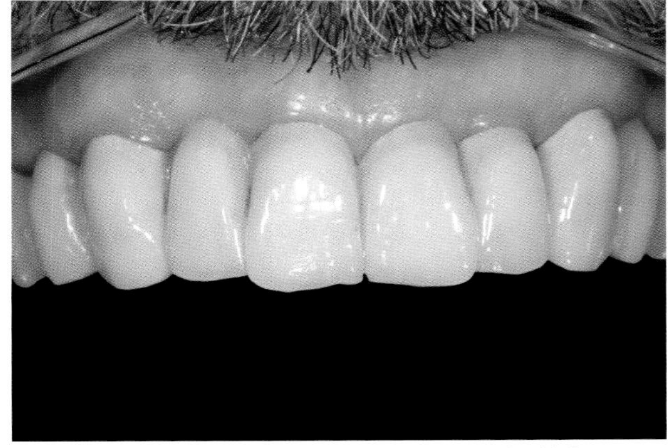

Abb. 16.59 Frontalansicht der eingegliederten Oberkieferversorgung.

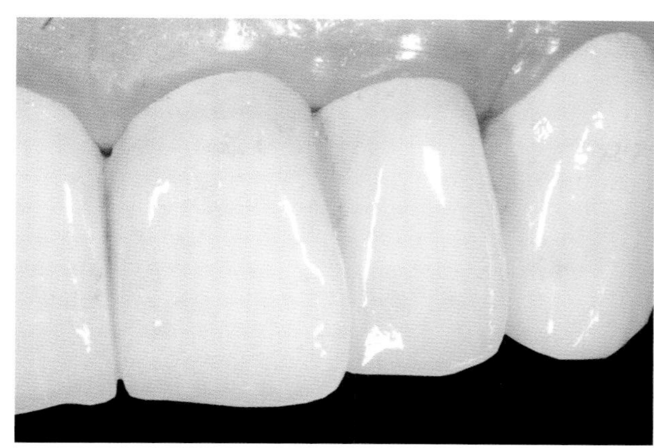

Abb. 16.60 Die gleiche Ansicht wie in Abbildung 16.59, jetzt mit Tertiärstruktur. Es zeigt sich ein insbesondere für Doppelkronensysteme sehr natürliches Bild.

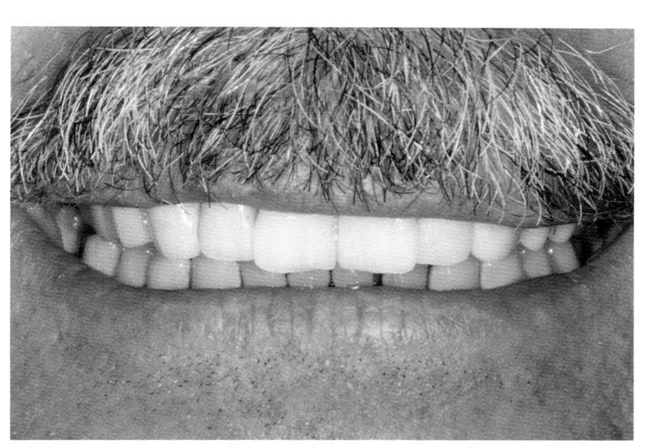

Abb. 16.61 Das natürliche Lächeln eines zufriedenen Patienten.

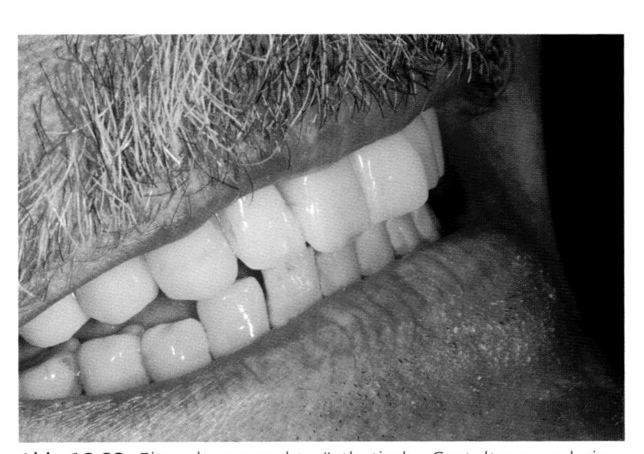

Abb. 16.62 Eine altersgerechte ästhetische Gestaltung und ein gelungenes Lippenbild lassenden Eindruck von „dritten" Zähnen gar nicht erst aufkommen.

Literatur

1. *Becker H. Untersuchung der Abzugskräfte abnehmbarer Teleskop-Prothesen. Zahnarztl Prax 1982;4:153–156.*
2. *Dietzschold K. Titan- und Galvano-Doppelkronen. Quintessenz Zahntech 2001;2:143–154.*
3. *Kappert HF, Krah M. Keramiken – eine Übersicht. Quintessenz Zahntech 2001;6:668–704.*
4. *Körber K. Konuskronen. 6. Aufl. Heidelberg: Hüthig, 1988:80f.*
5. *Kurbad A, Reichel K. CEREC inLab – State of the art. Quintessenz Zahntech 2001;9:1056–1074.*
6. *Kurbad A, Reichel K. Vollkeramische Primärkronen in Kombination mit CAD/CAM-Verfahren. Universelles Verfahren ohne spezielle Software. Quintessenz Zahntech 2002;11:1252–1266.*
7. *Lauer HC. Die Versorgung des zahnlosen Unterkiefers – Aspekte zur Therapieplanung. Dtsch Zahnarztl Z 1994;49:667–670.*
8. *Pröbster L. Klinische Langzeiterfahrungen mit vollkeramischen Kronen aus In-Ceram. Quintessenz 1997;12:1639–1646.*
9. *VITA: VITA In-Ceram für CEREC, Verarbeitungsanleitung. Ausgabe 01.02. Bad Säckingen 2002.*
10. *Weigl P, Hauptmann J, Lauer HC. Vorteile und Wirkungsweise eines biokompatiblen neuen Halteelements: vollkeramische Primärkrone kombiniert mit metallischer Sekundärkrone. Quintessenz Zahntech 1996;5:507–525.*
11. *Weigl P, Kleutges D. Ein innovatives und einfaches Therapiekonzept für herausnehmbare Suprastrukturen mit neuem Halteelement – konische Keramikpatrize vs. Feingoldmatrize. In: Weber HP, Mönkmeyer UR (Hrsg). Implantatprothetische Therapiekonzepte. Berlin: Quintessenz, 1998:117–158.*

17 Stege und Geschiebe mit Wax-up-Technik

Kurt Reichel

Mit dem Teil der inLab-Software, der als Wax-up bezeichnet wird, sollen speziell die Zahntechniker angesprochen werden, die jahrelang konventionellen Zahnersatz durch modellieren und gießen hergestellt haben. Diese können hier ihre bekante Arbeitsweise beibehalten und modellieren. Anstatt Metall zu vergießen und gusstechnische Probleme in Kauf zu nehmen, werden die Modellationen jedoch eingescannt und anschließend aus einem Keramikblock gefräst. In der täglichen Praxis hat sich diese Variante im Großen und Ganzen allerdings nicht durchgesetzt.

Die Gründe hierfür zu erläutern soll nicht die Aufgabe dieses Kapitels sein; vielmehr sollen Grenzfälle von CAD/CAM-Restaurationen aufgezeigt werden, die nicht mit dem Konstruktionsverfahren hergestellt werden können. Um dem Anspruch der Materialhersteller gerecht zu werden, muss zum jetzigen Zeitpunkt bei vielen dieser Fälle die klinische Erprobung infrage gestellt werden. Hier ist die Freigabe der Materialhersteller abzufragen und zu beachten.

Nicht die Tatsache, dass die hier gezeigten Fälle und Arbeitsweisen von uns so durchgeführt wurden und bis jetzt unbeschadet im Mund verblieben sind, ist maßgebend, sondern eine gesicherte wissenschaftliche und klinische Freigabe, die nur durch den Hersteller der Materialien erfolgen kann. Es wird ausdrücklich darauf hingewiesen, dass einiges zum jetzigen Zeitpunkt als experimentell angesehen werden muss. Sollen Restaurationen gefertigt werden, die sich nicht im Konstruktionsverfahren realisieren lassen, wie z. B. Teleskope oder Geschiebearbeiten, wenden wir die Wax-up-Methode an (Abb. 17.1, Abb. 17.2).

Der Scan

Der eigentliche Wachsscan unterscheidet sich von einem Modellscan in der Weise, dass bei einem Modellscan lediglich von der Modelloberfläche eine Abtastung erfolgt. Beim Wachsscan wird sowohl die Außen- als auch die Innenseite erfasst (Abb. 17.3, Abb. 17.4). Mann verwendet zur Wachsmodellation ein spezielles scanfähiges Modellierwachs. Es ist ein sehr sprödes und opakes Wachs, das sehr formstabil ist. Das Wachs muss eine Oberfläche aufweisen, die ein Eindringen des Laserlichts nicht zulässt und somit die Oberflächen original wiedergeben kann (Abb. 17.5). Die Oberflächenreflexion des Wachses sollte so abgestimmt sein, dass in den Innenräumen der Restauration keine Streustrahlung entstehen kann, was besonders an den Schneidekanten zu Passproblemen führt.

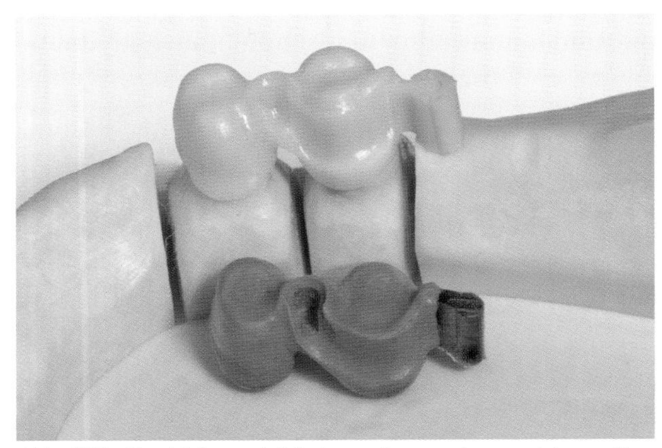

Abb. 17.1 Geschiebe und Schubverteilungen lassen sich nur über das Wax-up-Verfahren darstellen.

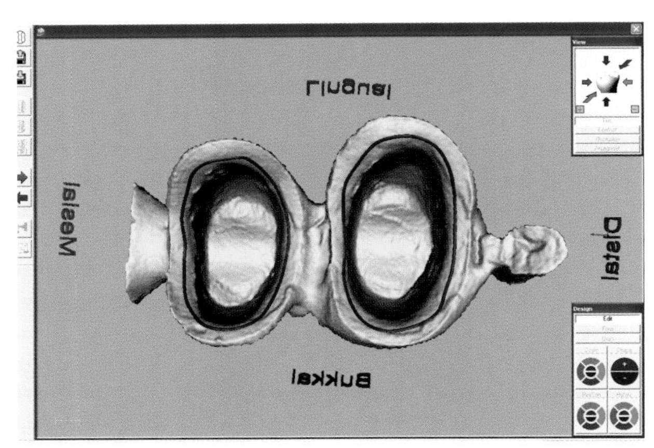

Abb. 17.3 Die Bodenlinie wird etwa 3 mm nach innen versetzt eingezeichnet.

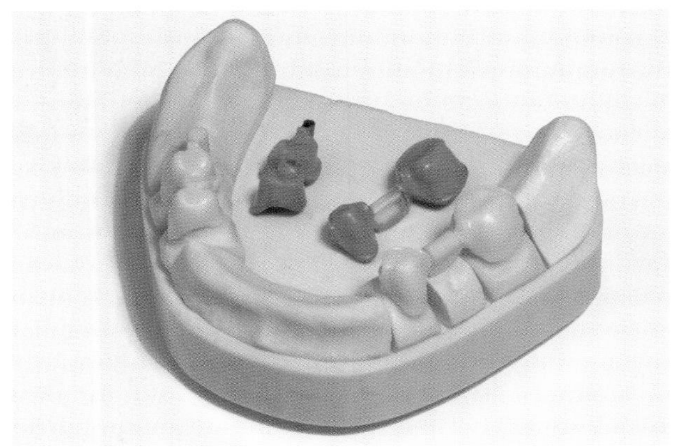

Abb. 17.2 Es können alle denkbaren Formen wie z. B. Stege kopiert werden.

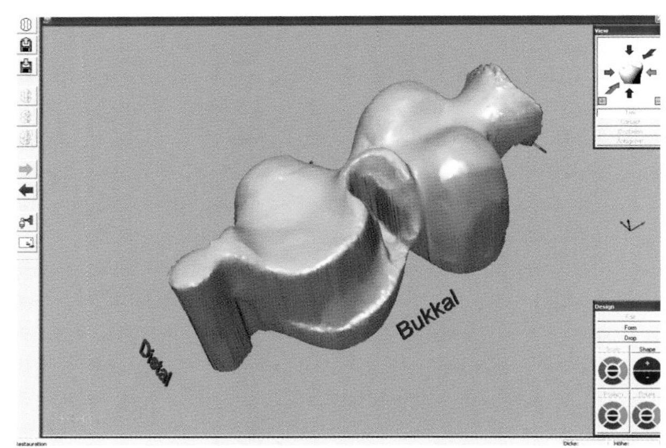

Abb. 17.4 Die fertige Konstruktion wird auf die eingestellte Wax-up-Wandstärke korrigiert.

Es ist möglich, ganz individuelle Formen wie z. B. Teilungsgeschiebe, Geschiebe, Stege, individuelle Implantatabutments und Teleskope einzuscannen – alle denkbaren Formen, die noch nicht konstruiert werden können. Vorab wird die benötigte Restauration aus Scanwachs in voller Form auf dem Meistermodell modelliert. Der Randbereich sollte etwas dicker modelliert werden, um dem Scanner eine eindeutige Kontur zu bieten.

Für Wax-up-Restaurationen wurde ein spezieller Halter entwickelt. Im Gegensatz zu den anderen CEREC-Scanträgern ist hier ein Scannen der Innen- und Außenfläche des Wachsobjekts möglich. Das Positionieren am Halter ist ein wichtiger Arbeitsschritt, um einen optimalen Scan zu erhalten. Der so genannte Teleskophalter bietet eine gute Hilfe (Abb. 17.6). An ihm wird der Scanhalter aufgesteckt und das Wachsobjekt an der aufgerauten Stelle der Halterung angewachst.

Um die maximale Scantiefe von 19 mm voll auszunutzen, ist das Objekt so zu positionieren, dass die höchsten Punkte der Modulation maximal 1 mm über der oberen Rundungshöhe und die niedrigsten Punkte maximal 1 bis 2 mm unter der angerauten Unterkante liegen (Abb. 17.7). Es ist auch möglich, die richtige Lage mit der beigefügten Blocksimulationslehre aus transparentem Kunststoff zu kontrollieren (Abb. 17.8, Abb. 17.9). Es muss darauf geachtet werden, dass sich keine Reste des Isoliermittels an der Modellation befinden. Dies würde ungewollte Reflexionen erzeugen und somit Ungenauigkeiten hervorrufen. Im Aus-

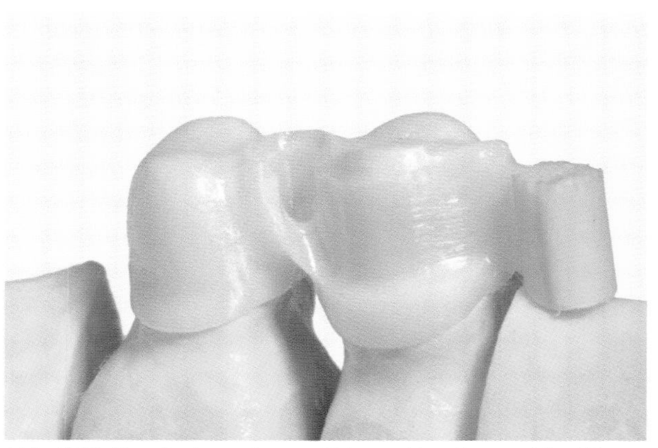

Abb. 17.5 Das fertig gesinterte Zirkonoxidgerüst aus Vita YZ.

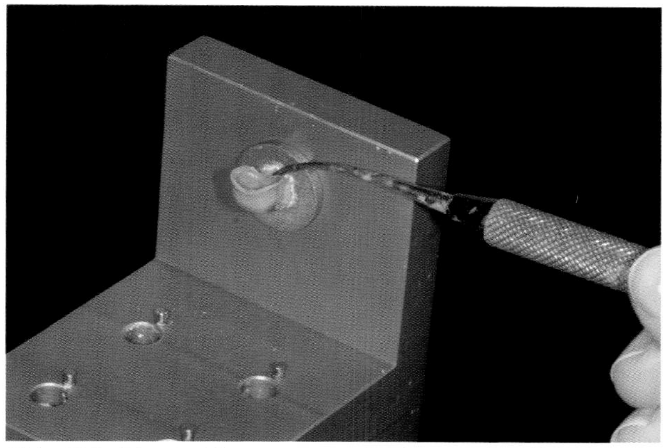

Abb. 17.7 Die Wachform muss so platziert werden, dass der Scanner die Innenseiten gut erfassen kann.

Abb. 17.6 Abb. 17.6 Der Teleskophalter leistet beim Platzieren der Wachskronen eine gute Hilfe.

Abb. 17.8 Die Blocksimulationslehre aus transparentem Kunststoff gibt eine Vorstellung der Lage des Objektes im Block.

wahlschema der Bedieneroberfläche werden der Konstruktionsmodus ‚Brücke', ‚Wax-up' und die entsprechenden Zähne im Zahnschema ausgewählt. Von der angewachsten Modellation werden nun jeweils drei Aufnahmen von der Außenseite und drei Aufnahmen von der Innenseite gescannt und nach kurzem Rechenvorgang als 3-D-Bild dargestellt. Handelt es sich um sehr lange, spitze Stümpfe, ist es schwierig gut zu scannen. Je tiefer und geringer der Durchmesser der Kavität ist, um so schlechter kann der Laser alle Datenpunkte aufnehmen, teilweise kommt es zu Reflexionen und dadurch auch zu ungenauen Innenflächen. Schlechte Daten sind an deutlichen Linienstrukturen, besonders im Innenbereich, zu erkennen.

Abb. 17.9 Der Blick von oben verrät, dass ausgeschliffen werden kann.

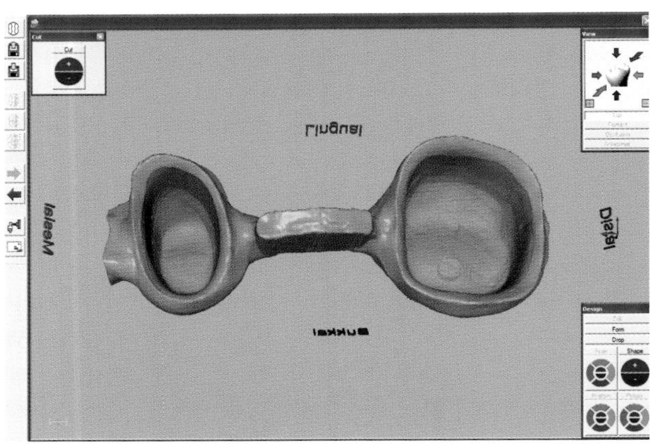

Abb. 17.10 Die Stegkonstruktion wird am Bildschirm überprüft und kann mit den Werkzeugen ‚Drop und Form' bearbeitet werden.

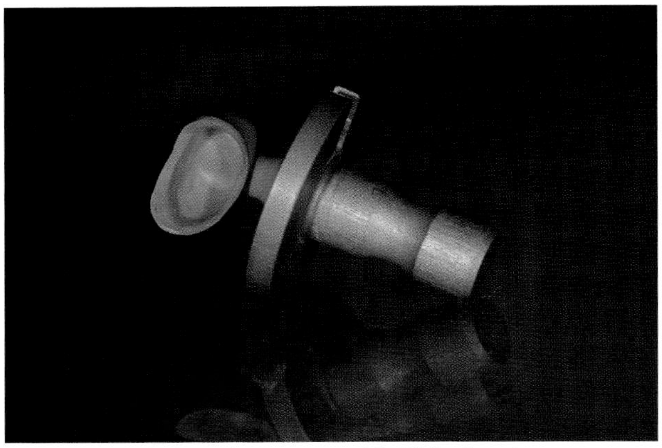

Abb. 17.11 Teleskope können ausschließlich über das Wax-up-Verfahren hergestellt werden.

Konstruieren

Der nächste Konstruktionsschritt ist das Fixieren der Einschubachse. Es ist mit der wichtigste Schritt, um eine gute Passung erreichen.

Die Bodenlinie wird an jedem Stumpf einzeln eingezeichnet, etwa 3 bis 4 mm in das Kronenlumen hinein, wodurch erreicht wird, dass der Rand von einer durch die Berechnung bedingten Veränderung ausgeschlossen wird (s. Abb. 17.3). Da das Wachs von der Stärke her sehr schwierig auf Gleichmäßigkeit zu kontrollieren ist, gibt es neben den herkömmlichen Parametern in den Einstellungen eine Position, die ‚Wax-up Wandstärke' heißt (s. Abb. 17.4). Die Software übernimmt hier die Funktion, zu gering modulierte Wachsstärken zu korrigieren: alle Anteile die den eingestellten Wert unterschreiten und innerhalb der gezeichneten Linie liegen, werden in der Schleifvorschau automatisch auf den eingestellten Wert verbessert. Diese automatische Kontrollfunktion stellt einen wesentlichen Vorteil der inLab-Software dar.

Sollte man mit der gescannten Modulation nicht zufrieden sein, so kann an der Außenseite mit den Werkzeugen ‚Drop und Form' die Restauration noch verändert werden (Abb. 17.10). Beim Berechnen der Schleifvorschau wird der eingestellte Spacer-Wert innerhalb der gezeichneten Bodenlinie berücksichtigt.

Fertigen

Prinzipiell besteht beim Benutzen der Wax-up-Software kein Unterschied im Fertigungs- oder Ausschleifprozess. Alle entsprechenden Schleiflogorhythmen der bekannten Softwaremodule treffen auch auf die Wax-up-Software zu. Heutige Indikationen für Wax-up-Konstruktionen sind in erster Linie keramische Primärkronen (Abb. 17.11, Abb. 17.12) und alle nicht konstruierbaren Restaurationen, wie z. B.

- teilverblendete Brücken (Abb. 17.13, Abb. 17.14),
- Geschiebe (s. Abb. 17.5, Abb. 17.15, Abb. 17.16) sowie
- Stege und Implantatpfosten (Abb. 17.17, Abb. 17.18).

Selbstverständlich lassen sich aber auch alle übrigen Restaurationen (Gerüste, Kronen, Veneers) hiermit kopieren (Abb. 17.19).

Bewertung

Die Wax-up-Methode kann nur eine Kompromisslösung darstellen. Da es Konstruktionen gibt, die nur mit ihr realisiert werden können, kann aber auf sie nicht verzichtet werden (Abb. 17.15).

Der Leser sollte sich jedoch über Folgendes im Klaren sein:

Abb. 17.12 Eine typische Teleskoparbeit mit Galvanosekundärteilen.

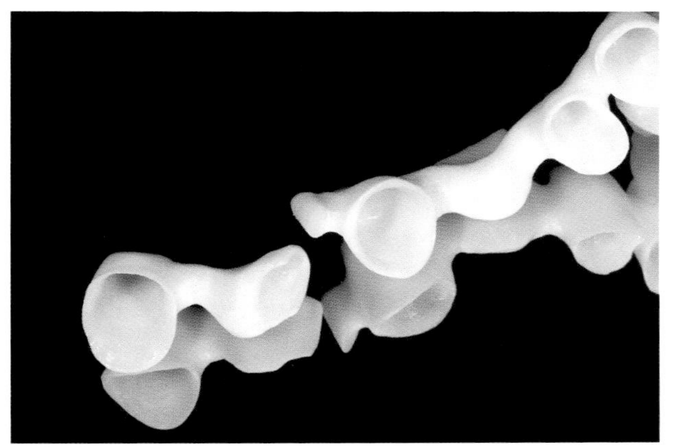

Abb. 17.13 Ein Teilungsgeschiebe ermöglicht auch großspannige Brückenkonstruktionen.

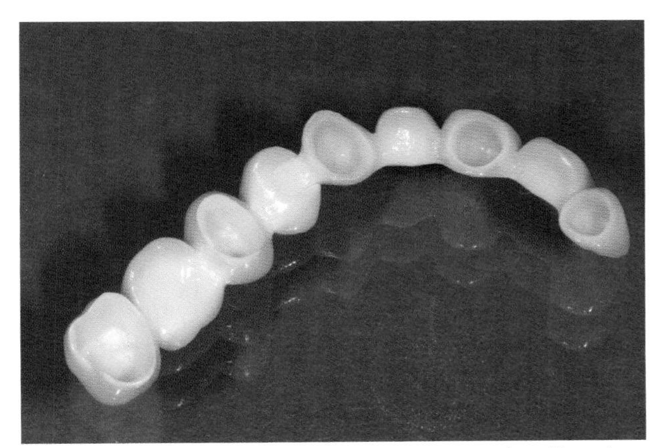

Abb. 17.14 Geteilte Brücken können nach der Fertigstellung im Mund oder im Labor verklebt werden.

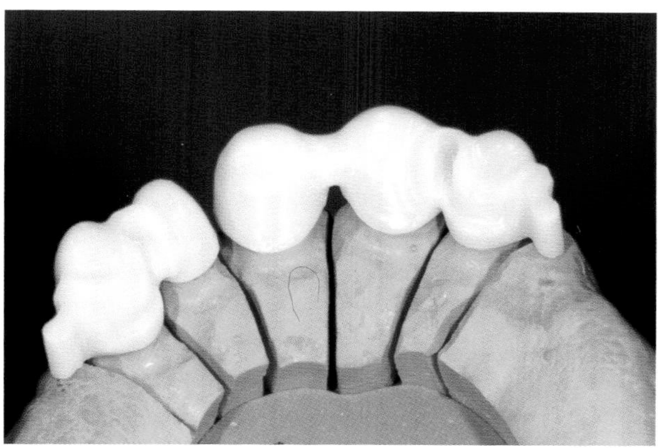

Abb. 17.15 Diese Konstruktionen lassen sich ausschließlich in Wax-up fertigen.

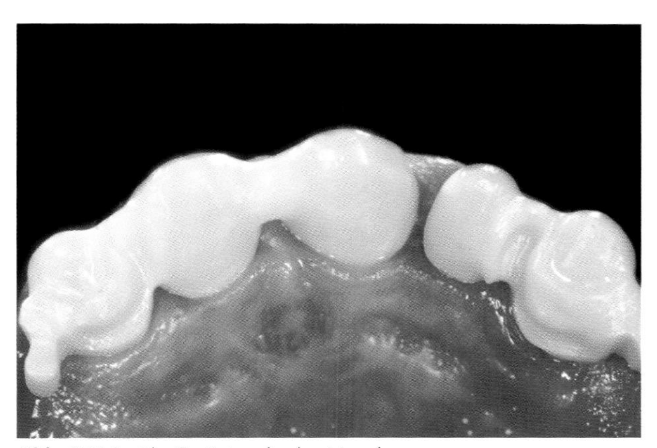

Abb. 17.16 Die Gerüstprobe im Mund.

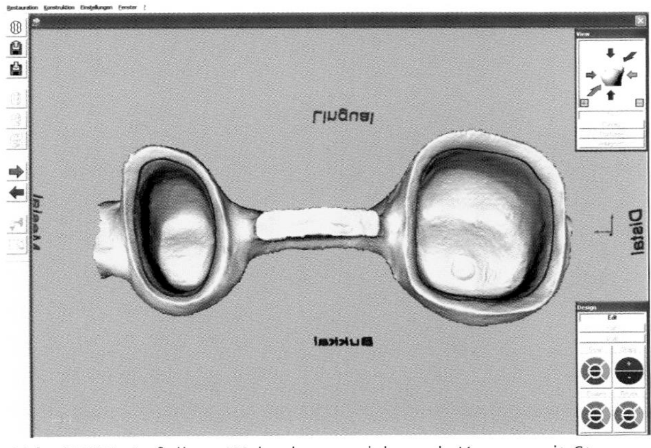

Abb. 17.17 Auf diese Weise lassen sich auch Kronen mit Stegen herstellen.

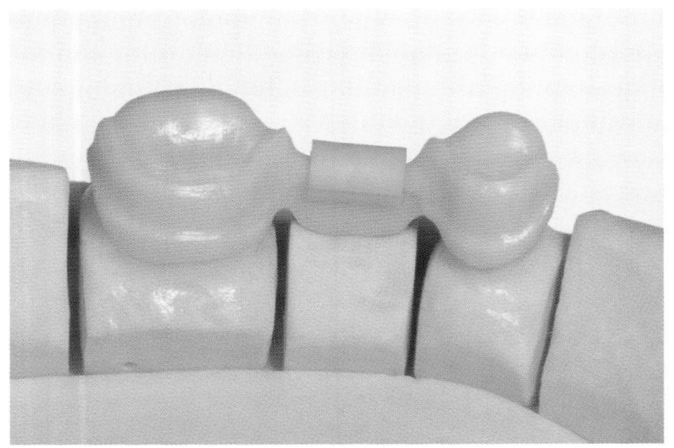

Abb. 17.18 Die Stegkonstruktion muss an den Kronen eine ausreichende Schubverteilung aufweisen.

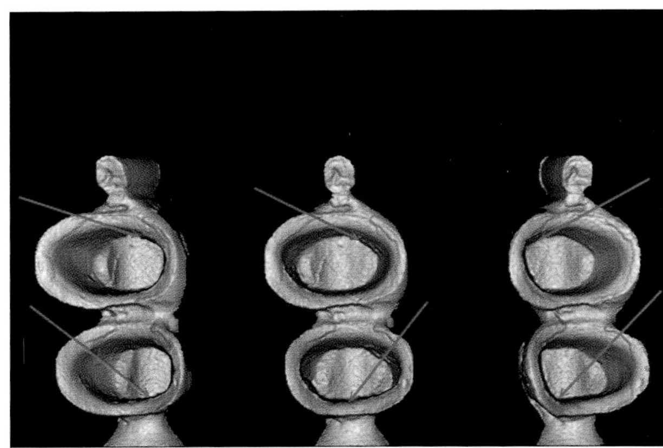

Abb. 17.20 Hier sieht man die Schwachstellen des Wax-up-Scans besonders in der mesiodistalen Region.

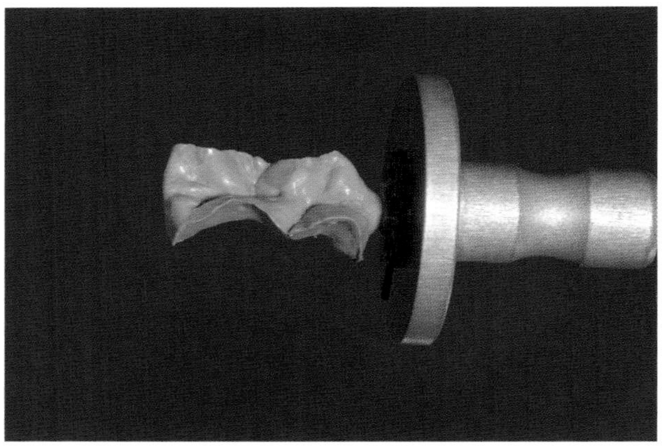

Abb. 17.19 Auch alle anderen Elemente die im Konstruktionsverfahren gefertigt werden, können mit der Wax-up-Methode gefertigt werden.

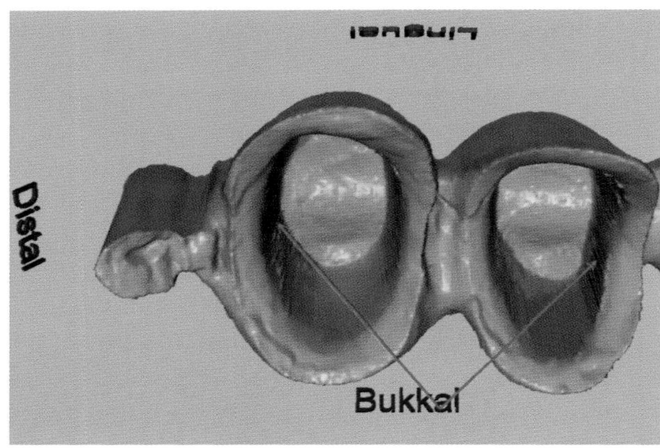

Abb. 17.21 Die Unterschnitte können nicht ausgefräst werden; die Kronen müssen aufgepasst werden.

- Alle aus der Gusstechnik bekanten Deformationsprobleme des Wachsmodells werden beim Scan übernommen.
- Das Wachsmodell neigt bei Temperaturunterschieden zu Verformungen.
- Die Scaneigenschaften einer Wachsoberfläche sind schlechter als die einer Gipsoberfläche.
- Speziell in mesiodistaler Richtung gibt es Areale, die nicht oder schlecht dargestellt werden (Abb. 17.20). Unterschnitte werden nicht wie beim Modellscan hohl geschliffen, sie können nicht ausgeschliffen werden (Abb. 17.21).

Dieser Tatsache wird mit dem Einrechnen eines Spacer-Wertes begegnet, welcher den Innenraum um den eingestellten Wert vergrößert. Alles in allem ist das Einscannen eines Modells und das digitale Konstruieren die beste und genaueste Methode. Es wäre hilfreich, wenn beide Varianten miteinander kombinierbar wären und man die Dimensionsgenauigkeit des Modellscans und die Individualität der Wachsmodulation miteinander verbinden könnte.

Wissenschaftliche Grundlagen

18

DIE BEURTEILUNG VON KAUKRÄFTEN

Andres Baltzer, Vanik Kaufmann-Jinoian

Unglaubliche 442 kg Gewicht soll gemäß dem Guinnessbuch der Rekorde ein gewisser Richard Hofmann im Land der unbegrenzten Möglichkeiten – wo denn sonst? – während zwei Sekunden gehalten und getragen haben. Dies entspräche, folgt man dem Guinnessbuch der Rekorde, dem Sechsfachen der Normalwerte, was Laien und Fachleute wohl aufhorchen lässt. Während die durchschnittliche menschliche Kraft der Kaumuskulatur im Buch der Rekorde mit etwa 700 N angegeben wird, soll der Mann eine Kaukraft von über 4000 N entwickelt haben!

In der Zahntechnik sind solche Kräfte glücklicherweise weniger relevant. Da interessieren eher die auf kleinere Segmente beschränkten Kräfte, mit denen beispielsweise bei der Planung eines brückentechnischen Zahnersatzes gerechnet werden muss. Diese Belastungskräfte werden normalerweise im Bereich von 200 bis 500 N angegeben[3, 4, 11, 16]. Auffallend sind bei allen Angaben zu den Kaukräften die großen Streuungen. Sie sind einerseits mit den verschiedensten Kriterien wie Alter, Geschlecht, Beschaffenheit der Kaumuskulatur, Art der Bezahnung etc. und andererseits mit den unterschiedlichsten Anordnungen der Kaukraftmessmethoden zu erklären. Erwähnenswert sind z. B. die großen Unterschiede der Kaukraft (50 bis 300 N) bei Menschen mit teilprothetisch versorgten Kauorganen[9] und im Rahmen der Planung einer Rekonstruktion wäre doch die Beurteilung der zu erwartenden Kaukräfte gewiss sehr wichtig. Liegt die Rekonstruktion im anterioren

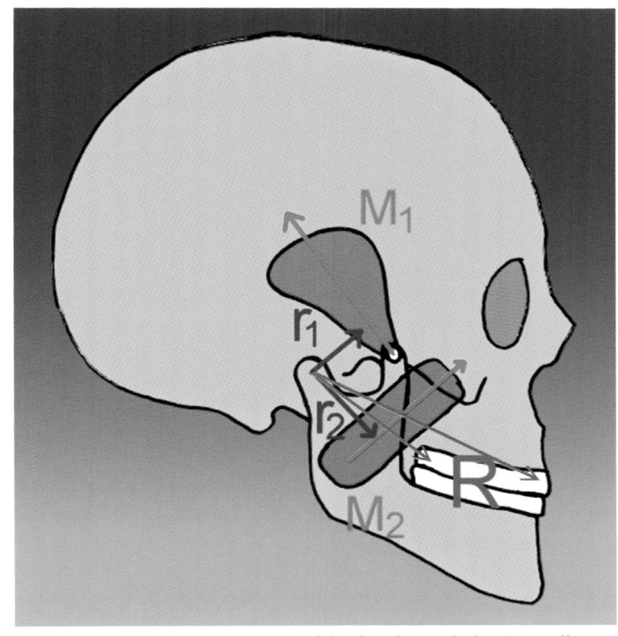

Abb. 18.1 M_1 und M_2 verstehen sich als schematische Darstellung der Mund-Schließ-Muskulatur mit den Abständen r_1 und r_2 zum Drehmoment des Kiefergelenks. Durch die Kontraktion dieser Muskulatur werden Drehmomente erzeugt, die in ihrer Gesamtheit dem Drehmoment Kaukraft · R entsprechen, wobei R die Distanz zwischen dem angenommenen Kaugut zwischen den Zähnen zum Drehpunkt des Kiefergelenks ausdrückt. Bei gleicher Muskelkraft ist demnach die Kaukraft im posterioren Zahnbereich größer als im anterioren.

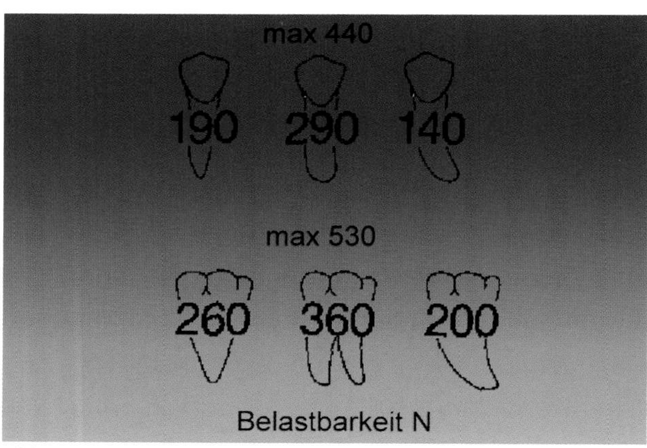

Abb. 18.2 Die Belastbarkeit der Zähne steht in Abhängigkeit von der Wurzelform.

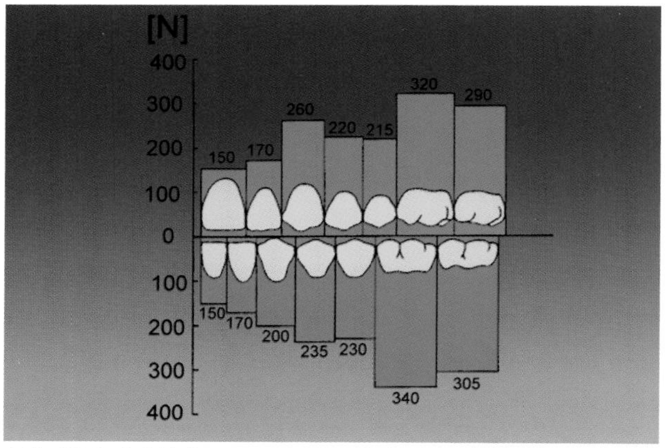

Abb. 18.3 Bei Molaren muss von mittleren Belastbarkeiten von 200 bis 360 N ausgegangen werden. Bei Frontzähnen und Prämolaren liegen die mittleren Belastbarkeiten zwischen 190 und 290 N.

oder im posterioren Bereich (Abb. 18.1)? Mit welcher Belastbarkeit der einbezogenen Pfeilerzähne muss man maximal rechnen (Abb. 18.2 und 18.3). Welche Kaukräfte entwickelt das Kauorgan in dieser Zone tatsächlich?

Um diese zu erwartenden Kräfte einigermaßen einzugrenzen, soll einleitend eine kurze Betrachtung der Belastbarkeit der diversen möglichen Pfeilerzähne für eine festsitzende Rekonstruktion gewidmet sein. Bei der Planung einer Rekonstruktion darf davon ausgegangen werden, dass die Belastbarkeit der technischen Konstruktion nicht höher sein muss als die Belastbarkeit der tragenden Pfeilerzähne. Höhere Belastungen führen ohnehin zu Misserfolg: das Fundament erlaubt dies nicht, unabhängig von einer noch so soliden technischen Rekonstruktion.

Es soll anschließend kurz auf die allgemeinen Angaben zu den Kaukräften und schließlich auf verschiedene Möglichkeiten der individuellen Kaukraftmessung am Patienten eingegangen werden. Bei etwa 250 Patientinnen und Patienten mit verschiedensten Konfigurationen der Bezahnung wurden solche Kaukraftmessungen durchgeführt. Die dabei festgestellten, großen individuellen Unterschiede deuten darauf hin, dass der interessierte Praktiker sinnvoller Weise eine individuell zu messende Kaukraft bei der Planung einer Rekonstruktion bevorzugen wird. Möchte er aber auf eine solche Kaukraftmessung verzichten, so kann er kaum davon ausgehen, dass Alter oder Geschlecht seines Patienten Rückschlüsse auf dessen Kaukraft zulassen. Bei der Beurteilung der zu erwartenden Kaukräfte spielen nämlich die Konfiguration der Bezahnung resp. Restbezahnung und die anteriore resp. posteriore Region in der Zahnreihe eine wesentlichere Rolle.

Kaukräfte und Belastbarbeit der Pfeilerzähne

Die Kaukräfte oder treffender ausgedrückt die örtlichen Beißkräfte, die ein Patient in den verschiedenen Bereichen der Zahnreihen entwickeln kann, fallen recht unterschiedlich aus. Im anterioren Bereich sind sie niedriger als im posterioren, sowohl aus biomechanischen Gründen als auch wegen der geringeren Belastbarkeiten der Frontzähne. Die biomechanischen Zusammenhänge zwischen der Kaumuskulatur und der Position in der Zahnreihe sind leicht nachzuvollziehen (Abb. 18.1).

Die Muskeln M1 und M2 erzeugen Drehmomente der Kräfte F1 und F2 um den Drehpunkt A des Unterkiefers. Befindet sich Kaugut im Abstand R vom Drehpunkt A, so befindet sich die Kraft dort:

$$F_{(Kau)} = \frac{1}{R}\,(r_1F_1 + r_2F_2)$$

Je kleiner R, desto größer die Kaukräfte. Die maximalen Kaukräfte wirken deshalb im Bereich der Molaren.

Die unterschiedlichen Belastbarkeiten der verschiedenen Zähne beeinflussen aber die Kau- oder Beißkräfte, die sich in diversen Bereichen im Kauorgan entwickeln lassen, obwohl grundsätzlich die Muskelkräfte möglicherweise höhere Kräfte erlauben. Die Belastbarkeit der Zähne hängt von der Wurzelform (Abb.18.2, Abb. 18.3) ab[5]. Aus der Abbildung 18.3 geht die mittlere Belastbarkeit der einzelne Zähne hervor[13]. Bei Molaren muss von mittleren Belastbarkeiten von 200 bis 360 N ausgegangen werden. Bei Frontzähnen und Prämolaren liegen die mittleren Belastbarkeiten zwischen 190 und 290 N. Aber auch mit diesem Wissen ist dem Praktiker noch nicht viel geholfen, denn die maximalen Belastbarkeiten liegen weit über den angegebenen Mittelwerten. Sie können im posterioren Bereich mit 530 N über zweimal höher als der Mittelwert, im anterioren Bereich mit 440 N gar über dreimal höher ausfallen.

Belastungsgrenzen

Bei der Gestaltung eines Brückengerüstes wird der Techniker mit Belastungskräften rechnen, die durch die Kraft der Kaumuskulatur entwickelt werden und durch die Belastbarkeiten der Zähne begrenzt sind. Selbstverständlich will er dabei auf der sicheren Seite stehen und die Versagenswahrscheinlichkeit der Konstruktion weitgehend ausschalten. Er wird also mit den maximalen Belastungskräften rechnen (etwa 500 N) und Materialien einsetzen, die solchen Belastungen auch langfristig gewachsen sind. Bei der Dimensionierung der Rekonstruktion wird er diese Belastungen als gegeben voraussetzen, wobei die Belastbarkeit des Fundamentes als obere Grenze unterstellt werden darf.

Theoretisch mögen solche Überlegungen einleuchten. In der Praxis aber verunsichern eine ganze Reihe weiterer Probleme die Situation. Die individuellen Kaukräfte und Belastbarkeiten des Fundamentes variieren sehr stark und die Einschätzung der langfristigen Belastbarkeiten der einsetzbaren Gerüstkeramiken ist mit Unsicherheiten verbunden[2, 6, 10, 11, 12, 14, 15]. Die Annahme der statistisch festgestellten höchsten Kaubelastungen und der tiefsten Belastbarkeiten des Materials führen meistens zu untragbaren Rekonstruktionen.

Bei größeren Spannweiten über zwei oder gar mehr Zwischenglieder würde eine nach den erwähnten Sicherheitswünschen gestaltete Konstruktion des Gerüstes derart massiv ausfallen, dass sie den funktionellen und ästhetischen Ansprüchen nicht mehr genügte. Möglicherweise konstruiert der Praktiker am Modell oder mit CAD/CAM am Bildschirm aus bloßen Sicherheitsüberlegungen eine suffiziente und (im Falle von CAD) programmempfohlene Dimensionierung. Er wird anschließend aus topografischen und ästhetischen Gründen die Konstruktion derart reduzieren, dass Fragen der Versagenswahrscheinlichkeit wiederum ernsthaft in Betracht gezogen werden müssen. Der gefürchtete Bruch der Konstruktion tritt freilich meist nicht ein, da selten die maximale Kaukraft und die niedrigste, statistisch festgestellte Bruchsicherheit des eingesetzten Materials beim gleichen Patienten zutreffen.

Eine genaue Modellanalyse, die Feststellung der Kaukräfte und die vorsichtige Beurteilung der materialtechnischen Belastbarkeiten sind aber bei der Entscheidung für oder gegen den Einsatz eines metallkeramischen oder vollkeramischen Zahnersatzes empfohlen. Speziell dann, wenn der Zahntechniker einen Grenzfall erkennt und zudem Werkstoffgarantien für sein Produkt gewähren soll, wird er vom Zahnarzt genauere Angaben über die zu erwartenden Belastungen erhalten müssen. Mit solchen Angaben kann dann der Zahntechniker dem Zahnarzt gegenüber eine wichtige Beratungsfunktion übernehmen und die geeignete Wahl der Werkstoffe mit beeinflussen. Setzt man beispielsweise die Belastbarkeit von Empress mit 1 an, so wäre bei gleicher Form und Abmessung des Zahnersatzes aus In-Ceram ZIRCONIA mit einem dreifachen Kraftaufnahmevermögen zu rechnen.

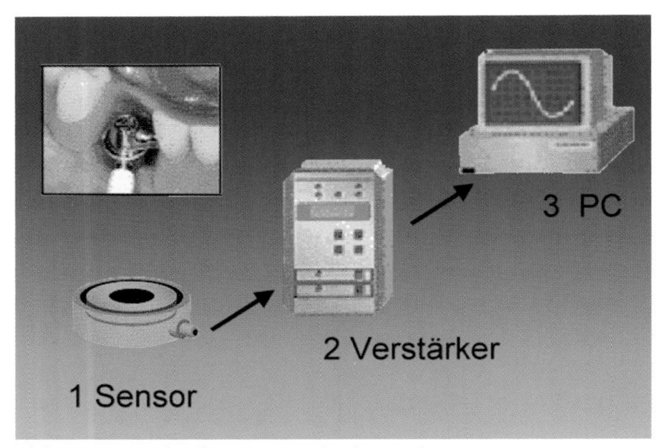

Abb. 18.4 Kaukraftmessung mit einem Piezosensor:
1. Ein Sensor wird intraoral an der Stelle fixiert, an der die Kaukraft gemessen werden soll. Der Sensor besteht aus einem Piezoelement, das bei einer mechanischen Belastung elektrische Spannungsänderungen entwickelt.
2. Die Signale gelangen über einen Verstärker zu einem Oszilloskop oder in die EDV.
3. Die elektrischen Spannungsveränderungen verhalten sich proportional zu den mechanischen Belastungsunterschieden. Dies erlaubt es, die Signale als Resultate der Kaubelastungen im PC aufzuarbeiten.

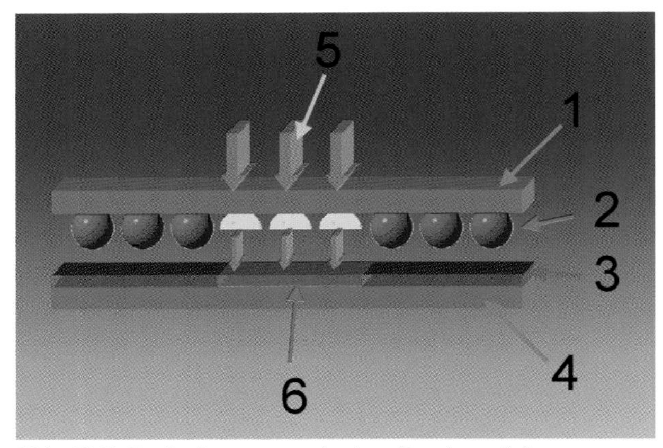

Abb. 18.5 Kaukraftmessung mit einer Druckmessfolie:
- 1 und 2: A-Film, bestehend aus Trägerschicht (1) und Mikrokapselschicht (2)
- 3 und 4: C-Film, bestehend aus Farbentwicklerschicht (3) und Trägerschicht (4)
- 5: durch Druckeinwirkung platzende rote Mikrokapseln färben die Trägerschicht bei (6) ein
- die Intensität der Einfärbung in der Trägerschicht (6) wird fotospektroskopisch bestimmt. Der Abgleich an einer kalibrierten Intensitätskurve vermittelt die aufgelegte Lastkraft (± 10%).

Messung der Kaukräfte

Eine wesentliche Aufwertung der oben erwähnten Informationen zu den zu erwartenden Kaukräften kann mit der individuellen Messung der Kaukräfte am Patienten erzielt werden. Sie erlaubt die Einberechnung der effektiv vorliegenden Kaukräfte, die meist erheblich unter den sicherheitshalber angenommenen Maximalwerten liegen. Die Industrie bietet viele Möglichkeiten für individuelle Kaukraftmessungen an. Eine standardisierte Apparatur zur einfachen und schnellen Kaukraftmessung ist zurzeit allerdings nur schwer erhältlich.

Bei allen derzeit angebotenen Methoden zur Kaukraftmessung ist bei der Belastung auf die notwendige Lebensmittelqualität zu achten und bei allen muss es möglich sein, die Zone des zu beurteilenden Zahnreihenabschnittes örtlich eng einzugrenzen, was stets zu einer Sperrung der Okklusion von 5 bis 8 mm führt.

Kaukraftmessung mit einem Piezosensor

Ein Piezosensor, der geeignete Maße für einen intraoralen Einsatz aufweist, wird beispielsweise von der Firma Kistler Instrumente AG, Winterthur/Schweiz angeboten. Für jede einzelne Kaukraftmessung müssen dabei individuelle Fixationsschablonen labortechnisch hergestellt werden, was den alltäglichen Einsatz etwas erschwert. Auch das Konzept der üblichen Sterilisation/Desinfektion muss speziell gelöst werden.

Die Kaukraftmessung mithilfe eines Piezosensors ist sehr genau. Interessant ist die Anwendung bei implantierten Fundamenten, an denen ein 6 mm großer Sensor ohne Sperrung befestigt werden kann (Abb. 18.4). In bezahnten Kauzonen bedingt die Methode eine Sperrung von 5 bis 10 mm. Der Sensor muss dabei zwischen zwei Gummifolien gelegt werden, damit bei den Belastungszyklen eine gewisse ,Lebensmittelqualität' gegeben ist. Das ganze System muss auf den Zahnreihen fixiert werden, was nicht ganz einfach ist und Umtriebe bei der Entfernung mit

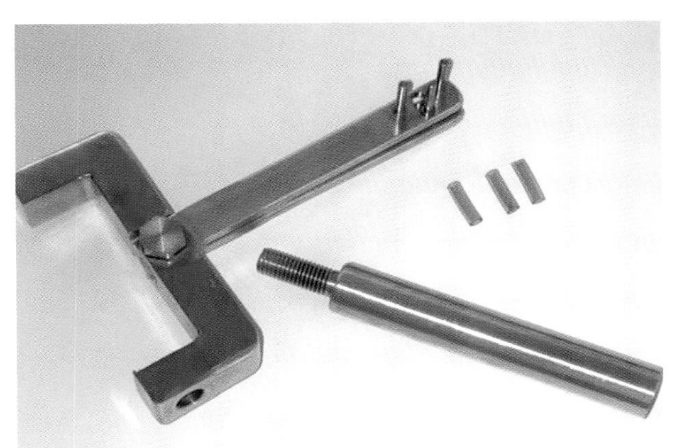

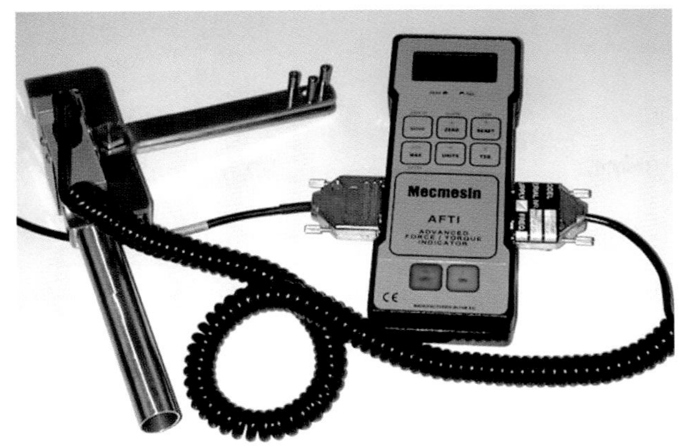

Abb. 18.6 und 18.7 Druckkraft-Lastzelle MECMESIN (Brütsch/Rüegger, Schweiz); Auflösung: 0.5 N
- Anzeigegerät BRC MECMESIN (Brütsch/Rüegger); Auflösung: 0.5 N, Genauigkeit: ± 0.25% des Ziffernwertes, Datenausgang: RS 232
- Übertragungsgerät (Eigenkonstruktion); Kraftübersetzung: 1:4,15, zerlegbar und sterilisierbar
- Darstellung und Analyse (Brütsch/Rüegger, Schweiz): MECMESIN Dataplot BRC 23835 oder Export in Microsoft Excel

sich bringt. Die Kaukraftmessung mit einem Piezosensor eignet sich hervorragend für eine dreidimensionale Aufzeichnung der dynamischen Kaubewegungen[3,7]. Die Methode erlaubt keine Aufzeichnung der Gesamtkaukraft.

Kaukraftmessung mit einer Druckmessfolie und digitaler Bildverarbeitung

Fuji bietet eine Druckmessfolie an, die sich unter Belastung verfärbt. Eine Kaukraftmessung erfolgt durch die optische Auswertung der Verfärbungsintensität, was mit dem nötigen Zubehör von Fuji recht einfach zu bewerkstelligen ist (Abb. 18.5).

Zur Kaukraftmessung[8] wird die Druckmessfolie zwischen zwei je 1 mm starke Gummifolien eingelegt, damit bei der Belastung eine gewisse ‚Lebensmittelqualität' gegeben ist. Das System muss im Mund fixiert werden, um Verschiebungen zwischen dem A-Film und dem C-Film zu vermeiden. Die Messmethode bedingt eine Sperrung der Okklusion von etwa 2.5 mm. Die Kaukraftmessung mit der Druckmessfolie von Fuji ergibt verlässliche Resultate und beruht auf der Einfärbung eines Films aufgrund der Einwirkung eines Drucks. Für die Auswertung der Einfärbung sind Geräte und Programme einzusetzen. Die Messung mit einem Densitometer ist einfach und erlaubt die Bestimmung von Maximalwerten (Fuji Produktinformation). Im Vergleich zur digitalen Bildverarbeitung (Fuji Produktinformation: Pressure Imaging and Analyzing System FPD-901 Series) ist sie jedoch recht ungenau. Mit der Druckmessfolie lassen sich sowohl die Gesamtkaukraft als auch die Krafteinwirkungen auf einzelne Zähne oder Zahngruppen feststellen. Die Druckmessfolie eignet sich jedoch nur zur quantitativen Erfassung von Maximalkräften, sie eignet sich nicht zur Messung dynamischer Vorgänge.

Kaukraftmessung mit intraoraler Dreipunktbelastung

Die wohl einfachste Kaukraftmessung lässt sich mittels einer intraoralen Dreipunktbelastung durchführen. Die Belastung wird dabei mechanisch auf einen extraoralen Drucksensor übertragen (Abb. 18.6), welcher die Messdaten zur Auswertung in ein Kalkulationsprogramm übermittelt (Abb. 18.7). Die Methode zeichnet sich durch ihre einfache Anordnung aus, ist allerdings nicht sehr exakt (± 10%). Mit der Berücksichtigung der maximalen Messwerte liegt man aber bei der Planung von Rekonstruktionen auf der sicheren Seite. Im Rahmen der hier angesagten Betrachtungen erfüllt diese Art der Kaukraftmessung alle Ansprüche und wurde deshalb angewendet.

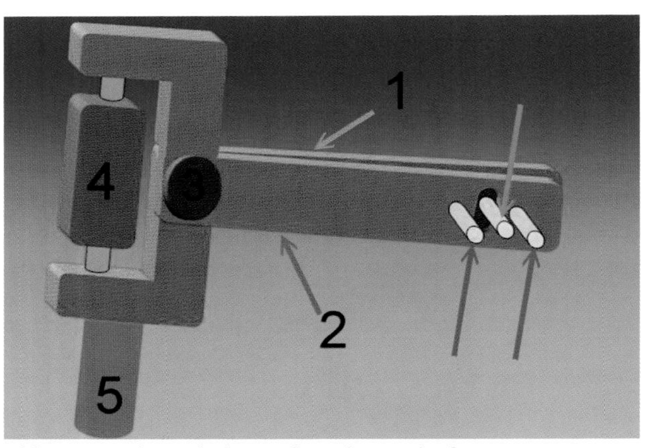

Abb. 18.8 Schematischer Aufbau des Kaukraftmessgerätes:
- 1 und 2 stellen die beiden Teile der Schere dar; sie überkreuzen sich dabei nicht im Scharnier
- 3 entspricht dem Scharnier der Schere
- die grünen Pfeile symbolisieren die Krafteinwirkung auf die quer angebrachten Aufbissstifte im Sinne der Dreipunktbelastung beim Zubeißen
- 4 entspricht der Druckkraft-Lastzelle, welche die Kraft misst, die durch die Schließung der Schere infolge der Belastung der Querstifte (grüne Pfeile) entsteht
- 5 stellt den Griff zum Festhalten des Gerätes dar

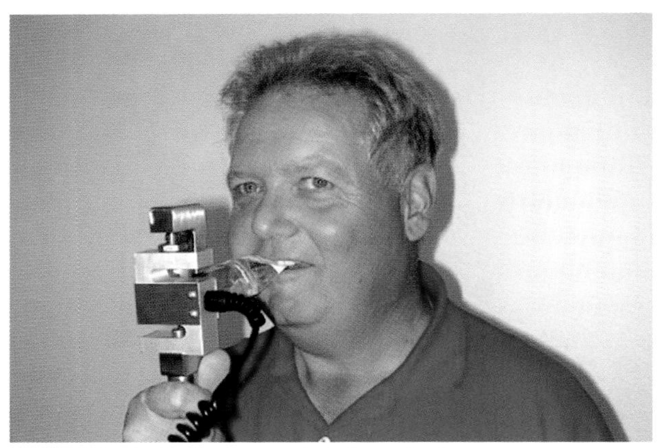

Abb. 18.9 Kaukraftmessung bei einem Patienten.

An der einen „Klinge" der Schere (Position 2 in Abb. 18.8) sind endständig zwei Querstifte angebracht und stellen im Sinne der Dreipunktbelastung die beiden äußeren Auflager dar. An der anderen „Klinge" (Position 1 in Abb. 18.8) ist mittig zu Letzterer der dritte Querstift angebracht. Er nimmt beim Zubeißen über das Scharnier (Position 3 in Abb. 18.8) die zu messende Last auf. Beim Zubeißen schließt die Kaukraft die Schere und somit auch die Halterung der Druckkraft-Lastzelle, die außerhalb der Mundhöhle liegt. Diese Halterung schließt sich mit dem Schließen der Schere, da keine Überkreuzung im Scharnier stattfindet. Auf diese Weise nimmt die Lastzelle den auf sie einwirkenden Druck auf und übergibt das Signal an das Anzeigegerät. Über eine serielle Schnittstelle lassen sich die Daten EDV-gestützt grafisch auf dem Bildschirm darstellen und für die weitere Auswertung in jedes gängige Kalkulationsprogramm (z. B. Microsoft-Excel) exportieren. Die Druckkraft-Lastzelle wird werkseitig zertifiziert ausgeliefert. Das hier eingesetzte Modell nimmt Kräfte von 0 bis 2500 Newton auf und garantiert über die gesamte Bandbreite Genauigkeit mit Abweichungen von maximal ± 0.022% bei einer Umgebungstemperatur von 20° C (± 2° C). Die maximale Verformung liegt bei 0.5 mm.

Die Abbildungen 18.10 und 18.11 sind als schematische Aufnahmen der Zahnreihen im Innern der Mundhöhle zu verstehen, gesehen von der Mundhöhle Richtung labial resp. bukkal. Die Kaukraftmessung wird mit den zwei endständigen, dunkelgrünen Auflagestiften und dem mittigen, hellgrünen Belastungsstift dargestellt.

Diese Stifte mit einem Durchmesser von 4.5 mm sind zum Schutz der Zahnhartsubstanz mit einer Silikonschicht belegt. Bei geschlossener Schere liegen die Stifte auf einer geraden Linie. Für eine störungsfreie Dreipunktbelastung im Mund ist die Schere 1.5 mm geöffnet. Die Kaukräfte werden demnach nicht im Schlussbiss, sondern bei einer Öffnung von 6 bis 7 mm gemessen. Die Sperrung der Okklusion bei den Kaukraftmessungen verfälscht aber die Resultate nicht. Im Gegenteil: die größten Kaukräfte werden im Prämolarenbereich bei einer Sperrung von 6.5 mm und im Molarenbereich bei einer Sperre von 5.2 mm erreicht [1].

Die Messung erfolgt durch den Probanden selbst (Abb. 18.9), indem er die Querstifte in das Zahnhöckerprofil so einpasst, dass ein Abrutschen verhindert wird. Aus diesem Grund sind die Querstifte mit der besagten 0.5-mm-Silikonschicht belegt. Von einem Silikonschlauch werden Stücke

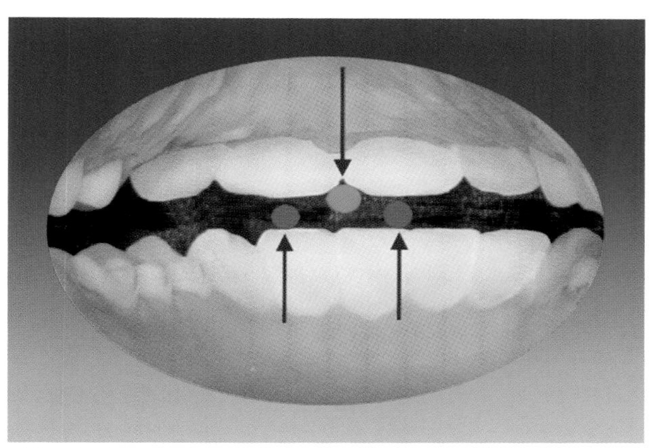

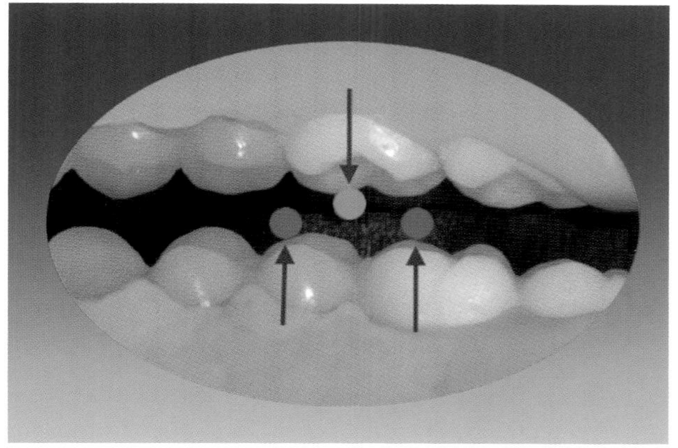

Abb. 18.10 und 18.11 Schematische Aufnahmen der Kaukraftmessung aus Sicht der Mundhöhle.

in geeigneter Länge auf Vorrat abgeschnitten und für jeden Probanden als neue Beschichtung über die Stifte gestülpt. Der Messvorgang gestaltet sich am einfachsten, wenn der Proband das Messgerät am Griff hält (Position 5 in Abb. 18.9). Er kann dies am ehesten an einem Tisch sitzend und mit auf die Tischplatte abgestützten Ellbogen bewerkstelligen. Das Gerät kann dabei ein- oder beidhändig gehalten werden.

Das Gerät hat einigen Ansprüchen gerecht zu werden: um Verfälschungen beim Messvorgang zu verhindern, ist es derart solide dimensioniert, dass es bei den zu erwartenden Kaukräften keine Verformungen erfährt. Es ist außerdem so ausgelegt, dass es dem Probanden bequem in der Hand liegt und von ihm dennoch subtil gehandhabt werden kann. Schließlich muss es zwecks schneller Desinfektion/Sterilisation auch mit wenigen Handgriffen zu zerlegen sein. Das Gerät ist demnach aus rostfreiem Stahl hergestellt, poliert und die scharfen Kanten und Ecken sind rund geschliffen.

Der Zeitaufwand für einen Messvorgang (Kaukraftmessung im anterioren und posterioren Bereich) liegt bei etwa fünf Minuten. Hinzu kommen jeweils fünf Minuten für die Reinigung und Vorbereitung des Gerätes und für die Datenübertragung in die EDV.

Bei der Messung der Kaukraft eines Gebissbereichs beißt der Proband etwa 10- bis 20-mal möglichst fest und in gleichmäßigem Rhythmus etwa einmal pro Sekunde zusammen. Der Anstieg und Abfall der eingesetzten Kaukraft erscheint auf dem Bildschirm als Kraftkurve auf der Zeitachse. Da die Abstände zwischen Scharnierachse und Druckkraft-Lastzelle bzw. Aufbissstiften im Verhältnis von 1:4,15 stehen, ist das primäre Messresultat durch den Faktor 4,15 zu dividieren.

Da die Probanden zunächst angewiesen werden so kräftig wie möglich zu beißen, aber gleichwohl mit der Belastung nicht an die Schmerzgrenze zu gehen, wird den erhobenen Beißzyklen ein Zuschlag von 20% zugeordnet. Der in den weiteren Beurteilungen eingesetzte Kaukraftwert entspricht also 120% des maximalen Ausschlags aller aufgezeichneten Beißzyklen. Beim Export in die Datenbank des Kalkulationsprogramms lassen sich alle diese Umrechnungen mittels Makrobefehl integrieren.

Ergebnisse der Kaukraftmessungen

Die Abbildung 18.12 präsentiert das typische Ergebnis einer Kaukraftmessung im anterioren und im posterioren Gebissbereich eines vollbezahnten Probanden. Im Beispielfall liegt der höchste Wert im anterioren Bereich bei etwa 205 N, im posterioren Bereich bei etwa 370 N.

Die Abbildung 18.13 repräsentiert einen Extremfall von Kaukraftverlust bei einem Pro-

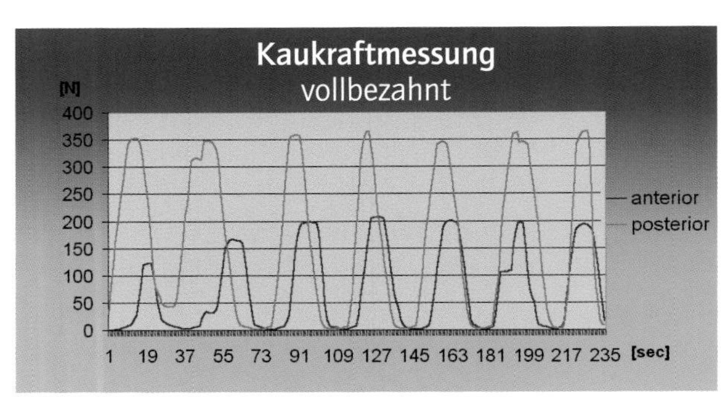

Abb. 18.12 Typische Beißzyklen eines vollbezahnten Probanden. Die durchschnittliche Kaukraft im anterioren Bereich liegt bei etwa 205 N und im posterioren Bereich bei etwa 370 N.

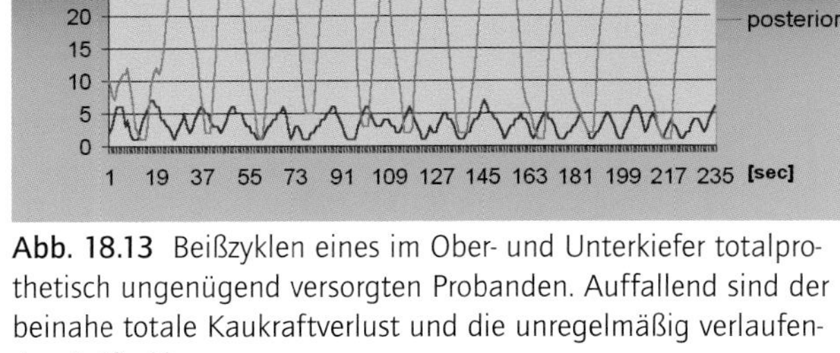

Abb. 18.13 Beißzyklen eines im Ober- und Unterkiefer totalprothetisch ungenügend versorgten Probanden. Auffallend sind der beinahe totale Kaukraftverlust und die unregelmäßig verlaufenden Beißzyklen.

banden mit insuffizienter Totalprothese im Unterkiefer und einer ungepflegten, nicht sanierten Teilbezahnung im Oberkiefer. Im anterioren Bereich liegt der höchste Messwert bei 7 N und im posterioren Bereich bei 35 N. Solche Extremfälle erklären die großen Streuungen in den Messresultaten und geben Auskunft über die Vielfalt aller möglichen Kaukräfte. In Hinblick auf den Sinn der Kaukraftmessungen, nämlich einen Belastungswert zu kennen mit dem der Zahntechniker bei der Konstruktion eines Zahnersatzes rechnen muss, ist es unsinnig, solche Werte in Betracht zu ziehen. In solchen Kauorganen kommt es gewiss nicht zu Rekonstruktionen mit vollkeramischen Brücken. Sollten solche eines Tages geplant werden können, so wäre eine vorherige Sanierung des Fundamentes für jeglichen Zahnersatz unerlässlich. Anschließend wäre mit verbesserten Kaukraftwerten zu rechnen, was eine neuerliche Messung bedingen würde.

Einteilung der Messresultate in Kategorien und Gruppen

Die großen Messwert-Streuungen im Rahmen von Kaukrafterhebungen erschweren natürlich ganz erheblich Rückschlüsse auf den individuellen Fall. Mit einer differenzierten Betrachtung der verschiedenen Konstellationsgruppen bezüglich Alter, Geschlecht, Bezahnung, Parodontalzustand etc. sind verlässlichere Aussagen im groben Raster durchaus vorstellbar. Mit welchen Belastungen muss der Praktiker jeweils rechnen? Welches Material muss er im Sinne der Versagensverhinderung verarbeiten? Wie ist es zu dimensionieren? In Bezug auf den praktischen Nutzen sollte andererseits eine Kaukraft-Klassifizierung nicht in alle vorstellbaren Konstellationen verästelt ausfallen. Denn je feiner aufgegliedert und abgestuft wird, desto unübersichtlicher und somit unpraktikabler würde die Auflistung über die zu erwartenden Kaukräfte. Mit einer einfacheren Klassifizierung wandeln sich die Angaben zwar zu weniger sicheren Mutmaßungen, es ist aber eine bessere Übersichtlichkeit gegeben.

Bei insgesamt 268 Probandinnen und Probanden ist die Kaukraft im anterioren und posterioren Bereich aufgenommen worden. Für die weiteren Beurteilungen wurden die Kriterien 'Bezahnung' und 'Alter' einbezogen. Das Kriterium 'Bezahnung' wurde in vier Gruppen gegliedert:

1. vollbezahnt im Ober- und Unterkiefer (69)
2. mindestens ein brückenprothetischer Zahnersatz im Kauorgan (79)
3. mindestens ein teilprothetischer Zahnersatz im Kauorgan (68)
4. ein vollprothetischer Zahnersatz in einem Kiefer (51)

Die Kriterien 'Geschlecht' und 'Mundhygiene' wurden wegen zu geringer Auswirkungen auf die Resultate nicht weiter verfolgt. Das Kriterium 'Alter' wurde in drei Altersgruppen unterteilt:

1. 20- bis 40-jährig
2. 41- bis 60-jährig
3. 61- bis 80-jährig

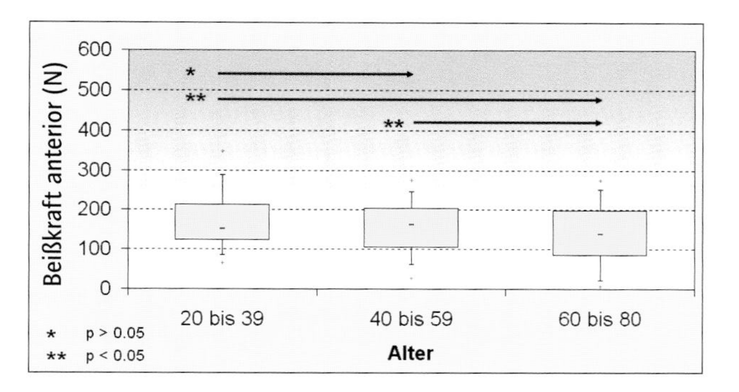

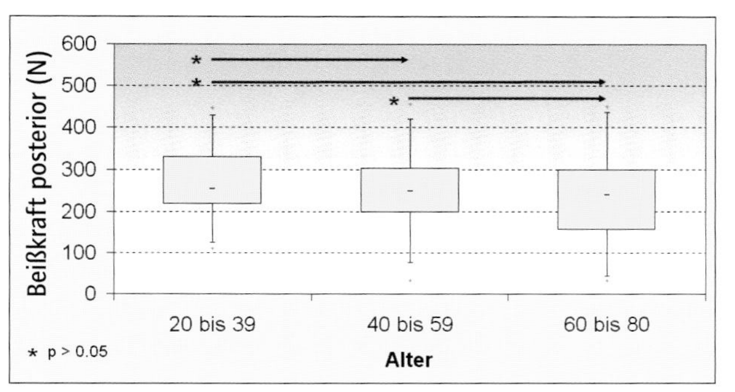

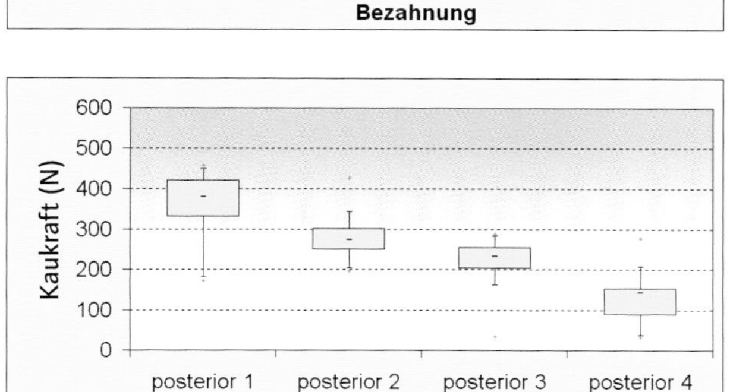

Abb. 18.14 und 18.15 Veränderung der Kaukraft mit zunehmendem Alter: anteriore und posteriore Kaukräfte verschiedener Altersgruppen; die Kaukraft ändert sich mit steigendem Lebensalter kaum.

Abb. 18.16 und 18.17 Veränderung der Kaukraft pro Bezahnungstyp; statistische Auswertung der anterioren und posterioren Kaukraftmessungen.

Mit diesen Vorgaben ist man der folgenden Frage nachgegangen:

- Mit welchen Kaukräften muss der Praktiker bei den diversen Alters- und Bezahnungsgruppen im anterioren und im posterioren Bereich rechnen?

Auswertung der Ergebnisse der Kaukraftmessungen

Mit einfachen Diagrammen werden Zusammenhänge und Tendenzen visualisiert; die Resultate seien zusammenfassend vorweggenommen:

- Die Kaukräfte im anterioren Bereich sind etwa um zwei Drittel größer als im posterioren Bereich.
- Eine Kaukraftabnahme mit zunehmendem Alter findet bei gleich bleibender Bezahnungsqualität kaum statt.
- Mit abnehmender Bezahnung von Vollbezahnung bis zur Zahnlosigkeit mindern sich die Kaukräfte etwa um die Hälfte.
- Die individuellen Kaukräfte variieren derart, dass die Mittelwerte vom Praktiker als Hinweise zu verstehen sind. Für die Erarbeitung von verlässlicheren Angaben werden individuelle Kaukraftmessungen empfohlen.

Bei der Verteilung der posterioren Kaukräfte (Abb. 18.15) auf die drei Altersgruppen 20 bis 40 Jahre, 41 bis 60 Jahre und 61 bis 80 Jahre sind keine signifikanten Unterschiede festzustellen ($p > 0.05$). Bei den anterioren Kaukräften (Abb. 18.14) sind zwischen den beiden Altersgruppen 20 bis 40 Jahre und 41 bis 60 Jahre ebenfalls keine signifikanten Abweichungen auszumachen ($p > 0.05$). Es sind lediglich zwischen diesen beiden Altersgruppen im Vergleich zur Altersgruppe der 61- bis 80-Jährigen bedeutsame Unterschiede festzustellen ($p < 0.05$). Eine allgemeine Kaukraftänderung mit zunehmendem Alter kann aber nicht ermittelt werden. Die Varianzanalyse weist auf signifikante Kaukraftunterschiede in Bezug auf die vier formulierten Bezahnungstypen im anterioren und im posterioren Bereich ($p < 0.05$) hin (Abb. 18.16, Abb. 18.17) hin.

Bezahnungs-gruppe	anterior	posterior
1	300 N	450 N
2	250 N	350 N
3	200 N	300 N
4	150 N	200 N

Abb. 18.18 Kaukrafttabelle; tabellarische Zusammenstellung der zu erwartenden Kaukräfte bei den vier verschiedenen Bezahnungsqualitäten.

Zusammenfassend ergibt sich die tabellarische Darstellung (Abb. 18.18) für die maximal zu erwartenden Kaukräfte bezogen auf die vier definierten Bezahnungstypen. Zu einer Überbewertung dieser Angaben sollte man sich allerdings nicht verleiten lassen. Dem Praktiker mag jedoch der Hinweis dienlich sein, dass bei einem intakten und vollbezahnten Kauorgan mit Kaukräften von etwa 300 N im anterioren Bereich und maximal 500 N im posterioren Bereich zu rechnen ist. Diese Kaukräfte gehen mit der Abnahme des Bestandes der Bezahnung stetig zurück und enden im Fall von Zahnlosigkeit eines Kiefers bei etwa der Hälfte der ursprünglichen Werte. Verlässlichere Angaben lassen sich aufgrund der erfolgten Erhebungen kaum machen. Bei der Planung von Rekonstruktionen können die angegebenen Richtwerte nützliche Hinweise sein. In kritischen Fällen ist aber in Hinblick auf die erheblichen Streuungen eine individuelle Kaukraftmessung ratsam.

Der Frage, welche Kaukraftveränderungen sich nach Sanierung des Kauorgans ergeben, wurde nicht nachgegangen. Konsequenterweise muss der Techniker aber davon ausgehen, dass sich bei einer Sanierung eines ursprünglich teilprothetisch versorgten Gebisses mit festsitzenden Brücken die Kaukräfte erheblich steigern. Aufgrund bisheriger Erfahrungen, aber natürlich (noch) nicht einwandfrei belegten Anhaltspunkten, lösen Gebisssanierungen Kaukraftsteigerungen von etwa 20% aus.

Mit wesentlicheren Kaukraftverbesserungen ist auch zu rechnen, wenn bei einem teil- oder vollprothetisch versorgten Patienten der neue Zahnersatz implantologisch verankert wird[7].

Literatur

1. *Dheyriat A, Lissac M. The determination of the intensity of premolar and molar maximalforces during the isometric contraction of the masticatory muscles due to forced mandibular closure. Bull Group Int Rech Sci Stomatol Odontol 1996;3-4:87–94.*
2. *ISO 9693:1999-12 Dentale restaurative Metallkeramiksysteme*
3. *Duyck J., V. O. H., De Cooman M, Puers R, Vander Slot J, Naert I. Three-dimensional force measurements on oral implants: a methodological study. J Oral Rehabil 2000;Sept 27:744–753.*
4. *Eichner K. Messung von Kauvorgängen. Dtsch Zahnarztl Z 1963;18:915–924.*
5. *Hessel J. Belastbarkeitsmessungen an Molaren und Prämolaren in Abhängigkeit von Wurzelformund Einbetttiefe. Dissertation, Köln 1978.*
6. *Kappert HF. Keramiken – eine Übersicht. Quintessenz Zahntech 2001;6:668–704.*
7. *Mericske-Stern R. Three-dimensional force measurements with mandibular overdentures connected to implants by ball-shaped retentive anchors. A clinical study. Int J Oral Maxillofac Implants 1998;1-2:36–43.*
8. *Ottl P. Messung der Kaukraft durch Druckmessfolie und digitale Bildverarbeitung. Dtsch Zahnarztl Z 1992;47:266–268.*
9. *Pinheiro C. Comparative in vivo and in vitro studies on the biomechanics of maxillary partial dentures. A methodological and experimental study. Dissertation, Lund University Malmö 1998.*
10. *Schwickerath H. Prüfung der Verbundfestigkeit Metall – Keramik. Dtsch Zahnarztl Z 1983;38:21.*
11. *Schwickerath H. Vollkeramische Brücken – Gerüste aus Kern- oder Hartkernmassen. Dent Labor 1988;36:1081–1083.*
12. *Schwickerath H. Neue Dentalkeramiken im Vergleich. ZWR 1992;4:286-288.*
13. *Schwickerath H. Was der Zahntechniker beachten sollte – Herstellung von vollkeramischem Zahnersatz. Dent Labor 1992:1501-1506.*
14. *Schwickerath H. Neue Keramiksysteme unter Dauerbeanspruchung. Quintessenz Zahntech 1994;20:1495-1499.*
15. *Seghi RR, Soerensen JA. Relative flexural strenth of six new ceramic materials. Int J Prothodont 1995;8:239–246.*
16. *Tinschert J, Natt G, Doose B, Fischer H, Marx R. Seitenzahnbrücken aus hochfester Strukturkeramik. Dtsch Zahnarztl Z 1999;54:545–550.*

19 Die Belastbarkeit vollkeramischer Restaurationen

Andres Baltzer, Vanik Kaufmann-Jinoian

Brücken haben es in sich! Sie erinnern uns bei ihrer Begehung stets an die Frage der Festigkeit. Auf abenteuerlichen Stegen trifft dies vermehrt zu und der Wanderer zieht – am Ende unter Gewissensbissen – sein Eigengewicht mit in Betracht. Überquert er schließlich mutig die Brücke, vergisst er dabei meist, weitere wesentliche Merkmale zu deren Belastbarkeit zu prüfen. Wüsste er beispielsweise um die spröde Zerbrechlichkeit angerissener Bretter, so würde er der massiv anmutenden Konstruktion wohl weniger Vertrauen schenken (Abb. 19.1, Abb. 19.2). Schneider Meck ist aus solch einem Grund nass geworden: nicht sein Gewicht, sondern die verminderte Belastbarkeit der Brücke war primär schuld am Unglücksfall.

Bei Brückenkonstruktionen im Kauorgan, insbesondere bei solchen mit keramischen Verblendungen, stellen sich im Ansatz dieselben Fragen zur Belastbarkeit. Sie gestalten sich allerdings wesentlich komplexer als im Falle von Schneider Meck's Brett, auch wenn der Faktor 'böswillige Beeinträchtigung' der Belastbarkeit ausgeschlossen werden darf.

Die große Vielfalt der Fragen zu den Belastbarkeiten keramisch verblendeter Brücken liegt weitgehend in den materialspezifischen Eigenheiten der Keramik begründet. Die natürliche Ästhetik, die Biokompatibilität, die geringe Plaqueanlagerung und die niedrige Temperaturleitfähigkeit sprechen einerseits für den ausschließlichen Einsatz von Kera-

Abb. 19.1 Max und Moritz, gar nicht träge, sägen heimlich mit der Säge, Ritzeratze! Voller Tücke, in die Brücke eine Lücke.

Abb. 19.2 Und schon ist er auf der Brücke. Kracks, die Brücke bricht in Stücke!

mik im Mund. Ihre charakteristisch hohe Sprödigkeit und die damit verbundene, erhöhte Frakturanfälligkeit sprechen andererseits für den Einsatz traditioneller Metallunterkonstruktionen. Diskussionen um die Biokompatibilität solcher Lösungen und der Wunsch nach ästhetisch anspruchsvollen Rekonstruktionen erklären nun aber das Bestreben, Metallkonstruktionen vollständig aus dem Mund des Patienten zu verbannen. Dabei ist bei aller Verschiedenheit der werkstofflichen Eigenschaften von dentalen Aufbrennlegierungen und vollkeramischen Systemen eine Gegenüberstellung der ähnlichen Belastungsgrenzen interessant. Biegefestigkeit (Keramik) resp. 0,2-%-Dehngrenze (Legierung), Bruchzähigkeit und Elastizitätsmodul sind dabei die zu beachtenden Begriffe:

- Die *Biegefestigkeit* stellt die Grenze der elastischen Belastbarkeit dar. Bei Überschreiten dieser Grenze erfolgt der Bruch der Keramik. Beim Biegeversuch tritt diese elastische Verformung durch Druck- und Zugspannungen auf. Da Keramik sich unter Druck verdichtet und somit eine hohe Druckfestigkeit aufweist, gehen Brüche von der Zugseite aus. Bei Brücken liegt diese Zugseite meist auf der basalen, nicht auf der okklusalen Seite. Bei Legierungen gilt die *0,2-%-Dehngrenze* als technische Grenze der Zugspannung im Zugversuch. Bezüglich Belastbarkeit dentaler Brückenrekonstruktionen kann die Biegefestigkeit der Keramik mit der 0,2-%-Dehngrenze einer Legierung verglichen werden. Die Grenzwerte der anzulegenden Spannungen werden zwar unterschiedlich ermittelt, liegen aber in vergleichbaren Größenordnungen.
- Die *Bruchzähigkeit* resp. Risszähigkeit meint den Widerstand gegen das Wachstum eines Risses unter Einwirkung von Belastung. Bei glasinfiltrierten Oxidkeramiken (In-Ceram SPINELL; ALUMINA und ZIRCONIA, Procera) liegen die Werte zwischen 4 $MPa{\cdot}m^{1/2}$ und 6 $MPa{\cdot}m^{1/2}$ und bei reinen Oxidkeramiken (In-Ceram YZ, Cercon) sind Bruchzähigkeitswerte von etwa 10 $MPa{\cdot}m^{1/2}$ festzustellen[6]. Bei metallkeramischen Legierungen sind die Bruchzähigkeitswerte etwa zehn Mal höher[16]. Hinsichtlich Bruchzähigkeit sind die metallkeramischen Legierungen den vollkeramischen Gerüsten überlegen, was die Gestaltung grazilerer Verbinder zu den Zwischengliedern erlaubt. Dieser Vorteil wird allerdings durch ihren geringeren Elastizitätsmodul resp. ihre höhere elastische Verformbarkeit relativiert.
- Der *Elastizitätsmodul* beschreibt den Widerstand gegen elastische Verformung. Bei vollkeramischen Systemen liegt er bei ~100 GPa (Empress), ~256 GPa (In-Ceram ALUMINA) und ~283 GPa (In-Ceram ZIRCONIA); bei Edelmetalllegierungen bei etwa 100 GPa und bei Nichtedelmetalllegierungen (CoCr, etc.) bei ~200 GPa.

Fazit: Bei Brückengerüsten soll die physiologische Belastung (500 N) der Konstruktion durch ihr elastisches Widerstandsvermögen, das vom Elastizitätsmodul des Werkstoffs und natürlich auch von den geometrischen Abmessungen abhängt, aufgefangen werden. Bei keramischen Restaurationen soll es bei diesen physiologischen Belastungen nicht zum Bruch kommen. Um Brüche und Abplatzungen der Verblendkeramik zu vermeiden, dürfen diese physiologischen Belastungen bei metallischen Restaurationen die 0.2-%-Dehngrenze[17, 23, 26] nicht erreichen. Die Belastungsgrenzen von Metallkeramik und Vollkeramik sind demnach trotz unterschiedlichstem werkstoffkundlichem Verhalten vergleichbar[21]. Vergleicht man bei gleicher Bruchlast das Versagen einer metallkeramischen und einer vollkeramischen Konstruktion, so ist im Metallkeramikverbund mit Abplatzungen der Verblendkeramik zu rechnen, da das Metallgerüst einen wesentlich geringeren Widerstand gegen die Verformung aufbringt als das vollkeramische Gerüst. Beim vollkeramischen System hingegen ist mit der Gerüstfraktur zu rechnen, da eine wesentlich geringere Zähigkeit gegen Rissbildung besteht.

Der sehr günstige Haftverbund zwischen In-Ceram-Gerüsten und Verblendkeramik im Vergleich zur Metallkeramik sei an dieser Stelle hervorgeho-

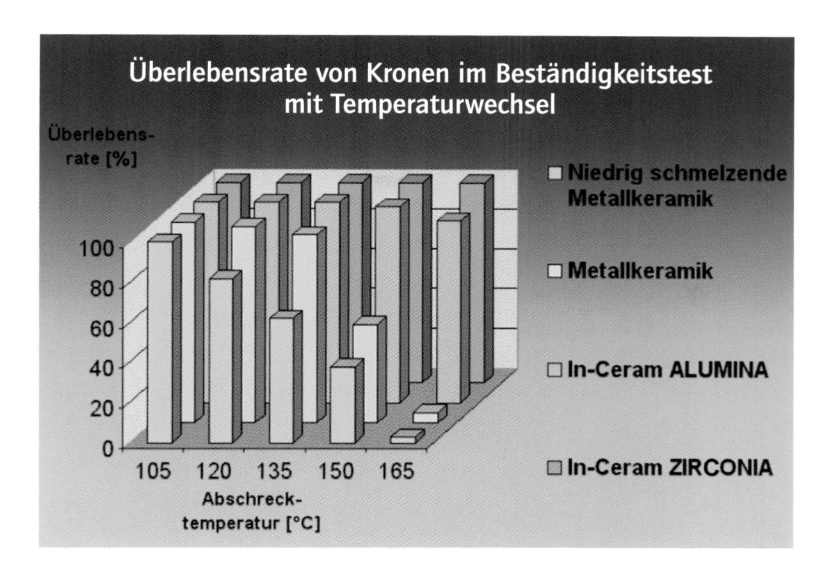

Abb. 19.3 Überlebensraten von Kronen nach Erwärmung und anschließendem Abschrecken im Eiswasser.

ben. Werden beispielsweise infiltrierte In-Ceram ZIRCONIA-Stäbchen in einem Brand mit VITADUR ALPHA zusammengefügt und anschließend einem Zugversuch unterworfen, so sind die Brüche stets innerhalb von VITADUR ALPHA und nicht an der Verbundfläche zu In-Ceram zu erwarten[27]. Der Haftverbund der Verblendkeramik in diesem System ist demnach höher zu werten als deren Zugfestigkeit, was bei metallkeramischen Systemen nicht der Fall ist[23].
In Temperatur-Wechselbeständigkeitstests zeigt sich der hervorragende Haftverbund von In-Ceram und Verblendkeramik. Die im Vergleich zu konventionellen, metallkeramischen Systemen höhere Überlebensrate der vollkeramischen In-Ceram-Systeme ALUMINA und ZIRCONIA ist deutlich zu erkennen (Abb. 19.3)[35].

Bei der Entscheidung für oder gegen Eingliederung einer vollkeramischen Restauration stehen demnach stets die Abklärungen der Indikation und die Wahl des geeigneten Werkstoffes im Vordergrund:

- Kann die empfohlene Verbindergestaltung eingehalten werden?
- Übersteigt die Spannweite der Brücke die Toleranzen der Herstellerangaben?
- Mit welchen Belastungskräften ist in situ zu rechnen?
- Welcher Wert wird Ästhetik und Biokompatibilität beigemessen?

Mit der Entwicklung der modernen Hochleistungskeramiken für den Zahnersatz wurde dem Zahnarzt und dem Zahntechniker die Entscheidung wesentlich vereinfacht. Die Kennwerte der Hochleistungskeramik genügen nicht nur für jegliche Einzelzahnrekonstruktion, sie erlauben auch die Anfertigung umfangreicherer Brückenkonstruktionen. Zudem zeichnet sich das industriell vorgesinterte Blockmaterial, aus dem die Kronenkappen und Gerüste maschinentechnisch geschliffen werden, durch hohe Festigkeit aus. Dies erlaubt dem Zahntechniker die sichere Nachbearbeitung der Werkstücke ohne Bruchrisiko, wie dies in der Schlickertechnik stets der Fall war. Als Kennwerte der Gerüstkeramiken gelten in der Regel die meist experimentell ermittelte Bruchfestigkeit und Bruchzähigkeit[9, 15, 20, 26, 36].

Bruchzähigkeit und Risszähigkeit

Die Bruchzähigkeit resp. Risszähigkeit beschreibt den Widerstand gegen das Wachstum eines Risses unter Einwirkung einer Belastung[9, 16, 22]. Diese Situation lässt sich am Beispiel des Holzspaltens gut verdeutlichen:

Mit einem leichten Axthieb lässt sich normalerweise ein Buchenscheit problemlos in zwei Stücke spalten. Dabei leitet die keilförmige Schneide der

Abb. 19.4 Schnelle Risswanderung durch die parallel verlaufende Maserung des Buchenholzes: geringe Risszähigkeit.

Abb. 19.5 Keine Risswanderung bei einem Astaustritt: hohe Risszähigkeit.

Axt die Entwicklung eines Risses ein. Die Geschwindigkeit des Fortschreitens dieses Risses ist Ausdruck der Bruchzähigkeit bzw. der Risszähigkeit des Holzes. Im Falle von Abbildung 19.4 ist diese Zähigkeit gering, da der durch die Axt verursachte Riss unmittelbar durch das ganze Scheit wandert. Die Situation in Abbildung 19.5 ist dieselbe: gleich starker Axthieb auf identisches Material. Der Riss wandert allerdings nicht wie erwünscht durch das Stück Holz, weil er an Verwachsungen (quer zur Längsrichtung verlaufende, elastische Fasern) rund um einen Astaustritt auf hohen Widerstand stößt und aufgehalten wird. Ähnliche Begebenheiten lassen sich auch für die diversen Dentalkeramiken beschreiben.

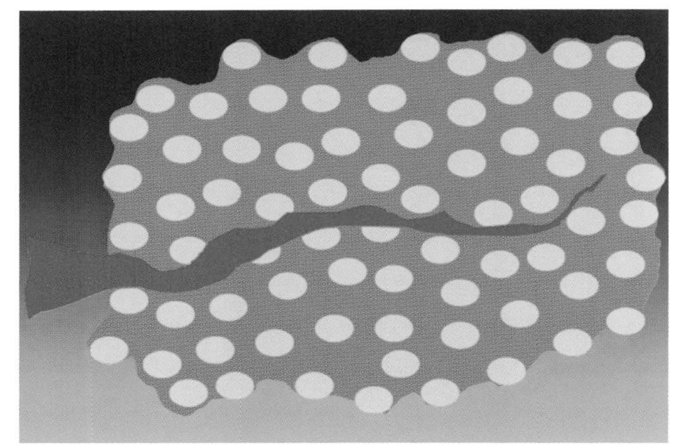

Abb. 19.6 Schematische Darstellung einer Rissentwicklung in ALUMINA: der Belastungsriss verläuft um die Aluminiumpartikel durch die Glasmatrix.

In-Ceram ALUMINA BLANKS

Das Grundgerüst von VITA In-Ceram ALUMINA BLANKS besteht aus gesintertem Aluminiumoxid mit einer mittleren Korngröße von etwa 2 bis 4 µm. In einem Sinterprozess haben sich die Partikel verdichtet, indem sie infolge oberflächlicher Diffusionsprozesse an den Kontaktpunkten über die Bildung von Hälsen miteinander verbunden wurden. Ein ALUMINA BLANK für CEREC ist also ein poröses Aluminiumoxidgefüge, besitzt eine kreidige Konsistenz und ist mit seiner Bruchfestigkeit von etwa 100 MPa genügend fest, um als in der CEREC-Schleifeinheit eingespannter Block zu EDV-technisch konstruierten Kronenkappen und Brückengerüsten beschliffen zu werden. Die so erhaltenen, porösen Aluminiumoxidgerüste werden mit einer Aufpassbearbeitung optimiert und schließlich mit Lanthanglas infiltriert. Der Infiltrationsvorgang erfolgt bei 1140° C, wobei Kapillarkräfte die dünnflüssige Glasschmelze in die feinen Zwischenräume des porösen Aluminiumoxids saugen. Nach dem Erstarren der Glasschmelze liegt ein porenfreies Mikrogefüge vor und die mechanischen Eigenschaften haben sich um den Faktor 4 bis 6 verbessert.

Belastungsrisse werden in dieser Struktur um die Aluminiumpartikel herumgelenkt und entwickeln sich als intergranuläres Risswachstum. In der schematischen Darstellung in Abbildung 19.6

Abb. 19.7 Schematische Darstellung des Prinzips der Umwandlungsverstärkung in ZIRCONIA: im Spannungsfeld eines Risses gehen die metastabilen Zirkonoxidpartikel unter Volumenzunahme von etwa 4 bis 5% in die monokline Form über und wirken hemmend auf das Risswachstum.

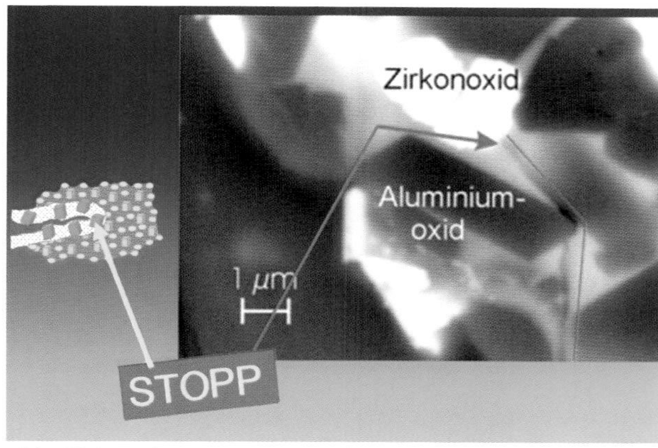

Abb. 19.8 In-Ceram ZIRCONIA: Rissstopp am Zirkonoxidpartikel.

sind die partikelverbindenden Hälse nicht eingezeichnet. Hingegen ist der intergranuläre Riss rot eingefärbt.

In-Ceram ZIRCONIA BLANKS

Werden in das Aluminiumoxidgefüge etwa 30% Zirkonoxidpartikel eingelagert, so ist eine Verbesserung der Bruchfestigkeit und speziell auch der Bruchzähigkeit festzustellen. Das Grundgerüst von VITA In-Ceram ZIRCONIA BLANKS besteht somit aus einem gesinterten, homogenen Gemisch von Aluminiumoxid und Zirkonoxid mit einer mittleren Korngröße von 2 bis 4 µm. Es besitzt wie ALUMINA eine kreidige Konsistenz und ist mit seiner Bruchfestigkeit von etwa 100 MPa genügend fest, um in der CEREC-Schleifeinheit bearbeitet zu werden. Nach dem analog zu ALUMINA ablaufendem Glasinfiltrationsprozess ergeben sich bei ZIRCONIA nun wesentlich bessere mechanische Materialeigenschaften. Diese beruhen auf der Umwandlungsverstärkung, wie sie nachfolgend als martensitische Phasenumwandlung bei der TZP-Keramik beschrieben wird.

Das Prinzip der Umwandlungsverstärkung verdeutlicht sich in Abbildung 19.7, die das in der Glasmatrix (grau) eingebettete Gefüge der Mischung von Aluminiumoxid (graue Partikel) und Zirkonoxid (grüne Partikel) schematisch darstellt. Die während der Sinterung entstandenen, Partikel verbindenden Hälse sind nicht eingezeichnet. Hingegen ist ein belastungsinduziertes Spannungsfeld mit einem rot gekennzeichneten Riss markiert. In diesem Spannungsfeld haben sich die metastabilen Zirkonoxidpartikel in die monokline Form gewandelt. Dieser Prozess ist mit einer Volumenvergrößerung von 3 bis 5% verbunden, wodurch dem Riss Energie entzogen und das Risswachstum gestoppt wird.

Die Umwandlungsverstärkung ist in der REM-Aufnahme (Abb. 19.8) deutlich zu erkennen[35]. Durch das graue Infiltrationsglas läuft zwischen den schwarzen Aluminiumoxidpartikeln, entlang der roten Linie, ein Riss. Dieser wird am weißen Zirkonoxidpartikel gestoppt (rote Pfeilspitze).

In-Ceram YZ-Cubes for CEREC

Die Struktur der vorgesinterten VITA In-Ceram YZ-Cubes for CEREC zeigt sich als Mikrogefüge mit kontrollierter Teilsinterporosität. In diesem Zustand erfolgt das CAD/CAM-Formschleifen mit CEREC. Die Festigkeit dieser vorgesinterten Oxidkeramik erlaubt eine zügige maschinelle Bearbeitung. Besonders hervorzuheben ist die Tatsache, dass Schleifprozess und nachträgliche Bearbeitung unter Wasserkühlung erfolgen können (Abb. 19.9).

Erst nach dem Fräsen wird das Schleifprodukt in einem speziellen Ofen (VITA ZYrcomat) mit einem

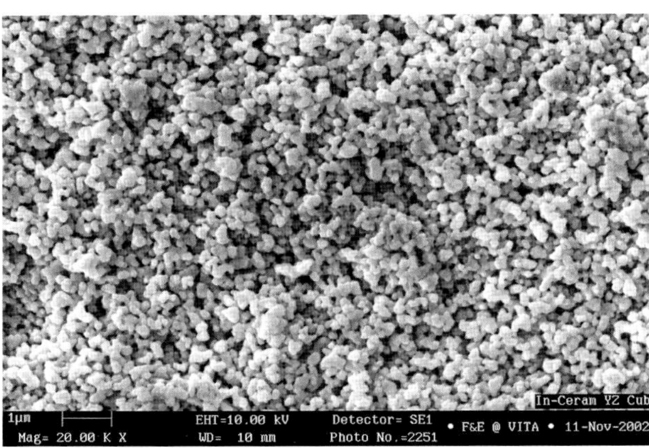

Abb. 19.9 REM-Aufnahme von porösem, vorgesintertem In-Ceram YZ (Aufnahme von VITA 2002).

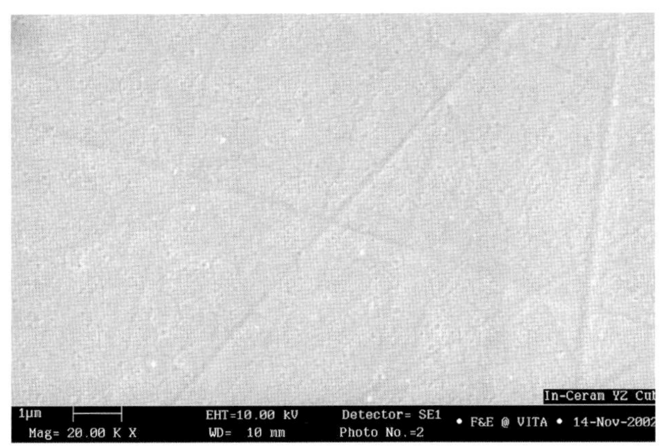

Abb. 19.10 REM-Aufnahme von durchgesintertem In-Ceram YZ: die geradlinigen Rillen sind Artefakte (Aufnahme von VITA, 2002).

eigenen Brennprogramm bei 1600° C durchgesintert. Dabei kommt es zu einer Sinterschrumpfung von ca. 20%. Die genaue Schrumpfquote ist in Form eines Strichcodes auf jedem YZ-Cube festgehalten und wird vor der Schleifung vom Scanner in der Schleifkammer eingelesen. Um genau diese Quote wird das Gerüst größer ausgeschliffen und in der anschließenden Sinterschrumpfung wieder kompensiert, was zu sehr guten Passgenauigkeiten führt.

Die Fräsung am vorgesinterten Material bietet einige Vorteile: verkürzte Bearbeitungszeit, geringerer Werkzeugverschleiß, geringere Belastung der Schleifeinheit. Darüber hinaus kann das ungesinterte Gerüst schnell und einfach mit dem Handstück - unter Kühlwasser oder ohne - nachbearbeitet werden; das Zirkonoxidgefüge wird dabei nicht geschädigt. Andere vorgesinterte Zirkonoxide (Cercon) zeigen beim Einsatz von Kühlwasser bald einmal deutliche Auflösungserscheinungen.

Die Mikrostruktur von durchgesintertem In-Ceram YZ zeigt ein homogenes, dichtes und porenfreies Sub-µm-Gefüge mit einer mittleren Korngröße von etwa 0.5 µm (Abb. 19.10). Diese Korngröße ist etwa zehnmal kleiner als die Korngröße der In-Ceram-Infiltrationskeramiken (ALUMINA oder ZIRCONIA). Entsprechend höher liegt die notwendige Energiedissipation (Übergang von mechanischer Energie in Wärmeenergie) bei einem Rissfortschritt, weshalb die Zirkonoxidkeramiken die höchste Biegefestigkeit und Risszähigkeit aufweisen.

Normalerweise ist die stabile Form von reinem Zirkonoxid bei Raumtemperatur monoklin. Bei Temperaturen zwischen 980 und 2370° C erfolgt eine Umwandlung in die tetragonale Phase und bei höheren Temperaturen in die kubische Modifikation. Die Schmelztemperatur von reinem Zirkonoxid liegt bei 2680° C.

Im tetragonal stabilisierten, polikristallinen Zirkonoxid (TZP, z. B. In-Ceram YZ, Cercon) befinden sich die Zirkonoxidkristalle bereits bei Raumtemperatur in einem metastabilen Phasenzustand mit tetragonaler Struktur. Die Stabilisierung dieses Zustandes gelingt durch den Zusatz von Yttriumoxid.

Die hohen Festigkeitswerte beruhen auf der Umwandlungsverstärkung im Sinne einer martensitischen Phasenumwandlung, wie dies beispielsweise bei Stahl zu beobachten ist (*ceramic steel*[7]). Bei einer Belastung wandeln sich die tetragonalen Körner an der Rissspitze in monokline Körner um, die 3 bis 5% größer sind und somit mehr Platz beanspruchen. Diese Ausdehnung bewirkt eine Behinderung der Rissausbreitung, indem ein Spannungsfeld aufgebaut wird, das einer weiteren Rissöffnung entgegenwirkt.

Biegefestigkeit und Bruchfestigkeit

Die Biegefestigkeit einer Keramik stellt die Grenze der elastischen Belastbarkeit dar. Das Überschreiten dieser Grenze hat den Bruch zur Folge. Die Ermittlung dieses Kennwertes erfolgt nach standardisierten Vorgaben[3], die bis ins Detail beschreiben, unter welchen Bedingungen welche Probekörper belastet werden sollen, bis der Bruch eintritt. Die Beschaffenheit der Probekörper wird ebenso genau festgehalten: sie sollen nach dem Brand so beschliffen und anschließend poliert (Diamantkörnung 15 bis 20 µm) werden, dass eine rechteckige Form mit einer Breite (B) von 4 ± 0.25 mm, einer Dicke (D) von 1.2 ± 0.2 mm, einer Länge von mindestens 20 mm und einer Parallelitätstoleranz von 0.05 mm entsteht. Die gereinigten Probekörper werden auf 0.01 mm gemessen und in die Biegevorrichtung (Breitseite nach oben) eingebracht. Der Probekörper liegt auf zwei als Auflager dienenden Messerschneiden aus gehärtetem Stahl (Auflageradius 0.8 mm) bei einer Spannweite (L) der Auflager von 12 bis 15 mm und wird dann mittig mit einer dritten Messerschneide (Auflageradius 0.8 mm) senkrecht und bei einer Vorschubgeschwindigkeit von 1 ± 0.5 mm/min bis zum Eintritt des Bruchs belastet. Die Bruchlast (W) wird auf 0.1 N bestimmt. In Abbildung 19.11 ist die Anordnung dieser Drei-Punkte-Biegeprüfung schematisch dargestellt und die Berechnungsart der Biegefestigkeit M [MPa] angegeben.

Nebst der Drei-Punkte-Belastung eignen sich für die Festigkeitsbestimmung auch die Vier-Punkte-Belastung und der Zugversuch. Mit dem Zugversuch steht wohl die einfachste Messmethode zur Verfügung, welche jedoch bei keramischen Werkstoffen wegen der teuren Probenherstellung und wegen der notwendigen momentfreien Probeneinspannung sehr aufwändig und unwirtschaftlich ist. Allgemein kann mit Bezug auf die diversen Messmethoden zur Bestimmung der Festigkeit beobachtet werden, dass die Werte niedriger ausfallen, wenn sie mit dem Zugversuch ermittelt wurden

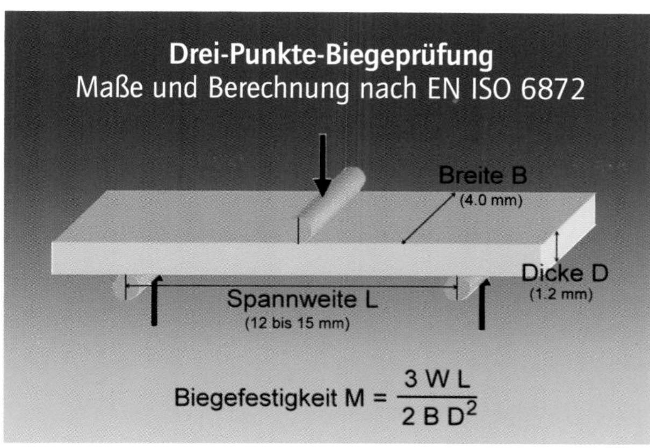

Abb. 19.11 Anordnung der Biegefestigkeitsmessung mit der Drei-Punkte-Biegeprüfung.

und höher ausfallen, wenn sie mit der Drei-Punkte-Belastung ermittelt wurden[16].

Grafische Darstellung der Festigkeitswerte

Vergleicht man quer durch Veröffentlichungen und Werkangaben die diversen Biegefestigkeitswerte der Keramiken, so fallen die großen Streuungen auf. Oft wird das Prüfverfahren nicht näher beschrieben, was die Interpretation erschwert. Unterschiedliche Prüfverfahren führen zudem zu unterschiedlichen Resultaten[4, 8]. Oft ist auch die Beschreibung des geprüften Materials nicht hinreichend klar formuliert, was zu falschen Schlüssen führen kann. Wird beispielsweise in einer Tabelle das Material ‚In-Ceram' ohne weitere Beschreibung angegeben, so ist nicht klar, von welchem Produkt aus dem In-Ceram-Angebot von VITA die Rede ist. Solches stiftet Verwirrung und kann Festigkeitsvergleiche verfälschen. Liegt doch zwischen dem handgeschlickerten In-Ceram SPINELL und dem industriell gefertigten CEREC-CAD/CAM-Block In-Ceram ZIRCONIA ein Faktor von beinahe 2.5 bezüglich Bruchfestigkeiten; zwischen handgeschlickertem In-Ceram (ALUMINA und ZIRCONIA) und industriell vorgefertigtem In-Ceram-Block (ALUMINA und ZIRCONIA) für CEREC sind Festigkeitsunterschiede von 10 bis 20% festzustellen.

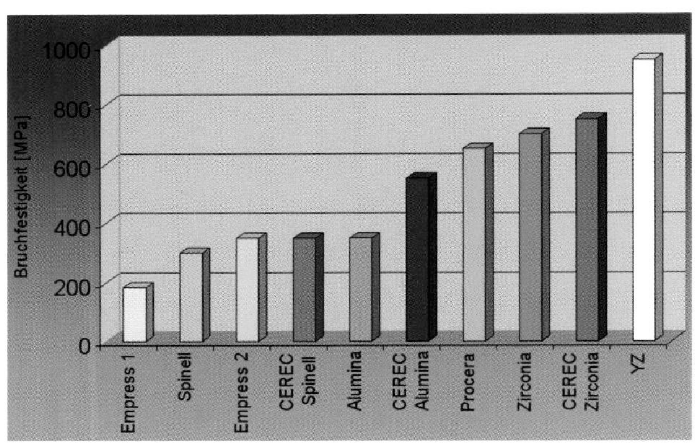

Abb. 19.12 Biegefestigkeit diverser Gerüstkeramiken.

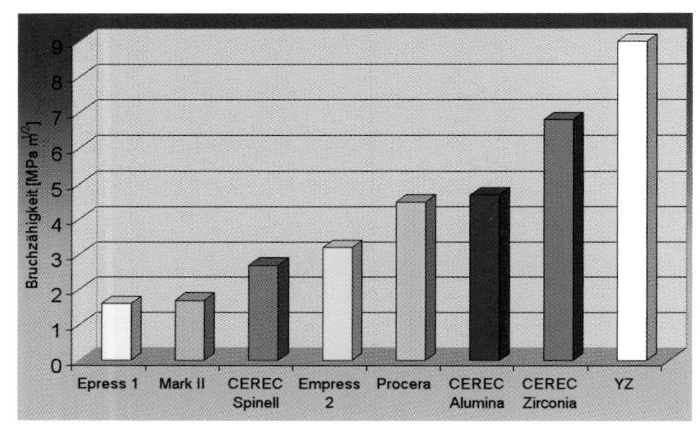

Abb. 19.13 Bruchzähigkeit diverser Gerüstkeramiken.

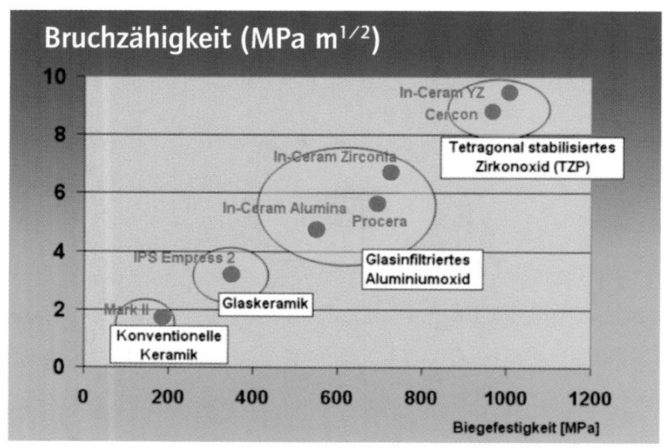

Abb. 19.14 Vier Keramiksysteme und ihre Werkstoffeigenschaften.

Die Mittelwerte der erhobenen Festigkeitswerte werden üblicherweise in Säulendiagrammen dargestellt und vermitteln so einen allgemeinen Eindruck zu den Eigenschaften der Werkstoffe, auf die sie sich beziehen[10, 21, 35] (Abb. 19.12, Abb. 19.13).

Die Aufteilung der vollkeramischen Materialien in die vier Hauptgruppen

- Konventionelle Keramik (z. B. VITA Mark II)
- Glaskeramik (z. B. IPS Empress 2)
- Infiltrationskeramik (z. B. In-Ceram ALUMINA, In-Ceram ZIRCONIA, Procera)
- Tetragonal stabilisiertes Zirkonoxid (z. B. In-Ceram YZ)

und die Gegenüberstellung ihrer Bruchzähigkeitswerte und Biegefestigkeiten in einer Grafik vermitteln die bessere Übersicht. Sie macht zudem die Entwicklung und die stete Steigerung der mechanischen Kennwerte diverser vollkeramischer Systeme deutlich (Abb. 19.14). Um die punktuell notierten Festigkeitswerte sind eingefärbte Bereiche eingezeichnet, die als Streuzonen zu verstehen sind, die aus unterschiedlichen Literaturangaben stammen[4, 6, 8, 10, 14, 21, 29, 33, 35].

Labortechnische Verarbeitung und zyklische Belastungen: Auswirkungen auf die Festigkeit

Die aufgeführten Angaben über die Festigkeitswerte beruhen auf statischen Belastungsversuchen und auf labortechnisch ideal und fehlerfrei hergestellten Probekörpern. In der Praxis ist hingegen mit anderen Begebenheiten zu rechnen. Bei der labortechnischen Ausarbeitung des Gerüstmaterials wird zwangsweise die Oberfläche der Keramik bearbeitet. Dies ist gleichbedeutend mit Oberflächenverletzungen, was einem Einbringen von Rissen und Kerben gleichkommt. Die Auswirkungen auf die Festigkeiten bzw. auf die Belastbarkeiten können fatal sein[11] und dürfen deshalb nicht außer Acht gelassen werden. Darüber hinaus unterliegen die keramischen Rekonstruktionen in der täglich stattfindenden Kaufunktion abwechselnd Be- und Entlastungen. Hinzu kommen die hinsichtlich Risswachstum ungünstigen und bruchfestigkeitsmindernden Faktoren der Umspülung mit menschlichem Speichel[19, 22]. Die dynamischen Belastungen führen zu einer erheblichen Reduktion der Biegefestigkeiten[19, 24]. Bereits nach 1000 Belastungszyklen à 300 N soll beispielsweise die Biegefestigkeit von handgeschlickertem In-Ceram ALUMINA um 50% abnehmen[22, 25].

Mit den In-Ceram-Gerüstkeramiken bietet die VITA Zahnfabrik eine ausgereifte Produktlinie an, die bei vollkeramischen Rekonstruktionen für jede Situation das geeignete Gerüstmaterial bereithält. Das heute umfangreiche Angebot rund um In-Ceram ist Frucht einer 15-jährigen Entstehungsgeschichte[2]. Damals stand als Herstellungstechnik von Aluminiumoxidgerüsten einzig die manuell durchgeführte Schlickertechnik mit anschließender Sinterung und Glasinfiltration zur Verfügung. Inzwischen wurden andere Methoden und zusätzliche Materialvarianten entwickelt, die erhebliche Steigerungen der Festigkeitswerte mit sich brachten. Die Diversifikation unter dem Sammelbegriff In-Ceram bietet dem Zahntechniker und dem Zahnarzt eine sinnvolle Auswahl an geeignetem Gerüstmaterial. Für nicht wesentlich belastete Frontzahnkronen mit spezifisch ästhetischen Anforderungen ist demnach ein anderes In-Ceram-Produkt zu wählen als für eine ausgedehnte, wesentlich stärker belastete Seitenzahnbrücke. Allgemeine Festigkeitsvergleiche zwischen In-Ceram und anderen Gerüstkeramiken können nur sinnvoll sein, wenn das In-Ceram-Produkt genau beschrieben ist. Ähnliche Vorbehalte sind angebracht, wenn Werte der Hochleistungskeramiken für Seitenzahnbrücken mit denen handgeschlickerter Infiltrationskeramik für Frontzähne verglichen werden. Wertvoller für die Formschleifung mit CEREC mögen aber direkte vergleichende Festigkeitsbeurteilungen der diversen In-Ceram-Materialien sein. Jedes In-Ceram-Material zeichnet sich nämlich durch ganz spezifische Eigenschaften aus, die der CEREC-Anwender bei der Entscheidung für die geeignete Gerüstkeramik beachten sollte. Man denke beispielsweise an die ästhetisch sehr gute Transluzenz von In-Ceram SPINELL. Für den Einsatz im Seitenzahnbereich genügt die Festigkeit allerdings kaum. Für jedes In-Ceram-Material gibt es ein bestimmtes Indikationsspektrum: es reicht von der relativ wenig belasteten Frontzahnkrone bis hin zu erheblich stärker belasteten Seitenzahnbrücken über drei bis fünf Einheiten.

Im Rahmen von Testreihen mit Biegeversuchen wurden die Auswirkungen von Oberflächenbearbeitungen im Labor und von Wechsellasten auf die diversen In-Ceram-Materialien untersucht. Alle Belastungsversuche wurden an gleich dimensionierten Probekörpern unter gleich bleibenden Bedingungen durchgeführt. In Anlehnung an die Verhältnisse im Kauorgan wurden die Probekörper in Dimensionen gehalten, die etwa den Verbindern zu den Brücken-Zwischengliedern entsprechen; während der Einbringung der Wechsellasten waren die Prüfkörper außerdem in künstlichem Speichel (Glandosan-Ersatz) gelagert.

Testmaterial und Testreihen

Bei identischer Versuchsanordnung wurde die Biegefestigkeit der folgenden In-Ceram-Materialien für CEREC erhoben:

- In-Ceram SPINELL (Alumiumoxid, 30% Magnesiumoxid, Glasinfiltration, keine Schrumpfung)
- In-Ceram ALUMINA (Aluminiumoxid, Glasinfiltration, keine Schrumpfung)
- In-Ceram ZIRCONIA (Aluminiumoxid, 30% Zirkonoxid, Glasinfiltration, keine Schrumpfung)
- In-Ceram YZ (tetragonal stabilisiertes polikristallines Zirkonoxid, TZP, 20% Sinterschrumpfung)

Dabei blieben Einflüsse von labortechnischen Bearbeitungen einerseits und zyklischen Belastungen andererseits nicht unbeachtet. Dies führte zu den folgenden Testreihen:

- Bestimmung der Biegefestigkeit des vorschriftsmäßig verarbeiteten Materials
- Bestimmung der Biegefestigkeit nachdem das Material labortechnisch vor der Glasinfiltration (SPINELL, ALUMINA, ZIRCONIA) bzw. Sinterung (YZ) korrekt nachbearbeitet wurde
- Bestimmung der Biegefestigkeit nachdem das Material nach der Infiltration bzw. Sinterung mit einer Oberflächenverletzung versehen wur-

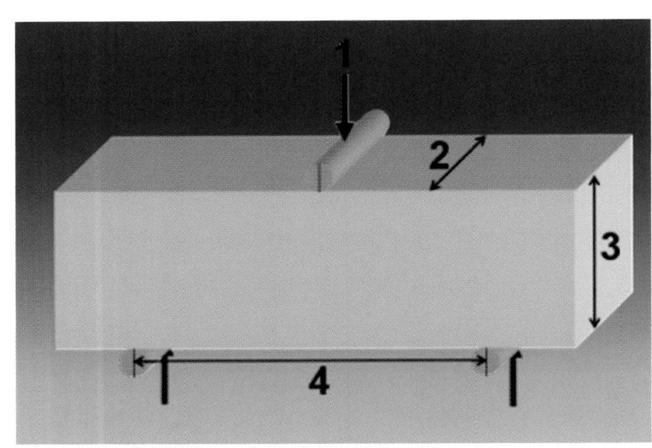

Abb. 19.15 Form und Dimensionierung (mm) der untersuchten Biegestäbchen.

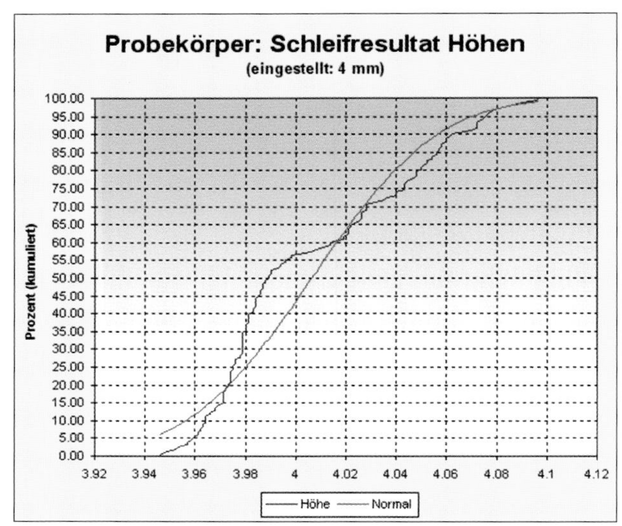

Abb. 19.16 Biegestäbchen: Streuung der gemessenen Höhen.

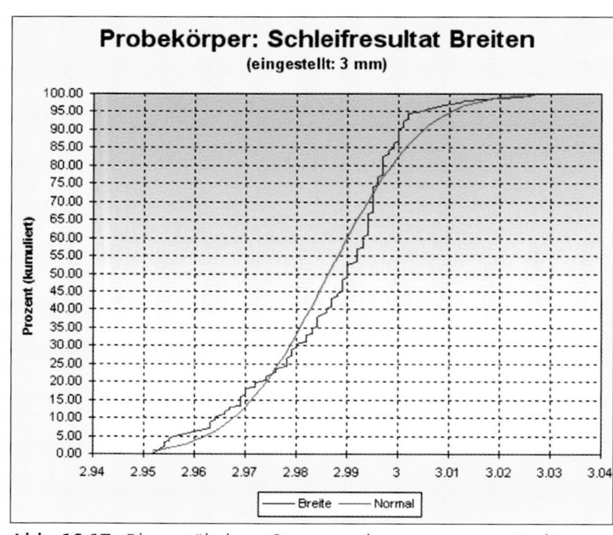

Abb. 19.17 Biegestäbchen: Streuung der gemessenen Breiten.

de, wie dies bei der labortechnischen Weiterverarbeitung vorkommen kann (Gerüstverletzung beim Separieren)

- Bestimmung der Biegefestigkeit nachdem das Material 10^4-mal mit 300 N zyklisch belastet wurde

Prüfkörper und Berechnung der Biegefestigkeit

Die Prüfkörper wurden als Stäbchen (12 mm lang, rechteckiger Querschnitt 3 mm x 4 mm, Abb. 19.15) mit CEREC-inLab (Programmversion 1.40 R950 SP1) geschliffen, wobei für die Formgebung die von Sirona zur Verfügung gestellte Datei „UStick30\restauration.dat" (31.07.2002) zum Einsatz kam.

Die Formkonstanz des fertigen Stäbchens (glasinfiltriert resp. gesintert) wurde mit dem Mikrometer geprüft (Abb. 19.16, Abb. 19.17). Untersucht wurden die Stäbchen innerhalb der Abmessungen: Breite (B) = 2.96 mm bis 3.01 mm bzw. Höhe (H) = 3.97 mm bis 4.06 mm (= 95%). Auf eine Oberflächenglättung mit feinkörnigem Schleifpapier wurde verzichtet. Es sollte die Biegefestigkeit der Prüfkörper an der von CEREC abgegebenen Oberflächenstruktur ermittelt werden. Der Glasinfiltrationsbrand bzw. Sinterbrand wurde gemäß den Werkangaben der Zahnfabrik VITA durchgeführt.

Die derart festgestellten Reproduktionsgenauigkeiten von ± 20 bis ± 45 µm lagen etwa im Bereich der Angaben von Sirona (Tab. 19.1). Die Vermessung der Prüfkörper mit dem Mikrometer stellte zudem sicher, dass keine Biegestäbchen mit einem Winkelfehler über 20 µm in die Untersuchungen eingingen.

Bei der Berechnung der Biegefestigkeit M wurde die unten stehende Berechnungsformel für die Biegefestigkeit eingesetzt. Diese Berechnungsformel entspricht den Vorgaben der normierten Biegefestigkeitsprüfungen[3] (Abb. 19.11). Die Ausmaße der Probekörper wurden allerdings in Anlehnung an die Begebenheiten im Mund geändert:

Tabelle 19.1 Vermessung der Prüfkörper und Reproduktionsgenauigkeiten von CEREC

Stäbchen	Anteil	Minimum	Maximum	Abweichung	Genauigkeit
Breite B	95%	2.96	3.01	0.04	± 20 µm
Höhe H	95%	3.97	4.06	0.09	± 45 µm

Stützweite L: 10 mm statt der geforderten 12 bis 15 mm
Breite B: 3 statt 4 mm
Höhe H: 4 statt 1,2 mm.

$$\textbf{Biegefestigkeit } M = \frac{3 \cdot W \cdot L}{2 \cdot B \cdot H^2}$$

M = Biegefestigkeit [MPa], wobei die Positionen in Abbildung 19.15 definiert sind als:

(1) W = Bruchlast [N] (mittig und senkrecht eingeführte Last auf den Probekörper; Vorschub 0.5 mm/min)
(2) B = Breite [mm] (Breite des Probekörpers: Seitenmaß im rechten Winkel zur Kraftrichtung)
(3) H = Höhe [mm] (Höhe des Probekörpers: Seitenmaß parallel zur Kraftrichtung)
(4) L = Stützweite [mm] (Mitte-zu-Mitte-Entfernung der Auflager)

Aus der Berechnungsformel der Biegefestigkeit geht hervor, dass die Querschnittshöhe des Probekörpers einen entscheidend höheren Einfluss auf die Bruchlast hat, als die Querschnittsbreite.

Hochkant gestellte Balken lassen im Vergleich zur Breitkantlage bekanntlich höhere Belastungen zu. Diese Situation hat selbstverständlich auch in der Zahntechnik ihre Gültigkeit, insbesondere bei der Konnektorengestaltung: bei der Herstellung jedes Brückengerüstes ist die Querschnittshöhe hinsichtlich der Belastbarkeit wesentlich wichtiger als die Querschnittsbreite der Verbinder. Dies lässt sich experimentell einfach zeigen, wobei gleichzeitig die Zuverlässigkeit der Berechnungsformel für die Biegefestigkeit erwiesen ist (Abb. 19.18).

Zwei Serien gleich dimensionierter Biegestäbchen (3 mm • 4 mm • 14 mm) wurden bei identischer Spannweite im Drei-Punkte-Biegeverfahren bis zum Eintritt des Bruchs belastet. Die rechteckige Querschnittsfläche der Stäbchen betrug bei beiden Serien 12 mm². Die erste Serie wurde breitkant (d. h. Höhe der Probekörper = 3 mm) und die zweite Serie hochkant (d. h. Höhe der Probekörper = 4 mm) belastet.

Ergebnis: Die mittlere Bruchlast der breitkant belasteten Biegestäbchen betrug 1004 N, diejenige der hochkant belasteten 1474 N. Die berechnete Biegefestigkeit der breitkant belasteten Prüfstäbchen lag bei 468 MPa, die der hochkant belasteten belief sich auf 503 MPa. Die Abweichung betrug 7%, was für die vorliegenden Vergleichsuntersuchungen die Richtigkeit der Berechnungsformel bestätigte.

Prüfmaschine

Zur Messung der Biegefestigkeiten wurde ein Drei-Punkte-Biegetest in der Universalprüfmaschine VUB/REA-02 (Abb. 19.19) durchgeführt (Parallelitätsfehler bei 4 mm Auflagebreite < 20 µm;

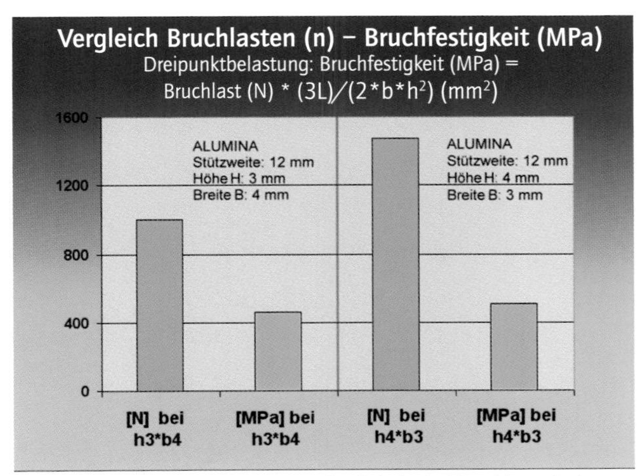

Abb. 19.18 Bruchlast und Bruchfestigkeit: bei hochkant belasteten Biegestäbchen ist die Bruchlast wesentlich höher als bei breitkant belasteten mit gleicher Querschnittsfläche.

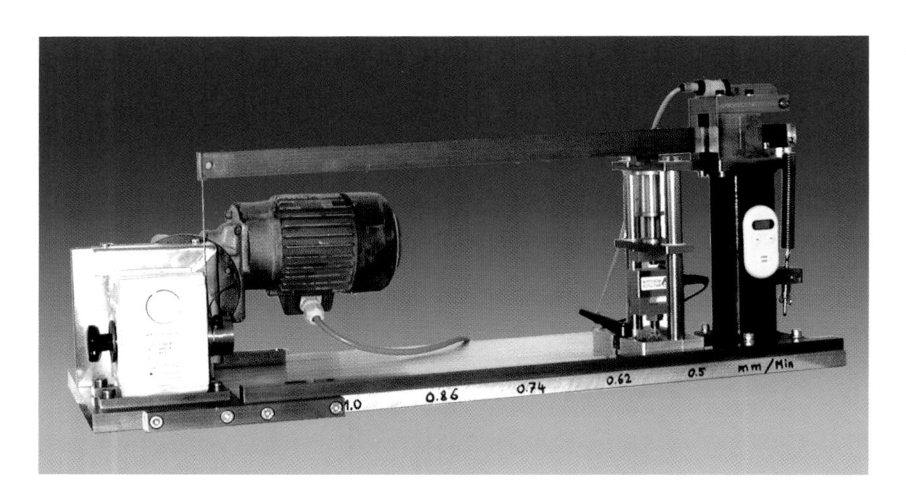

Abb. 19.19 Universalprüfmaschine VUB/REA-02.

Abb. 19.20 Prüfmaschine; Kraftübertragung auf den Hebelarm über ein Getriebe.

Abb. 19.21 Prüfmaschine: starrer Stempel unter dem Hebelarm mit Messzelle für die Kraftaufnahme.

Werkangabe). Die Biegestäbchen lagen auf zwei halbzylindrischen Stahlauflagen (Radius 0.8 mm) und die Kraftübertragung erfolgte mit einem halbzylindrischen Stahlstempel (Radius 0.8 mm) mittig-senkrecht zu den Auflagen.

Die Kraftübertragung erfolgte von einem elektrisch gesteuerten Getriebe auf einen starren Hebelarm (Abb. 19.20), wobei die Prüfeinheit in der Position mit der Vorschubgeschwindigkeit von 0.5 mm/min unter dem Hebelarm fixiert wurde. Die zum Bruch der Biegestäbchen benötigte Kraft wurde mittels Messzelle (MECMESIN BRC 23 730, Auflösung 2 N) aufgenommen und über ein digitales Anzeigegerät (MECMESIN BRC 23 720) festgehalten (Abb. 19.21).

Labortechnische Oberflächenbearbeitungen

An je zehn Biegestäbchen der vier In-Ceram-Keramiken wurden die folgenden Testreihen durchgeführt:

Testreihe 1:
Mit CEREC-inLab wurden die Biegestäbe geschliffen und ohne weitere Oberflächenbearbeitungen vorschriftsgemäß glasinfiltriert und abgestrahlt (In-Ceram SPINELL, ALUMINA, ZIRCONIA) bzw. durchgesintert (In-Ceram YZ). Für die Glasinfiltration galt folgendes Prozedere: Die Biegestäbchen wurden im VITA Vacumat 40 auf einer Platinfolie verglast. Brandführung: bei 700° C eine Minute vortrocknen, vier Minuten Anstieg bis 1150° C Endtemperatur, 30 Minuten unter Vakuum halten. Der Glasüberschuss an den abgekühlten Biegestäbchen wurde mit Aluminiumoxidpulver (125 μm) bei 4.5 bar Druck grob und anschließend mit Aluminiumoxidpulver (50 μm) bei 2.5 bar Druck fein abgestrahlt. In einer ersten Testreihe wurden die Biegestäbchen hochkant ins Prüfgerät eingebracht und auf ihre Bruchfestigkeit hin untersucht.

Testreihe 2:
Mit CEREC beschliffene Keramiken weisen eine glatte Oberfläche auf, die in der Vergrößerung die Bearbeitung durch den Diamantschleifer allerdings noch erkennen lässt. Als Beispiel wird in der Abbildung 19.22 die von CEREC gestaltete Oberfläche von noch nicht glasinfiltriertem In-Ceram ALUMINA wiedergegeben.

Für die zweite Testreihe wurden die In-Ceram-Materialien vor der Glasinfiltration bzw. Durchsinterung mit einem Diamantschleifkörper (Körnung 80 μm) in Anlehnung an die normale labortechnische Nachbearbeitung angeraut und anschließend mit einem Poliergummi wieder geglättet. Die Oberfläche des mit dem Diamantschleifer bearbeiteten, noch nicht glasinfiltrierten In-Ceram ALUMINA zeigt Abbildung 19.23. Die anschließende Glättung dieser Oberfläche mit dem Poliergummi ist auf der Abbildung 19.24 zu sehen. Die Schleifspuren des Labordiamanten sind verwischt und die ursprüngliche Oberflächenstruktur entspricht beinahe wieder der Ausgangslage. Nach diesen Prozeduren wurden die Probekörper vorschriftsmäßig glasinfiltriert bzw. durchgesintert, im Prüfgerät wiederum hochkant eingebracht und auf ihre Biegefestigkeit hin getestet. Für die Berechnung der Biegefestigkeit wurden die Biegestäbchen nach der Bearbeitung in der Mitte ausgemessen und die effektive Höhe und Breite wurden in die Berechnungsformel eingesetzt.

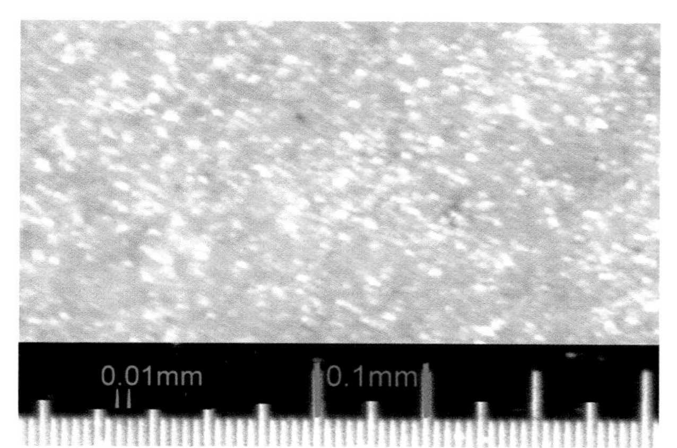

Abb. 19.22 In-Ceram ALUMINA (nicht infiltriert); Oberflächenstruktur nach der Formschleifung mit CEREC.

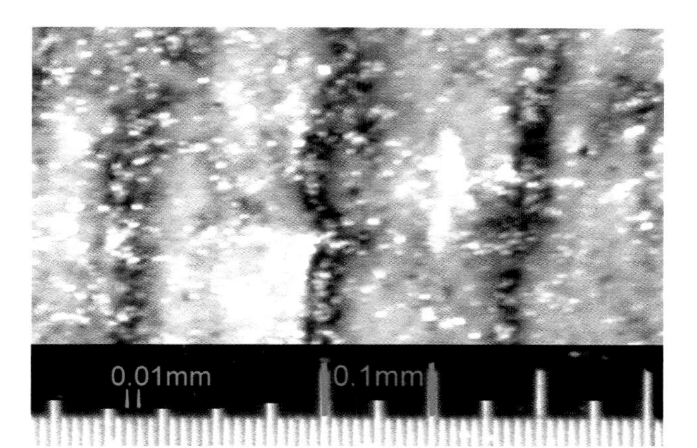

Abb. 19.23 In-Ceram ALUMINA (nicht infiltriert); Oberflächenstruktur nach der Bearbeitung mit einem Diamanten (Körnung 80 μm).

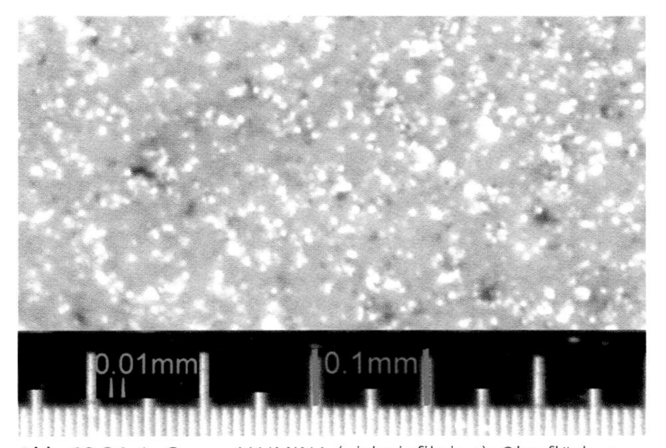

Abb. 19.24 In-Ceram ALUMINA (nicht infiltriert); Oberflächenstruktur nach der Bearbeitung mit einem Diamanten (Körnung 80 μm) und anschließender Politur mit Gummi.

Abb. 19.25 Umrüstung der Prüfmaschine für dynamische Belastungszyklen: Einbau eines Pleuels.

Abb. 19.26 Umrüstung der Prüfmaschine für dynamische Belastungszyklen: der starre Stempel wird durch eine Feder ersetzt.

Testreihe 3:
Die Biegestäbe wurden mit CEREC geschliffen und ohne weitere Oberflächenbearbeitungen ordnungsgemäß glasinfiltriert und abgestrahlt (In-Ceram SPINELL, ALUMINA, ZIRCONIA) bzw. durchgesintert (In-Ceram-YZ). Anschließend wurden sie auf der basalen Seite (Gegenseite zur Einwirkungsseite des Belastungsstempels) mittig und quer zu ihrer Längsrichtung mit einem Diamantschleifkörper oberflächlich verletzt, indem eine diamantierte Trennscheibe mit sanftem Druck einmal über die Oberfläche gezogen wurde. Die Biegestäbchen wurden anschließend wiederum hochkant ins Prüfgerät eingebracht und auf ihre Biegefestigkeit hin getestet.

Testreihe 4:
Mit CEREC wurden die Biegestäbe geschliffen und ohne weitere Oberflächenbearbeitungen glasinfiltriert und abgestrahlt (In-Ceram ALUMINA und ZIRCONIA) bzw. durchgesintert (In-Ceram YZ). Für die zyklischen Belastungen wurde die Prüfmaschine umgerüstet. Als Auslöser der zyklischen Hubbewegungen wurde zwischen Getriebe (7,5 Umdrehungen/Minute) und Hebelarm ein Pleuel eingebaut (Abb. 19.25) und anstelle des starren Stempels wurde bei der Kraftübertragung eine Feder (500 N) in die Prüfeinheit eingebaut (Abb. 19.26). Die Prüfeinheit wurde unter dem Hebelarm an jener Position fixiert, bei der das Maximum der zyklischen Belastungen bei 300 N liegt. Der dynamische Belastungsverlauf mit mindestens 5 N und maximal 300 N wurde mit der oben erwähnten Messzelle überwacht (Abb. 19.27). Die Biegestäbchen wurden so 10^4-mal zyklisch mit 300 N belastet. Während dieses Vorgangs waren die Prüfkörper in künstlichem Speichel (Glandosan-Ersatz) gelagert. Anschließend wurden sie im Prüfgerät in gleicher Hochkantlage im Drei-Punkte-Biegetest bis zum Eintritt des Bruchs belastet. Abbildung 19.28 zeigt bis zum Erreichen der Bruchlast von 1200 N nach 80 Sekunden exemplarisch einen solchen Belastungsverlauf.

Resultate

Aufgrund der erhobenen Bruchlasten und der Dimensionierung der Prüfkörper wurden die Biege-

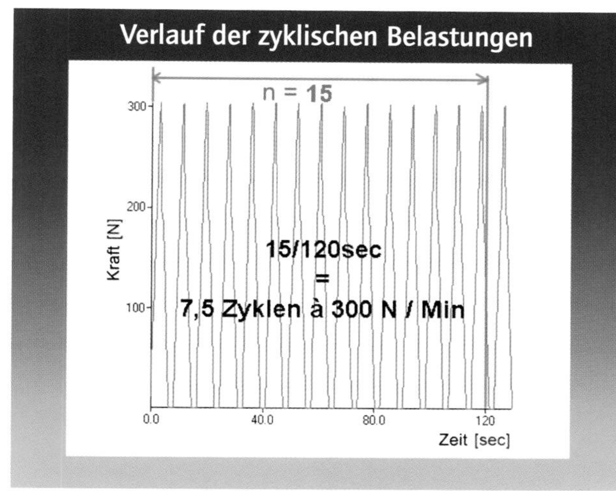

Abb. 19.27 Verlauf der Wechsellasten zwischen 5 und 300 N.

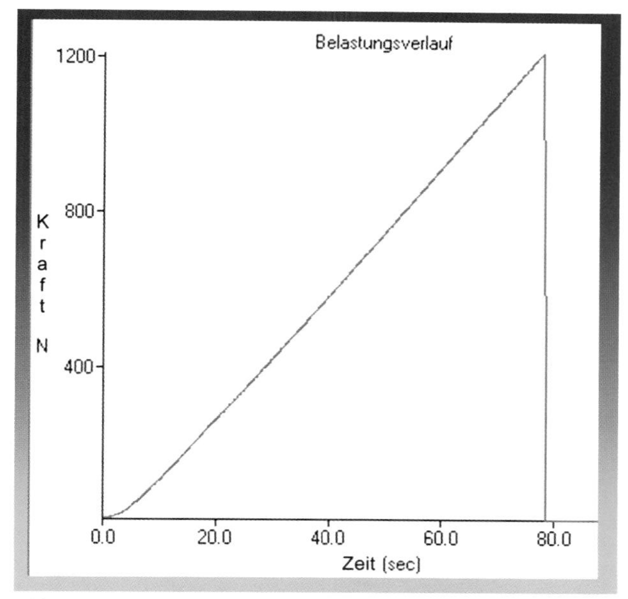

Abb. 19.28 Typischer Belastungsverlauf bis zur Bruchlast bei 1200 N (Vorschub 0.5 mm/min).

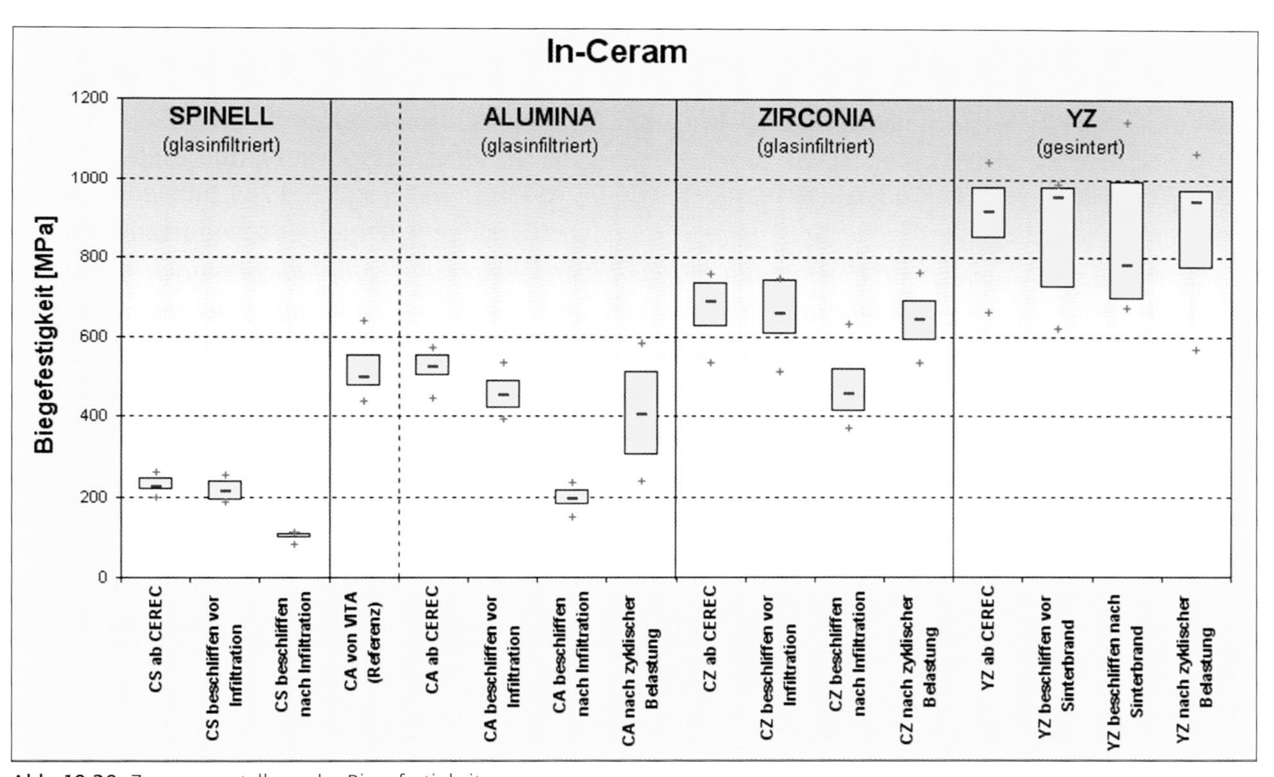

Abb. 19.29 Zusammenstellung der Biegefestigkeiten.

festigkeiten gemäß der bereits erwähnten Formel (Biegefestigkeit = 3 • W • L / 2 • B • H^2) berechnet. In der Abbildung 19.29 sind die so berechneten Biegefestigkeiten im Boxdiagramm zusammengestellt.

- Der Festigkeitsvergleich der einzelnen In-Ceram-Materialien zeigt deutlich eine Steigerung von In-Ceram SPINELL (~ 220 MPa) über In-Ceram ALUMINA (~ 500 MPa) zu In-Ceram ZIRCONIA (~ 680 MPa) und schließlich zu In-Ceram YZ

(~ 880 MPa). Diese Resultate liegen geringfügig unter den Werkangaben von VITA[33, 34, 35] und sind vergleichbar mit anderen Studien. Es sei aber erneut auf die große Streuung (± 25%) in Berichten zu solchen Kennwerten hingewiesen[6, 12, 21].

- Die Reihe „CA von VITA" betrifft ALUMINA-Biegestäbchen mit gleichen Dimensionen, jedoch hergestellt, glasinfiltriert und abgestrahlt von der VITA Zahnfabrik. Ein Vergleich mit den Biegestäbchen der Reihe „CA ab CEREC", deren Oberflächen dem Schleifmuster von CEREC entsprechen, weist keine Unterschiede auf. Dies bestätigt die korrekte Verarbeitung der Probekörper und die Aussagekraft der Versuchsanordnung.
- Eine Bearbeitung vor der Infiltration bzw. Durchsinterung mit einem Labordiamanten und die anschließende Politur mit einem Gummi haben bei allen vier Materialien keinen Einfluss auf die Festigkeit ($p > 0.05$) (Abb. 19.30 bis 19.32). Bei Nachbearbeitungen sollte demnach die Oberfläche vor der Weiterverarbeitung mit Gummi poliert werden.
- Eine Nachbearbeitung der Infiltrationskeramiken nach der Infiltration hat bei allen drei Keramiken schwer wiegende Folgen: die initiale Biegefestigkeit reduziert sich um 50%. Bei der TZP-Keramik In-Ceram YZ hat eine Nachbearbeitung nach der Durchsinterung keine Folgen für deren Festigkeit ($p > 0.05$) (Abb. 19.30).
- Die den Biegestäbchen auferlegten 10.000 Belastungszyklen à 300 N haben bei In-Ceram ALUMINA eine Festigkeitsminderung ($p < 0.05$) (Abb. 19.32) bewirkt. Bei In-Ceram ZIRCONIA und YZ haben diese Belastungszyklen keine Auswirkung auf deren Festigkeit ($p > 0.05$) (Abb. 19.30 bis Abb. 19.32).
- Auffallend ist die Zunahme der Messwert-Streubreite beim zyklisch vorbelasteten im Vergleich zum zyklisch nicht vorbelasteten In-Ceram ALUMINA. Bei In-Ceram ZIRCONIA und YZ ist eine solche Zunahme der Messwert-Streubreite nicht festzustellen (s. Risszähigkeit, Rissstopp). Die Frage, welches Vertrauen man bei der Abschätzung des Bruchrisikos in einen Werkstoff setzt, steht im Zusammenhang mit der Streubreite der gemessenen Bruchlasten. Je

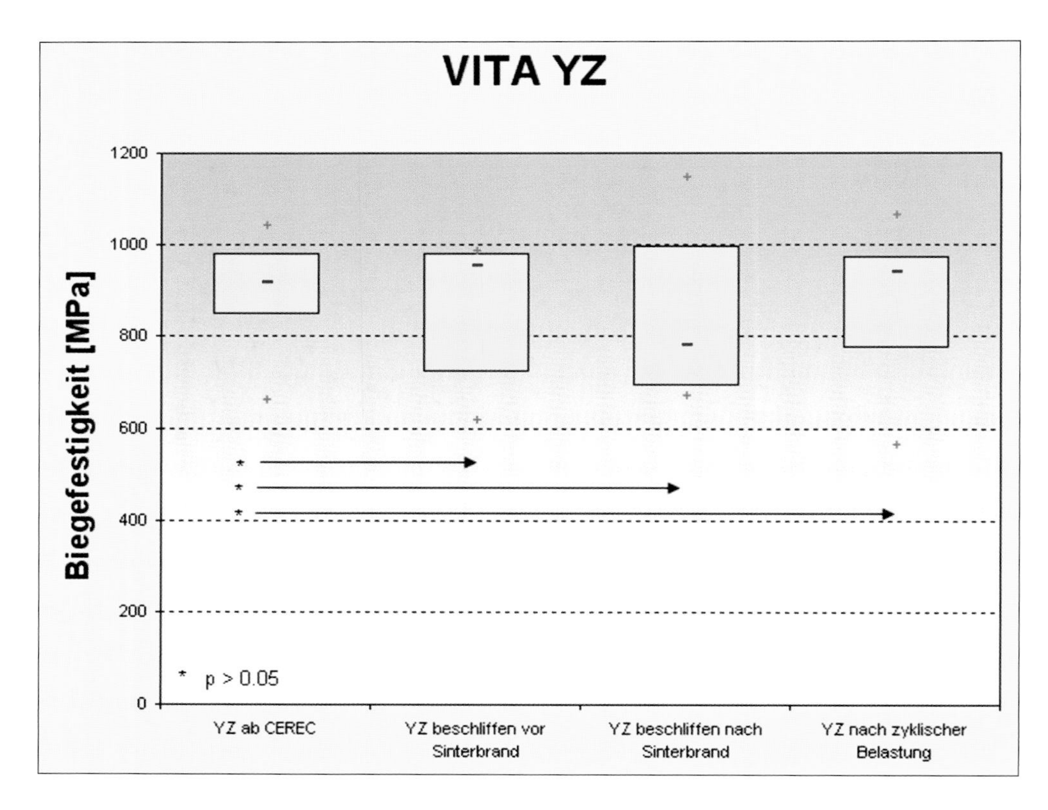

Abb. 19.30

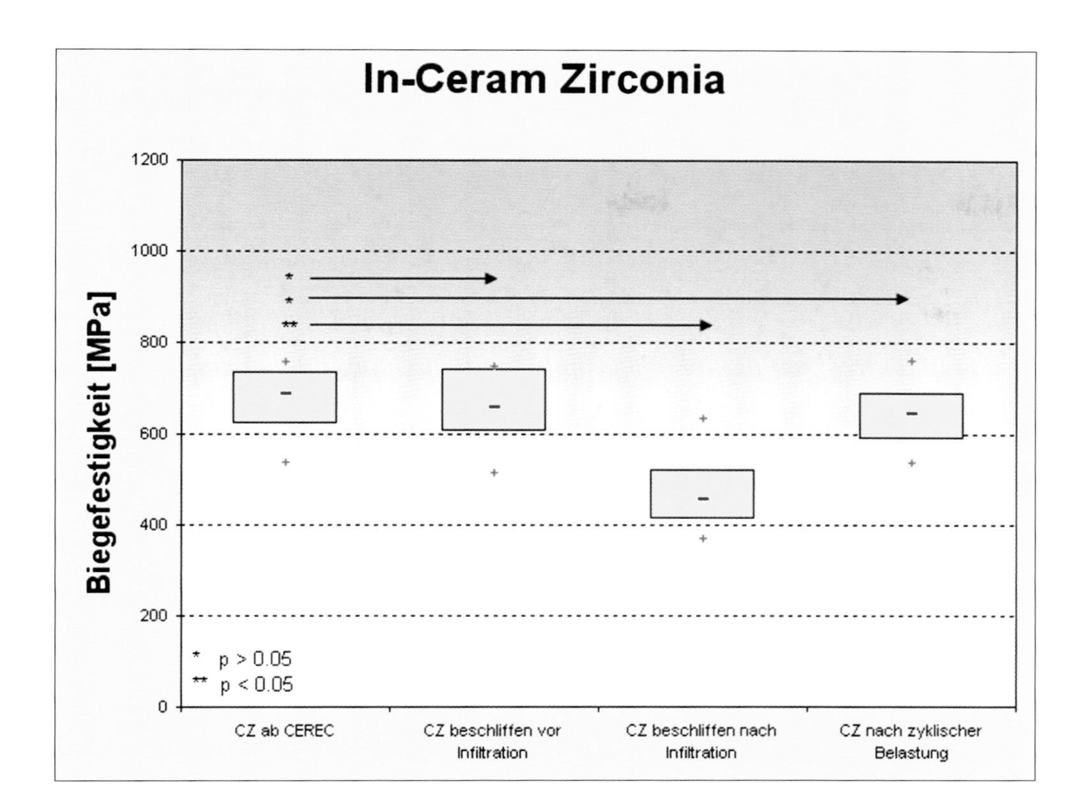

Abb. 19.31

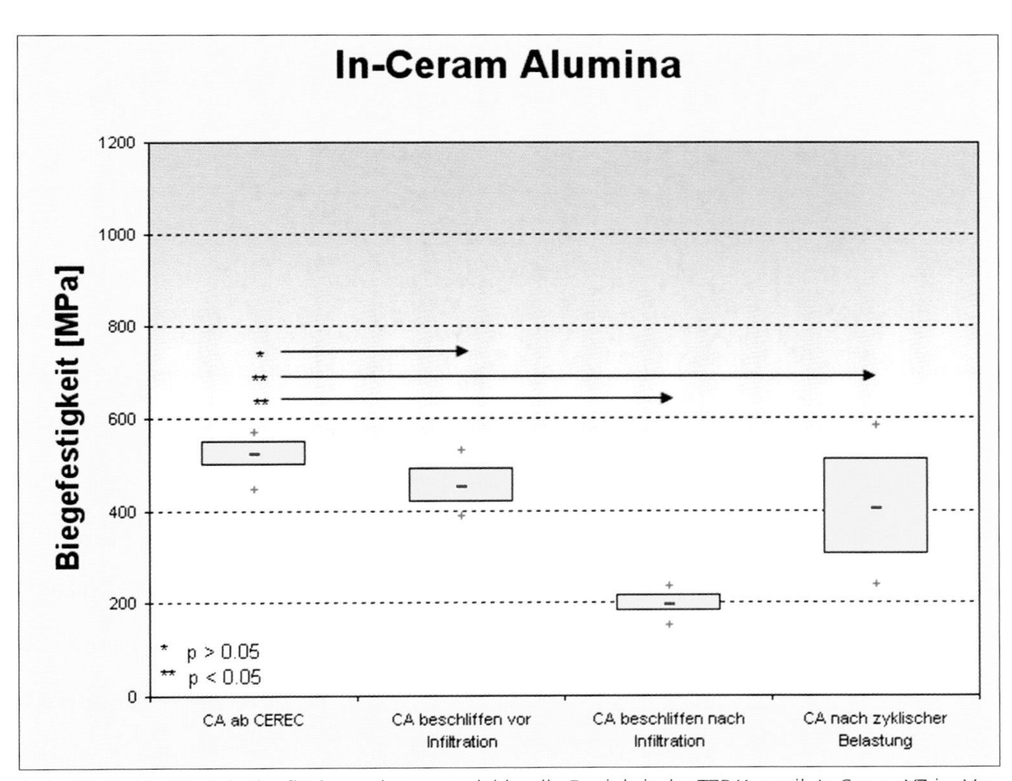

Abb. 19.32

Abb. 19.30 bis 32 Bei Oberflächenverletzungen leidet die Festigkeit der TZP-Keramik In-Ceram YZ im Vergleich zu den Infiltrationskeramiken In-Ceram ALUMINA und ZIRCONIA wesentlich weniger. Aufgrund des unterkritischen Risswachstums kann die Festigkeit von Keramiken bis auf die Hälfte des Ausgangswertes sinken. Nach 10^4 Belastungen à 300 N trifft dies bei In-Ceram ALUMINA zu. Bei In-Ceram ZIRCONIA und YZ kann dies nicht beobachtet werden.

Tabelle 19.2 *Weibull*-Parameter von ALUMINA, ZIRCONIA und YZ vor und nach 10.000 Belastungen à 300 N

	ALUMINIA	ZIRCONIA	YZ
Bruchlast F (63.3%) vor Wechsellasten	1731 N	2281 N	3067 N
Weibull-Modul m vor Wechsellasten	8.6	5.6	4.4
Bruchlast F' (63.3%) nach Wechsellasten	1448 N	2137 N	3064 N
Weibull-Modul m nach Wechsellasten	2.1	4.6	3.2

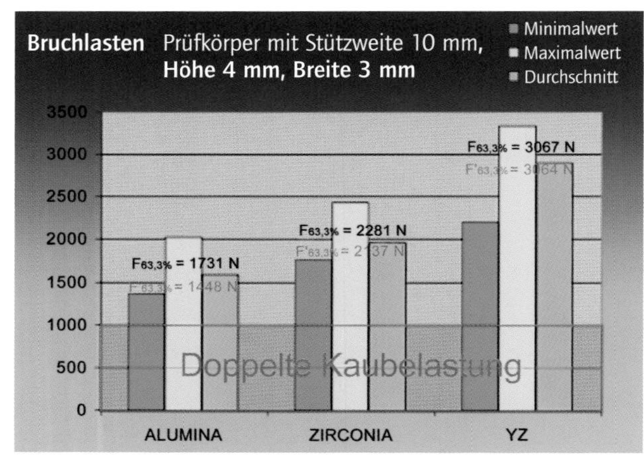

Abb. 19.33 Grafik zu Tabelle 19.2: Bruchlasten von Biegestäbchen mit einer Querschnittshöhe von 4 mm, einer Querschnittsbreite von 3 mm und einer Auflageweite von 10 mm. Die doppelte physiologische Belastung (= Sicherheitsmarge[38]) ist rot eingefärbt.

größer die gelben Felder (Messwerte, die im Bereich von 25 bis 75% sämtlicher Messwerte liegen) im Boxdiagramm (Abb. 19.29 bis 19.32) erscheinen, desto breiter ist die Streuung der Resultate und desto unsicherer wird die Voraussage der Bruchlast (s. *Weibull*-Statistik).

Weibull-Statistik

Charakteristisch für keramische Werkstoffe sind die große Streuung und die asymmetrische Verteilung der Bruchlasten innerhalb einer Testcharge. Die Beschreibung des Festigkeitsverhaltens von Dentalkeramiken mit Mittelwerten und Standardabweichungen ist aus diesem Grund sehr ungenau, da die Messwerte nicht normalverteilt nach *Gauß* vorliegen. Im keramischen Bereich wird oft die *Weibull*-Festigkeit als materialspezifischer Kennwert angegeben. Dieser Wert gibt die Spannung an, bei der 63.3% aller getesteten Proben einer Charge frakturieren. Die Streuung der Festigkeitswerte wird dabei als Korrelat zur Standardabweichung mit dem *Weibull*-Modul m beschrieben. Dieser Modul ist Ausdruck der mechanischen Zuverlässigkeit des keramischen Werkstoffes. Als materialspezifischer Kennwert ist er zusätzlich ein Maß für die Homogenität der Fehlerverteilung unter Einschluss fertigungstechnischer Einflüsse[31]. Bei Dentalkeramiken liegt er zwischen 5 und 15[6, 30, 31], bei industriell hergestellten Keramiken kann er zwischen 15 und 25 liegen, was auf eine hohe mechanische Zuverlässigkeit hinweist.

Die minimalen, maximalen und mittleren gemessenen Bruchlasten der nicht nachbearbeiteten Biegestäbchen ALUMIA, ZIRCONIA und YZ sind in der Abbildung 19.33 als Säulendiagramm dargestellt. Die für die *Weibull*-Auswertung charakteristische *Weibull*-Bruchlast, bei welcher 63.3% der Proben brachen, ist für die nicht zyklisch belasteten Biegestäbchen in schwarzer Farbe als F (63.3%) und für die zyklisch vorbelasteten Biegestäbchen in roter Farbe als F' (63.3%) eingeblendet. Dabei zeigt sich, dass die *Weibull*-Bruchlast von In-Ceram YZ (F(63.3%) = 3067 N) beinahe doppelt so hoch ist wie jene von In-Ceram ALUMINA (F(63.3%) = 1731 N); der Wert für In-Ceram ZIRCONIA liegt dazwischen (F(63.3%) = 2281 N). Die nach Einbringen der 10^4 Lastwechsel à 300 N gemessenen Bruchlasten sind bei In-Ceram ZIRCONIA (F'(63.3%) = 2137 N) und YZ (F'(63.3%) = 3064 N) nahezu unverändert. Hingegen ist bei In-Ceram ALUMINA nach Einbringung der Wechsellasten eine deutliche Abnahme der *Weibull*-Festigkeit zu beobachten (F'(63.3%) = 1448 N). Dieser

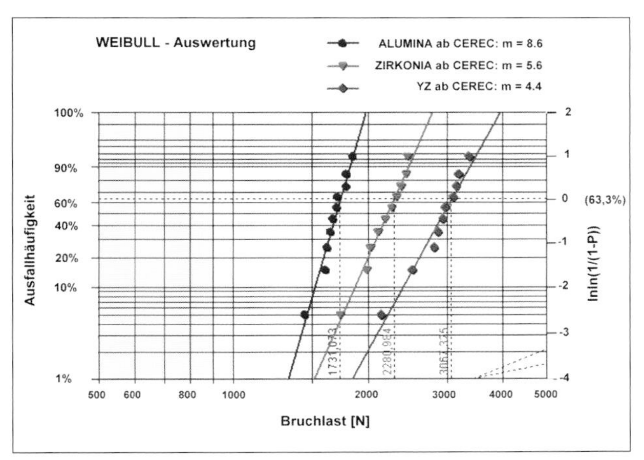

Abb. 19.34 Bruchlast F (63.3%) von In-Ceram-Biegestäbchen (H = 4 mm, B = 3 mm, L = 10 mm) vor 10^4 Lastzyklen à 300 N. Der Bereich der aus Sicherheitserwägungen doppelt berechneten physiologischen Belastung ist gelb eingefärbt.

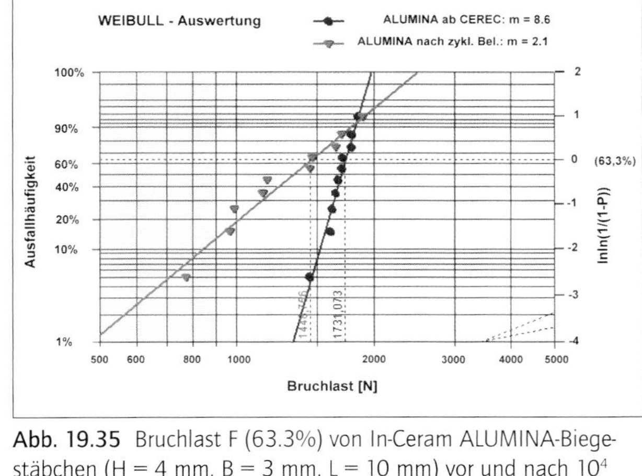

Abb. 19.35 Bruchlast F (63.3%) von In-Ceram ALUMINA-Biegestäbchen (H = 4 mm, B = 3 mm, L = 10 mm) vor und nach 10^4 Lastzyklen à 300 N. Der Bereich der aus Sicherheitserwägungen doppelt berechneten physiologischen Belastung ist gelb eingefärbt. Die Materialschwächung nach den Wechsellasten ist deutlich abzulesen. Eindrücklich ist auch die Abnahme der mechanischen Zuverlässigkeit des Materials nach den zyklischen Belastungen, was vom Einsatz von ALUMINA-Brückengerüsten abraten lässt.

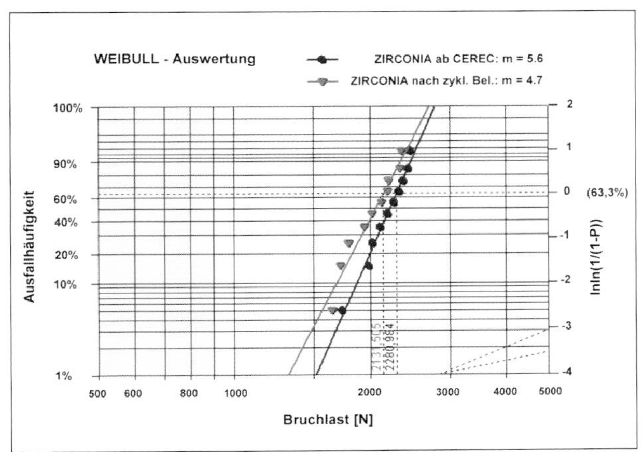

Abb. 19.36 Bruchlast F (63.3%) von In-Ceram ZIRCONIA-Biegestäbchen (H = 4 mm, B = 3 mm, L = 10 mm) vor und nach 10^4 Lastzyklen à 300 N. Der Bereich der aus Sicherheitserwägungen doppelt berechneten physiologischen Belastung ist gelb eingefärbt. Eine Abnahme der Belastbarkeit und der mechanischen Zuverlässigkeit ist im Gegensatz zu In-Ceram ALUMINA kaum erkennbar. Das Material kann als geeignet für die Herstellung dreigliedriger Brückengerüste im Seitenzahnbereich bezeichnet werden. Auf die Einhaltung der empfohlenen Verbinderquerschnitte ist zu achten[8].

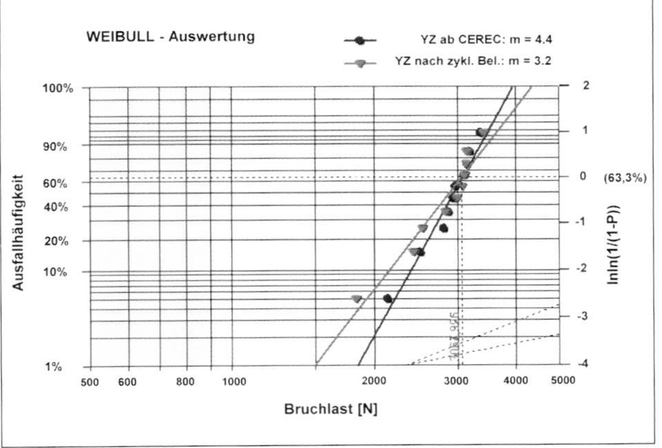

Abb. 19.37 Bruchlast F (63.3%) von In-Ceram YZ-Biegestäbchen (H = 4 mm, B = 3 mm, L = 10 mm) vor und nach 10^4 Lastzyklen à 300 N. Der Bereich der aus Sicherheitserwägungen doppelt berechneten physiologischen Belastung ist gelb eingefärbt. Die Bruchlasten liegen dreimal höher als die Kaubelastung und die Wechsellasten haben kaum die mechanische Zuverlässigkeit beeinflusst. Das Material eignet sich für alle ausgedehnteren Brückengerüste im Frontzahn- und Seitenzahnbereich. Die Verbinderquerschnitte können im Vergleich zu ZIRCONIA etwas graziler gestaltet werden.

Festigkeitsverlust ist Ausdruck einer Materialermüdung, welche bei In-Ceram ZICKONIA und YZ unter gleichen Belastungsbedingungen nicht eintritt (Tab. 19.2).

In den Abbildungen 19.34 bis 19.37 sind die *Weibull*-Parameter grafisch dargestellt.

Diskussion

An genormten Biegestäbchen der In-Ceram-Keramiken SPINELL, ALUMINA, ZIRCONIA und YZ wurde im Drei-Punkte-Biegetest die Bruchlast gemessen und die Bruchfestigkeit berechnet. Die Untersuchungen fanden an CEREC-geschliffenen und korrekt fertig gestellten Prüfkörpern statt; die

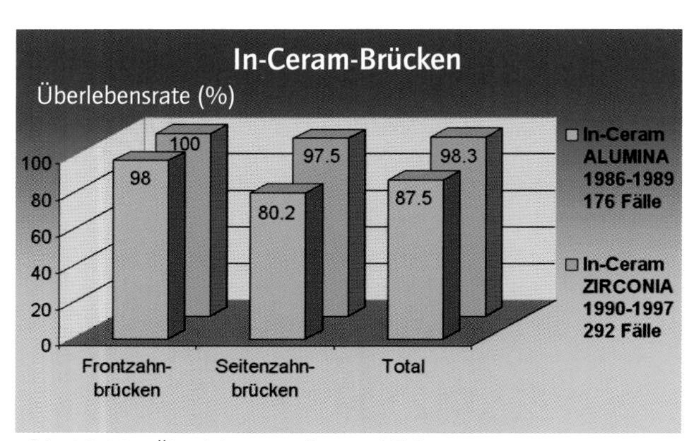

Abb. 19.38 Überlebensstudie geschlickerter In-Ceram ALUMINA- und ZIRCONIA-Brücken.

Bruchfestigkeiten steigern sich in der Reihenfolge der obigen Aufzählung von 220 MPa zu 500 MPa, 680 MPa sowie 880 MPa. Die gleichen Untersuchungen wurden anschließend an labortechnisch nachbearbeiteten und wechsellastig beanspruchten Prüfkörpern durchgeführt. Werden die Nachbearbeitungen vor der Vergütung (Glasinfiltration bzw. Durchsinterung) vorgenommen, so sind keine Einflüsse auf die Festigkeit festzustellen. Bei SPINELL, ALUMINA und ZIRCONIA ist aber eine deutliche Festigkeitsminderung zu bemerken, wenn die Oberflächenbearbeitung nach der Vergütung durch Glasinfiltration stattfindet. Bei In-Ceram YZ ist eine solche Materialschwächung nicht zu erkennen. Mit der zyklischen Auflage von 10^4 Lasten à 300 N nimmt die Anfangsfestigkeit bei In-Ceram ALUMINA deutlich ab, was bei In-Ceram ZIRCONIA und YZ nicht zu beobachten ist. Ausgehend von dieser Konstellation ist auf die verhängnisvolle Materialschwächung infolge nachträglicher Beschleifungen der fertig glasinfiltrierten Gerüste aufmerksam zu machen. Zudem kann eine Indikationsliste erstellt werden, die dem Praktiker bei der Arbeit mit CEREC die Wahl des geeigneten Werkstoffs erleichtert.

Die Gerüstkeramiken unter dem Begriff In-Ceram decken alle Möglichkeiten der Kronen- und Brückentechnik ab und sind in Tabelle 19.3 zusammengestellt. Die Indikationen sind als fließend ineinander übergehend zu verstehen und es bleibt dem Praktiker überlassen, welche Eigenschaften der Materialien er mehr oder weniger gewichten möchte. Bei Einzelzahnrekonstruktionen, insbesondere bei Frontzähnen, mögen wohl die Infiltrationskeramiken SPINELL und ALUMINA aus ästhetischen Überlegungen im Vordergrund stehen. In Bezug auf die Belastbarkeit drängt sich in diesen Fällen die Wahl der Hochleistungskeramik In-Ceram YZ nicht unbedingt auf; das transluzente Kappenmaterial verspricht außerdem gefällige Resultate.

Bei kleinen Seitenzahnbrücken ist In-Ceram ZIRCONIA meist die geschickte Materialwahl. Die Belastbarkeit verspricht einen langjährigen klinischen Erfolg (Abb. 19.38)[28] und die Vorteile der technischen Nachbearbeitung und Optimierung von Randpassungen bleiben gegeben. Selbstverständlich kann auch In-Ceram YZ eingesetzt werden, was allerdings den technisch anspruchsvollen, zeitaufwändigen und kostenintensiveren Sinterprozess bedingt. Sind grazilere Zwischengliedverbinder erwünscht und Brückenspannweiten über vier bis fünf Einheiten gegeben, so müssen die höheren Belastungen in der Planung bedacht sein. Die Wahl des TZP-Werkstoffs In-Ceram YZ steht dann im Vordergrund.

Da für die Erhebung der Festigkeitswerte Normprüfkörper verwendet wurden, ist man weit entfernt von der realen Situation im Mund. Dort sind zusätzliche Faktoren gegeben, die sich festigkeitsmindernd auf die Werkstoffe auswirken. Um dies annähernd zu berücksichtigen, sind in der vorliegenden Studie die Wechsellasten im künstlichen Speichelbad durchgeführt worden. Im Mund sind aber auch Bedingungen gegeben, die durchaus höhere Bruchlasten versprechen als aufgrund der Festigkeitsmessungen an etwa gleich dimensionierten Prüfkörpern anzunehmen wäre. Festigkeitsprüfungen an Brückengerüsten, die auf starr gelagerten Stümpfen abgestützt sind, führen generell zu höheren Bruchlasten[18, 30]. Im Mund sind die Brückengerüste tendenziell starrer gelagert als die Biegestäbchen auf den Halbzylindern im Versuch, was sich auf die zu erwartenden Bruchlasten nur günstig auswirken kann. Die Verblendung von vollkeramischen Gerüsten zeitigt zudem eine weitere Festigkeitssteigerung[30, 32].

Tabelle 19.3 Zusammenstellung der In-Ceram-Gerüstkeramiken und Beschreibung ihrer Einsatzmöglichkeiten

	VITA In-Ceram			
	SPINELL	ALUMINIA	ZIRCONIA	YZ
Biegefestigkeit	~ 220 MPa	~ 500 MPa	~ 680 MPa	~ 880 MPa
***Weibull*-Bruchlast;** Biegestäbchen nach 10^4 Zyklen à 300 N (H = 4mm, B = 3mm, L = 10mm)	-	~ 1450 N	~ 2100 N	~ 3000 N
Optimierung; Korrektur von Fehlern und Randdivergenzen	vor der Infiltration	vor der Infiltration	vor der Infiltration	nicht möglich
Nachbearbeitung, Anpassung	vorgesintert	vorgesintert	vorgesintert	vorgesintert
Erzielung der Endfestigkeit	Glasinfiltration (1140° C, Vacumat, Inceramat)	Glasinfiltration (1140° C, Vacumat, Inceramat)	Glasinfiltration (1140° C, Vacumat, Inceramat)	Durchsinterung (1600° C, ZYrcomat, VITA Spezialofen)
Verbinder; minimale Richtwerte!	-	Front (3 Glieder) 12 mm^2	Front (3 Glieder) 10 mm^2 Seite (3 Glieder) 12 mm^2	Front (6 Glieder) 10 mm^2 Front (5 Glieder) 12 mm^2
Kappendicke	0.5 mm	0.5 mm	Brücken okklusal 0.6 mm seitlich 0.5 mm	Kronen + Brücken okklusal 0.5 mm seitlich 0.4 mm
Farbe	individuell	individuell	individuell	individuell
Transluzenz	+++	++	+	++
Verblendkeramik	VM 7	VM 7	VM 7	VM 9
Indikation	Einzelzähne Front *(reduzierte Belastung)*	Einzelzähne Front Seite Brücken Front (3 Glieder)	Einzelzähne Front Seite Brücken Front (6 Gl.) Seite (< 5 Gl.)	Einzelzähne Front Seite Primärkappen Brücken Front (> 5 Gl.) Seite (> 4 Gl.)

Die angegebenen Verbinderquerschnitte sind Richtwerte (Spannweite bei 3-gliedrigen Brücken = 1 Frontzahn bzw. 1 Molar).

Aufgrund anderer Berichte kann diese generelle, verblendbedingte Festigkeitssteigerung bei keramischen Systemen auch hinterfragt werden, da die Verblendung möglicherweise lediglich bei Infiltrationskeramiken eine Festigkeitssteigerung bewirkt und bei TZP-Werkstoffen sogar das Gegenteil auslöst[6].

Studien über ausgedehnte vollkeramische Seitenzahnbrücken mit klinischen Langzeitresultaten liegen bislang nicht vor. Vorläufige Erkenntnisse sind aber viel versprechend[28] und nähren die Gewissheit, dass der lang gehegte zahntechnische Wunsch 'Weg vom Metall!' mit den TZP-Hochleistungskeramiken auch bei Seitenzahn-

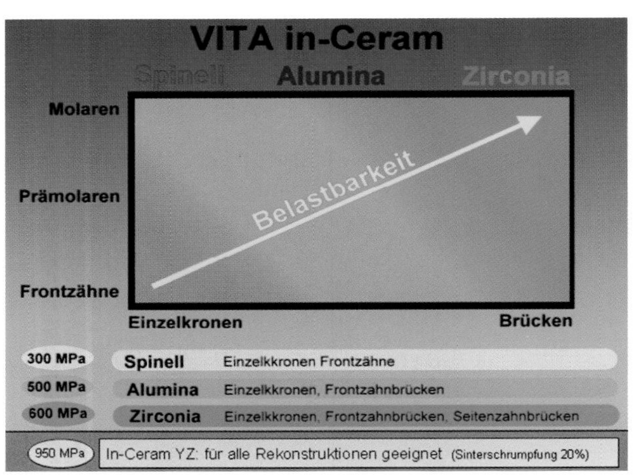

Abb. 19.39 Einsatz von In-Ceram in Abhängigkeit von der Belastbarkeit.

brücken mit größeren Spannweiten in Griffweite ist. Im Bereich von Einzelzahnrekonstruktionen und dreigliedrigen Brückenrekonstruktionen darf diese Gewissheit als bestätigt angesehen werden (Abb. 19.38)[35]. Faktoren wie die zu erwartenden Kaubelastungen und die räumlichen Gegebenheiten für eine ausreichende Gestaltung der Verbinderquerschnitte bleiben von Bedeutung. Der Einsatz von In-Ceram ALUMINA für Seitenzahnbrücken ist demnach nie restlos unbedenklich[13] und wird von VITA auch nicht empfohlen.

Vergleichsstudien in denen die Überlebensrate von Seitenzahnbrücken aus In-Ceram ALUMINA denen aus TZP-Werkstoffen gegenübergestellt wird, haftet demnach auch die Fragwürdigkeit des Vergleichs indizierter und kontraindizierter Materialwahl an. Von Kaukraftuntersuchungen her[1, 5], weiß man, dass die mittlere maximale Kaukraft bei etwa 300 N liegt. Ebenso ist bekannt und wird durch diese Studie bestätigt, dass sich die Dauerfestigkeit von Keramiken aufgrund des unterkritischen Risswachstums bei längerer Beanspruchung um die Hälfte des Ausgangswertes reduzieren kann[19, 24]. Daraus kann abgeleitet werden, dass im Rahmen der Beurteilung der Belastbarkeiten die einzuberechnenden Belastungen bei etwa 1000 N[30], sprich zwei- bis dreimal über der physiologischen Belastung, liegen sollten. Da die Belastbarkeiten der In-Ceram-Keramiken unter diesen Aspekten zusammengestellt worden sind, sollte die Wahl der geeigneten Gerüstkeramik diese Aspekte auch berücksichtigen (Abb. 19.39):

- für Kronen in der Front: SPINELL oder ALUMINA
- für Kronen im Seitenzahnbereich: ALUMINA oder ZIRCONIA
- für kleine Frontzahnbrücken: ALUMINA
- für kleine Seitenzahnbrücken: ZIRCONIA
- für ausgedehntere Frontzahn- und Seitenzahnbrücken sowie für alle Brücken mit reduzierten Platzverhältnissen zur Verbindergestaltung: YZ (Abb. 19.39)

Literatur

1. *s. Kapitel 18: ‚Die Beurteilung von Kaukräften'*
2. *Claus H. Vita In-Ceram, ein neues Verfahren zur Herstellung oxidkeramischer Gerüste für Kronen und Brücken. Quintessenz Zahntech 1990;1:35–46.*
3. *DIN EN ISO 6872:1999-03 Dentalkeramik*
4. *Dorsch P, Pfeiffer T. Wirkung verschiedener Einflußgrößen auf die biaxiale Festigkeit von Dentalkeramiken. Quintessenz Zahntech 1996;7;905-914.*
5. *Eichner K. Messung von Kauvorgängen. Dtsch Zahnarztl Z 1963;18:915–924.*
6. *Filser F, Lüthy H, Kocher P, Schärer P, Gauckler LJ. Vollkeramischer Zahnersatz im Seitenzahnbereich. Quintessenz Zahntech 2002;1:48–60.*
7. *Garvie RS, Hannink RH, Pascoe RT. Ceramic Steel? Nature 1975;258:703f.*
8. *Geis-Gerstorfer J, Kajantra P. Zum Einfluss der Prüfmethode auf die Biegefestigkeit von IPS-Empress und In-Ceram. Dtsch Zahnarztl Z 1992;47:618–621.*
9. *Geis-Gerstorfer J, Kanjantra P, Pröbster L, Weber H. Untersuchung der Bruchfestigkeit und des Risswachstums zweier vollkeramischer Kronen- und Brückensysteme. D Zahnarztl Z 1993;48:685–691.*
10. *Giordano R, Pelletier L, Campbell S, Pober R. Flexural strength of an infused ceramic, glass ceramic, and feldspathic porcelain. J Prosthet Dent 1995; 5:411–418.*
11. *Giordano R, Cima M, Pober R. Effect of surface finish on the flexural strength of feldspathic and aluminous dental ceramics. Int J Prosthodont 1995;8:311–319.*
12. *Giordano R. A comparison of all-ceramic restorative systems, part 1. Gen Dent 1999;47:566–570.*
13. *Groten M, Axmann D, Weber H, Pröbster L. Vollkeramische Kronen und Brücken auf Basis industriell vorgefertigter Gerüstkeramiken. Ergebnisse einer klinischen Langzeitbeobachtung. Quintessenz 2002;12:1307–1316.*
14. *Hahn R. Vollkeramische Einzelzahnrestauration. Habilitationsschrift Universität Tübingen. Berlin: Quintessenz, 1997.*

15. Hohmann W. Biokompatible Ästhetik mit vollkeramischem Zahnersatz - Werkstoffkundliche Aspekte. Quintessenz Zahntech 1996;5:585-588.
16. Hornbogen, E. Werkstoffe, Aufbau und Eigenschaften von Keramik-, Metall-, Polymer- und Verbundwerkstoffen. Berlin: Springer-Verlag, 2002.
17. ISO 9693:1999-12 Dentale restaurative Metallkeramiksysteme
18. Kappert HF, Knode H, Manzotti L. Metallfreie Brücken für den Seitenzahnbereich. Dent Labor 1990;37:177-183.
19. Kappert HF, Knode H, Schultheiss R. Festigkeitsverhalten der In-Ceram-Keramik bei mechanischer und termischer Wechsellast im Kunstspeichel. Dtsch Zahnarztl Z 1991;46:129-131.
20. Kappert H F, Knipp U, Wehrstein A, Kmitta M, Knipp J. Festigkeit von zirkonoxidverstärkten Vollkeramikbrücken aus In-Ceram. Dtsch Zahnarztl Z 1995;50:683-385.
21. Kappert HF. Keramiken - eine Übersicht. Quintessenz Zahntech 2001;6:668-704.
22. Marx R. Moderne keramische Werkstoffe für ästhetische Restaurationen - Verstärkung und Bruchzähigkeit. D Zahnarztl Z 1993;48:229-236.
23. Schwickerath H. Prüfung der Verbundfestigkeit Metall - Keramik. Dtsch Zahnarztl Z 1983;38:21.
24. Schwickerath H. Dauerfestigkeit von Keramik. Dtsch Zahnarztl Z 1986;41:264-266.
25. Schwickerath H. Neue Keramiksysteme unter Dauerbeanspruchung. Quintessenz Zahntech 1994;12:1495-1499.
26. Seghi RR, Soerensen JA. Relative flexural strenth of six new ceramic materials. Int J Prosthodont 1995;8:239-246.
27. Stephan M. Zur Entwicklung von ZrO2-verstärkten Dentalkeramiken. Dissertation. Berlin: Mensch und Buch Verlag, 2000.
28. Sturzenegger B, Fehér A, Lüthi H et al. Klinische Studie von Zirkonoxidbrücken im Seitenzahngebiet hergestellt mit dem DCM-System. Acta Med Dent Helv 2000;5:131-139.
29. Tinschert J, Dicks Ch, Färber H, Marx R. Bruchwahrscheinlichkeit von verschiedenen Materialien für vollkeramische Restaurationen. Dtsch Zahnarztl Z 1996;51:406-409.
30. Tinschert J, Natt G, Doose B, Fischer H, Marx R. Seitenzahnbrücken aus hochfester Strukturkeramik. Dtsch Zahnarztl Z 1999;54:545-550.
31. Tinschert J, Zwez D, Marx R, Anusavice KJ. Structural reliability of alumina-, feldspar-, leucite-, mica- and zirconia-based ceramics. J Dent 2000;28:529-535.
32. Tinschert J, Natt G, Jorewitz A, Fischer H, Spiekermann H, Marx R. Belastbarkeit vollkeramischer Seitenzahnbrücken aus neuen Hartkernkeramiken. Dtsch Zahnarztl Z 2000;55:610-616.
33. VITA Vollkeramik, VITA In-Ceram ALUMINA. Heft B/CL-Al 2001.
34. Vollkeramik, VITA In-Ceram YZ CUBES Zirkonoxidkeramik. März 2001.
35. VITA Vollkeramik, VITA In-Ceram ZIRCONIA. Heft B/IC-ZR 2001.
36. Wibke A. Biegefestigkeit von Aluminium- und Zirkonoxidkeramiken nach CAD/CIM Bearbeitung und Sinterbrand. Dissertation. Universität Zürich, 1999.

20

Die Dimensionierung vollkeramischer Brückengerüste

Andres Baltzer, Vanik Kaufmann-Jinoian

Die Besichtigung eines mittelalterlichen Dachstuhls oder einer alten Holzbrücke ist stets faszinierend und zeigt, wie unberechtigt Zweifel am technischen Wissen früherer Zimmerleute- und Baumeistergenerationen sind. Ein Balken, wie er beispielsweise als Teil einer Dachkonstruktion zu sehen ist (Abb. 20.1), definiert sich als viereckig zugeschnittener Baumstamm. Sein Querschnitt ist rechteckig und seine Tragfähigkeit ist bekanntlich optimal, wenn er hochkant eingesetzt wird. In der technologisierten Welt von heute sind mittlerweile Eigenschaften und Tragfunktionen solcher Balken fein säuberlich katalogisiert und bis ins Detail genormt. Computerprogramme erlauben ohne großen Aufwand die Berechnung ihrer Belastbarkeiten.

Abb. 20.1 Die Belastbarkeit eines Balkens ist optimiert, wenn er hochkant eingesetzt wird.

Im Januar 2004 veröffentlichte die VITA Zahnfabrik in einer Produktinformation16 (s. Tab. 20.1 ‚Mindestwandstärken') die erforderlichen Mindestwandstärken und Konnektorenflächen für die VITA In-Ceram-Keramiken SPINELL, ALUMINA, ZIRCONIA und YZ. Die Angaben nehmen auf alle vollkeramischen Konstruktionsvarianten Bezug und sind leicht lesbar.

Den Angaben liegen die bald 20-jährige Erfahrung mit diesen Keramiken sowie werkeigene und werkfremde Materialuntersuchungen zugrunde; sie sind zudem durch materialkundliche Fachbeiträge und klinische Langzeitstudien[4–8, 14, 15, 18] solide abgestützt. Ein einfaches Berechnungsprogramm, das etwa der zu Beginn erwähnten Berechnung der Belastbarkeit eines Balkens entspricht, gibt es für vollkeramische Brückenkonstruktionen nicht. Es wäre nämlich wegen der Vielzahl der Einfluss nehmenden Faktoren kaum damit zu arbeiten. Empirisch festgelegte Mindestmaße (in Abstimmung mit materialtechnischen Eckwerten) sowie Ergebnisse von Langzeitstudien geben dem Praktiker mehr Sicherheit bei der Gestaltung seiner Gerüste.

Tabelle 20.1 Mindestwandstärke in mm und Konnektorenflächen in mm²

Wandstärken und Konnektorenflächen[16]	VITA In-Ceram SPINELL	VITA In-Ceram ALUMINA	VITA In-Ceram ZIRCONIA	VITA In-Ceram YZ
inzisale/okklusale Wandstärke Einzelkrone	0.7	0.7	0.7	0.7
inzisale/okklusale Wandstärke Pfeilerkronen v. 3-gliedrigem Brückengerüst	-	1.0	1.0	0.7
inzisale/okklusale Wandstärke Pfeilerkronen v. 4-gliedrigem Brückengerüst	-	-	-	1.0
zirkuläre Wandstärke Einzelkrone	0.5	0.5	0.5	0.5
zirkuläre Wandstärke Pfeilerkronen v. 3-gliedrigem Brückengerüst	-	0.7	0.7	0.5
zirkuläre Wandstärke Pfeilerkronen v. 4-gliedrigem Brückengerüst	-	-	-	0.7
Konnektorenfläche Frontzahnbrücke 3-gliedrig	-	9.0	9.0	7.0
Konnektorenfläche Frontzahnbrücke 4-gliedrig	-	-	12.0 spannweitenabhängig	9.0
Konnektorenfläche Seitenzahnbrücke 3-gliedrig	-	-	-	12.0
Konnektorenfläche Seitenzahnbrücke 4-gliedrig	-	-	-	12.0

Die Eigenschaften der Belastbarkeit des eingangs beschriebenen Balkens haben grundsätzlich auch bei zahntechnischen Brückenkonstruktionen ihre Gültigkeit. Andererseits nehmen im Mund viele zusätzliche Faktoren Einfluss auf die Bruchmechanik. Reduziert man aber das keramische Zwischenglied einer Zahnbrücke auf die einfache Form eines Balkens, so ist dessen theoretische Belastbarkeit einfach zu berechnen. Beurteilt werden die Biegefestigkeit (W [N]), die Stützweite (L [mm]) und Höhe (H [mm]) mal Breite (B [mm]) des Balkens. Die Resultate solcher Hochrechnungen zeigen eine gute Übereinstimmung mit der Produktinformation von VITA.

Solche Berechnungen sollen nun gewiss nicht Aufforderung dazu sein, bei jeder Brückengerüstkonstruktion zuerst einmal die Konnektorenfläche zu berechnen. Es würde den Aufwand nicht lohnen. Einzelne Aspekte hingegen mögen durchaus Anlass zu einer gelegentlichen Auseinandersetzung mit der Berechnung der erforderlichen Konnektorenfläche sein:

- Bei den CEREC-Programmen werden die Konnektorenflächen im Hintergrund berechnet und dem Anwender auf dem Bildschirm empfohlen. Es bleibt ihm überlassen, ob er sie übernehmen oder auf eigenes Risiko abändern will.
- Wer bei der Herstellung eines Brückengerüstes die reine Kopierfräsung einsetzt, konstruiert die Konnektoren ohne den programmgesteuerten Vorschlag (CEREC-Wax-up).
- In Hinblick auf die Bruchlast zählt weniger die Angabe der Konnektorenfläche in mm², als die Höhe des Konnektors im Vergleich zu seiner Breite (eben wie beim Holzbalken!). In Grenzfällen kann demnach eine Hochrechnung der Belastbarkeit unter Einbezug der zu erwartenden Kaulast rechtzeitig als Argument für oder gegen die Eingliederung einer fixen Brücke hinzugezogen werden.

Die Berechnung der minimalen Konnektorenfläche

Zwecks übersichtlicher Gestaltung werden in der Tabelle ‚Mindestwandstärken' von VITA summarische Angaben vorgelegt, die hier mittels differenzierter Beurteilungen hinterfragt seien. Insbesondere können die Angaben in Millimetern bei der Gestaltung der Konnektoren zu Missverständnissen führen. In Fragen der Belastbarkeit ist der Höhe der Konnektorenfläche wesentlich mehr Beachtung zu schenken als deren Breite. Zudem muss – unabhängig von der Grobbenennung ‚3-gliedrig' oder ‚4-gliedrig' – die Konnektorengestaltung auch in Beziehung zur Länge des Zwischengliedes (von Pfeilerkappe zu Pfeilerkappe) gesetzt werden, also zu deren Stützweite bzw. Spannweite. Im selben Zusammenhang ist zu beachten, dass bei gleicher Kaulast die Belastung des Konnektors eines Freiendgliedes etwa doppelt so hoch einzuschätzen ist wie die eines Zwischenglieds, das doppelte Abstützung auf endständigen Pfeilerzähnen genießt. Eine eingehende Betrachtung verdient schließlich auch die zu erwartende Kaulast[1], der in der Tabelle von VITA vereinfachend durch die Aufteilung in 'Frontzahngebiet' und 'Seitenzahngebiet' Rechnung getragen wird.

Die Biegefestigkeit ist eine materialspezifische Kenngröße und benennt die Grenze der elastischen Belastbarkeit eines Materials. Die Ermittlung dieses Wertes erfolgt nach standardisierten Vorgaben[2] (Abb. 20.2) und basiert für keramische Prüfkörper mit rechtwinkligem Querschnitt auf unten stehender Formel.

$$\text{Biegefestigkeit } M = \frac{3 \cdot W \cdot L}{2 \cdot B \cdot H^2}$$

Berechnungsformel der Biegefestigkeit[2]:
M = Biegefestigkeit [MPa], W = Bruchlast [N],
L = Stützweite [mm], B = Querschnittsbreite [mm],
H = Querschnittshöhe [mm]

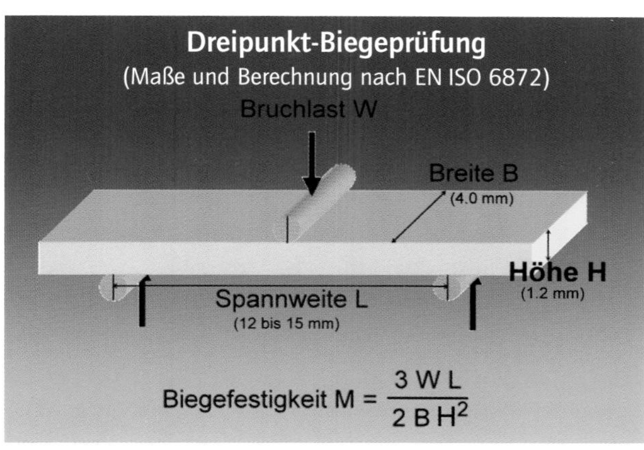

Abb. 20.2 Darstellung der Anordnung für die nach DIN EN ISO 6872 standardisierte Berechnung der Biegefestigkeit von Keramik.

Auf der Suche nach der zu erwartenden Bruchlast einer Keramik steht sicherlich die korrekte Einschätzung der Biegefestigkeit im Vordergrund. Weitere Kenngrößen sind jedoch für die Berechnungen nicht minder bedeutsam: der Elastizitätsmodul etwa oder die Risszähigkeit (der Widerstand gegen das Wachstum eines Risses). Solches kann in der erweiterten Anwendung der Biegefestigkeitsformel durch rechnerische Verdoppelung bis Verdreifachung der zu erwartenden Kaulast berücksichtigt werden[3, 4, 9–11, 13–15]. Vom keramischen Gerüst wird also Bruchsicherheit auch bei zwei- bis dreifacher Kaulast erwartet. Diese Sicherheitsmarge kompensiert die relativ niedrige Risszähigkeit von Gerüstkeramiken. Nicht auffangen kann sie jedoch eventuelle Verarbeitungsfehler, beispielsweise Oberflächenverletzungen der Gerüste durch Beschleifungen nach dem Infiltrationsprozess bei ALUMINA und ZIRCONIA bzw. nach der Durchsinterung bei YZ.

Bei brückenprothetisch versorgten Kauorganen ist mit einer Kaulast von 250 (anterior) bis 350 N (posterior) zu rechnen. Diese Werte gehen zurück bis auf 150 (anterior) und 200 N (posterior) im Fall eines Kiefers mit totaler Prothese1; angesichts solcher Daten besteht mit dem Wert 1.000 N Bruchlast in der Biegefestigkeitsformel eine ausreichende Sicherheitsmarge. Eine veränderte Darstellung der Formel verdeutlicht den Zusammenhang zwischen der Dimensionierung einerseits und der Bruchlast W andererseits.

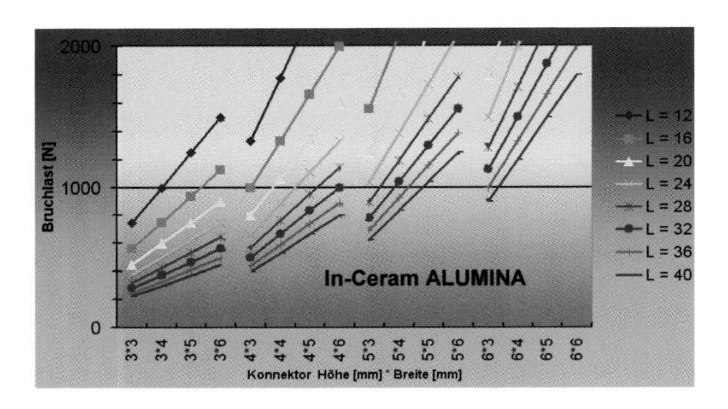

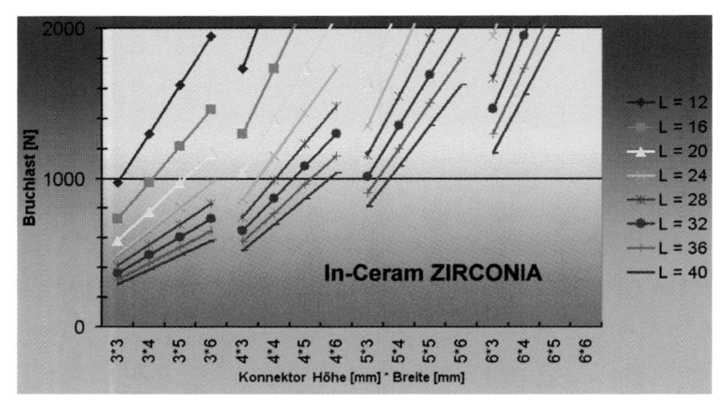

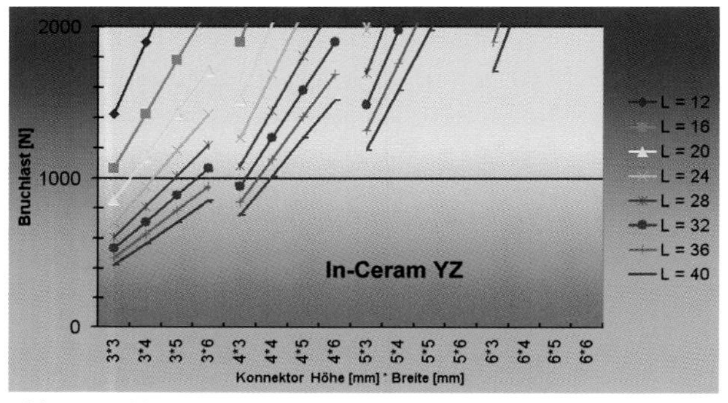

Abb. 20.3 bis 20.5 Darstellung der theoretischen Bruchlasten bei unterschiedlichen Konnektorenquerschnitten und Spannweiten: die Berechnung der Bruchlasten in Bezug auf die verschiedenen Konnektorenquerschnitte und Spannweiten beruht auf dem Vergleich mit den statischen Bruchfestigkeiten von Biegestäbchen mit analogen Querschnittsflächen. Die Einsetzung der Bruchlast 1.000 N basiert auf der Verdoppelung der natürlichen Kaulasten. Mit dieser Verdoppelung wird der Materialschwächung Rechnung getragen, die sich mit der Dauerbelastung im Mund ergibt. Die Werte dürfen nicht blindlings auf die Verhältnisse in der Praxis übertragen werden. Die Aussagekraft der Grafiken beschränkt sich auf die Visualisierung der Relationen bei der Beurteilung der Belastbarkeit bei sich ändernden Konnektorenquerschnitten und Spannweiten.

$$\frac{3 \cdot \text{Bruchlast W}}{2 \cdot \text{Biegefestigkeit M}} = \frac{B \cdot H^2}{L}$$

Umwandlung der Biegefestigkeitsformel[2]: Die Bruchlast (links) wird mit der Dimensionierung (rechts) verglichen. Die Biegefestigkeit ist dabei als Proportionalitätsfaktor zwischen Bruchlast und Dimensionierung zu erkennen.

Die Biegefestigkeit M ist hier nun Proportionalitätsfaktor zur Dimensionierung und steht unter dem Strich. Je größer demnach die Biegefestigkeit, desto kleiner darf – bei unveränderter Bruchlast – die Dimensionierung ausfallen. Auf der Seite der Dimensionierung steht die Länge L unter dem Strich.

Daraus folgt: je größer die Länge des Zwischengliedes, desto größer muss – bei gleich bleibender Bruchlast und Biegefestigkeit – der Konnektorenquerschnitt ausfallen. Die Höhe des Konnektors spielt dabei eine um die Zweierpotenz wichtigere Rolle als seine Breite.

Die Abbildungen 20.3 bis 20.5 zeigen dieses Zahlenspiel für die üblicherweise anfallenden Konnektorenabmessungen. Zur Berechnung wurde bei ALUMINA eine Biegefestigkeit von 500 MPa, bei ZIRCONIA eine Biegefestigkeit von 650 MPa und bei YZ eine solche von 950 MPa eingesetzt. Den diversen Konnektoren von 3 x 3 mm bis 6 x 6 mm auf der x-Achse sind auf der y-Achse die zu erwartenden Bruchlasten zugeordnet. Der kritische Bereich bis 1.000 N ist rot untermalt, die sichere Zone darüber wechselt ins Grün. Jedem Querschnitt wurden diverse Längen zugeordnet: von 12 mm schrittweise um 4 mm steigend, bis 40 mm. Bruchlasten über 2.000 N sind praxisfern und wurden um der besseren Darstellung willen nicht mehr berücksichtigt.

Bemerkungen zur Interpretation der Grafiken:

- Die Angaben von VITA stimmen mit den Berechnungen überein.
- Bei ALUMINA-Gerüsten liegt die maximale Spannweite bei etwa 16 mm und die Konnektorenhöhe darf 4 mm nicht unterschreiten.
- Bei ZIRCONIA-Gerüsten liegt die maximale Spannweite bei etwa 20 mm und die Konnektorenhöhe sollte 4 mm nicht unterschreiten.
- Bei YZ-Gerüsten sollte bei Spannweiten über 20 mm die Konnektorenhöhe mindestens 4 mm betragen.
- Gemäß den Angaben von VITA sind 4-gliedrige ZIRCONIA-Seitenzahnbrücken nicht empfoh-

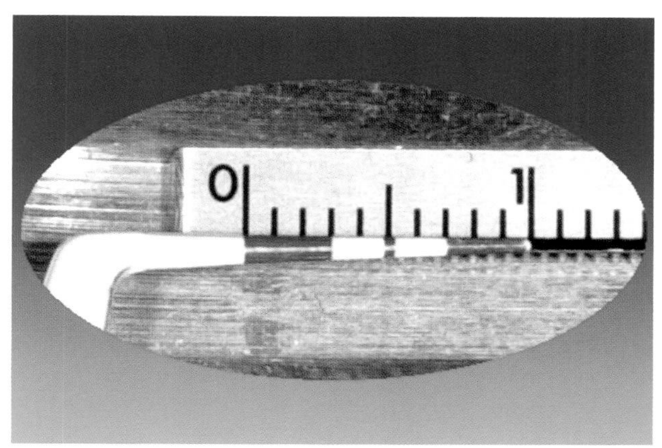

Abb. 20.6 Farbig markierte Sonde für die Messung der Taschentiefen.

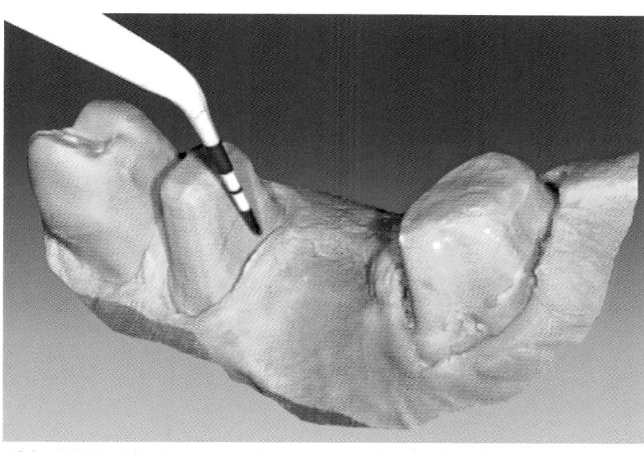
Abb. 20.7 Abschätzung der Präparationshöhe eines Brückenpfeilers.

len, obwohl die Berechnungen zeigen, dass solche Konstruktionen möglich sind; dies insbesondere dann, wenn der Gegenbiss teil- oder gar vollprothetisch versorgt ist.

Die Maximierung der Konnektorenfläche

Alle Konnektorenberechnungen und Angaben von VITA sind als Indikation für die minimale Dimensionierung zu verstehen. Sicherheitshalber ist aber bei allen Brückengerüsten, seien sie metallisch oder keramisch, innerhalb der topografischen Möglichkeiten und ästhetisch bedingten Grenzen stets die größtmögliche Bemaßung der Konnektoren anzustreben. Mit Blick auf die Wahl eines geeigneten Gerüstmaterials sollten demnach bereits bei der Planung einer Brücke am Studienmodell (oder spätestens bei der Beurteilung der beschliffenen Pfeiler in situ) die möglichen Maximalmaße der Konnektoren abzusehen sein.

Bei Frontzahnbrücken können ALUMINA, ZIRCONIA und YZ zur Anwendung kommen. Aus ästhetischen Gründen sind in der Front meist grazilere Konnektoren verlangt. Zudem erlaubt die Verzahnung des Kauorgans oft keine große Breitenausdehnung des Konnektors. Aus diesem Grund empfiehlt sich generell YZ als geeignetes Gerüstmaterial. Es eignet sich nämlich für Spannweiten bis 40 mm und ist in puncto Ästhetik ALUMINA ebenbürtig; es bedingt allerdings einen aufwändigen und kostenintensiveren Herstellungsprozess.

Im Seitenzahnbereich sind als Gerüstmaterialien ZIRCONIA und YZ empfohlen, wobei ersteres auf Spannweiten bis 20 mm begrenzt ist. Aus wirtschaftlichen Gründen ist also bei jeder kleineren Seitenzahnbrücke die Verwendung von ZIRCONIA angezeigt. Die Konnektorenbemaßung sollte allerdings frühzeitig abzuschätzen sein. Die zu erwartende Maximalhöhe des Konnektors lässt sich am präparierten Pfeilerstumpf ablesen. An sechzehn Präparationen für Seitenzahnbrücken wurden die Stumpfhöhen der präparierten Pfeiler mit einer Messsonde für Taschentiefen (Abb. 20.6) erhoben.

Die Präparationslinie liegt mindestens subgingival, als Stumpfhöhe wurde die Distanz zwischen Präparationslinie und okklusaler Stumpfkante gemessen (Abb. 20.7).

Anschließend wurden die Brückengerüste mit CEREC am Bildschirm gezeichnet und ausgeschliffen. Bei der nachfolgenden Endausarbeitung wurde auf die Beibehaltung größtmöglicher Verbinderhöhen[12, 17] geachtet.

Der Vergleich zwischen der Stumpfhöhe und der Konnektorenhöhe ist in Abbildung 20.8 grafisch ausgewertet. Es hat sich gezeigt, dass die maximal möglichen Konnektorenhöhen – nach Papillenfreilegung und Platzschaffung für die Ver-

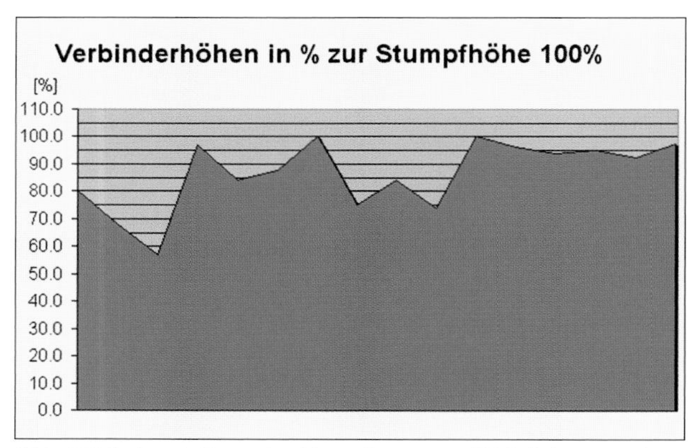

Abb. 20.8 Beurteilung der Konnektoren an 16 Brücken aus den Jahren 1999 und 2000 nach fünf Jahren: Gerüstfrakturen wurden nicht festgestellt. Die Konnektorenhöhen liegen etwa 10% unter den Stumpfhöhen. Bei einer Brücke mit Pfeilerhöhen von 5 mm sind demnach Konnektorenhöhen von 4 bis 4.5 mm zu gestalten.

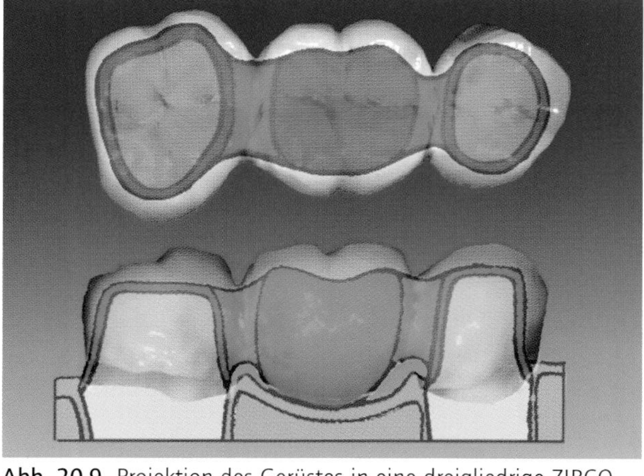

Abb. 20.9 Projektion des Gerüstes in eine dreigliedrige ZIRCONIA-Brücke. Die Darstellung zeigt die Möglichkeiten einer Maximierung der Konnektoren.

blendung – durchschnittlich 10% unter den Stumpfhöhen lagen.

Orientiert man sich an traditionellen Metallgerüsten, so mögen oben erwähnte Konnektorenausmaße reichlich klotzig und unästhetisch erscheinen. Es gilt aber zu bedenken, dass vollkeramische Gerüste bereits zahnfarben sind und nicht opakiert werden müssen. Die einzelnen keramischen Einheiten sind zudem nicht bis auf die Gerüstbasis hinein zu separieren, was wesentlich größere Konnektorenhöhen und -breiten im Vergleich zu metallischen Gerüsten erlaubt. Eine approximale Separierung der Einheiten ist nicht nur unnötig, sondern ausdrücklich zu vermeiden. Die Gefahr der Gerüstverletzung bzw. der Rissinduktion durch Anritzung der Glasmatrix ist zu groß. In Abbildung 20.9 ist die mögliche Maximalgestaltung der Konnektoren bei vollkeramischen Brücken dargestellt: in das Bild einer dreigliedrigen ZIRCONIA-Brücke ist die Ausdehnung des Gerüstes grün hineinprojiziert.

Fazit

- In den Jahren 1999 und 2000 wurden 16 Seitenzahn-ZIRCONIA-Brücken mit CEREC hergestellt. Nach fünf Jahren Beobachtungszeit sind keine Gerüstfrakturen festgestellt worden.
- Es wurde auf die Gestaltung der größtmöglichen Konnektorenflächen unter Einhaltung der funktionellen und ästhetischen Anforderungen geachtet.
- Die Konnektorenhöhen wurden mit den Pfeilerhöhen verglichen. Dabei zeigte sich, dass die maximalen Konnektorenhöhen durchschnittlich 10% kleiner als die Pfeilerhöhen sind.
- Zieht man neben der Belastbarkeit auch wirtschaftliche Aspekte in Betracht, so ist ZIRCONIA das geeignete VITA In-Ceram-Gerüstmaterial für dreigliedrige Seitenzahnbrücken.
- Die minimalen Konnektorenquerschnitte sind den Werkangaben von VITA zu entnehmen. Im Sinne der Steigerung der Bruchsicherheit gilt es, primär die Konnektorenhöhe zu maximieren.
- Bei ZIRCONIA-Gerüsten mit 20 mm Spannweite sollten Konnektorenhöhen unter 4 mm vermieden werden. Eine solche Situation ist bei Pfeilerhöhen unter 5 mm zu erwarten.

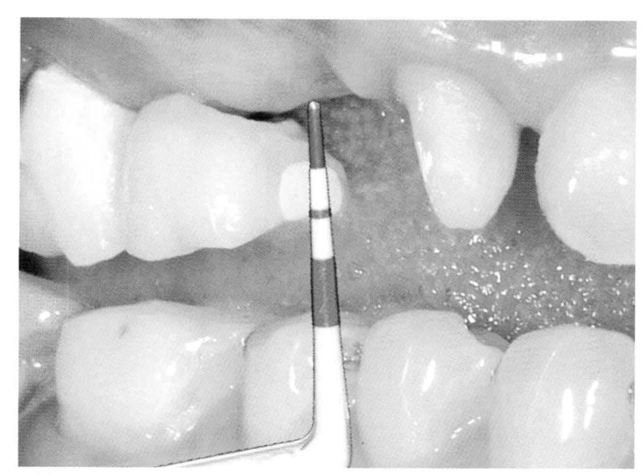

Abb. 20.10 Fraktur einer ZIRCONIA-Brücke 16 x 13. Die Konnektorenfläche ist zu gering und hätte problemlos größer gestaltet werden können.

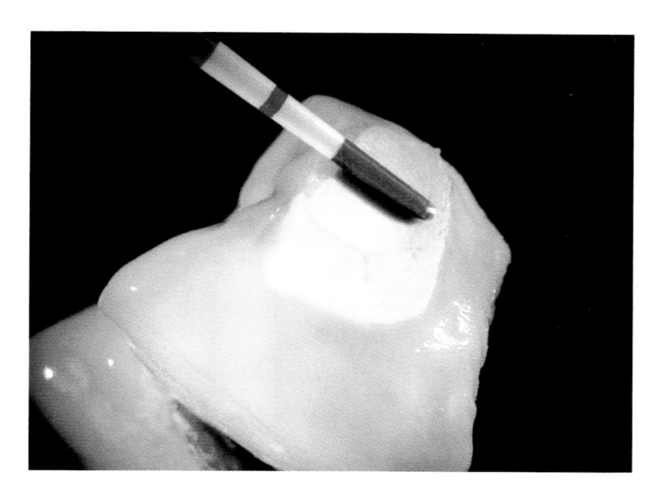

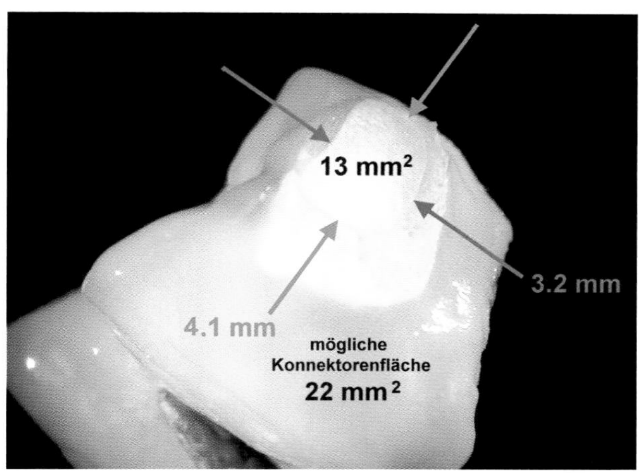

Abb. 20.11 und 20.12 Die Ausmessung des Konnektors erklärt die Gerüstfraktur. Eine Konnektorenfläche von 22 mm^2 mit einer Konnektorenhöhe von 5 mm wäre problemlos möglich gewesen.

Ein Misserfolg aus der Praxis

Wenn von Tabellen für notwendige Konnektorenflächen und von deren Berechnung aufgrund materialtechnischer Gegebenheiten die Rede ist, so mag der Praktiker bald einmal denken, dies sei des Theoretisierens zu viel. Am Beispiel eines erfolglos verlaufenen Falles sei jedoch aufgezeigt, was nicht hätte geschehen sollen und was möglich gewesen wäre:

Eine Patientin erhielt eine ZIRCONIA-Brücke 16 x 13 (Spannweite 18 mm, Kaukraft 340 N) eingegliedert. Bereits nach drei Wochen war die Brücke mittig zwischen den beiden Zwischengliedern frakturiert. Eine Materialunregelmäßigkeit war mikroskopisch nicht festzustellen und deshalb als Ursache auszuschließen. Die Vermessung der Situation hingegen erklärt die Fraktur und die Vermeidbarkeit der Fehlkonstruktion (Abb. 20.10).

Die Konnektorenhöhe ist auf 3.2 mm reduziert, obwohl 5 mm bzw. 22 mm^2 Konnektorenfläche möglich gewesen wären. Die Konnektorenfläche entspricht zwar mit 13 mm^2 den Richtlinien von VITA, das Missverhältnis zur Spannweite wurde aber übersehen (Abb. 20.11, Abb. 20.12). Auch bei einem Gerüst aus einer Edelmetalllegierung wären wohl Keramik-Abplatzungen die Folge gewesen. Die Dimensionierungen sichern die notwendige Gerüststarrheit nicht und unter der festgestellten Kaubelastung ist eine elastische Verformung mit Keramikschäden als Folge zu erwarten.

Literatur

1. *siehe Kapitel 18 "Beurteilung der Kaukräfte"*
2. *NF EN ISO 6872:1999-03-01 Dentalkeramik*
3. *Geis-Gerstorfer J, Kanjantra P, Pröbster L, Weber H. Untersuchung der Bruchfestigkeit und des Risswachstums zweier vollkeramischer Kronen- und Brückensysteme. D Zahnarztl Z 1993;48:685-691.*
4. *Geis-Gerstorfer J, Fässler P. Untersuchungen zum Ermüdungsverhalten der Dentalkeramiken Zirkonoxid-TZP und In-Ceram. Dtsch Zahnarztl Z 1999;11:692-694.*
5. *Hohmann W. Biokompatible Ästhetik mit vollkeramischem Zahnersatz - Werkstoffkundliche Aspekte. Quintessenz Zahntech 1996;5:585-588.*

6. Kappert HF, Knode H, Manzotti L. Metallfreie Brücken für den Seitenzahnbereich. Dent Labor 1990;37:177-183.
7. Kappert HF, Knode H, Schultheiss R. Festigkeitsverhalten der In-Ceram-Keramik bei mechanischer und termischer Wechsellast im Kunstspeichel. Dtsch Zahnarztl Z 1991;129-132.
8. Kappert HF. Keramiken - eine Übersicht. Quintessenz Zahntech 2001;6:668-704.
9. Knode H. Verarbeitung und Indikation des In-Ceram-Keramiksystems. Dissertation, Universität Freiburg i.Br., 1990.
10. Körber KH, Ludwig K. Maximale Kaukraft als Berechnungsfaktor zahntechnischer Konstruktionen. Dent Labor 1983;1:55-60.
11. Marx R. Moderne keramische Werkstoffe für ästhetische Restaurationen - Verstärkung und Bruchzähigkeit. D Zahnarztl Z 1993;48:229-236.
12. McLaren EA. Glasinfiltrierte Keramik auf Zirkoniumoxid-Aluminiumoxidbasis für Kronenkappen und Brückengerüste: Richtlinien für Klinik und Labor. Quintessenz Zahntech 2000;7:709-722.
13. Schwickerath H. Dauerfestigkeit von Keramik. Dtsch Zahnarztl Z 1986;41:264-266.
14. Schwickerath H. Neue Keramiksysteme unter Dauerbeanspruchung. Quintessenz Zahntech 1994;12:1495-1499.
15. Seghi RR, Soerensen JA. Relative flexural strenth of six new ceramic materials. Int J Prothodont 1995;8:239-246.
16. VITA Produktinformation, VITA In-Ceram-Gerüste, Mindestwandstärken und Konnektorenflächen, Stand: 23.01.2004.
17. VITA Vollkeramik, klinische Aspekte. Heft A. VITA Zahnfabrik, Bad Säckingen 2001.
18. Wibke A. Biegefestigkeit von Aluminium- und Zirkonoxidkeramiken nach CAD/CIM-Bearbeitung und Sinterbrand. Dissertation, Universität Zürich 1999.

21 Die digitale Farbmessung der Zähne

Andres Baltzer, Vanik Kaufmann-Jinoian

Wer sich ab und zu eine Wanderung gönnt, kommt auch immer wieder an wundervollen kleinen Seen vorbei. Die Wahrscheinlichkeit ist groß, dass der eine oder andere Blausee, Grünsee, Rotsee oder Schwarzsee heißt, denn oft sagen Ortsbezeichnungen und Flurnamen etwas aus über das Erscheinungsbild, das sich unserem Blick offenbart. Die Montage in der Abbildung 21.1 zeigt verschiedene solche Erscheinungsbilder im gleichen Gewässer. Man möge sich die unterschiedlichen Farbtönungen für die gesamte Seefläche vorstellen; keine wirkt störend oder unnatürlich und alle erinnern sie uns an ähnliche erlebte visuelle Begebenheiten.

Weshalb präsentieren sich die verschiedenen Tümpel, Teiche und Seen denn in derart unterschiedlicher Weise? An Wasserproben aus den verschiedenen Gewässern wird man jedenfalls keine Farbunterschiede feststellen können. Es ist die Gesamtheit des Ortes, das die typischen Farbempfindungen aufbaut: das Tageslicht, die Spiegelungen, die Farbe des Seegrundes, die Wassertiefe, die Farben der Uferpartien und viele weitere Einzelheiten wie beispielsweise im Wasser schwebende Partikel. Es ist die Rede vom optischen Verhalten, einem komplexen Ergebnis aus Lichtaufnahme, Lichtleitung, Lichtspiegelung, Lichtstreuung usw.

Abb. 21.1 Fotomontage eines Bergsees mit unterschiedlich farbigem Wasser.

Eine ähnliche Situation liegt bei der Farbempfindung von Zähnen vor. Ein Zahn ist mehrschichtig aufgebaut und von kristalliner Struktur. Dies hat eine Farbempfindung zur Folge, die sich ebenfalls aus komplexen, lichtoptischen Vorgängen ergibt. Das einwirkende Licht wird an der Zahnoberfläche teils gespiegelt, teils durchgelassen. In tiefer liegenden Schichten finden Absorptions-, Mutations- und Reflexionsvorgänge statt. Die Folge ist jene einzigartige Farbinformation, die der natürliche Zahn dem menschlichen Auge mitteilt und die im Rahmen einer zahntechnischen Rekonstruktion nie vollends imitiert werden kann. Unter dem Sammelbegriff Lichtdynamik ↑

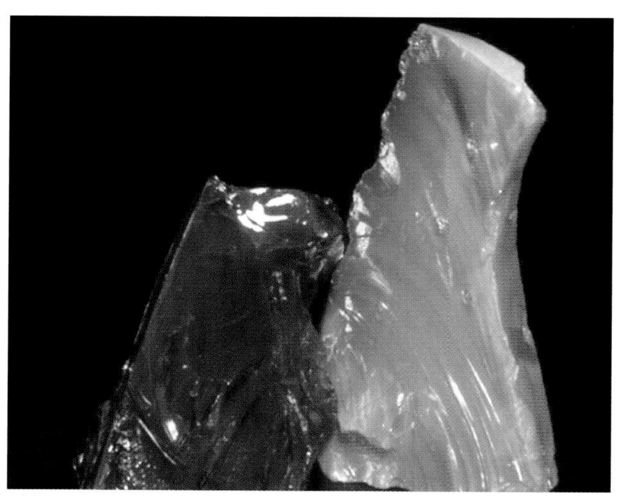

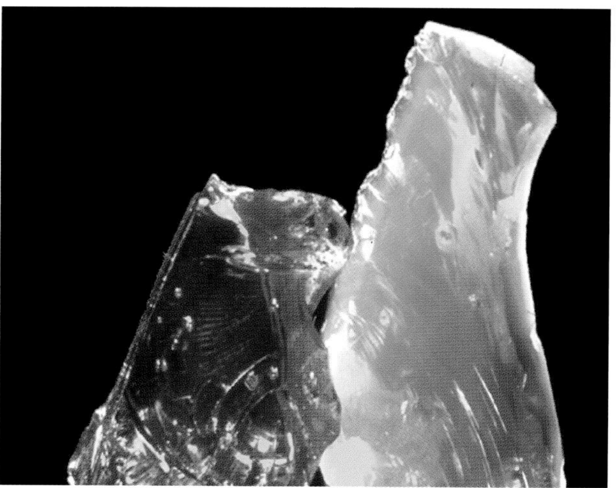

Abb. 21.2 und 21.3 Opaleszenz und Lumineszenz; Größe, Form und Anzahl von Teilchen in einem Medium sowie die Wellenlänge des einfallenden Lichts beeinflussen die Lichtdurchlässigkeit, Lichtstreuung und Änderung der Farbwahrnehmung eines mit Licht bestrahlten Körpers. VITA hat diese Eigenschaften um 1930 erstmals in die Welt der zahntechnischen Verblendkeramiken eingebracht. Bei Mehrfachbränden kann es durch Verschmelzungen zu Formveränderungen der Teilchen und somit zu Veränderungen der Farbe kommen. Die neuen Verblendkeramiken VITA VM7 und VITA VM9 weisen hingegen in dieser Beziehung eine hohe Farbkonstanz auf.

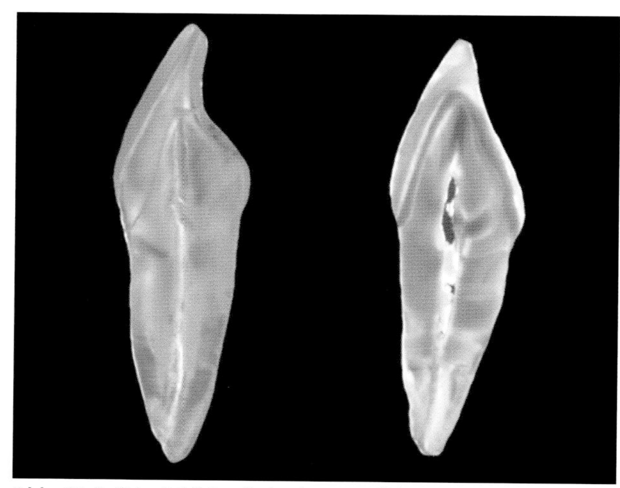

Abb. 21.4 Schnittbilder; links der natürliche Zahn, rechts die mit Keramik verblendete In-Ceram-Kappe. Diese Kappe (im Bild hellbraun um den Dentinkern) bleibt etwas transparent und stellt als Helligkeit gebende Struktur ein wichtiges Element der gesamten Rekonstruktion dar.

(Abb. 21.2, Abb. 21.3) erklären verschiedene Prozesse wie Transparenz ↑ (Lichtdurchlässigkeit), Transluszenz oder Transluzenz ↑ (Milchglaseffekt), Opazität ↑ (Gegenteil der Transparenz), Lumineszenz ↑ (Fluoreszenz, Selbstleuchten, d. h. andersfarbige Wiederausstrahlung vorher absorbierter Lichtenergie) und Opaleszenz ↑ (farbige Lichtstreuung) das vielfältige Erscheinungsbild natürlicher Zähne. Bei zahntechnischen Rekonstruktionen nimmt sich die Verblendkeramik die Nachahmung des Wechselspiels von Farben und Lichtreflexen natürlicher Zähne vor.

Der Vergleich mit dem Bergsee ist durchaus sinnvoll: dentale Charakteristika wie Helligkeit, Farbigkeit (Chroma) und Effekte entwickeln sich aus tiefer liegenden Schichten. Dieses „Lichtspiel aus der Tiefe" spielt bei der Farberkennung und bei der Farbgebung eine zentrale Rolle. Nur wenn dem Zahntechniker genügend Raum für die Keramikverblendung gegeben ist, können die ästhetischen Erwartungen erfüllt werden. Bei Rekonstruktionen mit Metallkappen, die optisch als schwarz bewertet sind, zeigt sich dies stets sehr deutlich. Vor jeglicher Verblendung muss das Metall mit einem Opaker maskiert werden, um Strukturen, die im natürlichen Zahn nicht vorkommen und deswegen die Nachahmung von Anfang an erschweren, abzudecken. Bei vollkeramischen Rekonstruktionen übernimmt bereits die Kappe einen großen Anteil des die Natur imitierenden Lichtspiels. In-Ceram SPINELL-, ALUMINA- oder YZ-Kappen weisen eine sehr schöne Transparenz auf und sind durch die Einfärbung während des Herstellungsprozesses der Helligkeit des Nachbarzahnes (Referenzzahn) angeglichen. Solche Kappen sind somit bestens in das optische Erscheinungsbild eingebettet. Ihr Schnittbild beispielsweise ist dem Schnittbild eines natürlichen

Zahnes sehr ähnlich (Abb. 21.4). Die Nachahmung natürlicher Zähne spielt sich also grundsätzlich auf zwei Ebenen ab: einerseits ist das Erscheinungsbild des natürlichen Zahnes (Referenzzahn) genau zu erfassen, andererseits müssen die gewonnenen Informationen in die Rekonstruktion einfließen.

Die Bestimmung der Zahnfarbe

In Werbeprospekten, Vorträgen und Ausstellungsvitrinen sind oft nahezu perfekte keramische Restaurationen zu sehen, die im zahnärztlichen und zahntechnischen Alltag selten so vorkommen. Dafür gibt es eine Reihe von Erklärungen, u. a. die oben erwähnte Unterschreitung der notwendigen Schichtdicke der Verblendung. Auch Mehrfachbrände als Folge von Farbkorrekturversuchen können Anlass für suboptimale Ergebnisse sein. Verschmelzung und somit Vergrößerung der Kristallgrößen führen zur Verfälschung des Erscheinungsbildes. Eine andere, viel trivialere Erklärung für ein unbefriedigendes Resultat kann aber auch eine falsche Farbbestimmung sein. Solches hängt oft mit den eher bescheidenen Maßnahmen zusammen, die zur Farberkennung und Farbbestimmung des Referenzzahnes hinzugezogen werden. Eine lapidare Farbangabe wie etwa ‚A2 mit etwas A3' genügt selten, auch wenn die Situation, von der Grundfarbe her gesehen, statistisch oft zutrifft.

Wie erreichen wir eine möglichst präzise Erkennung der natürlichen Grundfarbe des (Referenz-) Zahnes? Darauf soll im Folgenden näher eingegangen werden. In den meisten Fällen steht die visuelle Farbbestimmung im Vordergrund. Oftmals ist aber die Unterstützung durch eine technische Farbmessung von großem Wert. Sie bestätigt dem Praktiker nämlich die Richtigkeit seiner Farbwahl oder weist rechtzeitig auf farbliche Gegebenheiten hin, die seiner Aufmerksamkeit entgangen sind. So ergibt sich ein geradliniger Weg vom Referenzzahn zur Rekonstruktion ohne lästige Wiederholungen. Mit diesen Vorgaben ist auch dem Dentalkeramiker mehr Spielraum zur Einbringung seines professionellen Könnens gegeben. Er baut auf der Basis der richtigen Grundfarbe die individuellen Charakteristika eines Zahnes auf und das frustrierende Erlebnis ‚Form und Effekte wären gut, aber die Farbe stimmt nicht ganz ...' ist weitgehend ausgeschlossen. Die technische Farbmessung hat aber einen weiteren, bedeutenden Vorteil: sie begleitet den Praktiker während des ganzen Aufbaus einer Rekonstruktion und kann ihm laufend die Richtigkeit des Vorgehens bestätigen. Möglicherweise muss er einen Einzelschritt wiederholen, einen Neubeginn wegen primärer Fehlbeurteilung kann er aber ausschließen. Unabdingbare Voraussetzungen sind selbstverständlich die einwandfreie Funktionstüchtigkeit des Farbenmessgerätes und die Verwendung farbstabiler Verblendkeramiken, auch bei eventuellen Mehrfachbränden. Als geeignet sind im Rahmen der Vollkeramiktechnik die VITA VM-Verblendkeramiken zu nennen[4].

Beurteilung des Referenzzahnes

In der Regel läuft eine Farbbestimmung stufenweise ab: zuerst wird durch einen visuellen Farbabgleich mit einem Farbschlüssel die Grundfarbe des Referenzzahnes bestimmt. Der Bestimmung der Grundfarbe kommt während des gesamten Prozedere stets zentrale Bedeutung zu, denn stimmt die Grundfarbe, insbesondere deren Helligkeitsbewertung, so ist der wichtigste und gleichzeitig schwierigste Teil der Zahnfarbenbestimmung bewältigt. Schauen wir einen Moment näher hin: das menschliche Auge zeigt bei der Farberkennung oft Unsicherheiten und individuelle, d. h. auf die Betrachtenden bezogene Unterschiede. Farbenmessgeräte können hier wertvolle Unterstützung leisten. Sie ersetzen zwar nicht das menschliche Auge bei der Erfassung des Gesamtbildes eines Zahnes, sie sind aber in der Lage, Menschen, für welche die Erkennung der richtigen Grundfarbe ein schwieriges Unterfangen ist, verlässlich zu unterstützen.

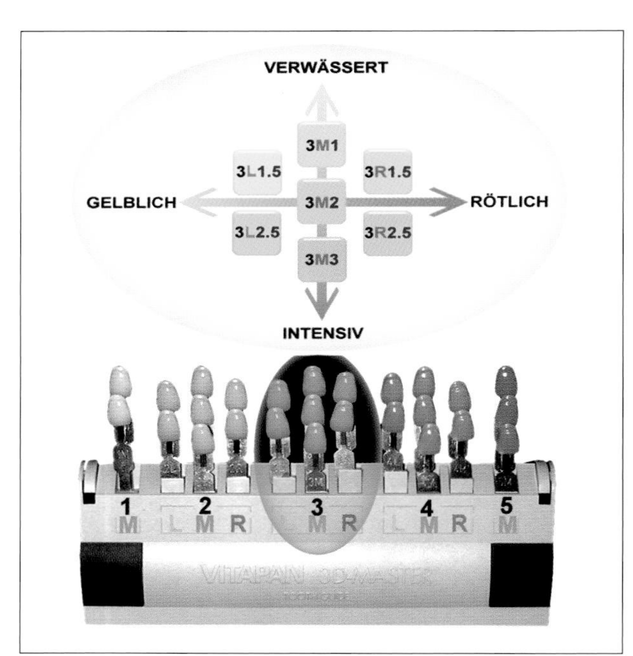

Abb. 21.5 Aufbau des VITA Systems 3D-MASTER: zuerst wird die Helligkeitsgruppe (1 bis 5) festgelegt und anschließend die Farbintensität (blass bis intensiv) sowie der Farbton (Tendenz ins Gelb oder ins Rot) beurteilt.

Ist einmal die Grundfarbe eines Referenzzahnes richtig erkannt und beschrieben, so folgt in einem zweiten Schritt die Beschreibung seiner spezifischen Eigenheiten und Lichteffekte. Auch hier kann man sich mit technischen Mitteln bestens behelfen und zwischen Zahnarzt und Zahntechniker entwickelt sich in der Regel bald eine produktive Kommunikation. Bestenfalls überlässt der Zahnarzt die Farberkennung ganz dem Zahntechniker oder er übermittelt ihm die gewünschten individuellen Ausgestaltungen mittels Skizzen und/oder Fotografien. Basieren diese auf primär falsch erkannten Grundfarben, so sind Enttäuschungen und Wiederholungsarbeiten unvermeidlich.

Bestimmung der Grundfarbe mit einem Farbschlüssel

Oft kommt zur Bestimmung der Grundfarbe vorzugsweise ein altbewährter Farbschlüssel zum Einsatz. Wo der Farbschlüssel Unsicherheiten hinterlässt, bringt man seine Berufserfahrung mit ein. Von neuen Systemangeboten wird eine wesentliche Verbesserung erwartet. Bei der Zahnfarbenbestimmung bedeutet dies eine nachweisliche Verbesserung der Trefferquote bei gleichzeitiger Vereinfachung des Vorgehens. Das VITA System 3D-MASTER erfüllt diese Forderungen weitgehend (Abb. 21.5).

Um bei der Farbbestimmung der Zähne eine Systematisierung und eine höhere Trefferquote zu erreichen, entschloss sich die VITA Zahnfabrik 1991, in Zusammenarbeit mit Dr. *Hall* aus Australien, ein neues System zu entwickeln. 1998 entstand das VITA System 3D-MASTER, das sich in vielen Ländern bereits durchgesetzt hat. In diesem System werden die Zähne in fünf Helligkeitsgruppen aufgeteilt. Bei der Farbbestimmung wird vorerst die zutreffende Helligkeitsgruppe bestimmt. Anschließend werden innerhalb dieser Helligkeitsgruppe die übrigen Farbcharakteristika zugeordnet. Das Vorgehen ist bestechend einfach und gewährleistet eine hohe Trefferquote. Zahnarzt und Zahntechniker verlieren sich nicht mehr in unsicheren Abwägungen über die Grundfarbe des Zahnes, sondern wenden sich zielstrebig der naturgetreuen Zahnrekonstruktion unter Einbringung aller Formeigenheiten, Transparenzen und Effekten zu.

Mit Schwierigkeiten in der visuellen Farbbestimmung ist stets zu rechnen, da bei der Betrachtung des Zahnes noch weitere Faktoren Einfluss nehmen: Kunst- oder natürliches Licht, von der räumlichen Umgebung reflektiertes Licht sowie, in besonderem Maße, der subjektive Eindruck. Eine gute, digitale Unterstützung bei der Farbermittlung ist deshalb nahe liegend, weil Menschen ein unterschiedliches Farbempfinden haben. Von Farbenmessgeräten erwartet man jedoch eine konstante Leistung, frei von Unsicherheitsfaktoren und technisch reproduzierbar.

Bestimmung weiterer optischer Eigenschaften

Früher wurden Effekte und Transluzenzzonen meist in kunstvollen Skizzen und Zeichnungen dargestellt. Mit der digitalen Fototechnik lässt

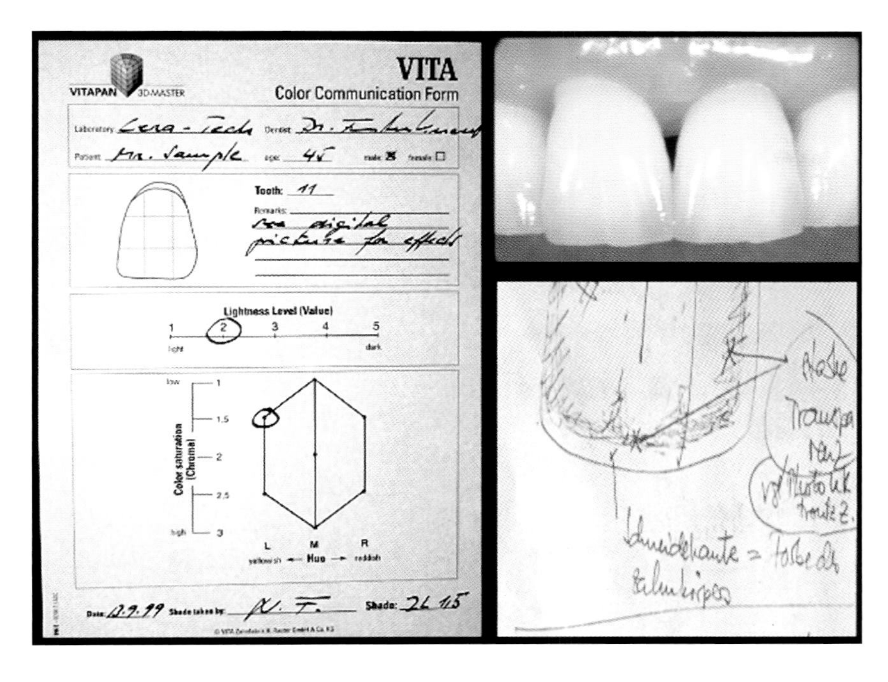
VITAPAN 3D-MASTER

VITA
Color Communication Form

Laboratory: Cera-Tech Dentist: Dr.
Patient: Mr. Sample age: 45 male female

Tooth: 11
Remarks:
see digital picture for effects

Lightness Level (Value)
1 2 3 4 5
light dark

Color saturation (Chroma)
low 1
1.5
2
2.5
high 3

L M R
yellowish ← Hue → reddish

Date: 12.9.99 Shade taken by: K.F. Shade: 2L 1.5

Abb. 21.6 Herkömmliche Festlegung der Grundfarbe eines Zahns und Beschreibung seiner individuellen Charakteristika. Für die Bestimmung der Grundfarbe eignet sich ein speziell auf das VITA System 3D-MASTER abgestimmtes Formular. Eine handgefertigte Skizze kann die Interpretation des Digitalfotos erleichtern.

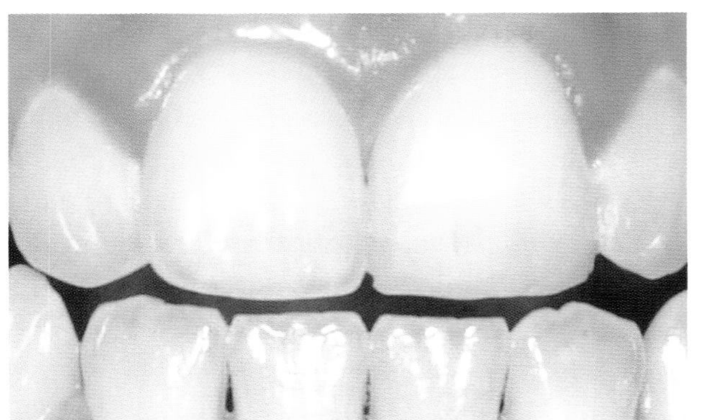

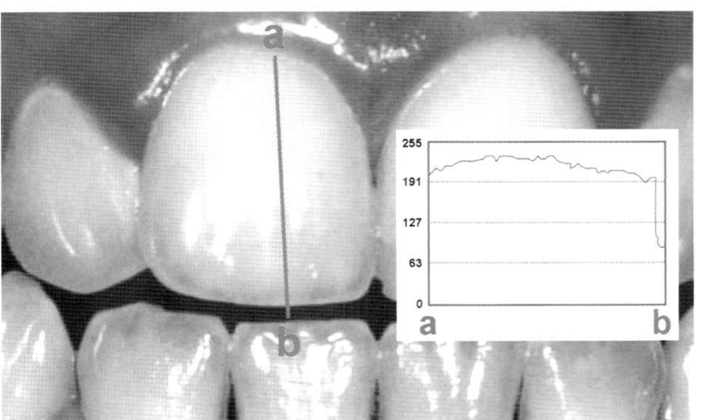

Abb. 21.7 und 21.8 Analyse des Helligkeitsverlaufs mittels Aufnahme des Dichteprofils. Solche Profile können mit jedem Bildverarbeitungsprogramm erstellt werden. Farbenmessgeräte bieten normalerweise als Standard die „Transparenzanalyse" an.

sich solcher Aufwand vermeiden, wobei wirklich befriedigende Ergebnisse nur unter Einsatz von Geräten mit spezieller Ausrüstung für Mundaufnahmen zu erzielen sind (Abb. 21.6).

Helligkeitsunterschiede werden vom menschlichen Auge wesentlich besser wahrgenommen als Farbunterschiede, da sich in der Netzhaut etwa 120 Millionen stäbchenförmige Rezeptoren mit höherer Lichtempfindlichkeit befinden – im Vergleich zu den nur etwa sechs Millionen zapfenförmigen Rezeptoren mit ausgeprägtem Farbauflösungsvermögen. Der variierenden Helligkeitsverteilung sollte deshalb besondere Beachtung geschenkt werden. Dies kann mit einer Analyse des Dichteprofils auf Schwarz-Weiß-Bildern geschehen.

Jedes gute Bildbearbeitungsprogramm liefert im Schwarz-Weiß-Modus die Verteilung der 255 Graustufen in einem Digitalbild. Sein Dichteprofil kann auf jeder gewünschten Ebene oder flächendeckend aufgenommen werden. Die Situation der Abbildung 21.7 ist in Abbildung 21.8 schwarzweiß wiedergegeben. Die Helligkeitsverteilung entlang der Geraden a–b ist auf der eingeblendeten Grafik zu erkennen. Die Werte zwischen 190 und 240 visualisieren bei einer Skalierung mit 255 Graustufen die Helligkeitsverteilung auf der Geraden a–b. Nicht unerwartet weist die Zone der Schmelzkante vor der Wölbung der Schneidekante eine erhöhte Transparenz auf und schließt mit der weißlich erscheinenden Kante ab (Halo-

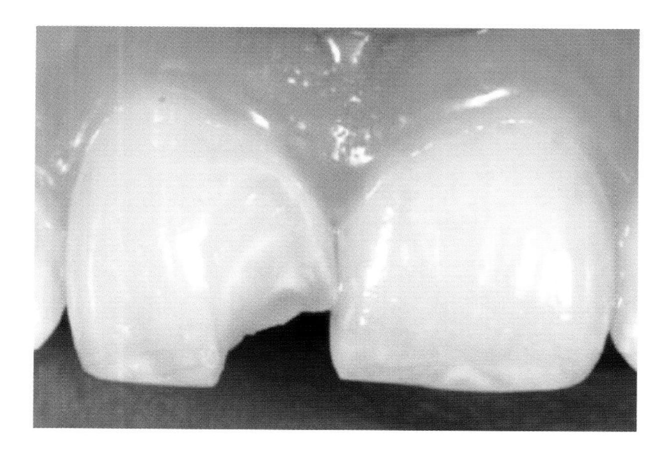

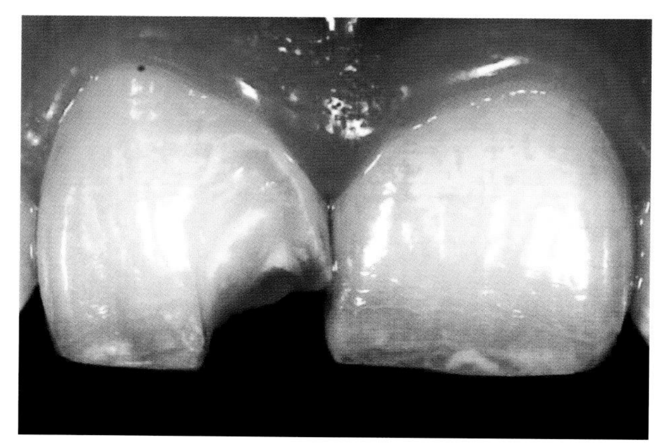

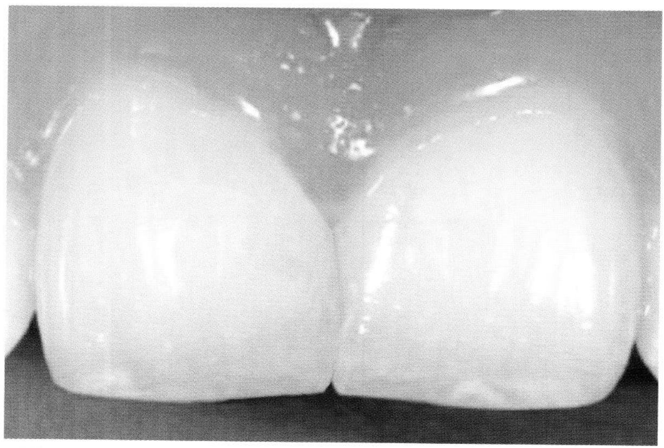

Abb. 21.9 bis 21.11 Mit Digitalbildern können Informationen über spezielle Charakteristika gut visualisiert werden. Beim abgebildeten Fall wurde der unfallbedingte Defekt in einer Sitzung mit einem Teilveneer saniert, nur geringfügig nachpräpariert und mit CEREC gescannt. Als Basis des Teilveneers wurde mit CEREC eine 0.5 mm dicke Facette ausgeschliffen, die anschließend chairside labortechnisch geschichtet und fertig gestellt wurde. Die Informationen zum Transparenzverlauf wurden mittels Bearbeitung des Befundbildes eingeholt: 50% weniger Helligkeit und 50% mehr Kontrast.

effekt ↑, auch Heiligenschein). Anschließend an die Schneidekante senkt sich die Kurve wegen des dunklen Hintergrundes der Mundhöhle ins Schwarze.

Von zu empfehlenden Zahnfarbenmessgeräten müssen solch detaillierte Aussagen zur Helligkeitsverteilung erwartet werden. Flecken, Mamelons, Heiligenschein, Haarrisse ↑, Schmelz-Dentin-Abstufungen usw. lassen sich ebenfalls sehr gut in Digitalfotos darstellen. Wird das Bild mit 50% weniger Helligkeit und 50% mehr Kontrast reproduziert, so können diese Phänomene ausgeprägter visualisiert werden (Abb. 21.9 bis 21.11). Bildanfertigungen und Bildbearbeitungen dieser Art gehören meist nicht zum Standard üblicher Zahnfarbenmessgeräte, da für all diese Bilder optimale Digitalkameras notwendig sind, die nicht ohne weiteres in ein handliches Zahnfarbenmessgerät integriert werden können. Im Gegensatz zur Aufnahme eines Dichteprofils mit quantitativer Erfassung der Helligkeitsverteilung sind Farbfotos und deren Nachbearbeitungen lediglich eine qualitative Darstellung der Verhältnisse. In der Praxis genügen sie jedoch weitgehend für eine umfassende Wiedergabe aller Zusatzinformationen zu der im ersten Schritt erfolgten Bestimmung der Grundfarbe des Referenzzahnes.

Die Beurteilung der Oberflächentextur erfolgt am Modell mit Kontrastpulver-Beschichtung (Abb. 21.12, Abb. 21.13). Glatte Oberflächen bewirken spiegelnde Reflexionen und strukturierte Oberflächen führen zu diffusen Lichtreflexionen. Mit zunehmender diffuser Lichtreflexion sinkt die Intensität des Lichtanteils, der ins menschliche Auge fällt. Dies wird als weniger hell bzw. als dunkler wahrgenommen. Bei spektrofotometrisch arbeitenden Farbenmessgeräten entfällt dieses Phänomen weitgehend, weshalb unerfahrenere Anwender subjektiv die Geräte oft als ungenau beurteilen. Sie übersehen aber die Auswirkungen der Textur auf das menschliche Auge und geben deshalb einem strukturierten Zahn eine tiefere Helligkeit. Wird bei der Endausarbeitung der Rekonstruktion schließlich eine strukturierte

Oberfläche eingebracht, so wird eine noch dunklere Rekonstruktion wahrgenommen, die dann nicht mehr dem Referenzzahn entspricht.

Die digitale Bestimmung der Grundfarbe

Das geübte menschliche Auge beurteilt die Zahnfarbe normalerweise recht gut. Kommt ergänzend ein ausgeklügeltes System wie VITA 3D-MASTER zur Anwendung, so ist bei der visuellen Festlegung der Grundfarbe eines Referenzzahnes eine gute Trefferquote zu erwarten. Diese Grundfarbe ist mit drei Ziffern definiert. Die erste Ziffer (1 bis 5) definiert die Helligkeit, die zweite Ziffer (M, bzw. L oder R) den Farbton bzw. dessen Verschiebung ins Gelb oder Rot; die dritte Ziffer (2: mittlere Intensität, < 2: blasser, > 2: intensiver) definiert die Sättigung bzw. Intensität oder Blässe des Zahnes.

Die gute Trefferquote bei der visuellen Zahnfarbenbestimmung bezieht sich vorerst auf den Gesamtzahn und weniger auf die Beurteilung einzelner Zahnregionen. Bei den Abwägungen für oder gegen den Einsatz eines digitalen Farbenmessgerätes bleibt diese Unterlegenheit des menschlichen Auges oft unbeachtet. Für den Einsatz digitaler Farbenmessgeräte sprechen zudem die Objektivität, die Reproduzierbarkeit und die Qualitätssicherung, die alle beim Vergleichsverfahren durch das menschliche Auge nicht gegeben sind. Bei der visuellen Farbenbestimmung wird Farbennormalsichtigkeit vorausgesetzt, statistisch gesehen liegt jedoch die Farbenfehlsichtigkeit – zunehmend mit dem Alter – bei etwa 8% für Männer und etwa 0.4%[7] für Frauen.

Digitale Zahnfarbenmessgeräte sind zudem dem menschlichen Auge dort ganz klar überlegen, wo sich bei der Einprobe einer Rekonstruktion unerwartete Farbabweichungen zeigen, die genaue Korrekturanweisungen notwendig machen. Es muss in solchen Fällen entschieden werden, ob die Grundfarbe der Rekonstruktion heller, dunkler, blasser oder intensiver erscheinen

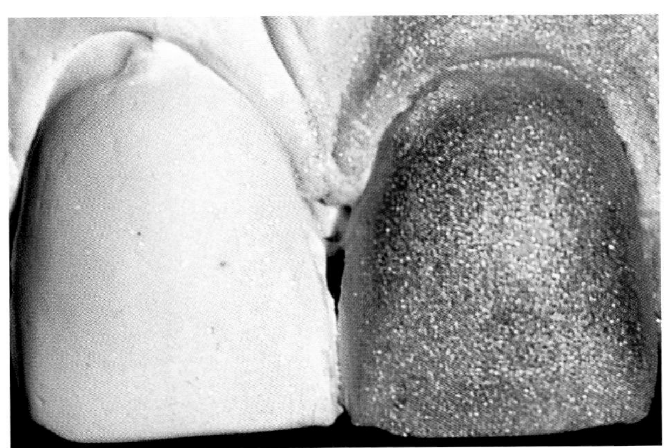

Abb. 21.12 und 21.13 Analyse der Oberflächentextur mit Kontrastpulver. Strukturierte Oberflächen werden als dunkler wahrgenommen (Erklärungen dazu s. Glossar).

soll. Wohl erkennt das menschliche Auge bei der Einprobe der Rekonstruktion Unterschiede im Vergleich zum Musterzahn des Farbschlüssels, sie sind aber meist schwer zu benennen. So meint das menschliche Auge oft Helligkeitsabweichungen zu erkennen, die sich bei näherer Betrachtung oder mittels technischer Kontrollmessung als Intensitätsabweichungen entpuppen. Sicher ist im Moment der Einprobe am Patientenstuhl lediglich die Tatsache, dass etwas nicht stimmt, obwohl das am Farbschlüssel gewählte Muster sehr gut mit dem Referenzzahn übereinstimmt. Weniger sicher ist aber ein präzises Formulieren der Korrekturanweisung, weil es sich als schwierig erweist, den Grund der Abweichungen zu erkennen. Die richtige visuelle Wahrnehmung einer Zahnfarbe kann man zwar üben, sie bleibt aber stets unsicher, da sie auf subjektiven Empfindungen beruht. Noch schwieriger ist eine auf

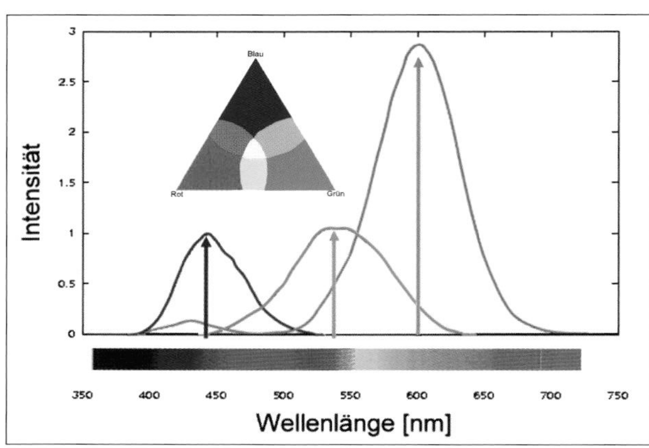

Abb. 21.14 Die additive Mischung der Farben Rot, Grün und Blau im oben dargestellten Verhältnis vermittelt dem menschlichen Auge die Farbwahrnehmung 'reines Weiß'. Für jede weitere Farbwahrnehmung ist ein eigenes RGB-Mischverhältnis gegeben. Die kolorimetrische Farbmessung ermittelt beim Farbenabgleich mit dem Referenzzahn die RGB-Werte, die mit dem korrelierenden Musterzahnkode des Farbschlüssels dargestellt werden.

Helligkeit, Farbintensität und Farbton differenzierte Wahrnehmung einer bestimmten Region eines Zahnes. Verwechslungen zwischen Helligkeit und Farbintensität oder zwischen Helligkeit und Transluzenz sind häufig und rechtfertigen den Einsatz geeigneter Messgeräte. Die apparative Farbmessung des gesamten Zahnes oder einzelner Regionen des Zahnes ist dem menschlichen Auge weit überlegen und führt den Praktiker direkt zu besseren Korrekturanweisungen.

Auf die Frage, ob alle Zahnfarbenmessgeräte gleich effizient und fehlerfrei arbeiten, soll hier nicht eingegangen werden. Vor dem Erwerb eines solchen Messgerätes ist aber die Auseinandersetzung mit den Funktionsarten und der zu erwartenden Zuverlässigkeit der Produkte dringend empfohlen. Zwei technische Messprinzipien kommen zur Anwendung:

Kolorimetrische Farbmessung

Kolorimeter sind so genannte Dreibereichsfarbenmessgeräte. Sie arbeiten mit standardisierten Lichtquellen und den Farbfiltern Rot (R), Grün (G) und Blau (B). Ihre Funktion gleicht somit der Farbenwahrnehmung des menschlichen Auges. Der Farbenabgleich stellt die im Vergleich zum Referenzzahn nächst liegende additive Mischung der Farben Rot, Grün und Blau dar und ist in den drei Werten R, G und B – bekannt als Tristimulus (tristimulus values) – festgehalten. Für jede Farbwahrnehmung ist ein zugehöriger RGB-Wert definiert. Der Tristimulus beispielsweise, der im menschlichen Auge die Wahrnehmung des reinen Weiß vermittelt, ist in der Abbildung 21.14 skizziert. Kolorimetrisch arbeitende Zahnfarbenmessgeräte ermitteln also für jede Farbwahrnehmung den spezifischen RGB-Wert. Der mit dem Referenzzahn abgeglichene RGB-Wert wird mit dem Kode des Musters im angewählten Farbschlüssel ausgedrückt. Die korrekte Feineinstellung der drei Filter stellt einen technisch nicht ganz einfachen Vorgang dar. Geringste Fehleinstellungen führen zu Abweichungen der Messresultate. Die Zuverlässigkeit des Systems ist zudem von der Konstanz der Lichtquelle abhängig.

Spektrofotometrische Farbmessung

Bei Spektrofotometern wird Licht auf den Referenzzahn gestrahlt, das zurückgeworfene Licht (Remission) durch ein Beugungsgitter in seine spektralen Komponenten zerlegt und mit dem einfallenden Licht verglichen. Die Genauigkeit der Messresultate (im Gegensatz zur Kolorimetrie) ist weitgehend unabhängiger von der Qualität des einfallenden Lichtes. Um Verfälschungen zu vermeiden, werden zuerst alle Spiegelungen (Elimination von Blendlicht) des Referenzzahnes ausgeschaltet. Ist die Remission eines Probekörpers über das gesamte Spektrum 100%ig, so empfindet das menschliche Auge die Farbwahrnehmung 'reines Weiß'. Dies trifft beispielsweise bei einer frisch gefallenen Schneedecke zu und ist in der Abbildung 21.15 schematisch dargestellt. Absorbiert hingegen der Probekörper (Referenzzahn) einen Teil der Lichtbestrahlung, so verändert dies die Remission. In der Abbildung 21.16 ist dieser Vorgang dargestellt: einem Spektrum werden vorwiegend Gelb- und Rotanteile entzogen, wodurch für das menschliche Auge die Farbwahrnehmung blaugrün resultiert.

Jeder Farbwahrnehmung ist somit eine charakteristische Remission zugeordnet. Dentale Spek-

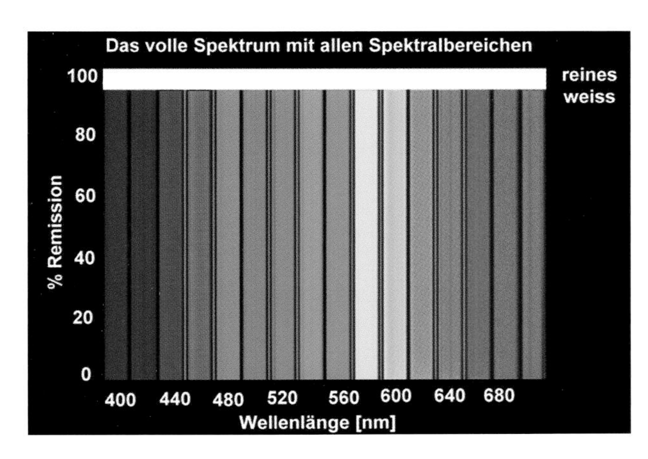

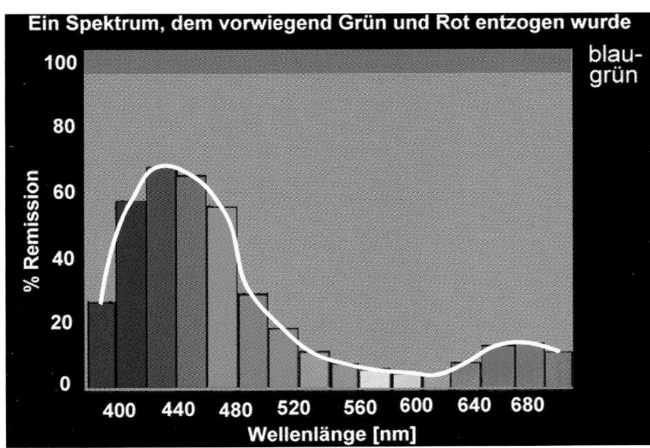

Abb. 21.15 und 21.16 Unter Remission versteht man das von einem Probekörper zurückgeworfene Licht, das mit den Farbmitteln in diesem Probekörper in Wechselwirkung stand und eben deswegen farbig sein kann. Ist im Sonnenlicht die Farbempfindung eines Probekörpers reines Weiß, so bedeutet dies, dass die Remission des Bestrahlungslichtes 100%ig ist. Dies ist beispielsweise an einer frisch gefallenen Schneedecke zu beobachten. Erfährt die einfallende Lichtbestrahlung eine Wechselwirkung mit den Farbmitteln im Probekörper, so hat dies Auswirkungen auf die Remission: wird beispielsweise einem Spektrum vorwiegend Gelb und Rot entzogen, so charakterisiert sich das zurückgeworfene Licht dem menschlichen Auge als Blau-Grün-Wahrnehmung.

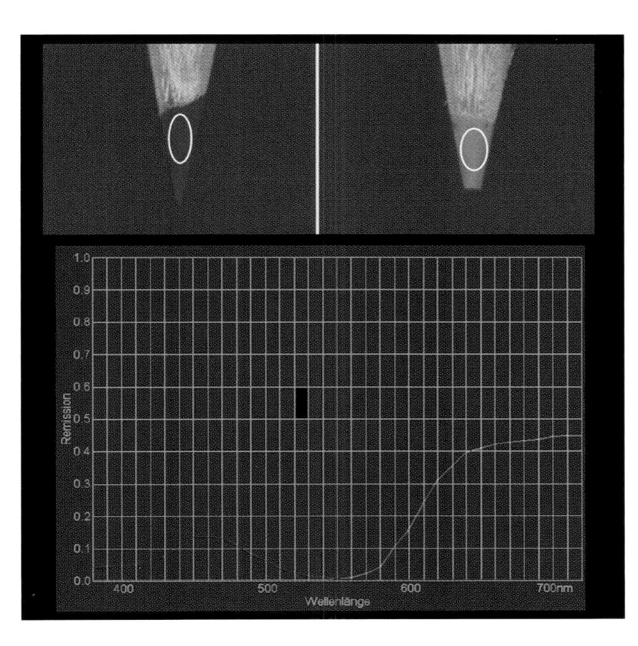

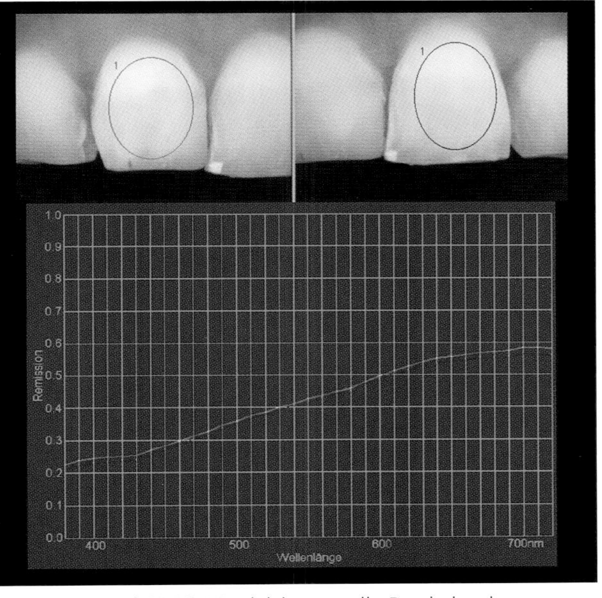

Abb. 21.17 und 21.18 Vergleicht man die Remissionskurven zweier Farbstifte, so sieht man eine erhöhte Blauremission beim Blaustift und eine erhöhte Rotremission beim Rotstift. Vergleicht man zwei Zähne, so ist die Farbübereinstimmung gegeben, wenn deren Remissionskurven identisch verlaufen.

trofotometer analysieren das sichtbare Licht im Wellenlängenbereich 380 bis 720 nm in Abschnitten von 20 nm. Aus den Remissionswerten pro Abschnitt formiert sich die Remissionskurve über den gesamten Wellenbereich des sichtbaren Lichts. Im Vergleich von Remissionskurven verschiedener Objekte lassen sich Farbübereinstimmung bzw. Farbunterschied beschreiben (Abb. 21.17, Abb. 21.18).

In der alltäglichen Praxis muss sich der Anwender digitaler Farbenmessgeräte selbstverständlich nicht mit diesen Remissionskurven herumschlagen. Die Geräte errechnen die Farbenwerte (Position im Farbenraum) und geben auf deren Grundlage den Kode des farbähnlichsten Musterzahnes im angewählten Farbschlüssel an. Je nach Gerätetyp können die Farbenwerte zusätzlich als L*a*b*-Werte und/oder als L*C*h*-Werte abgerufen werden; letzteres wenn mehr Hintergrundinformationen verlangt werden. Wichtig für den Praktiker ist primär der Farbkode, denn diesen benötigt er zur Wahl der Keramik.

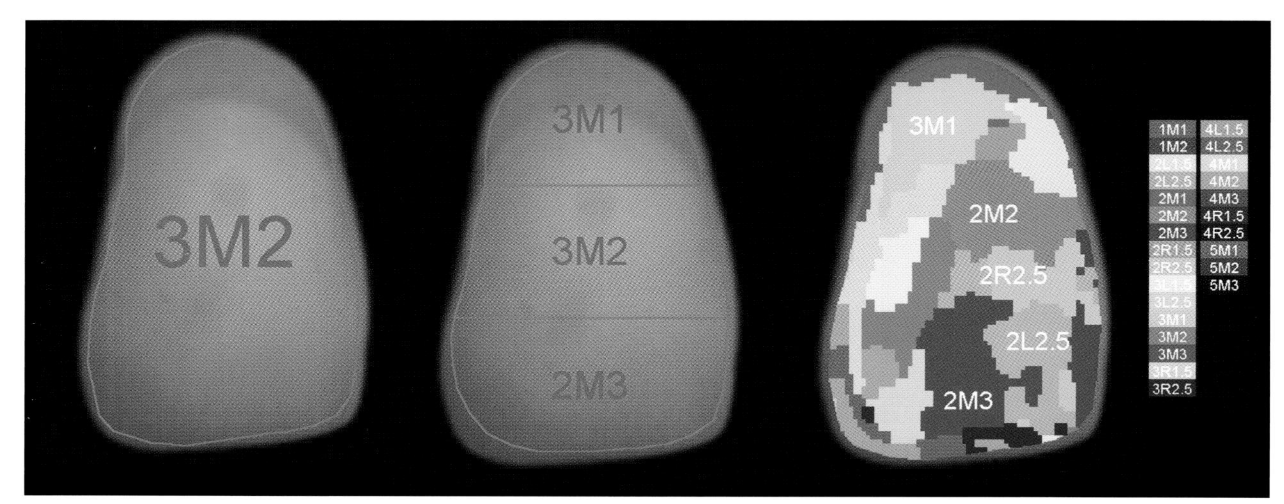

Abb. 21.19 Farbmessung des Musterzahnes 3M2 aus dem 3D-MASTER-Farbschlüssel. Wird der Zahn in die drei Zonen Zahnhals, Zahnmitte und Schneide aufgeteilt, so sind zonale Abweichungen im Vergleich zur Gesamtfarbe festzustellen. Misst der Keramiker am Referenzzahn andere Werte, so kann er dies rechtzeitig in die Rekonstruktion einbringen. Farbzusammenstellungen, die als Flickenteppich erscheinen, zeichnen zwar die Situation des Referenzzahns recht detailliert, schichttechnisch sind sie aber vom Keramiker kaum umsetzbar.

Das Areal der Farbmessung

Die digitalen Zahnfarbenmessgeräte können nach ihrem Messprinzip oder auch nach Umfang ihres Messareals unterschieden werden. Für die Bestimmung der Grundfarbe eines Zahns ist die Größe des Messareals relevant. Systematisch definiert sich die Grundfarbe als Mittelwert aller am Zahn festzustellenden Farbzonen. Die Form des Zahnes und seine Dentin-Schmelz-Zusammensetzung bedingen stets lokale Abweichungen von der Grundfarbe.

Eine Unterteilung der labialen Fläche eines Zahns in zahlreiche verschiedene Zonen kann das Erscheinungsbild des Zahns zwar exakt wiedergeben, der Zahntechniker aber sieht sich mit diesem Befund vor Probleme gestellt. Hinsichtlich der Schichten sind landkartenartige Vorgaben mit zahlreichen, unterschiedlichen Farbinseln meist nicht nachzuvollziehen. Die Unterteilung eines Zahns in die drei Zonen Zahnhals, Zahnmitte und Zahnschneide ist da weniger praxisfern. Die Farbbestimmungen der einzelnen Zonen und der Vergleich mit der Gesamtfarbe erleichtern die Arbeit des Keramikers. Er verfügt beispielsweise über Informationen, ob die Zahnhalsregion etwas dunkler und/oder die Zahnmitte etwas chromatischer im Vergleich zur Gesamtfarbe erscheinen soll (Abb. 21.19).

Bei den Musterzähnen des 3D-MASTER-Farbschlüssels sind solche geringfügigen, zonalen Abweichungen im Sinne des natürlich auftretenden Erscheinungsbildes miteinbezogen. Im Vergleich zu den Durchschnittswerten des Gesamtzahnes sind im 3D-MASTER-Farbschlüssel die Helligkeitswerte (Abb. 21.20) der Zahnmitte und der Zahnhalsregion etwas höher. Die Chromawerte (Abb. 21.21) nehmen mit abnehmender Helligkeit zu und im Vergleich zu den Durchschnittswerten des Gesamtzahnes sind jene der Zahnmitte und der Zahnhalsregion etwas höher. Mit abnehmender Helligkeit findet eine Verschiebung von Gelb nach Rot statt (Abb. 21.22). Verglichen mit den Durchschnittswerten des Gesamtzahnes weist die Region der Zahnmitte geringfügig mehr Gelbanteile und die Region des Zahnhalses deutlich mehr Rotanteile auf. Die beschriebenen Abweichungen der Werte der Gesamtzähne im Vergleich zu jenen der Zahnmitte und der Zahnhalsregion erklären sich durch den Einfluss der Region der Schneide mit ihrer erhöhten Transparenz (weniger Helligkeit), weniger Chroma und Rotanteilen (kein Dentin).

Ausgehend von der Grund- oder Gesamtfarbe lassen sich die Farbabweichungen in den einzelnen Zahnregionen folgendermaßen tabellarisch zusammenstellen:

Tabelle 21.1 Gesamtfarbe und zonale Abweichungen

Normzahn		Verschiebung	Eigenschaft
Gesamtfarbe Grundfarbe		0	Mittelwert Zahnhals/ Zahnmitte/Schneide
Helligkeit + : heller - : dunkler	Zahnhals	+	weniger transluzenter Schmelz
	Zahnmitte	++	
	Schneide	---	Transluszenz
Chroma + : mehr Chroma - : weniger Chroma	Zahnhals	++	Einfluss von chromatischem Dentin
	Zahnmitte	+	
	Schneide	---	kein chromatisches Dentin
Farbe + : rötlicher - : gelblicher	Zahnhals	+++	Einfluss von Dentin und Gingiva
	Zahnmitte	-	dickere Schmelzschicht
	Schneide	--	nur Schmelz

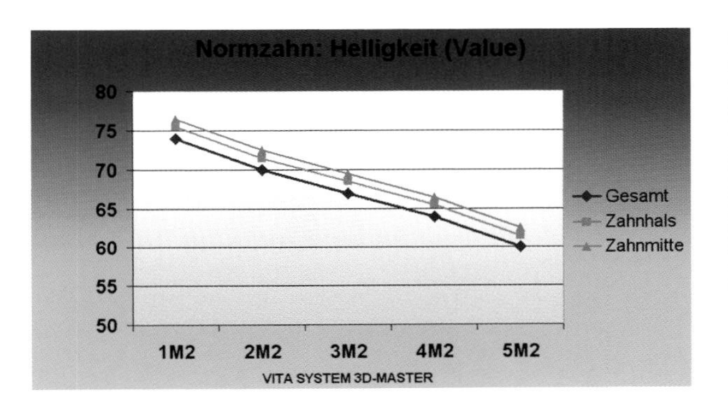

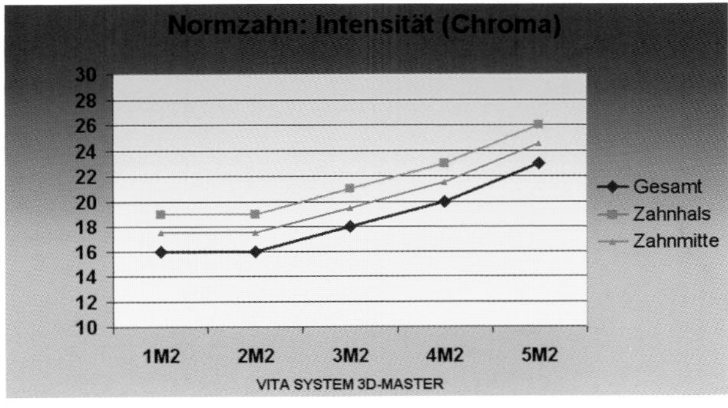

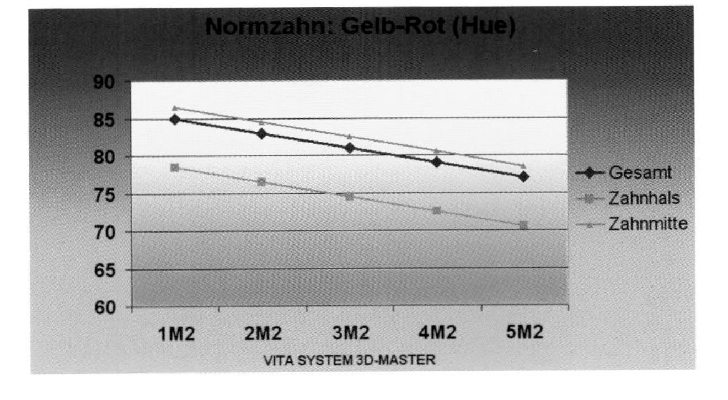

Abb. 21.20 bis 21.22 VITA System 3D-MASTER: Entwicklung der Helligkeit, der Farbintensität (Chroma) und der Verschiebung von Rot nach Gelb. Die Kurven zeigen die Werte der M2-Zähne der Helligkeitsgruppen 1 bis 5. In Bezug auf die Gesamtfarbe des Zahnes sind Zahnmitte und Zahnhals etwas heller und chromatischer, die Zone des Zahnhalses etwas rötlicher. Diese Abweichungen erklären sich durch den Einfluss der Schneideregion mit ihrer erhöhten Transparenz (weniger Helligkeit), mit weniger Chroma und Rotanteilen (kein Dentin).

In Hinblick auf die Erhebung der Gesamtfarbe sind digitale Zahnfarbenmessgeräte mit ganzflächigem Messareal den Geräten mit punktuellen Messarealen überlegen. Noch optimaler jedoch sind Geräte mit frei anwählbaren Messarealen. Sie ermöglichen den Ausschluss Resultat verfälschender Zonen und Flecken ↑ wie beispielsweise unschöne Füllungsflächen u. a. m.

Marktübersicht

Die gängigen digitalen Zahnfarbenmessgeräte lassen sich unter den Aspekten Messtechnik und Messareal tabellarisch wie folgt zusammenstellen:

	Kolorimeter	Spektrofotometer
kleines Farbmessareal	• ShadeEye/Shofu	• Easyshade/VITA • DSG 4 plus/Rieth • Pikkio/MHT
großes Farbmessareal	• ShadeVision/X-Rite • ShadeScan/Cynovad	• SpectroShade/MHT

** Mit Easyshade sind Mehrfachmessungen möglich. Als Farbkode wird das Mittel der Farbmessungen angegeben, was messtechnisch einem großen Farbmessareal gleichkommt.*

Tabelle 21.2 Farbmessgeräte, Messtechnik, Messareal

Evaluationskriterien digitaler Farbmessgeräte

Bei der Abwägung, welches Gerät nun welche Vorteile gegenüber anderen Geräten aufweist, steht das Preis-Leistungs-Verhältnis im Vordergrund. In unten stehender Aufstellung sind die Leistungsoptionen in Stichworten aufgelistet. Der Katalog beginnt mit minimalen Anforderungen und schließt mit Analysemöglichkeiten, auf die ein interessierter Anwender mit höherem Informationsbedürfnis nicht verzichten möchte (s. Tab. 21.3). Die Auflistung berücksichtigt nur die Eigenschaften der Zahnfarbenmessung der genannten Geräte. Anwendungskriterien wie ‚mobiles Handgerät' oder ‚stationäre Einrichtung' u. Ä. stehen außer Betracht, da sie nichts über die Verlässlichkeit des Gerätes aussagen. Ebenso wird an dieser Stelle nicht auf die Anschaffungspreise der Geräte eingegangen; diese sind unter der angegebenen Literatur übersichtlich publiziert worden[3].

Allgemein ist festzuhalten, dass die apparative Farbmessung anspruchsvoller ist, als dies aus ihrer Darstellung in Prospekten hervorgeht. Wichtige Vorbedingungen für eine verlässliche digitale Zahnfarbenmessung sind Grundkenntnisse auf dem Gebiet der Farbmetrik sowie Übung und Erfahrung im Umgang mit dem Gerät. Nicht minder wichtig ist die Einhaltung der empfohlenen Präparationsformen. Wenn für die Basis (Kronenkappe) und für die Verblendkeramik nicht genügend Platz zur Verfügung steht, so sind – mit oder ohne digitale Farbmessung – keine überzeugenden Resultate zu erzielen. Oft wird in solchen Fällen mangelnde Funktionstüchtigkeit der Geräte vorgeschoben.

Ein weiteres, wichtiges Evaluationskriterium ist oben nicht aufgelistet: der neu einsteigende Anwender neigt dazu, sich mit Messresultaten zufrieden zu geben, die gerade einmal dem Musterzahnkode seines Farbschlüssels entsprechen. Mit solchen Geräten wird die Freude am Neuen bald von Enttäuschung abgelöst. Von einem digitalen Zahnfarbenmessgerät muss mehr erwartet werden als beispielsweise die einfache Angabe ‚VITA classic A3'. Zu solchen Leistungen wäre auch das bloße menschliche Auge fähig. Eine digitale Zahnfarbenmessung muss ausweisen, in welche Richtung die Rekonstruktion qualitativ und quantitativ vom Referenzzahn abweicht. Es muss dem Anwender die richtigen Korrekturmaßnahmen vermitteln (soll die Rekonstruktion dunkler und/oder farbintensiver sein usw.).

Arbeiten mit digitaler Farbmessung

Digitale Farbenmessgeräte können eine Hilfe sein, indem sie das Farbempfinden des menschlichen Auges begleiten und ergänzen, wo es um die Beurteilung von Nuancen geht, die das Auge schnell ermüden. Zudem ist die menschliche Farbfehlsichtigkeit viel häufiger, als man gemeinhin annimmt. Etwa 8% der Männer und nur 0.4% der Frauen müssen als nicht farbnormalsichtig eingestuft werden. Oft lassen sich also Probleme der Wahrnehmung mit apparativer Unterstützung entschärfen.

Zieht man alle Kriterien in Betracht, die ein digitales Farbenmessgerät zu erfüllen hat, so bietet das Gerät SpectroShade der Firma MHT

Tabelle 21.3 Leistungskatalog der digitalen Farbmessgeräte

Messtechnik	Kolorimeter	Die Resultate von Dreibereichsfarbenmessgeräten sind gegenüber Spektrofotometern tendenziell weniger verlässlich.
	Spektrofotometer	Spektrofotometer haben gegenüber Kolorimetern einen klaren Vorteil, da in den Spektren wesentlich detailliertere Informationen enthalten sind, die zudem nicht so sehr von der verwendeten Lichtquelle abhängen.
Messareal	kleines Messareal	Kleine Messareale führen zu Fehlinformationen, da kleine Charakteristika wie Flecken u. Ä. zu viel Gewicht bekommen. Geräte, die mehrere Messungen zulassen und den Durchschnittswert als Gesamtfarbe wiedergeben, sind in der Lage, diese Fehlerquelle zu kompensieren.
	ganzflächiges Messareal	Bei der Bestimmung der Grundfarbe sind Geräte mit ganzflächigem Messareal wesentlich verlässlicher. Noch besser sind Geräte mit frei anwählbaren Messarealen.
Messresultate	Farbschlüssel	Kode für jeden gängigen Farbschlüssel und Einbauoption für jeden weiteren, erwünschten Farbenschlüssel.
	Angabe der Farbmischung	Minimalanforderung!
	farbmetrische Werte	ΔE-Werte: Wichtiger Wert für die Produktüberwachung und Qualitätssicherung. Die L*a*b*-Werte und L*C*h*-Werte sollten ebenfalls abrufbar sein; sie vermitteln dem Anwender qualitative und quantitative Informationen für allenfalls notwendige Farbkorrekturen.
	Remissionskurven	Interessante Funktion, für den Praxisalltag nicht unbedingt notwendig.
Optionen	EDV-Anschluss	a) Minimalanforderung: Ausdruck der Messresultate b) wünschenswert: Grafische Darstellung der Messung c) sekundär: Archivierung und E-Mail-Übertragung (muss eine Arbeit wiederholt werden, so führt man eine neue Messung durch oder greift auf den früheren Laborauftrag zurück)
	Digitalfotos	Die Ausrüstung für die Fotodokumentation sei als Grundausrüstung für jedes Labors und jede Praxis empfohlen. Auf eine zusätzliche Einrichtung im Farbmessgerät kann dann verzichtet werden.
	Transparenzanalyse und Effekte	Da der Einsatz von Fotodokumentationen empfohlen ist, kann auf diese Option verzichtet werden.

(Niederhasli, Schweiz) im Moment die vielfältigsten Möglichkeiten zur Analyse der Zahnfarben und gewährleistet die treffsichere Farbbeurteilung im Vergleich zu farbnormalsichtigen Fachleuten[6]. Auf dem Markt der digitalen, dentalen Farbenanalysegeräte gilt es als Referenzgerät[1] (s. Tab 21.4).

Tabelle 21.4 Vergleich von Mensch und EDV bei der Einschätzung der Zahnfarben (Region Zahnmitte)[1]

	Mensch	**EDV** (MHT SpectroShade)
Trefferquote	26.6%	83.3%
Ergebnis bei 93.3%	schlechter	besser

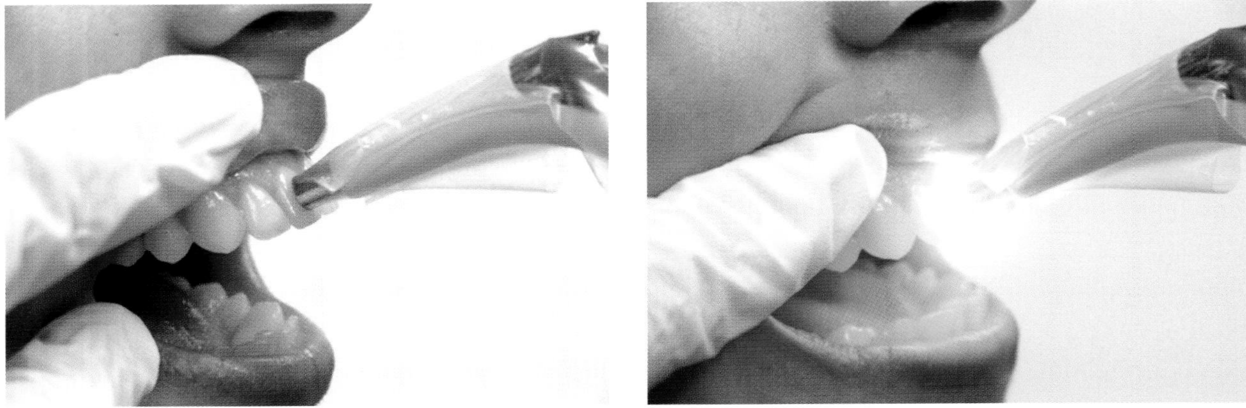

Abb. 21.23 und 21.24 Farbmessung mit Easyshade; wichtig ist bei allen Farbmessgeräten ihre korrekte Handhabung. Insbesondere Winkelfehler beim Ansetzen des Messfensters können zu verfälschten Messresultaten führen.

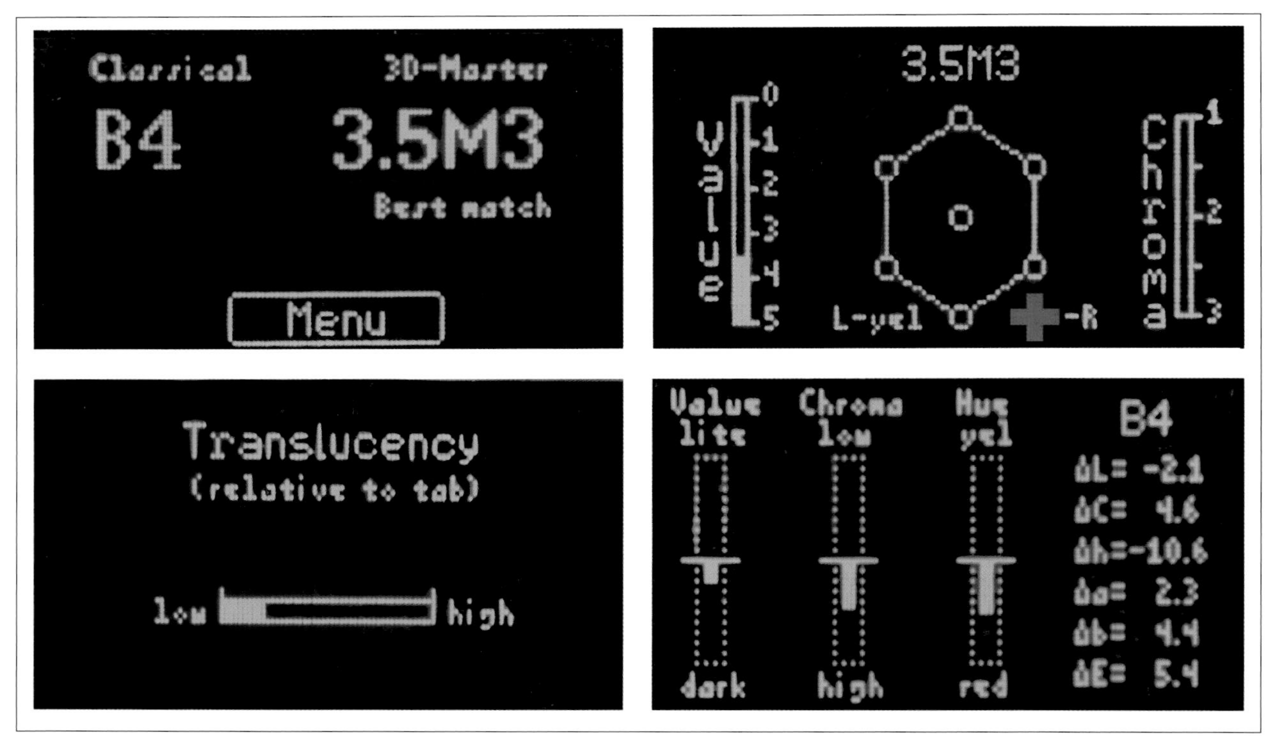

Abb. 21.25 Vier Bildschirmwiedergaben des fotospektrometrisch arbeitenden Zahnfarbenmessgerätes Easyshade. Oben links ist eine einfache Angabe zu den Farbschlüsseln VITA Classic und VITA 3D-MASTER angezeigt. Für interessierte Anwender kann die Situation farbmetrisch (oben rechts) und grafisch (unten rechts) dargestellt werden. Unten links ist eine einfache Transparenzanalyse dargestellt.

Fallbeispiel aus der Praxis

Zur Ergänzung sei nachfolgend ein Fall aus der Praxis kommentiert: als Messgerät ist SpectroShade mit seinen vielfältigen Analysemöglichkeiten im Einsatz (Abb. 21.26). Mit Easyshade von VITA wären zwar die gleichen farbmetrischen Werte zu erheben gewesen, das Bildangebot zu deren Auswertung erreicht allerdings nicht jenes von SpectroShade. Beide Geräte arbeiten fotospektrometrisch und liefern verlässliche Farbanalysen bzw. farbmetrische Werte. Wie sein Name verspricht, bietet Easyshade die Farbanalyse in einfacher Weise auf einem kleinen LCD-Display an, weniger spektakulär als SpectroShade, aber ohne Beeinträchtigung der Verlässlichkeit (Abb. 21.23 bis 21.25).

Zahn 21 soll mit einer vollkeramischen Krone versorgt werden; Zahn 11 ist Referenzzahn für die

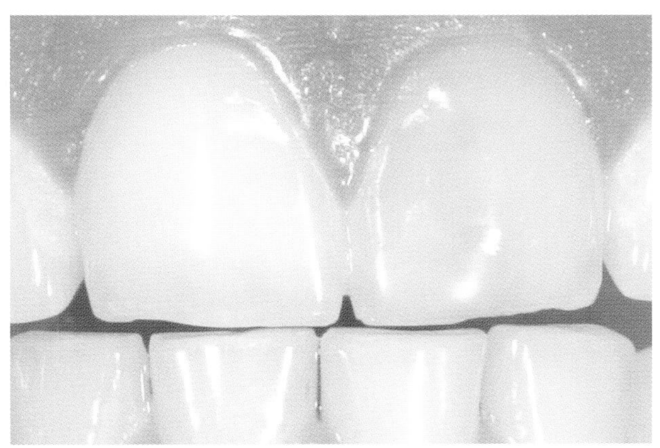

Abb. 21.26 Ausgangslage für die Restauration des Zahnes 21; als Referenzzahn für die Farbbestimmung dient der Zahn 11.

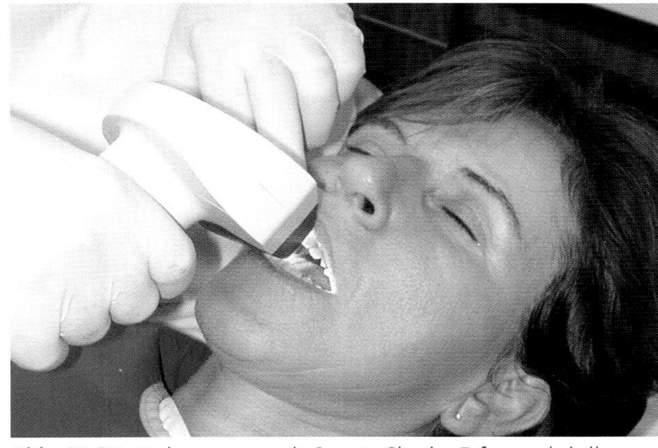

Abb. 21.27 Farbmessung mit SpectroShade. Erfasst wird die gesamte Zahnoberfläche, vorgängig durch ein optisches System vollständig entspiegelt. Das Resultat verfälschende Messergebnisse sind ausgeschlossen.

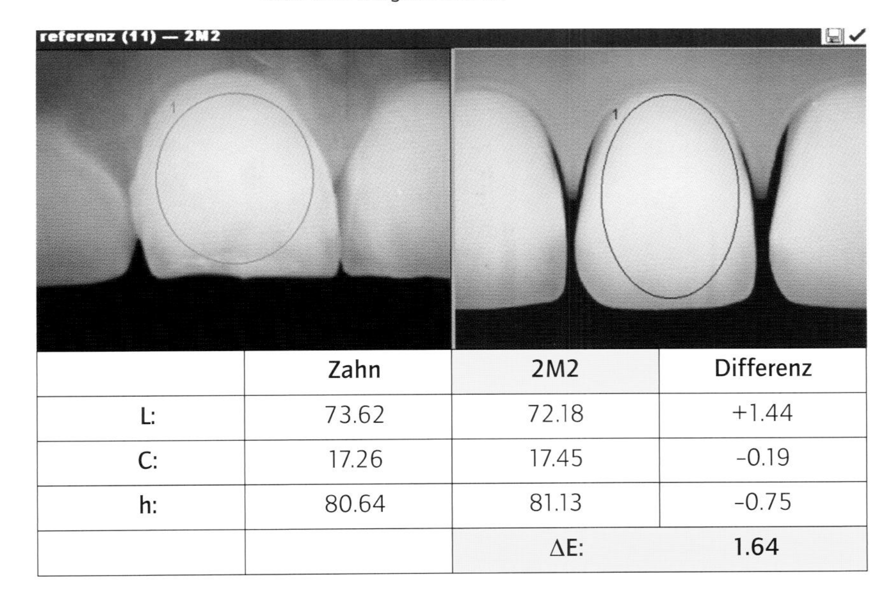

	Zahn	2M2	Differenz
L:	73.62	72.18	+1.44
C:	17.26	17.45	-0.19
h:	80.64	81.13	-0.75
		ΔE:	**1.64**

Abb. 21.28 Digitale Farbbestimmung mit SpectroShade. Der Referenzzahn (rechts) wird mit dem Farbmusterzahn (links) verglichen. Der Vergleich der farbmetrischen Werte zeigt den Unterschied zwischen Referenzzahn und nächstbestem Musterzahn.

Farbbestimmung (Abb. 21.26, Abb. 21.27). Auf die Transparenz- und Effektanalyse wird hier um der Straffung der Beschreibung willen nicht eingegangen. Entsprechend wurde ein klinisch wenig spektakuläres Beispiel mit spiegelglatter Oberflächentextur ↑ gewählt. Die Präparation des Zahnes 21 ist nach den Kriterien Belastbarkeit und Substanzopferung erfolgt: labiale Stufe und approximal in die palatinale Hohlkehle auslaufend[2].

Methodisch stehen bei SpectroShade zwei Farbenmessarten zur Verfügung. Analog zur visuellen Farbbestimmung besteht die Möglichkeit, eine bestimmte Zone des Referenzzahnes mit dem virtuellen Zahnfarbschlüssel abzugleichen. Als nächstbeste Farbe im 3D-MASTER-Farbschlüssel wird im vorliegenden Fall 2M2 ausgewiesen. Die Abweichung wird mit dem Wert ΔE 1.6 angegeben (Abb. 21.28).

Etwas raffinierter ist die direkte Einblendung der gemessenen Zahnfarbe in die umgrenzte Zone. In der Abbildung 21.29 ist am Referenzzahn die Zahnfarbe 2M2 eingeblendet. Da der gesamte Zahn eingegrenzt ist, unterscheidet sich die ΔE-Abweichung 2.0 geringfügig vom Ergebnis der oben gezeigten ovalen Messzone, die nicht den ganzen Zahn erfasst. Die direkte Einblendung der errechneten Zahnfarbe erlaubt mit der Mischangabe einzelner Farben eine feinere Abstimmung der Farbmessung. In der Abbildung 21.30 ist dies dargestellt; es fällt auf, dass die Mischung

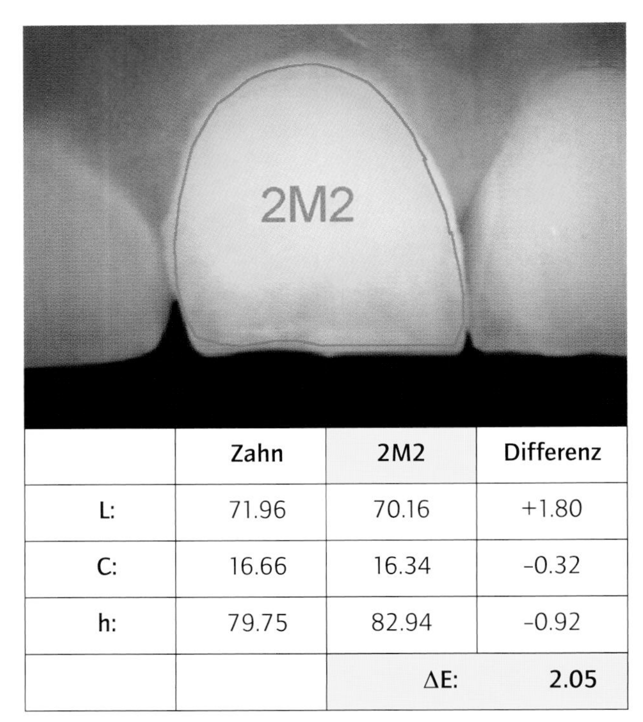

	Zahn	2M2	Differenz
L:	71.96	70.16	+1.80
C:	16.66	16.34	-0.32
h:	79.75	82.94	-0.92
		ΔE:	2.05

Abb. 21.29 Digitale Farbbestimmung mit SpectroShade. Das eingerahmte Feld weist die 3D-MASTER-Farbe 2M2 aus. Die farbmetrischen Werte deuten aber auf eine Abweichung von ΔE 2.05. 2M2 entspricht somit nicht ganz dem Referenzzahn. 2M2 wäre mit erkennbarem Unterschied zu hell.

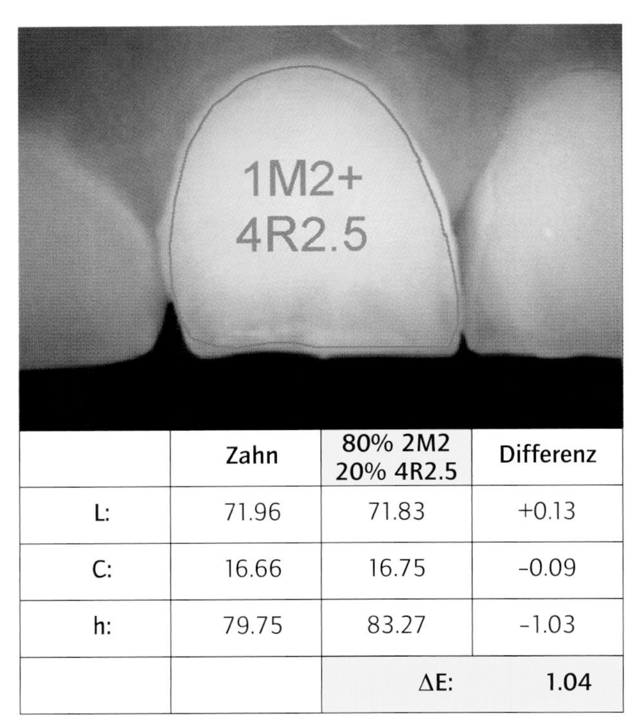

	Zahn	80% 2M2 20% 4R2.5	Differenz
L:	71.96	71.83	+0.13
C:	16.66	16.75	-0.09
h:	79.75	83.27	-1.03
		ΔE:	1.04

Abb. 21.30 Digitale Farbbestimmung mit SpectroShade. Das eingerahmte Feld weist die 3D-MASTER-Mischfarbe 1M2 (80%) + 4R2.5 (20%) aus. Die Verbesserung im Vergleich zu 2M2 geht in einen Bereich, der kaum mehr wahrnehmbar ist.

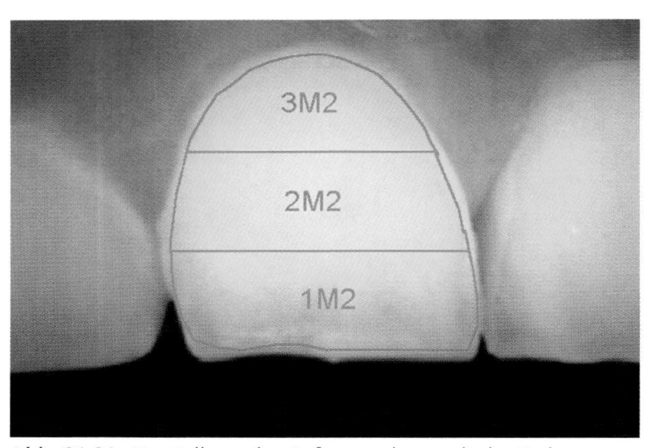

Abb. 21.31 Darstellung des Referenzzahnes mit der Farbmessung der drei Zonen Zahnhals, Zahnmitte und Schneide.

'80% 2M2 und 20% 4R2.5' dem Referenzzahn wesentlich näher kommt bzw. dass sich mit dieser Mischung die ΔE-Abweichung zum Referenzzahn auf den Wert 1.0 reduzieren lässt.

Aus der Beurteilung der drei Zonen Zahnhals, Zahnmitte und Schneide geht hervor, dass die Zahnhalsregion im Vergleich zu 2M2 etwas dunkler und die Schneideregion etwas heller ausfallen soll (Abb. 21.31). Selbstverständlich könnten bei Bedarf auch zu diesen Aspekten die entsprechenden farbmetrischen Werte abgerufen werden.

Die Erfassung der Grundfarbe des Referenzzahnes und der zonalen Abweichungen ist damit abgeschlossen. Die folgende Aufgabe besteht nun darin, die erhobenen Farbwerte in die Rekonstruktion des Zahnes 21 einzubringen. Dabei ist es empfehlenswert, beim Aufbau der Krone entsprechend der Methode des VITA Systems 3D-MASTER vorzugehen. Das In-Ceram-Kappenmaterial und die Verblendkeramik VITA VMbieten hierfür gute Voraussetzungen.

Da 2M2 als Grundfarbe der Rekonstruktion gilt, wird die mit CEREC ausgeschliffene In-Ceram-ALUMINA-Kappe mit dem Lanthanglas 22 infiltriert. ALUMINA kommt zur Anwendung, weil hinsichtlich der Belastung keine Bedenken bestehen (auf das im Herstellungsprozess aufwändigere, reine Zirkonoxid In-Ceram YZ kann also verzichtet werden). Außerdem sind Farbenverhältnisse gegeben, die ALUMINA als Werkstoff hervorragend geeignet erscheinen lassen[1].

Aufbau der Krone nach dem VITA System 3D-MASTER – Helligkeit, Intensität, Rot – Gelb

Als wichtigstes Kriterium bei der Farbgebung einer Krone gilt die Helligkeit. Diese wird der Rekonstruktion bereits mit der entsprechenden Glasinfiltration verliehen. Fotospektrometrisch arbeitende Farbenmessgeräte kontrollieren die Kappenhelligkeit. Kleinere und/oder zonale Abweichungen werden mit geeigneten Linern behoben. Die mit der Kappe eingestellte Helligkeit durchdringt die gesamte weitere Verblendschichtung, was mithilfe des Farbenmessgeräts verfolgt und vom menschlichen Auge in dieser eindrücklichen Weise selten nachvollzogen werden kann.

Mit dem richtigen Schichtdickenverhältnis Base-Dentine/Dentine von VITA VM7 wird der Rekonstruktion die erwünschte Farbigkeit (Chroma) und Form verliehen. Die Einbringung letzter Effekte und Anpassungen erfolgt mit der Enamel-Schichtung. In der Abbildung 21.32 ist das Prozedere schematisch zusammengestellt. In einer Studie wurde nach der Farbmessung der Zähne der Schmelz abgeschliffen und danach die Messungen am Dentin wiederholt. Die Farbmessungen korrelierten sehr gut zwischen dem gesamten Zahn und dem Dentinstumpf[5]. Die Zahnfarbe wird also hauptsächlich durch das Dentin bestimmt und bei der Rekonstruktion folgt man mit der richtigen Dentine-Schichtung diesem Prinzip. Eine Zwischeneinprobe nach der Base-Dentine-Schichtung ist empfehlenswert. Dabei soll das Base-Dentine etwas überkonturiert aufgetragen sein. Die dadurch zu erwartende erhöhte Farbigkeit (Chroma) im Vergleich zur gewünschten Grundfarbe kann durch minimales Abtragen zurückgenommen werden. Erfolgt dieses Vorgehen unter kontrollierten Bedingungen mit intraoralen Farbmessungen, so kommt man auf einfache Weise dem richtigen Chromawert nahe. Nachträgliches Auftragen von Base-Dentine infolge festgestelltem Chromadefizit wäre jedenfalls umständlicher. Zudem sind Mehrfachbrände trotz der guten Farbkonstanz der VM7-Verblendkeramik, wo immer möglich, zu vermeiden (Abb. 21.33).

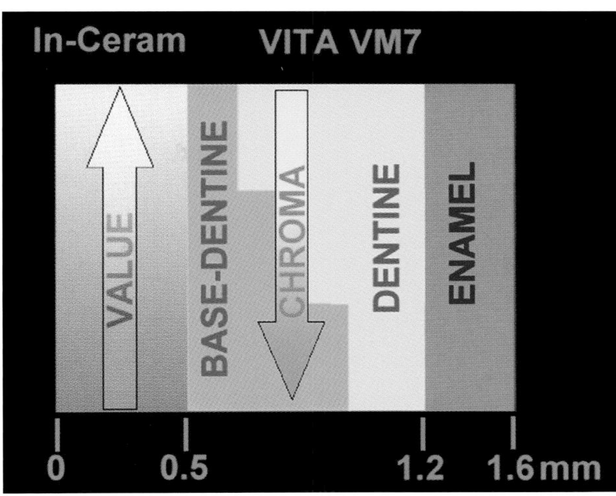

Abb. 21.32 Schema der Farbgebung mit VITA-VM-Verblendkeramik.
Graue Spalte: Die In-Ceram-Kronenkappe dient zur Einstellung der Helligkeit.
Gelbe Spalte: Mit Base-Dentine und Dentine wird der rekonstruktion die gewünschte Helligkeit und Farbintensität vermittelt.
Blaue Spalte: Mit Enamel erzielt man die optimierte Endgestaltung: Einbringung von Effekten, Farbtiefen, Gelb-Rot-Verschiebung und Oberflächenbeschaffenheit.

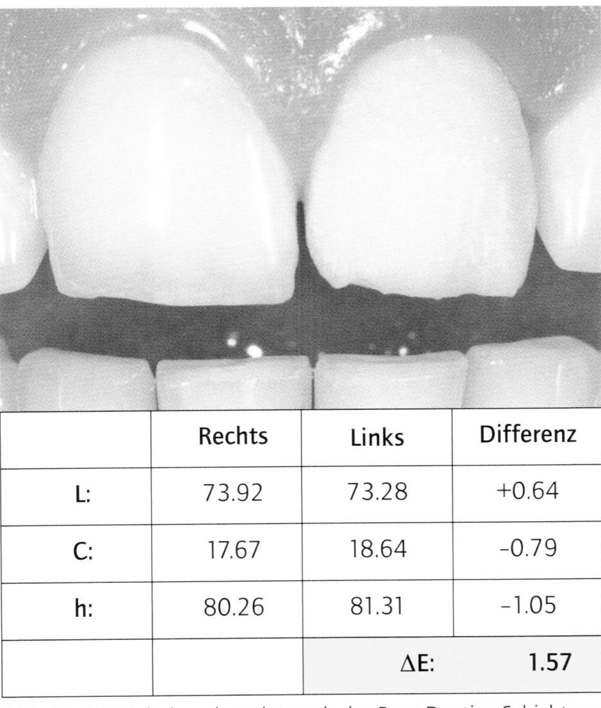

	Rechts	Links	Differenz
L:	73.92	73.28	+0.64
C:	17.67	18.64	-0.79
h:	80.26	81.31	-1.05
		ΔE:	**1.57**

Abb. 21.33 Zwischeneinprobe nach der Base-Dentine-Schichtung mit Farbmessung im Mund. Das Chroma ist leicht erhöht und kann durch minimales Abtragen der Base-Dentine-Schicht korrigiert werden. Im Übrigen zeigt die Kontrollmessung ein gutes Resultat. Die Krone kann fertig gestellt werden. Die definitive Formgebung erfolgt durch die Dentine-Schichtung, das Finish durch die Enamel-Schichtung.

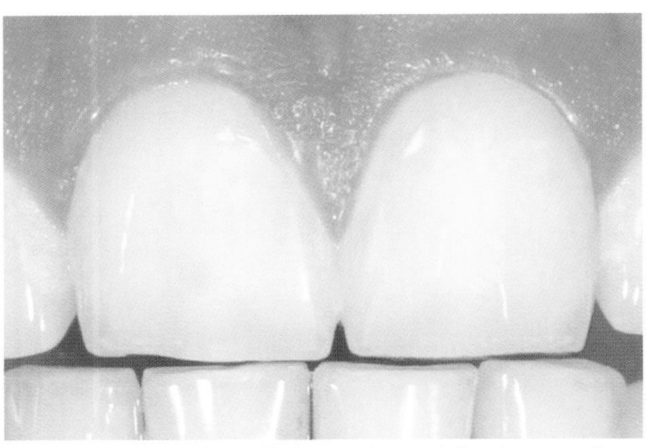

Abb. 21.34 In situ eingegliederte Rekonstruktion (Krone auf Zahn 21). Der Vergleich mit dem Referenzzahn 11 zeigt eine weitgehende und natürlich erscheinende Übereinstimmung.

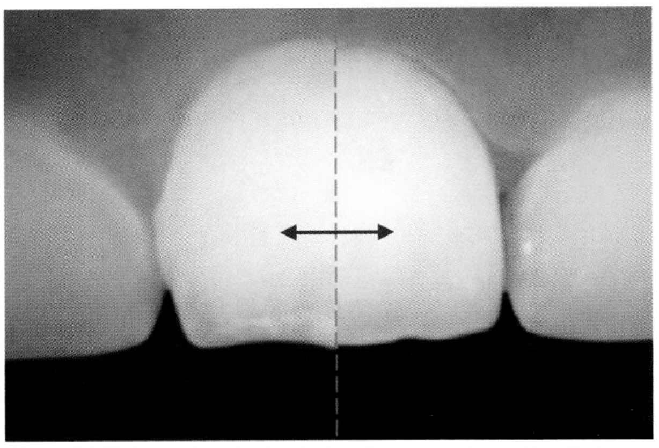

Abb. 21.35 Visueller Vergleich des Referenzzahnes 11 mit der Rekonstruktion 21. Die senkrecht verlaufende Trennlinie gibt links den Zahn 11 und rechts den Zahn 21 frei. Um Verfälschung durch Blendlicht zu verhindern, sind beide Bilder entspiegelt. Der Schieber kann dem blauen Pfeil folgend hin und her geschoben werden, was einen guten visuellen Vergleich beider Zähne erlaubt.

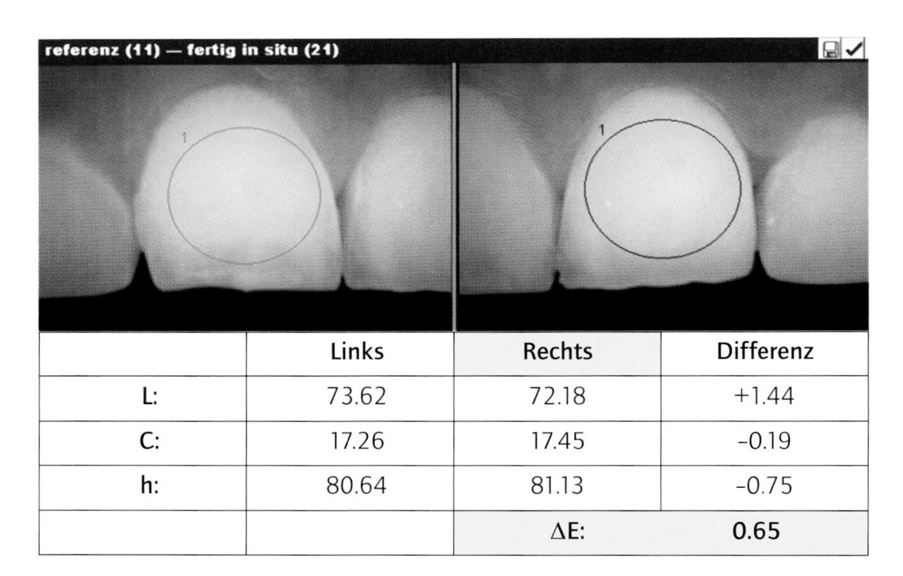

	Links	Rechts	Differenz
L:	73.62	72.18	+1.44
C:	17.26	17.45	-0.19
h:	80.64	81.13	-0.75
		ΔE:	**0.65**

Abb. 21.36 Farbmetrischer Vergleich der Krone 21 mit dem Referenzzahn 11. Der ΔE-Wert fällt dabei außerordentlich gut aus. In der alltäglichen Praxis gelten ΔE-Werte unter zwei als sehr gut und sind nur mit vollkeramischen Kronen zu erzielen.

Fertigstellung

Die Abbildung 21.34 zeigt die fertige Rekonstruktion des Zahnes 21 in situ.

Als Nachkontrolle stehen mit SpectroShade zwei Möglichkeiten offen. Der Referenzzahn 11 und die Rekonstruktion 21 können in einem Fenster überlagert werden. Ein in der Achse frei wählbarer Schieber gibt auf der einen Seite den Referenzzahn 11, auf der anderen Seite die Rekonstruktion 21 frei (Abb. 21.35). Schiebt man diesen hin und her, wird ein guter visueller Vergleich der beiden entspiegelten Zahnbilder möglich.

Die Nachkontrolle kann aber auch mittels Vergleichsmessung erfolgen (Abb. 21.36). Die Messwerte zeigen tatsächlich eine gute Übereinstimmung zwischen Referenzzahn 11 und Rekonstruktion 21. Das bei der Base-Dentine-Einprobe festgestellte, leicht überschüssige Chroma wurde durch minimales Abtragen reduziert. Die von der ALUMINA-Kappe her induzierte richtige Helligkeit ist unverändert in der fertigen Rekonstruktion erhalten.

Bemerkung: Das gezeigte Fallbeispiel wurde so gewählt, dass die digital kontrollierte Farbbestimmung eines Referenzzahnes und die Farbgebung bzw. Farbkontrolle einer Rekonstruktion eingängig darzustellen waren. Es handelt sich um einen Fall ohne komplexe Effekte; Letztere hätten einige Ergänzungen zu deren labortechnischer Nachahmung bedingt. Aus demselben Grund wurde ein Beispiel mit glatter, einfach zu interpretierender Oberfläche gewählt. Effekte und Oberflächentextur beeinflussen bekanntlich das Erscheinungsbild erheblich. Eine digitale Farbmessung kann sehr genaue Resultate ergeben, aber in komplexeren Fällen auch über solche Gegebenheiten, die das menschliche Auge beeinflussen, stolpern. Dem Praktiker erscheint dann die gemessene Grundfarbe nicht zuzutreffen. Der mit digitaler Farbmessung arbeitende Praktiker weiß jedoch um solche Schwierigkeiten, arbeitet von Anfang an unbeeinflusst mit der richtigen Grundfarbe und kann sich ganz der Einbringung diverser Effekte widmen. Erst diese – und nicht etwa ein vermeintlich notwendiges Abweichen von der Grundfarbe – verleihen einer keramischen Rekonstruktion ein Erscheinungsbild, das dem Referenzzahn so nahe wie möglich kommt.

Literatur

1. *siehe Kapitel 19 'Die Belastbarkeit vollkeramischer Restaurationen'*
2. *siehe Kapitel 22 'Stufe oder Hohlkehle'*
3. *Devigus A. Die digitale Farbmessung in der Zahnmedizin. Quintessenz 2003;5:495-500.*
4. *Hasegawa A, Ikeda I, Kawaguchi S. Color and translucency of in vivo natural central incisors. J Prosthet Dent 2000;83:418-423.*
5. *McLaren EA, Giordano RA, Pober R, Abozenada B. Zweiphasige Vollglas-Verblendtechnik. Quintessenz Zahntech 2004;1:32-45.*
6. *Paul S, Peter A, Pietrobon N, Hämmerle CHF. Visual and spectrophotometric shade analysis of human teeth. J Dent Res 2002;8:578-582.*
7. *Pröbster L. Innovative Verfahren in der Zahnheilkunde: Moderne Behandlungskonzepte für die Praxis. 9. Aufl. Berlin, Heidelberg: Springer-Verlag, 2002.*

Kurzes Glossar zur Zahnfarbe

Absorption

Im Gegensatz zu spiegelnden Oberflächen, die das Licht fast vollständig reflektieren, absorbieren dunkle Flächen das Licht größtenteils und schwarze Flächen sogar völlig. Dabei wird das auftreffende Licht während der Absorption in eine andere Energieform umgewandelt, z. B. in Wärme.

Flecken, Haarrisse

Beeinflussen die Farbwahrnehmung und können zu falschen Beurteilungen der Grundfarbe führen.

Halo, Heiligenschein

Helle Zone an transparenten Schneidekanten als Folge der veränderten Lichtbrechung dort, wo die Richtung der Schmelzstäbchen von der horizontalen Aufsicht in die vertikale Ansicht wechselt.

Lichtdynamik

Sammelbegriff für das lebendige Farbenspiel in natürlichen Zähnen aufgrund des Zusammenspiels von Transparenz, Transluzenz, Opaleszenz und Fluoreszenz (definiert von ZTM Paul Fiechter).

Lumineszenz (Fluoreszenz)

Bei der Bestrahlung mit Licht werden Elektronen durch Lichtabsorption von einem energieärmeren in einen energiereicheren Zustand versetzt. Von diesem Zustand fallen sie wieder unter Abgabe von Energie (Wärme) auf den Anfangszustand. Das zurückgestrahlte Licht ist somit energieärmer, langwelliger und rötlicher als das einfallende Licht. Die Bedeutung der Fluoreszenz bei Zähnen ist sehr gering, da das Fluoreszenzspektrum der Zahnhartsubstanz einen Bruchteil des Eigenfarbspektrums der Zahnhartsubstanz ausmacht.

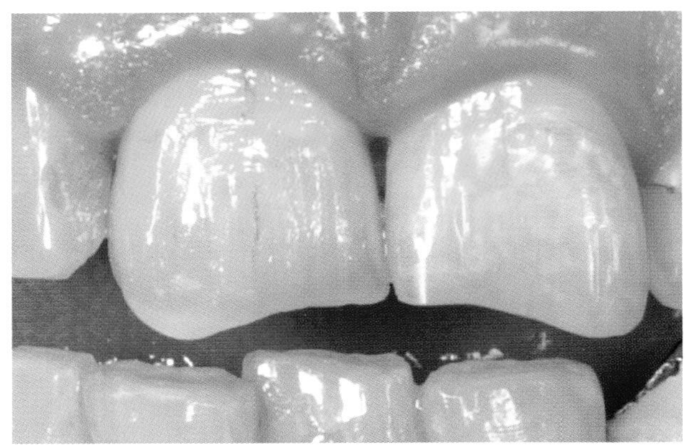

Abb. 1 Flecken, Haarrisse etc. verfälschen die Wahrnehmung der Grundfarbe. Mit digitalen Farbenmessgeräten lassen sich solche Strukturen ausblenden, was zur verlässlicheren Bestimmung der Grundfarbe führt.

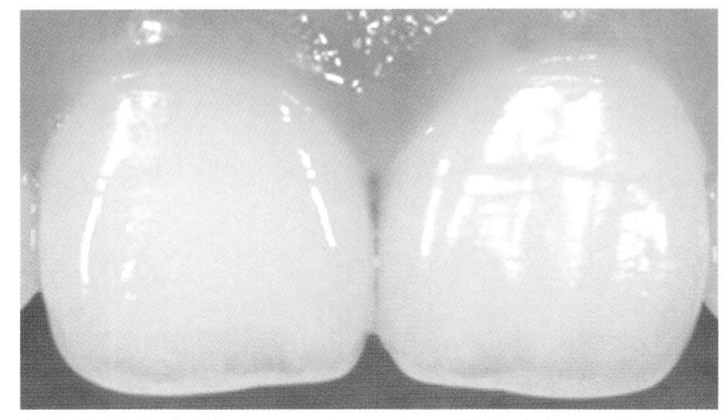

Abb. 2 Halo: bei transparenten und somit dunkel aussehenden Schneidezonen ist an der Schneidekante oft eine hell erscheinende Umrahmung (Heiligenschein) zu erkennen. Das Lichtspiel steht im Zusammenhang mit dem Richtungswechsel der Schmelzprismen und muss bei keramischen Rekonstruktionen speziell eingebracht werden.

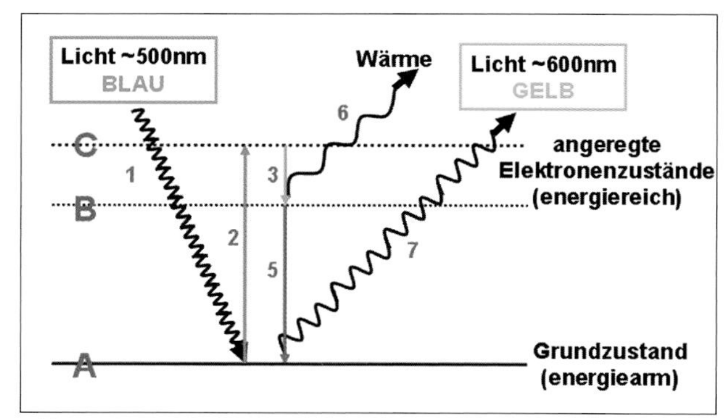

Abb. 3 Fluoreszenz (schematische Darstellung); energiereiches Licht (kurzwellig, blau) strahlt ein (1) und regt (Exzitation) den Energiezustand an (2: Anhebung von A auf C). Der Energiezustand (3 und 5) fällt zurück über B auf A. Bei B geht Energie in Form von Wärme ab (6) und die Abstrahlung (Emission) bei A ist energiearm. Das einstrahlende blaue Licht wird als gelbrotes Licht abgestrahlt.

Mamelons

Opake Dentinareale, die durch die transparente Schmelzschicht durchschimmern. Mittlere Incisivi haben in der Regel drei, laterale Incisivi zwei und Canini ein Mamelon.

Oberflächentextur

Beeinflusst das Helligkeitsempfinden. Bei glatten Oberflächen hat der Lichtstrahl eine ‚Vorzugsrichtung' (Eintrittswinkel = Austrittswinkel), womit im Auge des Betrachters viel Licht registriert wird, was als hell interpretiert wird. Dies kann den Betrachter bei der Rohbrandeinprobe mit rauer Oberfläche irritieren und zu falschen Korrekturen verleiten. Bei Kontrollen mit fotospektrometrisch arbeitenden Messgeräten sind solche Schwierigkeiten zu umgehen.

Opaleszenz

Wechselnde Farbwirkung zwischen bläulich und gelblich-rötlich in Abhängigkeit vom Einfallswinkel des Lichts. Im Auflicht reflektiert der Zahnschmelz blaues Licht, während im Durchlicht die orange Lichtstreuung den Zahnschmelz passiert. Es handelt sich um eine vom Halbedelstein Opal her bekannte Erscheinung.

Perikymatien

Feine horizontale Wachstumsrillen an der Zahnoberfläche.

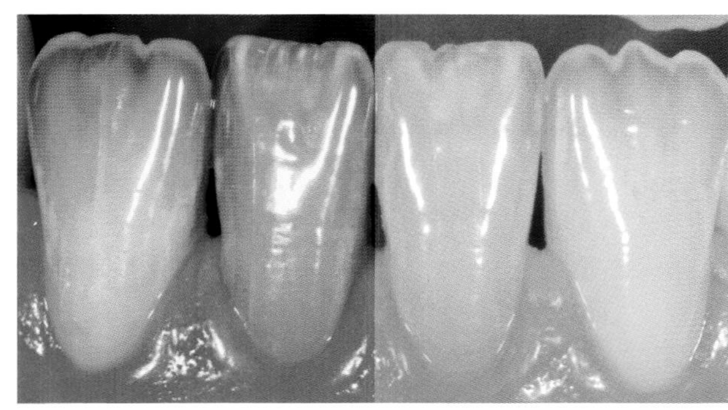

Abb. 4 Mamelons (fotografische Darstellung); linke Seite mit Helligkeit/Kontrast-Verschiebung, rechte Seite fototechnisch unverändert.

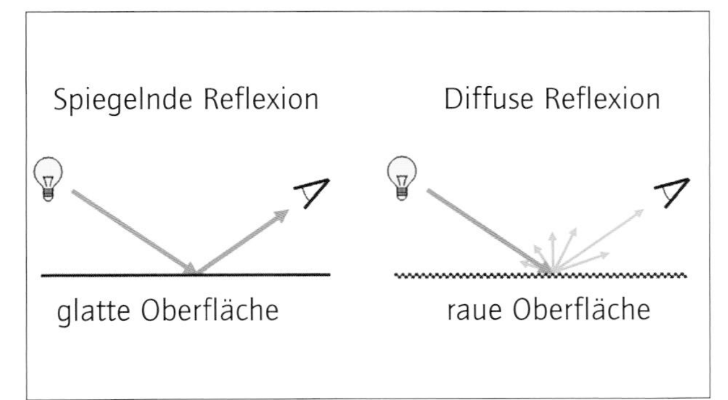

Abb. 5 Einfluss der Oberflächentextur auf die Farbempfindung. Bei der glatten Oberfläche reflektiert das gesamte einfallende Licht ins Betrachterauge. Bei der rauen Oberfläche reflektiert das einfallende Licht diffus in verschiedene Richtungen. Der ins Betrachterauge reflektierende Anteil fällt somit mit weniger Intensität ein. Der Betrachter empfindet dieses wenigere Licht als weniger hell.

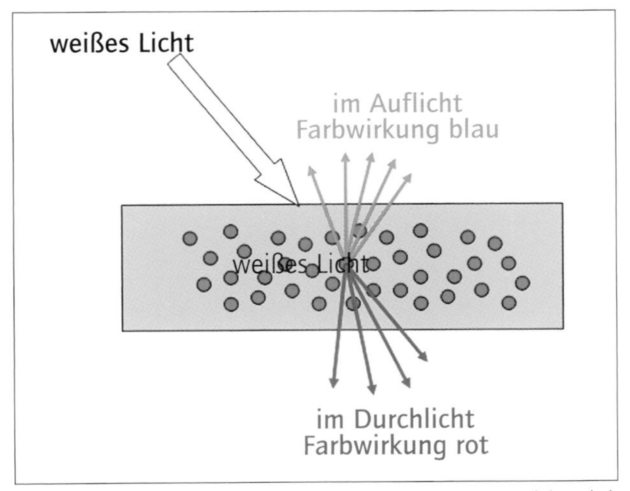

Abb. 6 Schematische Darstellung der Opaleszenz. Das Licht wird an Materialinhomogenitäten (eingelagerte Kristalle) gestreut. Blaues Licht wird stärker als rotes Licht gestreut. Rotes Licht kann deshalb eine Keramik durchdringen und blaues Licht wird zur Oberfläche zurückgeworfen.

Transluzenz

Siehe *diffuse Transmission*. In der zahntechnischen Literatur wird der Begriff Transluzenz sehr oft und irritierend mit Transparenz gleichgesetzt[1,2]. Am Zahn zeigt sich die Transluzenz als „Milchglaseffekt". Grundsätzlich gelten im Schmelzbereich die folgenden Wahrnehmungen:

- Transparenzmassen bewirken eine Minderung der Helligkeit.
- Transluzenzmassen bewirken eine Zunahme der Helligkeit.

Der Vergleich mit der Wetterlage ‚sonnig mit oder ohne Nebel' verdeutlicht das Gegenspiel Transparenz – Transluzenz. Im Sonnenschein sind zwar Helligkeit und Intensität des Lichtes maximal, aber das Auge ist weniger geblendet als im leichten Nebel, der die Sonnenstrahlen in alle Richtungen streut. Das Auge kann den von allen Seiten einfallenden Lichtstrahlen nicht mehr ausweichen. Es wird geblendet, was als erhöhte Helligkeit wahrgenommen wird, obwohl Helligkeit und Intensität nach Absorption im Nebel abgenommen haben. Transluzenzmassen wirken wie dieser leichte Nebel. Wird zu viel Transluzenzmasse aufgetragen, so wird die Situation wie dichter Nebel empfunden: massive Abnahme von Helligkeit und Intensität. Farbenmessgeräte sind zwar sehr genau, sie nehmen aber erfahrungsgemäß nicht viel Rücksicht auf solche Lichtspiele, die das Auge anders wahrnimmt. Beim Einsatz der digitalen Farbenmessung geht es aber primär um die korrekte Bestimmung der Grundfarbe und nicht um die Effektanalyse. Erst auf der korrekten Grundfarbe aufbauend ergibt die Berufskunst des Keramikers und die Einbindung aller Lichtspiele Sinn.

Transmission

Durchdringen der Oberfläche eines lichtdurchlässigen Materials durch Lichtstrahlen. Eine ideale Transmission der Lichtstrahlen wird als Transparenz bezeichnet (wie z. B. bei Glas). Eine *diffuse Transmission*, bei der die Oberfläche einen Teil des einfallenden Lichtes schluckt (absorbiert), nennt man Transluzenz.

Transparenz, Opazität

Die Transparenz **T** ist die Lichtdurchlässigkeit, die als Verhältnis des durchscheinenden Lichtstroms ºd zum einfallenden Lichtstrom Φ_d definiert ist ($\mathbf{T} = \Phi_d / \Phi_0$). Die Opazität O ist der Kehrwert davon ($O = \Phi_d / \Phi_0$). Demnach weist eine vollständig durchsichtige Schicht die Transparenz T = 1 und eine Opazität O = unendlich auf. Gerade umgekehrt liegen die Werte bei einer vollständig undurchsichtigen Schicht.

Literatur

1. *Hasegawa A, Ikeda I, Kawaguchi S. Color and translucency of in vivo natural central incisors. J Prosthet Dent 2000;83:418-423.*
2. *Lendenmann U. Wissenschaftliche Dokumentation Artemis. Ivoclar Vivadent AG, Februar 2003.*

22 Stufe oder Hohlkehle?

Andres Baltzer, Vanik Kaufmann-Jinoian

Erinnern Sie sich an das goldene Zeitalter der Zahntechnik? Was heute nur noch selten vorkommt, war damals noch gang und gäbe: goldene Zähne als Ausdruck des persönlichen Wohlstandes und schmucker Zähne. Ganze Goldrekonstruktionen wie bei unserem Freund aus Texas (Abb. 22.1) waren jedoch eher selten. Im Seitenzahngebiet stellte die Vollgusskrone aber die bestmögliche Sanierung dar. Die Frontzähne wurden oft mit ¾-Kronen und Goldecken versehen. Manche Patienten wünschten sogar Goldecken an ihren Prothesezähnen, um die Natürlichkeit möglichst echt nachzubilden.

Ein Goldzahn war also Sinnbild eines einwandfrei reparierten Zahns mit besten Aussichten auf eine lange Lebensdauer. Die Passung war gut und ein Bruchrisiko eigentlich nicht gegeben – Qualitäten, die zweifellos heute noch ihre Gültigkeit haben. Träger von Zahnersatz aus Gold galten als besonders wohlhabend. Gold war mehr oder weniger den „gehobenen Ständen" vorbehalten. Und glaubt man der Geschichtsschreibung[26], so ist nach dem ersten Weltkrieg der Ruf nach zahnfarbenem Zahnersatz nicht auf ästhetische Kriterien, sondern auf den Mangel an Gold zurückzuführen. Mit der Veränderung der sozialen und gesellschaftlichen Verhältnisse entstand ein Nachholbedarf an Gold, vor allem im Frontzahngebiet. In den Jahren der Inflation und auch noch danach löste der Mangel an Edelmetall eine Suche nach neuen Wegen aus, mit dem Ziel, Privatpatienten etwas Besonderes zu bieten. Man erinnerte sich auch der bis dahin eher pannenreichen Geschichte der Jacketkrone und suchte nach technischen Verbesserungen. Die sprunghafte Entwicklung der Filmindustrie in den Zwanzigerjahren und das Bedürfnis nach einem unauffälligen Zahnersatz für Schauspielerinnen und

Abb. 22.1 Komplette Goldrekonstruktion bei einem älteren Herrn.

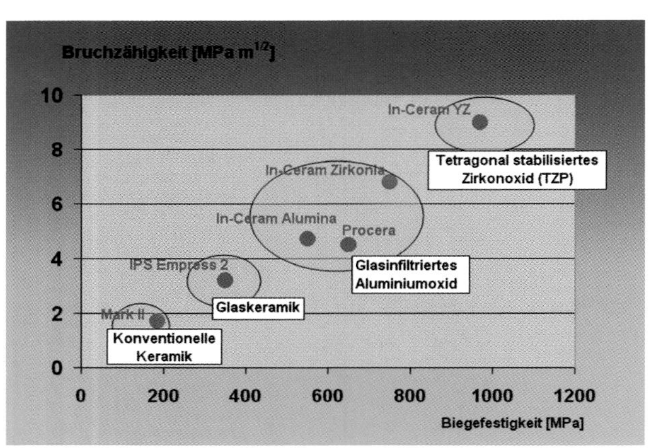

Abb. 22.2 Festigkeiten der Keramikgruppen; die konventionelle Keramik ist bis viermal weniger bruchsicher als heutige Hochleistungskeramiken.

Schauspieler förderten neuerlich die Popularität der Jacketkrone und sicherten ihre Verbreitung.

So richtig durchsetzen konnte sie sich allerdings nicht. Aus heutiger Sicht ist dies nicht weiter verwunderlich, wurden doch Keramiken eingesetzt, die den im Mund vorkommenden Belastungen nicht gewachsen waren. Hinzu kamen die damals weniger wirksamen Zementiersysteme und die im Vergleich zu heute geringere Passgenauigkeit am Präparationsrand. Im Bestreben den gefürchteten Bruch zu vermeiden, wurden die Keramiken auf 1 bis 1.5 mm breiten Stufen abgestützt. Dennoch waren bruchsicherere Systeme vonnöten. Die labial mit Kunststoff oder Keramikfacetten verblendeten Goldkronen stellten zwar in Bezug auf Bruchsicherheit eine wesentliche Verbesserung dar, die übrigen Aspekte ließen jedoch keine Begeisterung aufkommen. Die Zeit war definitiv reif für den Durchbruch der metallkeramischen Verbundsysteme; die Jacketkrone wurde bis auf weiteres in den Hintergrund gedrängt.

Die Wiedergeburt der Jacketkrone

Mit der in den frühen Neunzigerjahren einsetzenden Entwicklung neuer Techniken zur Herstellung oxidkeramischer Gerüste für den individuellen Zahnersatz[3] stellt die vollkeramische Krone eine wirklich verbesserte Alternative zur metallkeramischen Krone dar[6, 7]. Besonders die wesentlich höheren Festigkeitswerte, die Transparenz bzw. Transluzenz des Materials sowie dessen ausgezeichnete Biokompatibilität begründen eindrücklich die stets wachsende Beliebtheit der Technik der Vollkeramik. Mit den heutigen Hochleistungskeramiken lassen sich sämtliche Einzelzahnrestaurationen und Brückenverbände herstellen. Glasinfiltrierte Aluminiumoxidkeramiken eignen sich für kleinere Brücken, tetragonal stabilisierte Zirkonoxidkeramiken bieten sich für größere Rekonstruktionen an[8, 9].

Die konventionellen Keramiken, mit welchen vor 50 Jahren Jacketkronen hergestellt wurden, wiesen im Vergleich zu heutigen Infiltrations- und Hochleistungskeramiken eine drei- bis viermal geringere Biegefestigkeit und Bruchzähigkeit auf (Abb. 22.2). Aufgelistet seien hier der Übersicht halber nur einzelne Beispiele aus den verschiedenen Keramikgruppen. Die relativen Festigkeitswerte sind Werkangaben. Als Streufelder eingeblendet sind die aus der Literatur zu entnehmenden, sehr unterschiedlichen Angaben zu solchen Werten. Die erheblichen Unterschiede der Angaben zu den Festigkeitswerten sind wohl weitgehend durch die verschiedenen Versuchsanordnungen bei den Erhebungen der Festigkeitswerte bedingt[16].

Die Präparation der vollkeramischen Krone

Auf die Formgebung eines Zahnstumpfes für eine vollkeramische Krone wird in unzähligen Abhandlungen eingegangen. Zusammenfassend sind bezüglich der Bruchsicherheit stets die folgenden Kriterien von Bedeutung:

- Es sollen peripher und okklusal 1 bis 2 mm vom Zahn abgetragen werden, um für die notwendige Kappendicke mit der darauf aufgetragenen Verblendkeramik ausreichend Platz zu schaffen[24, 27].
- Scharfe Kanten und Spitzen sind im Sinne der Vermeidung von bruchgefährdenden Spannungszonen unbedingt auszuschließen[18, 21].

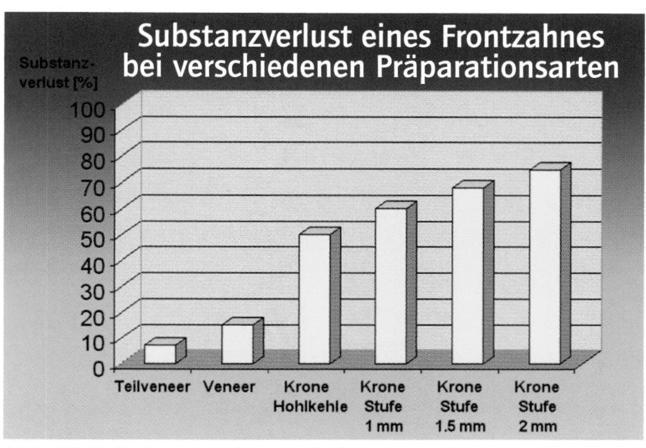

Abb. 22.3 Substanzverluste, mit denen gerechnet werden muss.

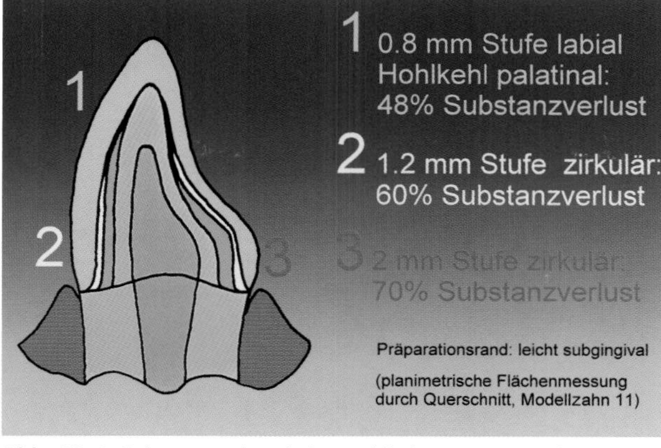

Abb. 22.4 Substanzverlust bei verschiedenen Präparationsarten an einem Frontzahn.

- Die Wandstärke der Hartporzellankappen soll zirkulär 0.5 mm und okklusal 0.7 mm nicht unterschreiten[18, 19, 27].
- Die Keramiken (Gerüst- und/oder Verblendkeramik) sollen auf einer 1 bis 1.5 mm breiten zervikalen Stufe abgestützt werden, um den Bruch zu verhindern[2, 9, 11, 27].

Interessant ist, dass sich an diesen Präparationsempfehlungen - speziell hinsichtlich der geforderten zirkulären Stufe - über all die Jahre nicht viel geändert hat. Wurde vor 50 Jahren eine 1 mm breite Stufe für die vollkeramische Restauration gefordert, so ist dies in Hinblick auf die damals einsetzbare und gewiss nicht bruchsichere Keramik nachzuvollziehen. Dies gilt unverändert auch für weiterentwickelte Keramiken wie beispielsweise HiCeram[1], Dicor[23] oder IPS Empress 2[13]. Die heute angebotenen Kernkeramiken weisen nun aber wesentlich höhere Bruchfestigkeiten auf. Im Vergleich zu beispielsweise IPS Empress 2 liegt das Kraftaufnahmevermögen bei Infiltrationskeramiken (In-Ceram ALUMINA und In-Ceram ZIRCONIA) etwa doppelt so hoch und bei tetragonal stabilisierten Zirkonoxiden (TZP, In-Ceram YZ) sogar dreimal so hoch. Die Notwendigkeit einer Stufenpräparation sei deshalb in Bezug auf die heute zur Verfügung stehenden Hochleistungskeramiken an dieser Stelle neu hinterfragt:

- Ist der mit der Stufenpräparation in Kauf genommene Substanzverlust noch sinnvoll?
- Welchen Einfluss auf die Randpassung haben andere Präparationsformen?
- Welche Auswirkung auf die Bruchsicherheit einer Hartporzellankappe hat die Stufenbreite?

Stufenpräparation und Substanzverlust

Der Zahntechniker fordert aus verständlichen Gründen möglichst viel Platz für seine Rekonstruktion. Sein Produkt wird besser und gefälliger ausfallen. Aus klinischer Sicht sind der sorglosen Substanzabtragung allerdings enge Grenzen gesetzt, insbesondere bei vitalen Zähnen.

Der Zahnarzt wird deshalb bei jeder Rekonstruktionsplanung dem zu erwartenden Substanzverlust Beachtung schenken[4] (Abb. 22.3). Bei jeder Abklärung steht demzufolge die mögliche Einzelzahnsanierung mit einem Veneer im Vordergrund. Die zu opfernde Zahnsubstanz ist minimal und die Fertigung kann gerade für CEREC-Anwender innerhalb weniger Stunden erfolgen, was dem Zahnarzt und dem Patienten schwierige provisorische Versorgungen erspart. Ist die Sanierung eines stark zerstörten Zahnes mit einem Veneer nicht mehr sinnvoll, so bleibt praktisch nur noch die Eingliederung einer Krone. Wird dabei eine zirkuläre Hohlkehle gelegt, so ist immerhin mit einem Substanzverlust von bereits 40 bis 50% zu rechnen, welcher sich bei sehr breiten Stufen auf 70 bis 80% erhöhen kann (Abb. 22.4).

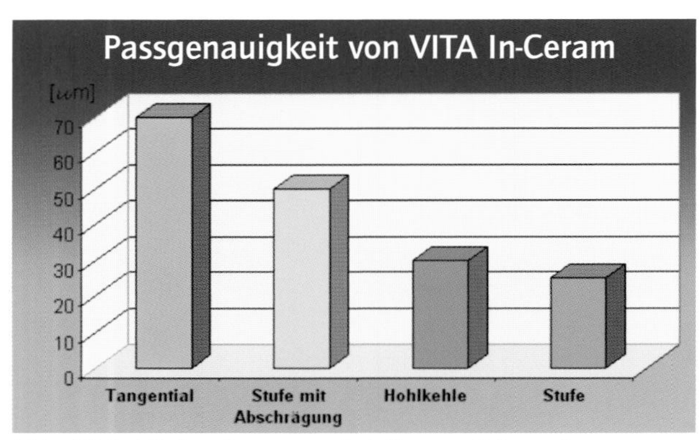

Abb. 22.5 Mittlere Passungen bei diversen Präparationsarten.

Aus der Sicht der Substanzopferung mit all ihren möglichen Folgen - vom Vitalitätsverlust bis zum Bruch des Zahnes - spricht demnach alles für möglichst grazil geformte, minimalinvasiv gestaltete Präparationslinien.

Bei Frontzahnrestaurationen ist eine labiale Hohlkehle aus ästhetischen Gründen meist unerwünscht. In dieser Zone ist eine schmale Stufenlegung vorzuziehen. Eine Begründung, diese Stufe gleich zirkulär zu legen, ist dagegen kaum gegeben.

Stufenpräparation und Randpassung

Die Beurteilung von Passgenauigkeit bzw. Passungenauigkeit richtet sich nach den Anforderungen, die als klinisch akzeptabel gelten. Diese Anforderungen können unterschiedlich sein und unterliegen innerhalb einer gewissen Bandbreite der subjektiven Bewertung des Praktikers. Die klinische Beurteilung muss sich aber auf die Bewertung von ein paar wenigen Stellen der Kronenzirkumferenz beschränken, was keine rundum verlässliche Aussage über die Passung ergeben kann 12. Eine Untersuchung von Randpassungen in 100-µm-Abständen auf dem gesamten Umfeld hat beispielsweise ergeben, dass Mittelwertangaben über den Randspalt mit einer Streuung von ± 60% zu verstehen sind[14].

Nicht zu unterschätzen ist zudem die Feststellung, dass die Randpassungen von Kronenkappen vor und nach der Zementierung deutlich unterschiedlich ausfallen: mit der Zinkphosphat-Zementierung vergrößert sich z. B. der Zementspalt einer auf die Stufe gelegten Metallschulter vom Mittelwert 24 auf 45 µm und einer auf die Stufe gelegten Keramikschulter vom Mittelwert 33 auf 46 µm[17].

Verfolgt man in der Literatur die Angaben über Zementfugen bei diversen Kronentechniken[22], so liegen die Werte bei durchschnittlich 40 µm (beste Werte 10 µm, schlechteste Werte 120 µm). Verfolgt man zudem die Angaben zu den klinisch akzeptablen Randspalten, so bestehen Werte zwischen 20 und 100 µm. In diesem Bereich sind demnach die exakten Kronenpassungen zu finden.

Mit Blick auf die obigen Bemerkungen ist das Säulendiagramm in der Abbildung 22.5 zu verstehen[25]. Tendenziell ist bei spitzwinklig auslaufenden Präparationen von größeren Diskrepanzen am Präparationsrand auszugehen als bei Stufenpräparationen. Und: in Sachen Diskrepanzen zwischen Kronenrand und Zahn sind zwischen der Hohlkehle und der Stufe keine Unterschiede zu erwarten. Das Argument der Randpassung kann also kaum die Entscheidung zur Stufenpräparation rechtfertigen.

Stufenpräparation und Dachrinne

Stufenpräparationen sind gewiss keine einfachen Präparationen. Werden die Stufen mit rotierenden Instrumenten gelegt, so kommt nur der zylinderförmige Schleifkörper infrage. Der Substanzabtrag erfolgt dabei mit der kreisrunden Stirnfläche des Schleifinstruments. Eine perfekt plan verlaufende Schulter am Präparationsrand ist demnach kaum, bestenfalls bei waagerecht verlaufenden Stufen zu erwarten. Steigen aber die Stufen beispielsweise in die approximale Zone etwas an, so besteht die Gefahr der 'Dachrinnenpräparation' (Abb. 22.6). Diese ergibt sich aus der Geometrie der Situation und ist nur zu vermeiden, wenn die zylindrischen Stufenschleifkörper den doppelten Querschnitt der gewünschten Stufenbreite aufweisen. Das wiederum hat bei der Stufenlegung zur

Folge, dass der rotierende Schleifkörper die Stufe um die Hälfte seines Querschnitts überragt, was bei der Absenkung der Stufe in den subgingivalen Bereich zu erheblichen Gewebeverletzungen führt.

Beobachtungen in einem zahntechnischen Labor haben bestätigt, dass in der alltäglichen Praxis die Mehrzahl der Stufenpräparationen im approximalen Bereich zumindest geringfügige 'Dachrinnen' aufweist.

CEREC zeigt die Tendenz, die Präparationskante von Stufen mit 'Dachrinnen' ungenügend auszuschleifen. Erhöhte Diskrepanzen sind die Folge. Hierbei kommen die großen Vorteile der In-Ceram-Technik gegenüber allen anderen Hartkeramiktechniken zur Geltung: vor der Glasinfiltration können Ungenauigkeiten mit den 'Optimizer-Massen' problemlos ausgebessert werden (Abb. 22.7).

Dennoch ist die Tauglichkeit von 'Dachrinnen' grundsätzlich zu hinterfragen. Vorstellbar sind beispielsweise Zahnsubstanz-Ausbrüche bei der äußeren Dachrinnenkante am Schulterrand im Fall von Zahnreinigung mit Ultraschallgeräten u. Ä.

Beim Einsatz von rotierenden Schleifinstrumenten ist die Vermeidung von Unebenheiten und 'Dachrinnen' auf der Stufe erheblich schwieriger. Sehr gute Erfahrungen bei der Glättung der Stufen wurden mit sonoabrasiven Instrumenten erzielt (Abb. 22.8): die Stufen erhalten einen gleichmäßigeren Verlauf, was der späteren Anpassung der Krone sehr zugute kommt. Sie können zudem ohne Gewebeverletzungen in den subgingivalen Bereich gesenkt werden. Hohlkehlpräparationen sind aber in jedem Fall einfacher zu legen, was dafür spricht Stufenpräparationen auf jene Regionen zu beschränken, bei denen die Ästhetik keine andere Wahl lässt. Dies gilt unabhängig von der sub-, epi- oder supragingivalen Lage der Präparationslinie.

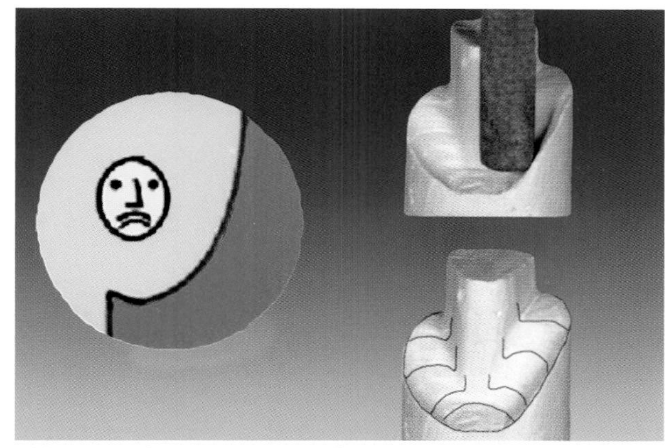

Abb. 22.6 Die approximale Stufenpräparation ist nicht einfach. Sehr oft ergeben sich ‚Dachrinnen'.

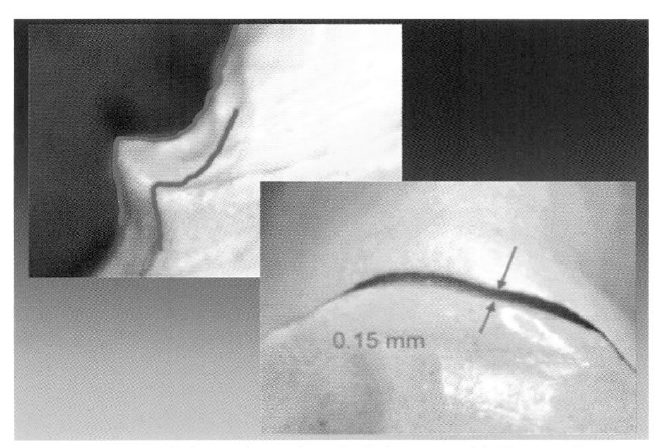

Abb. 22.7 ‚Dachrinnen' ergeben bei der Ausschleifung mit CEREC sehr oft ungenügende Randschlüsse.

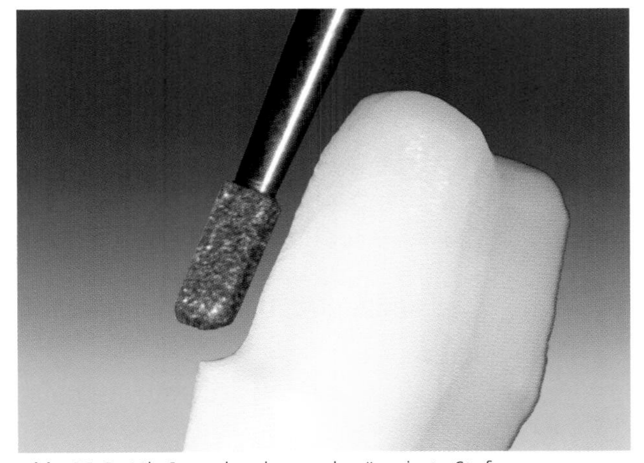

Abb. 22.8 Mit Sonoabrasion nachpräparierte Stufe.

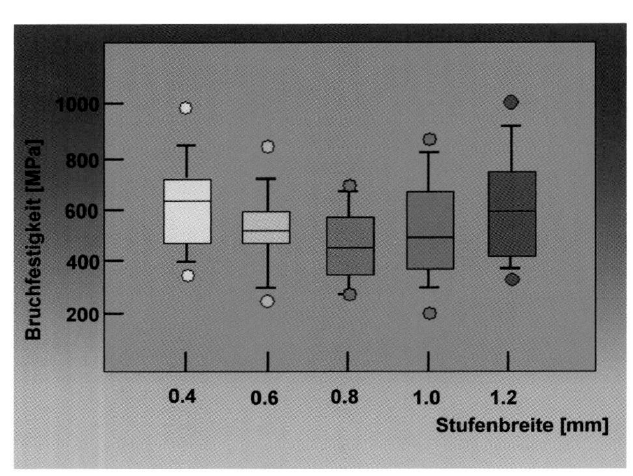

Abb. 22.9 Einfluss der Stufenbreite auf die Bruchfestigkeit.

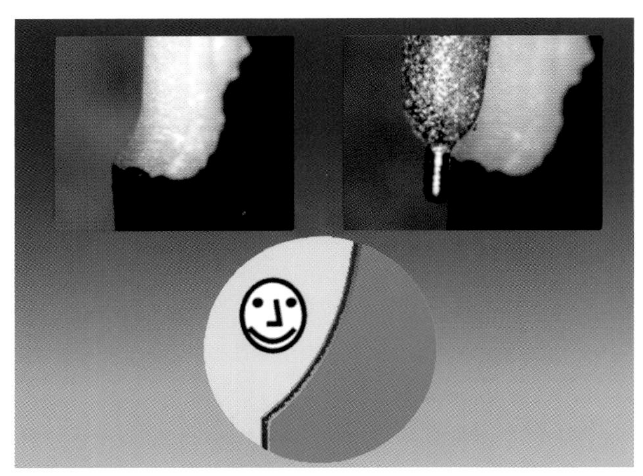

Abb. 22.10 Ein mit einem axialen Führungsstift versehener Hohlkehl-Schleifkörper erleichtert die Präparation einer regelmäßig verlaufenden Hohlkehle.

Stufenpräparation und Belastbarkeit der Krone

Wenn die Notwendigkeit zirkulärer Stufenlegung für vollkeramische Kronen hinterfragt werden soll, ist schließlich dem Faktor Bruchsicherheit große Beachtung zu schenken. Grundsätzlich ist diese Problematik in Relation zu den Bruchfestigkeiten der zur Anwendung kommenden Keramiken zu setzen. Dabei spricht sehr viel dafür, dass die Bruchgefahr als zwingendes Argument für die zirkuläre Stufe nicht mehr im Vordergrund steht. Hinzu kommen sehr interessante Resultate von Studien über die Bruchfestigkeit zementierter Kronen in Abhängigkeit von der Stufenbreite. Die Grafik in der Abbildung 22.9 basiert auf den Grundlagen einer im Jahre 2000 präsentierten Untersuchung[5], aus welcher hervorgeht, dass die Stufenbreite keinen wesentlichen Einfluss auf die Bruchsicherheit hat. Tendenziell ist sogar zu beobachten, dass Vollkeramikkronen auf einer Stufe mit einer Breite von 0.8 mm geringere Bruchfestigkeiten aufweisen als auf Stufenbreiten von 0.4 mm einerseits oder 1.2 mm andererseits.

Eine weitere Studie, die den Einfluss unterschiedlicher Präparationsgeometrien auf die Bruchfestigkeit vollkeramischer Kronen zum Gegenstand hatte, ist nicht minder interessant[20]: darin wurde mittels Weibull-Analysen aufgezeigt, dass bei grazileren Präparationsformen eine erhöhte Materialzuverlässigkeit besteht und dass zwischen Kronen auf Hohlkehlen resp. solchen auf Stufen in Sachen Bruchsicherheit keine nennenswerten Unterschiede festzustellen sind.

Hohlkehlpräparation

Die Präparation einer Hohlkehle am Präparationsrand ist gewiss einfacher als die Gestaltung einer Stufe. Die Gefahr der 'Dachrinnen'-Präparation entfällt weitgehend und Unebenheiten sind in der Hohlkehle kaum zu erwarten.

Kommen zudem Schleifinstrumente mit einem axialen Führungsstift zur Anwendung, so vereinfacht sich die Präparation wesentlich (Abb. 22.10). Eine solche Präparationstechnik ist mit der Arbeitsweise einer Oberfräse im Schreinerhandwerk vergleichbar und ergibt einen regelmäßigen und genormten Verlauf der Hohlkehle. Die Hohlkehle wird leicht supragingival zirkulär gelegt. Der auf Hochglanz polierte Führungsstift wird dabei ohne Druckausübung rund um den Zahn geführt. Das mit Diamant beschichtete Arbeitsteil trägt so die Zahnhartsubstanz hohlkehlförmig ab und hinterlässt am Präparationsrand eine zirkulär gleichmäßige Hohlkehle.

Die Öffnung der Zahnfleischtasche mittels Fäden erleichtert möglicherweise das weitere Vorgehen. Die Hohlkehle kann dann problemlos bis in die epigingivale Zone abgesenkt werden (Abb. 22.11). Auch ist es möglich, die Präparationsgrenze durch Glättung des Präparationsrandes mittels sonoabrasivem Substanzabtragung wesentlich zu verfeinern und sie ohne Schädigung des Gingivasaumes problemlos in den subgingivalen Bereich zu verlegen. Die fertige Präparation zeichnet sich durch einen rundum eindeutigen und gut erkennbaren Rand aus, was grundsätzlich bereits die Gewähr für eine gute Passung der zahntechnischen Modellation erhöht. Der saubere Übergang von einer Stufe in die Hohlkehle kann dabei speziell hervorgehoben werden[18].

Mittels Führungsspitzen geführte Diamantinstrumente sind keine Neuigkeit. Mögliche Überhitzungen an deren Spitzen waren da und dort vorgebrachte Einwände[10, 15]. Aber die heute zur Anwendung kommenden Turbinen mit drei bzw. vier Kühlwasserdüsen bannen diese Gefahren (Abb. 22.12). Die leicht konische Form des Diamantinstruments erleichtert seine einfache Führung und die Winkeleinhaltung der Seitenwände.

Nach der Zementierung der Krone und der Entfernung grober Zementüberschüsse erfolgt die übliche Finierarbeit an der Präparationsgrenze, welche einen harmonischen Übergang vom Kronenrand zur Zahnsubstanz zum Ziel hat. Sehr gut eignen sich dafür axial oszillierende Diamantpolierer (Abb. 22.13). Solche diamantierte Feilen sind hoch flexibel und erlauben die Ausgestaltung feinster Übergänge. Sie gehören standardmäßig zum Polierinstrumentarium jeder zahnärztlichen Praxis.

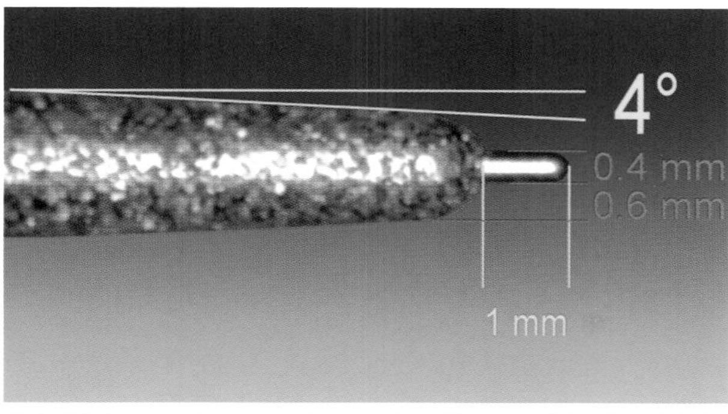

Abb. 22.11 Die Dimensionierung des Führungsstiftes ist wichtig: kürzere Führungsstifte eignen sich weniger für die regelmäßige Führung.

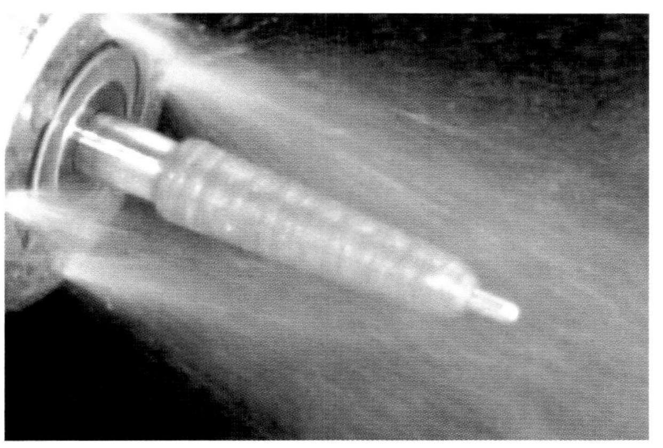

Abb. 22.12 Turbinenköpfe mit vier Kühlwasserdüsen gewährleisten die ausreichende Kühlung der Führungsspitze.

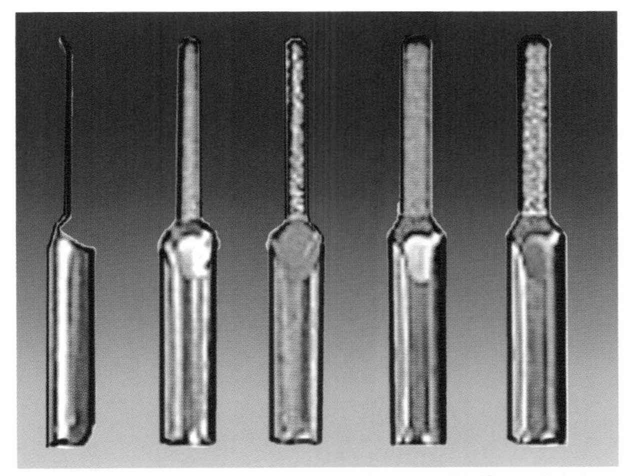

Abb. 22.13 Mit axial oszillierenden Diamantschleifern wird der harmonische Übergang von der Krone zum Zahn hergestellt.

Präparationsempfehlungen für vollkeramische CEREC-Kronen

Die CEREC-Technik erlaubt grundsätzlich alle Präparationsformen. Programmbedingte Einschränkungen bei der Formgebung des Kronenstumpfes sind nicht gegeben. Eine Hohlkehle am Präparationsrand nimmt im Gegensatz zur ausgeprägten Stufe mehr Rücksicht auf die Substanzerhaltung und ist auch mit Blick auf die Materialeigenschaften der zur Anwendung kommenden Keramiken in den meisten Fällen zu empfehlen.

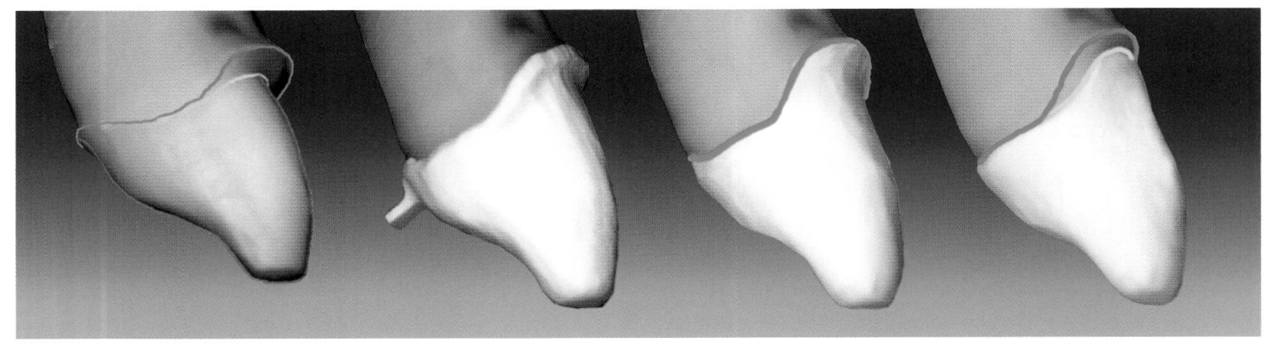

Abb. 22.14 Herstellung einer In-Ceram-Kronenkappe mit CEREC: die labiale Stufe geht approximal in eine Hohlkehle über. Der Präparationsrand ist grün nachgezogen. Die von CEREC geschliffene Kappe wird nach individuellen Wünschen angepasst. Auf der Stufe kann die Hartkeramik auslaufend adaptiert oder für die Schichtung mit Schultermasse gekürzt werden.

Eine Stufenpräparation ist ästhetisch begründet, weshalb sie auf die Regionen der ästhetischen Relevanz zu beschränken ist (Abb. 22.14).

Der Entscheidung über die zu wählende Präparationslinie ist sicherlich einige Wichtigkeit beizumessen. Sie stellt aber nur einen Teilaspekt dar, denn als nicht minder wichtig sollte auch die geeignete Stumpfform über der Präparationslinie angesehen werden. So sind beispielsweise scharfe Kanten und abenteuerlich strukturierte Flächen mit Türmchen und Grübchen unbedingt zu vermeiden. Sie geben der keramischen Krone keinen besseren Halt, sondern bewirken Spannungszonen in der Keramik, die früher oder später zu Frakturen führen. Hier kann der Zahntechniker eine wichtige Beratungsfunktion gegenüber dem Zahnarzt übernehmen. Er ist mit seinen Keramiken bestens vertraut und weiß um die Grenzen der zumutbaren Kappenstärken und Verblenddicken. Er kann dem Zahnarzt mit Schnittpräparaten und Modellen anschaulich die besseren Zementverteilungen und die Retensionsvorteile guter Innenpassungen auf harmonisch verlaufenden Präparationsflächen demonstrieren. Er hat somit gute Gründe, sich im Bestreben der Kundenakquisitation beim Zahnarzt mit stichhaltigen Argumenten einzuführen.

Literatur

1. *Bindl A. Klinische Anwendung einer innovativen Präparationstechnik für das Hi-Ceram-Verfahren. Dtsch Zahnarztl Z 1988;43:1116–1121.*
2. *Castellani D, Bacetti T, Giovannoni A, Bernardini UD. Resistance to fracture of metal ceramic an all-ceramic-crowns. Int J Prosthodont 1994;7:149–153.*
3. *Claus H. Vita In-Ceram, ein neues Verfahren zur Herstellung oxidkeramischer Gerüste für Kronen und Brücken. Quintessenz Zahntech 1990;1:35–46.*
4. *Edelhoff D. Vollkeramik von A–Z. J Aesthet Zahnmed 2003;1:16–25.*
5. *Fenske C, Münz N, Schildbach O, Sadat-Konsari MR, Jüde HD. In Vitrountersuchung zur Bruchfestigkeit vollkeramischer In-Ceram-Kronen in Abhängigkeit von der Stufenbreite. Studie an der Universität Hamburg, 2000.*
6. *Futterknecht N, Jinoian V. Renaissance in der Vollkeramik? (I) Quintessenz Zahntech 1990;10: 1185–1197.*
7. *Futterknecht N, Jinoian V. Renaissance in der Vollkeramik? (II) Quintessenz Zahntech 1990;11: 1323–1335.*
8. *Gauckler L, Schärer P. Klinische Studie von Zirkonoxidbrücken im Seitenzahngebiet hergestellt mit dem DCM-System. Acta Med Dent Helv 2000;5: 131–139.*
9. *Grineisen K. Vergleichende Bruchfestigkeiten an manuell hergestellten In-Ceram-Brücken. Dissertation, Freie Universität Berlin, 1997.*
10. *Günay H, Schulze A, Rossbach A, Geurtsen W. Intrasulkuläre Zahnpräparation und parodontale Gesundheit. Dtsch Zahnarztl Z 2001;55:109–112.*
11. *Hahn R. Vollkeramische Einzelzahnrestauration. Habilitationsschrift an der Universität Tübingen. Berlin: Quintessenz, 1997.*
12. *Harasthy G, Chan C, Geis-Gerstorfer J, Weber H, Huettemann H. Scannin electron microscopic studies of the marginal fit of three estetic crowns. Quintessence Int 1989;20:189–193.*
13. *Heintze S. Bridges made off all-ceramic materials (IPS Empress 2). Ivoclar-Vivadent Report Nr.12, 1998.*

14. Jäger C, Besimo C, Guggenheim R. Marginal adaptation of titanium frameworks produced by CAD/CAM techniques. Int J Prosthodont 1997;9:541–546.
15. Kimmel K. Verfahren und Probleme der oralmedizinischen Präparationstechnik. Quintessenz 2001;7:873–883.
16. Knode H. Verarbeitung und Indikation des In-Ceram-Keramiksystems. Dissertation, Universität Freiburg i. Br., 1990.
17. MacEntee MI, Belser UC, Richter WA. Fit of three porcelain-fused-to-metal marginal designs in vivo: a scanning electron microscope study. J Prosthet Dent 1985;53–57.
18. McLaren EA. Glasinfiltrierte Keramik auf Zirkoniumoxid- Aluminiumoxidbasis für Kronenkappen und Brückengerüste: Richtlinien für Klinik und Labor. Quintessenz Zahntech 2000;7:709–722.
19. McLean J. New dental ceramics and esthetics. J Esthet Dent 1995;7:141–149.
20. Meier M, Fischer H, Richter EJ, Maier HR. Einfluss unterschiedlicher Präparationsgeometrien auf die Bruchfestigkeit vollkeramischer Molarenkronen. Dtsch Zahnarztl Z 1995;50:295–299.
21. Pliefke M, Lenz J, Thies M, Schweizerhof K. Wärmespannungen und Lastspannungen in einer metallkeramischen Brücke. Quintessenz Zahntech 2000;8;817–834.
22. Salie S, Nino A. Marginale Passgenauigkeiten von zementierten und verschraubten VMK-Kronen auf Implantaten des ITI Dental Implant Systems: Eine in-vitro-Untersuchung und Literaturübersicht. Dissertation, Universität Bern, 2001.
23. Schwickerath H. Vollkeramische Brücken – Die Dicor-Glaskeramik. Dent Labor 1988;3:433–436.
24. Schwickerath H. Was der Zahntechniker beachten sollte – Herstellung von vollkeramischem Zahnersatz. Dent Labor 1992;9:1501–1506.
25. Soerensen JA, Torres T, Kang SK. Marginal fidelity of ceramic crowns with different margin designs. J Dent Res 1990;69:279.
26. Steinberg PA, Schmitz K. Grundriss der Dentalkeramik. München: Verlag Neuer Merkur, 1967:11–14.
27. VITA Vollkeramik, klinische Aspekte. Heft A. VITA Zahnfabrik, Bad Säckingen, 2001.

Sachregister

A

B

C

D

E

F

G

H

I

J

K

R

S

Y

Z